本书部分精彩分析图片

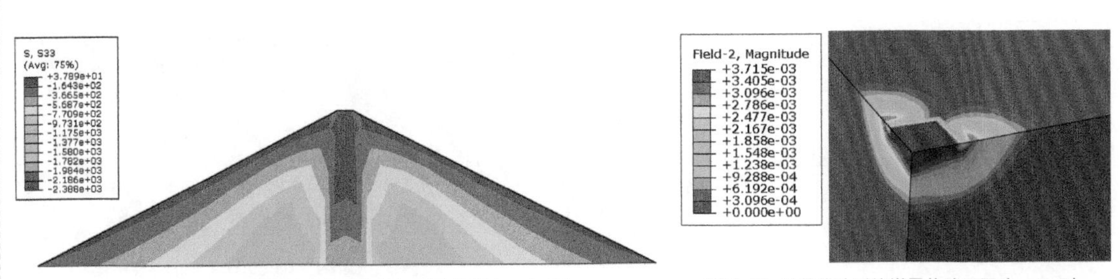

图1-106 B-B'截面上小主应力分布，强制平均(ex1-3)

图5-16 计算终止时的增量位移云图(ex5-2)

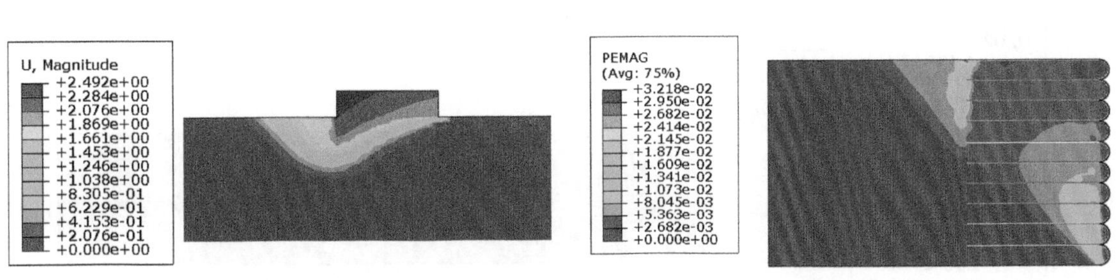

图5-22 计算终止时的位移云图(ex5-3)

图6-18 塑性应变PEMAG分布(ex6-2)

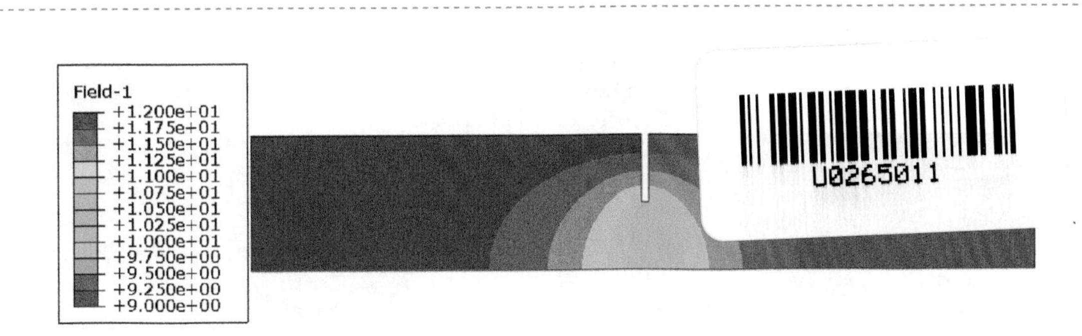

图8-9 总水头分布(ex8-1)

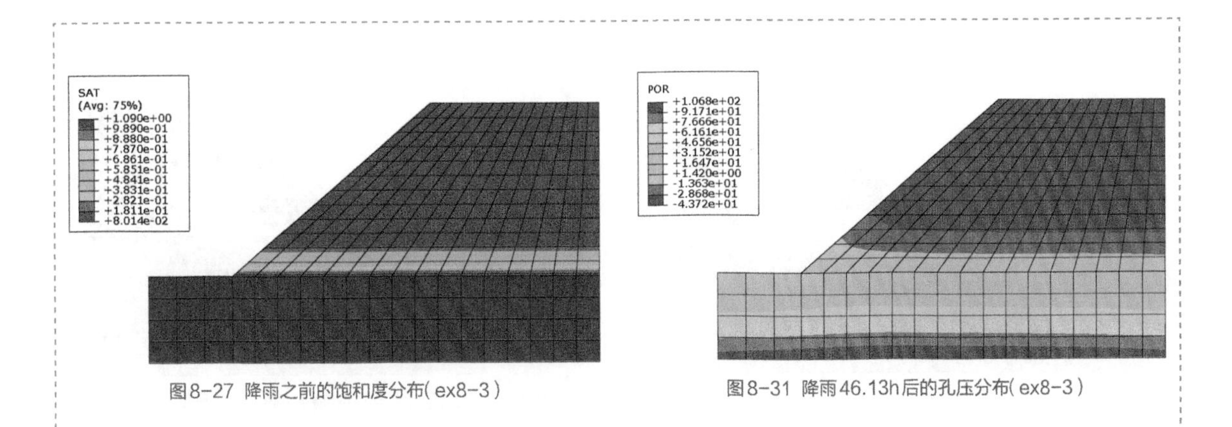

图8-27 降雨之前的饱和度分布(ex8-3)

图8-31 降雨46.13h后的孔压分布(ex8-3)

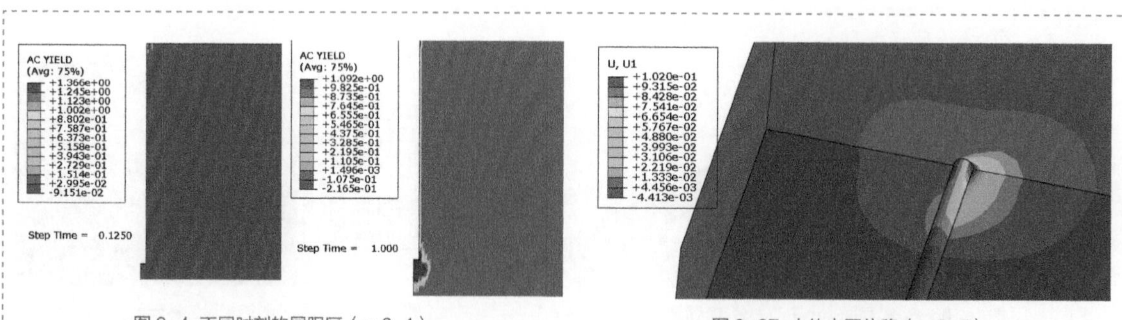

图 9-4 不同时刻的屈服区（ex9-1）

图 9-27 土体水平位移（ex9-7）

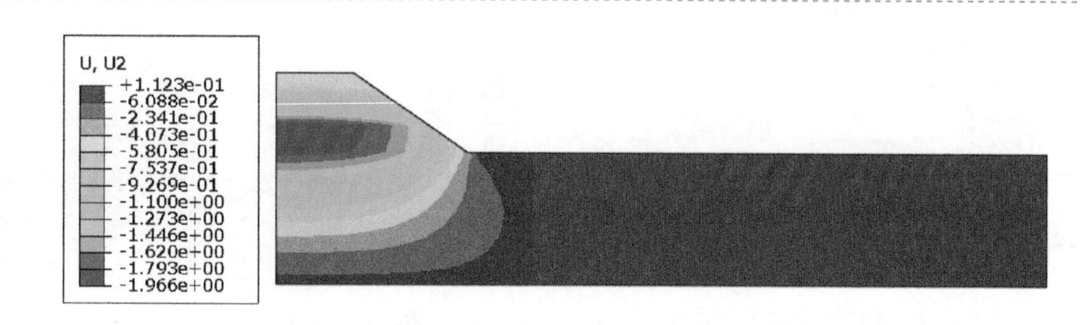

图 10-42 计算终止时的沉降等值线云图 (ex10-5)

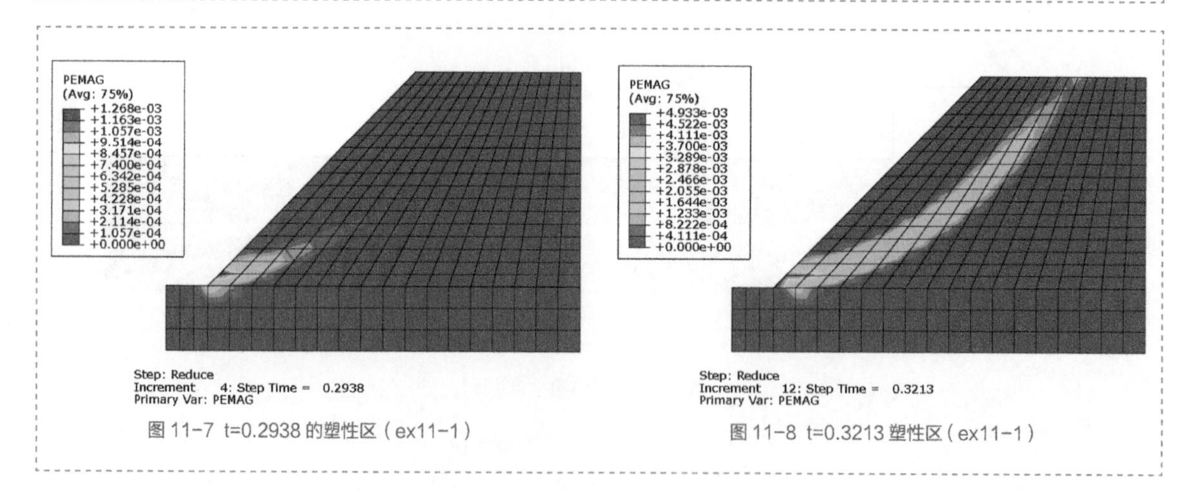

图 11-7 t=0.2938 的塑性区（ex11-1）

图 11-8 t=0.3213 塑性区（ex11-1）

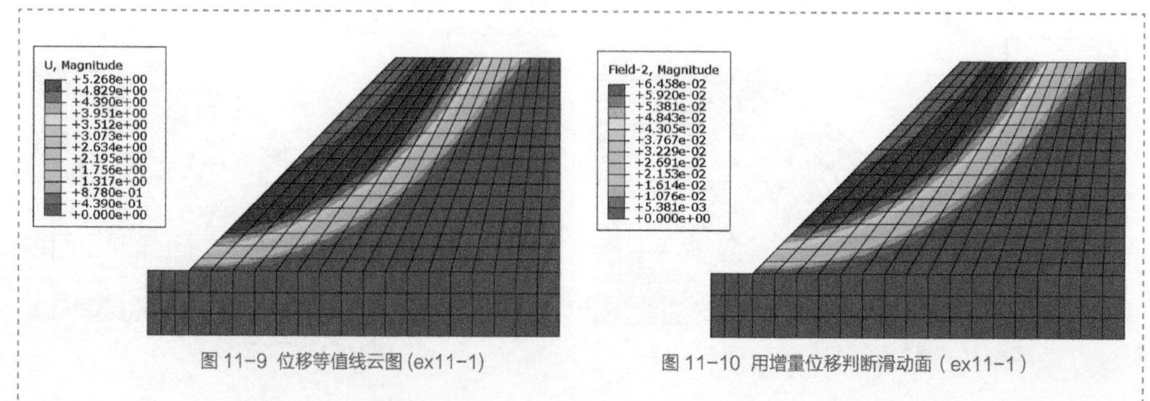

图 11-9 位移等值线云图 (ex11-1)

图 11-10 用增量位移判断滑动面（ex11-1）

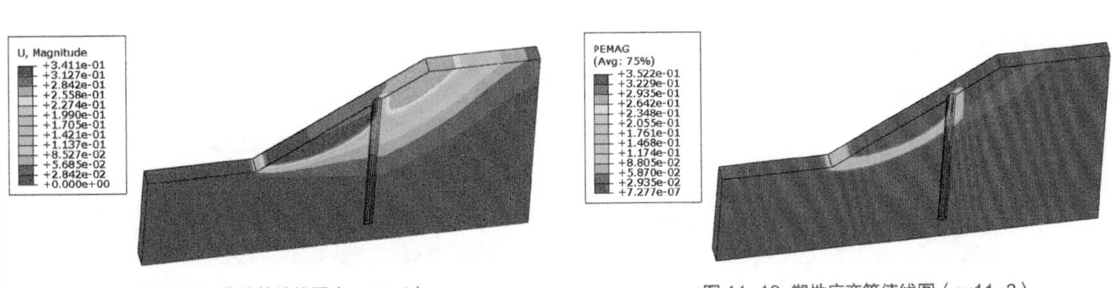

图 11-18 位移等值线图（ex11-3）

图 11-19 塑性应变等值线图（ex11-3）

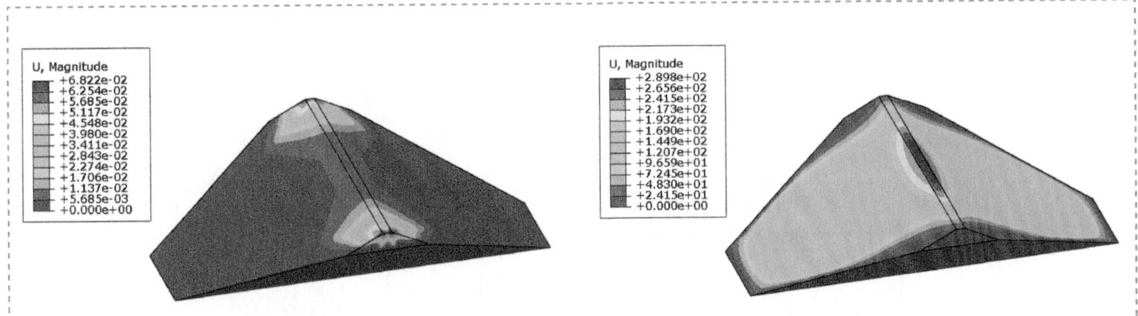

图 11-27 折减初期位移分布(ex11-4）

图 11-28 最终位移分布（ex11-4）

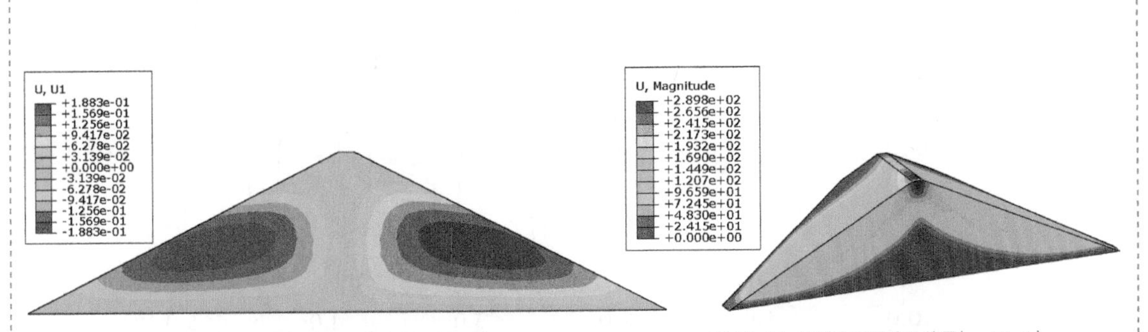

图 12-14 大坝的水平位移（ex12-2）

图 11-29 坝体内部滑动面位置(ex11-4）

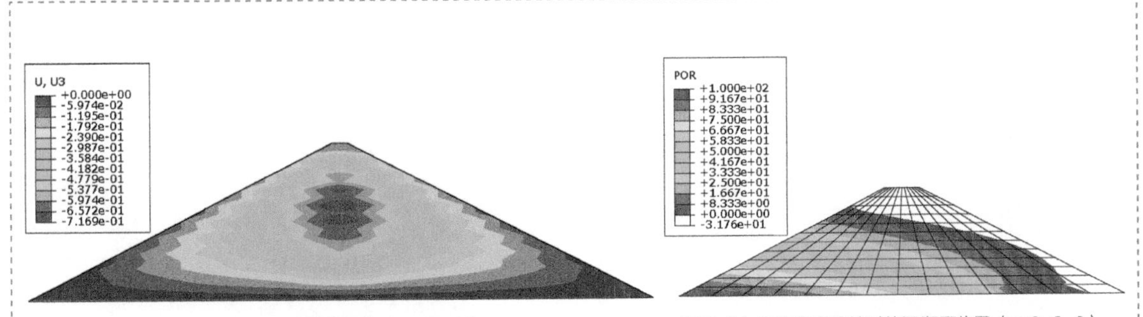

图 12-15 大坝的沉降（ex12-2）

图 8-24 正交各向异性时的浸润面位置（ex8-2-3）

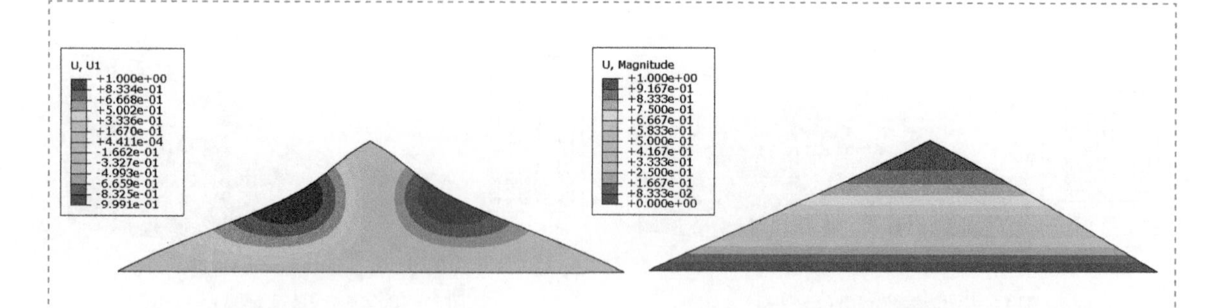

图 14-11 第 2 阶振型（ex14-2）

图 14-16 重新计算的第 1 阶振型(ex14-2)

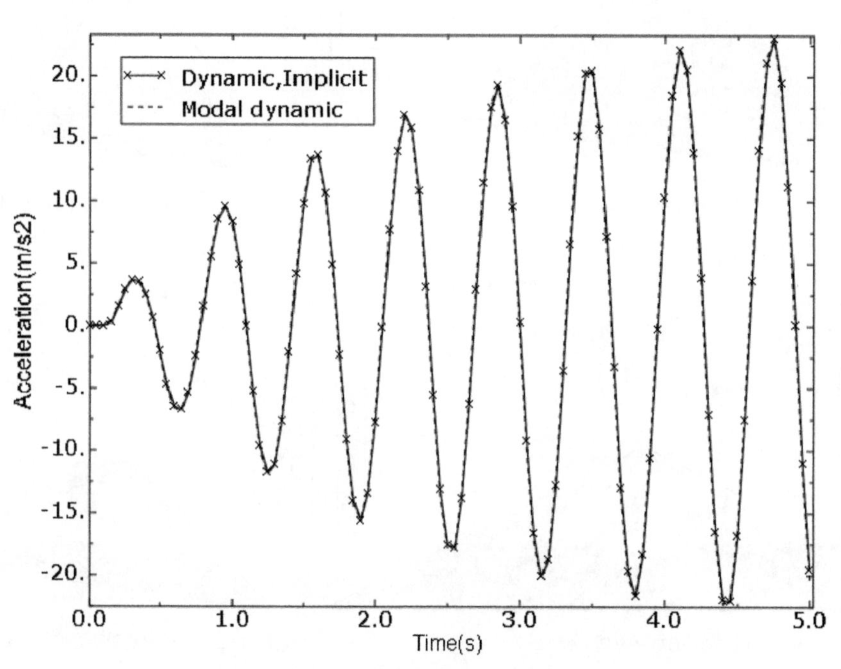

图 14-26 隐式和振型叠加法的地基表面加速度对比(ex14-4)

CAE分析大系

ABAQUS岩土工程实例详解

◎ 费康 彭劼 编著

人民邮电出版社

北京

图书在版编目（CIP）数据

ABAQUS岩土工程实例详解 / 费康，彭劼编著. -- 北京：人民邮电出版社，2017.1
（CAE分析大系）
ISBN 978-7-115-43881-2

Ⅰ. ①A… Ⅱ. ①费… ②彭… Ⅲ. ①有限元分析一应用软件 Ⅳ. ①O241.82-39

中国版本图书馆CIP数据核字(2016)第256949号

内 容 提 要

本书系统地介绍了应用 ABAQUS 6.14 进行岩土工程数值分析的步骤及需要考虑的关键问题。

本书分为 3 篇，共 15 章。基础篇（第 1～4 章）主要介绍了软件的功能，岩土工程中常用的材料模型及算例，接触理论，以及用户子程序等基本知识；应用篇（第 5～11 章）介绍了浅基础的地基承载力，挡土结构的土压力，饱和土的渗流固结，非饱和土渗流问题，桩基工作性状，岩土开挖和堆载问题，以及边坡稳定分析等问题的理论和算例；提高篇（第 12～15 章）介绍了用户自定义材料、单元的二次开发、岩土动力问题和离散元分析等。

全书结构条理清晰，实例丰富，注重数值结果与岩土理论的对比，并做了大量的扩展，具有很强的实用性。

本书适合岩土工程、水利工程及结构工程等领域的高校教师、工程技术人员和研究生阅读，也可作为岩土工程专业土木工程数值分析课程的参考书。

◆ 编　　著　费　康　彭　劼
　责任编辑　杨　璐
　责任印制　陈　犇
◆ 人民邮电出版社出版发行　　北京市丰台区成寿寺路 11 号
　邮编　100164　　电子邮件　315@ptpress.com.cn
　网址　http://www.ptpress.com.cn
　固安县铭成印刷有限公司印刷
◆ 开本：787×1092　1/16　　彩插：2
　印张：25　　2017 年 1 月第 1 版
　字数：758 千字　　2024 年 11 月河北第 26 次印刷

定价：69.80 元

读者服务热线：(010) 81055410　印装质量热线：(010) 81055316
反盗版热线：(010) 81055315
广告经营许可证：京东市监广登字 20170147 号

Preface

前言

岩土工程分析中，由于岩土体应力应变关系的非线性、荷载及边界条件的复杂性，用解析方法求解难度很大，通常需要采用数值方法进行求解，数值分析结果是岩土工程师对问题进行判断的重要依据之一。ABAQUS 是一款功能强大的通用有限元软件，包含十分丰富的材料模型、单元模式、荷载及边界条件，能够求解静力、动力等多种问题，尤其在求解非线性问题方面的能力十分优异，对岩土工程有较好的适用性。

岩土数值分析要取得比较好的效果，一是要熟悉分析软件的功能及特点，二是要掌握相关数学、力学理论，本书在编写时充分考虑了这两者之间的关系。建议读者在学习时先将基本例子吃透，并与理论知识进行对比，分析计算假设及结果的异同，在此基础上进行拓展，进而解决实际工程问题。

主要内容

本书结合 ABAQUS 6.14，将内容分为三篇共 15 章，对 ABAQUS 在岩土工程中的应用进行了讲解，即基础篇（第 1～4 章）、应用篇（第 5～11 章）和提高篇（第 12～15 章）。入门篇主要介绍软件的功能、岩土工程中常用本构关系、接触面理论和用户子程序构成等基本知识，这部分内容可帮助读者快速入门。应用篇中结合浅基础的地基承载力、挡土结构的土压力、饱和土的渗流固结、非饱和土的渗流、桩基工作性状、岩土开挖和堆载问题和边坡稳定分析等具体问题，通过一系列算例详细介绍了模型建立、问题求解和结果后处理的具体过程。通过这部分的学习，读者应能利用 ABAQUS 分析常见的岩土工程问题，并增加对相关岩土工程理论的认识。提高篇中介绍了用户自定义材料和单元的二次开发、如何用隐式和显式方法求解岩土动力问题、离散元分析等主要内容，这部分内容可帮助读者结合需求，进行二次开发，扩展 ABAQUS 软件在岩土工程中的应用范围。

本书提供了书中所有章节涉及的 62 个实例的模型文件及用户子程序 for 文件，以供读者参考。

统一技术支持

读者在学习过程中遇到困难，可以通过我们的立体化服务平台（微信公众服务号：iCAX）联系，我们会尽量帮助读者解答问题。此外，在这个平台上我们还会分享更多的相关资源。微信扫描下面的二维码即可获得本书全部案例源代码的下载方式。

微信公众服务号：iCAX

读者如果无法通过微信访问，也可以给我们发邮件：iCAX@dozan.cn。

分工与说明

全书编写分工如下：全书章节安排及统稿由费康负责，第 1、2、3、4、5、6、10、11、12、13、15 章由费康执笔，第 7、8 章由彭劼执笔，第 9 章由秦红玉执笔，第 14 章由丰土根执笔。

需要指出，本书力求详尽的解释利用 ABAQUS 软件进行岩土工程数值分析的步骤及需考虑的关键因素，但由于时间仓促，作者水平有限，书中难免有错漏之处，恳请广大读者批评指正。

Contents
目录

基础篇

应 用 篇

提 高 篇

基础篇

主要介绍软件的功能、岩土工程中的常用本构关系、接触面理论和用户子程序构成等基本知识。

第 1 章 ABAQUS 快速入门

本章导读

岩土工程分析中，由于岩土体本构关系的非线性、荷载及边界条件的复杂性，用解析方法求解难度很大，通常需要采用数值方法进行计算，数值分析结果是岩土工程师对问题进行判断的重要依据之一。有限元法可以在计算中真实地反映材料的非线性本构关系，能实现各种复杂的边界条件，是岩土工程数值分析中最常采用，也是最强有力的分析方法。

ABAQUS 是一款功能强大的通用有限元软件，包含十分丰富的材料模型、单元模式、荷载及边界条件，能够求解静力、动力等多种问题，尤其在求解非线性问题方面的能力十分优异，对岩土工程有较好的适用性。本章介绍 ABAQUS 的功能与特点，并通过求解地基附加应力分布、三维大坝建模的实例帮助读者快速入门。

本章要点

- ABAQUS 通用约定
- ABAQUS/CAE 基础
- CAE 的功能模块的主要功能及菜单
- 地基中附加应力分布计算实例
- 三维大坝建模实例

1.1 ABAQUS 介绍

1.1.1 ABAQUS 概述

ABAQUS 公司成立于 1978 年，创始人是 David Hibbitt、Bengt Karlsson 和 Paul Sorenson，前身名叫 HKS。2002 年公司改名为 ABAQUS，2005 年被法国达索公司（Dassault Systèmes，DS）收购，2007 年更名为 SIMULIA，ABAQUS 是达索公司的重要产品之一。经过多年的积累，ABAQUS 已经从最初的 15000 行 FORTRAN 程序发展成了一款前后处理功能强大、求解模块丰富、适用范围广的有限元软件，目前最新版本是 6.14。

 注意：

本书中若不加说明，ABAQUS 都指代 ABAQUS 6.14-1。当然，本书的绝大多数内容也适合 ABAQUS 的其他版本。

1.1.2 ABAQUS 软件体系

ABAQUS 软件体系主要由前后处理模块、通用分析模块、专用分析模块和与第三方软件的接口模块所组成。

1．前后处理模块

（1）ABAQUS/CAE。

ABAQUS/CAE 提供了利用 ABAQUS 进行问题求解的交互式图形用户界面，具有强大的前、后处理功能，涵盖了有限元分析的各个步骤，如建立模型的几何形状、选择材料模型及设定材料参数、选择分析过程的类型、设定荷载及边界条件、考虑接触、网格划分、结果后处理等。通过 ABAQUS/CAE 还可交互式提交任务进行计算，并可对计算过程进行监视和控制。计算结果可在后处理时用云图、曲线、动画等多种形式呈现，支持数据结果的输出。

（2）ABAQUS/Viewer。

ABAQUS/Viewer 是 ABAQUS/CAE 的子模块，仅具有后处理功能，相当于 ABAQUS/CAE 中的 Visualization 功能模块。

2．通用分析模块

（1）ABAQUS/Standard。

ABAQUS/Standard 是一个通用的分析模块，基于隐式求解控制方程，可用于分析绝大多数线性和非线性问题，包括静力、动力、热传导、流体渗透/应力耦合分析等问题。

（2）ABAQUS/Explicit。

ABAQUS/Explicit 采用显式动态有限元格式，适用于模拟短暂或瞬时动态问题，如冲击和爆炸荷载作用下的结构响应等。另外，ABAQUS/Explicit 在分析由于复杂接触条件导致的高度非线性问题时也十分有效，如板材锻压、冲压成型问题等。

（3）ABAQUS/CFD。

ABAQUS/CFD 是流体动力分析模块，可用于求解热—流耦合问题、流—固耦合问题。应用该模块时的流体材料性质、流体边界条件、流体载荷及流体网格划分等前处理均可在 ABAQUS/CAE 中完成。

3．专用分析模块

ABAQUS 提供了专业分析模块用于特定行业问题的分析，如专门用于模拟海岸结构的 ABAQUS/Aqua 模块（可模拟海上石油平台等遭受波浪荷载、风荷载和浮力荷载作用下的结构），用于分析设计参数变化对结构响应的影响的 ABAQUS/Design 模块等。鉴于岩土数值分析中很少涉及相关模块，本书中不做介绍。

4．与第三方软件的接口模块

ABAQUS 提供的几何接口模块可与第三方 CAD 软件所生成的几何模型进行数据交换。目前支持的格式有 CATIA、Pro/ENGINEER、SolidWorks、Parasolid 等。用户也可利用 ABAQUS 的模型转换功能将 ANSYS、LS-DYNA 等软件的输入文件转换为 ABQUS 的输入文件。该部分内容本书中不做介绍。

注意：

ABAQUS 会根据 CAE 中创建的分析步类型判断采用哪个分析模块进行求解，用户可在 CAE 中完成建模、分析求解和后处理等所有工作。

1.2 ABAQUS 通用约定

这里主要介绍岩土数值分析中可能涉及的内容。

1．自由度编号

除了轴对称单元，ABAQUS 中的自由度编号意义如下。

1：x 向位移。

2：y 向位移。

3：z 方向位移。

4：绕 x 轴的转角，单位为弧度。

5：绕 y 轴的转角，单位为弧度。

6：绕 z 轴的转角，单位为弧度。

8：孔隙压力。

11：温度。

对于轴对称单元，自由度编号含义如下。

1：r 向位移。

2：z 向位移。

5：绕 z 轴的转角，单位为弧度。

6：r-z 平面内的转角，单位为弧度。

8：孔隙压力。

11：温度。

2. 坐标系

ABAQUS 中的默认坐标系是笛卡儿直角坐标系。用户可以定义任意满足右手螺旋法则的局部坐标系。局部坐标系可用于节点坐标的定义，集中荷载作用方向和边界条件的指定，非均匀材料的定义等。

3. 单位

在 ABAQUS 中，旋转的单位是弧度，角度的单位是度。除此之外，ABAQUS 中并不限制物理量的具体单位。因而，用户必须保证所选用的单位是相互协调的。如力的单位可取牛顿（N），也可取 kN。下表给出了岩土数值分析中常用的量纲系统。

表　常用量纲系统

物理量	单位 1	单位 2
长度	m	m
载荷	N	kN
质量	kg	tonne(10^3kg)
时间	s	s
应力	Pa(N/m^2)	kPa(10^3N/m^2)
密度	kg/m^3	tonne/m^3

4. 时间

ABAQUS 的分析可包含多个分析步，如先采用静力分析步求解某土工构筑物在重力荷载下的应力分布，然后采用动力分析步求解其地震响应。ABAQUS 采用两种度量对时间进行描述，一是分析步时间，从各分析步的起始开始计算；二是总的时间，其起始为零，在所有的通用分析步中累积。

5. 面的切向方向

在进行接触问题分析时，常需要知道沿某一表面切向的滑移和摩擦力。如图 1-1 所示，ABAQUS 中认为空间中的面具有两个切向，切向 1 为整体坐标系 x 轴在面上的投影，切向 2 与切向 1 垂直，按照右手螺旋法则确定的方向 3 应为该面的外法线方向。

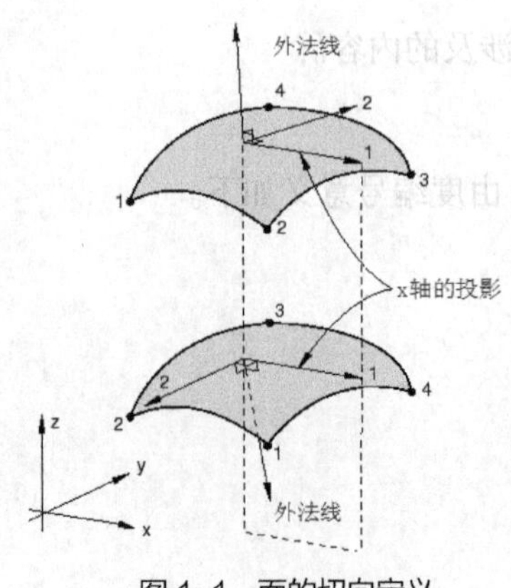

图 1-1　面的切向定义

注意：

如果整体坐标的 x 轴与面近似垂直（与面法线的夹角小于 0.1°），切向 1 为整体坐标系的 z 轴在面上的投影。

6. 应力和应变分量

在定义材料本构关系时，ABAQUS 采用的是有效应力，正面上以指向坐标轴正向的应力为正，负面上指向坐标轴负向的应力为正，即对正应力和正应变以拉为正。应力储存的顺序和符号含义如下。

σ_{11}：1 方向的正应力。

σ_{22}：2 方向的正应力。

σ_{33}：3 方向的正应力。

τ_{12}：1-2 平面上的剪应力。

τ_{13}：1-3 平面上的剪应力。

τ_{23}：2-3 平面上的剪应力。

应变的存储顺序和符号含义是相似的，需要注意 ABAQUS 中的剪应变是工程剪应变。

注意：

（1）这里的方向 1、2 和 3 取决于所选的单元类型，对于实体单元分别为整体坐标系的 3 个方向；对膜单元，方向 1，2 对应面的切向 1 和 2。

（2）ABAQUS/Explicit 中应力的储存顺序为 σ_{11}、σ_{22}、σ_{33}、τ_{12}、τ_{23}、τ_{13}。

7. 应力不变量

弹塑性力学中材料的本构关系通常用应力不变量描述，ABAQUS 中的相关变量如下。

p：平均应力，与第一应力不变量相关，ABAQUS 中又称为等效压应力（equivalent pressure stress）。

$$p=-\frac{1}{3}\text{trac}(\sigma)=-\frac{1}{3}(\sigma_{11}+\sigma_{22}+\sigma_{33}) \tag{1-1}$$

q：偏应力，与偏应力分量的第二应力不变量相关，在 ABAQUS 中称为等效米塞斯偏应力（Mises equivalent stress）。

$$q=\sqrt{3J_2} \tag{1-2}$$

$$J_2=\frac{1}{2}\left(S_x^2+S_y^2+S_z^2\right)+S_{xy}^2+S_{yz}^2+S_{zx}^2=-S_1S_2-S_2S_3-S_3S_1 \tag{1-3}$$

$$\boldsymbol{s}=\boldsymbol{\sigma}+p\boldsymbol{I} \tag{1-4}$$

式中 $\boldsymbol{s}$ 为偏应力张量，$\boldsymbol{I}$ 是单位矩阵。

注意：

由于 ABAQUS 中以拉为正，而岩土工程中常常受到压应力，因此为方便起见，ABAQUS 令 $p=-\frac{1}{3}\text{trac}(\sigma)$。

1.3 ABAQUS/CAE 基础

ABAQUS/CAE 通过交互功能，完美地集成了前后处理和求解功能，是用户最常使用的模块。本节主要介绍 ABAQUS/CAE 的功能模块及应用等重点基础知识。

1.3.1 ABAQUS/CAE 的启动方式

启动 CAE 有两种方式：

（1）开始菜单启动，执行【开始】/【所有程序】/【Abaqus 6.14-1】/【Abaqus CAE】命令。

（2）命令启动，在命令行窗口键入 abaqus cae。

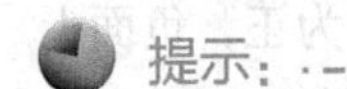
提示：

执行【开始】/【所有程序】/【Abaqus 6.14-1】/【Abaqus Command】命令可调出 ABAQUS 的命令窗口。在命令窗口界面下可通过 ABAQUS 自带的各项命令执行相应功能。用户可输入 abaqus help 查看所有自带命令及输入格式。

当 CAE 启动后，会出现 Start Session（开始任务）对话框，如图 1-2 所示。对话框中选项的含义如下。

- Create Model Database：建立一个新的模型。模型类别可以是 Standard/Explicit、CFD 流体模型或 Electromagnetic 电磁模型。该选项与进入 ABAQUS 界面后执行【File】/【New Model Database】命令等价。
- Open Database：打开一个已有的模型或计算结果数据库文件。该选项与进入 ABAQUS 界面后执行【File】/【Open】命令等价。
- Run Script：运行一个包含 ABAQUS/CAE 命令的脚本文件。脚本文件的后缀名为.py，由 python 语言编写，通过脚本语言可控制 ABAQUS 的建模。该选项与进入 ABAQUS 界面后执行【File】/【Run Script】命令等价。
- Start Tutorial：从帮助文档中启动辅助教程。该选项与进入 ABAQUS 界面后执行【Help】/【Getting Started】命令等价。
- Recent Files：打开最近使用的模型数据或输出数据文件。该选项与进入 ABAQUS 界面后执行【File】/【Recent Files】命令等价。

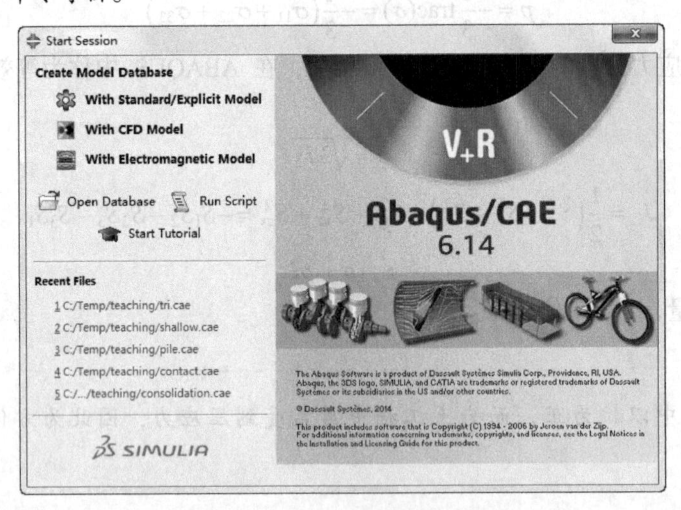

图 1-2　Start Session 对话框

1.3.2 ABAQUS/CAE 主界面构成

ABAQUS/CAE 主界面构成如图 1-3 所示，各构件的含义及作用简要解释如下。

- 标题栏（Title Bar）：标题栏显示了当前 ABAQUS/CAE 版本和模型数据库名称。
- 菜单栏（Menu Bar）：菜单栏中包含了所有可用的菜单，通过菜单可以调用 ABAQUS/CAE 的所有功能。菜单栏的具体内容取决于当前的功能模块。

- 工具栏（Toolbar）：工具栏提供了菜单功能的快捷访问方式。

> 提示：
>
> 工具栏上的图标显示可通过菜单【View】/【Toolbars】改变。

- 环境栏（Context Bar）：ABAQUS/CAE 分为 10 个功能模块，每个模块可实现相应的功能，如设置接触的模块，设置荷载和边界条件的模块等。用户可以通过环境栏的模块（Module）下拉列表在不同的模块之间切换。环境栏上的其他项则提供了与当前模块有关的功能。
- 模型树（Model Tree）：模型树可使用户清晰地了解当前模型的构成，并且通过模型树功能可以对 ABAQUS 模型进行操作、创建/修改、交互查询，使用其可以实现菜单栏、工具栏和环境栏中的绝大多数功能。
- 结果树（Results Tree）：结果树使用户能很方便地进行后处理管理，使用其可以实现可视化（Visualization）功能模块中菜单栏、工具栏和环境栏的绝大多数功能。

> 提示：
>
> （1）通过 Ctrl+T 或者执行【View】/【Show Model Tree】命令可以显示或者隐藏模型树或结果树。
>
> （2）在模型树或结果树中的各选项上单击鼠标右键可以调出相应的功能菜单。

- 工具箱区（Toolbox Area）：当用户进入某一模块之后，工具箱区会显示与当前模块相对应的工具图标。通过这些工具图标，用户可以快速调用当前模块的大部分功能。

> 提示：
>
> （1）将鼠标在图标上略作停留，即有操作提示说明。
>
> （2）一些图标的右下角有黑色小三角标记，在这些图标上按住鼠标左键会显示隐藏的工具图标。

- 画布和作图区（Canvas and Drawing Area）：该区域可视为一个无限大的作图区域，用户可以在其中布置图形窗（Viewport）。
- 图形窗（Viewport）：图形窗用于显示用户的模型。

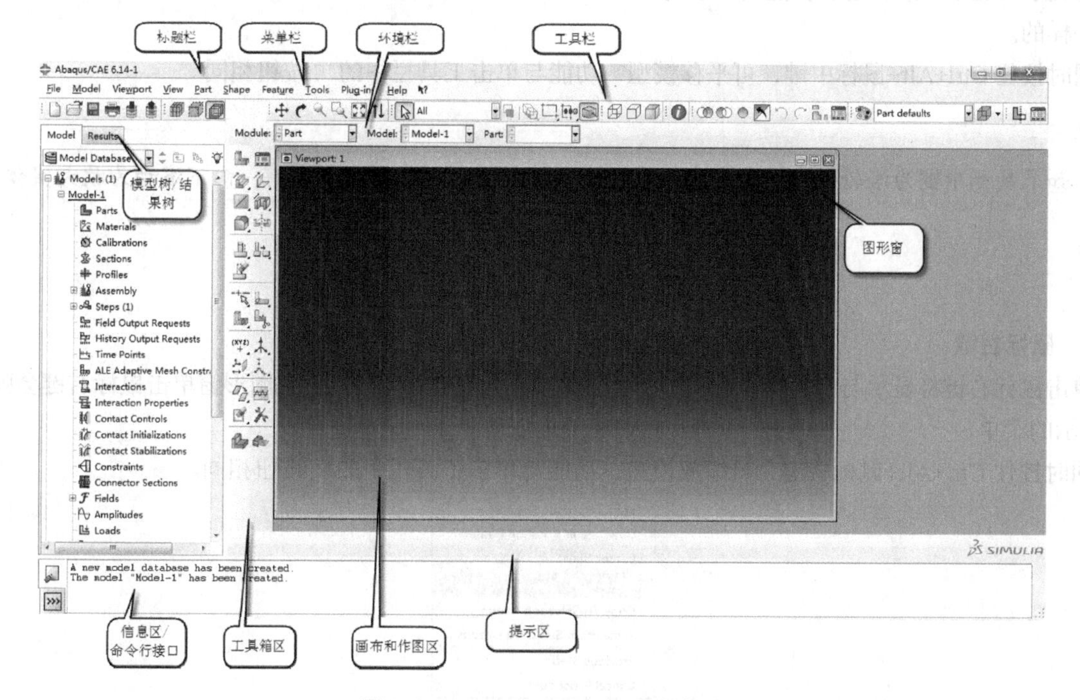

图 1-3　ABAQUS/CAE 主界面的构成

- 提示区（Prompt Area）：在用户进行某一具体操作时，提示区中会显示相应的信息，指导用户进行下一步操作。
- 信息区（Message Area）：信息区中会显示状态信息和警告，信息区的大小可以通过拖动顶边进行调整。
- 命令行接口（Command Line Interface）：利用 ABAQUS/CAE 内置的 Python 编译器，用户可以使用命令行接口键入 Python 命令和数学计算表达式。

信息区和命令行接口（Command Line Interface）共享同一位置，ABAQUS/CAE 默认显示信息区，可单击信息区左下角的选项卡图标和在两者之间进行切换。

1.3.3 ABAQUS/CAE 中鼠标的使用

ABAQUS/CAE 中的大部分操作都可通过鼠标进行，了解鼠标使用的规则是十分必要的。

1. 鼠标左键

鼠标左键用于选择图形窗中的实体、展开折叠菜单和选择菜单中的具体命令。本书中如无特殊说明，“单击”“选择”和“拖曳”操作均指鼠标左键。

同时按住 Ctrl+Alt+鼠标左键，可旋转模型，功能与单击工具栏中的按钮相同。

提示：

在选择图形窗中的实体时，单击只能选择一个实体，Shift+单击可选择多个实体，Ctrl+单击为取消选中实体。

2. 鼠标中键（滚轮）

在图形窗中单击鼠标中键（滚轮）意味着用户已经完成了当前任务。例如，当要创建一个集合时，提示区会提示用户在屏幕上选择相应的实体，当选择结束后，单击鼠标中键（滚轮）意味着选择已经结束。其实质上与提示区显示的默认选项功能是一致的。如图 1-4 所示，此时单击提示区的【Done】按钮与单击鼠标中键是一样的。

同时按住 Ctrl+Alt+鼠标中键，可平移模型，功能与单击工具栏中的按钮相同。

提示：

如果鼠标中键为滚轮，在图形窗向上滚动滚轮可以缩小实体的显示比例，向下滚动为放大实体。

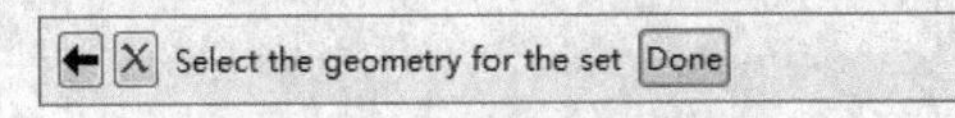

图 1-4　提示区中的按钮示例

3. 鼠标右键

单击鼠标右键将显示与当前操作有关的弹出式菜单，如在选择实体时，在图形窗单击鼠标右键会弹出图 1-5 所示的菜单。

同时按住 Ctrl+Alt+鼠标右键，可缩放模型，功能与单击工具栏中的按钮相同。

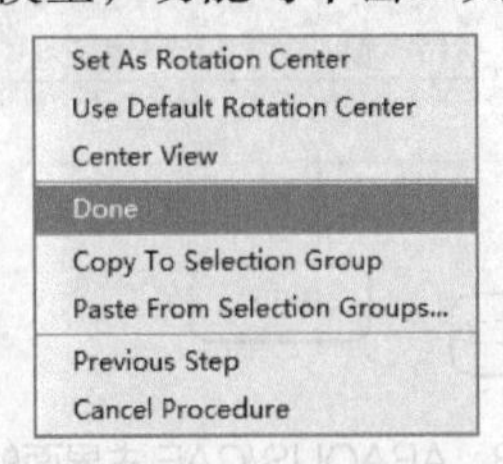

图 1-5　右键弹出菜单示例

1.3.4 ABAQUS的常用文件格式

在前、后处理及运算过程中，ABAQUS会产生一系列的文件，下面对常见的几种文件格式进行介绍。

1. .rpy文件

在ABAQUS/CAE建模过程中，ABAQUS会自动生成abaqus.rpy文件，该文件中包含了CAE建模过程中的所有命令。如果一个目录下已经存在rpy文件，ABAQUS会自动增加一个数字后缀加以区别，如abaqus.rpy.1、abaqus.rpy.2等。

 提示：

rpy文件中包含了用Python语言表达的建模命令，用户可用文本编辑器打开rpy文件，了解学习Python相关命令。

2. .cae文件

当用户保存当前模型后，ABAQUS会产生cae文件，其包含了模型几何形状、材料特性、荷载条件、边界条件、网格划分等一系列数据。

3. .jnl文件

jnl文件与rpy文件类似，也包含了建模命令，但其只保存存过盘的命令。如果建模过程中改变了模型的尺寸，rpy文件会记录所有的操作，而jnl文件只会保留最终数据。如果由于某种原因，模型数据库cae文件丢失，用户可在ABAQUS命令行接口输入以下命令重新建模：

```
abaqus cae recover=model_database_name.jnl（model_database_name是文件名）
```

用户也可执行【File】/【Run Script】命令，将文件类型选为所有，找到相应的jnl文件，单击【OK】按钮后重新生成模型数据库（见图1-6）。将jnl后缀改成py即为脚本文件。

 提示：

【File】/【Run Script】命令也可执行.py和.rpy脚本文件。

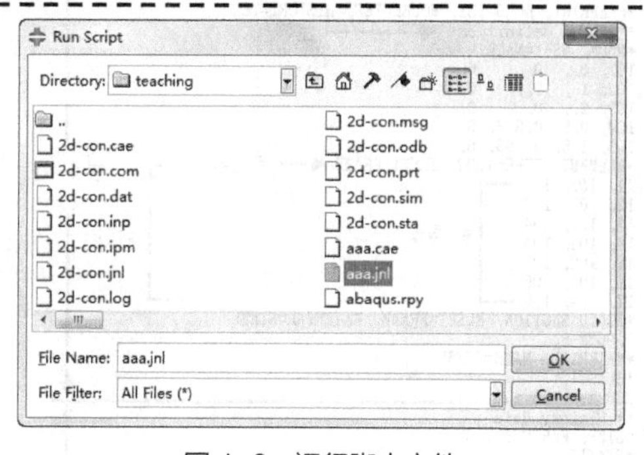

图1-6　运行脚本文件

4. .inp文件

inp是ABAQUS的计算输入文件，又称任务文件，可以用记事本、写字板或UltraEdit等文本编辑工具打开。它包含了计算所需的所有信息，可以由ABAQUS/CAE生成，也可以由用户按照规定格式直接编写。

 提示：

（1）原先老版本中初始应力定义、模型等生死功能需要用户修改inp文件，而ABAQUS 6.14-1中的CAE对命令的支持更丰富，相关功能可直接在CAE中实现。

（2）建议用户通过执行【Model】/【Edit Keywords】命令修改inp文件，以免与CAE的操作发生冲突，也利于后续修改。

如图 1-7 所示，ABAQUS 的输入 inp 文件分为两个不同的部分：第一部分是模型数据（Model data），其中包括了定义分析所需的各种信息，如单元数据、节点数据和材料数据等；第二部分包括定义分析计算所需的计算过程（History data）。这两部分都由一系列的选项块组成，每个选项块由关键字行（Keyword line）开始，其后跟随一行或多行的数据行（Data line）。关键字行和数据行的编写注意事项简要总结如下。

（1）关键字行以星号（*）开始。如*Node 是设置节点坐标的关键字，*Material 是设置材料的关键字。

（2）关键字后通常会跟随一些参数，在关键字和参数之间必须用逗号（，）分隔，不同的参数之间也应用逗号分隔。

（3）ABAQUS 会忽略关键字行中的空格。

（4）包括空格在内，每个关键字行不能超过 256 个字符。

（5）关键字行对字母大小写无限制。

（6）如果参数需要赋值，需用等号（=）将参数和数值联系起来，如*Element，Type=C3D8 表示定义的是三维八节点单元。

（7）若一行参数过多，可在句末用逗号（，）标识，ABAQUS 会将下一行作为继续行。

（8）某些关键字必须和其他关键字联合使用，如表示材料为弹性材料的关键字*Elastic 必须在定义材料的关键字*Material 的后续行中使用。

（9）以两个星号（**）开头的行为注释行。

（10）包括空格在内，每个数据行不能超过 256 个字符。

（11）数据行的具体要求和关键字有关，不同的关键字有不同的要求，用户可以参照 ABAQUS 帮助手册。

（12）数据行为关键字提供的相应数据，应紧跟在关键字行之后。

（13）数据之间应用逗号（，）分隔，若省略相邻两个逗号之间的数据，则意味着相应的参数为空值。对于没有默认值的参数，ABAQUS 会自动令其等于 0。

（14）浮点数据最多可为 20 位，包含符号、小数点和指数表示法的符号等。整型数据最大可为 9 位。字符型数据最多可有 80 个字符，不分大小写。

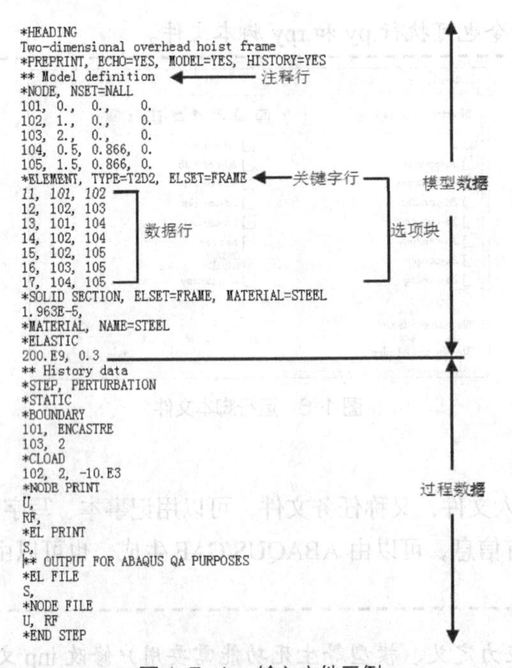

图 1-7　inp 输入文件示例

提示：

用户可通过执行【File】/【Input】/【Model】命令，将已有的 inp 文件导入 ABAQUS/CAE。

5. .dat 文件

dat 文件通常包含了模型数据的检查信息，如边界条件设置有无重叠、网格质量是否满足要求、问题的计算规模、调用的内存大小等。

6. .msg 文件

msg 文件包含了计算过程中的非常有用的信息，如各分析步的非线性计算收敛标准，各增量步的步长、迭代次数、迭代过程等。通过 msg 文件，用户可以了解运算中不收敛的因素，可做出相应的调整。

7. .sta 文件

sta 文件是状态文件。该文件包含了各增量步的概要信息，如当前分析步、当前增量步、当前增量步长、迭代次数等。在计算过程中打开该文件可以知道计算进度。

提示：

前处理出错检查 dat 文件，计算不收敛检查 msg 文件，计算进度总结汇总于 sta 文件，这 3 个文件都可以用记事本、写字板或 UltraEdit 等文本编辑工具打开。

8. .odb 文件

odb 是 ABAQUS 的计算结果数据库文件，用户可控制写入到数据库文件的结果，如单元的应力、节点的位移等，数据库的名称与提交的 inp 任务文件名一致。odb 文件可以由 ABAQUS/CAE 或 ABAQUS/Viewer 打开。已有 odb 数据库的网格可利用【File】/【Input】/【Model】命令导入 CAE。

9. .fil 文件

fil 文件是 ABAQUS 的二进制格式计算结果文件，具体包含的结果数据同样可由用户自主控制。ABAQUS 用特定的格式对其进行读写操作，用户可以通过 ABAQUS 提供的实用程序（utility routines）获得相关信息。fil 文件也可供 Patran、FE-SAFE 等第三方软件读取。

1.4 ABAQUS/CAE 中的功能模块

有限元分析流程一般包括前处理（包括几何模型、材料参数、荷载及边界条件、网格剖分等）、计算、后处理等几个步骤，ABAQUS/CAE 通过相应的功能模块实现相关操作。如图 1-8 所示，用户可在环境栏上【Module】右侧的下拉列表中切换功能模块，下拉列表中功能模块的排列顺序与完成有限元分析任务的逻辑顺序大致一致，虽然 CAE 允许用户在模块中自由切换，但为便于建模，建议用户按照默认顺序执行。

Optimization（优化）模块主要用于对物体进行拓扑和形状优化，本书中不涉及相关内容，其他模块的功能与菜单介绍如下。

图 1-8 ABAQUS/CAE 中的功能模块选择

提示：

并非所有模块都需用到，比如若不存在接触问题，则无需进入 Interaction 模块。

1.4.1 Part（部件）模块

1．主要功能

部件是 ABAQUS/CAE 创建几何模型的“积木”，用户在 Part 模块中创建部件后，可在 Assembly 模块中把它们组装起来生成实体。ABAQUS/CAE 中的有限元模型由一个或多个部件组成。如一辆汽车，可简单视为一个车身和 4 个轮子，用户只需创建车身和轮子的单独部件，然后在 Assembly 模块中将轮子部件插入 4 次即可；再如考虑桩土接触的群桩基础，建模时也只需要创建一个桩的部件。

Part 模块的主要功能是创建、编辑和管理部件。ABAQUS/CAE 中的部件有几何部件（native part）和网格部件（orphan mesh part）两种。几何部件是基于“特征（feature-based）”生成的，CAE 通过几何信息（维数、长度等）和生成规则（拉伸、扫掠、切割等）等特征信息储存和生成部件。网格部件不包括几何实体特征，只包含关于节点、单元、面、集合的信息，如外部第三方软件生成的网格数据导入 CAE 后的即为网格部件。几何部件和网格部件各有其优点，使用几何部件可以很方便地修改模型的几何形状，而且修改网格时不必重新定义材料、载荷和边界条件。用网格部件则能更灵活地修改各个节点和单元的位置，优化网格。

提示：

岩土工程分析中，若不考虑接触问题，只需创建一个部件。如一多层地基，不需要将不同的土层作为不同的部件，只需利用 Partion 分隔工具，将土层分为不同区域，并在 Property 模块中赋予不同的材料即可。

2．主要菜单

除了各模块中的通用菜单之外（如【File】、【View】等），Part 模块中还包含了用以创建、编辑和管理模型中的各个部件的菜单，这里介绍常用的几个。

（1）【Part】菜单。

【Part】菜单下有【Manager】（管理）、【Create】（创建）、【Copy】（拷贝）、【Rename】（重命名）和【Delete】（删除）5 个选项。其中【Create】对应工具箱区中的按钮，其余 4 个选项都集成于工具箱区的按钮之中。执行【Part】/【Create】命令或单击之后，弹出如图 1-9 所示的创建部件对话框。对话框中包含部件定义的几个基本属性。

- 模型空间：部件可在三维、二维平面或者轴对称空间创建。二维问题中，CAE 默认模型定义在 x-y 平面之内；轴对称问题中，CAE 同样默认模型在 x-y 平面内定义，且认为 y 轴为对称轴。
- 部件类型：CAE 中的部件类型分为可变形部件（Deformable part）、离散刚体部件（Discrete rigid part）或解析刚体部件（Analytical rigid part）、欧拉（Eulerian）部件、电磁（Electromagnetic）部件和流体（Fluid）部件。可变形部件是在荷载作用下可以变形，是岩土数值分析中最常使用的部件类型。离散刚体部件可以是任意形状的，解析刚体部件则只可以是用直线、圆弧和抛物线创建的形状，刚体在载荷作用下不发生变形，常用于锻压等接触分析。欧拉部件用于指定欧拉分析中的区域，物质可在区域中流动。电磁部件只能用于电磁分析。流体部件只能在 ABAQUS/CFD 中使用。
- 基本特征：部件的几何形状可以是实体、面、线或点，其由图 1-9 所示的对话框 Base Feature 组中 Shape 下的选项确定，右侧的 Type 选项是对应的部件生成方法，几何形状不同对应的生成方法也有所区别，如对三维实体，可选用的类型是拉伸（Extrusion）、旋转（Revolution）和扫掠（Sweep）。
- 部件尺寸：部件的近似尺寸是为了方便 CAE 计算图纸及网格的大小。该尺寸数值应与部件的最大尺寸接近。部件的近似尺寸一经指定无法修改。为了准确反映部件尺寸，CAE 建议部件尺寸在 0.001 到 10000 个长度单位之间。这是因为 CAE 中支持的最小尺寸为 10^{-6} 个长度单位，若部件几何尺寸小于 10^{-3} 个长度单位，节点和单元大小可能小于正常范围，带来的误差较大。

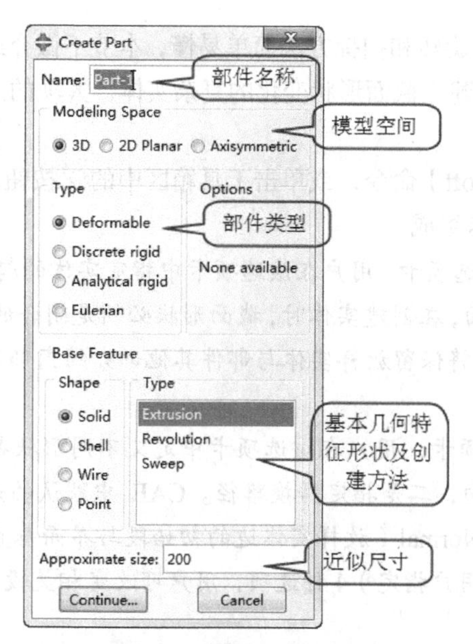

图 1-9　创建部件对话框

部件的基本属性设定完成之后，单击【Continue】按钮将进入到二维草图绘制界面。该界面的功能与 Sketch 功能一致。用户可通过其提供的工具箱快捷图标（见图 1-10），方便地绘制模型的几何形状。

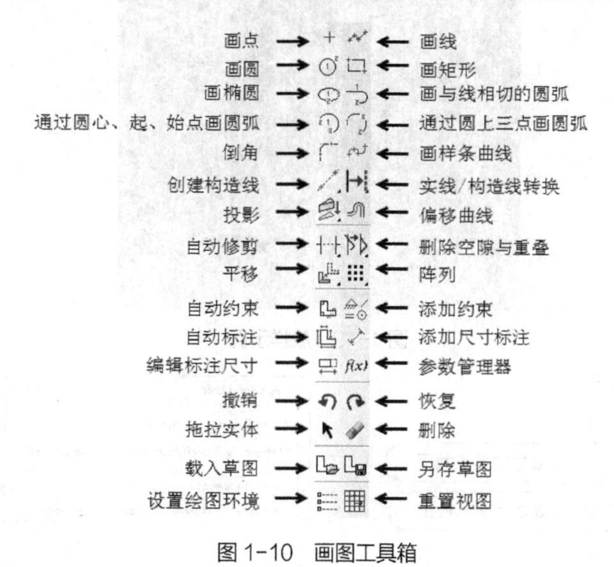

图 1-10　画图工具箱

（2）【Shape】菜单。

该菜单针对实体、面、线、切割和过渡等几何特征提供了相应的创建方法。利用本菜单，用户可建立几何形状复杂的部件。该菜单对应的工具箱区按钮如图 1-11 所示。

创建实体 → ← 创建壳体
创建直线 → ← 创建切割
创建过渡：圆角、倒角 → ← 镜像

图 1-11　【Shape】菜单对应的工具箱区按钮

注意：

【Shape】菜单的功能是添加相应特征到现有的部件之中，用户必须先创建一个部件，再在其基础上利用【Shape】菜单的功能构建复杂的几何模型。

实体特征创建方法中的拉伸、旋转和扫掠方法简单易懂，本节不做介绍，只重点介绍放样（Loft）功能。如图 1-12 所示，放样功能适用于建立截面形状变化的复杂实体，大坝的三维有限元模型常采用这种方法建模。

执行【Shape】/【Solid】/【Loft】命令，或单击工具箱区中的按钮，弹出图 1-13 所示的编辑放样对话框。该对话框由下面两个选项卡组成。

- 截面（Cross Sections）定义选项卡：用户在该选项卡中指定实体的起、止截面及中间过渡截面（如有）。放样功能最少需要两个界面，在创建实体时，截面形状必须是闭合的。需要注意，若选中【Keep internal boundaries】复选框，CAE 将保留放样实体与部件其他部分的内部边界，其可方便后续材料分区的设置。
- 过渡（Transition）定义选项卡。用户在该选项卡中定义不同形状截面之间的过渡方法。过渡方法有两大类，一是指定切线方向，二是指定转换路径。CAE 中默认的是采用指定切向方向的方法。该方法中有 None（无限制）、Normal（放样实体边的初始段与界面垂直）、Radial（放样实体边的初始段与截面水平）和 Specify（用户指定）4 种选项，用户可改变相关设定，观察放样实体形状的改变，熟悉相关功能。

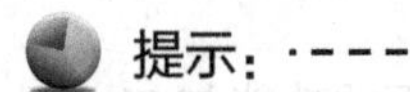

提示：

在工具箱区中的按钮的右下角上按住鼠标左键，可显示隐藏的按钮。

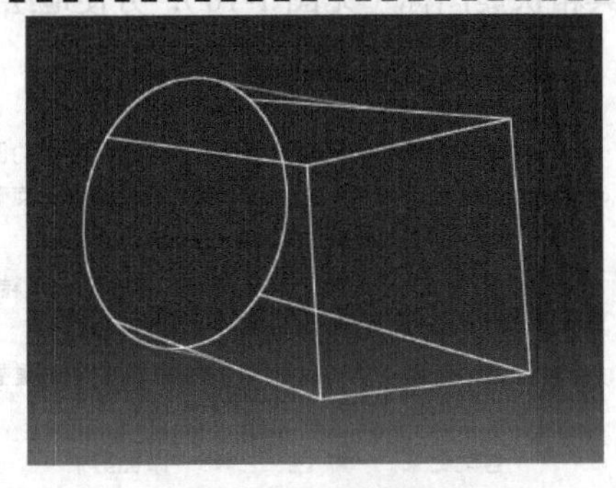

图 1-12　放样示例

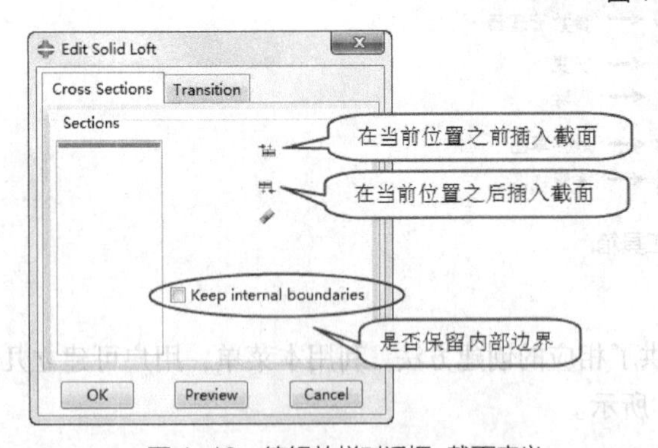

图 1-13　编辑放样对话框-截面定义

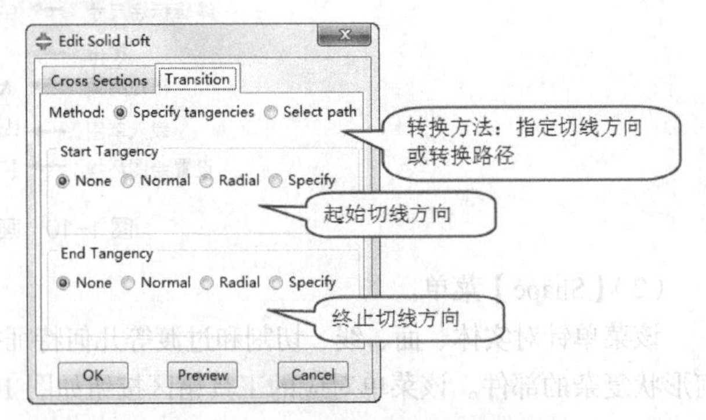

图 1-14　编辑放样对话框-过渡定义

（3）【Feature】菜单。

该菜单主要提供对特征的操作功能，包括编辑（Edit）、重新生成（Regenerate）、抑制（Suppress）、恢复（Resume）和删除（Delete）几何部件的特征。该菜单对应的工具箱区按钮如图 1-15 所示。

特征的编辑和管理也可通过模型树进行，如图 1-16 所示，单击 Part 前面的“+”展开部件的所有特征。本例中共有两个特征，一是通过拉伸建立的三维实体，二是侧面上面的分隔（Partition 功能会在后面介绍）。在模型树上的相应位置双击或通过右键菜单，可进行相应的编辑操作。

部件的特征只能在 Part 模块中编辑，且确认编辑部件特征后，其余功能模块中的特征将自动更新。因此，一般建议待模型的所有几何特征均创建完成之后再进行荷载、边界条件的设置，以免自动更新特征后造成荷载、边界条件等设定无效。

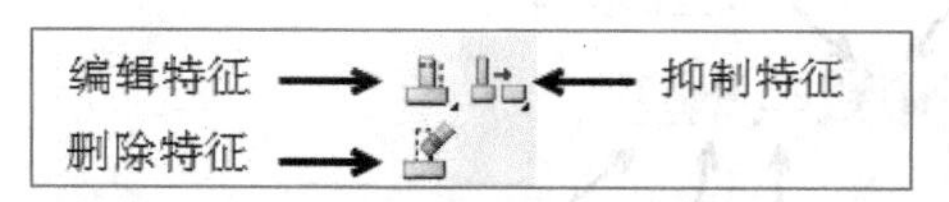

图 1-15 【Feature】菜单对应的工具箱区按钮

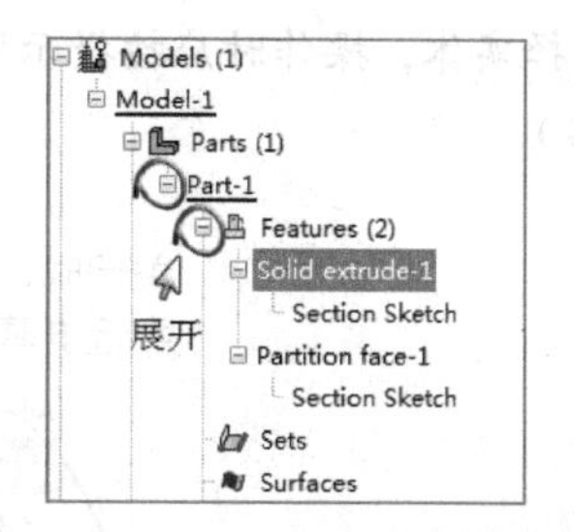

图 1-16 通过模型树进行特征操作

编辑部件的特征之后，除非在编辑特征对话框中指定，否则 CAE 将自动重新计算部件的几何关系。如有必要，可通过执行【Feature】/【Regenerate】命令，手动重新生成。

在创建复杂的几何模型时，为了加快显示和重新生成的速度，用户可通过抑制选项临时将某些特征从模型中移除，CAE 将不会显示相关部件。抑制的特征可以通过【Resume】菜单恢复。

注意：

删除的特征不可恢复。

（4）【Tools】菜单。

Tools（工具）菜单下的功能众多，这里只介绍最常用的几种，相应的工具箱区按钮如图 1-17 所示。

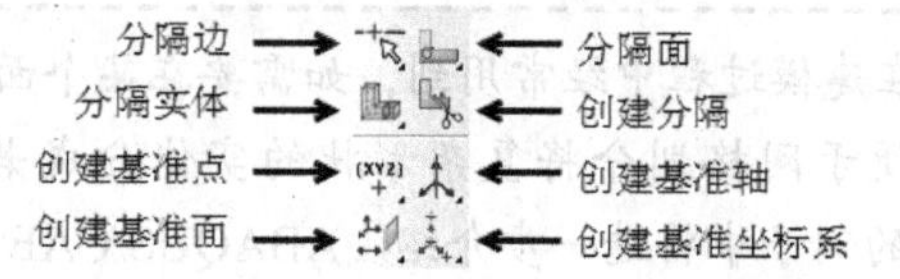

图 1-17 【Tools】菜单对应的工具箱区按钮

- Query（查询）：执行【Tools】/【Query】命令或单击工具栏上的按钮，可弹出图 1-18 所示的查询对话框。可查询的信息分为通用信息和部件信息，查询过程中用户通过提示区给出的提示步骤进行操作。如图 1-18 拟查询节点的信息，提示区显示提醒，要求用户指定是哪一个节点。

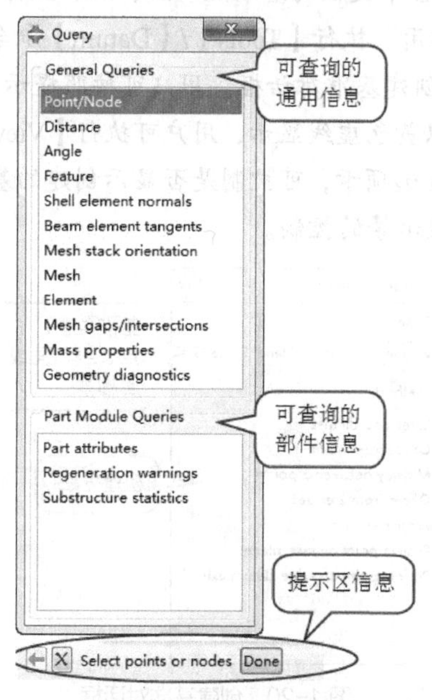

图 1-18 查询对话框

- Set（集合）：【Tools】/【Set】子菜单中包含了管理、创建、编辑集合的命令。将几何实体、单元或节点建成集合之后，可方便后续的材料分区设置、网格剖分设置等。集合的创建过程中通常需要在屏幕上选择实体，操作时应按提示区的提示进行，并利用 Selection（选择）工具栏中的各项功能（见图 1-19）。

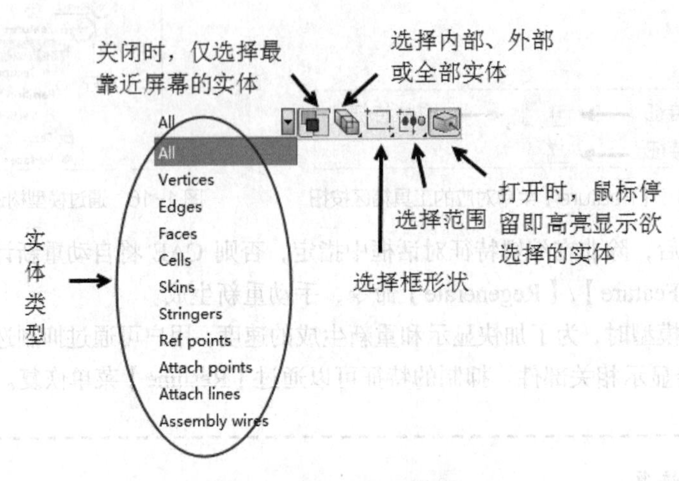

图 1-19　Selection 工具栏

提示：

利用工具栏中的 按钮可打开、关闭三维视角。某些情况下，关闭三维视角可方便进行选择操作。

- Partition（分割）：Partition 在建模过程中经常用到，如需要在某个面的局部范围施加压力荷载、设置不同的材料分区或者为了便于网格划分将复杂形状的实体分成若干简单实体的情况中都要用到 Partition 功能，本章在后面的例子中将进一步介绍。ABAQUS/CAE 支持对边、面和体的切割，相应的工具箱区的快捷图标如图 1-17 所示。

提示：

ABAQUS/CAE 将创建的切割视为特征，可通过【Feature】菜单或模型树的相关功能进行编辑、管理。

- Datum（基准）：ABAQUS/CAE 中提供的基准点、线、面和坐标系，本质上是一种建模辅助手段，其对网格划分或计算不起任何作用。执行【Tools】/【Datum】命令或单击图 1-17 所示工具箱区的相关按钮，可弹出图 1-20 所示的创建基准对话框，用户可按照提示采用多种方法定义基准点、线、面或坐标系。CAE 将创建的基准以黄色虚线显示，用户可执行【View】/【Part Display Options】命令，在弹出的对话框中切换到 Datum 选项卡，可控制是否显示创建的基准信息（见图 1-21），在该对话框中也可实现对边的渲染、网格显示等的控制。

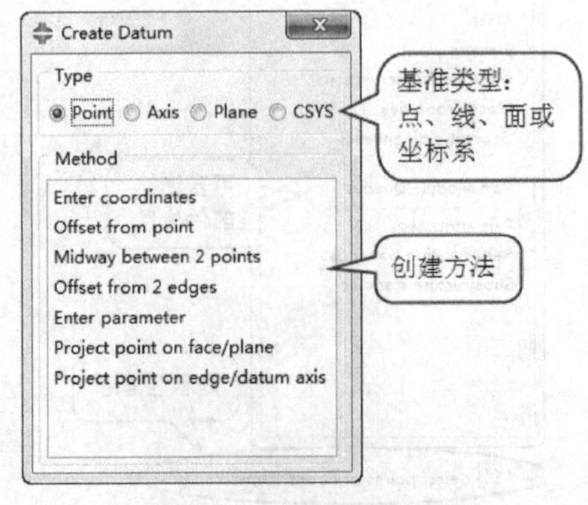

图 1-20　创建基准对话框

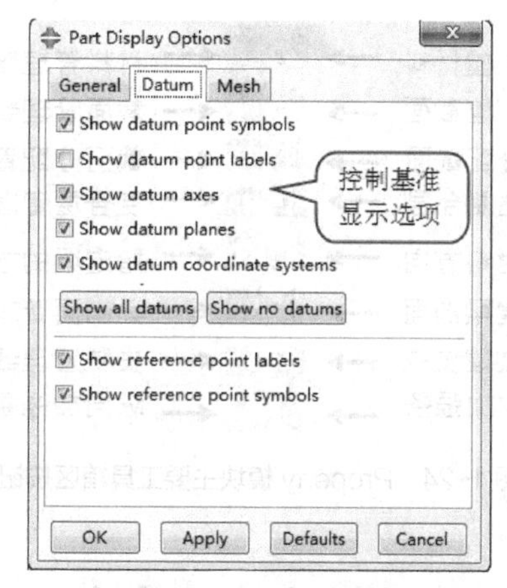

图 1-21 基准显示选项控制

- Display group（显示组）：在建立复杂的几何模型时，常需要单独显示部件的某一部分。此时可通过【Tools】/【Display group】下的选项或图 1-22 所示 Display group 工具栏中的按钮实现。单击按钮后，在弹出的图 1-23 所示的对话框中可控制显示哪些实体；用户也可直接在屏幕上选择，然后利用 Display group 工具栏进行快速操作。

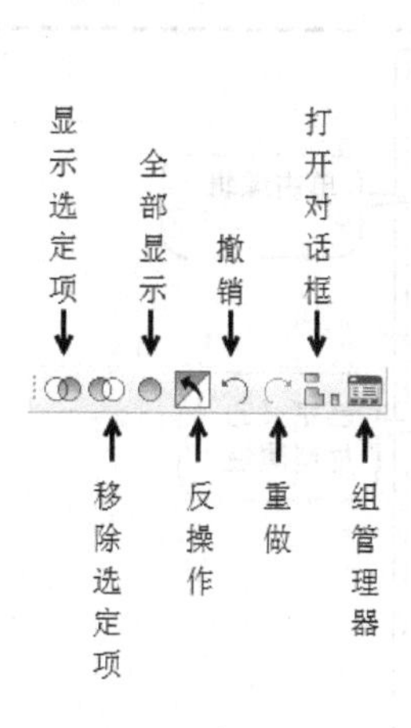

图 1-22 Display group 工具栏

图 1-23 创建显示组对话框

1.4.2 Property（性质）模块

1. 主要功能

该模块的主要功能包括选择材料模型并设置相关的参数，定义截面（Section）属性，将截面属性分配给相应区域实现材料分区。这里的“截面属性”包含了材料定义和横截面几何形状等部件综合信息。

2. 主要菜单

菜单的相关功能也可通过单击工具箱区中的按钮实现，图 1-24 给出了 Property 模块主要菜单对应的工具箱区按钮。

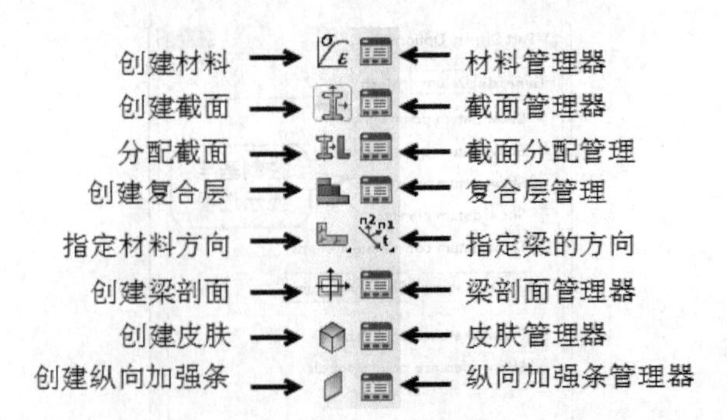

图 1-24 Property 模块主要工具箱区按钮

（1）【Material】菜单。

该菜单主要包含材料的创建及管理功能。执行【Material】/【Create】命令，或单击工具箱区的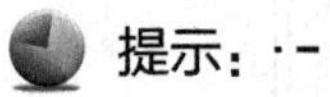按钮，弹出图 1-25 所示的编辑材料对话框。该对话框中有【General】（通用性质）、【Mechanical】（力学性质）、【Thermal】（温度性质）、【Electrical/Magnetic】（电磁性质）和【Other】（其他性质）5 个菜单。各菜单下内置了 ABAQUS 自带的材料模型，常用的模型如图 1-26 所示。用户选择相关模型后，对话框中部会出现相应的材料属性选项，对话框的下部会出现数据区，用户可通过键盘直接输入或单击鼠标右键调出快捷菜单利用相关功能进行参数设置。不同的材料属性可联合使用，比如图 1-25 中的 Material-1 材料同时具有 Density（密度）、Porous Elastic（孔隙弹性）、Clay Plasticity（黏土塑性，及修正剑桥模型）和渗透性，已定义的材料属性会显示在对话框的 Material Behaviors 区。

提示：

用户自定义材料参数及相关设置在【General】菜单下。

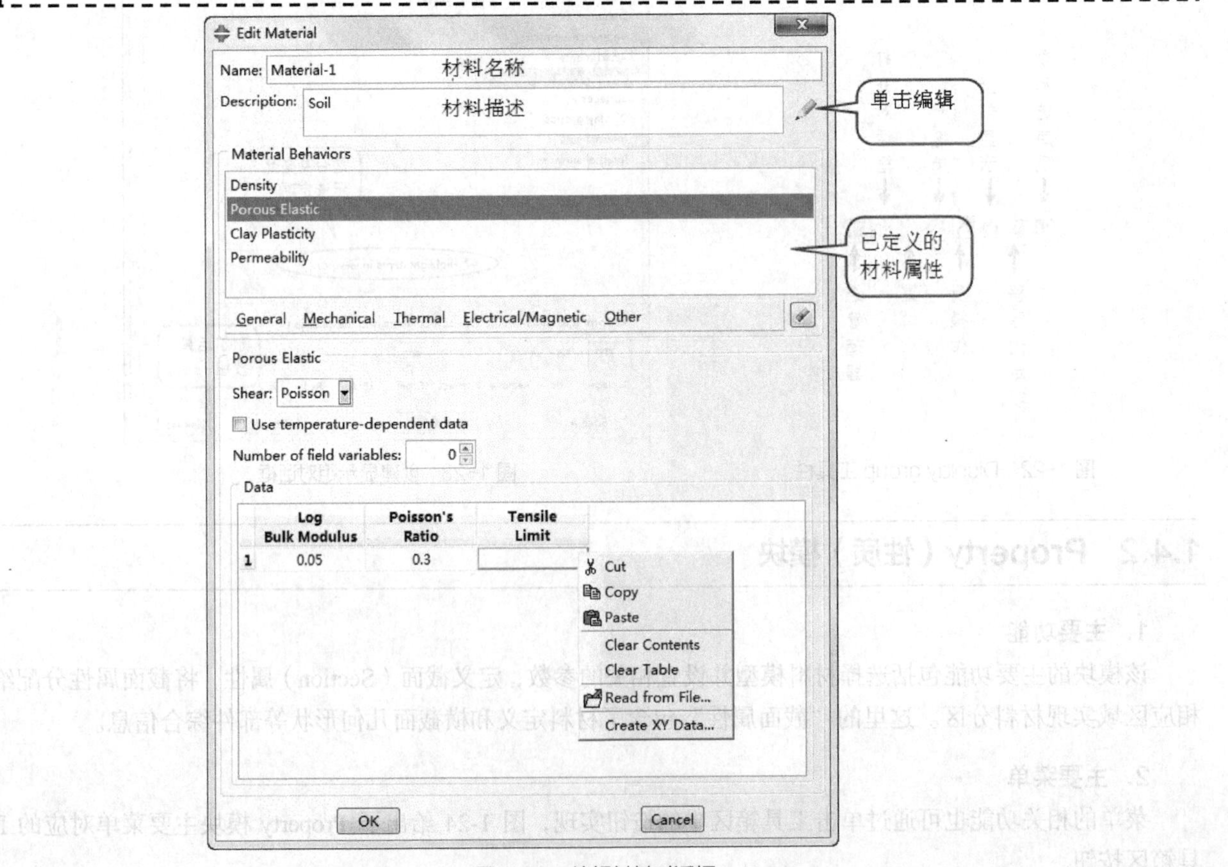

图 1-25 编辑材料对话框

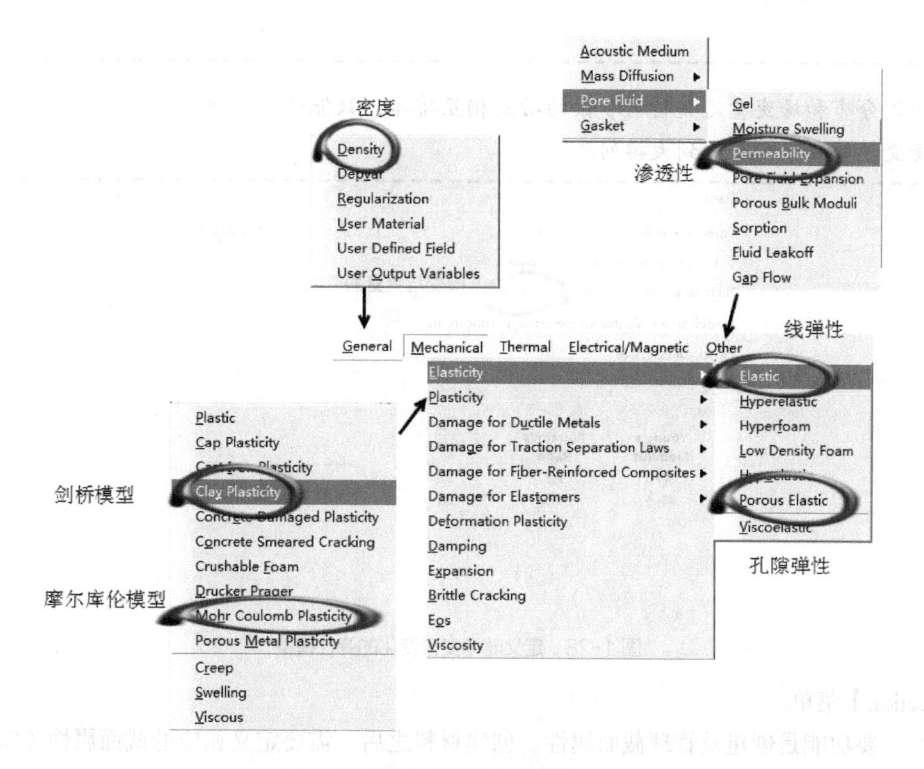

图 1-26　常用的材料模型

岩土数值分析中涉及的材料模型将在专门的章节中进行介绍，这里只介绍 ABAQUS 定义材料参数的两个特殊功能。

- 定义与空间位置相关的材料参数，如随位置改变的密度、热膨胀系数等。如定义密度时，在图 1-27 所示 Distribution 右侧的下拉列表中可以选择预先定义好的分布。分布的创建可通过 Property、Interaction、Load 模块中的【Tools】/【Discrete Field】/【Create】或【Tools】/【Analytical Field】/【Create】命令进行，Discrete Field 是直接指定某些单元或节点所采用的值，Analytical Field 是给出一个与空间坐标相关的连续函数。分布也可用于随空间位置改变的压力大小、板的厚度等。

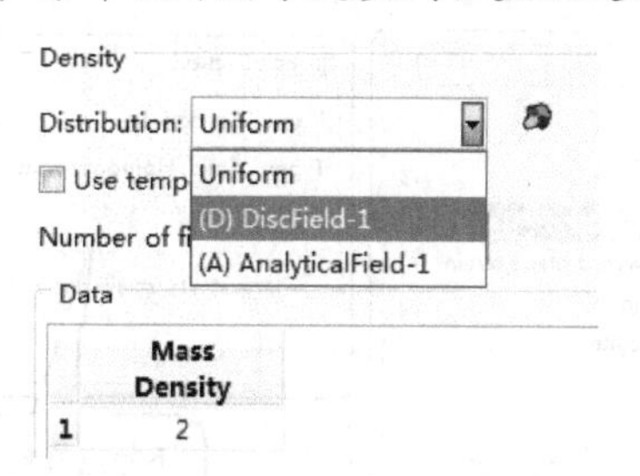

图 1-27　定义与空间位置相关的密度

- 定义与场变量（Field variable）相关的材料参数。场变量与空间坐标相关，可随时间变化，如温度场就是一种场变量。ABAQUS 中除了自带的温度场之外，还允许用户定义额外的场变量。定义材料时，在图 1-28 所示的对话框 Number of field variables 右侧的调节框中可改变材料依赖场变量的个数。图 1-28 给出了在编辑材料对话框中设置弹性模量随 1 个场变量变化的例子。计算时，首先定义节点上场变量 Field 1 为 1.0，在后续分析步中将其改变为 2.0，从而实现弹性模量的光滑过渡。需要指出的是，场变量的设置无法在 CAE 中进行，需要通过修改 inp 文件的方式进行，本书将在后续的边坡稳定性强度折减法分析中详细介绍。如需设置复杂的场变量分布，可通过用户子程序 UFIELD 实现。如可在 UFIELD 中将节点的场变量 Field 1 设置为空间坐标的函数，从而模拟随空间位置变化的弹性模量分布。

注意：

（1）通过分布和场变量定义材料参数的功能相互排斥，只能使用一种。

（2）场变量的大小需从小到大排列。

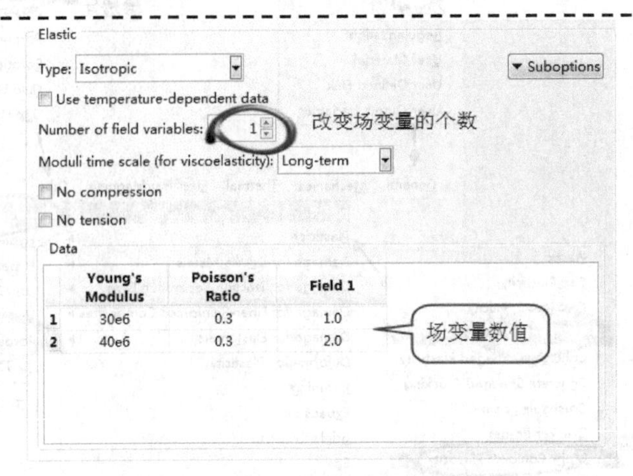

图 1-28 定义随场变量变化的弹性模量

（2）【Section】菜单。

该菜单的主要功能是创建及管理截面属性。创建材料之后，需要定义相应的截面属性（Section），将材料与截面属性建立联系之后，再把此截面属性赋予相应的部分。这样做的目的是区别有限元模拟中的计算方式，如一根矩形截面的梁，可采用三维八节点实体单元划分，也可采用二节点梁单元划分。当采用梁单元进行模拟时，必须指定梁截面的剖面形状，只指定材料性质无法满足计算要求。

执行【Material】/【Create】命令，或单击工具箱区中的按钮，弹出图 1-29 所示的创建截面对话框。在该对话框中，用户可选择截面的类别，如 Solid 代表实体，Beam 为梁。选择类别后，对话框右侧的 Type 区为相应的截面种类，对实体截面可用的种类为均匀（Homogeneous），广义平面应变（Generalized plane strain）、欧拉体（Eulerian）和复合层（Composite）等几种。单击【Continue】按钮后弹出编辑截面对话框，在 Material 右侧的下拉列表中选择已定义的材料，确认后完成截面属性的定义。

图 1-29 创建/编辑截面对话框

（3）【Assign】菜单。

该菜单主要用于将定义的截面属性、梁截面方向等分配给相应的区域。执行【Assign】/【Section】命令，或单击工具箱区中的按钮，提示区出现图 1-30 所示的提示。用户可直接在屏幕上选择要分配截面属性的区域，若选中 Create 前的复选框，ABAQUS/CAE 将所选择区域定义为集合，方便后续操作。用户也可单击提示区右端的【Sets】按钮，将截面属性分配给已定义的集合。单击【Done】按钮或按鼠标中键后，弹出图 1-31 所示的对话框，在 Section 下拉列表中选择已定义的截面属性，确认后完成设置。

截面属性设置完毕之后，用户可通过图 1-32 所示的 Color Code 工具栏将具有不同截面属性或材料属性的区域用不同的颜色显示，达到检查模型的目的。

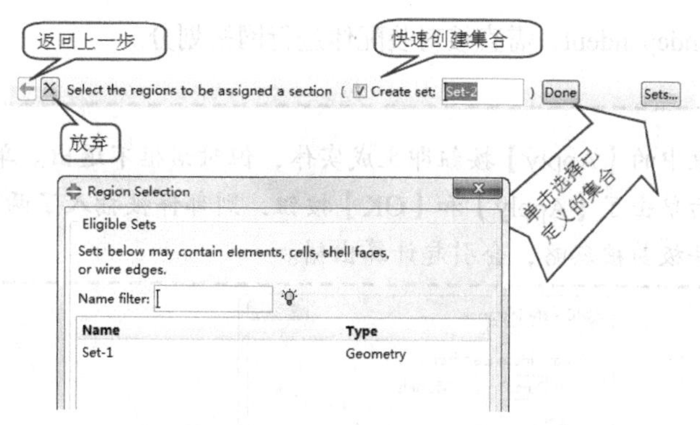

图 1-30　提示区关于截面分配的提示

Edit Section Assignment
Region
Region: Set-2
Section
Section: Section-1
Note: List contains only sections applicable to the selected regions.
Type: Solid, Homogeneous
Material: Material-1
OK　Cancel

图 1-31　编辑截面分配对话框

图 1-32　Color Code 工具栏

1.4.3　Assembly（装配）模块

1. 主要功能

用户需应用装配模块创建部件的实体（Instance），并且将一个或多个实体按照一定的规则装配在总体坐标系中，从而构成装配件。简单来说，部件模块创建的是产品的零件，而装配模块负责将这些零件组装成产品。一个 ABAQUS 模型中只能包含一个装配件。

 注意：

整个模型只能包含一个装配件，一个装配件可以由一个或多个实体构成。如果模型中只有一个部件，可以只为这个部件创建一个实体。

2. 主要菜单

图 1-33 给出了 Assembly 模块主要菜单对应的工具箱区按钮，这里介绍常用的几种。

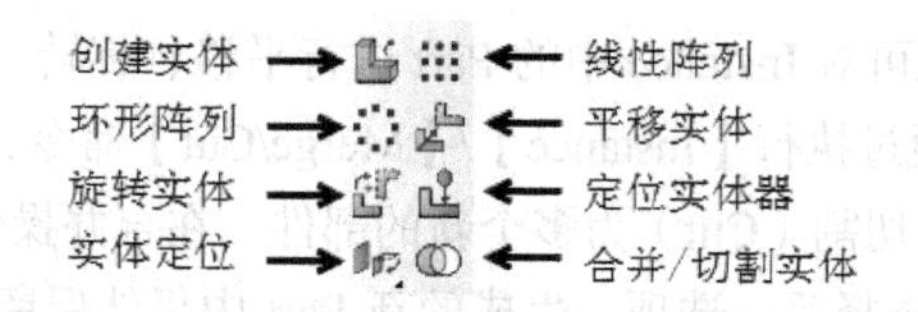

图 1-33　Assembly 模块主要工具箱区按钮

（1）【Instance】（实体）菜单。

执行【Instance】/【Create】命令，或单击工具箱区中的按钮，弹出图 1-34 所示的创建实体对话框。注意到实体的类型有 Dependent（非独立）和 Independent（独立）两种。如果选择 Dependent，后续网格划分需对部件进行。就算部件在创建实体中插入了多次，也只需划分一次网格，所有基于同一部件的实体将具有同样的网格。如果选择 Independent，需直接对装配体进行网格划分。

提示：

单击创建实体对话框中的【Apply】按钮即生成实体，但对话框不退出。单击【OK】按钮则生成实体并退出。若不小心先后单击了【Apply】和【OK】按钮，则部件被插入了两次，且相互重叠。在后续网格划分时，重叠的部件极易被忽略，会引起计算出错。

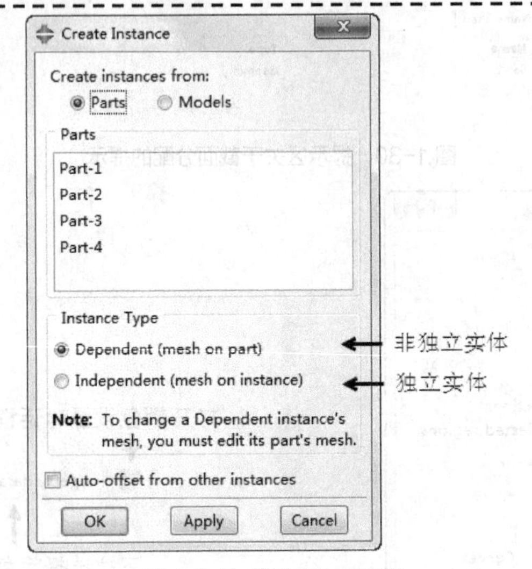

图 1-34　创建实体对话框

ABAQUS/CAE 根据部件的名称对实体命名，其可在模型树 Assembly 下的 Instance 节点查阅（见图 1-35），如 Part-1-1 代表的是名称为“Part-1”的部件生成的第一个实体，依次类推。在相应名称上单击鼠标右键，可调出快捷菜单，对实体进行相应操作。

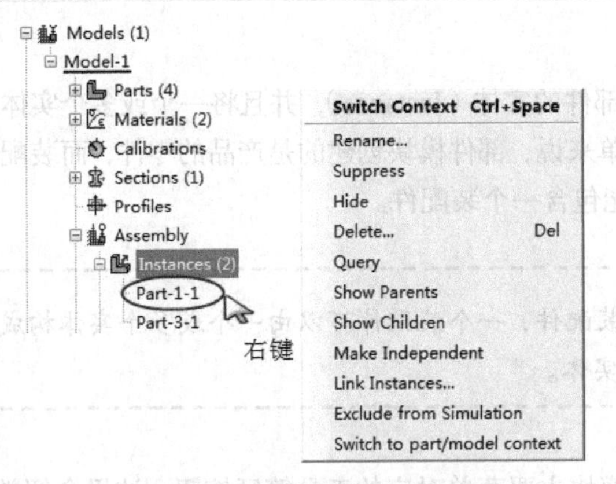

图 1-35　模型树中实体的命名及操作

除了创建实体之外，用户也可对 Instance 中的 Part 进行平移、旋转、阵列等操作，还可对 Instance 中的 Part 进行布尔运算，例如可以通过执行【Instance】/【Merge/Cut】命令，可以把多个实体合并（Merge）为一个新的部件，或者把一个实体切割（Cut）为多个新的部件。在合并操作中对相交边界有删除（Remove）和保留（Retain）两个选项，若选择后一选项，生成的新 Part 中仍然保留材料分区，这在建立复杂模型时尤为有效。

（2）Constraint（约束）菜单。

通过建立各个实体间的位置关系来为实体定位，包括面与面平行（Parallel Face）、面与面相对（Face to Face）、边与边平行（Parallel Edge）、边与边相对（Edge to Edge）、轴重合（Coaxial）、点重合（Coincident Point）、坐标系平行（Parallel CSYS）等。

1.4.4 Step（分析步）模块

1．主要功能

在 Step 模块中可创建分析步、选择输出数据、设定自适应网格求解控制和设置求解过程控制参数（如收敛标准等）。后面两项在绝大多数分析中可以不做修改，输出数据的选择如无特殊需求，也可采用默认值。

2．主要菜单

图 1-36 给出了本模块主要菜单对应的工具箱区按钮，这里介绍几个主要菜单。

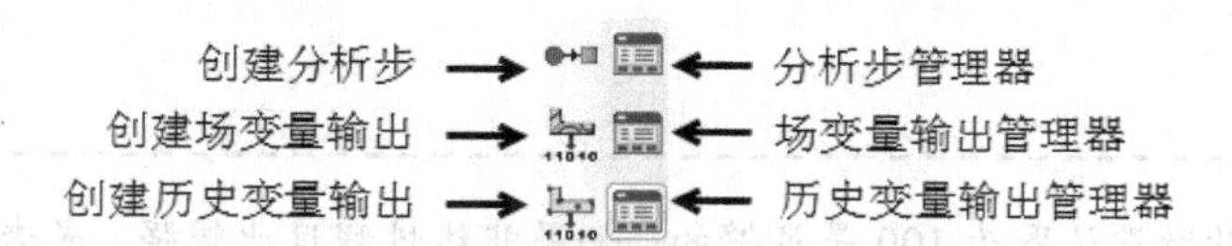

图 1-36　Step 模块主要工具箱区按钮

（1）【Step】菜单。

本菜单主要进行分析步的建立、管理等操作。执行【Step】/【Create】命令或单击工具箱区中的按钮，弹出图 1-37 所示的创建分析步对话框。由图可见，ABAQUS/CAE 自动创建了一个初始分析步（Initial），用于其中定义初始状态下的边界条件和相互作用（Interaction），位移约束条件在此分析步中只能为 0，初始分析步只有一个，它不能被编辑、重命名、替换、复制或删除。在初始分析步之后，需要创建一个或多个后续分析步，每个后续分析步描述一个特定的分析过程。ABAQUS 的分析步类型分为两个大类，可在对话框 Procedure type 右侧的下拉列表中选择。

- General analysis step（通用分析步），可以用于线性或非线性分析。常用的通用分析步包括以下类型：静力分析（Static, General）、隐式动力分析（Dynamics, Implicit）、显示动态分析（Dynamics, Explicit）、地应力场生成（Geostatic）、土体固结分析（Soils）等。
- 线性摄动分析步（Linear perturbation step），只能用来分析线性问题。在 ABAQUS/Explicit 中不能使用线性摄动分析步。线性摄动分析步主要包括线性特征值屈曲分析（Buckle）、频率提取分析（Frequency）、静力线性摄动分析（Static, Linear perturbation）、稳态动态分析（Steady-state dynamics）、子结构生成（Substructure generation）几种。

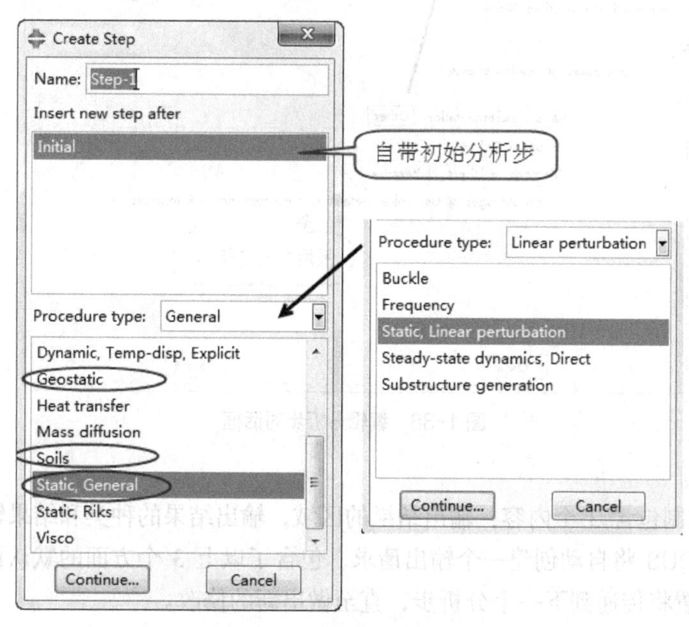

图 1-37　创建分析步对话框

选择分析步类型后，单击【Continue】按钮弹出图 1-38 所示的编辑分析步对话框。该对话框中有 Basic（基本定义）选项卡、Incrementation（增量步）选项卡和 Other（其他）选项卡。选项卡中的选项随分析步类型的不同而略有区别。对应 Static, General 分析步，Basic 选项卡主要定义分析步时长和是否打开大变形选项。在 Incrementation 选项卡中，用户需定义所允许的最大增量数（Maximum number of increments），此外用户还需选择采用自动时间增量步长还是固定时间步长，如采用自动时间增量步长，需给出初始步长、允许的最小及最大时间增量步长。Other 选项卡中大部分设置无需变动，但有时可能需要指定 ABAQUS 采用非对称算法求解方程（如采用摩尔库伦模型时，屈服面和塑性势面非相关联，弹塑性矩阵非对称），此时需在该选项卡中进行相应设置（见图 1-38）。分析步定义完成之后，可通过分析步管理器进行相应的编辑、重命名、打开大变形选项等操作。

提示：

（1）一般，最大增量数默认取为 100 是足够的。如果非线性程度比较强，或者分析步时间总长大（如固结计算），需适当增加最大增量数。

（2）采用自动时间增量步长时，如果收敛情况较好，ABAQUS 会放大下一次的时间增量步长，否则 ABAQUS 会缩小下一次计算的增量步长。如果步长小于允许的最小值，计算终止。同时也要注意，如果允许的最大时间增量步长过大，输出结果时可能会缺少足够的中间数据。

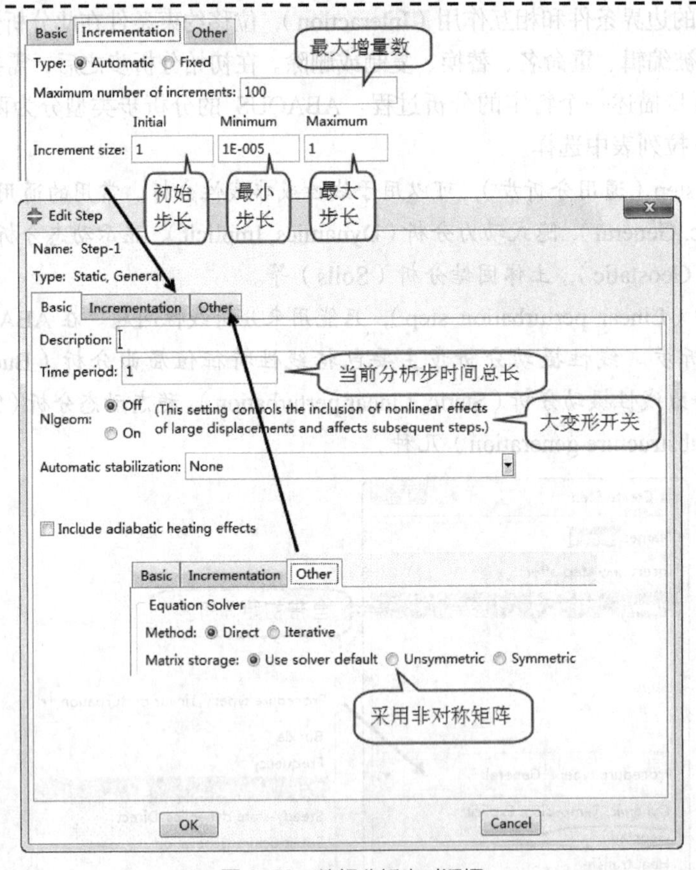

图 1-38 编辑分析步对话框

（2）【Output】菜单。

ABAQUS 的输出控制包含 3 个内容：输出结果的区域，输出结果的种类和结果输出的频率。当用户创建一个分析步后，ABAQUS 将自动创建一个输出请求，包含了以上 3 个方面的默认设置。用户可以对其进行编辑，编辑之后的设置将传递到下一个分析步，直至做出新的修改。

ABAQUS 的输出数据分为以下两大类。

- Field Output（场变量输出结果）。Field Output 是不同时刻计算结果在空间上的分布，可用来生成等值线云图、网格变形位移图、矢量图和 XY 图。执行【Output】/【Field Output Rquests】/【Edit】/【F-Output-1】（F-Output-1 是场变量输出方案的名称）命令，打开图 1-39 所示的编辑场变量输出方案管理器。

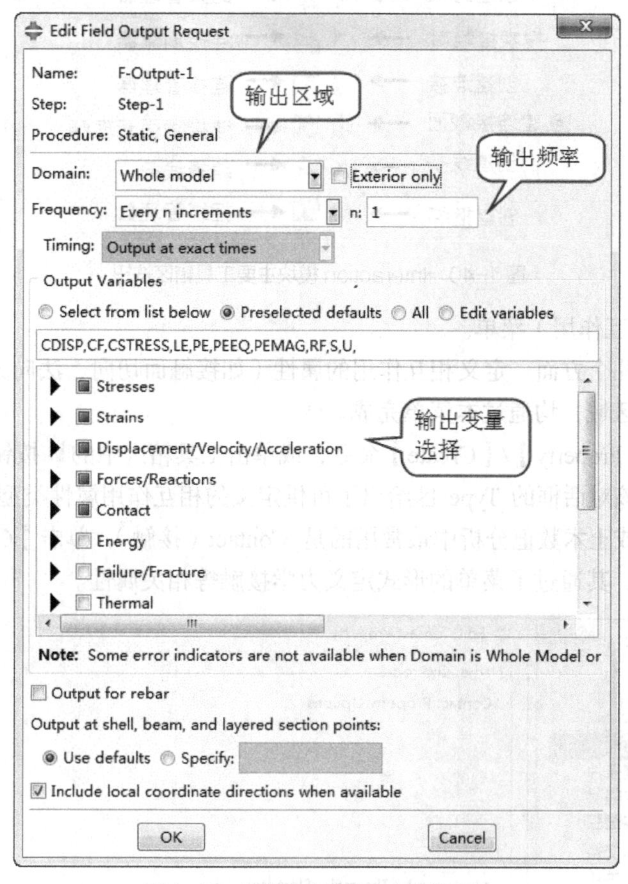

图 1-39　编辑场变量输出方案管理器

- History Output（历史变量输出结果）。历史变量输出结果是指特定点上的位移、整体模型的能量等计算结果随时间的变化过程，主要用来生成随时间变化的 XY 曲线图。执行【Output】/【History Output Rquests】/【Edit】/【H-Output-1】命令可进行相应设置，对话框中各变量的含义与编辑场变量输出方案对话框中的一致，此处不再给出。

1.4.5 Interaction（相互作用）模块

1. 主要功能

在相互作用模块中，用户可以指定不同区域之间的力学、热学相互作用。本模块的相互作用不仅仅指接触，还包括各种约束，如绑定（tie）约束、方程（equation）约束和刚体（rigid body）约束等。单元的生死（移除和激活）功能也可在本模块中实现。

注意：

相互作用与分析步是相关联的，用户必须指定所定义的相互作用在哪些分析步中起作用。

2. 主要菜单

Interaction 模块主要工具箱区按钮如图 1-40 所示。与岩土数值分析相关的接触理论及操作，将在后面专门的章节进行介绍，本章简要介绍几个常用的菜单。

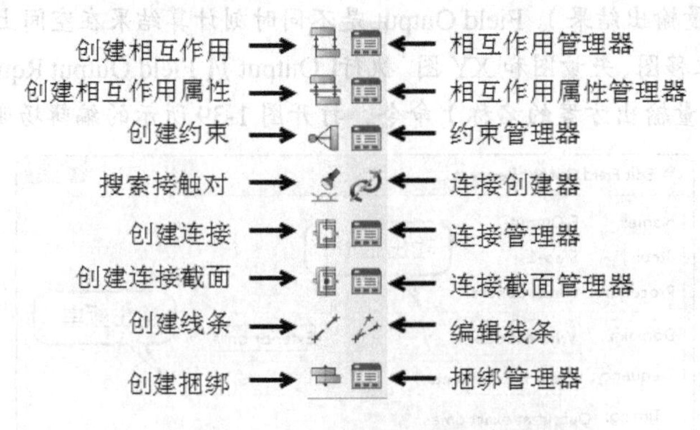

图 1-40 Interaction 模块主要工具箱区按钮

（1）【Interaction】（相互作用）菜单。

相互作用的定义包括几个方面：定义相互作用的属性（如接触面切向、法向力学特性）、相互作用的种类和指定可能发生接触的区域，均通过本菜单完成。

执行【Interaction】/【Property】/【Create】命令，或单击工具箱区中的按钮，弹出图 1-41 所示的创建相互作用属性对话框。该对话框的 Type 区给出了可供定义的相互作用属性类型，包括了力学、热学和声学等多种相互作用。岩土或土木数值分析中最常用的是 Contact（接触），单击【Continue】按钮后，弹出右侧的编辑接触属性对话框，其通过子菜单的形式定义力学接触等相关属性。

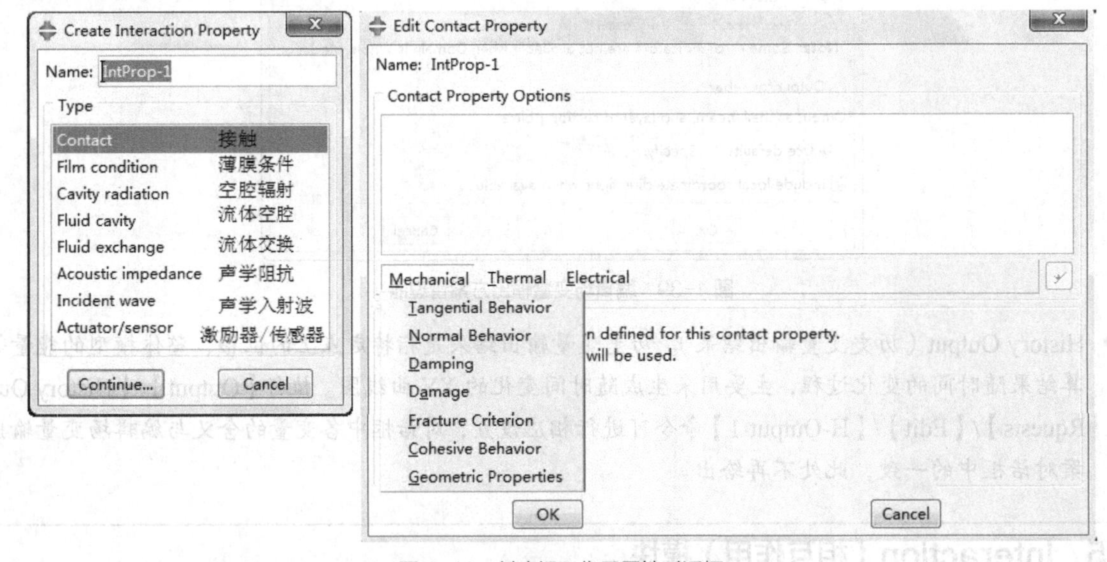

图 1-41 创建相互作用属性对话框

定义相互作用属性之后可以指定相互作用的类型及区域。执行【Interaction】/【Create】命令，或单击工具箱区中的按钮，弹出图 1-42 所示的创建相互作用对话框。通过对话框 Step 右侧的下拉列表，可以选择相互作用生效的分析步，Types for Selected Step 区域给出了可供定义的相互作用类型。岩土或土木数值分析中常用的是前两个 General contact（通用接触）和 Surface-to-surface（面与面接触）。它们的异同主要体现在用户交互、默认设置、可选设置 3 个方面。总体来说，通用接触算法的相互作用主体、接触属性、接触面属性可以各自独立地指定，接触的细节设定更具弹性。通用接触允许用单个相互作用定义模型中多个区域间的接触关系，其可定义模型中包含的所有外表面、壳边缘，梁、桁架的边等，其最典型的应用就是用于颗粒流分析中粒子的相互接触。面对面接触采用接触对算法，其计算效率可能更高，在 CAE 中的建模较方便。这两种相互作用的异同将在后续章节中进一步介绍。选定相互作用类型后，单击【Continue】按钮并按照提示区的提醒，设定相互作用的区域。

图 1-42 创建相互作用对话框

注意：

创建相互作用对话框中的 Interaction 类型与分析步的种类相关，如模型改变功能（Model change）不能在初始分析步中进行。本书将在后续相关章节中介绍该内容。

（2）【Constraint】（约束）菜单。

相互作用里的约束指的是在分析中限制某些区域的自由度。执行【Constraint】/【Create】命令，或单击工具箱区中的按钮，弹出图 1-43 所示的创建约束对话框。常用的约束如下。

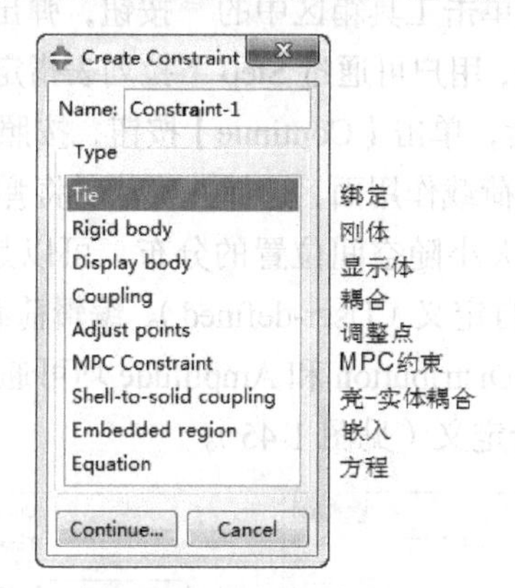

图 1-43 创建约束对话框

- Tie（绑定）：设置绑定约束的部分具有相同的自由度，适用于区域间网格划分不一致但变形连续的情况。
- Rigid body（刚体）：约束区域的位移与某参考点保持一致。
- Display body（显示体约束）：允许将一个部件实体仅用于显示，该实体不需要进行网格划分，也不参与分析，但可在后处理模块显示。常用于多体动力学的分析，此时刚体的运动特征可通过极其简单的部件（如点）反映，Display body 仅用于显示刚体的形状。
- Coupling（耦合）：约束面的自由度与单个参考点保持一致。
- Adjust points（调整点）：将点限定在某个面上。
- MPC Constraint（MPC 约束）：建立一系列点与单个参考点自由度之间的关系，如 Beam 型 MPC 相当于点之间由刚性梁连接，点具有相同的平动和转动自由度；Pinked 型 MPC 相当于铰接，点之间的长度保持不变等。

- Shell-to-solid coupling（壳-实体耦合）：将壳体边缘的位移与相邻实体面的位移保持一致。
- Embedded region（嵌入）：常用来模拟加筋对基体的增强功能，如钢筋混凝土实体结构，分别创建钢筋和混凝土模型，然后将钢筋嵌入到混凝土结构中去；土钉加固边坡，也可采用类似的做法。
- Equation（方程）：通过线性方程的形式建立节点自由度之间的关系。

提示：

本模块的【Connector】菜单主要用于模拟多机构运动仿真，本书中不做介绍。

1.4.6 Load（荷载）模块

1. 主要功能

该模块用于定义载荷、边界条件，预定义场和载荷工况。

2. 主要菜单

Load 模块的主要工具箱区按钮如图 1-44 所示，主要菜单介绍如下。

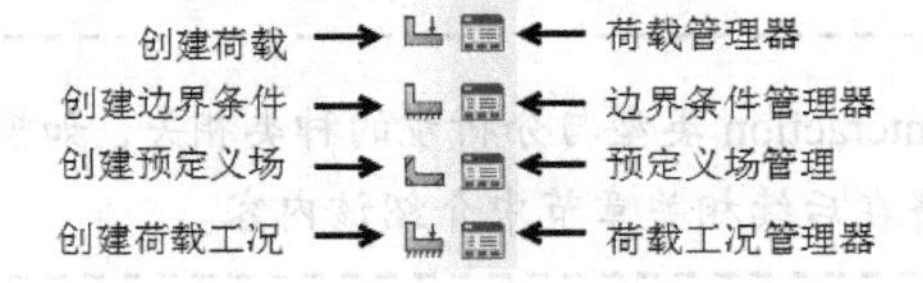

图 1-44 Load 模块主要工具箱区按钮

（1）【Load】（荷载）菜单。

执行【Load】/【Create】命令，或单击工具箱区中的按钮，弹出图 1-45 所示的创建荷载对话框，其中可用荷载的类型与分析步的种类有关，用户可通过 Step 下拉列表指定荷载生效的分析步，几种力学类常用荷载标注在图 1-45 中。选择荷载类型后，单击【Continue】按钮，按照提示区提醒选择荷载作用范围。以施加面力为例，提示区提醒在屏幕上选择荷载作用面，选择并确认后将弹出编辑荷载对话框。编辑荷载对话框中的 Distribution（分布）指的是荷载大小随空间位置的分布，可以是均匀分布的，也可以模拟静水压力（Hydrostatic），甚至可通过用户子程序自定义（User-defined）。编辑荷载对话框中的 Amplitude（幅值曲线）指的是荷载在分析步中随时间的分布。Distribution 和 Amplitude 均可通过【Tools】菜单下的命令设置，也可在编辑荷载对话框中通过快捷图标进行定义（见图 1-45）。

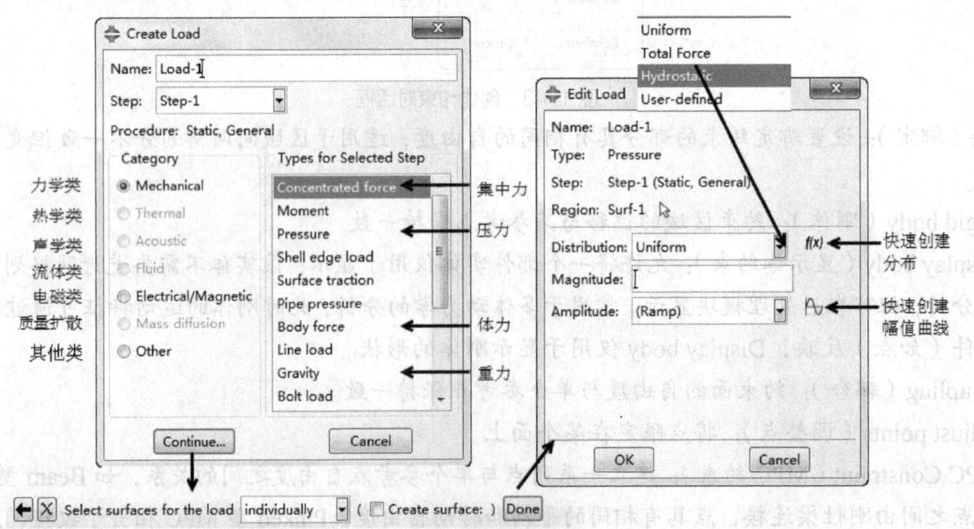

图 1-45 创建/编辑荷载对话框

已创建的荷载可通过荷载管理器进行编辑。

注意：

在静力分析步（Static, General）中，默认荷载随时间线性变化（Ramp）；在固结分析步（Soils）中，默认荷载瞬间施加（Instantaneous）。若要改变默认设定，可在编辑分析步对话框的 Other 选项卡中进行调整。

（2）【BC】（边界条件）菜单。

执行【BC】/【Create】命令，或单击工具箱区中的按钮，弹出图 1-46 所示的创建边界条件对话框。与荷载定义时类似，用户也需指定边界条件生效的分析步。注意孔压边界条件在 Other 类中。定义边界条件时也可利用 Distribution 和 Amplitude 选项，实现随位置和时间而变化的边界条件（地震波等）。

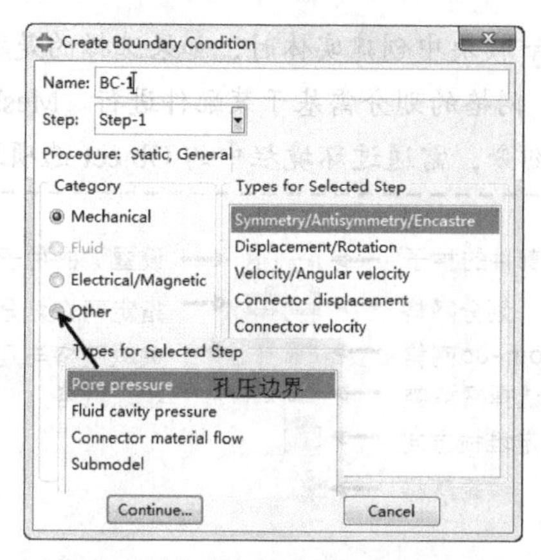

图 1-46 创建边界条件对话框

（3）【Predefined Field】（预定义场）菜单。

执行【Predefined Field】/【Create】命令，或单击工具箱区中的按钮，弹出图 1-47 所示的创建预定义场对话框。图 1-47 中可用的预定义场有力学和其他两类。力学类中常用的有 Stress（应力场）和 Geostatic（地应力场）。Stress 预定义场是直接指定单元集的 6 个应力分量，Geostatic 场是定义随高度线性分布的自重产生的应力。在其他类中，常用的是 Temperature（温度场）、Initial state（可将其他分析的结果作为初始状态，常用于分步耦合分析，如可将 ABAQUS Explicit 分析步的结果作为一个 Standard 分析步的起始值）；Saturation（饱和度，用于非饱和渗流分析）、Void ratio（孔隙比，固结分析或采用剑桥模型的分析）、Pore pressure（孔压）。

大部分预定义场（除温度场外）的定义需在 Initial 分析步中进行。预定义场的分布支持均匀分布、线性分布、外部数据库文件读入或者用户子程序指定等多种方式，本书将在后续章节中结合具体例子进行讲解。

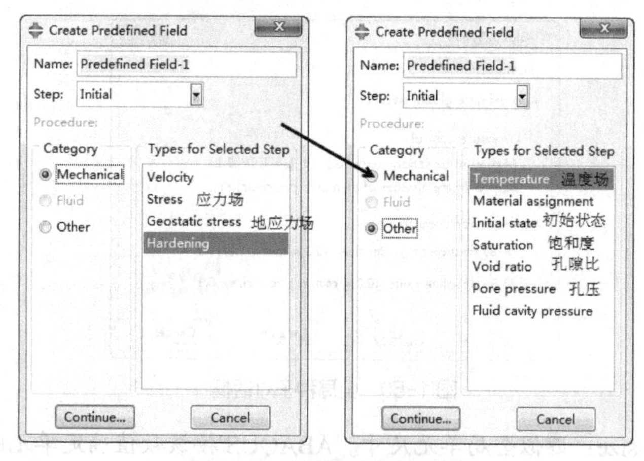

图 1-47 创建预定义场对话框

1.4.7 Mesh（网格）模块

1. 主要功能

网格划分是有限元分析中极为重要的一环，划分网格的数目与质量直接影响到计算结果的精度和计算规模的大小。在 Mesh 模块中，用户可以布置网格种子（控制网格大小）、设置网格划分技术及算法、选择单元类型、划分网格、检验网格质量。

2. 主要菜单

Mesh 模块主要工具箱区按钮如图 1-48 所示。

> **注意：**
> 如图 1-34 所示，在 Assembly 模块中创建实体时，如果选择的是非独立实体，网格的划分需基于部件进行；如果选择的是独立实体，网格的划分需基于装配件进行。Mesh 模块中默认选择基于装配件进行网格划分，若欲对部件进行网格划分，需通过环境栏中的 Object 选项进行调整（见图 1-49）。

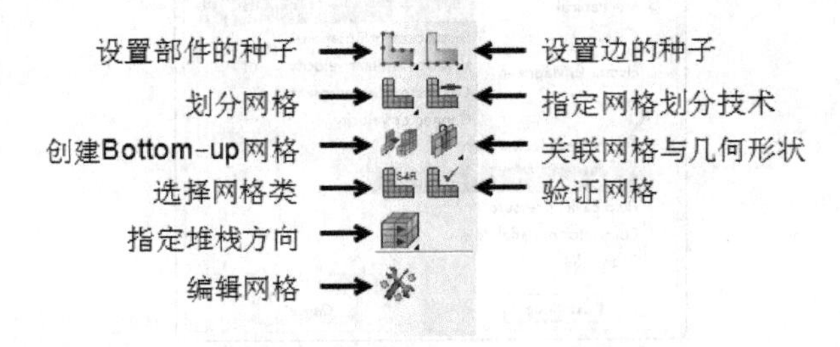

图 1-48 Mesh 模块主要工具箱区按钮

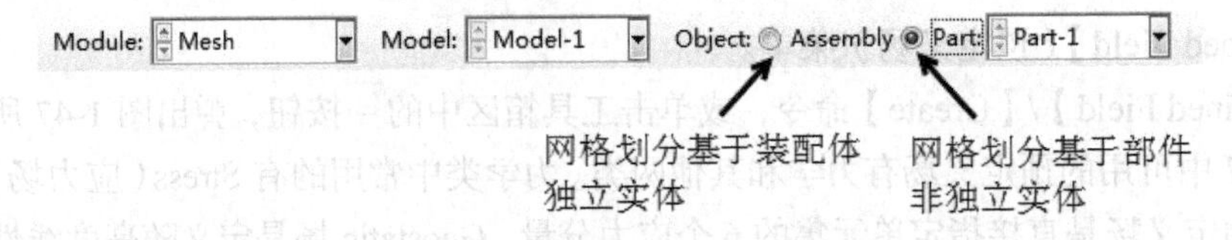

图 1-49 选择网格划分对象

（1）【Seed】菜单。

该菜单主要用于创建、删除部件或边上的种子，用于确定网格的尺寸。

执行【Seed】/【Part】命令，或单击工具箱区中的按钮，弹出图 1-50 所示的全局种子对话框。该对话框中选项的含义如下。

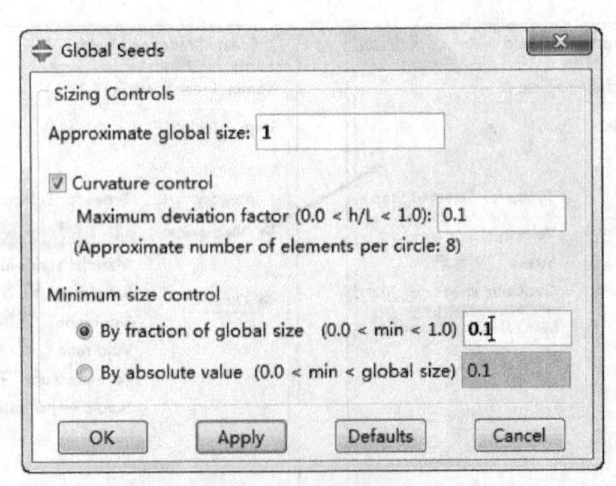

图 1-50 全局种子对话框

- Approximate global size：近似全局单元尺寸。ABAQUS 按该数值确定单元的边长。如果边的长度不是所填数值的整数倍，ABAQUS 会自动进行微调，使网格尽量均匀分布。

- Curvature Control 中的 Maximum deviation factor：最大偏差系数，用于曲率控制。该值越小，曲边上的单元越多，对曲边的模拟情况越好。比如当该值取为 0.1 时，一个圆周上有 8 个单元。
- Minimum size control：单元最小尺寸控制，可通过 By fraction of global size（全局单元尺寸大小的分数）和 By absolute value（网格绝对大小）控制。一般情况下保持默认值即可。

提示：

定义完成后，全局单元尺寸在屏幕上以白色显示，方便初步观察网格情况。

执行【Seed】/【Edges】命令，或单击工具箱区中的按钮，按提示区提醒选择欲设定种子的一条或多条边之后，弹出图 1-51 所示的局部种子对话框。该对话框有 Basic（基本）和 Constraints（约束）两个选项卡。

Basic 选项卡中有两个选项。

- Method：选择设置种子的方法，有按 By size（尺寸）和按 By number（数量）两种。随着所选方法的不同，Sizing Controls 区的选项也有所不同。如按尺寸控制，选项与全局种子定义时类似，需给出近似的单元边长大小。如按数量控制，直接填入边上单元个数。
- Bias：选择种子是否偏置，用于定义尺寸大小不一的网格，比如在单桩竖向承载力分析时，靠近桩的土体单元尺寸要小一些，远场的网格尺寸可以大一些。其有 None（无偏置）、Single（单向）、Double（双向）3 个选项。网格尺寸之间的关系可通过指定最小尺寸和最大尺寸来控制，也可以指定单元个数及 Bias ratio（偏置率）来控制。

Constraints 选项卡中有 3 个选项，主要用于控制划分网格时是否严格按照所指定的种子进行，如无必要，可不做调整。

- Allow the number of elements to increase or decrease：允许单元数量增加或减少。
- Allow the number of elements to increase only：只允许单元数量增加。
- Do not allow the number of elements to change：不允许单元数量改变。

提示：

定义完成后，边上单元尺寸在屏幕上以洋红色显示，方便初步观察网格情况。

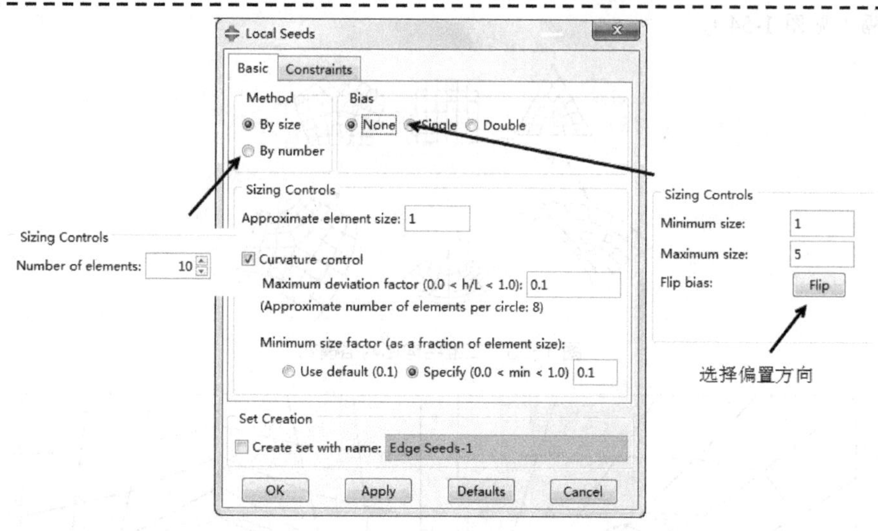

图 1-51　局部种子对话框

注意：

边的种子定义将覆盖部件种子定义。

（2）【Mesh】/【Controls】菜单。

执行【Mesh】/【Controls】命令，或单击工具箱区中的按钮，弹出如图 1-52 所示的网格控制对话框。

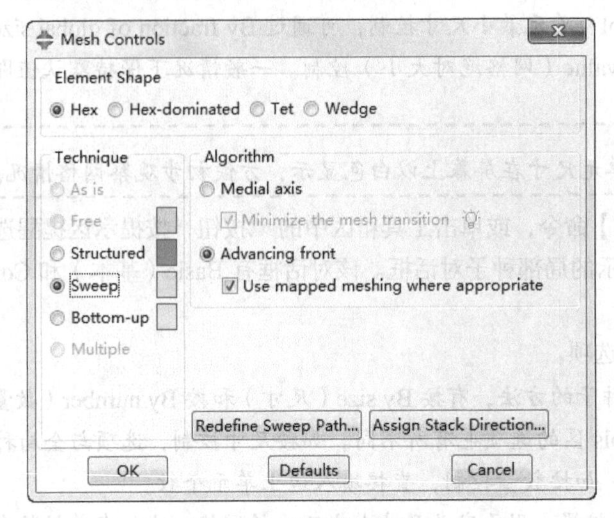

图 1-52　网格控制对话框

该对话框中的 Element Shape 控制单元的形状。对三维模型，可选项为 Hex（六面体）、Hex-dominated（六面体为主，过渡区域可为楔形）、Tet（四面体）和 Wedge（楔形）；对二维模型，其为 Quad（四边形）、Quad-dominated（四边形为主，过渡区域可为三角形）和 Tri（三角形）。

对话框中的 Technique 控制网格划分的技术。ABAQUS/CAE 用不同的颜色区分可以应用的网格划分技术。可用的网格划分技术包括以下几种。

- Structured（结构化）划分技术。采用结构化网格划分技术的区域会显示为绿色。结构化网格划分技术是将一些标准的单元模式（如四边形、正方体）拓扑生成网格（见图 1-53），可应用于一些形状简单的几何区域。这里的形状简单指的是网格划分区域没有独立的点、线、面和洞。对于复杂的区域，可以通过 Partition 功能，将其分隔为简单区域后再进行网格划分。同时需要注意，在利用结构化技术划分包含凹面的区域时，如果种子数目偏少，可能存在极度扭曲的网格，此时也需通过 Partition 功能将其分隔（见图 1-54）。

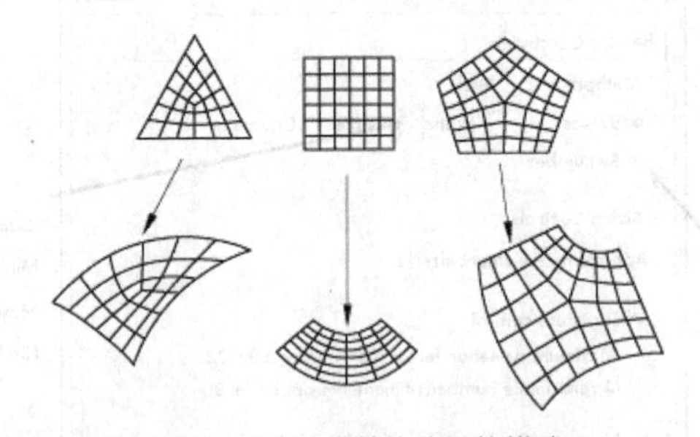

图 1-53　二维结构化网格模式

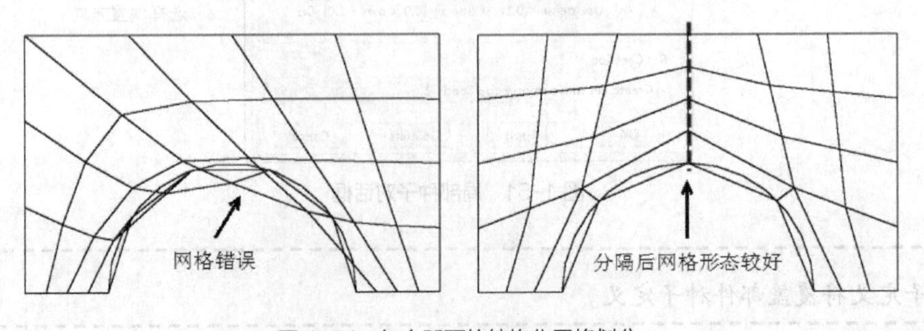

图 1-54　包含凹面的结构化网格划分

- Sweep（扫掠网格）划分技术：采用扫掠网格划分技术的区域显示为黄色。该技术是首先在源边或面（Source side）上生成网格，然后沿着扫掠路径（Sweep path）复制节点，直到目标边或面（Target side），得到网格。要判断一个区域是否可以应用扫掠网格划分技术，关键是看从源边或面沿着扫掠路径是否可以还原区域的几何形状。ABAQUS/CAE 会自动选择最复杂的边作为源边。当然，用户也可以指定扫掠路径，但是必须注意，扫掠路径不同所划分的网格形状也是不同的（见图 1-55）。扫掠技术有两种算法，即 Medial Axis（中性轴算法）和 Advancing Front（进阶算法）。中性轴算法首先把区域分为一些简单的区域，然后使用结构化网格划分技术来划分这些简单的区域。这种算法得到的网格单元形状较规则，但网格与种子位置不一定吻合。在使用四边形和六面体单元进行划分时，在 Mesh controls 对话框中勾选【Minimize the mesh transition】复选框（最小化网格过渡，指大尺寸单元向小尺寸单元的过渡）可以提高网格的质量。与中性轴算法不同，进阶算法首先在模型几何边界上生成四边形单元，然后再向区域内部扩展。进阶算法得到的网格严格按照种子的位置确定，但某些情况下可能会使网格发生歪斜，导致网格的质量下降。选用进阶算法时，ABAQUS 默认选中 Use mapped meshing where appropriate（映射网格）选项，映射网格特指四边形二维区域的结构化网格，采用这种技术能提高网格的质量，但偶尔会造成划分失败。采用 Free（自由）划分技术时，也可采用该技术。

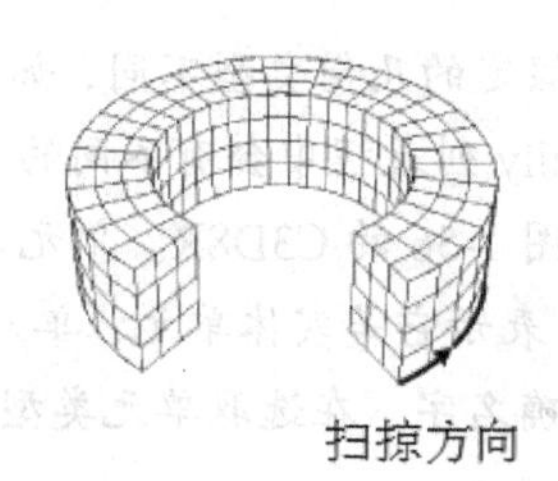

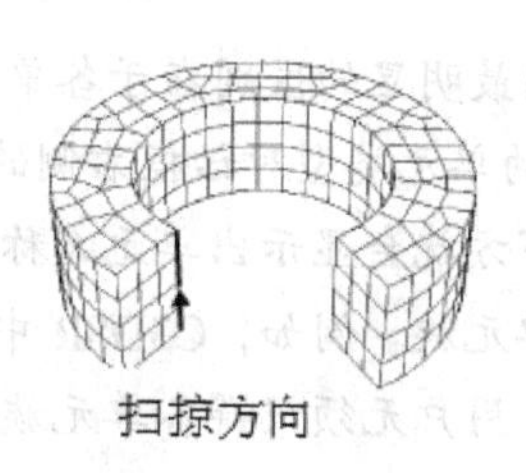

图 1-55　扫掠路径对网格形状的影响

- Free（自由）网格划分技术：采用自由网格划分技术的区域显示为粉红色。自由网格是最为灵活的网格划分技术，几乎可以用于任何几何形状。自由网格划分二维可采用三角形单元或四边形单元，三维需采用四面体单元，一般应选择带内部节点的二次单元来保证精度。
- Bottom-up（自底向上）的网格划分技术：采用自底向上划分技术的区域显示为浅茶色（棕褐色）。一般情况下，在 Partition 的辅助之下，前面 3 种网格划分技术都能满足要求。当然，如果不能满足要求，ABAQUS 提供了自底向上的网格划分技术。该技术仅适用于三维体的划分，从本质上来讲其是一种人工的网格划分技术，用户基于某一个面网格，指定特定的方法（拉伸、扫掠或旋转）沿着某一路径生成网格，在这个过程中不能保证所有的几何细节都得到精确的模拟。

提示：

如果某个区域显示为橙色，则表明无法使用目前赋予它的网格划分技术来生成网格。这种情况多出现在模型结构非常复杂的时候，这时候需要利用 Partition 把复杂区域分割成几个形状简单的区域，然后再进行网格划分。

（3）【Mesh】/【Element type】菜单。

执行【Mesh】/【Element type】命令，或单击工具箱区中的按钮，选择欲设置单元类型的区域后，弹出图 1-56 所示的单元类型对话框。

该对话框中共有 Hex（六面体）、Wedge（楔体）和 Tet（四面体）3 个选项卡，选项卡中的选项控制了单元类别、积分公式等关键因素。ABAQUS 中每一种单元都有自己特有的名字，例如 C3D8、CPE4 等。这些名字中间反映了单元的如下 5 个特征，ABAQUS 单元正是以此来进行单元分类的。

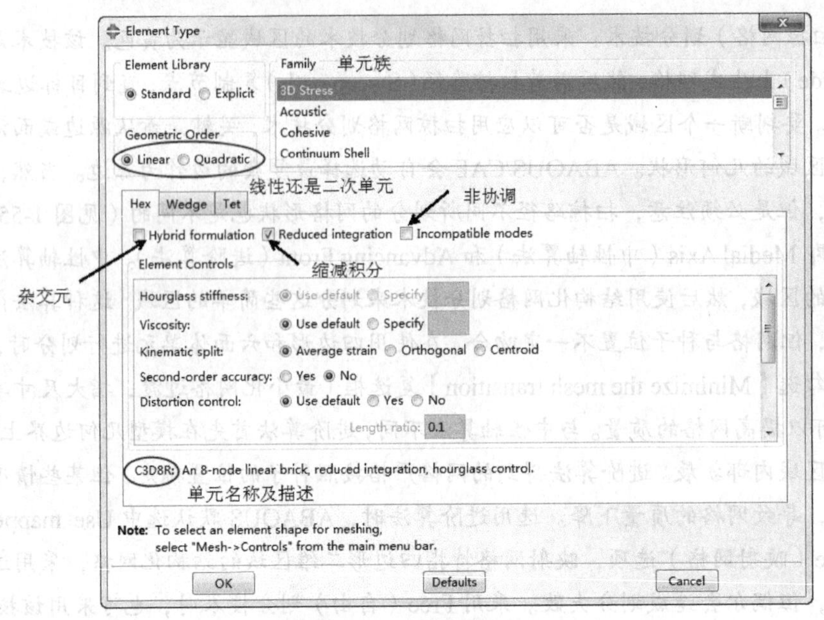

图 1-56　单元类型对话框

- 单元族：单元族之间最明显的区别在于各单元族假定的几何类型不同，如实体单元、壳单元、梁单元等。在图 1-56 所示的单元类型对话框右侧的 Family 列表框中会有不同的单元类型。当用户选中某一个之后，在对话框下方就会显示出单元名称，如图 1-56 的 C3D8R。单元名字里开始的字母标志着这种单元属于哪一个单元族。例如，C3D8R 中的 C 表示它是实体单元，单元 S4R 中的 S 表示它是壳单元等。一般情况下，用户无须记得各单元族的准确名字，在选取单元类型时，ABAQUS/CAE 会针对不同类型进行提示。

注意：

ABAQUS/Standard 和 ABAQUS/Explicit 分析中可用的单元类型有所不同，且单元类型与分析步类型也有关系。

- 自由度：不同单元节点具备的自由度有所区别，如用于应力/位移分析的单元只有位移自由度（1~3），梁单元或板单元还具有转动自由度（4~6）；用于流体渗透/应力耦合分析的单元还拥有孔压自由度（8）。比如单元 C3D8P，末尾的 P 代表其是孔压单元，具有孔压自由度；C3D8T 末尾的 T 代表单元具有温度自由度。
- 节点数：ABAQUS 仅在单元的节点处计算自由度，单元内部的自由度大小则根据节点自由度的大小插值而得。很明显，插值的阶数与单元的节点数目有关。通常情况下，节点数目越多，插值阶数越高。按照节点位移插值的阶数，可以将 ABAQUS 单元分为 linear（线性）单元、quadratic（二次）单元。线性单元，又称一阶单元，仅在单元的角点处布置节点；二次单元在每条边上增加了一个中间节点，自由度沿边二次插值模拟。以图 1-57 中的 C3D8 为例，其是三维八节点单元（3 代表维数，8 代表节点数），是一种线性单元；而 C3D20 和 C3D10 则是二阶单元。

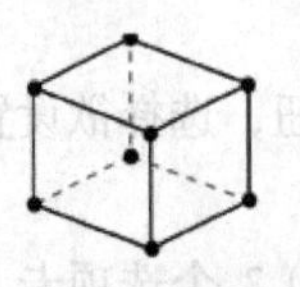
线性单元C3D8

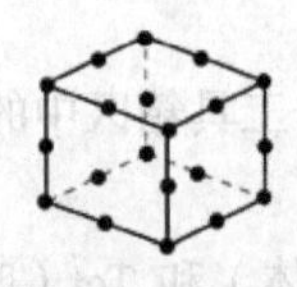
二阶单元C3D20

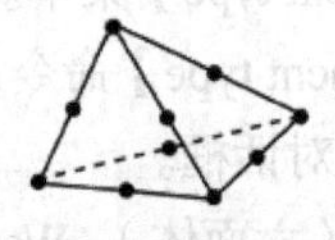
二阶单元C3D10

图 1-57　网格阶数示例

注意：

一阶三角形单元和四面体单元是常应变单元，若采用此类单元，通常需要将网格划分得很密，才能获得相对精确的解答。

- 数学公式：数学公式是指用来定义单元行为的数学（力学）理论。某些情况下，为了模拟不同的行为，某一单元族会包含不同的数学描述。主要有非协调单元模式和杂交单元模式。非协调单元，单面名称中以字母“I”标示，其是在四边形或六面体一阶单元中引入了一个反映单元变形梯度的附加自由度，从而将原先在单元内部的常变形梯度提升为线性变化的变形梯度，克服了线性完全积分单元中的剪切自锁问题。尤其适用于网格扭曲不太大的弯曲问题分析中，此时在厚度方向只需布置很少的单元，就可以得到与二次单元相当的结果。杂交单元，由其名字末尾的“H”字母标识，其是在单元内增加了一个可直接确定单元平均压应力的附加自由度，可较好地确定不可压缩材料（泊松比接近 0.5）中的平均压应力。
- 积分：有限元计算中需要对某个物理量在单元中进行面积分或体积分，通常这些积分是没有精确理论解答的，必须通过数值积分完成。对于实体单元，有两种积分方式，即完全积分和缩减积分。所谓“完全积分”是指当单元具有规则形状时，所用的高斯积分点的数目足以对单元刚度矩阵中的多项式进行精确积分。“缩减积分”是指比普通的完全积分单元在每个方向上少用一个积分点，其不易发生剪切自锁现象，但需要划分较细的网格来准确模拟单元的变形模式，对应力集中部分的模拟也不太好。ABAQUS 在单元名字末尾用字母“R”来识别缩减积分单元。

注意：

单元类型需和网格划分技术保持一致。

（4）【Mesh】/【Part】和【Mesh】/【Region】菜单。

执行【Mesh】/【Part】命令（ ）可一次性划分部件整体，执行【Mesh】/【Region】命令（ ）可依次划分所选中的区域。

划分网格后，可通过工具栏中的 按钮，控制是否显示网格。通过执行【View】/【Part Display Options】命令，在部件显示对话框的 Mesh 选项卡中控制是否显示节点、单元编号。

提示：

（1）对于非常复杂的模型，也可不采用同一种单元进行划分（如某些区域采用六面体单元，有些区域采用四面体单元）。ABAQUS 在划分这类问题时弹出图 1-58 所示的警告框，提示会自动在区域交界处设置绑定约束，保证位移的连续性。

（2）网格划分和指定单元类型的次序不限，可先进行网格划分，也可先指定单元类型。

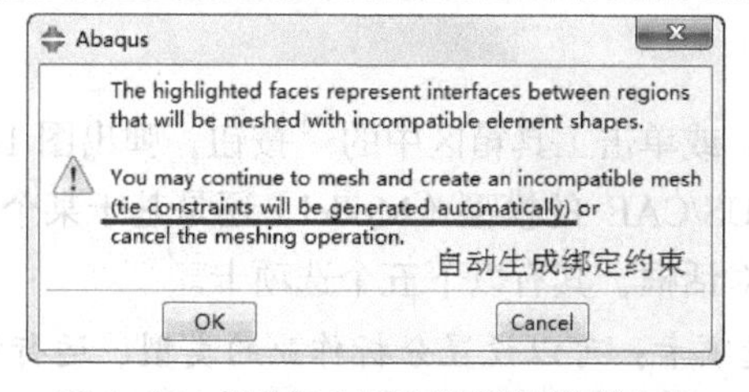

图 1-58 划分包含不同单元类型的警告框

（5）【Mesh】/【Verify】菜单。

网格划分完成之后，执行【Mesh】/【Verify】命令，或单击工具箱区中的 按钮，可通过弹出的验证网格对话框检验网格质量（见图 1-59）。该对话框中有 3 个选项卡，选项卡中的选项随单元类型不同而略有变化，三维六面体单元的选项如下。

- Shape Metrics：该选项卡通过 Quad-Face Corner Angle（单元某个面上的角度）、Aspect Ratio（单元长

宽比）来判断网格的形状是否合理。

- Size Metrics：该选项卡通过 Geometric deviation factor greater（几何偏差系数，控制网格是否过分扭曲）、是否有过短（shorter）或过长（longer）的边，Stable time increment（Explicit 分析中的稳定时间增量步长，与单元最小尺寸相关）来评价网格形状。
- Analysis Checks：单击该选项卡中的【Highlight】按钮可将错误单元（无法计算）和警告单元（单元形态不好）分布用洋红色和黄色高亮显示，并在提示区中给出相应的单元个数。

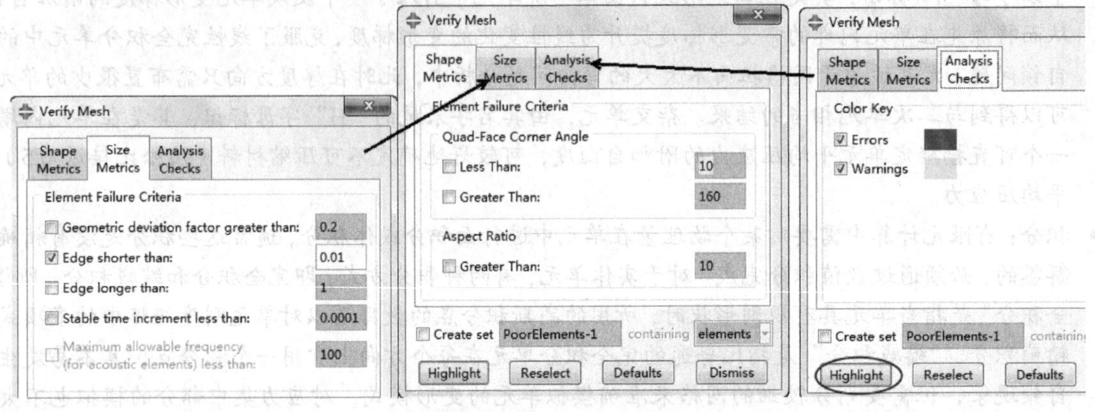

图 1-59 验证网格对话框

1.4.8 Job（任务）模块

1. 主要功能

在 Job 模块中可以创建和编辑分析作业、生成 inp 计算文件、提交计算、监控任务的运行状态等。

2. 主要菜单

Job 模块的主要工具箱区按钮如图 1-60 所示，其中自适应过程主要用于应力集中区域的网格自动重划分，协同分析用于多物理场分析（如流固耦合），优化过程用于物体拓扑及形状优化，本书中并不涉及。

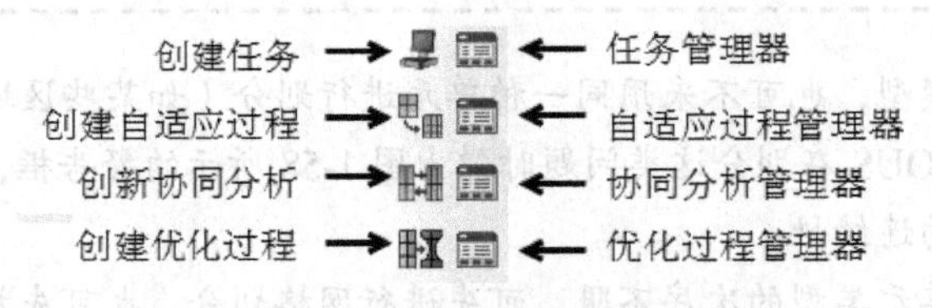

图 1-60 Job 模块主要工具箱区按钮

（1）【Job】/【Create】菜单。

执行【Job】/【Create】命令，或单击工具箱区中的按钮，弹出图 1-61 所示的创建任务对话框，此时可以选择分析作业是基于 ABAQUS/CAE 的模型（Model）还是基于某个 inp 文件。若选择 Model，单击【Continue】按钮，弹出编辑任务对话框，其有以下五个选项卡。

- Submission（提交分析）选项卡：可以设置分析作业的类型、运行模式和提交时间。
- General（通用参数）选项卡：可以设置前处理器的输出数据、存放临时文件的文件夹（Scratch directory）和需要用到的用户子程序（User subroutine）。
- Memory（内存）选项卡：可以设置分析过程中允许使用的内存。要根据模型的大小以及划分网格的多少来合理设置内存，如果设置的内存太小，在运行过程中会出现错误信息。
- Parallelization（并行分析）选项卡：可以设置多个 CPU 的并行计算。
- Precision（分析精度）选项卡：可以设置分析精度为单精度或双精度。

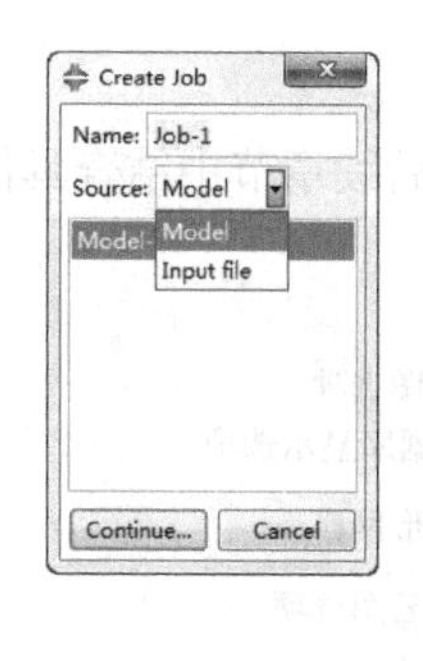

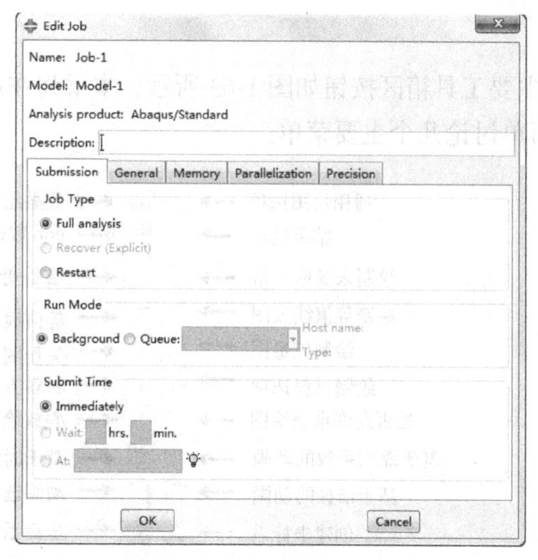

图 1-61 创建/编辑任务对话框

（2）【Job】/【Manger】菜单。

执行【Job】/【Manger】命令，或单击工具箱区中的按钮，弹出图 1-62 所示的任务管理对话框。该对话框下侧的按钮可对任务文件进行重命名、拷贝、删除等操作。右侧的按钮功能介绍如下。

- Write Input：在工作目录下生成 inp 文件。
- Data Check：检查模型定义是否正确，可不检查直接提交运算。
- Submit：提交计算。
- Continue：对检查过的任务继续提交运算。
- Monitor：监控运行情况。
- Results：进入 Visualization 后处理模块，并打开对应数据库文件。
- Kill：中止计算。

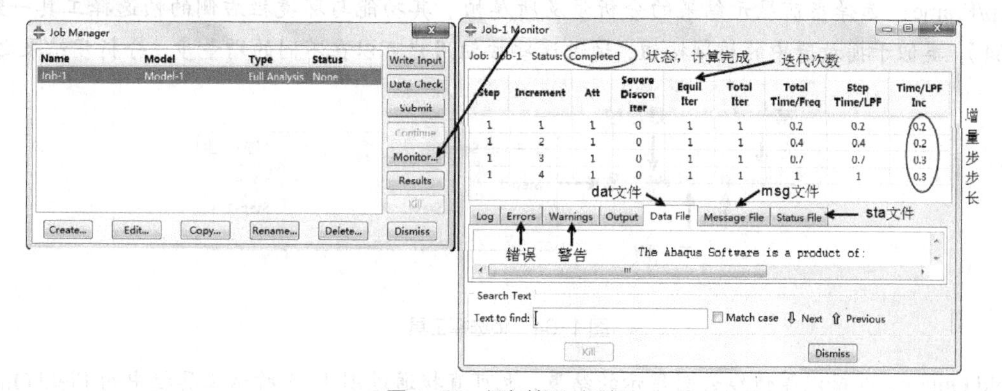

图 1-62 任务管理对话框

提示：

当前工作目录可通过【File】/【Set Work Directory】命令设定。

1.4.9 Visualization（可视化）模块

1. 主要功能

后处理模块从计算输出数据库（odb 文件）中获得模型和结果信息，可进行等值线云图、矢量图、网格变形图、XY 曲线图等多种形式的结果后处理，并可将结果导出到外部数据文件中，供用户采用其他软件处理。

2. 主要菜单

Visualization 模块主要工具箱区按钮如图 1-63 所示，本书将在后续章节中结合具体例子对后处理功能进行详细介绍，这里只简单讨论几个主要菜单。

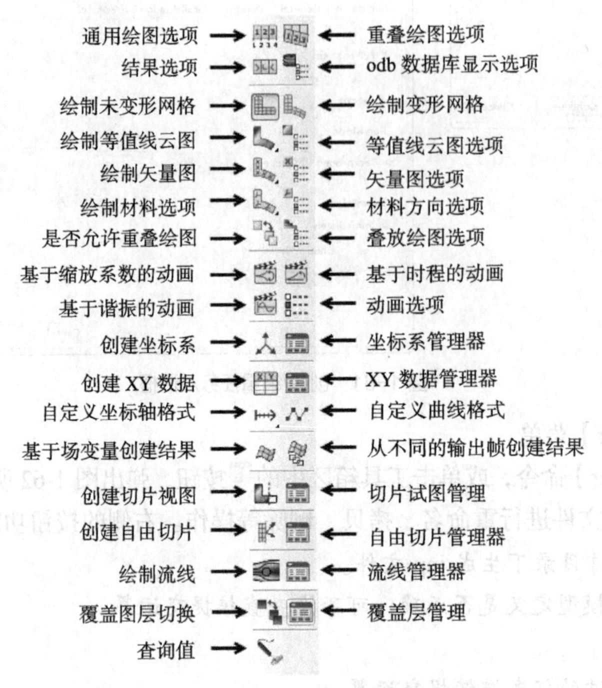

图 1-63 Visualization 模块主要工具箱区按钮

（1）【Results】菜单。

本菜单提供了输出结果的控制选项，包括指定结果的分析步、增量步，选择要显示的场变量或历史变量等。

- Step/Frame：选择当前显示结果的分析步及所属帧。其功能与环境栏右侧的帧选择工具一致（见图 1-64），类似于播放器中的控制按钮，通过这些按钮用户可以在不同的增量步、分析步结果之间切换。

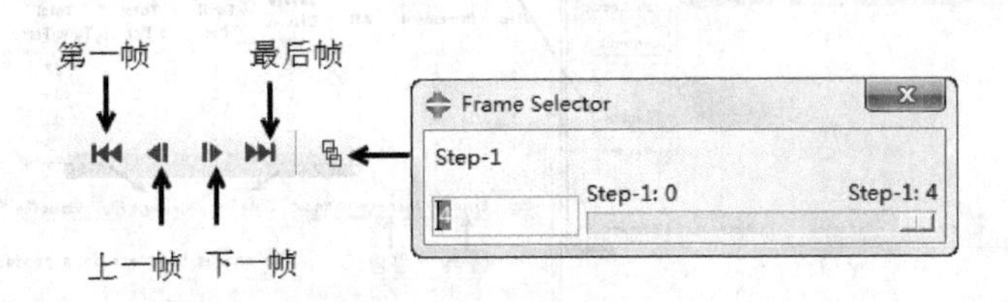

图 1-64 帧选择工具

- Field Output：选择以等值线云图显示的结果，也可直接通过图 1-65 所示工具栏中的 Field Output 下拉列表进行选择。

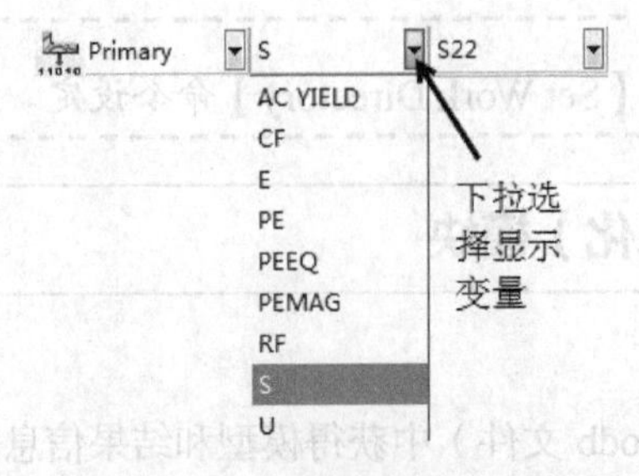

图 1-65 Field Output 工具栏

- History Output：执行【Results】/【History Output】命令，弹出图 1-66 所示的 History Output 对话框，用户可在 Variables 选项卡中选择数据，在 Steps/Frames 选项卡中选择帧，单击【Plot】按钮可在屏幕上绘制历史输出变量曲线。

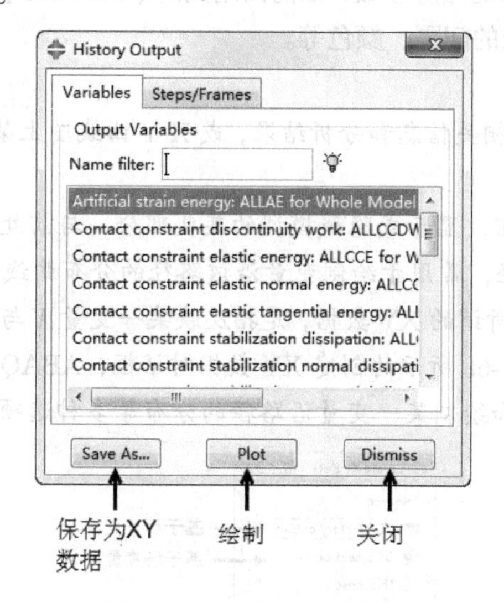

图 1-66 History Output 选择及绘制

(2)【Plot】菜单。

提供了绘制各种图形的功能，包括未变形网格、变形网格、等值线云图和矢量图等。

- Undeformed Shape：绘制未变形网格，对应工具箱区中的按钮。
- Deformed Shape：绘制变形网格，对应工具箱区中的按钮。变形的放大系数可通过执行【Options】/【Common】命令或单击工具箱区中的按钮，在图 1-67 所示的通用选项对话框中设置。

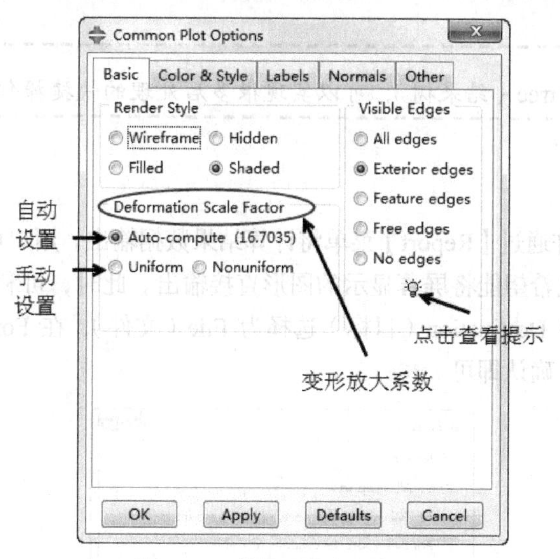

图 1-67 绘图通用选项对话框

- Contours：绘制等值线云图，对应工具箱区中的按钮。可在未变形网格（变形前）、变形网格（变形后）上绘制，也可同时绘制在变形前后的网格上。
- Symbols：绘制矢量图，对应工具箱区中的按钮。包含基于变形前、变形后、变形前后 3 种选择。

(3)【Report】菜单。

根据用户需要，可将 X-Y 数据列表（【XY】子菜单）或场变量输出结果（【Field Output】子菜单）输出到外部文件。ABAQUS 默认的输出文件后缀名是.rpt，该格式文件可用文本编辑器打开，这些数据可用于 Excel

软件画图表，或者用 Surfer 软件绘制等值线等。

（4）【Options】菜单。

本菜单用于设置各种显示图形的相应参数，如前面用到的【Common】子菜单，用于设置绘图通用选项；【Contour】子菜单用于设置等值线的间隔、颜色等。

（5）【Tools】菜单。

- Query：查询节点或单元的相关信息和分析结果，或 X-Y 曲线图上某点的 X-Y 值，可以把这些结果写入一个文件里。
- Display Group：定义显示组，显示或隐藏模型的某些部分，与前处理时的操作一致（见图 1-23）。
- Path：定义节点组成的路径，常用于绘制变量沿该路径的分布曲线。
- XY Data：创建 XY 数据。所谓的 XY 数据，是指反映某一变量 X 与变量 Y 之间的关系；执行【Tools】/【Create】命令，弹出图 1-68 所示的创建 XY 数据对话框，ABAQUS 有基于历史变量、场变量、对已有的 XY 数据进行操作和绘制某一变量沿路径的分布等多种选项。

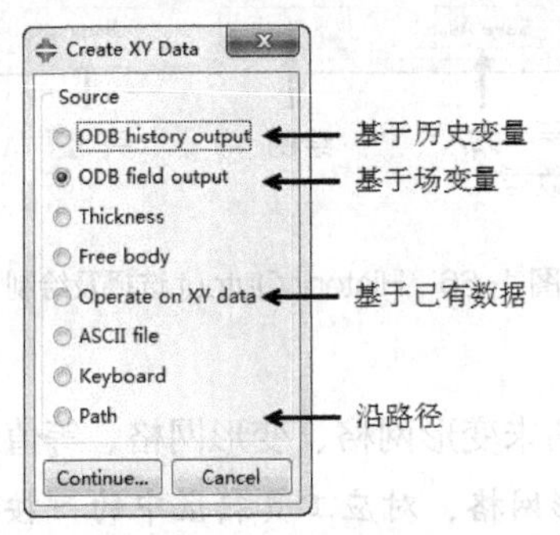

图 1-68 创建 XY 数据对话框

- View Cuts：通过切面来观察模型内部的分析结果，在三维结果后处理时经常用到。

提示：

通过屏幕左侧的 Result tree（结果树），可以实现很多后处理的快捷操作。

3. 几个小贴士

（1）屏幕输出。

如前所述，ABAQUS 允许通过【Report】菜单将计算结果数据输出，用户可采用 Surfer 等第三方软件绘制等值线云图。有时，我们也希望能将屏幕显示的图形直接输出。此时，可利用按钮，在弹出的图 1-69 所示的打印设置对话框中，将 Destination（目标）选择为 File（文件），在 Format（格式）右侧下拉列表中选择欲输出的图片文件格式，确认即可。

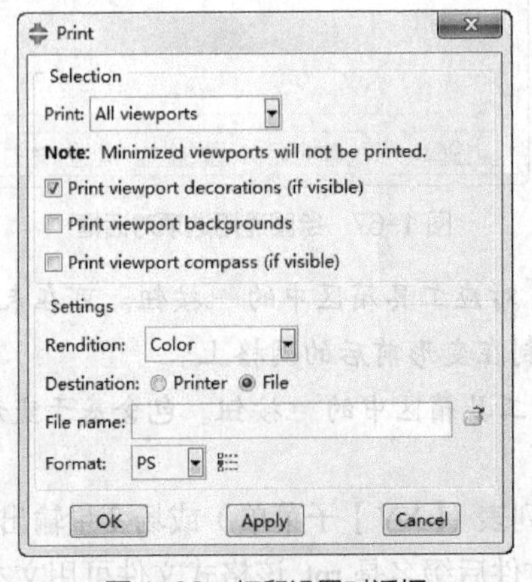

图 1-69 打印设置对话框

（2）设置屏幕背景颜色。

ABAQUS 屏幕颜色默认为灰度过渡，为了方便使用其他截图软件，有时需要改变屏幕背景颜色。执行【View】/【Graphic Options】命令，在弹出的图 1-70 所示的 Graphic Options（图形显示）对话框中，将 Viewport Background 选为 Solid，并选择相应颜色。

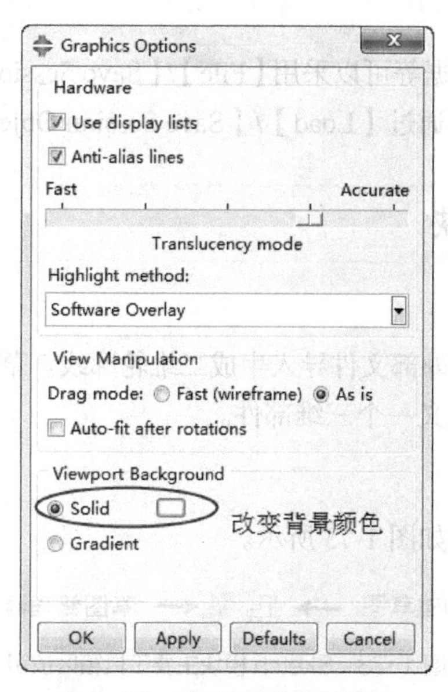

图 1-70 图形显示选项对话框

（3）自定义视图注释。

当绘制等值线云图时，屏幕上会有一些注释信息，如图例、状态、结果隶属分析步等。为了自定义相应的字体大小等，用户可执行【Viewport】/【Viewport Annotation Options】命令调出图 1-71 所示的对话框。执行【View】/【Toolbars】/【Viewport】命令，可在工具栏区上显示 Viewport 工具栏，如图 1-72 所示，利用该工具栏中的按钮不仅可以进行同样的操作，还可以在屏幕上添加标注等信息。

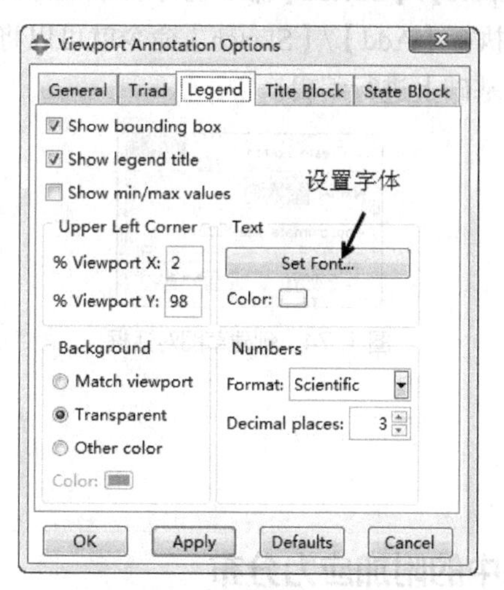

图 1-71 图形注释对话框

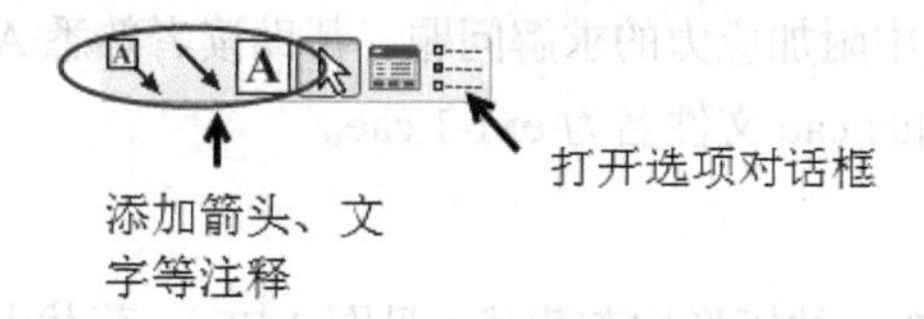

图 1-72 Viewport 工具栏

提示：

执行【File】【Save Display Option】命令将图形背景等设置存入 abaqus_v6.14.gpr，则每次打开 ABAQUS 均采用同样的设置。

（4）保存后处理的操作。

用户在后处理模块中创建 XY 数据等可以采用【File】/【Save Session Objects】命令或单击工具栏中的按钮保存到文件或数据库，后续可以通过【Load】/【Save Session Objects】命令或单击按钮恢复。

1.4.10 Sketch（草图）模块

1. 主要功能

通过该模块可以生成轮廓线或由外部文件导入生成二维轮廓线。草图可以直接用来定义一个二维部件，也可通过将其拉伸、扫掠或者旋转定义一个三维部件。

2. 主要菜单

Sketch 模块的主要工具箱区按钮如图 1-73 所示。

创建草图 → ← 草图管理器

图 1-73 Sketch 模块主要工具箱区按钮

执行【Sketch】/【Create】菜单，或单击工具箱区中的按钮，弹出图 1-74 所示的创建草图对话框，对话框中的 Approximate size（近似尺寸）为草图的近似尺寸，与在 Part 模块中创建部件时的含义一致（见图 1-9），单击【Continue】按钮确认后进入图形编辑截面（与创建部件时一致）。ABAQUS/CAE 提供了强大的绘图功能，具体如图 1-10 所示。

用户也可以从外部导入草图，以 AutoCAD 为例，将生成的二维线转存为扩展名为 DXF 的文件，然后在 ABAQUS/CAE 下执行【File】/【Import】/【Sketch】命令就可以导入到 Sketch 模块中。在 Part 模块或 Sketch 模块中进入到图形编辑界面之后，执行【Add】/【Sketch】命令就可以将先前由 AutoCAD 导入的 Sketch 显示于当前界面下，并可进一步在其基础上进行编辑。

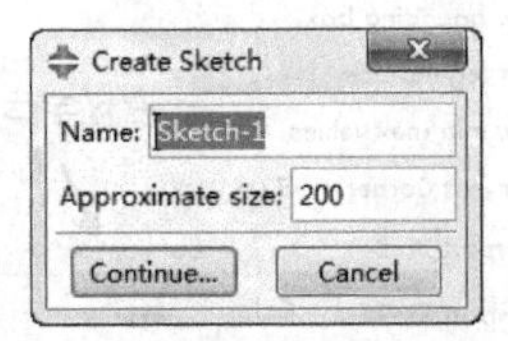

图 1-74 创建草图对话框

1.5 算例

1.5.1 矩形荷载作用下地基中的附加应力分布

本例通过矩形荷载作用下地基中附加应力的求解问题，帮助读者熟悉 ABAQUS/CAE 功能模块的操作，掌握建模和分析的基本步骤。本例的 cae 文件名为 ex1-1.cae。

1. 问题描述

一均匀地基表面作用有 4 m × 2 m 的矩形均布荷载（见图 1-75），荷载大小为 100kPa。假设地基土很厚，弹性模量 $E = 10^4\,\text{kPa}$，泊松比 $\nu = 0.3$，求加载面积中点以下各点的竖向附加应力分布。

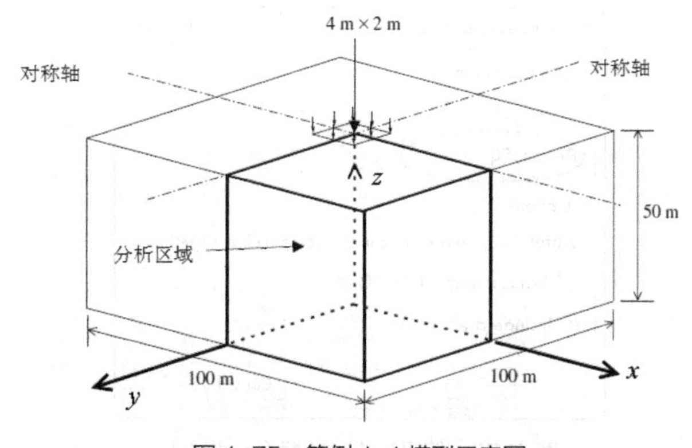

图 1-75 算例 1-1 模型示意图

2. 算例学习重点

- ABAQUS/CAE 建模及分析流程。
- 面和体的 Partition。
- 材料分区。
- 划分网格的偏置。
- 后处理中 Path 的定义及应用。

3. 创建部件

本例为三维问题，为减小边界条件对计算结果的影响，分区区域范围如图 1-75 所示。利用对称性，仅取 1/4 区域进行分析，即有限元模型长、宽、高均为 50m。

Step 1 启动 ABAQUS/CAE 6.14，创建模型 With Standard/Explicit Model。执行【File】/【Save】或【Save as】命令，将模型保存为 ex1-1.cae。

提示：

ABAQUS/CAE 不会自动存储，用户要养成勤于保存的习惯。

Step 2 执行【Part】/【Create】命令，在弹出的创建部件对话框中，将名称改为“Soil”，Modeling Space 选为 3D，Type 设为 Deformable，Base Feature 的 Shape 和 Type 分别设为 Solid 和 Extrusion，即通过拉伸形成三维实体。单击【Continue】按钮后进入草图绘制界面，主窗口左侧出现绘图快捷工具箱按钮，屏幕上出现绘图栅格，栅格的间距可以通过工具箱区中的按钮调整。

注意：

ABAQUS/CAE 中创建部件时，二维轮廓线所在平面默认为 x-y 平面，即拉伸仅能在 z 向进行。用户可在 Assembly 模块中拼装时，将部件进行任意旋转。

Step 3 执行【Add】/【Line】/【Rectangle】命令，或单击工具箱区中的按钮，按照窗口底部提示区的提醒“Pick a start corner for the rectangle-or enter X,Y”（在屏幕上点选或者输入 X，Y 坐标作为矩形的一个角点），输入坐标（0，0）。输入后按回车，或单击鼠标中键，提示区提醒变为“Pick the opposite corner for the rectangle-or enter X,Y”，输入坐标（50，50）作为矩形的另一个角点。单击鼠标中键后结束绘制矩形。通过工具栏上的按钮，可自动调整模型显示大小，便于检查。单击提示区中的【Done】按钮或单击鼠标中键，退出绘图界面，同时弹出图 1-76 所示的编辑拉伸对话框。将拉伸长度（Depth）设为 50，确认后即生成部件。

提示：

输入坐标时，坐标分量以“,”分离，若不填数值，ABAQUS 默认为 0，如在输入坐标时输入“, 1”，意味着所输入坐标为（0，1）。

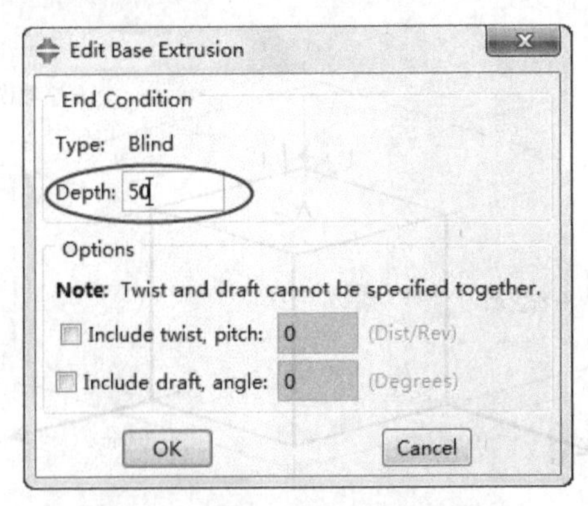

图 1-76　编辑拉伸对话框（ex1-1）

Step 4　为了施加表面局部荷载，需将土层表面相应区域分隔开来。单击工具箱区中的按钮，或者执行【Tools】/【Partition】命令，在弹出的创建分隔对话框中（见图 1-77），将 Type 选为 Face，方法选为 Sketch（通过绘图创建分隔），此时提示区提示选择欲分隔的面（见图 1-78）。选择土层上表面，提示区中 Sketch Origin 的选项共有两个，分别为 Auto-Calculate 和 Specify。Auto-Calculate 是自动将面的形心作为绘图坐标系原点，为了方便操作这里选为 Specify。确认后，输入原点坐标（0，0，0）。出于绘图的需要，ABAQUS 需要将平面定位，其提供了 4 种选项，即将一根边或轴放在上、下、左、右方。选择并确认后进入绘图界面，执行【Add】/【Line】/【Connected lines】命令，或者利用按钮，依次输入坐标（0，1），（2，1），（2，0）绘制出加载区域边界，确认后退出分隔操作。

提示：

（1）若对曲面进行分隔，可能没有直边用于定位，此时可通过【Tools】/【Datum】命令创建一根基准线（轴）。

（2）利用 Views 工具栏，可以快速在 x-y、y-z、x-z 平面及三维视图间切换，方便操作。

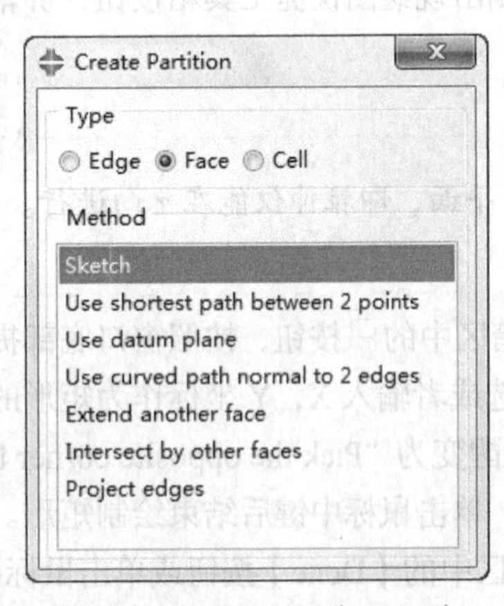

图 1-77　创建分隔对话框（ex1-1）

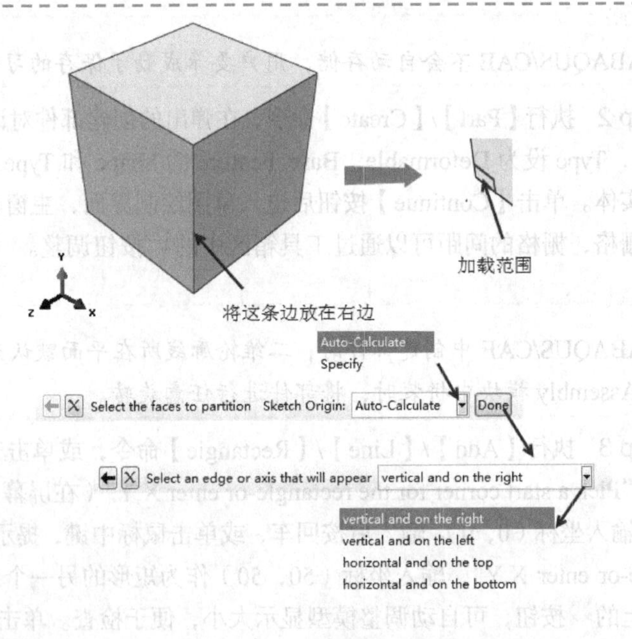

图 1-78　分隔操作（ex1-1）

4．创建属性

Step 1　进入 Property 模块。

Step 2　创建材料。执行【Material】/【Create】命令，或单击工具箱区中的按钮，弹出图 1-79 所示的编辑材料对话框。通过对话框中的【Mechanical】/【Elasticity】/【Elastic】命令，选择材料为各向同性弹性材料，并在相应区域设置材料参数（这里应力和模量的单位取为 kPa）。

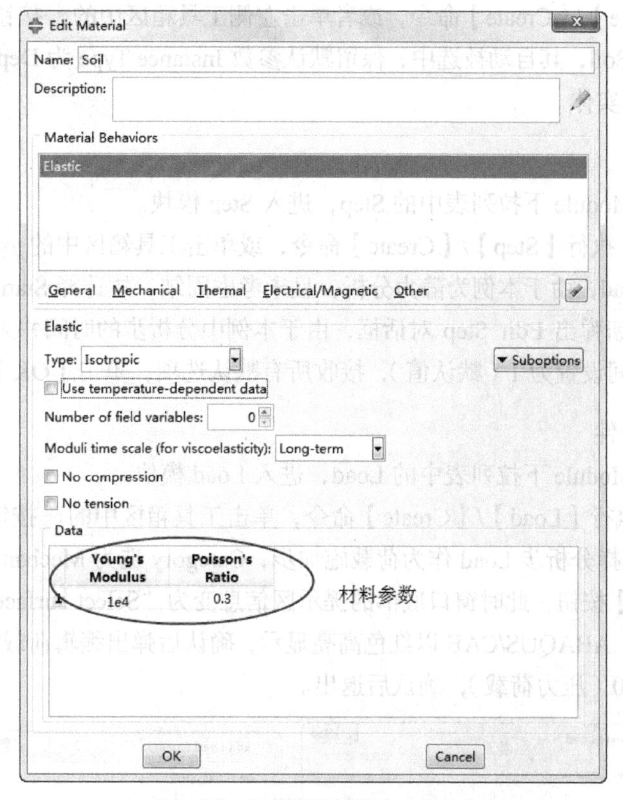

图 1-79 设置弹性材料（ex1-1）

Step 3 创建截面属性。执行【Section】/【Create】命令，或单击工具箱区中的按钮，在弹出的创建截面对话框中将名称设为 Soil，Category 设为 Solid，Type 设为 Homogeneous，单击【Continue】按钮在编辑截面属性对话框中将材料选为之前定义的 Soil（见图 1-80）。

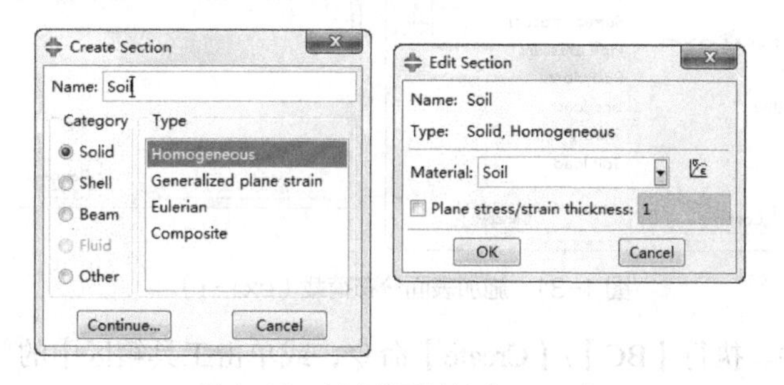

图 1-80 创建截面特性（ex1-1）

Step 4 给部件赋予截面特性。执行【Assign】/【Section】命令，或单击左侧工具箱区中的按钮，选择整个部件赋予截面特性的区域，ABAQUS/CAE 将红色高亮显示被选中的实体边界，按鼠标中键或单击提示区中的【Done】按钮，弹出 Edit Section Assignment 对话框，确认 Section 为之前定义的 Soil，单击【OK】按钮，完成对截面属性分配的操作。

5. 装配部件

整个分析模型是一个装配件，而每一个部件都是面向它自己的坐标系的，是相互独立的。Part 模块中创建的各个 Part 需要在 Assembly 模块中装配起来。其方式是先生成部件的实体（Instance）副本，然后在整体坐标系里对实体相互定位。一个模型可能有许多部件，但装配件只有一个。

本例只需生成一个土体实体，具体操作方法如下。

Step 1 选择环境栏 Module 下拉列表中的 Assembly，进入 Assembly 模块。

Step 2 执行【Instance】/【Create】命令，或者单击左侧工具箱区中的按钮，在弹出的创建实体对话框中，由于只有一个部件 Soil，其自动被选中，保留默认参数 Instance Type 为 Dependent（mesh on part），单击【OK】按钮，生成土层实体。

6. 创建分析步

Step 1 选择环境栏 Module 下拉列表中的 Step，进入 Step 模块。

Step 2 创建分析步。执行【Step】/【Create】命令，或单击工具箱区中的按钮，弹出 Create Step 对话框。把分析步名改为 Load，由于本例为静力分析，且未考虑固结，故选择 Static, General（通用静力分析步）。单击【Continue】按钮弹出 Edit Step 对话框，由于本例中分析步的时间并无实际物理意义，只反映了加载顺序，故将分析步时间设置为 1（默认值），接收所有默认选项，单击【OK】按钮确认退出。

7. 定义荷载、边界条件

Step 1 选择环境栏 Module 下拉列表中的 Load，进入 Load 模块。

Step 2 施加荷载。执行【Load】/【Create】命令，单击工具箱区中的按钮，在弹出的 Create Load 对话框中（见图 1-81），选择分析步 Load 作为荷载施加步，Category 选为 Mechanical，右侧的荷载类型选为 Pressure，单击【Continue】按钮，此时窗口底部的提示区信息变为 “Select surfaces for the load”，直接在图形上选分隔后的加载区域，ABAQUS/CAE 以红色高亮显示，确认后弹出编辑荷载对话框，在 Magnitude（数值大小）数值框中填入 100（压力荷载），确认后退出。

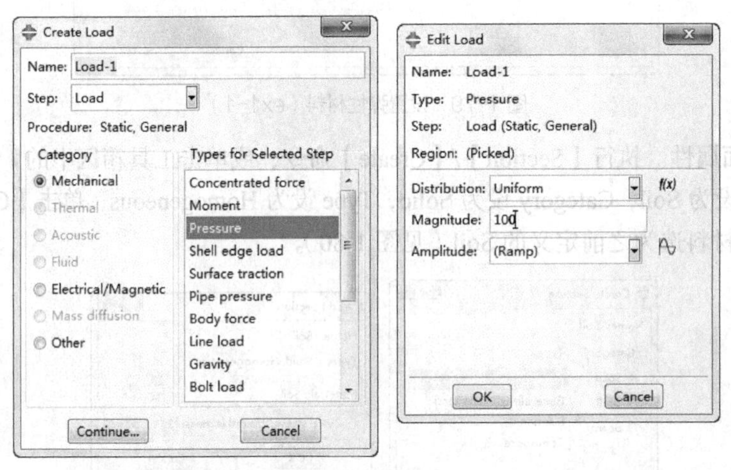

图 1-81 施加表面分布荷载（ex1-1）

Step 3 定义边界条件。执行【BC】/【Create】命令，或单击工具箱区中的按钮，在弹出的图 1-82 所示的创建边界条件对话框中，将名称 Name 后面改为 Bottom，将 Step 设为 Load，接受 Category 表中的默认选项 Mechanical，在 Types for Selected Step 列表框中选 Displacement/Rotation，单击【Continue】按钮。此时窗口底部的提示信息变为 “Select regions for the boundary condition”，选择土层底部面作为边界条件施加区域。按鼠标中键或单击提示区中的【Done】按钮，表示完成了选择。在弹出的 Edit Boundary Condition 对话框中，选中 U1、U2 和 U3，表明施加 3 个方向的位移约束，确认后退出。

> 提示：
>
> ABAQUS 中自带的 Initial 分析步用于建立初始状态，不能施加非零的位移边界条件。本例中的约束条件既可在加载步中施加，也可在 Initial 步中施加，对结果并无影响。

Step 4 重复上述步骤，在 X=0 的面上约束 X 向位移，在 Y=0 的面上约束 Y 向位移，模拟对称条件。

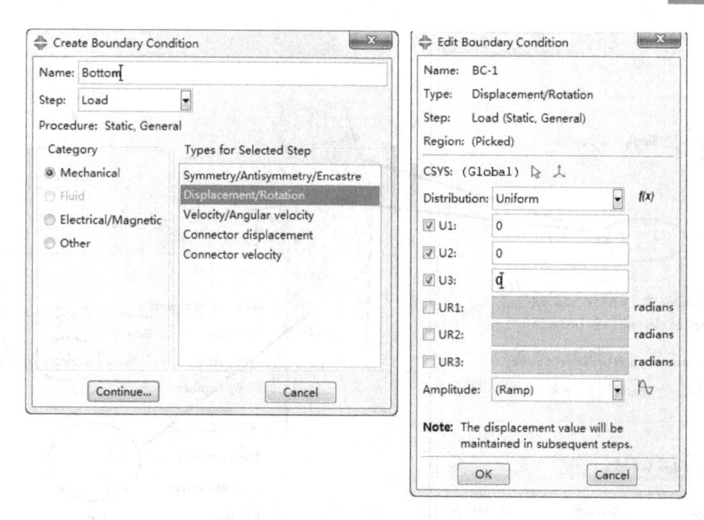

图 1-82 定义边界条件（ex1-1）

8．划分网格

Step 1 在环境栏的 Module 下拉列表中选择 Mesh，进入 Mesh 模块，并且将 Object 选为 Part，表示网格的划分是基于 Part 的层面上进行的。

Step 2 执行【Mesh】/【Controls】命令，或单击工具箱区中的按钮，弹出网格控制对话框。选择 Element Shape 为 Hex（六面体）。由于土层表面分隔了加载区域，无法采用结构化网格技术，ABAQUS 自动设置为 Sweep（扫掠划分），将 Sweep 算法设置为 Medial axis（中性轴）算法（见图 1-83）。

提示：

读者也可利用 Partition 功能，将面或体进一步分隔成简单区域，以便使用结构化网格划分技术。

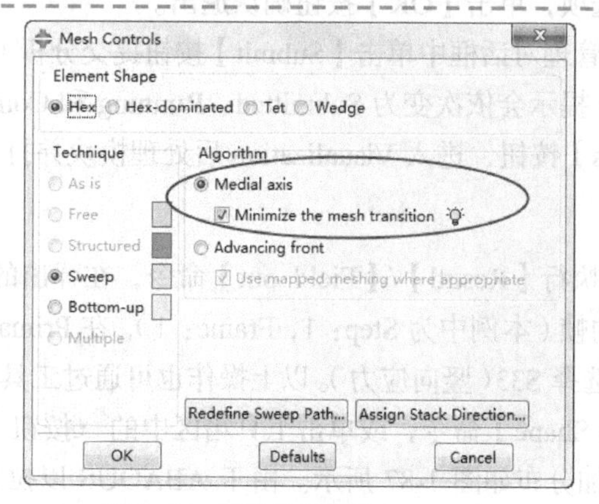

图 1-83 网格控制设置（ex1-1）

Step 3 执行【Mesh】/【Element Type】命令，或单击工具箱区中的按钮，弹出 Element Type 对话框，选择 Element Library 为 Standard（默认），Geometrie Order 为 Quadratic（二次），Family 为 3Dstress，不选择 Reduced integration，将单元类型选择为 C3D20（三维 20 节点六面体单元），确认后退出。

Step 4 执行【Seed】/【Part】命令，或单击工具箱区中的按钮，弹出 Global Seeds 对话框，接受 Approximate global size 的默认选项 2.5，其他参数不变，单击【OK】按钮，完成种子数的布置。为了提高计算精度，拟加密加载区域的网格。执行【Seed】/【Edges】命令，或单击工具箱区中的按钮，在弹出的对话框中指定单元的尺寸为 0.5，确认后退出（见图 1-84）。考虑距离加载面越远，附加应力越小，网格尺寸可以变大，通过边上种子定义中的偏置功能，将竖直方向上最小单元尺寸设为 0.5，最大单元尺寸设为 2.5，通过【Flip】按钮调整方向，确认后的效果如图 1-84 所示。

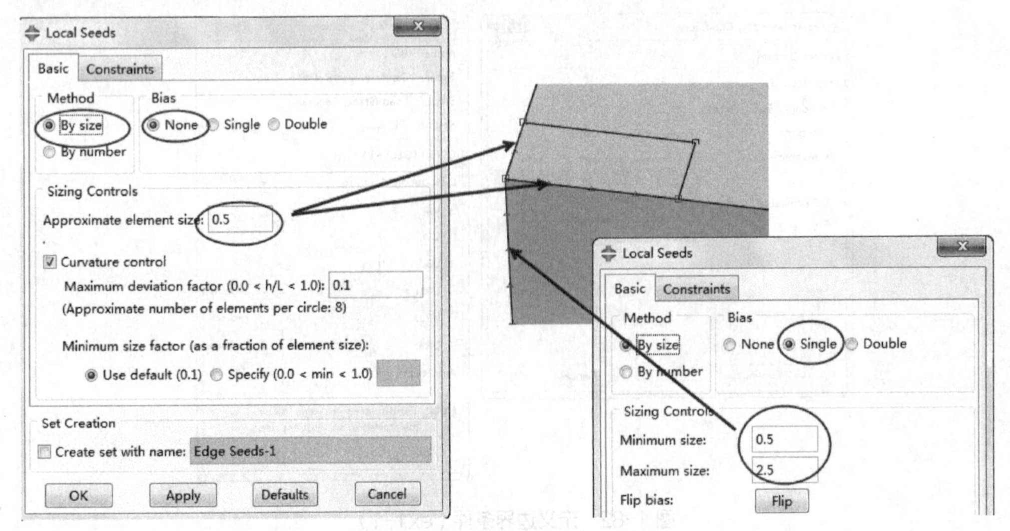

图 1-84　加密网格（ex1-1）

Step 5　执行【Mesh】/【Part】命令，或单击工具箱区中的按钮，此时窗口底部的提示信息变为 “OK to mesh the part?”，单击【Yes】按钮，完成网格的划分。读者可进一步修改网格划分的设置，观察不同方法和参数对网格形态的影响。

9．提交计算

Step 1　在环境栏的 Module 下拉列表中选择 Job，进入 Job 模块。

Step 2　创建分析作业：执行【Job】/【Manager】命令，或单击工具箱区中的按钮，弹出任务管理对话框。单击【Create】按钮创建新的任务，在 Name 后面输入名字为 ex1-1，单击【Continue】按钮，弹出创建任务对话框，接受所有默认选项，单击【OK】按钮确认退出。

Step 3　提交分析。在任务管理对话框中单击【Submit】按钮提交分析（或者执行【Job】/【Submit】命令），对话框中的 Status（状态）提示会依次变为 Submitted、Running 和 Completed，最终表示计算已经成功完成。单击对话框中的【Results】按钮，进入 Visualization 后处理模块并打开结果数据库。

10．后处理

Step 1　绘制等值线云图。执行【Resutl】/【Field out】命令，在弹出的图 1-85 所示的场输出对话框中选择 Step/Frame 为计算终止时的帧（本例中为 Step：1，Frame：1），在 Primary Variables 选项卡中选择 S（应力输出结果），在 Component 中选择 S33（竖向应力）。以上操作也可通过工具栏进行（见图 1-86）。执行【Plot】/【Contours】/【On Undeformed Shape】命令，或单击工具箱区中的按钮（按住按钮右下角黑色三角调出隐藏按钮），绘出竖向应力附加分布如图 1-87 所示。由于 ABAQUS 以拉为正，图中的应力符号为负。由图可见，矩形局部荷载作用下的竖向应力呈现出典型的应力泡分布规律，即围着作用面向远处扩散，即距离荷载作用面越远，附加应力越小。计算结果同时表明，分析区域取得足够大，边界条件对结果影响较小。同时也意味着距离荷载作用面水平距离较远的地方也可以采用较粗的网格，读者可尝试利用边上种子偏置功能进行调整。

提示：

读者可按照上述步骤，对位移等其他变量的分布进行研究。

Step 2　创建路径。为了绘制荷载作用范围中心线下竖向附加应力沿深度的分布，首先需要创建一条用于结果提取的路径。执行【Tools】/【Path】/【Create】命令，弹出图 1-88 所示的创建路径对话框，选择路径类型为 Node list（根据网格节点创建），单击【Continue】按钮后弹出编辑节点列表对话框，单击【Add Before】按钮，在屏幕上依次选择土层表面和土层底部的点，确认选择后单击对话框中的【OK】按钮退出。

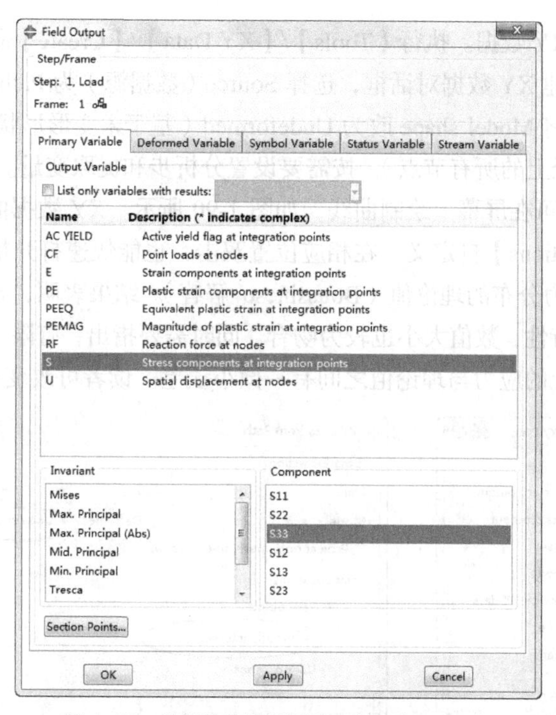

图 1-85　选择等值线云图显示变量（ex1-1）

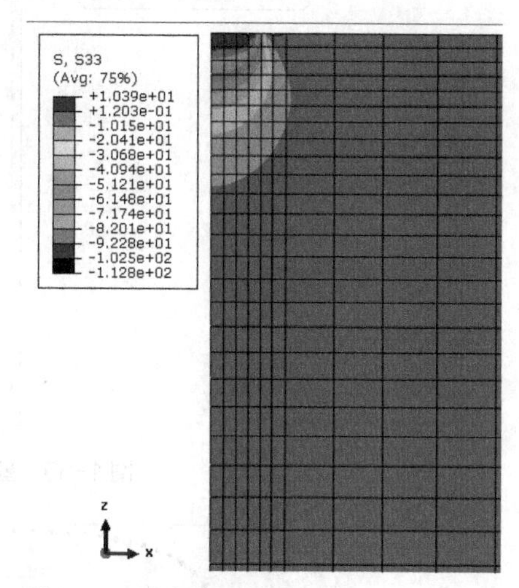

图 1-86　通过 Field output 工具栏选择云图显示变量（ex1-1）

图 1-87　竖向附加应力分布图（ex1-1）

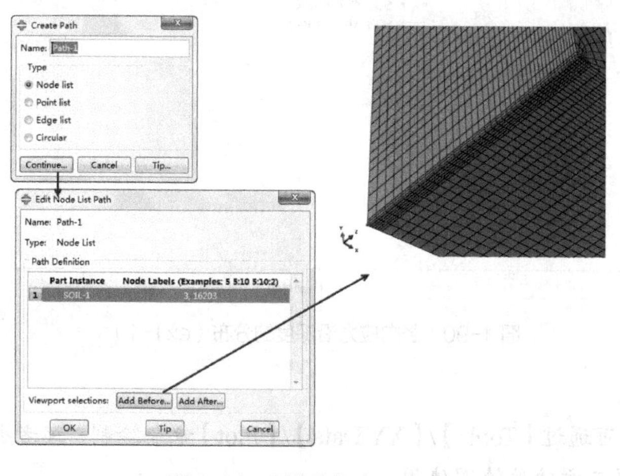

图 1-88　创建路径（ex1-1）

Step 3　基于 Path 创建 XY 数据。执行【Tools】/【XY Data】/【Create】命令，或单击工具箱区中的按钮，弹出图 1-89 所示的创建 XY 数据对话框，选择 Source（数据源）为 Path，单击【Continue】按钮后在 XY Data from Path 对话框中将 Model shape 改为 Undeformed（基于未变形形状），选中 Point Locations 下的 Include interactions（包含路径上的所有节点），按需要设置分析步和提取变量。单击【Save As】按钮可保存数据曲线，单击【Plot】按钮可在屏幕上绘制曲线，如图 1-90 所示。XY 数据曲线的图例格式、坐标轴格式可通过【Options】/【XY Options】自定义。在相应位置双击，也能快速打开格式编辑选项。对比起见，图 1-90 同时给出了竖向附加应力分布的理论值（Boussinesq 解答）。结果表明，理论值与数值结果值都体现了竖向附加应力沿深度的衰减特性，数值大小也较为吻合。同时需要指出，有限元节点上的应力为积分点上应力的外插结果，因而在边界上的应力与理论值之间有一微小误差。读者可改变单元类型，分析结果的改变。

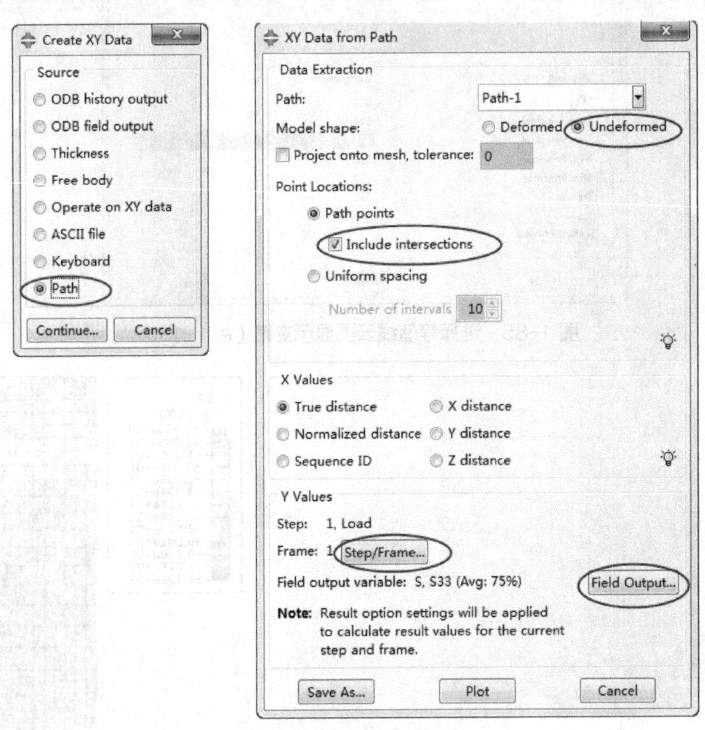

图 1-89　基于路径创建 XY 数据（ex1-1）

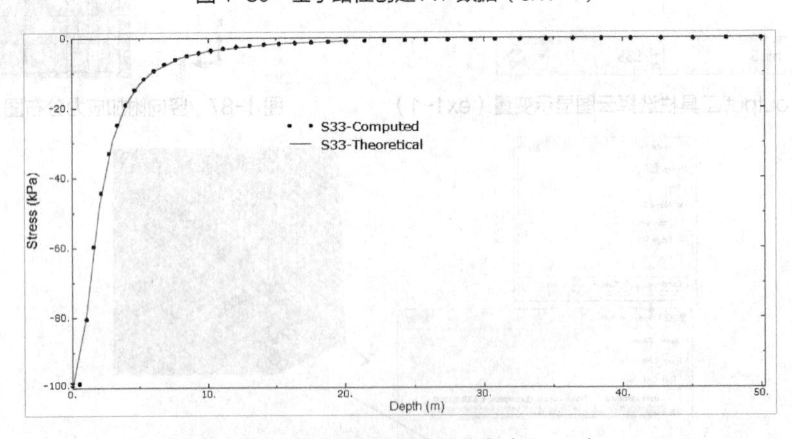

图 1-90　竖向应力沿深度的分布（ex1-1）

提示：

已保存的 XY 数据，可通过【Tools】/【XY Data】/【Plot】命令绘制；读者也可通过【Report】/【XY】命令，将数据导出，供第三方软件绘图使用。

11．算例拓展

Boussinesq 解答适用于半无限、均质、各向同性的线弹性体。对于成层地基，其计算结果与实际值有一定的偏差。本小节在算例 ex1-1 的基础上，研究土体表面有一 5m 厚的硬壳层（$E=10^6$kPa，泊松比 $v=0.3$）时竖向附加应力的分布。

Step 1 将 ex1-1.cae 另存为 ex1-2.cae。

Step 2 进入 Part 模块，执行【Tools】/【Partition】命令，在弹出的创建分隔对话框中将 Type 选为 Edge，Method 选为 Enter Parameter，在屏幕上选择竖直方向的一条边，确认后在提示区输入参数 0.9，确认后该边在距离底边 0.9 倍边长处（45m）创建了一个分隔点，直线分为两段（见图 1-91）。以上操作也可直接单击工具箱区中的按钮。

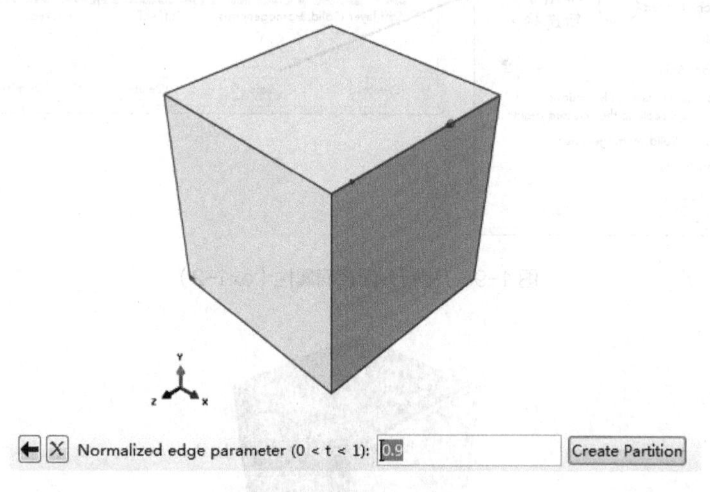

图 1-91 分隔边（ex1-2）

Step 3 执行【Tools】/【Partition】命令，在创建分隔对话框中将 Type 选为 Cell，Method 选为 Define cutting plane（定义切割面），或单击工具箱区中的按钮，此时部件中只有一个实体，ABAQUS 自动将其设为操作对象，否则用户需在屏幕上选择欲切割的实体。在提示区选择切割面的定义方法为 Point&Normal（通过平面上的点及平面法线方向定义）。在屏幕上选择之前分隔的点，选择任一竖线作为法线，单击【Create Partition】按钮确认后分隔土层。

提示：

读者可尝试其他 Partition 方法，如先将土层层面进行分隔，然后利用 Extrude/Sweep edges 对体进行切割。

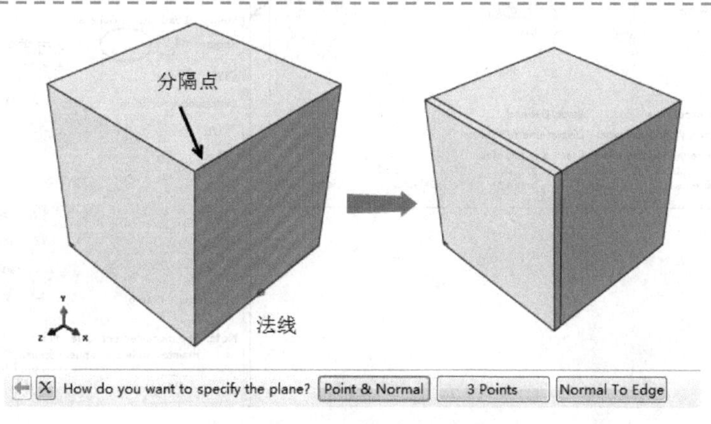

图 1-92 分隔体（ex1-2）

Step 4 进入 Property 模块。执行【Material】/【Create】命令，或单击工具箱区中的按钮，创建名称为 Stiff soil 的弹性材料，设置参数为 $E=10^6$kPa，泊松比 $v=0.3$。

Step 5 执行【Section】/【Create】命令，或单击工具箱区中的按钮，创建名称为 Stifflayer 的截面，将 Category 设为 Solid，Type 设为 Homogeneous，材料性质选为 Stiff soil。

Step 6 执行【Section】/【Assignment Manager】命令，或者利用工具箱区中相应的按钮，弹出图 1-93 所示的分配截面属性管理对话框，选择 Soil 截面，单击【Edit】按钮重新指定对应的区域。单击【Create】按钮，将 Stiff layer 截面属性分配给土层表面（见图 1-94）。

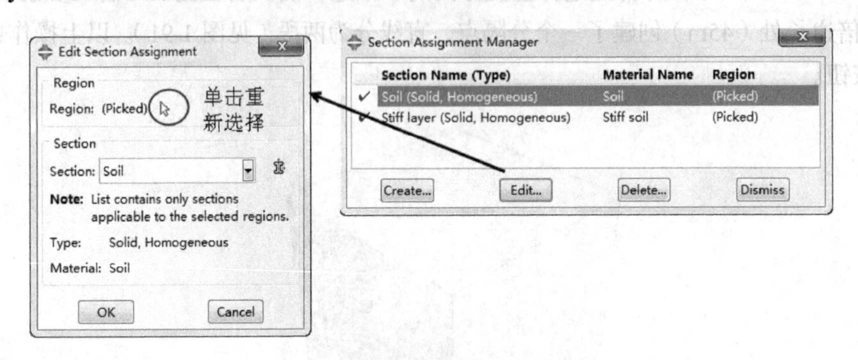

图 1-93 重新分配截面属性（ex1-2）

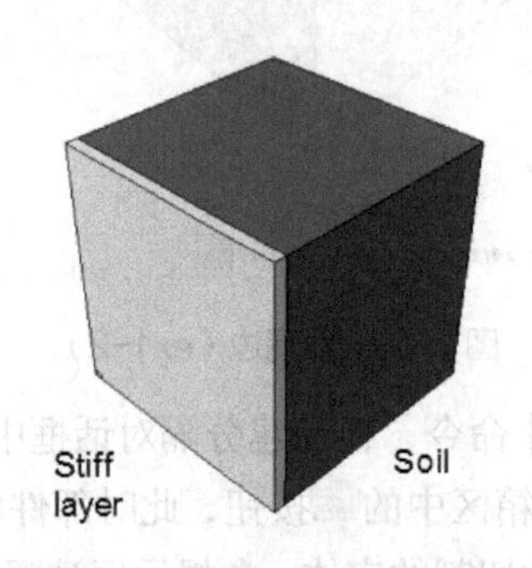

图 1-94 土层截面属性设置（ex1-3）

Step 7 由于进行了分隔 Partition 操作，土层周边的边界条件需重新设置。进入 Load 模块。执行【BC】/【Manager】命令，或者通过工具箱中相应的按钮，弹出图 1-95 所示的编辑边界条件对话框。选择 Front 边界条件，单击【Edit】按钮后重新选择边界条件区域。按照同样的步骤，编辑 Left 边界条件区域。

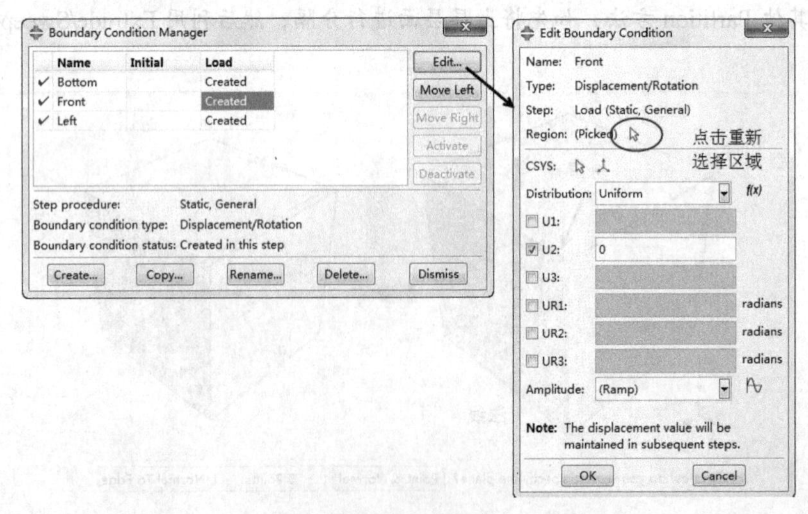

图 1-95 重新定义边界条件（ex1-2）

Step 8 进入 Mesh 模块。基于部件，采用 Sweep（扫掠划分）的 Medial axis（中性轴）算法重新划分网格，单元类型仍然保持为 C3D20。

Step 9 进入 Job 模块。执行【Job】/【Manager】命令，或者利用工具箱区中的按钮，弹出任务管理对话框。将任务 ex1-1 重新命名为 ex1-2，单击【Submit】按钮提交分析。

Step 10 计算结束后，进入 Visualization 模块，打开 ex1-2.odb，按照算例 1-1 中的操作，将荷载中轴线上竖向附加应力的分布绘制于图 1-96 中。在土层交界上应力存在突变。对于上硬下软的情况，因上层硬土的模量大一些，在荷载中轴线附近，上层硬土中的附加应力比均质半无限体时要小一些，荷载中轴线附近下面的软土出现了应力扩展现象。

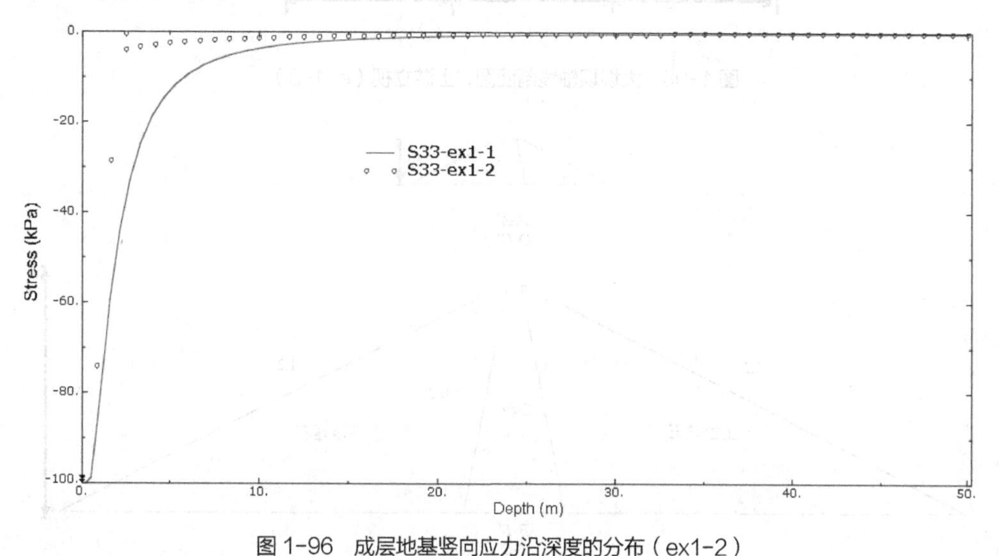

图 1-96 成层地基竖向应力沿深度的分布（ex1-2）

1.5.2 三维大坝建模及分析

本例是一简化三维大坝的建模及分析，主要讲解复杂模型的建立思路。本例的 cae 文件名为 ex1-3.cae。

1. 问题描述

某心墙堆石坝高 100m，坝顶宽 10m，坝顶长 300m，上、下游坡比 1∶2；心墙顶宽 6m，心墙的坡比为 1∶0.2。大坝的平面图如图 1-97 所示，坝轴线剖面图如图 1-98 所示。x 轴指向下游，y 轴指向左岸，z 轴向上。大坝左、右两岸对称，控制截面有 2 个，形状如图 1-99 所示。

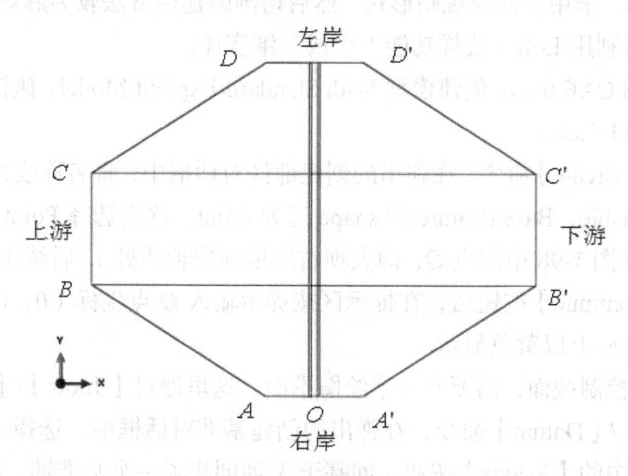

图 1-97 大坝平面图（ex1-3）

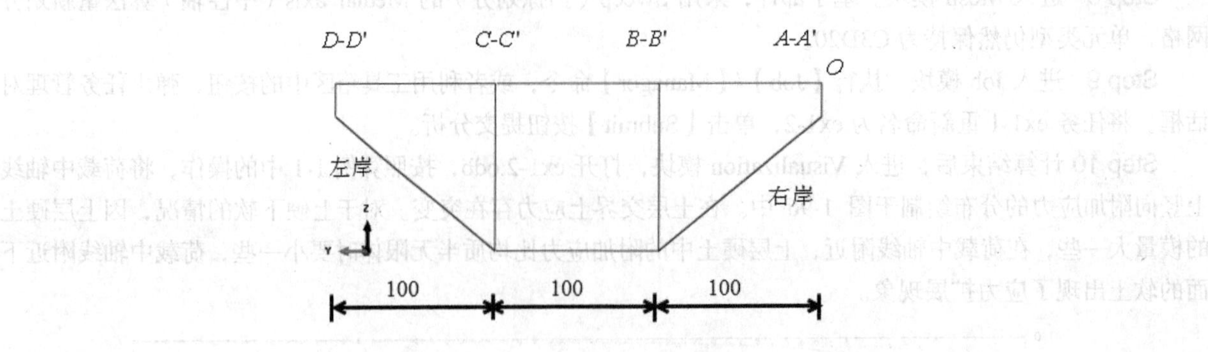

图 1-98　大坝坝轴线剖面图，上游立视（ex1-3）

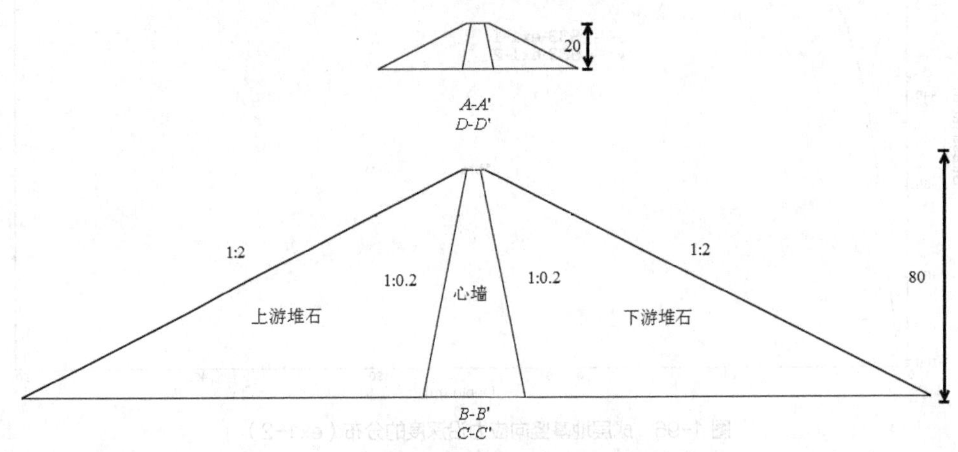

图 1-99　大坝控制截面（ex1-3）

2．算例学习重点

- 基准轴、面的定义及应用。
- 在现有部件上添加面。
- 利用 Loft 生成三维实体。
- 材料分区边界上应力的平均化。

3．创建部件

对于大坝这种三维实体，采用拉伸成规则形状、然后切割的建模方法较为麻烦。本例中的建模思路是首先绘制控制截面形状，然后利用 Loft（放样功能）生成三维实体。

Step 1　启动 ABAQUS/CAE 6.14，创建模型 With Standard/Explicit Model。执行【File】/【Save】或【Save as】命令，将模型保存为 ex1-3.cae。

Step 2　执行【Part】/【Create】命令，在弹出的创建部件对话框中，将名称改为“Dam”，Modeling Space 选为 3D，Type 设为 Deformable，Base Feature 的 shape 选为 Point。这里选择 Point 的意图是先建立模型在空间的一个控制点（图 1-97 和图 1-98 中的点 O，即大坝右岸坝顶坝轴线处），后续添加面或实体的操作都基于这个控制点进行。单击【Continue】按钮后，在提示区按提示输入 O 点坐标（0，0，100），回车或单击鼠标中键确认后，创建的点在屏幕上以黄色显示。

Step 3　为了绘制大坝控制截面，需要有一个绘图平面。这里通过【Tools】/【Datum】命令创建基准平面及基准轴。执行【Tools】/【Datum】命令，在弹出的创建基准对话框中，选择 Type 为 Axis，Method 为 Principal axis，单击提示区中的【X-axis】按钮，即基于 X 轴创建了一个基准轴。继续在对话框中选择 Type 为 Plane，Method 选为 Offset from principle plane，单击提示区中的【XZ plane】并确认，设置偏移距离为 0.0。

这里的偏移距离实际上即为 y 坐标，即控制截面距离右岸的距离。以上操作也可通过工具箱区中的和按钮完成。

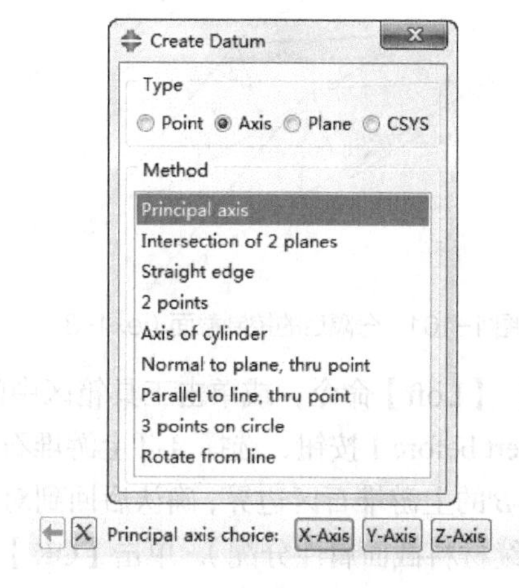

图 1-100　创建基准轴（ex1-3）

Step 4　执行【Shape】/【Shell】/【Planar】命令，或单击工具箱区中的按钮，在提示区中将 Sketch Origin 选为 Specify，选择定义的基准面（黄色虚线表示）作为绘图平面，设置绘图原点为（0，0，0），确认后将提示区中的 Select an edge or axis that will appea 选项选为 horizontal and on the bottom，选择定义的基准轴将其水平放置并显示在模型底部，进入绘图截面（草图绘制），如有需要，单击【Views】工具栏中的按钮，调整坐标方向（x 轴向右，z 轴向上）。

注意：

由于投影方向不同，绘图截面中的坐标轴指向可能发生变化，如本例中 z 轴向上为正，但在绘图界面中向上为负，用户每次画图时要注意坐标的变化。

Step 5　执行【Add】/【Line】/【Connected lines】命令，或者利用按钮，绘制大坝的控制截面（A-A'），完成后确认退出绘图界面。

提示：

绘图时，读者可直接根据坐标连线，也可利用工具栏区中的构造线按钮，添加辅助线，方便定位。

Step 6　绘制大坝控制截面 B-B'。首先需要给出绘图基准面，执行【Tools】/【Datum】命令，在弹出的创建基准对话框中，选择 Type 为 Plane，Method 选为 Offset from principle plane，单击提示区中的【XZ plane】并确认，设置偏移距离为 100.0。执行【Shape】/【Shell】/【Planar】命令，或单击工具箱区中的按钮，按照上一步的操作，绘制截面形状。

Step 7　重复上一步骤，建立偏移 XZ 平面距离分别为 200 和 300 的基准面，绘制控制截面 C-C'和 D-D'。

提示：

在绘制相似截面时，可将其先保存为草图，在后续绘制时载入草图，在此基础上进行编辑。利用【Add】/【Edges】命令或者按钮，可将边投影到当前绘图平面上，也可简化操作。

Step 8　执行【Tools】/【Partition】命令，或单击工具箱区中的按钮，选择 A-A'截面，设置绘图原点为（0，0，0），将 x 基准轴放置在底部。进入绘图界面后，执行【Add】/【Line】/【Connected lines】命令，或者利用按钮，绘制心墙区域边界。

Step 9　重复上一步骤，分隔出其余控制面上的心墙区域。此时屏幕显示如图 1-101 所示。

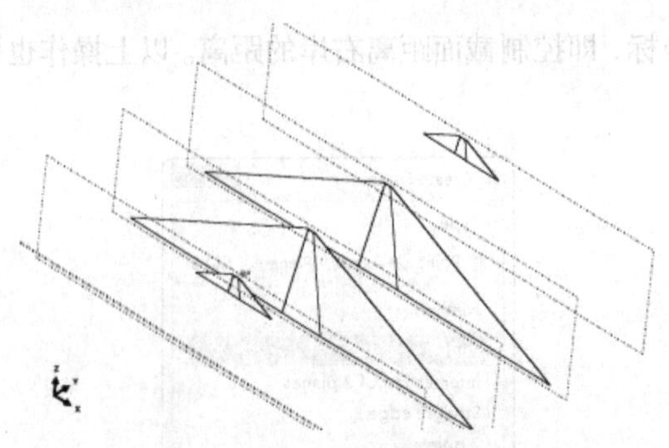

图 1-101　分隔后的控制截面（ex1-3）

Step 10 执行【Shape】/【Solid】/【Loft】命令，或单击工具箱区中的按钮，弹出图 1-102 所示的编辑放样对话框。单击对话框上的【Insert before】按钮，选择 *A-A'*上游堆石区的边界，选择完毕后确认回到对话框，单击【Insert after】按钮，选择 *B-B'*的上游堆石区边界，确认后回到对话框，确保 Keep internal boundaries 为选中状态（保留内部边界，方便后续材料截面属性分配），单击【OK】按钮，生成 *A-A'*到 *B-B'*截面之间的上游堆石区实体。

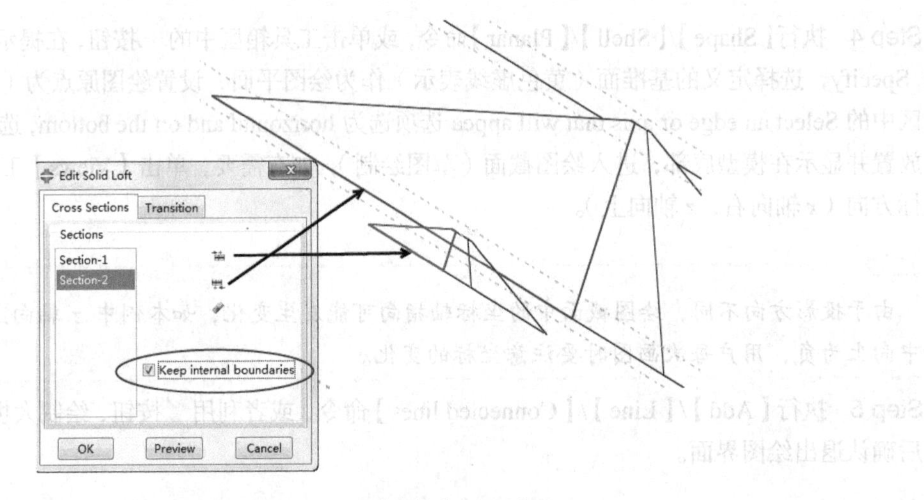

图 1-102　Loft 生成实体（ex1-3）

Step 11 重复上一步骤，生成所有上游堆石区、心墙区和下游堆石区。

Step 12 执行【Tools】/【Set】/【Create】命令，将上游堆石区建立集合 Rock-up，心墙区建立集合 Clay，下游堆石区建立集合 Rock-down。

Step 13 执行【Tools】/【Partition】命令，在创建分隔对话框中将 Type 选为 Cell，Method 选为 Define cutting plane（定义切割面），或单击工具箱区中的按钮，将大坝沿坝轴线方向分隔，方便后处理时显示坝轴线断面。

提示：

建议在每次利用 Loft 功能生成实体后就将实体归入到某一集合，从而可利用 Display group 功能对不同集合进行显示，方便操作，对复杂模型尤为有效。

4．创建属性

Step 1 选择环境栏 Module 下拉列表中的 Property，进入 Property 模块。

Step 2 创建材料。由于本例的主要目的是说明复杂三维大坝的建模方法，故堆石和黏土心墙都暂时采用弹性材料模拟，执行【Material】/【Create】命令，或单击工具箱区中的按钮，创建堆石材料 Rock，弹性模量设为 100MPa，泊松比设为 0.3；心墙材料 Clay，弹性模量设为 20MPa，泊松比设为 0.33。

Step 3 创建截面属性。执行【Section】/【Create】命令，或单击工具箱区中的按钮，分别创建 Rock 和 Core 两种均质实体截面属性，对应的材料分别为 Rock 和 Clay。

Step 4 给部件赋予截面特性。执行【Assign】/【Section】命令，或单击左侧工具箱区中的按钮，将截面属性赋给相应区域，此时应用预先定义的集合可简化操作。

5．装配部件

Step 1 选择环境栏 Module 下拉列表中的 Assembly，进入 Assembly 模块。

Step 2 执行【Instance】/【Create】命令，或者单击左侧工具箱区中的按钮，保留默认参数 Instance Type 为 Dependent（mesh on part），生成大坝实体。

6．创建分析步

Step 1 选择环境栏 Module 下拉列表中的 Step，进入 Step 模块。

Step 2 执行【Step】/【Create】命令，或单击工具箱区中的按钮，创建一个 Static, General（通用静力分析步），保留默认名称 Step-1 及分析步设置。

7．定义荷载、边界条件

Step 1 选择环境栏 Module 下拉列表中的 Load，进入 Load 模块。

Step 2 施加荷载。执行【Load】/【Create】命令，单击工具箱区中的按钮，在弹出的 Create Load 对话框中（见图 1-103），选择分析步 Step-1 作为荷载施加步，Category 选为 Mechanical，右侧的荷载类型选为 Body force，单击【Continue】按钮，按照提示选择整个大坝作为荷载施加区域，确认后弹出编辑荷载对话框中，在 Components 3（分量 3，即 z 向）对话框中填入-20，代表竖向体力荷载向下，确认后退出。

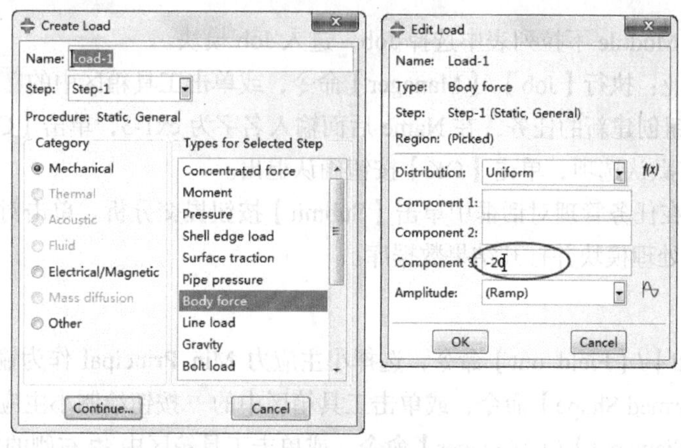

图 1-103 施加体力荷载（ex1-3）

提示：

重力的荷载有两种施加方式，一是按本例中的方法施加体力（Body force）；二是施加重力荷载（Gravity），此时需要在材料属性中定义密度，在定义荷载时设置重力加速度，实际施加荷载的大小为两者的乘积。

Step 3 定义边界条件。执行【BC】/【Create】命令，或单击工具箱区中的按钮，在 Step-1 分析步中约束模型底部 x、y 和 z 3 个方向的位移，约束左、右两岸坝轴线方向（y 向的位移）。

8．划分网格

Step 1 在环境栏的 Module 下拉列表中选择 Mesh，进入 Mesh 模块，并且将 Object 选为 Part，表示网格的划分是基于 Part 的层面上进行的。

Step 2 执行【Mesh】/【Controls】命令，或单击工具箱区中的按钮，选择 Element Shape 为 Hex（六

面体），采用结构化网格技术，可被结构化网格划分的区域以绿色显示。

Step 3 执行【Mesh】/【Element Type】命令，或单击工具箱区中的按钮，选择单元类型为 C3D8。

Step 4 执行【Seed】/【Part】命令，或单击工具箱区中的按钮，将单元尺寸 Approximate global size 设为 10。执行【Seed】/【Edges】命令，或单击工具箱区中的按钮，将心墙顶部网格加密，尺寸为 1.5。

Step 5 执行【Mesh】/【Part】命令，或单击工具箱区中的按钮，划分网格，如图 1-104 所示。

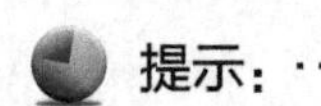

为简便起见，本例中的网格是较为粗糙的，读者可进一步加密网格。

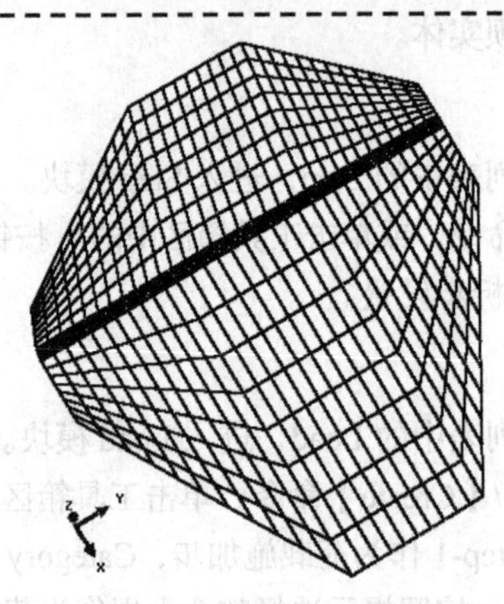

图 1-104　大坝有限元网格（ex1-3）

9．提交计算

Step 1 在环境栏的 Module 下拉列表中选择 Job，进入 Job 模块。

Step 2 创建分析作业：执行【Job】/【Manager】命令，或单击工具箱区中的按钮，弹出任务管理对话框。单击【Create】按钮创建新的任务，在 Name 后面输入名字为 ex1-3，单击【Continue】按钮，弹出创建任务对话框，接受所有默认选项，单击【OK】按钮确认退出。

Step 3 提交分析。在任务管理对话框中单击【Submit】按钮提交分析。单击对话框中的【Results】按钮，进入 Visualization 后处理模块并打开结果数据库。

10．后处理

Step 1 执行【Resutl】/【Field out】命令，选择小主应力 Min Principal 作为输出变量。执行【Plot】/【Contours】/【On Undeformed Shape】命令，或单击工具箱区中的按钮绘制小主应力等值线云图。为清晰起见，执行【Tools】/【View cut】/【Manager】命令，或单击工具箱区中右侧的按钮，显示 *B-B'* 截面（*Y*=100）上的小主应力分布如图 1-105 所示。

执行【Options】/【Common】命令，将 Visible Edges 设为 Feature edges 后可不显示网格线。

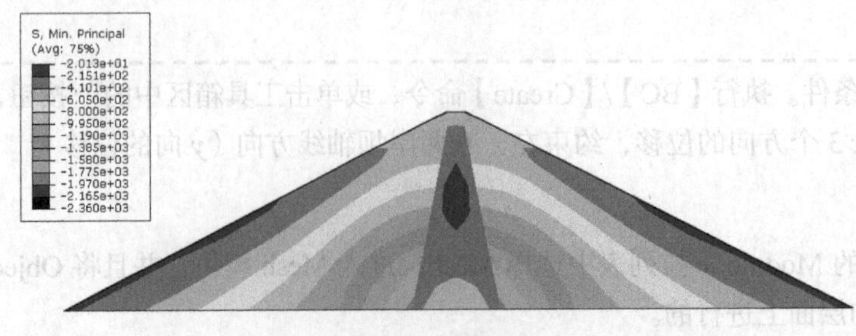

图 1-105　*B-B*截面上的小主应力分布（ex1-3）

Step 2　由图 1-105 可见，在心墙和坝壳材料之间应力是不连续的。这是因为 ABAQUS 在绘制应力等值线的时候是通过单元积分点向外外插得到的，因而在不同材料的边界处会出现跳跃。我们也可迫使 ABAQUS 在处理时不考虑材料的边界，执行【Results】/【Options】命令，在 Result Options 对话框的 Computation 选项卡中确保 Use Region Boundaries 复选框为未选中状态，接受其余默认选项，确认后退出。重新绘制是小主应力等值线如。由图可见，应力分布有较好的规律，离开坝面距离越远，应力值越高。由于坝壳和心墙的模量差异，小主应力等值线（岩土工程中的大主应力）在心墙和坝壳之间呈驼峰状分布，即出现了“拱效应”，这和通常土石坝的应力计算规律是一致的。

注意：

由于 ABAQUS 中以拉为正，ABAQUS 中的小主应力对应于岩土工程中的大主应力。

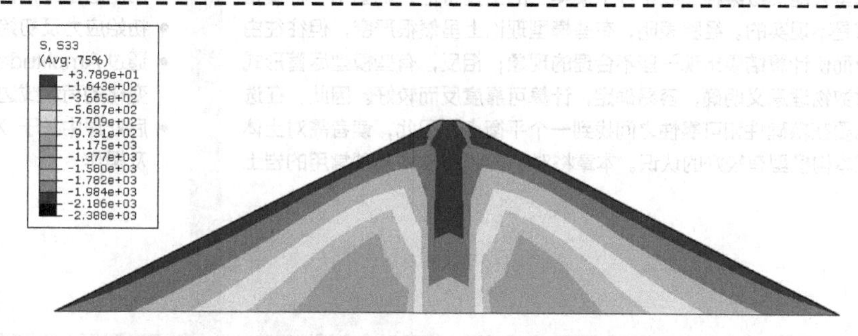

图 1-106　*B-B* 截面上的小主应力分布，强制平均（ex1-3）

11．算例拓展

本例中的重力荷载是一次施加的，这与大坝建造中的分层碾压施工并不一致。同时，材料采用弹性模型也不符合实际，本书将在后续章节中对相关问题做进一步介绍。

1.6　本章小结

本章首先介绍了 ABAQUS 的产品功能、基本约定、ABAQUS/CAE 主界面构成等基础知识，随后讲解了 CAE 中各模块的主要功能及主要菜单，最后通过算例介绍了创建模型、提交任务和结合后处理的流程。通过本章的学习，读者应能对 ABAQUS 有初步的认识，并为进一步学习 ABAQUS 打下坚实的基础。

第 2 章

ABAQUS 中的岩土材料模型

本章导读

岩土体的应力应变关系通常具有非线性、弹塑性、剪胀性等特点。由于问题的复杂性，现有的本构模型只能模拟某种加载条件下某类土的主要特性，试图用一种模型反映土体的所有特点是不现实的。经验表明，有些模型理论上虽然很严密，但往往由于参数取值不当，反而使计算结果出现一些不合理的现象；相反，有些模型尽管形式简单，但常常由于参数物理意义明确，容易确定，计算可靠度反而较好。因此，在选择本构模型时，通常要在精确性和可靠性之间找到一个平衡点。因此，读者需对土体应力应变特点和常用本构模型有较好的认识。本章将对 ABAQUS 中几种常用的岩土材料模型进行介绍。

本章要点

- 常用岩土本构模型的理论
- 常用岩土本构模型的定义方法
- 初始应力及初始孔隙比的定义
- 通过 Amplitude 幅值曲线施加随时间变化的荷载或边界条件
- 后处理中关于 XY Data 的相关功能及操作

2.1 弹性模型

在求解地基中的附加应力等有限的几种情况下，土体可简化为弹性材料。大部分岩土数值分析中，土体需采用弹塑性模型模拟。ABAQUS 弹塑性模型中的弹性部分和塑性部分是分开定义的，本节介绍弹性部分。

注意：

ABAQUS 本构模型中的应力均为有效应力。

2.1.1 线弹性模型

线弹性模型基于广义胡克定律，包括各向同性弹性模型、正交各向异性（包括横观各向同性）模型和各向异性模型。

1．各向同性弹性模型

各向同性线弹性模型的应力-应变的表达式为：

$$\begin{Bmatrix} \varepsilon_{11} \\ \varepsilon_{22} \\ \varepsilon_{33} \\ \gamma_{12} \\ \gamma_{13} \\ \gamma_{23} \end{Bmatrix} = \begin{bmatrix} 1/E & -\nu/E & -\nu/E & 0 & 0 & 0 \\ -\nu/E & 1/E & -\nu/E & 0 & 0 & 0 \\ -\nu/E & -\nu/E & 1/E & 0 & 0 & 0 \\ 0 & 0 & 0 & 1/G & 0 & 0 \\ 0 & 0 & 0 & 0 & 1/G & 0 \\ 0 & 0 & 0 & 0 & 0 & 1/G \end{bmatrix} \begin{Bmatrix} \sigma_{11} \\ \sigma_{22} \\ \sigma_{33} \\ \sigma_{12} \\ \sigma_{13} \\ \sigma_{23} \end{Bmatrix} \tag{2-1}$$

这里涉及的参数有两个，即弹性模型 E 和泊松比 ν，其可以随温度和其他场变量变化。

提示：

ABAQUS 的大多数模型中参数都可以与温度等场变量挂钩，从而实现参数在分析过程中的变化。强度折减法就是利用了这一点。

2．正交各向异性弹性模型

正交各向异性的独立模型参数为三个正交方向的杨氏模量 E_1 、E_2 和 E_3，3 个泊松比 ν_{12} 、ν_{13} 和 ν_{23}，三个剪切模量 G_{12} 、G_{13} 和 G_{23}，其应力-应变的表达式为：

$$\begin{Bmatrix}\varepsilon_{11}\\\varepsilon_{22}\\\varepsilon_{33}\\\gamma_{12}\\\gamma_{13}\\\gamma_{23}\end{Bmatrix}=\begin{bmatrix}1/E_1 & -\nu_{21}/E_2 & -\nu_{31}/E_3 & 0 & 0 & 0\\-\nu_{12}/E_1 & 1/E_2 & -\nu_{32}/E_3 & 0 & 0 & 0\\-\nu_{13}/E_1 & -\nu_{23}/E_2 & 1/E_3 & 0 & 0 & 0\\0 & 0 & 0 & 1/G_{12} & 0 & 0\\0 & 0 & 0 & 0 & 1/G_{13} & 0\\0 & 0 & 0 & 0 & 0 & 1/G_{23}\end{bmatrix}\begin{Bmatrix}\sigma_{11}\\\sigma_{22}\\\sigma_{33}\\\sigma_{12}\\\sigma_{13}\\\sigma_{23}\end{Bmatrix} \tag{2-2}$$

在正交各向异性模型中，如果材料某个平面上的性质相同，即为横观各向同性弹性体，假定 1-2 平面为各向同性平面，那么有 $E_1=E_2=E_p$，$\nu_{31}=\nu_{32}=\nu_{tp}$，$\nu_{13}=\nu_{23}=\nu_{pt}$ 以及 $G_{13}=G_{23}=G_t$，其中 p 和 t 分别代表横观各向同性体的横向和纵向，因此，横观各向同性体的应力-应变表达式为：

$$\begin{Bmatrix}\varepsilon_{11}\\\varepsilon_{22}\\\varepsilon_{33}\\\gamma_{12}\\\gamma_{13}\\\gamma_{23}\end{Bmatrix}=\begin{bmatrix}1/E_p & -\nu_p/E_p & -\nu_{tp}/E_t & 0 & 0 & 0\\-\nu_p/E_p & 1/E_p & -\nu_{tp}/E_t & 0 & 0 & 0\\-\nu_{pt}/E_p & -\nu_{pt}/E_p & 1/E_t & 0 & 0 & 0\\0 & 0 & 0 & 1/G_p & 0 & 0\\0 & 0 & 0 & 0 & 1/G_p & 0\\0 & 0 & 0 & 0 & 0 & 1/G_p\end{bmatrix}\begin{Bmatrix}\sigma_{11}\\\sigma_{22}\\\sigma_{33}\\\sigma_{12}\\\sigma_{13}\\\sigma_{23}\end{Bmatrix} \tag{2-3}$$

其中，$G_p=E_p/2(1+\nu_p)$。所以该模型的独立模型参数为五个。横观各向同性弹性模型的用法与正交各向异性用法相同。

3．各向异性弹性模型

完全各向异性的弹性模型的独立模型参数为 21 个，其应力-应变表达式为：

$$\begin{Bmatrix}\sigma_{11}\\\sigma_{22}\\\sigma_{33}\\\sigma_{12}\\\sigma_{13}\\\sigma_{23}\end{Bmatrix}=\begin{bmatrix}D_{1111} & D_{1111} & D_{1111} & D_{1111} & D_{1111} & D_{1111}\\ & D_{2222} & D_{2233} & D_{2212} & D_{2213} & D_{2223}\\ & & D_{3333} & D_{3312} & D_{3313} & D_{3323}\\ & & & D_{1212} & D_{1213} & D_{1223}\\ & & & & D_{1313} & D_{1323}\\ & & & & & D_{2323}\end{bmatrix}\begin{Bmatrix}\varepsilon_{11}\\\varepsilon_{22}\\\varepsilon_{33}\\\gamma_{12}\\\gamma_{13}\\\gamma_{23}\end{Bmatrix} \tag{2-4}$$

4．定义线弹性模型

线弹性模型可用于 ABAQUS/Standard 和 Abaqus/Explicit。

在 Property 模块中，执行【Material】/【Create】命令，在 Edit Material 对话框中执行【Mechanical】/【Elasticity】/【Elastic】命令，此时对话框如图 2-1 所示。在 Type 下拉列表中有以下几个选项。

- Isotropic：在 Data 数据列表中填入各向同性弹性弹性模量和泊松比。
- Engineering Constants：在 Data 数据列表中设置正交各向异性（含横观各向同性）的弹性参数。
- Lamina：适用于定义平面应力问题的正交各向异性参数。
- Orthotropic：在 Data 数据列表中直接给出刚度矩阵的 9 个弹性刚度参数。
- Anisotropic：在 Data 数据列表中直接给出 21 个弹性刚度参数。
- Traction 和 Coupled Traction 用于定义无厚度 Cohesive 黏结单元的弹性参数，即定义黏结层法向及两个切向名义应变与应力之间的关系，可用于胶水黏结层、岩石中的潜在破裂面的模拟。

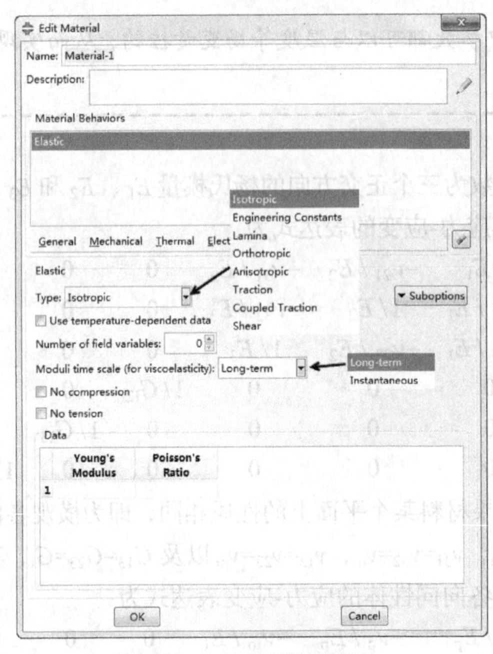

图 2-1　定义弹性模型

2.1.2　多孔介质弹性模型

多孔介质弹性模型是一种非线性的各向同性弹性模型，常与修正剑桥黏土塑性模型搭配使用。

1. 模型基本理论

（1）体积应力应变关系。

该模型认为平均应力 $p=-1/3(\sigma_{11}+\sigma_{22}+\sigma_{33})$（ABAQUS 中以拉为正）是体积应变的指数函数，更准确地说，弹性体积应变与平均应力的对数成正比（见图 2-2）：

$$\frac{\kappa}{(1+e_0)}\ln\left(\frac{p_0+p_t^{el}}{p+p_t^{el}}\right)=J^{el}-1 \tag{2-5}$$

式中，e_0 是初始孔隙比，p_0 是初始平均应力，p_t^{el} 是弹性状态的拉应力极限值。$J=V/V_0$ 是当前体积与初始体积的比值，J^{el} 是体积比的弹性部分；κ 是对数体积模量，对于土体而言，其就是 $e\sim\ln p$ 平面上的回弹曲线的斜率。

注意到 p 趋于 $-p_t^{el}$ 时，J^{el} 趋于 ∞，即出现受拉破坏。对于土体，常将取 $p_t^{el}=0$，则式（2-5）变成

$$\frac{\kappa}{(1+e_0)}\ln\left(\frac{p_0}{p}\right)=\frac{V}{V_0}-1=\frac{1+e}{1+e_0}-1 \tag{2-6}$$

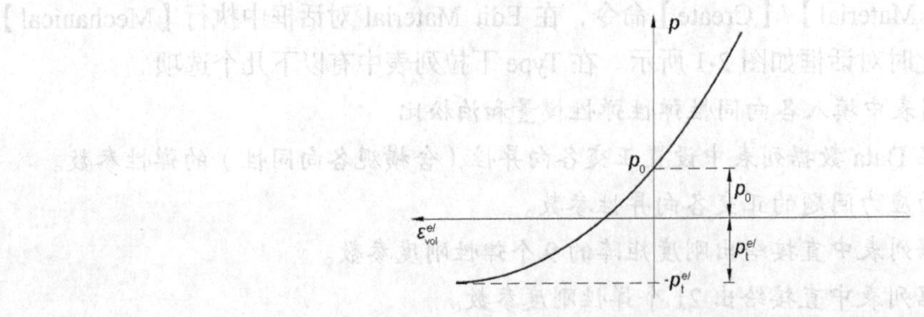

图 2-2　多孔介质弹性模型的体积应力应变关系

即岩土工程中的常见形式：

$$\Delta e = \kappa \ln\left(\frac{p_0}{p}\right) \tag{2-7}$$

（2）剪切应力应变关系。

多孔介质弹性模型的剪切应力应变关系为：

$$s = 2Ge^{el} \tag{2-8}$$

式中，G为弹性剪切模量，e^{el}为弹性偏应变，s为偏应力张量。

剪切模量的定义方式有两种：

- 直接给定剪切模量：剪切模量为常数。
- 给定泊松比：剪切模量由泊松比和体积弹性模量确定，其与平均应力也是相关的，即压缩后剪切模量增加。

2．定义多孔介质弹性模型

多孔介质弹性模型仅可用于ABAQUS/Standard。

在Property模块中，执行【Material】/【Create】命令，在Edit Material对话框中执行【Mechanical】/【Elasticity】/【Porous Elastic】命令，此时对话框如图2-3所示。在Shear下拉列表中有【G】和【Poisson】两个选项，分别对应于直接定义剪切模量和按泊松比定义剪切模量，其中默认按泊松比定义。当选中不同选项之后，在Data数据列表中定义κ、ν（或G）和p_t^{el}。

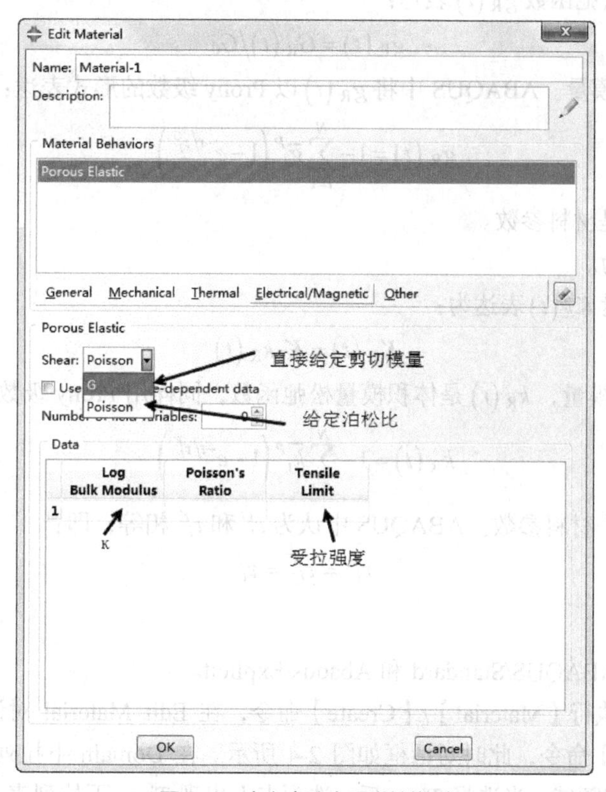

图2-3 定义多孔介质弹性模型

3．多孔介质弹性模型使用注意事项

（1）多孔介质弹性模型可单独使用，也可作为以下弹塑性模型的弹性部分。

- 推广的（Extended）Drucker-Prager模型。
- 修正的Drucker-Prager帽盖模型。

- 临界状态塑性（剑桥黏土）模型。

（2）多孔介质弹性模型不能应用于杂交元或平面应力单元，可用于孔压单元。

（3）如果单元采用了沙漏控制，并通过泊松比定义剪切模量，ABAQUS/Standard 无法自动计算沙漏刚度，必须自己指定。

2.1.3 线黏弹性模型

有些土体具有显著的流变特性，需要采用相应的流变模型进行模拟。ABAQUS 中的线黏弹性是模拟蠕变或松弛最简单的模型，其有时域和频域两种形式，频域线黏弹性只适用于稳态分析、基频提取分析等分析步类型，本书主要介绍时域线黏弹性。

1. 基本理论

（1）剪切线黏弹性行为。

小变形下，若线黏弹性材料受到随时间变化的剪应变 $\gamma(t)$ 作用，则剪应力 $\tau(t)$ 表示为：

$$\tau(t)=\int_0^t G_{\mathrm{R}}(t-s)\dot{\gamma}(s)ds \tag{2-9}$$

式中，G_{R} 是随时间相关的松弛剪切模量。以松弛试验为例，瞬间施加一剪应变 γ 后应变保持不变，则：

$$\tau(t)=G_{\mathrm{R}}(t)\gamma \tag{2-10}$$

松弛剪切模量可通过松弛函数 $g_{\mathrm{R}}(t)$ 表达：

$$g_{\mathrm{R}}(t)=G_{\mathrm{R}}(t)/G_0 \tag{2-11}$$

式中，G_0 是瞬间剪切模量。ABAQUS 中将 $g_{\mathrm{R}}(t)$ 以 Prony 级数的形式表达：

$$g_{\mathrm{R}}(t)=1-\sum_{i=1}^{N}\overline{g}_i^P\left(1-e^{-t/\tau_i^G}\right) \tag{2-12}$$

式中，N、$\overline{g}_i^P$ 和 τ_i^G 是材料参数。

（2）体积线黏弹性行为。

类似地，松弛体积模量 $K_R(t)$ 表达为：

$$K_{\mathrm{R}}(t)=K_0 k_{\mathrm{R}}(t) \tag{2-13}$$

式中，K_0 是瞬间体积模量，$k_{\mathrm{R}}(t)$ 是体积模量松弛函数，同样用 Prony 级数形式表达。

$$k_{\mathrm{R}}(t)=1-\sum_{i=1}^{N}\overline{k}_i^P\left(1-e^{-t/\tau_i^K}\right) \tag{2-14}$$

式中，N、$\overline{k}_i^P$ 和是 τ_i^K 材料参数。ABAQUS 中认为 τ_i^G 和 τ_i^K 相等，即：

$$\tau_i^G=\tau_i^K=\tau_i \tag{2-15}$$

2. 定义线黏弹性模型

线黏弹性模型可用于 ABAQUS/Standard 和 Abaqus/Explicit。

在 Property 模块中，执行【Material】/【Create】命令，在 Edit Material 对话框中执行【Mechanical】/【Elasticity】/【Viscoelastic】命令，此时对话框如图 2-4 所示。在 Domain 下拉列表中有 Time 和 Frequency 两个选项，分别对应时域和频域。当选择 Time 后，选项卡上出现 Time 下拉列表，给出了四种设置黏弹性参数的方法：

- Prony：直接设置 Prony 级数的参数，g_i Prongy、k_i Prongy 和 tau_i Prongy 分别对应设置有【G】和【Poisson】，分别对应于 $\overline{g}_i^P$、$\overline{k}_i^P$ 和 τ_i，N 则由 Data 数据区的行数确定。
- Creep test data：根据蠕变试验曲线确定，ABAQUS 会根据给定的最大 Prony 级数项数和拟合误差，自动确定 Prony 级数参数。选择这一选项，需在对话框右侧的 Test Data 菜单中通过 Shear Test Data（剪切试验数据）和 Volumetric Test Data（体积试验数据）分别确定剪切和体积黏弹性。Combined Test Data 则同时拟合剪切和体积数据。此时给定的是归一化剪切柔度 $j_S(t)=\gamma(t)/(\tau_0/G_0)=\gamma(t)/\gamma_0$（$\tau_0$、$G_0$ 和 γ_0 分别是初始剪应力、初始剪切模量和初始剪应变）或对应的 $j_K(t)$。

- Relaxation test data：根据松弛试验数据确定。与 Creep test data 选项类似，同样需要在 Test Data 菜单中给出试验数据。此时给定的是归一化模量 $g_R(t)$（剪切）或 $k_R(t)$（体积）。
- Frequency data：指定频率相关的线黏弹性参数。

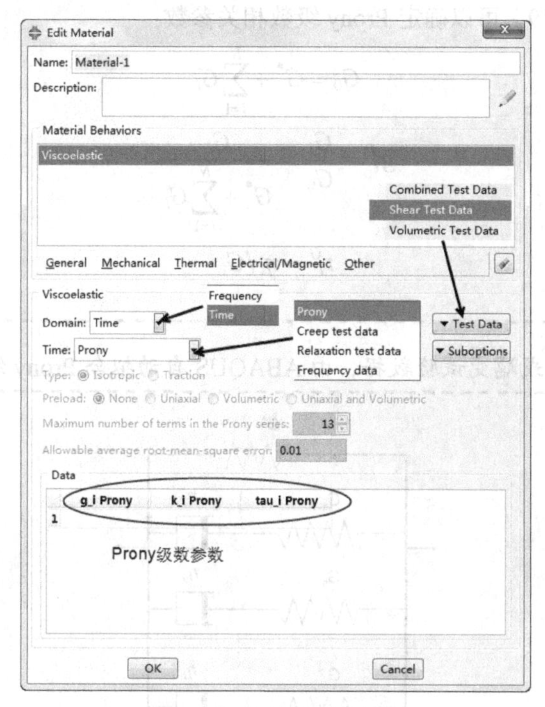

图 2-4 定义线黏弹性材料

3. 线黏弹性模型使用注意事项

线黏弹性模型只能与线弹性模型（Linear elastic）和超弹性（Hyperelastic）模型联合使用。在和线弹性模型联合使用时，线弹性模型指定的弹性参数可以是瞬间模量，也可以是长期模量，如图 2-1 所示。如果指定的是瞬间模量，则剪切模量为：

$$G_R(t)=G_0\left(1-\sum_{i=1}^{N}\bar{g}_i^P\left(1-e^{-t/\tau_i^G}\right)\right) \tag{2-16}$$

如果指定的是长期模量，则瞬间模量按下式确定：

$$G_\infty=G_0\left(1-\sum_{i=1}^{N}\bar{g}_i^P\right) \tag{2-17}$$

类似地，体积模量也有相应的表达方式。

4. 常规黏弹性模型的 Prony 级数表示形式

Kelvin 模型和 Maxwell 模型是最简单的两种黏弹性模型。Kelvin 模型由一个虎克弹簧和一个牛顿黏壶并联组成，其不能表示瞬间弹性，也不能描述松弛现象；Maxwell 模型由一个虎克弹簧和一个牛顿黏壶串联而成，能描述瞬间应变、稳定蠕变和非线性松弛。为了更好地描述土体的变形特征，常采用多种模型的组合，图 2-5 所示的模型是由一个弹簧和 N 个 Maxwell 体并联组成的，则常应变 γ 作用下，剪应力应变关系为：

$$\tau(t)=\gamma\left(G^*+\sum_{i=1}^{N}G_i e^{-tG_i/\eta_i}\right) \tag{2-18}$$

式中，G^*是单个弹簧的弹性模量，G_i和η_i分别是第 i 个 Maxwell 模型中的弹簧模量和黏壶系数。若将式（2-16）展开，则有：

$$G_R(t) = G_0\left(1 - \sum_{i=1}^{N} \overline{g}_i^P\left(1 - e^{-t/\tau_i^G}\right)\right) = G_0 - G_0\sum_{i=1}^{N}\overline{g}_i^P + \sum_{i=1}^{N}\overline{g}_i^P e^{-t/\tau_i^G} \tag{2-19}$$

对比式（2-18）和式（2-19）可以确定 Prony 级数相关参数：

$$G_0 = G^* + \sum_{i=1}^{N} G_i \tag{2-20}$$

$$\overline{g}_i^P = \frac{G_i}{G_0} = \frac{G_i}{G^* + \sum_{i=1}^{N} G_i} \tag{2-21}$$

$$\tau_i^G = \eta_i / G_i \tag{2-22}$$

提示：

实际应用中可根据松弛或蠕变试验数据，由 ABAQUS 自动拟合 Prony 级数。

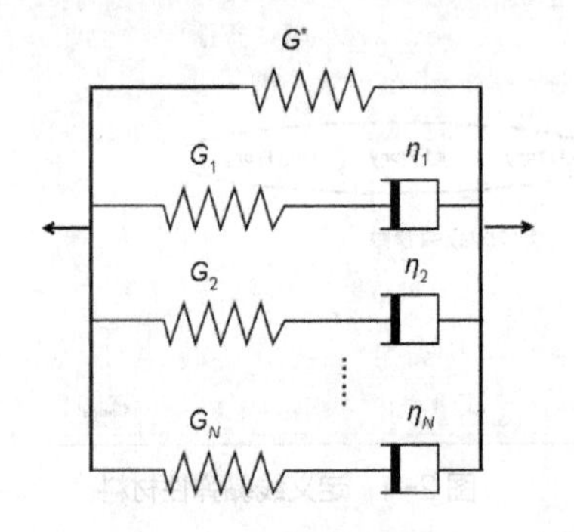

图 2-5　黏弹性模型示例

2.2　塑性模型

这里的塑性模型定义了弹塑性本构关系中的塑性部分，弹塑性本构关系中的弹性部分由弹性模型定义。

2.2.1　Mohr-Coulomb 模型

Mohr-Coulomb 塑性模型主要适用于单调荷载下的颗粒状材料，在岩土工程中应用非常广泛。

1．模型基本理论

（1）屈服面。

ABAQUS 中 Mohr-Coulomb 模型的屈服准则为剪切破坏准则，也可设置为受拉破坏准则。

Mohr-Coulomb 模型中剪切屈服面函数为：

$$F = R_{mc}q - p\tan\varphi - c = 0 \tag{2-23}$$

其中，φ 是 q-p 应力面上 Mohr-Coulomb 屈服面的倾斜角，称为材料的摩擦角，$0^\circ \leqslant \varphi \leqslant 90^\circ$；$c$ 是材料的黏聚力。Θ 是极偏角，定义为$\cos(3\Theta) = \dfrac{r^3}{q^3}$，$r$ 是第三偏应力不变量 J_3；$R_{mc}(\Theta, \varphi)$ 按下式计算，其控制

了屈服面在 π 平面的形状。

$$R_{mc}=\frac{1}{\sqrt{3}\cos\varphi}\sin\left(\Theta+\frac{\pi}{3}\right)+\frac{1}{3}\cos\left(\Theta+\frac{\pi}{3}\right)\tan\varphi \quad (2\text{-}24)$$

受拉破坏准则采用 Rankine 准则：

$$F_t=R_r(\Theta)q-p-\sigma_t=0 \quad (2\text{-}25)$$

式中，$R_r(\Theta)=(2/3)\cos(3\Theta)$，$\sigma_t$ 是抗拉强度，可随等效拉伸塑性应变变化。

图 2-6 给出了 Mohr-Coulomb 屈服面在子午面（$\Theta=0$）和 π 面上的形状，由图可以比较其与 Drucker-Prager 屈服面，Tresca 屈服面，Mises 屈服面之间的相对关系。

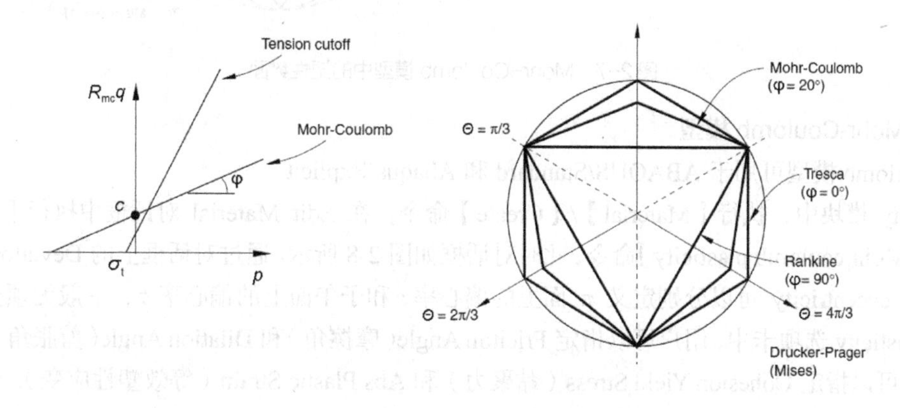

图 2-6 Mohr-Coulomb 模型中的屈服面

（2）塑性势面。

由图 2-6 可见，Mohr-Coulomb 屈服面存在尖角，如采用相关联的流动法则（即塑性势面与屈服面相同），将会在尖角处出现塑性流动方向不唯一的现象。为了避免这一问题，ABAQUS 中采用了如下形式的连续光滑的椭圆函数作为塑性势面，其形状如图 2-7 所示：

$$G=\sqrt{\left(\varepsilon c|_0\tan\psi\right)^2+\left(R_{mw}q\right)^2}-p\tan\psi \quad (2\text{-}26)$$

式中，ψ 是剪胀角；$c|_0$ 是初始黏聚力，即没有塑性变形时的黏聚力。ε 为子午面上的偏心率，它控制了 G 在子午面上的形状与函数渐近线之间的相似度。若 $\varepsilon=0.0$，塑性势面在子午面上将是一条倾斜向上的直线，ABAQUS 中默认为 0.1。$R_{mw}(\Theta,\ e,\ \varphi)$ 则控制了其在 π 面上的形状，其由下式计算：

$$R_{mw}=\frac{4\left(1-e^2\right)\cos^2\Theta+\left(2e-1\right)^2}{2\left(1-e^2\right)\cos\Theta+\left(2e-1\right)\sqrt{4\left(1-e^2\right)\left(\cos\Theta\right)^2+5e^2-4e}}R_{mc}\left(\frac{\pi}{3},\ \varphi\right) \quad (2\text{-}27)$$

e 是 π 面上的偏心率，主要控制了 π 面上 $\Theta=0\sim\pi/3$ 的塑性势面的形状。默认值由下式计算：

$$e=\frac{3-\sin\varphi}{3+\sin\varphi} \quad (2\text{-}28)$$

按照上式计算的 e 可保证塑性势面在 π 面受拉和受压的角点上与屈服面相切。当然用户也可指定 e 的大小，但其范围必须为：$0.5<e\leqslant1.0$。图 2-7 给出了不同的大小对应的塑性势面。

（3）硬化规律。

ABAQUS 中剪切塑性面的硬化或软化通过控制凝聚力 c 的大小实现。用户必须指定 c 与等效塑性应变（Equivalent plastic strain）之间的变化关系，通常通过表格输入。等效应变为：

$$\bar{\varepsilon}=\sqrt{\frac{2}{3}e_{ij}e_{ij}} \quad (2\text{-}29)$$

式中，e_{ij} 为偏应变张量。

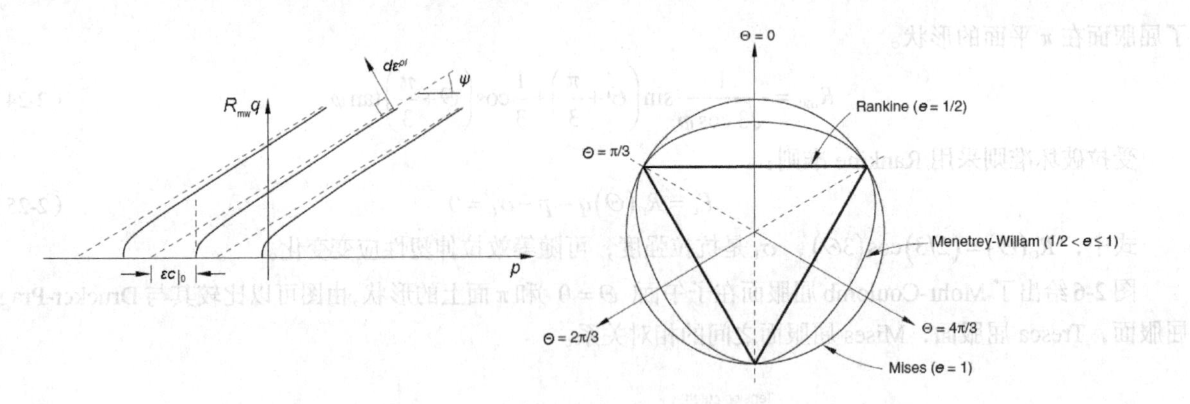

图 2-7　Mohr-Coulomb 模型中的塑性势面

2．定义 Mohr-Coulomb 模型

Mohr-Coulomb 模型可用于 ABAQUS/Standard 和 Abaqus/Explicit。

在 Property 模块中，执行【Material】/【Create】命令，在 Edit Material 对话框中执行【Mechanical】/【Plasticity】/【Mohr coulomb plasticity】命令，此时对话框如图 2-8 所示。通过对话框上的 Deviatoric eccentricity 和 Meridional eccentricity 可以分别定义 π 面上的偏心率 e 和子午面上的偏心率 ε，一般无须变动。在 Edit Material 的 Plasticity 选项卡中，用户可以指定 Friciton Angle（摩擦角）和 Dilation Angle（剪胀角）；在 Cohesion 选项卡中用户可以指定 Cohesion Yield Stress（黏聚力）和 Abs Plastic Strain（等效塑性应变），若不指定塑性应变，ABAQUS 认为黏聚力保持不变，即为理想线弹塑性模型。如有需要，选中 Specify tension cutoff 复选框，在 Tension Cutoff 选项卡中设置抗拉强度。

图 2-8　定义 Mohr-Coulomb 模型

3．Mohr-Coulomb 模型使用注意事项

（1）Mohr-Coulomb 模型需和线弹性模型联合使用。

（2）由于 Mohr-Coulomb 模型采用了非关联流动法则，因此必须采用非对称求解器，尤其是对应极限承载力分析的情况（接近破坏），否则可能会出现计算不易收敛的情况。

提示：

非对称算法在 Edit Step 对话框的 Other 选项卡中进行设置。

（3）除了一维单元和平面应力类单元外，Mohr-Coulomb 模型可用于 ABAQUS/Standard 中的任何具有位移自由度的单元。

（4）Mohr-Coulomb 模型中的黏聚力必须大于 0，对于砂土等材料，可将黏聚力取一较小值。

（5）剪胀角的取值必须慎重，若将其取为与摩擦角相同，意味着在剪切破坏过程会产生无限制的体积膨胀现象。

（6）Mohr-Coulomb 模型没有考虑率相关性。

2.2.2 扩展的 Drucker-Prager 模型

ABAQUS 对经典的 Drucker-Prager 模型进行了扩展，屈服面在子午面的形状则可以通过线性函数、双曲线函数或指数函数模型模拟，其在 π 面上的形状也有所区别。

1. 线性 Drucker-Prager 模型

（1）屈服面。

线性 Drucker-Prager 模型的屈服面如图 2-9 所示，函数为：

$$F = t - p\tan\beta - d = 0 \tag{2-30}$$

式中，$t = \dfrac{q}{2}\left[1 + \dfrac{1}{k} - \left(1 - \dfrac{1}{k}\right)\left(\dfrac{r}{q}\right)^3\right]$，是另一种形式的偏应力，是为了更好地反映中主应力的影响；

β 是屈服面在 $p \sim t$ 应力空间上的倾角，与摩擦角 φ 有关。

k 是三轴拉伸强度与三轴压缩强度之比，反映了中主应力对屈服的影响，为了保证屈服面是凸面，要求 $0.778 \leqslant k \leqslant 1.0$。不同的 k 的屈服面在 π 面上的形状是不一样的，参见图 2-9。当 $k = 1$ 时，有 $t = q$，此时屈服面为米塞斯（Mises）屈服面的圆形。

d 是屈服面在 $p \sim t$ 应力空间 t 轴上的截距，是另一种形式的黏聚力，其可按如下方式确定：

- $d = (1 - 1/3\tan\beta)\sigma_c$，根据单轴抗压强度 σ_c 定义。
- $d = (1/k + 1/3\tan\beta)\sigma_t$，根据单轴抗拉强度 σ_t 定义。
- $d = \dfrac{\sqrt{3}}{2}\tau\left(1 + \dfrac{1}{k}\right)$，根据剪切强度 τ 定义。

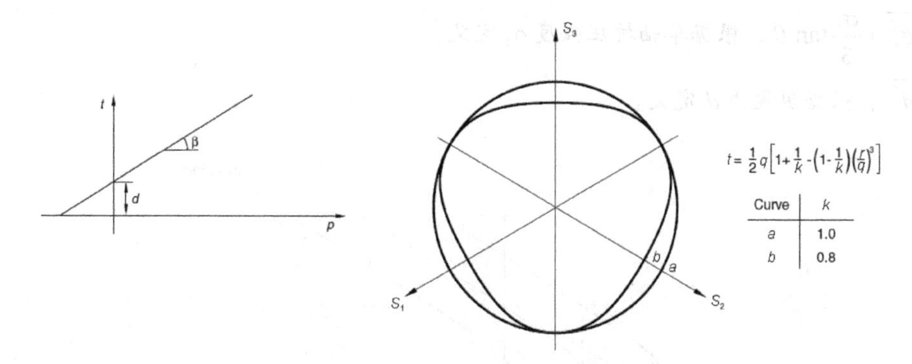

图 2-9　线性 Drucker-Prager 模型的屈服面

（2）塑性势面。

线性 Drucker-Prager 模型的塑性势面如图 2-10 所示，函数为：

$$G = t - p\tan\psi \tag{2-31}$$

由于塑性势面与屈服面不相同，流动法则是非关联的。

需要指出当$\psi=\beta$，$k=1$时，线性 Drucker-Prager 模型即退化为经典的 Drucker-Prager 模型。

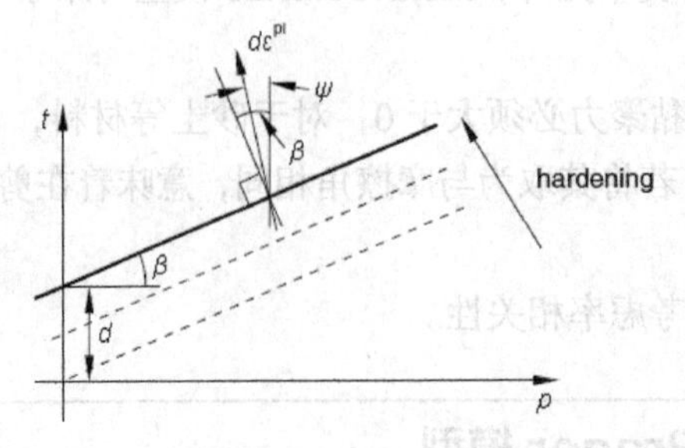

图 2-10　线性 Drucker-Prager 模型的塑性势面

（3）硬化规律。

ABAQUS 中的扩展 Drucker-Prager 模型允许屈服面等向放大（硬化）或缩小（软化）。屈服面大小的变化是由等效应力$\bar{\sigma}$控制的，用户通过给出$\bar{\sigma}$与等效塑性应变$\bar{\varepsilon}^{pl}$的关系来控制。等效塑性应变为$\bar{\varepsilon}^{pl}=\int\dot{\bar{\varepsilon}}^{pl}dt$。

针对线性 Drucker-Prager 模型，ABAQUS 中提供了以下 3 种形式。

- $\bar{\sigma}$取为单轴抗压强度σ_c，$\dot{\bar{\varepsilon}}^{pl}=\left|\dot{\varepsilon}_{11}^{pl}\right|$。
- $\bar{\sigma}$取为单轴抗拉强度σ_t，$\dot{\bar{\varepsilon}}^{pl}=\dot{\varepsilon}_{11}^{pl}$。
- $\bar{\sigma}$取为凝聚力d，$\dot{\bar{\varepsilon}}^{pl}=\dot{\gamma}^{pl}/\sqrt{3}$。

2．双曲线 Drucker-Prager 模型

（1）屈服面。

双曲线 Drucker-Prager 模型的屈服面如图 2-11 所示，其是由 Rankine 最大拉应力状态和高围压下线性 Drucker-Prager 应力状态组合而成的连续函数，函数形式为：

$$F=\sqrt{l_0^2+q^2}-p\tan\beta-d'=0 \tag{2-32}$$

式中，$l_0=d'|_0-p_t|_0\tan\beta$；$p_t|_0$为材料的初始平均应力抗拉强度；$\beta$为高围压下的摩擦角，如图 2-11 所示；$d'(\bar{\sigma})$为硬化参数，$d'|_0$为$d'$的初始值，可按如下方式确定：

- $\sqrt{l_0^2+\sigma_c^2}-\dfrac{\sigma_c}{3}\tan\beta$，根据单轴抗压强度$\sigma_c$定义。
- $\sqrt{l_0^2+\sigma_t^2}+\dfrac{\sigma_t}{3}\tan\beta$，根据单轴抗压强度$\sigma_t$定义。
- $\sqrt{l_0^2+d^2}$，根据黏聚力d定义。

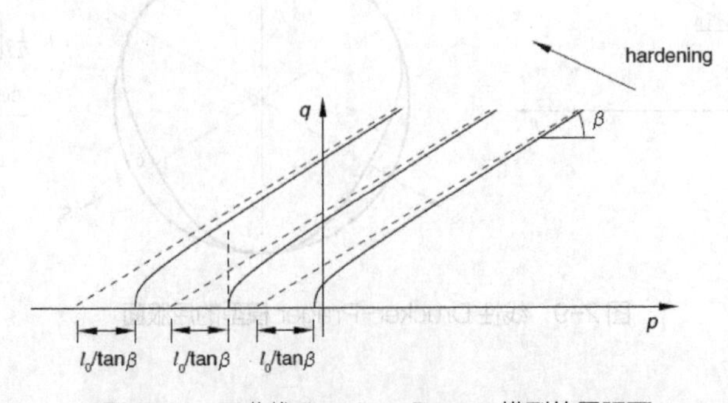

图 2-11　双曲线 Drucker-Prager 模型的屈服面

（2）塑性势面。

双曲线 Drucker-Prager 模型的塑性势面如图 2-12 所示，函数为：

$$G=\sqrt{\left(\varepsilon\bar{\sigma}|_0 \tan\psi\right)^2+q^2}-p\tan\psi \qquad (2\text{-}33)$$

式中，ε 为子午面上的偏心率，它控制了 G 在子午面上的形状与函数渐近线之间的相似度，ABAQUS 会自动根据采用的模型设置默认值，用户无须理会。其余参数意义如前。

类似地，当 $\psi=\beta$ 时退化为相关联的流动法则。

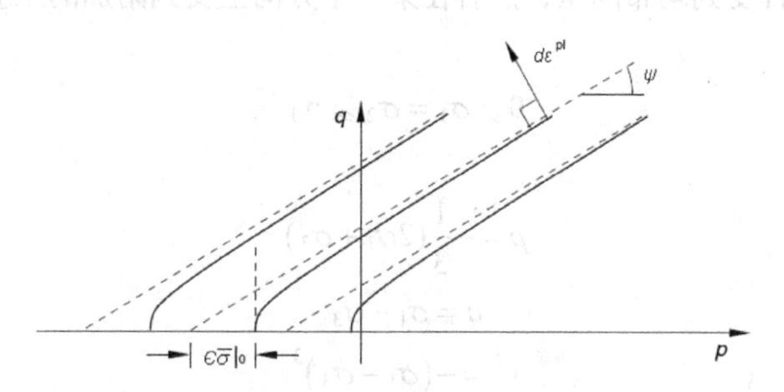

图 2-12　双曲线 Drucker-Prager 模型的塑性势面

（3）硬化规律。

双曲线 Drucker-Prager 模型的屈服面硬化思路和线性 Drucker-Prager 模型是一致的，只不过，等效塑性应变的定义有所区别，其为 $\bar{\varepsilon}^{pl}=\dfrac{\sigma:\bar{\varepsilon}^{pl}}{\bar{\sigma}}$。

3. 指数 Drucker-Prager 模型

（1）屈服面。

指数 Drucker-Prager 模型的屈服面如图 2-13 所示，其函数形式为：

$$F=aq^b-p-p_t=0 \qquad (2\text{-}34)$$

式中，a 与 b 是与塑性变形无关的材料参数。p_t 是硬化参数，表示材料的抗拉强度，可按下列方式确定：

- $p_t=a\sigma_c^b-\sigma_c/3$，根据单轴抗压强度 σ_c 定义。
- $p_t=a\sigma_t^b-\sigma_t/3$，根据单轴抗压强度 σ_t 定义。
- $p_t=ad^b$，根据黏聚力定义。

提示：

由于双曲线和指数形式的屈服面函数中未包含第三应力不变量，其在 π 面是一个圆形。

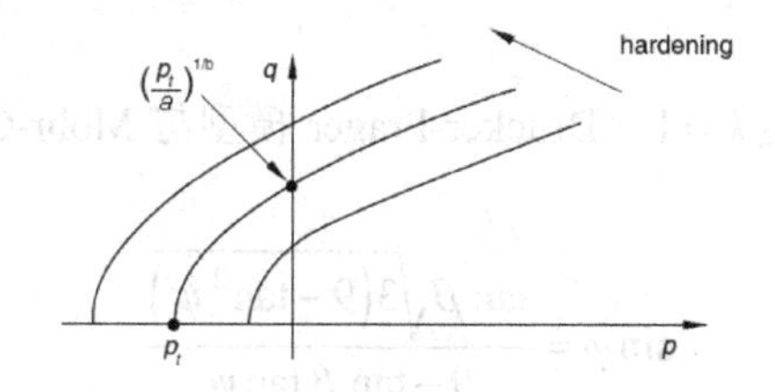

图 2-13　指数 Drucker-Prager 模型的屈服面

（2）塑性势面。

指数 Drucker-Prager 模型的塑性势面与双曲线 Drucker-Prager 模型相同。

（3）硬化规律。

指数 Drucker-Prager 模型采用 p_t 作为硬化参数，此时等效塑性应变的定义与双曲线 Drucker-Prager 模型相同。

4．模型参数的实验标定

岩土体本构模型的参数通常用三轴试验获得，用户在试验曲线上选择合适的点重新绘到应力空间中以便确定模型参数。实验数据标定模型参数看似很简单，只要将实验数据点标在相应的应力空间中，然后即可按照模型理论进行拟合，但是，这其中要特别注意试验结果的表达方式，如偏应力用的是 q 还是 t 。这里将三轴实验中的应力变量符合含义解释如下。

（1）三轴压缩试验。

在三轴压缩试验中，试件受到均布围压，然后在某一个方向上受到附加的压应力。这样，3 个主应力均为负值，即：

$$0 \geqslant \sigma_1 = \sigma_2 \geqslant \sigma_3 \tag{2-35}$$

因而有：

$$p = -\frac{1}{3}(2\sigma_1 + \sigma_3) \tag{2-36}$$

$$q = \sigma_1 - \sigma_3 \tag{2-37}$$

$$r^3 = -(\sigma_1 - \sigma_3)^3 \tag{2-38}$$

$$t = q = \sigma_1 - \sigma_3 \tag{2-39}$$

（2）三轴拉伸试验。

在三轴压缩试验中，试件受到均布围压，然后在某一个方向压力减小。3 个主应力的关系为：

$$0 \geqslant \sigma_1 \geqslant \sigma_2 = \sigma_3 \tag{2-40}$$

因而有：

$$p = -\frac{1}{3}(\sigma_1 + 2\sigma_3) \tag{2-41}$$

$$q = \sigma_1 - \sigma_3 \tag{2-42}$$

$$r^3 = (\sigma_1 - \sigma_3)^3 \tag{2-43}$$

$$t = \frac{q}{k} = \frac{1}{k}(\sigma_1 - \sigma_3) \tag{2-44}$$

提示：

ABAQUS 中的应力符号与土力学中相反。

5．Drucker-Prager 模型与 Mohr-Coulomb 模型参数之间的关系

Drucker-Prager 模型与 Mohr-Coulomb 模型的参数并不相等。如 Mohr-Coulomb 的摩擦角 φ 不同于 Drucker-Prager 的 β 角。但两个模型之间的参数是可以互换的。

（1）平面应变问题。

由于是平面应变问题，可以假定 $k=1$ 。Drucker-Prager 模型与 Mohr-Coulomb 模型的参数之间有如下关系：

$$\sin\varphi = \frac{\tan\beta\sqrt{3\left(9-\tan^2\psi\right)}}{9-\tan\beta\tan\psi} \tag{2-45}$$

$$\cos\varphi = \frac{\sqrt{3\left(9-\tan^2\psi\right)}}{9-\tan\beta\tan\psi} \tag{2-46}$$

对于相关联流动法则，$\psi=\beta$ ，从而得：

$$\tan\beta = \frac{\sqrt{3}\sin\varphi}{\sqrt{1+\dfrac{1}{3}\sin^2\varphi}} \tag{2-47}$$

$$\frac{d}{c}=\frac{\sqrt{3}\cos\varphi}{\sqrt{1+\frac{1}{3}\sin^2\varphi}} \tag{2-48}$$

对于非相关联流动法则，由$\psi=0$，可得：

$$\tan\beta=\sqrt{3}\sin\varphi \tag{2-49}$$

$$\frac{d}{c}=\sqrt{3}\cos\varphi \tag{2-50}$$

相关联流动与非相关联流动法则，两者的差异是随着摩擦角的增加而减小的，对于典型的摩擦角，两者的差异并不大，如下表所示。

表　Mohr-Coulomb 与 Drucker-Prager 参数相互转化表

Mohr-Coulomb 摩擦角 φ	相关联流动		非相关联流动	
	Drucker-Prager 摩擦角 β	d/c	Drucker-Prager 摩擦角 β	d/c
10°	16.7°	1.70	16.7°	1.70
20°	30.2°	1.60	30.6°	1.63
30°	39.8°	1.44	40.9°	1.50
40°	46.2°	1.24	48.1°	1.33
50°	50.5°	1.02	53.0°	1.11

（2）三维问题。

三维问题中 Mohr-Coulomb 模型与 Drucker-Prager 模型参数的转换关系如下：

$$\tan\beta=\frac{6\sin\varphi}{3-\sin\varphi} \tag{2-51}$$

$$k=\frac{3-\sin\varphi}{3+\sin\varphi} \tag{2-52}$$

$$\sigma_c^0=2c\frac{\cos\varphi}{1-\sin\varphi} \tag{2-53}$$

在线性 Drucker-Prager 模型中，为了使屈服面保持为凸面，需要$0.778\leqslant k\leqslant 1.0$。而式（2-52）又可写成：

$$\sin\varphi=3\left(\frac{1-k}{1+k}\right) \tag{2-54}$$

上式意味着$\varphi\leqslant 22°$，而工程中许多实际材料的摩擦角都大于 22°，此时可选择$k=0.778$，同时用式（2-51）求出β，用式（2-53）定义σ_c^0来进行处理。这样处理仅适用于三轴压缩的情况。若摩擦角φ比 22°大很多，建议采用 Mohr-Coulomb 模型。

6. 定义扩展的 Drucker-Prager 模型

扩展的 Drucker-Prager 模型可用于 ABAQUS/Standard 和 Abaqus/Explicit。

在 Property 模块中，执行【Material】/【Create】命令，在 Edit Material 对话框中执行【Mechanical】/【Plasticity】/【Drucker Prager】命令，此时对话框如图 2-14 所示。对话框的 Shear criterion 下拉列表中有 3 个选项，Linear（线性）、Hyperbolic（双曲线）和 Exponent form（指数），分别对应于线性、双曲线和指数模型。随着选项不同，Data 数据列表所需设置的参数也不同：

- Linear：设置β、k和ψ。
- Hyperbolic：设置β、$p_t|_0$和ψ。
- Exponent form：设置a、b和ψ。

在图 2-14 所示右侧的 Suboptions 选项中，选择 Drucker Prager Hardening 可以控制硬化的模式，并设置硬化参数随塑性应变的变化。选择 Triaxial Test Data 命令可以通过三轴数据直接拟合模型参数，此时之前定义的硬化性质将被覆盖。

提示：

在通过试验数据拟合参数时，用户可指定 a、b 和 p_t 中的部分参数，ABAQUS 会自动拟合余下的参数。

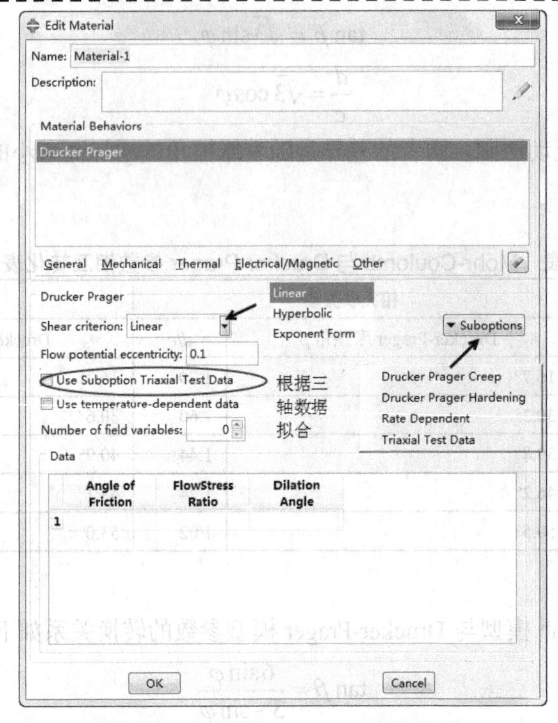

图 2-14 定义 Drucker-Prager 模型

7. Drucker-Prager 模型使用注意事项

（1）通过耦合适当的蠕变模型，Drucker-Prager 模型可在 ABAQUS/Standard 中同时计算蠕变和塑性变形。蠕变模型通过对话框的 Suboptions 下拉菜单中的 Drucker-Prager Creep 定义。

（2）Drucker-Prager 模型的弹性部分可采用线弹性模型或多孔介质弹性模型联合使用。但若计算蠕变，只能采用线弹性模型。

（3）由于 Drucker-Prager 模型采用了非关联流动法则，因此必须采用非对称求解器。

（4）Drucker-Prager 模型可用于平面应变、广义平面应变、轴对称和三维单元，除了考虑率效应的线性 Drucker-Prager 模型之外，其余模型也可用于平面应力单元。

（5）Linear（线性）、Hyperbolic（双曲线）和 Exponent form（指数）3 种模型中，Linear 模型在 π 面的轨迹可以是曲边三角形，可考虑拉、压强度的不一致。其余两者在 π 面的模型为 Mises 圆。

（6）Linear 模型在子午面上假设剪切屈服应力与平均应力成正比，常用于模拟主要受压的材料。对于岩石等材料，有可能出现明显的受拉，此时推荐采用双曲线模型。指数型式模型可通过拟合试验数据的手段直接确定参数，灵活性最高。

2.2.3 修正 Drucker-Prager 帽盖模型

前面介绍的 Mohr-Coulomb 模型和 Drucker-Prager 模型不能反映压缩导致的屈服，也就是说在等向压应力作用下，材料永远不会屈服，这显然与土体的特性是不吻合的。为了解决这一问题，ABAQUS 中提供了修正 Drucker-Prager 帽盖模型，其是在线性 Drucker-Prager 模型上增加一个帽盖状的屈服面，从而引入了压缩导致的屈服，同时也能控制材料在剪切作用下的剪胀。

1．模型基本理论

（1）屈服面。

修正的 Drucker-Prager 帽盖模型的屈服面如图 2-15 所示。由图可见，屈服面主要由两段组成，Drucker-Prager 给出了剪切破坏面和右侧的帽盖曲面。注意，这里称为剪切“破坏面”意味着这一部分不会发生硬化，即是理想的塑性，在后面的流动法则中我们会看到该处的塑性变形增量方向指向左上方，即发生剪胀变形，造成体积增加，随着会造成帽盖的缩小（软化）。帽盖面是一个椭圆曲线，可以放大或缩小（与塑性体积应变有关）。在剪切破坏面和帽盖屈服面之间 ABAQUS 用渐变曲线光滑连接。

剪切破坏面为：

$$F_{\mathrm{s}}=t-p\tan\beta-d=0 \tag{2-55}$$

帽盖面为：

$$F_{\mathrm{c}}=\sqrt{(p-p_{\mathrm{a}})^{2}+\left[\frac{Rt}{1+\alpha-\alpha/\cos\beta}\right]^{2}}-R(d+P_{\mathrm{a}}\tan\beta)=0 \tag{2-56}$$

式中，R 是控制帽盖几何形状的参数；α 是一个数值很小的数，其决定了过渡区的形状，我们会在后面讨论；p_{b} 是帽盖面与 p 轴的交点，称为压缩屈服平均应力（hydrostatic compression yield stress），其控制了帽盖的大小。p_{a} 是帽盖面与过渡面交点对应的 p 值，由下式确定：

$$p_a=\frac{p_b-Rd}{(1+R\tan\beta)} \tag{2-57}$$

过渡面为：

$$F_{\mathrm{t}}=\sqrt{[p-p_{\mathrm{a}}]^{2}+\left[t-\left(1-\frac{\alpha}{\cos\beta}\right)(d+p_{\mathrm{a}}\tan\beta)\right]^{2}}-\alpha(d+p_{\mathrm{a}}\tan\beta)=0 \tag{2-58}$$

这里的 α 通常为 $0.01\leqslant\alpha\leqslant0.05$。$\alpha=0$ 表示没有过渡区，此时由于帽盖面的法线方向都指向右侧（体积压缩），帽盖面上不会出现软化；α 取得越大其过渡面的曲率也就越大，有利于拟合剪切破坏数据点。

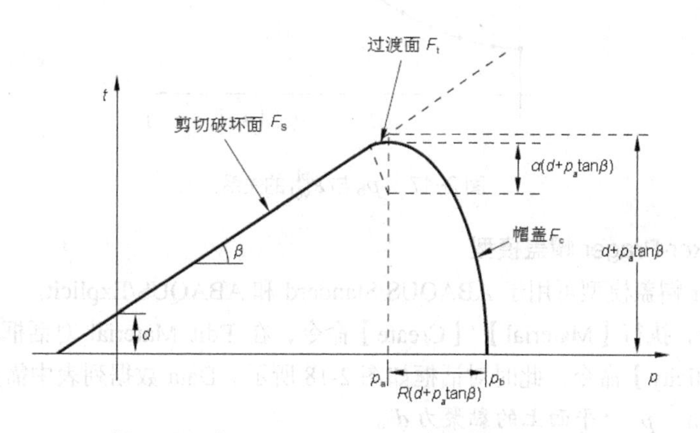

图 2-15　修正 Drucker-Prager 帽盖模型的屈服面

（2）塑性势面。

修正 Drucker-Prager 帽盖模型的塑性势面同样也采用几段组成（见图 2-16），其在帽盖面上是相关联的，而在剪切破坏面和过渡区是非关联的。

帽盖面上的塑性势面函数为：

$$G_{\mathrm{c}}=\sqrt{[p-p_{\mathrm{a}}]^{2}+\left[\frac{Rt}{(1+\alpha-\alpha/\cos\beta)}\right]^{2}} \tag{2-59}$$

剪切破坏面和过渡区的塑性势面函数为：

$$G_s=\sqrt{\left[(p-p_a)\tan\beta\right]^2+\left[\frac{t}{(1+\alpha-\alpha/\cos\beta)}\right]^2} \tag{2-60}$$

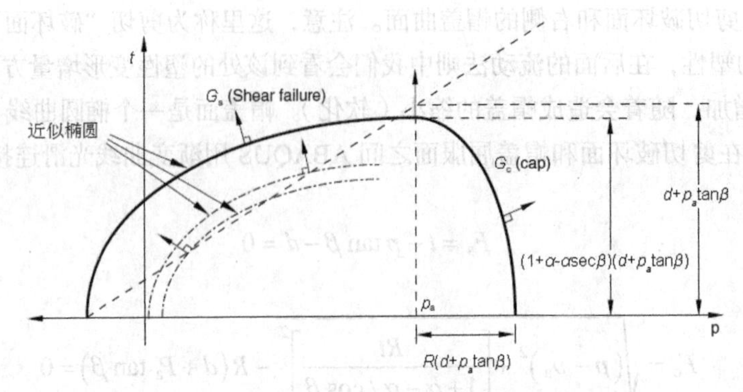

图 2-16　修正 Drucker-Prager 帽盖模型的塑性势面

（3）硬化规律。

修正 Drucker-Prager 帽盖模型中的硬化参数为 p_b，用户可以分段指定 p_b 与塑性体积应变 ε_{vol}^{pl} 的关系（见图 2-17）。图 2-17 中的 ε_{vol}^{cr} 是蠕变引起的塑性体积应变，塑性体积应变轴的原点可取任意值。$\varepsilon_{vol}^{in}\big|_0\left(=\varepsilon_{vol}^{pl}\big|_0+\varepsilon_{vol}^{cr}\big|_0\right)$ 为分析开始时材料的初始状态在该轴上对应的位置。

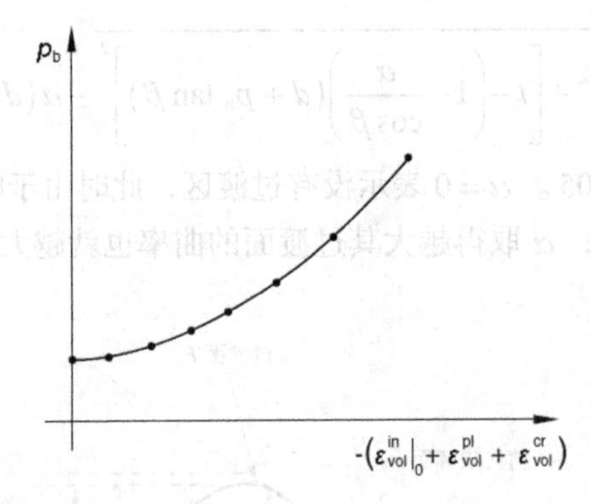

图 2-17　p_b 与 ε_{vol}^{pl} 的关系

2．定义修正 Drucker-Prager 帽盖模型

修正 Drucker-Prager 帽盖模型可用于 ABAQUS/Standard 和 ABAQUS/Explicit。

在 Property 模块中，执行【Material】/【Create】命令，在 Edit Material 对话框中执行【Mechanical】/【Plasticity】/【Cap Plasticity】命令，此时对话框如图 2-18 所示。Data 数据列表中需要设置的参数为：

- Material Cohesion：$p\sim t$ 平面上的黏聚力 d。
- Angle of Friction：$p\sim t$ 平面上的摩擦角 β。
- Cap Eccentricity：R，需大于 0。
- Init Yld Surf Pos：指定 $\varepsilon_{vol}^{in}\big|_0$ 定义初始屈服面位置。
- Transition Surf Rad：α，包含蠕变效应时 $\alpha=0$。
- Flow Stress Ratio：k，三轴拉伸强度与三轴压缩强度之比。

在图 2-18 所示右侧的 Suboptions 选项中，选择 Cap Hardening，在弹出的 Suboption Editor 对话框中用户可以通过表格给定 p_b 随 ε_{vol}^{pl} 的变化。

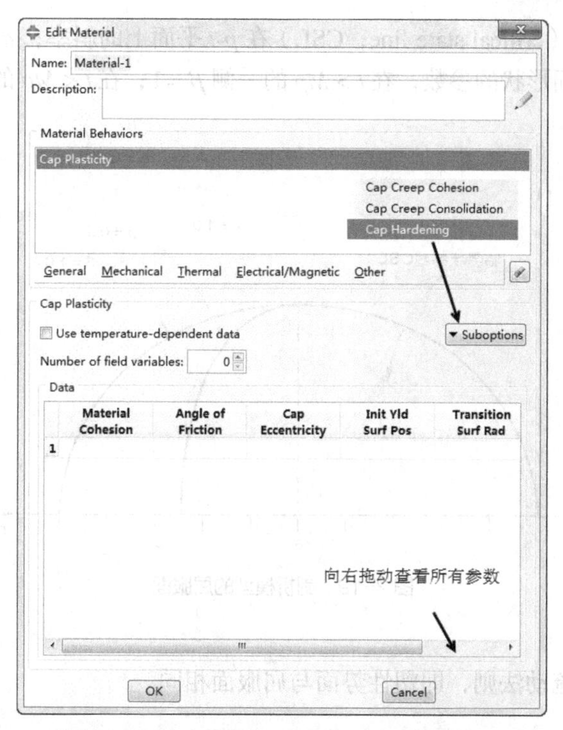

图 2-18　定义修正 Drucker-Prager 帽盖模型

3．修正 Drucker-Prager 帽盖模型的使用注意事项

（1）修正 Drucker-Prager 帽盖模型可和线弹性模型或多孔介质弹性模型联合使用。

（2）修正 Drucker-Prager 帽盖模型采用了非关联流动法则，因此必须采用非对称求解器。

（3）修正 Drucker-Prager 帽盖模型可用于平面应变、广义平面应变、轴对称和三维单元，不能用于平面应力单元。

（4）用户必须定义初始应力条件，如果初始应力状态点落在初始帽盖面的外侧，ABAQUS 会自动调整帽盖面的初始位置，使得应力状态点落在帽盖面上。但如果初始应力状态点落在剪切破坏面的外侧，ABAQUS 将不能继续计算。

（5）修正 Drucker-Prager 帽盖模型可考虑率相关性和蠕变效应，但若考虑蠕变，弹性部分只能采用线弹性模型。

（6）若使用了修正 Drucker-Prager 帽盖模型，此时输出变量 PEEQ 不再代表等效塑性应变，而是帽盖的位置 p_b。

2.2.4　临界状态塑性模型（Critical state plasticity model）

修正剑桥模型是由英国剑桥大学 Roscoe 等人建立的一个有代表性的土的弹塑性模型，其模型采用了椭圆屈服面和相适应的流动准则，并以塑性体应变为硬化参数，在国际上已被广泛地接受和应用。ABAQUS 中的临界状态塑性模型是（修正）剑桥模型的推广。

1．模型的基本理论

（1）屈服面。

修正剑桥模型的屈服面如图 2-19 所示：

$$\frac{1}{\beta^2}\left(\frac{p}{a}-1\right)^2+\left(\frac{t}{Ma}\right)^2-1=0 \tag{2-61}$$

式中，M 是临界状态线（critical state line，CSL）在 p-t 平面上的斜率；a 是椭圆与 CSL 线的交点所对应的 p 大小。β 是控制屈服面形状的参数，在 $t>Mp$ 的一侧 $\beta=1$；在 $t<Mp$ 的一侧，β 可不等于 1，其影响了该侧屈服面的形状。

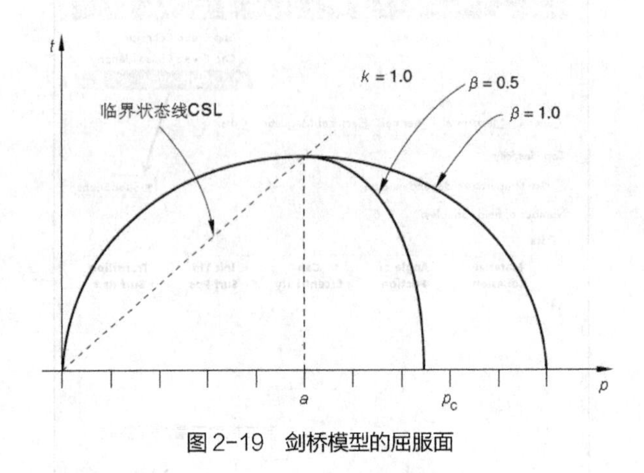

图 2-19　剑桥模型的屈服面

（2）塑性势面。

剑桥模型采用相关联的流动法则，即塑性势面与屈服面相同。

（3）硬化规律。

常规土力学中的剑桥模型 $\beta=1$，其是以椭圆屈服面与 p 轴的交点的 p 值大小 p_c 来控制屈服面大小的变化的。在 ABAQUS 中，由于 β 可不等于 1，因而用前面提到的 a 作为硬化参数，两者之间的关系为 $a=p_c/(1+\beta)$，当 $\beta=1$ 时，有 $a=p_c/2$。

ABAQUS 中提供了两种方式定义硬化规律：

- 指数形式（Exponential form）：

$$a=a_0\exp\left[(1+e_0)\frac{1-J^{pl}}{\lambda-kJ^{pl}}\right] \tag{2-62}$$

式中，J^{pl} 是体积变化率（变形后体积与初始体积之比）中的塑性部分；e_0 是初始孔隙比；λ 是等向固结压缩曲线在 $e\sim\ln p$ 上的斜率；κ 是多孔介质弹性对数体积模量。因为塑性体积应变 $\varepsilon_{vol}^{pl}=\ln J^{pl}$，小应变下上式即为土力学中的常规表达方式 $a=a_0\exp\left[-\frac{(1+e_0)}{\lambda-k}\varepsilon_{vol}^{pl}\right]$，ABAQUS 塑性体积应变以拉为正。

- 分段直线形式（Piecewise linear form）：用户通过数据列表给出 p_c 与塑性体积应变 ε_{vol}^{pl} 的关系，ABAQUS 根据 $a=p_c/(1+\beta)$ 计算 a。

（4）初始屈服面大小的定义。

a_0 反映了初始屈服面大小，ABAQUS 中有两种定义方式，一是直接给定 a_0；二是根据初始孔隙比，由下式计算：

$$a_0=\frac{1}{2}\exp\left(\frac{e_1-e_0-k\ln p_0}{\lambda-k}\right) \tag{2-63}$$

式中，e_1 是等向压缩固结曲线在 $e\sim\ln p$ 坐标系上 $\ln p=0$ 处的孔隙比，p_0 是用户定义的初始平均应力。

2．定义修正剑桥模型

剑桥模型可用于 ABAQUS/Standard 和 ABAQUS/Explicit。

在 Property 模块中，执行【Material】/【Create】命令，在 Edit Material 对话框中执行【Mechanical】/【Plasticity】/【Clay Plasticity】命令，此时对话框如图 2-20 所示。Data 数据列表中需要设置的参数为：

- Log Plas Bulk Mod：λ。

- Stress Ratio：M。
- Init Yld Surf Size：a_0。
- Wet Yld Surf Size：β。
- Flow Stress Ratio：k。

注意：

（1）若在对话框的 Intercept 输入框中输入 e_1，代表根据初始应力和孔隙比按理论公式计算 a_0，此时无须在 Data 数据列表中设置 a_0。

（2）若在 Hardening 下拉列表中选择了 Tabular，则需通过对话框右侧的 Suboptions 选项定义 p_c 与 ε_{vol}^{pl} 的关系。

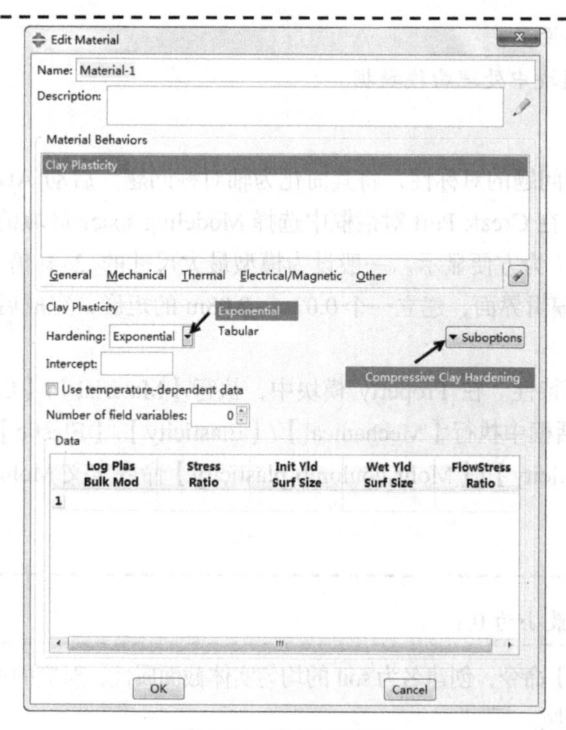

图 2-20　定义剑桥模型

3．剑桥模型的使用注意事项

（1）剑桥模型的弹性部分可以采用线弹性或者多孔介质弹性模型，但在 ABAQUS/Explicit 中，弹性部分只能采用线弹性模型。

（2）剑桥模型采用了相关联流动法则，可以对称求解器。

（3）剑桥模型可用于平面应变、广义平面应变、轴对称和三维单元，不能用于平面应力单元。

（4）用户必须定义初始应力和初始孔隙比，如果初始应力状态点落在屈服面外侧，ABAQUS 会自动调整初始屈服面的位置。

（5）若使用了修正剑桥模型，此时输出变量 PEEQ 不再代表等效塑性应变，而是 a_0。

2.3 算例

2.3.1 Mohr-Coulomb 材料的三轴固结排水试验模拟

本例通过对三轴排水压缩试验的模拟介绍 Mohr-Coulomb 模型的使用，相应的 cae 文件名为 ex2-1.cae。

1．问题描述

如图 2-21 所示，对一试样进行三轴固结排水（CD）剪切试验。三轴试验可分为两步，第一步是在固结应力 σ_c 的基础上增加围压增量 $\Delta\sigma_3$，使围压达到 σ_3；然后在竖直方向时间偏应力 $\sigma_1-\sigma_3$，使得竖向应力达到 σ_1。若这两步中均允许排水，称为固结排水（CD）剪切试验。本例中试样的直径为 4cm，高度为 8cm。土体弹性模量 $E=10\text{MPa}$，泊松比 $\nu=0.3$，$\sigma_3=100\text{kPa}$，黏聚力 $c=10\text{kPa}$，摩擦角 $\varphi=30°$，求破坏时的 σ_1。

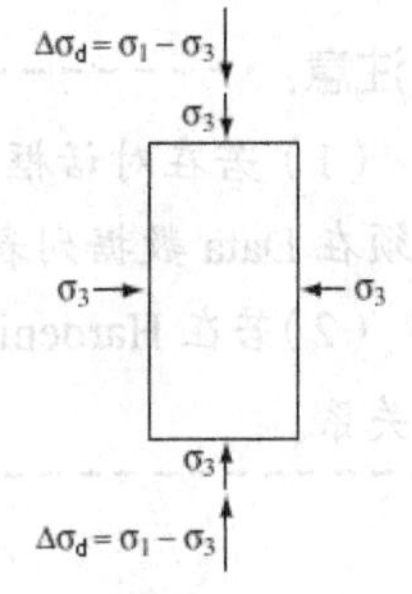

图 2-21　模型示意图（ex2-1）

2．算例学习重点

- Geostatic 分析步的使用。
- 初始应力的设置。
- Mohr-Coulomb 材料的设置。
- 在 ABAQUS 后处理模块中处理曲线数据。

3．模型建立及求解

Step 1 建立部件。利用问题的对称性，将其简化为轴对称问题。启动 ABAQUS/CAE，在 Part 模块中执行【Part】/【Creat】命令，在 Create Part 对话框中选择 Modeling space 区域的 Axisymmetric 单选按钮，将 Approximate Size 设为 0.32（为方便显示，一般设为模型最大尺寸的 2~4 倍），接受其余默认选项，单击【Continue】按钮后进入图形编辑界面，建立一个 0.02m×0.08m 的矩形，完成后单击提示区中的【Done】按钮，确认退出。

Step 2 设置材料及截面特性。在 Property 模块中，执行【Material】/【Creat】命令，建立名称为 soil 的材料，在 Edit Material 对话框中执行【Mechanical】/【Elasticity】/【Elastic】命令设置弹性模型参数，继续执行【Mechanical】/【Plasticity】/【Mohr coulomb plasticity】命令定义 Mohr-Coulomb 模型参数，这里我们不设置剪胀角。

注意：

ABAQUS 默认剪胀角最小为 0.1°。

执行【Section】/【Create】命令，创建名为 soil 的均匀实体截面属性，对应的材料为 soil，并执行【Assign】/【Section】命令赋给相应的区域。

提示：

本例中长度单位取 m，应力单位取 kPa，在设置材料弹性模量时的单位也为 kPa。

Step 3 装配部件。在 Assembly 模块中，执行【Instance】/【Create】命令，接受默认设置，建立相应的 Instance。

Step 4 定义分析步。如前所述，三轴试验分两个步骤，即施加围压增量和偏应力增量。由于本例为 CD 试验，且 σ_3 已知，因此，可将等压固结完成之后的应力状态作为初始状态，不考虑其在等压固结过程中的变形，在此基础上施加偏应力。为此，在 Step 模块中需设定两个分析步。一个是 Geostatic 分析步，ABAQUS 在这一步中将判断用户定义的初始应力和对应荷载、边界条件之间是否平衡，如果平衡将不产生位移，以此模拟初始状态。第二个分析步是加载分析步。具体步骤如下：

- 执行【Step】/【Create】命令，在 Create Step 对话框中将分析步名改为 Geoini，选择分析步类型为 Geostatic，单击【Continue】按钮，接受 Edit Step 对话框中的默认选项。
- 再次执行【Step】/【Create】命令，在 Create Step 对话框中将分析步名改为 Load，选择分析步类型为 Static, General，单击【Continue】按钮，在 Edit Step 对话框的 Basic 选项卡中将 Time period（时间总长）设为 1；在 Incrementation 选项卡中将初始时间步长设为 0.01，最大时间步长设为 0.05；由于

Mohr-Coulomb 模型采用非相关联的塑性势面，在 Other 选项卡中将 Matrix Storage 选为 Unsymmetric。

提示：

非线性分析步的起始步长取为总长的 1%是一个比较保守的选择，这是为了保证收敛。这里的最大步长选得较小是为了获得足够的数据点。

Step 5 定义边界条件。在 Load 模块中，执行【BC】/【Create】命令，在创建边界条件对话框中将分析步选为 Geoini 分析步，限定模型左侧的水平位移 U1（轴对称边界）和模型底部的竖向位移 U2。为模拟应变式三轴试验，再次执行【BC】/【Create】命令，在创建边界条件对话框中将分析步选为 Load 分析步，指定试样顶面的位移 U2 为–0.008（对应的竖向应变为 10%）。

Step 6 定义荷载。在 Load 模块中，执行【Load】/【Create】命令，选择分析步 Geoini 作为荷载施加步，在土样的顶面和右侧施加压力荷载 100kPa。这里的压力荷载和初始应力对应。

Step 7 设置初始应力。在 Load 模块中，执行【Predefined Field】/【Create】命令，弹出图 2-22 所示的创建预定义场对话框，将 Step 选为 Initial（ABAQUS 中的初始步），类型选为 Mechanical，单击【Continue】按钮后按提示区中的提示选择整个土样作为施加初始应力的区域，确认后弹出编辑预定义场对话框，直接指定 6 个方向的初始应力，即–100、–100、–100、0、0、0，这里的负号是因为 ABAQUS 以拉为正，单击【Ok】按钮确认退出。

提示：

用户定义的初始应力一定要和 Geostatic 分析步中生效的荷载及边界条件对应。如果 Geostatic 分析步出现不收敛的情况，用户应首先检查这一点。

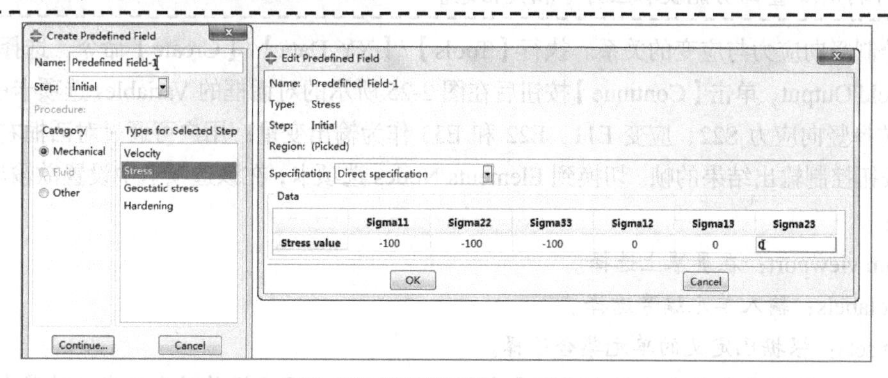

图 2-22 定义初始应力（ex2-1）

Step 8 划分网格。进入 Mesh 模块，将环境栏中的 Object 选项选为 Part，意味着网格划分是在 Part 的层面上进行的。执行【Mesh】/【Controls】命令，在 Mesh Controls 对话框中选择 Element shape（单元形状）为 Quad（四边形），选择 Technique（划分技术）为 Structured。执行【Mesh】/【Element Type】命令，在 Element Type 对话框中，选择单元类型为轴对称应力单元 CAX4。执行【Seed】/【Part】命令，将单元 Approximate global size 设为 0.08，即本例中只划分 1 个单元。执行【Mesh】/【Part】命令，对网格进行划分。

提示：

由于本例中土样均匀受力，为简便起见，只划分了一个单元。

Step 9 建立任务。进入 Job 模块，执行【Job】/【Create】命令，建立名为 ex2-1 的任务并提交运算。

4. 结果分析

Step 1 进入 Visualization 后处理模块并打开结果数据库。

Step 2 检查 Geostatic 分析步初始应力平衡的效果。执行【Resutl】/【Field out】命令，选择 Step/Frame

为 Geostatic 终止时的帧（本例中为 Step：1，Frame：1），在 Primary Variables 选项卡中选择 U（位移），在 Component 中选择 Magnitude（大小）。执行【Plot】/【Contours】/【On Undeformed Shape】命令，绘出的位移大小如图 2-23 所示。可见位移很小，表示 Geostatic 中未产生位移，初始应力平衡较好。读者也可绘出 Geostatic 分析步结束时的应力云图，检查是否满足预期，即与设置的初始应力一致。

Step 3 执行【Resutl】/【Field out】命令，绘出 Load 加载分析步结束时的竖向应力 S22（轴对称问题中 2 方向为竖向），如图 2-24 所示。可见最终竖向应力为 334.6kPa，这与极限平衡条件得到的 $\sigma_{1f}=\sigma_3\tan^2(45+\varphi/2)+2c\tan(45+\varphi/2)=334.64\text{kPa}$ 完全一致。

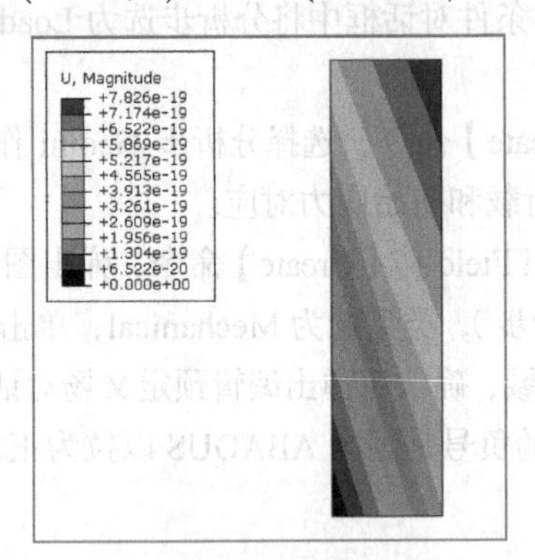

图 2-23　初始应力平衡后的位移大小（ex2-1）

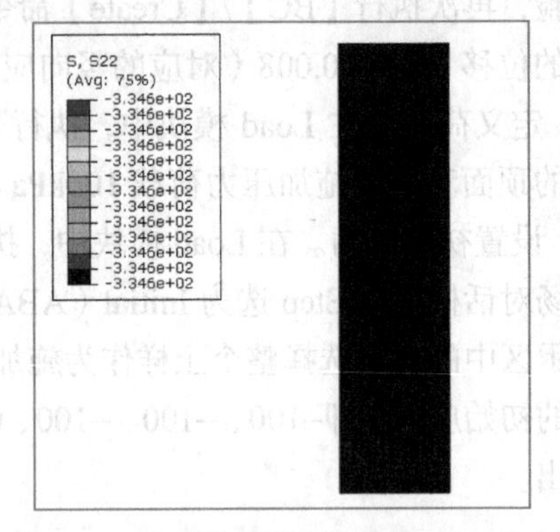

图 2-24　加载结束时的竖向应力（ex2-1）

提示：

读者也可利用ⓘ查询功能获取应力等相关信息。

Step 4 绘制竖向应力与应变的关系。执行【Tools】/【XY Data】/【Create】命令，选择 Source（数据源）为 ODB Field Output，单击【Continue】按钮后在图 2-25 所示的对话框的 Variables 选项卡中选择 Position 为 Centroid，选择竖向应力 S22、应变 E11、E22 和 E33 作为输出变量；用户可通过对话框右上方的 Active Steps/Frames 按钮控制输出结果的帧。切换到 Elements/Nodes 选项卡，在该选项卡中设置欲输出变量的单元，其有 4 种方法：

- Pick from viewport：在屏幕上选择。
- Element labels：输入单元编号选择。
- Element sets：根据已定义的单元集合选择。
- Internal sets：根据内部集合选择，内部集合是 ABAQUS 在用户操作时自动定义的集合。

这里通过直接选择的方法确定。确认后单击【Save】按钮保存数据，单击【Dismiss】按钮退出。

Step 5 已保存的 XY 数据可通过【Tools】/【XY Data】/【Manger】命令或者工具箱区中的按钮调出 XY Data 管理器进行重命名、绘制或编辑等操作。用户也可通过【Report】/【XY】命令，将数据导出，利用 Excel 等软件进行处理。相应工作也可在 ABAQUS 中进行。执行【Tools】/【XY Data】/【Create】命令，选择 Source（数据源）为 Operation on XY Data，单击【Continue】按钮后弹出图 2-26 所示的对话框。对话框的右侧提供了一系列运算函数，拖动活动条，找到 Combine 函数，单击后自动填入对话框上方的公式区。对话框下方的是已定义的 XY Data 名称，双击后自动填入公式区相应位置。按照图 2-26 设置，绘出竖向应力-S22 与竖向应变-E22（负号是将对应数值取正，方便表达）的关系曲线，如图 2-27 所示。由图可见，在加载初期，材料处于弹性区，竖向应力随着竖向应变的增加而增加，直至屈服。由于没有指定材料的硬化，达到屈服之后，竖向应力不再随着竖向应变而变化。

提示：

在 Operation on XY Data 对话框中定义的数据可以利用【Save As】按钮保存。

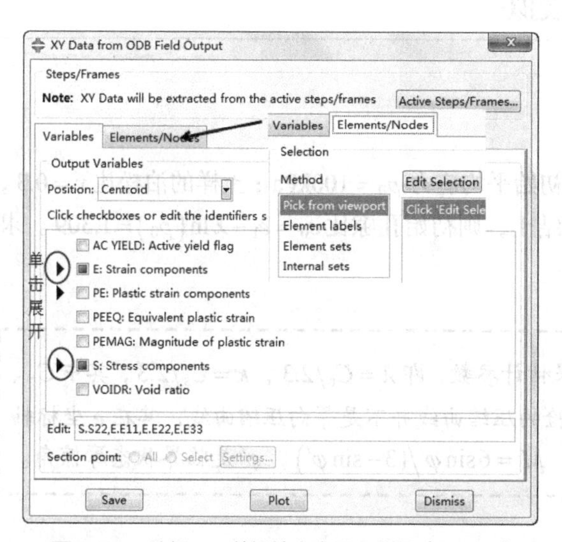

图 2-25 选择 XY 数据输出变量及位置（ex2-1）

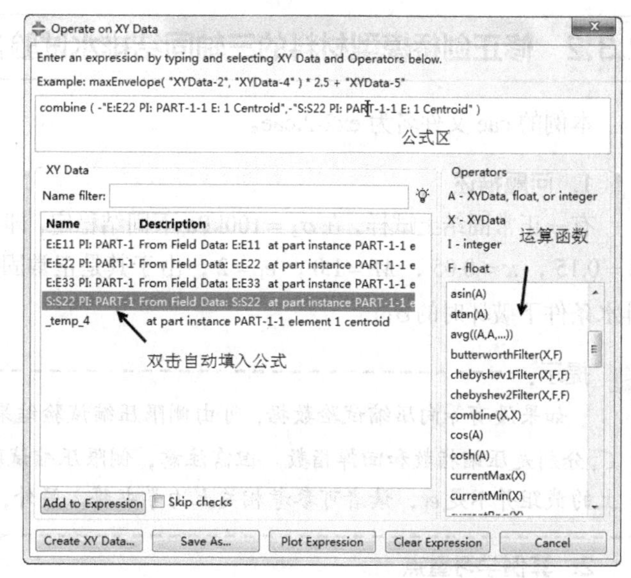

图 2-26 对 XY Data 数据进行处理（ex2-1）

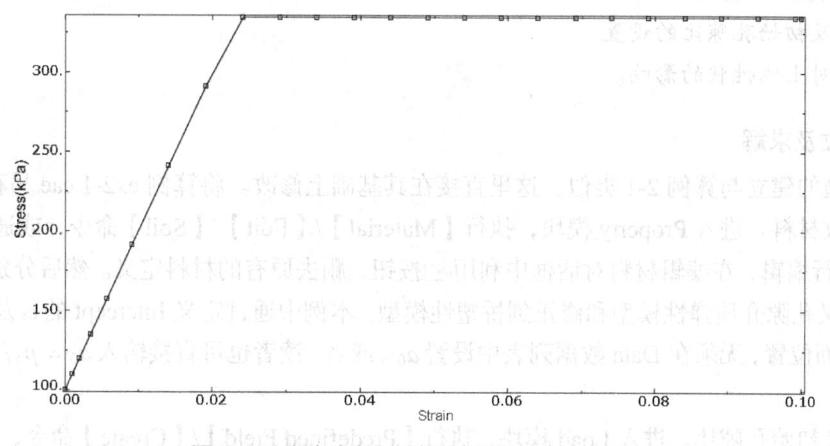

图 2-27 竖向应力与竖向应变的关系（ex2-1）

Step 6 参照 Step 5，利用 Sum 函数，得到体积应变（E11+E22+E33）随时间的变化关系。利用 Combine 函数，绘出体积应变与轴线应变的关系曲线，如图 2-28 所示（图中应变已取负号）。由图可见，在土体屈服前，竖向压缩应变比侧向膨胀大，体积呈压缩趋势。达到剪切屈服后，由于剪胀角为 0.1°，体积有膨胀的趋势。读者可自行改变剪胀角的大小，观察计算结果的异同。

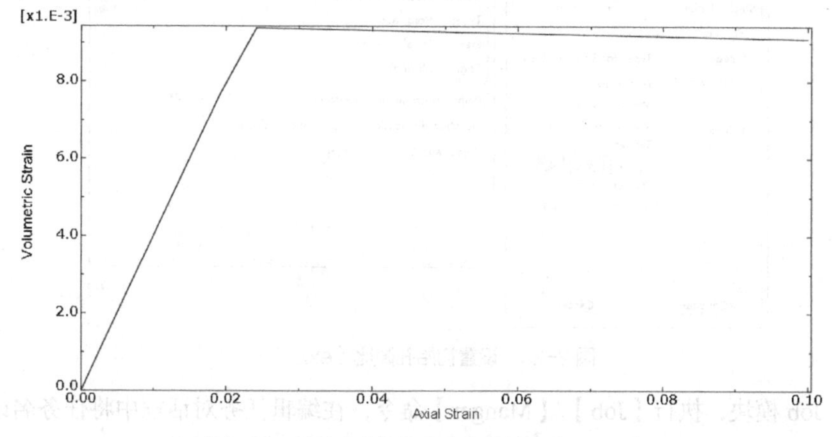

图 2-28 体积应变与竖向应变的关系（ex2-1）

2.3.2 修正剑桥模型材料的三轴固结排水试验模拟

本例的 cae 文件名为 ex2-2.cae。

1. 问题描述

有一正常固结土试样，在 $\sigma_3 = 100\text{kPa}$ 下固结稳定，即初始平均应力 $p_0 = 100\text{kPa}$；土样的泊松比 $\nu = 0.3$，$\lambda = 0.15$，$\kappa = 0.05$，$M = 1.0$，$e_1 = 2$，由于其是正常固结土，则初始孔隙比 $e_0 = e_1 - \lambda\ln(p_0) = 1.309$。求排水条件下破坏时的 σ_1。

提示：

如果没有等向压缩试验数据，可由侧限压缩试验结果估计参数，即 $\lambda = C_c/2.3$，$\kappa = C_s/2.3$，其中 C_c、C_s 分别是压缩指数和回弹指数。但需注意，侧限压缩试验的压缩曲线并不是等向压缩曲线，其在 e 坐标轴上的截距并不是 e_1，读者可参考相关土力学书籍。另外，$M = 6\sin\varphi'/(3-\sin\varphi')$，$\varphi'$ 是临界状态摩擦角。

2. 算例学习重点

- 修正剑桥模型的设置。
- 初始应力及初始孔隙比的设置。
- 超固结比对土体性状的影响。

3. 模型建立及求解

Step 1 模型的建立与算例 2-1 类似，这里直接在其基础上修改。将算例 ex2-1.cae 另存为 ex2-2.cae。

Step 2 修改材料。进入 Property 模块，执行【Material】/【Edit】/【Soil】命令，或通过材料属性管理器对材料 Soil 进行编辑，在编辑材料对话框中利用按钮，删去原有的材料定义。然后分别按照图 2-3 和图 2-20 的设置，定义孔隙介质弹性模型和修正剑桥塑性模型。本例中通过定义 Intercept 的 e_1 及当前初始孔隙比来定义初始屈服面位置，无须在 Data 数据列表中设置 a_0。或者，读者也可直接输入 $a_0 = p_c/2 = p_0/2 = 50\text{kPa}$（正常固结土）。

Step 3 定义初始孔隙比。进入 Load 模块，执行【Predefined Field】/【Create】命令，弹出图 2-29 所示的创建预定义场对话框，将 Step 选为 Initial（ABAQUS 中的初始步），类型选为 Other，单击【Continue】按钮后按提示区中的提示选择整个土样作为施加初始孔隙比的区域，确认后弹出编辑预定义场对话框，输入孔隙比为 1.309，单击【OK】按钮确认退出。

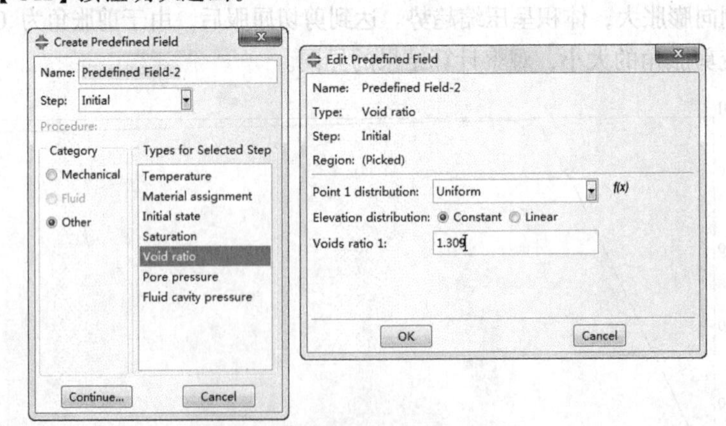

图 2-29 设置初始孔隙比（ex2-2）

Step 4 进入 Job 模块，执行【Job】/【Manger】命令，在编辑任务对话框中将任务名改为 ex2-2，重新提交运算。

4．结果分析

Step 1 进入 Visualization 后处理模块并打开结果数据库。执行【Tools】/【XY Data】/【Create】命令，绘出 a_0（PEEQ）随时间的变化曲线，如图 2-30 所示。计算结果表明，在剪切过程中产生塑性体积应变，屈服面不断扩大，体现了材料的硬化。

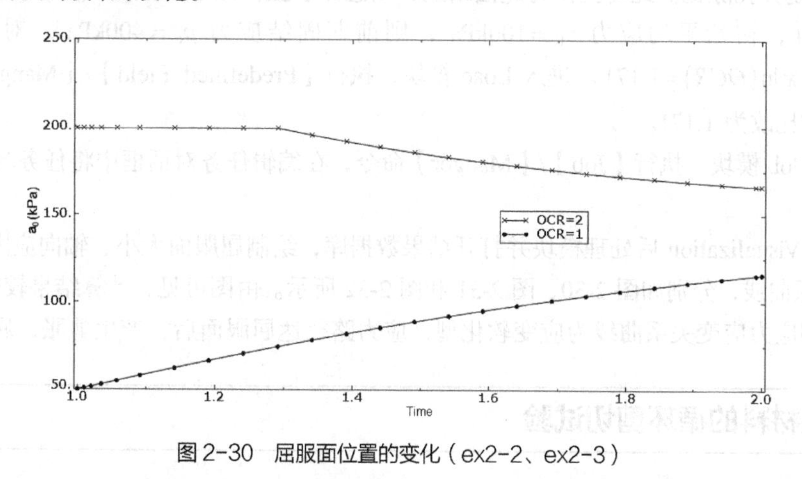

图 2-30 屈服面位置的变化（ex2-2、ex2-3）

Step 2 按照算例 2-1 中介绍的步骤，绘出轴向应力-轴向应变和体积应变-轴向应变的关系，分别如图 2-31 和图 2-32 所示。由图可见，其反映了典型的正常固结土的剪切性状，应力应变曲线呈应变硬化型，剪切过程中呈剪缩。同时可以发现，本算例中土样尚未达到临界状态，读者可自行改变土样顶面位移大小，观察计算结果的异同。

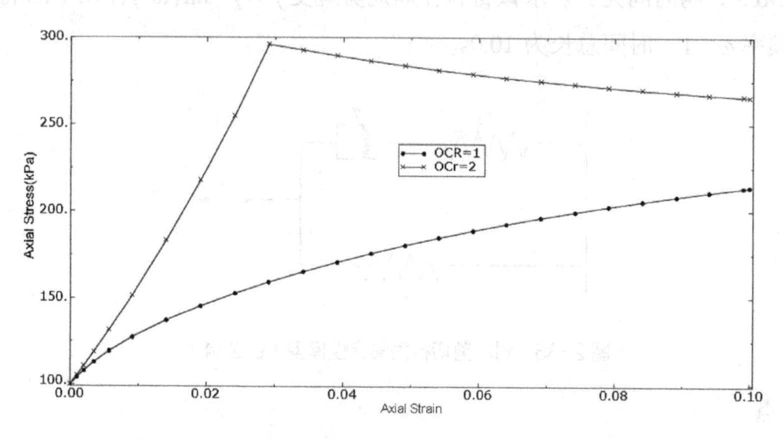

图 2-31 轴向应力与轴向应变的关系（ex2-2、ex2-3）

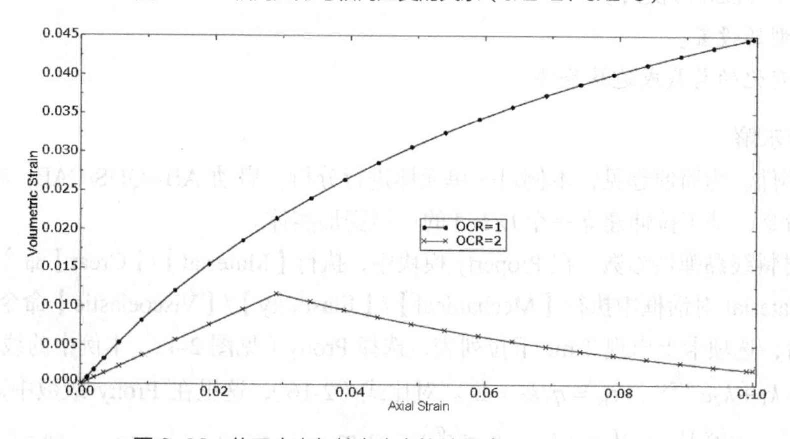

图 2-32 体积应变与轴向应变的关系（ex2-2、ex2-3）

5．算例拓展

假设土体的超固结比 $OCR=4$，其余参数不变。

Step 1 将 ex2-2.cae 另存为 ex2-3.cae。

Step 2 重新定义孔隙比。此时土体为超固结土，则意味着土体处于回填曲线上，初始孔隙比发生了变化，由于 $OCR=4$，初始平均应力 $p_0=100\text{kPa}$，则前期固结应力 $p_c=400\text{kPa}$，对应的初始孔隙比 $e_0=e_1-\lambda\ln(p_c)+\kappa\ln(OCR)=1.171$。进入 Load 模块，执行【Predefined Field】/【Manger】命令，调出管理器，将初始孔隙比改为 1.171。

Step 3 进入 Job 模块，执行【Job】/【Manger】命令，在编辑任务对话框中将任务名改为 ex2-3，重新提交运算。

Step 4 进入 Visualization 后处理模块并打开结果数据库，绘制屈服面大小、轴向应力-轴向应变、体积应变-轴向应变关系曲线，分别如图 2-30、图 2-31 和图 2-32 所示。由图可见，计算结果较好地反映了超固结土的剪切性状，即应力应变关系曲线为应变软化型，应力路径达屈服面后，产生剪胀，屈服面随着收缩。

2.3.3 黏弹性材料的循环剪切试验

本例 cae 文件名为 ex2-4.cae。

1．问题描述

某材料的剪切行为符合图 2-33 所示的黏弹性模型，其中 $k_1=1\text{MPa}$，$k_2=10\text{MPa}$，$\eta=10\text{MPa}\cdot\text{s}$；材料体积模量为 $K=100\text{MPa}$，与时间无关。求该材料在周期剪应变 $\gamma=\gamma^*\sin(\omega t)$ 作用下的响应，本例中剪应变幅值 $\gamma^*=0.05$，圆频率 $\omega=1$，时间总长为 10.0s。

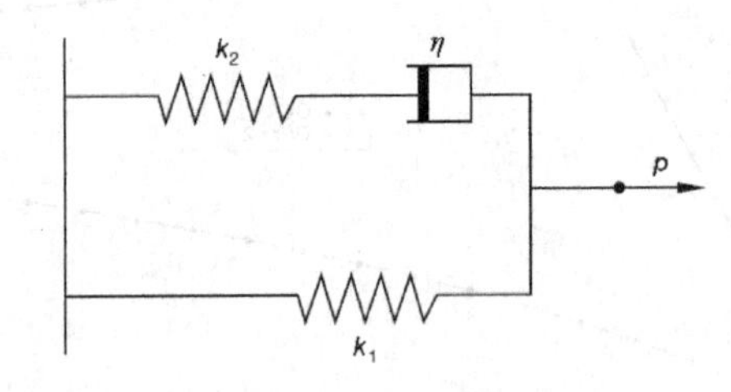

图 2-33 材料剪切行为黏弹性模型（ex2-4）

2．算例学习重点

- 准静态分析步 Visco 的使用。
- 线黏弹性模型的设置。
- 施加随时间变化的荷载或边界条件。

3．模型建立及求解

Step 1 建立部件。为简便起见，本例对一单元体进行分析。启动 ABAQUS/CAE，在 Part 模块中执行【Part】/【Creat】命令，基于拉伸建立一个 1×1×1 的三维变形实体。

Step 2 设置材料线黏弹性参数。在 Property 模块中，执行【Material】/【Creat】命令，建立名称为 Soil 的材料，在 Edit Material 对话框中执行【Mechanical】/【Elasticity】/【Viscoelastic】命令，在 Domain 下拉列表中选择 Time 后，选项卡上出现 Time 下拉列表，选择 Prony（见图 2-4）。本例中的线黏弹性模型，其剪切模量实为 $G_R(t)=k_1+k_2e^{-t/\tau_R}$，$\tau_R=\eta/k_2=1\text{s}$。对比式（2-16），这里在 Prony 级数中采用 1 项模拟，即 $G_R(t)=G_0\left(1-\overline{g}_i^P\left(1-e^{-t/\tau_1^G}\right)\right)=G_0\left(1-\overline{g}_1^P+\overline{g}_1^Pe^{-t/\tau_1^G}\right)$。这里 $G_0=k_1+k_2=11\text{MPa}$，则 $\overline{g}_1^P=10/11=0.9091$，

$\tau_1^G = 1\text{s}$。在 Data 区的相应区域输入以上参数。注意因为体积模量参数与时间无关，k_i Prongy 一栏保持空白。

Step 3 设置材料弹性参数。在 Edit Material 对话框中执行【Mechanical】/【Elasticity】/【Elastic】命令，这里定义的模量可以是 Instantaneous（瞬时）或者 Long Term（长期）模量（见图 2-1）。本例设置瞬时模量。弹性模量 $E_0 = 9KG_0/(3K+G_0) = 31.83\text{MPa}$，泊松比 $v_0 = (3K-2G_0)/2(3K+G_0) = 0.45$。

Step 4 执行【Section】/【Create】命令，创建名为 soil 的均匀实体截面属性，对应的材料为 soil，并执行【Assign】/【Section】命令赋给相应的区域。

Step 5 装配部件。在 Assembly 模块中，执行【Instance】/【Create】命令，接受默认设置，建立相应的 Instance。

Step 6 定义分析步。执行【Step】/【Create】命令，在 Create Step 对话框中将分析步名改为 Cyclic，选择分析步类型为 Visco，单击【Continue】按钮，在 Edit Step 对话框的 Basic 选项卡中将 Time period（时间总长）设为 10；在 Incrementation 选项卡中将 Type 选为 Fixed（固定时间步长），将时间分析步长（Increment size）设为 0.05。由于时间总长为 10，需要 200 步，因此需将允许的最大增量数（Maximum number of increments 调大至 200，确认后退出。

注意：

由于采用了线黏弹性材料，材料性能随时间变化，这里不能采用 Static, general 分析步，而需要采用 Visco 分析步。ABAQUS 中的 Visco 实际上是拟静力分析步，其可反映材料性能随时间的变化，但忽略了惯性力效应。

Step 7 定义边界条件。在 Load 模块中，执行【BC】/【Create】命令，在 Cyclic 分析步中约束模型底部（z=0 平面）的所有位移 U1、U2 和 U3。

Step 8 定义循环加载幅值曲线。ABAQUS 中荷载或边界条件可以为时间的函数，其通过 Amplitude 幅值曲线来实现。执行【Tools】/【Amplitude】/【Create】 命令，弹出图 2-34 所示的创建幅值对话框。该对话框提供了一系列创建幅值曲线的方法。如 Tabular 是通过表格的形式给出时间及对应的荷载（边界条件）大小，只要有足够的数据点，该方法就可给出任意形式的幅值曲线；Periodic 则通过周期函数设置幅值大小 a，其周期函数为傅立叶表达形式：

$$a = A_0 + \sum_{n=1}^{N}\left[A_n \cos n\omega(t-t_0) + B_n \sin n\omega(t-t_0)\right], t \geqslant t_0 \tag{2-64}$$

$$a = A_0, t < t_0 \tag{2-65}$$

本例中施加的动位移条件正弦函数，取级数的一项即可，有 $A_0 = 0$，$N = 1$，$\omega = 1$，$t_0 = 0$，$A_1 = 0$，$B_1 = 1$。在创建幅值对话框中选择 Periodic 后单击【Continue】按钮，弹出编辑幅值对话框。该对话框的 Time Span 下拉列表中有 Step time（分析步时间）和 Total time（总的时间），这里选择分析步时间。Circular frequency 为圆频率 ω，Starting time 为 t_0，Initial amplitude 为 A_0，A 和 B 对应式（2-64）中的系数 A 和 B，该区域有多少行，则 n 为多少。

Step 9 在 Load 模块中，执行【BC】/【Create】命令，选择 Category 为 Mechanical，Type 为 Displacment 后继续，设置模型顶面（z=1 平面）的位移边界条件如图 2-35 所示，即指定 U1 为 0.05，U2 和 U3 为 0，在 Amplitude 下拉列表中选择之前定义的幅值曲线 Amp-1。由于模型为边长为 1 的正方体，按以上数据设置边界条件后，可使得剪应变为 $0.05\sin(\omega t)$。

提示：

ABAQUS 中实际施加的荷载（边界条件）大小为指定的绝对值与幅值曲线中定义值的乘积。

Step 10 划分网格。进入 Mesh 模块，将环境栏中的 Object 选项选为 Part，意味着网格划分是在 Part 的层面上进行的。执行【Mesh】/【Element Type】命令，在 Element Type 对话框中，选择单元类型为三维八节点（C3D8）。执行【Seed】/【Part】命令，将单元 Approximate global size 设为 1，即本例中只划分 1 个单元。执行【Mesh】/【Part】命令，对网格进行划分。

Step 11 建立任务。进入 Job 模块，执行【Job】/【Create】命令，建立名为 ex2-4 的任务并提交运算。

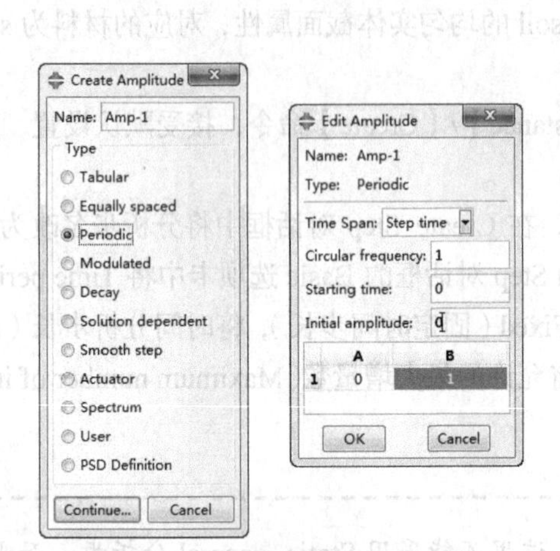

图 2-34　创建幅值曲线（ex2-4）

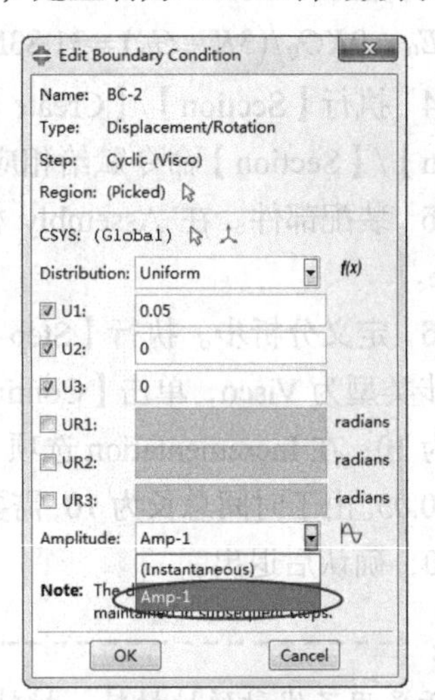

图 2-35　设置循环位移条件（ex2-4）

4．结果分析

Step 1 进入 Visualization 后处理模块并打开结果数据库。

Step 2 按照算例 2-1 中介绍的方法，绘出单元中心点 S13 和对应的应变 E13 的关系曲线，如图 2-36 所示。由图可见，其反映了典型的黏弹性材料在循环荷载下的响应，应力应变曲线为一椭圆，反映了能量的耗散。

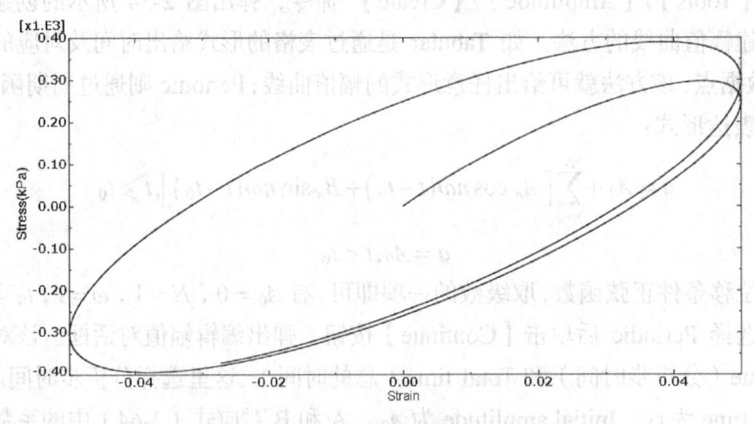

图 2-36　应力应变滞回圈（ex2-4）

2.4 本章小结

本章针对岩土工程中常用的几种模型进行了介绍，包括线弹性模型、多孔介质弹性模型、Mohr-Coulomb 模型、推广的 Drucker-Prager 模型、修正的 Drucker-Prager 帽盖模型和剑桥模型等，结合三轴试验和循环加载试验算例，对典型本构模型的使用进行了说明。

第3章 ABAQUS 中的接触理论

本章导读

在有限元分析中，“接触”是一种典型的非线性问题，不仅在于接触面本身的力学模型可能是非线性的，也因为接触是一种特殊的不连续约束条件，数值计算中往往不易收敛。针对这一类问题，ABAQUS 中提供了功能强大、灵活多变的接触面模拟功能。ABAQUS/Standard 中包含了 general contact（通用接触）、contact pairs（接触对）和 contact elements（接触单元）3 种方式，ABAQUS/Explicit 中只有 general contact 和 contact pairs 两种。

本章要点

- 通用接触算法
- 接触对算法
- 摩擦模型
- 黏结模型
- 接触面不排水剪切强度
- 考虑黏聚力的库伦摩擦模型

3.1 ABAQUS/Standard 中的接触对

接触对算法中一个完整的接触模拟必须包含两部分：一是接触对的定义，其指定了分析中哪些面会发生接触，采用哪种方法判断接触状态，设定主控面和从属面等内容；二是接触面上的本构关系的定义。本节主要介绍接触对的相关知识。

 提示：

ABAQUS/Explicit 中的部分接触算法和具体设置与 ABAQUS/Standard 中有所区别，但接触理论的基本概念都是相通的，本章主要介绍 ABAQUS/Standard 中的接触理论。

3.1.1 基本特性

ABAQUS/Standard 中的接触对有以下特性：

- 与几何形状、材料一样，接触的定义是模型定义中的一部分。与单元一样，接触对也具备生死功能。
- 可用于模拟力学分析、温度/应力耦合分析、孔压/位移耦合分析、热/电耦合分析和热传导分析中的接触问题。
- 可用于模拟两个刚体或变形体之间的接触（contact pair），也可模拟面的自我接触（self-contact）。
- 接触面两侧的网格不需要一致。
- 不能模拟二维面和三维面之间的接触。

3.1.2 接触对算法

1．接触对算法中面的离散方法

在接触对中，用户必须指定哪些面会发生接触。对于两个可能接触的面，用户需要指定哪一个为主控面

（master surface），哪一个是从属面（slave surface）。ABAQUS 会在这些面中的节点上建立相应的方程，而节点的位置则取决于面的离散方法。ABAQUS 中提供了点对面离散方法（node-to-surface-discretization）和面对面离散方法（surface-to-surface discretization）。

（1）点对面离散方法。

在这种方法中，ABAQUS 首先找到从属面上的节点在主控面上的投影点（见图 3-1），然后对从属面节点和它的投影点建立接触条件，投影点的状态由附近的主控面节点插值确定。点对面离散方法有如下特点：

- 从属面节点不允许穿透主控面，但是主控面节点可以穿透从属面。
- 接触方向基于主控面的法线方向。
- 接触中包含的从属面信息只包括节点的位置及对应的控制面积，不反映从属面的几何形状（如曲率等），其可为基于节点定义的面（node-based surface）。
- 该算法并不需要从属面一定为基于节点定义的面。

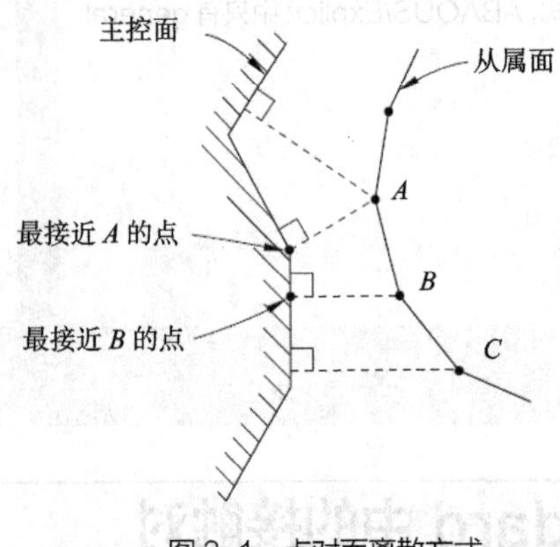

图 3-1　点对面离散方式

（2）面对面离散方法。

面对面离散方法在接触分析过程中同时考虑了主控面和从属面的几何形状，其有如下特点：

- 与点对面离散方法在节点上建立接触不同，面对面离散方法以类似平均的概念对整个从属面建立接触条件。对某一从属面节点的接触方程，其同时考虑了从属面上周边节点的影响。这种算法在分析中可能出现穿透现象，但是主控面节点穿透从属面的程度不会很严重。
- 接触方向由从属面上某一节点周边区域的平均法线方向确定。
- 采用面对面离散方法时，从属面不能基于节点定义。

（3）两种离散方法的比较及选择。

选择离散方法时需注意以下特点：

- 如果网格划分较好地反映了接触面形状，面对面离散得到的应力和接触面法向压力计算精度要高于点对面离散。
- 一般情况下，采用面对面离散方式时，发生接触的两个面中哪一个作为主控面对计算的影响不算大。
- 面对面离散需要分析整个从属面上的接触行为，其计算代价要高于点对面离散。一般情况下，二者的计算代价相差不是很悬殊，但在以下情况中，面对面离散的计算代价将高得多：
  - ➢ 模型中的大部分区域都涉及接触问题。
  - ➢ 主控面的网格比从属面的网格细很多。
  - ➢ 多层板（壳）的互相接触问题。

2．接触跟踪方法

在力学问题的接触模拟中，ABAQUS 包含了两种反映接触面相对移动的跟踪方法：有限滑动（finite sliding）和小滑动（small sliding）。

（1）有限滑动方法。

若采用这种方法，ABAQUS 将会在分析过程中不断地判断各个从属面节点与主控面的哪一部分发生了接触。例如图 3-2 中，$t=t_1$时节点 101 在 201 和 202 间与主控面接触，到 $t=t_2$时与 501 和 502 之间接触，有限滑动方法可以追踪整个过程。

有限滑动方法的跟踪算法（tracking algorithms）有两个选项：

- 基于路径的跟踪算法（Path-based tracking algorithm）：考虑了增量步过程中节点可能的相对位移路径，更有利于自接触问题和增量步位移较大时的计算。该算法是有限滑动、面对面离散方式的默认算法。
- 基于状态的跟踪算法（State-based tracking algorithm）：根据增量步开始时的接触状态和接触面几何信息判断，如果增量步位移过大，可能漏掉某些接触信息。该算法是有限滑动、点对面离散方式的唯一算法。

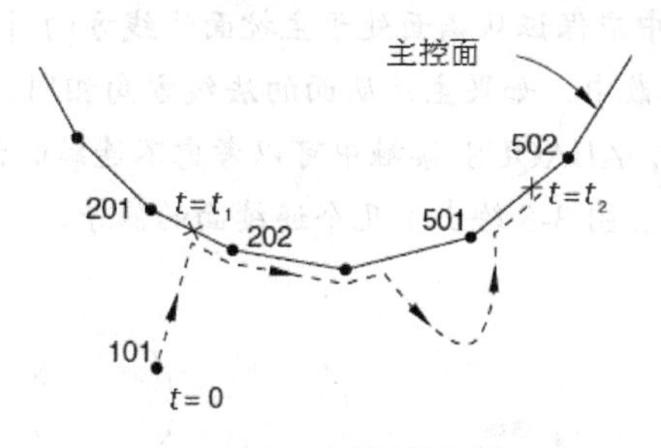

图 3-2 有限滑动示例

（2）小滑动。

在小滑动方法中，ABAQUS 在分析的开始就确定了建立接触关系的从属面节点与主控面节点，分析过程中从属面节点与主控面的接触固定在同一个局部区域内。在小滑动算法中，ABAQUS/Standard 将与接触对的主控面视为一个局部切平面（local tangent plane），接触发生在从属面节点与该平面之间。如图 3-3 所示，点对面离散方式中局部平面由以下两个关键要素定义，面对面离散方式中的定义基本类似。

- 定位点（anchor point）X_0：ABAQUS/Standard 在计算中自动确定定位点，使其与从属面节点之间的方向矢量与主控面光滑化法向矢量一致。ABAQUS/Standard 如果找不到定位点，ABAQUS/Standard 将不会对相应的从属面节点建立接触关系。
- 主控面光滑化法向矢量（Smoothly varying master surface normals）：图 3-3 中节点 2 和节点 3 的法向方向（节点两侧面法线方向的平均值）不一样，面 2-3 上的法线方向 $N(x)$ 由形函数插值确定。对节点 103 而言，若 2-3 间的某一点的法线 $N(X_0)$ 通过 103 点，则其为 103 的定位点 X_0。以 $N(X_0)$ 为法线的平面是 103 的接触平面，因而切平面只是真实几何形状的模拟。

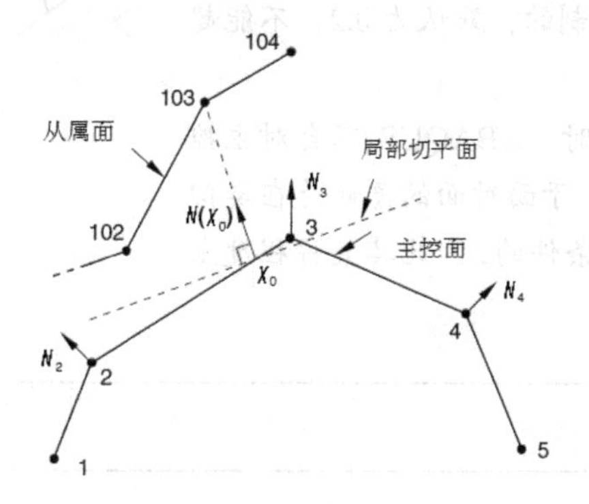

图 3-3 小滑动示例

提示：

如果可以确认接触面间的滑动变形小，采用小滑动算法，可以获得比较高的计算速率。

3．主控面和从属面

（1）选择主控面和从属面的基本原则。

- 如果接触面中有刚体的面，其应是主控面。从属面应基于变形体建立。
- 基于节点定义的面只能是从属面，并且只能应用点对面离散方法。
- 接触对中的两个面不能都是刚性面，除非某一刚性面是基于变形体定义的。
- 主控面应为尺寸较大的那个面。
- 如果两个面尺寸接近，选择刚度大的面作为主控面。
- 若两个面的尺寸和刚度都相似，则选取粗糙网格的面作为主控面。

（2）接触对中面的特殊要求。

- 面的法线方向：在接触模拟中应保证从属面处于主控面法线方向所指的一侧，否则计算不能收敛（见图 3-4）。另外，在面对面离散中，如果主、从面的法线方向相同，将不会考虑接触。
- 面的连续性：大多数情况下，ABAQUS 接触中可以考虑不连续的面。但是有限滑动、点对面离散接触中的主控面必须是连续的。图 3-5 给出了几个连续面的例子。

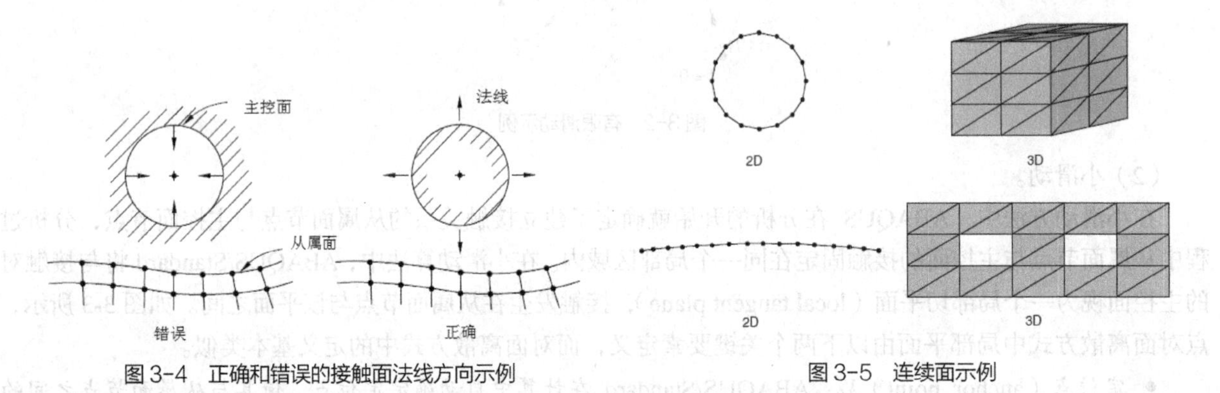

图 3-4 正确和错误的接触面法线方向示例

图 3-5 连续面示例

- 面的光滑性。
  - ➢ 当采用点对面离散方法时，主控面上锯齿状的节点可能穿透从属面，某些情况下这些角点将妨碍（snag）从属面节点的滑动，为了减少这种现象，ABAQUS 可对采用点对面离散的主控面进行光滑化。这一点对有限滑动、点对面离散的分析尤为重要，否则主控面的法线方向会出现不连续的变化，容易出现收敛问题。图 3-6 给出了自动光滑化的示意图。在 ABAQUS 中光滑化的程度是通过系数 $f = a_1/l_1 = a_2/l_2$ 来控制的，默认为 0.2，不能超过 0.5。
  - ➢ 当采用面对面离散方法时，ABAQUS 不会对主控面进行自动光滑化。但由于面对面的离散是在类似平均的意义上建立接触条件的，因此其某种程度上是内在的光滑化。

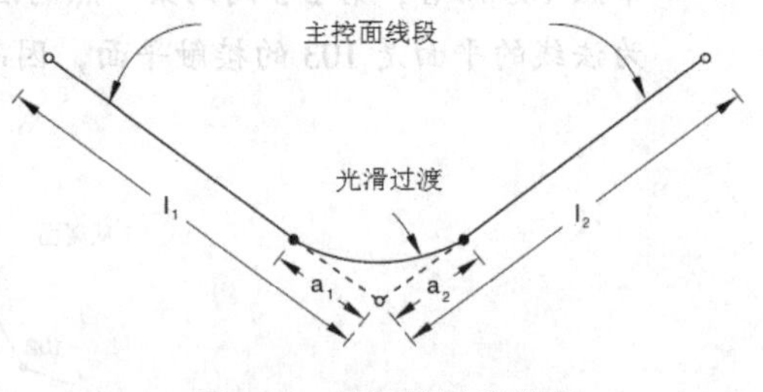

图 3-6 主控面的光滑处理

3.1.3 定义接触对

在 Interaction 模块中，执行【Interaction】/【Create】命令，在弹出的 Create Interaction 对话框的 Types for Selected Step 中给出了当前分析步可用的接触类型（见第 1 章）。对于力学分析，常用的是面对面接触，选中 Surface-to-surface contact(Standard)后单击【Continue】按钮，此时提示区出现图 3-7 所示的提示信息，提醒用户选择主控面。用户可以之间在屏幕上选取，也可单击提示区右侧的【Surfaces】按钮，在已经定义的面中选项。当选好主控面之后，单击提示区的【Done】按钮，此时 ABAQUS 会在提示区给出从属面构成方式（见图 3-8），其中【Surface】代表从属面由面定义，【Node regions】代表从属面由节点定义，单击其中任一按钮之后，按照提示区中的提示选择面或节点，确认后弹出图 3-9 所示的 Edit Interaction 对话框，在本对话框中可以完成接触对定义的所有操作。对话框中常用选项的含义如下：

- 按钮：用户单击此按钮可互换主控面和从属面，这两个面在屏幕上会用不同的颜色表示。
- Sliding formulation：该选项有两个单选按钮，Finite sliding 和 Small sliding，分别代表有限滑动和小滑动。
- Discretization method 下拉列表：其有两个选项，Node to surface 和 Surface to surface，分别代表点对面离散和面对面离散。
- Degree of smoothing for master surface 输入框：对于点对面离散方式，可以设置主控面的光滑化参数。
- Contact tracking：该选项有两个单选按钮，基于路径的跟踪算法 Two configurations (path)和基于状态的跟踪算法 Single configuration (state)。
- Contact interaction property：该下拉列表中提供了已定义接触面的接触性质，其定义方式在下一节中介绍。

Edit Interaction 对话框中还提供了 Slave Adjustment 等 4 个选项卡，用于对接触设置的细节进行调整。一般情况下用户无需过度关注，采用默认值即可。本书将在后面的章节中结合具体情况对相关功能进行介绍。

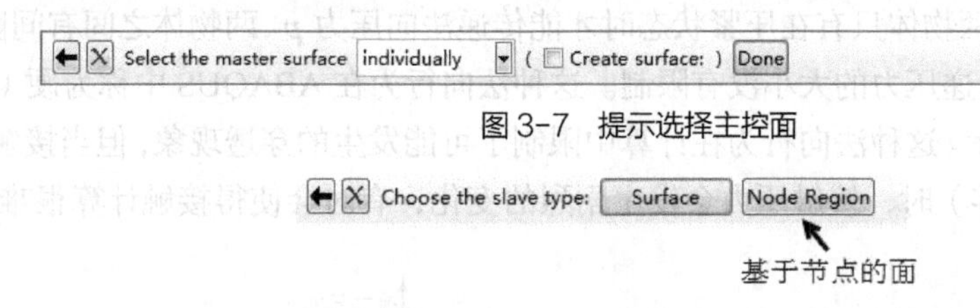

图 3-7 提示选择主控面

图 3-8 提示选择建立从属面的方法

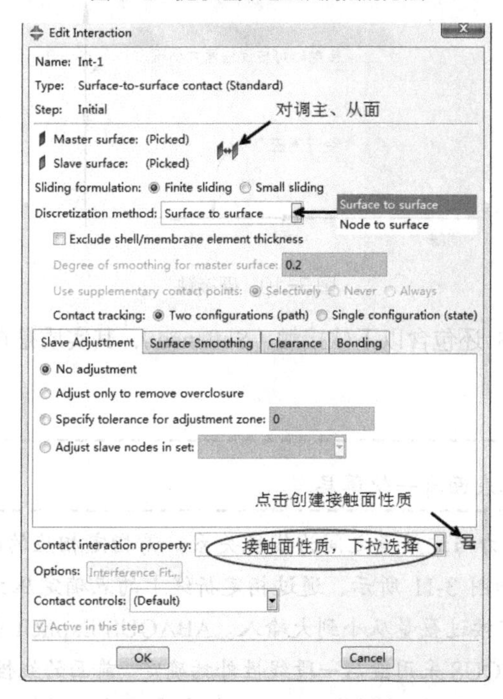

图 3-9 Edit Interaction 对话框

提示：

（1）Create Interaction 对话框中可用的接触对定义和当前分析步有关。

（2）Edit Interaction 对话框中激活的选项与使用的跟踪方法和离散方法有关。

3.2 接触面相互作用力学模型

ABAQUS 中的接触面可定义力学、温度、电和孔隙流体 4 种接触性质。本节主要介绍相互作用的力学模型。力学模型主要定义接触面的法向行为（Normal Behavior）和切向行为（Tangential Behavior）。另外，用户还可定义模拟胶结材料黏聚力的 Cohesive Behavior 和相关的损伤破坏准则（Damage），接触面阻尼模型等（Damping）等。

注意：

ABAQUS/Standard 中默认的接触模型为法向硬接触、切向无摩擦。

3.2.1 法向行为模型

1．基础理论

接触面的法向模型也称为接触压力-过盈模型（Pressure-Overclosure Model）。对大部分接触问题来说，接触面的法向行为十分明确，即两物体只有在压紧状态时才能传递法向压力 p，两物体之间有间隙（clearance）时不传递法向压力，接触时所传递压力的大小没有限制。这种法向行为在 ABAQUS 中称为硬（hard）接触，压力和间隙的关系如图 3-10 所示。这种法向行为在计算中限制了可能发生的穿透现象，但当接触条件从“开”（间隙为正）到“闭”（间隙为零）时，接触压力会发生剧烈的变化，有时会使得接触计算很难收敛。

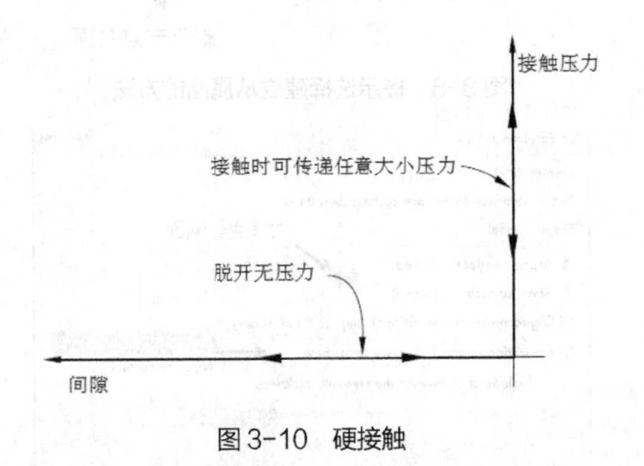

图 3-10　硬接触

除了硬接触之外，ABAQUS 还包含以下软接触（Softened），其实质是在由脱开到闭合时减慢接触压力随过盈量之间的变化速度。

提示：

软接触可简单理解为物体表面有一软薄层。

- 线性（Linear）形式：压力与过盈量之间为线性关系，需指定相应的刚度系数。
- 列表（Tabular）形式：如图 3-11 所示，通过指定折线上的点确定压力与过盈量之间的关系，过盈为负则意味着间隙，数据需按过盈量从小到大输入。ABAQUS/Explicit 中 h_1 必须为 0。当穿透距离超过最大的过盈量之后，ABAQUS 采用最后一段线性外插确定。前面的线性形式实际上为列表形式的特例。
- 指数（Exponential）形式：如图 3-12 所示，用户指定零压力时的间隙 c_0 和零间隙时的压力 p_0。

2．定义方法

在 Interaction 模块中，执行【Interaction】/【Property】/【Create】命令，弹出 Create Interaction Property 对话框，在 Name 输入框中设置接触面性质的名称，在 Type 选项中选择 Contact，单击【Continue】按钮弹

出 Edit Contact Property 对话框，执行该对话框中的【Mechanical】/【Normal Behavior】命令，此时对话框如图 3-13 所示。该对话框中的选项介绍如下：

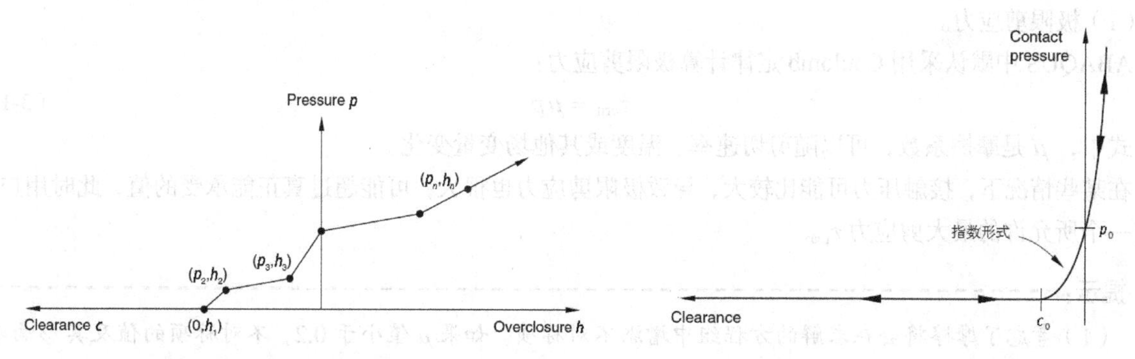

图 3-11 软接触的列表形式　　图 3-12 软接触的指数形式

- Constraint enforcement method 下拉列表：该选项控制了法向接触约束的施加算法，有拉格朗日直接（Direct）、罚函数（Penalty）和增广拉格朗日乘子法（Augmented Lagrange）等，一般保持为 Default（默认）即可。
- Pressure-Overclosure 下拉列表：可选 "Hard" contact（硬接触）和软接触的具体形式，需设置的具体参数如图 3-13 所示。
- Allow separation after contact 复选框：默认为选中状态，若取消选中该选项，接触后接触面将不会分开，其常和摩擦模型中的 Rough 联合使用建立完全连接在一起的接触面。

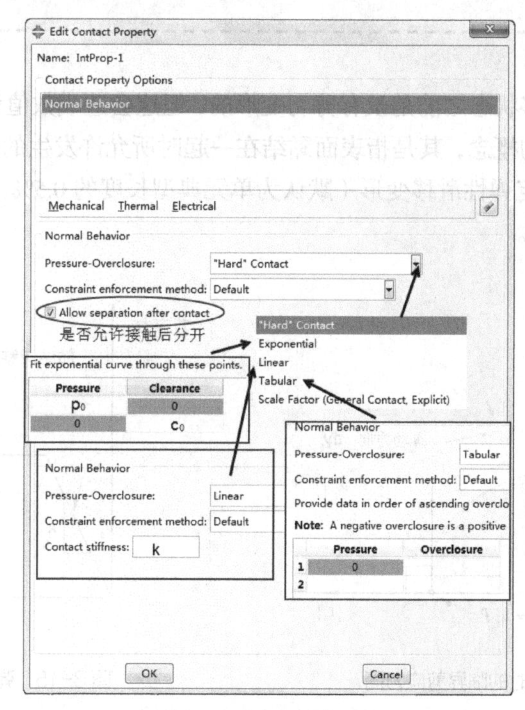

图 3-13 定义法向行为

3.2.2 切向行为模型

1. 基础理论

接触面的切向力学行为常用摩擦模型模拟（Frictional behavior）。当接触面处于闭合状态（即有法向接触压力 p）时，接触面可以传递切向应力，或称摩擦力。摩擦力小于某一极限值时 τ_{crit} 时，ABAQUS 认为接触面处于黏结状态；摩擦力大于τ_{crit}之后，接触面开始出现相对滑动变形，称为滑移状态。为了合理设置摩擦模型，需注意以下几点。

（1）极限剪应力。

ABAQUS 中默认采用 Coulomb 定律计算极限剪应力：

$$\tau_{crit} = \mu p \tag{3-1}$$

式中，μ是摩擦系数，可以随剪切速率、温度或其他场变量变化。

在某些情况下，接触压力可能比较大，导致极限剪应力也很大，可能超过真正能承受的值，此时用户可指定一个所允许的最大剪应力τ_{max}。

提示：

（1）考虑了摩擦将会在求解的方程组中增添不对称项。如果μ值小于 0.2，不对称项的值及其影响非常小，可采用对称求解器法求解。

（2）用户可通过用 FRIC、FRIC_COEF 等子程序自定义摩擦或摩擦系数。

式（3-1）实质上是各向等向的 Coulomb 定律，ABAQUS 中也可采用各向异性的 Coulomb 定律，此时用户需指定两个方向上的摩擦系数μ_1和μ_2，此时临界剪应力面如图 3-14 所示。

注意：

这里接触面的 1 方向为整体坐标系的 x 轴在面上的投影，如果 x 轴与面法线的夹角小于 0.1°，1 方向为整体坐标系中的 z 轴在面上的投影，3 方向为接触面法线方向，1 方向、2 方向和 3 方向应符合右手法则。

（2）弹性滑移变形。

理想状况下，接触面在滑移状态之前是没有剪切变形的，但这会造成数值计算上的困难，因而 ABAQUS 引入了一个“弹性滑移变形”的概念，其是指表面黏结在一起时所允许发生的少量相对滑移变形。ABAQUS 会根据接触面上单元的长度确定弹性滑移变形（默认为单元典型长度的 0.5%，用户也可自己给定），进而计算方法中的刚度 k（见图 3-15）。

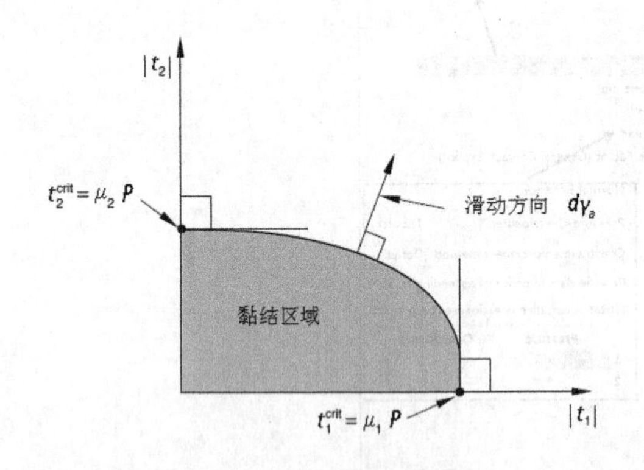

图 3-14　各向异性时的临界剪应力面

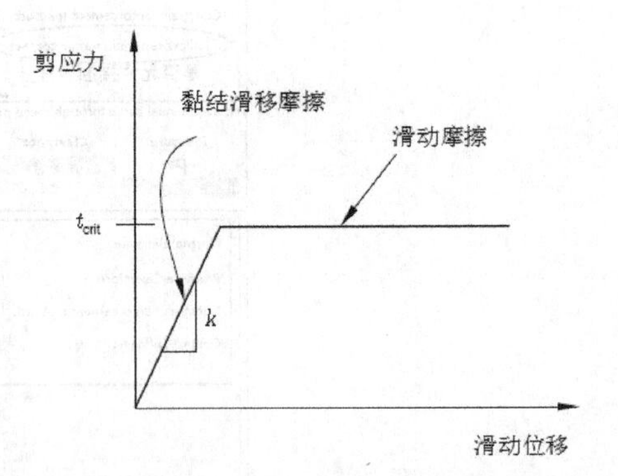

图 3-15　弹性滑移变形概念

2．定义方法

在 Interaction 模块中，执行【Interaction】/【Property】/【Create】命令，弹出 Create Interaction Property 对话框，在 Name 输入框中设置接触面性质的名称，在 Type 选项中选择 Contact，单击【Continue】按钮弹出 Edit Contact Property 对话框，执行该对话框中的【Mechanical】/【Tangential Behavior】命令，此时对话框如图 3-13 所示。在 Edit Contact Property 对话框中执行【Mechanical】/【Normal Behavior】命令，此时对话框如图 3-16 所示。在 Friction formulation 下拉列表中有如下 6 个选项：

- Frictionless：接触面完全光滑，默认选项。
- Penalty：采用罚刚度算法，允许弹性滑移变形。
- Static-Kinetic Exponential Decay：按照指数衰减模式考虑滑动前后摩擦系数的不同。
- Rough：接触面完全粗糙。
- Lagrange Multiplier：仅用于 ABAQUS/Standard，不允许弹性滑移。
- User-defined：用户自定义摩擦特性，本书将在后续章节中介绍。

根据 Friction formulation 中所选的摩擦特性不同，数据区所需设置的参数也是不一样的。对于 Frictionless 和 Rough 模型，用户不需要设置任何参数。当选择 Penalty 时（见图 3-16），需要定义的参数为：

- Friciton 选项卡：可选择各向同性或异性的 Coulomb 定律，并设置相应的摩擦系数。
- Shear Stress 选项卡：用户可设定 τ_{max}，默认不定义，按照 Coulomb 定律随接触压力变化。
- Elastic Slip 选项卡：用户可设定弹性滑移允许值，默认为单元典型长度的 0.5%。

当选择 Static-Kinetic Exponential Decay 时，用户可以定义静止摩擦系数和滑动摩擦系数，体现静、动摩擦系数的区别（随剪应变率的关系），需定义的参数如图 3-17 所示。

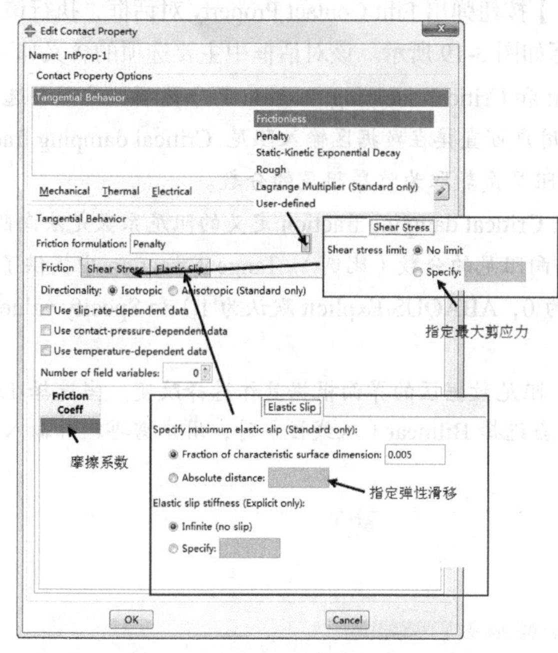

图 3-16 定义切向行为（Penalty）

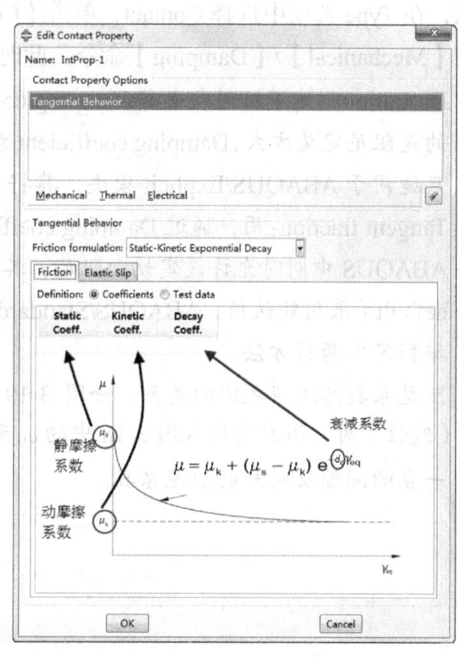

图 3-17 定义切向行为（Static-Kinetic Exponential Decay）

3.2.3 阻尼模型

1. 基本理论

与通常阻尼的概念一致，接触面上的阻尼模型通过与速率相关的作用力阻碍接触面的相对位移，其可在法向和切向起作用。ABAQUS/Standard 中接触面的阻尼系数的单位为（压力/速度），大小与接触面的间隙相关，如图 3-18 所示。当阻尼系数确定之后，接触面间的作用力与速度相关，即：

$$f_{vd} = \mu_0 A v_{rel}^{el} \tag{3-2}$$

式中，A 是节点控制面积，v_{rel}^{el} 是接触面相对速度。

提示：

在接触面间引入适当的阻尼可以改善收敛，但要避免阻尼选取过大对计算结果的影响。一般可通过试算法确定。

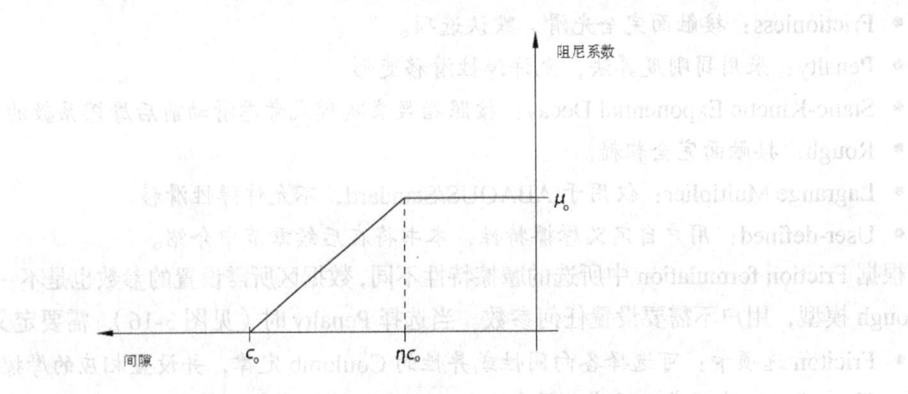

图 3-18　ABAQUS/Standard 中接触面阻尼与间隙的关系

2. 定义方法

在 Interaction 模块中，执行【Interaction】/【Property】/【Create】命令，弹出 Create Interaction Property 对话框，在 Type 选项中选择 Contact，单击【Continue】按钮弹出 Edit Contact Property 对话框，执行该对话框中的【Mechanical】/【Damping】命令，此时对话框如图 3-19 所示。该对话框中主要选项的含义如下：

- Definition：该下拉列表中有 Damping coefficient 和 Critical damping fraction 两个选项，这两个选项指的是阻尼定义方式，Damping coefficient 意味着用户可直接在数据区输入阻尼，Critical damping fraction 只适用于 ABAQUS/Explicit 模块，其将接触面阻尼系数取为临界阻尼的分数。
- Tangent fraction：用户通过 Damping coefficien 或 Critical damping fraction 定义的阻尼系数是法向阻尼，ABAQUS 中同时允许设定切向阻尼，其取为法向阻尼的分数（比例）。Tangent fraction 中提供了 Use default（采用默认值，ABAQUS/Standard 默认为 0，ABAQUS/Explicit 默认为 1）和 Specify value（直接指定）两种方法。
- 阻尼系数与间隙之间的关系。如图 3-19 所示，阻尼数据区的界面根据具体选择改变。当选择 Linear（线性）时，用户需输入图 3-18 中的 c_0 和 μ_0；当选择 Bilinear（双线性）时，用户需再额外输入中间一点的间隙及对应的阻尼系数。

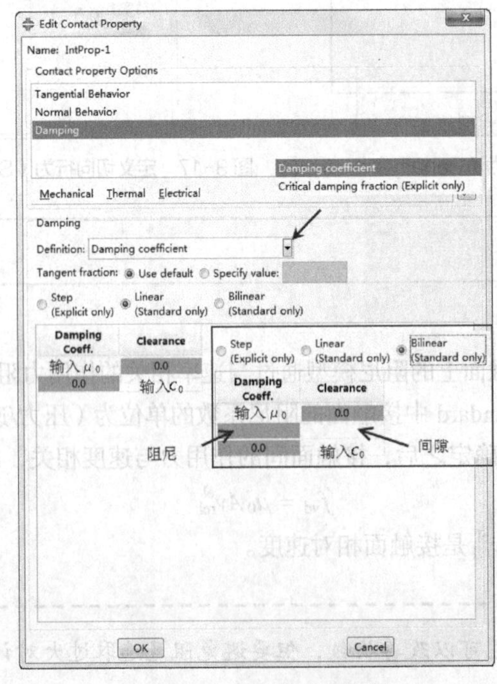

图 3-19　定义接触面阻尼

3.2.4 黏结模型（Surface-based cohesive behavior）

1. 基础理论

黏结模型常用于模拟近似无厚度的黏结材料，其假设接触面应力与相对位移在达到黏结强度之间是线弹性的，即：

$$\begin{Bmatrix} t_{\mathrm{n}} \\ t_{\mathrm{s}} \\ t_{\mathrm{t}} \end{Bmatrix} = \begin{bmatrix} K_{\mathrm{nn}} & K_{\mathrm{ns}} & K_{\mathrm{nt}} \\ K_{\mathrm{ns}} & K_{\mathrm{ss}} & K_{\mathrm{st}} \\ K_{\mathrm{nt}} & K_{\mathrm{st}} & K_{\mathrm{tt}} \end{bmatrix} \begin{Bmatrix} \delta_{\mathrm{n}} \\ \delta_{\mathrm{s}} \\ \delta_{\mathrm{t}} \end{Bmatrix} \tag{3-3}$$

符号t代表应力，δ代表位移，下标n表示法向，下标s和t是两个切向方向。对于非耦合本构关系，即法向、切向不会相互影响的情况下，用户只需定义K_{nn}、K_{ss}和K_{tt}。若不定义刚度系数，ABAQUS会采用默认的罚函数建立应力与相对位移的关系。如果只在法向或切向施加黏结约束，仅定义相关方向的劲度系数，其余方向设为零即可。

提示：

有厚度的黏结材料模拟可以采用cohesive element，其材料模型的选择更为丰富。

ABAQUS可以模拟黏结材料强度的破坏和刚度的衰减。破坏可有多种准则，最简单的是最大应力控制标准（Maximum stress criterion），即法向拉应力或切向应力达到相应强度即破坏。除此之外，ABAQUS中还提供了以位移为控制标准的破坏准则。对于刚度的衰减，ABAQUS中采用类似损伤系数D的概念实现，即：

$$t_{\mathrm{n}} = (1-D)\overline{t_{\mathrm{n}}} \tag{3-4}$$

上式仅适用于法向拉应力，受压不考虑刚度的折减。式中，$\overline{t_{\mathrm{n}}}$是不考虑刚度衰减计算的法向应力；$D$是损伤系数，刚度衰减过程中从0变化为1；$t_{\mathrm{n}}$是刚度衰减之后的法向应力。类似的，不论拉压，均考虑刚度的折减：

$$t_{\mathrm{s}} = (1-D)\overline{t_{\mathrm{s}}} \tag{3-5}$$

$$t_{\mathrm{t}} = (1-D)\overline{t_{\mathrm{t}}} \tag{3-6}$$

ABAQUS中损伤系数D的演化可有线性、指数、表格形式等，具体参见后面的实例或软件帮助手册。

对于没有设置黏结模型的接触面，接触法向特性由压力-过盈模型控制。如果同时设置了黏结模型和法向行为，压力-过盈模型对闭合的区域起作用，脱开的区域由黏结模型控制。对于初始处于相离状态的接触面，黏结模型在这两个面开始接触的增量步起作用。在切向，切向剪应力小于黏结材料的强度之前，刚度不衰减，摩擦模型不起作用，切向特性由黏结材料控制。如果材料达到破坏状态，且定义了刚度衰减规律，黏结行为对剪应力的贡献开始下降，摩擦行为开始发挥作用，摩擦模型中的界面弹性刚度系数与损伤系数按比例逐渐增加，直至黏结材料完全破坏，相对剪切完全由摩擦模型控制。

2. 定义方法

在Interaction模块中，执行【Interaction】/【Property】/【Create】命令，弹出Create Interaction Property对话框，在Type选项中选择Contact，单击【Continue】按钮弹出Edit Contact Property对话框，执行该对话框中的【Mechanical】/【Cohesive Behavior】命令，定义黏结材料劲度系数（见图3-20）；执行【Mechanical】/【Damage】命令，定义破坏准则即刚度衰减（损伤）法则（见图3-21）。

3.2.5 接触面的结果输出变量

接触面主要输出的结果输出变量为：

- CSTRESS：接触应力，包括接触压力CPRESS，方向1上的剪应力CSHEAR1和方向2上的剪应力CSHEAR2。

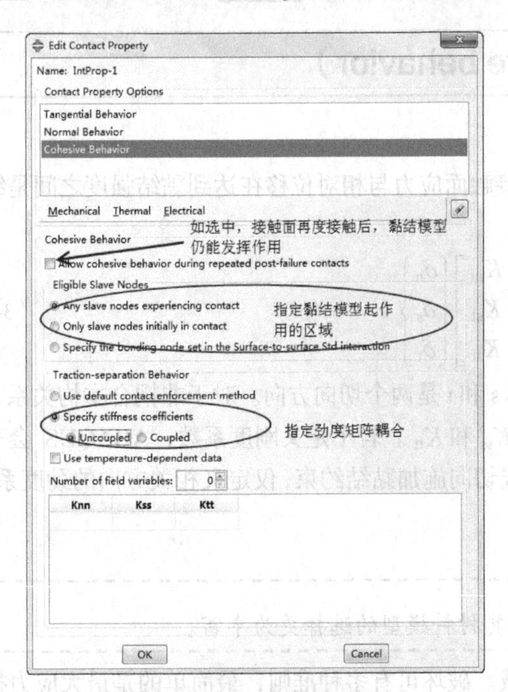

图3-20　定义黏结模型

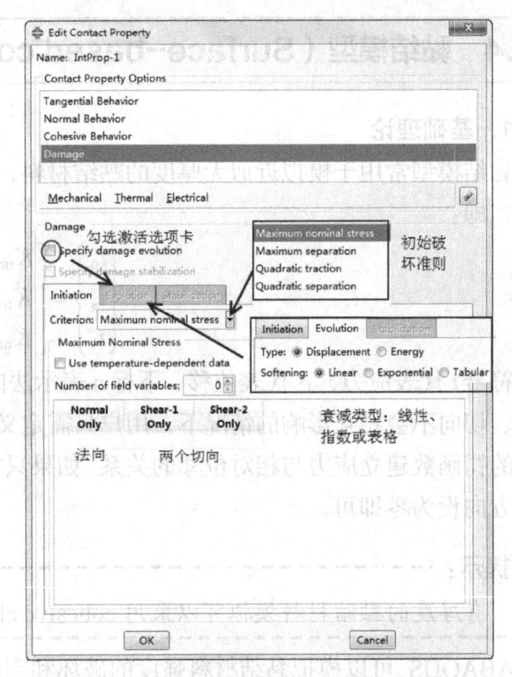

图3-21　定义黏结模型破坏及刚度衰减法则

- CDISP：接触位移，包括接触面脱开位移 COPEN，方向 1 上的滑移变形 CSLIP1 和方向 2 上的滑移变形 CSLIP2。
- CFORCE：接触力，包括接触法向力 CNORMF 和切向力 CSHEARF。
- CSTATUS：接触面状态，包括 CLOSED（Sticking）、CLOSED（Slipping）和 OPEN 3 种。

提示：

ABAQUS 中接触面默认的输出变量是 CSTRESS 和 CDISP，其余变量可在 Step 模块中通过【Output】菜单下的功能对输出变量进行调整。

3.3　ABAQUS/Standard 中的通用接触（General Contact）

通用接触与接触对算法的异同在本书第 1 章中已有大概介绍。这里对某些具体问题进行详细介绍。

3.3.1　基本特性

1. 特点

通用接触具有如下特点：

- 涉及接触的面的定义较简便和灵活。
- 采用的接触跟踪算法能保证接触条件的有效约束。
- 可与接触对算法同时使用。
- 可用于二、三维表面。
- 采用有限滑动、面对面接触公式。

2. 通用接触组成

定义完整的通用接触应包括以下几个内容：

- 通用接触的接触区域（面）。

- 通用接触的接触力学模型。
- 通用接触的初始接触状态控制。
- 通用接触的算法控制。

注意：

通用接触需在第一个分析步定义。

3.3.2 定义方法

这里结合通用接触在 ABAQUS/CAE 中的定义方法，对其各项组成进行介绍。

1．接触区域设定

在 Interaction 模块中，执行【Interaction】/【Create】命令，弹出 Create Interaction 对话框，在 Name 输入框中设置名称，在 Type 选项中选择 General contact，单击【Continue】按钮弹出 Edit Interaction 对话框，如图 3-22 所示。

- Included surface pairs（包含的面）：该选项下的 All* with surf 可以自动将所有可能接触的面设为接触区域，其可包括所有基于单元定义的面（element-based surface facets），可跨越不相连的面，这在颗粒流分析中尤为有用。如果选择 Selected surface pairs，可以单击 按钮选择个别接触的面。
- Excluded surface pairs：设定接触中不包含的区域。对于不可能接触的区域，可通过该选项移除，节省计算资源。

注意：

Excluded surface pairs 的优先级高于 Included surface pairs，即如果 Excluded surface pairs 中选定了某个面，该面不参与接触的运算。

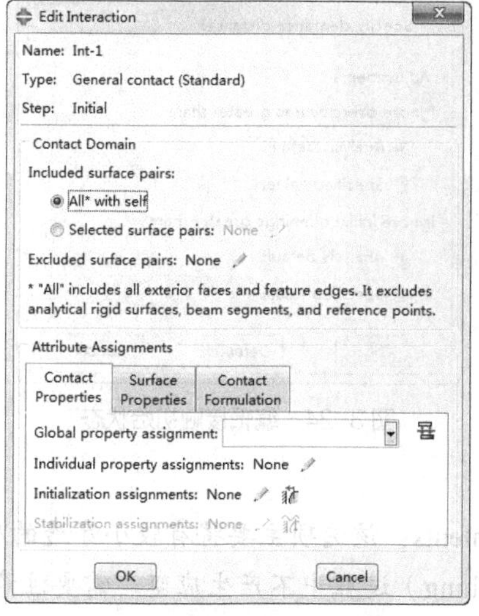

图 3-22 设置通用接触的接触区域

2．接触面力学模型设定

接触面力学模型的定义已在 3.2 节中介绍过。对设置好的接触面力学模型，可在图 3-22 所示对话框 Global property assignment（全局接触性质指定）右侧的列表中选取。ABAQUS 还允许某些接触区域采用不一样的接触力学模型，单击 Individual property assignment 右侧的 按钮，选择预单独设置接触面性质的面及性质，如图 3-23 所示。该图是将接触的第一个面设为 Surf-2，第二个面设为 Surf-1，之间的接触面性质选为为 IntPro-2。如果在该对话框中选择（Global）意味着将第一个面选择所有可能的面，ABAQUS 将自动匹配所有可能的情况。

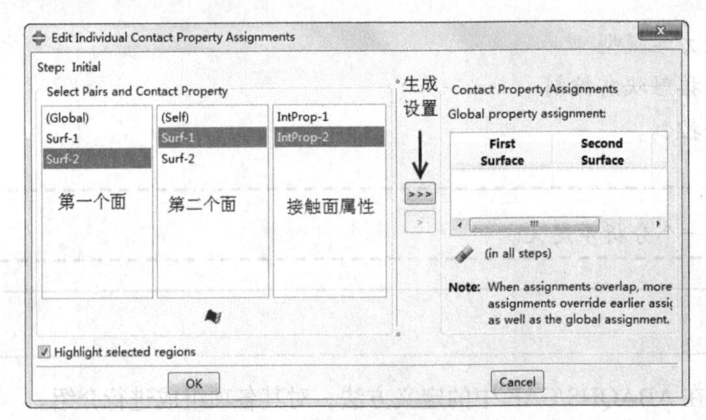

图 3-23 设置个别接触面力学模型

3. 控制初始接触状态

ABAQUS 中的通用接触首先根据初始几何形状判断接触的初始状态。实际操作中，由于网格划分的原因，可能会造成原本完美接触的两个面之间有嵌入或有间隙。ABAQUS 中提供的工具可以在分析区域不产生应变的情况下，将接触面调整到位；也可将面之间的距离设为固有的初始间隙，具体方法如下。单击图 3-22 所示对话框中 Initialization assignments 右侧的按钮（也可执行【Interaction】/【Contact Initialization】/【Create】命令，弹出图 3-24 所示的编辑接触初始状态对话框，该对话框主要提供两类设置，即对穿透的处理及调整方法。

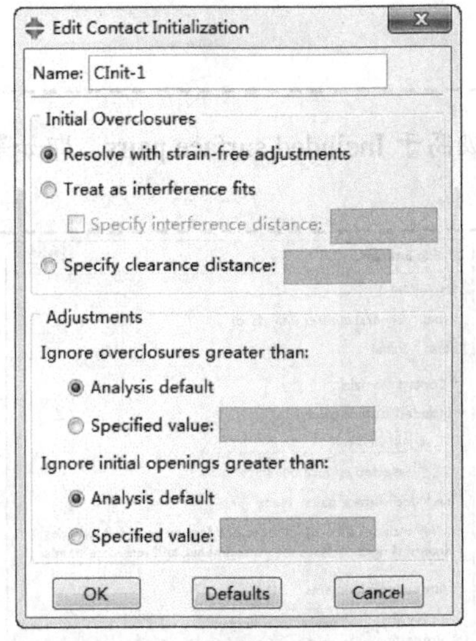

图 3-24 编辑接触初始状态

对初始穿透量，其有 3 个选项：

- Resolve with strain-free ajustments：该选项主要将有较小穿透的从属面节点移到主控面上，在达到一个正好接触的状态（just touching）过程中不产生应变。需要注意，ABAQUS 会根据从属面下的单元尺寸，计算出一个临界值。小于这个临界值的节点将被调整，大于这个临界值的节点不调整，且不在该点建立接触状态，即在这个节点区域没有接触存在，从属面和主控面之间可以相互穿透（见图 3-25）。
- Treat as interference fits：将穿透设为过盈量。如图 3-26 所示，当选用该选项时，ABAQUS 会在分析的第一个分析步中通过收缩接触面的方式逐渐减小穿透量。该过程中将产生应力应变，因此一般建议该步中不施加其他荷载。选中该选项下的 Specify interference distance 可指定图 3-26 中的 h。
- Specify clearance distance：指定间隙距离。无应变调整将使接触面正好达到接触状态，而通过该选项可将接触面的间隙调整到指定值。需要注意，过大的无应变调整可能会导致网格扭曲。

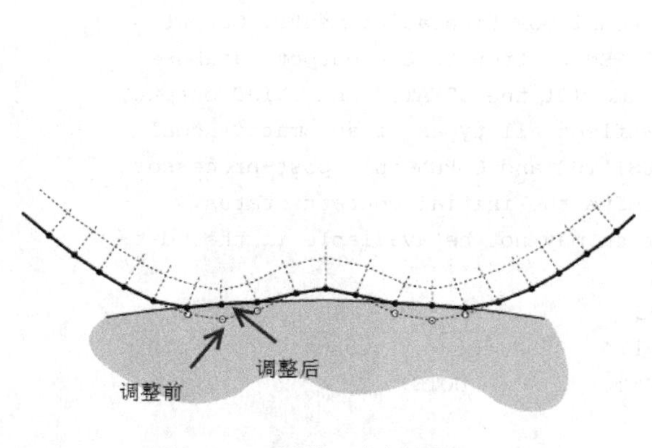

图 3-25 穿透的无应变调整

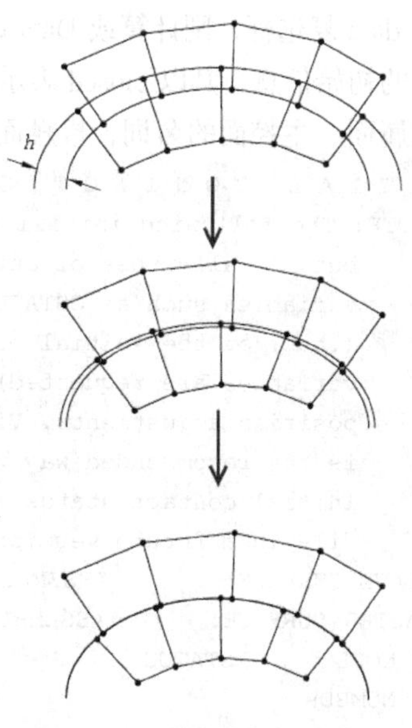

图 3-26 穿透的过盈配合处理

对于调整方法，选项为：

- Ignore overclosures greater than：对大于默认值或指定值的穿透不予考虑。如前所述，在无应变调整方法中，ABAQUS 将对穿透量大于默认值的穿透不予处理，且不建立接触状态。通过在这里指定较大的穿透量，可以扩大 ABAQUS 的搜索区域。但一般建议该值不宜过大，防止网格过分扭曲及带来的计算量的增加。另外，如果指定值小于默认值，ABAQUS 将采用系统默认值。
- Ignore initial openings greater than：对大于默认值或指定值的脱开不予考虑。意义与上一选项类似。

提示：

通用接触算法自动设置主控面和从属面，用户也可通过图 3-22 中 Contact formulation 下的选项自主设置。

4．通用接触的数值计算控制选项

对于大多数问题，通用接触的数值计算控制选项无需调整。如有需要，可执行【Interaction】/【Contact Controls】/【Create】命令进行设置。另外，单击图 3-22 对话框中 Stabilization assignments 右侧的按钮，可以对通用接触算法的稳定化技术进行设置，其实质是视图通过施加阻尼力来加强计算的稳定性。一般无须对稳定化技术进行特殊设置。

3.4 接触面模拟中可能遇到的问题

本节主要介绍接触面模拟中可能造成的不收敛的问题及解决方法。

3.4.1 接触计算的诊断信息

ABAQUS/Standard 中的诊断信息包含初始的接触状态，并能跟踪接触状态的变化。诊断信息可以输出到计算数据库，可在 Visualization 后处理模块中呈现，dat 或 msg 文件中也可包含相应诊断信息。

1．输出接触信息到 dat 文件

在 Job 模块下，创建任务文件时在图 3-27 所示的编辑任务对话框的 General 选项卡中选中 Print contact constraint data 复选框，则计算或 Data check 之后，在任务名.dat 文件中的 Initial contact status 字段下将会显示接触面的初始信息，其以 closed 表示闭合，open 表示脱开，并显示间距 clearance。除此之外，dat 文件中还包括从属面、主控面的名词，接触面属性等其他信息。

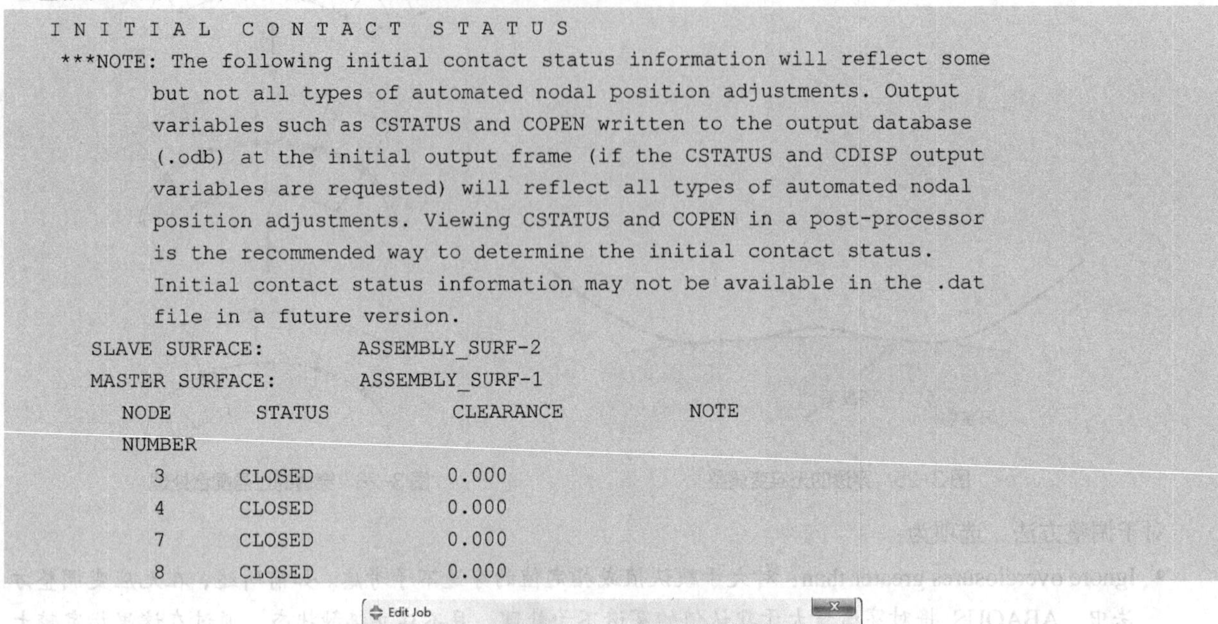

```
 I N I T I A L   C O N T A C T   S T A T U S
  ***NOTE: The following initial contact status information will reflect some
           but not all types of automated nodal position adjustments. Output
           variables such as CSTATUS and COPEN written to the output database
           (.odb) at the initial output frame (if the CSTATUS and CDISP output
           variables are requested) will reflect all types of automated nodal
           position adjustments. Viewing CSTATUS and COPEN in a post-processor
           is the recommended way to determine the initial contact status.
           Initial contact status information may not be available in the .dat
           file in a future version.
    SLAVE SURFACE:         ASSEMBLY_SURF-2
    MASTER SURFACE:        ASSEMBLY_SURF-1
      NODE         STATUS          CLEARANCE           NOTE
      NUMBER
         3       CLOSED          0.000
         4       CLOSED          0.000
         7       CLOSED          0.000
         8       CLOSED          0.000
```

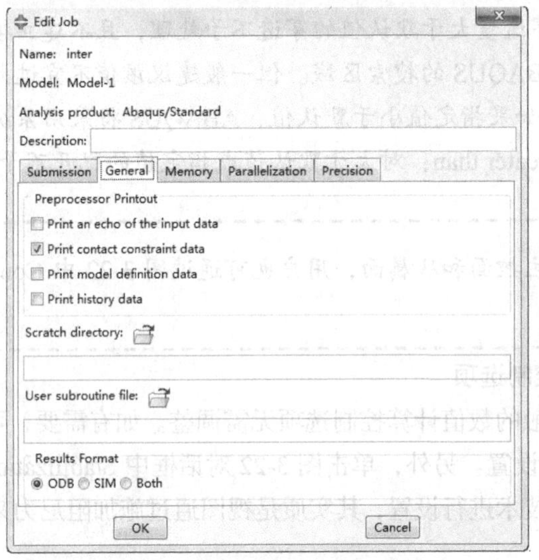

图 3-27　将初始接触信息输出到 dat 文件

用户也可在 inp 文件中利用*CONTACT PRINT 关键字命令行，将接触面上的应力、接触状态输出到 dat 文件，该命令在 CAE 中无法实现。

2. 在 Visualization 模块中查看接触计算结果

如果 ABAQUS 在计算初始对接触面位置进行了无应变（stain free）的调整，则其自动在 odb 数据库中包含了位置调整量，相应的输出变量名为 STRAINFREE 。在 Step 模块中，通过对输出选项的调整，还可以输出 Cstatus（接触面状态）、Cstress（接触应力）等各种与接触面相关的变量。这些变量都可以在后处理中以图形的形式呈现。

3. 在 Visualization 模块中查看接触诊断信息

在 Visualization 模块中，执行【Tools】/【Job diagnostics】命令，弹出图 3-28 所示的对话框，该对话框的 Contact 选项卡中会给出接触计算中的最大接触力、最大穿透量及发生位置等相关信息，便于用户判断。

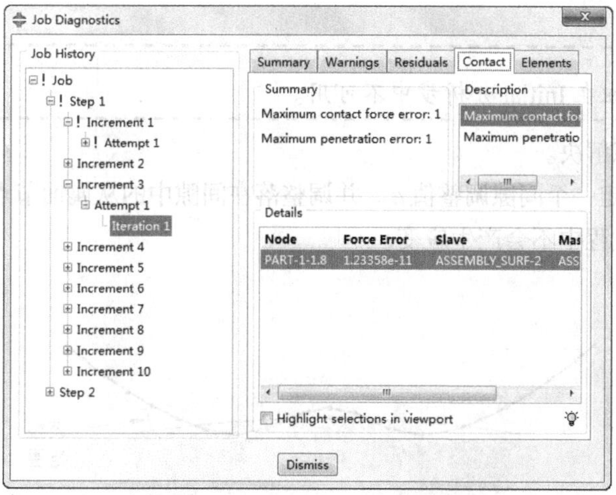

图 3-28　利用 Job diagnostics 工具查看接触诊断信息

4．将接触诊断信息输出到 msg 文件

在 Step 模块中，执行【Output】/【Diagnostic Print】命令，选中 Contact 的选择框，可将计算中的接触诊断信息输出到 msg 文件（见图 3-29）。

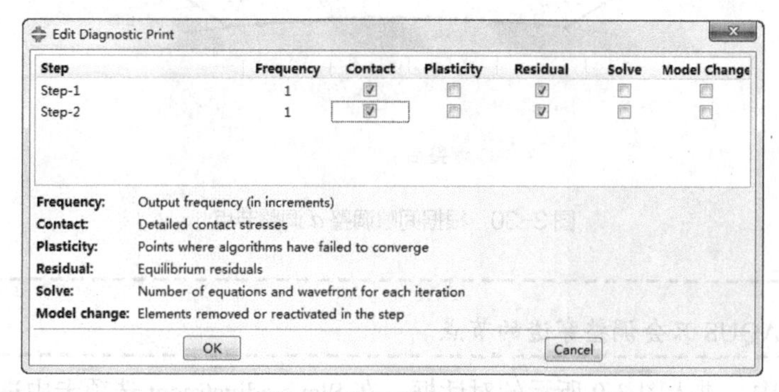

图 3-29　输出诊断信息到 msg 文件

3.4.2 接触面的初始相对位置

接触开始时要保证接触面处于合适的位置上，如紧密结合，节点之间没有间隙或过盈量等。

提示：

可根据上一节的工具查看接触面初始状态。

1．消除接触之间的间隙或穿透

在接触计算时，常由于接触两侧网格疏密程度不一致，产生间隙或穿透。消除接触之间的间隙或过盈量有以下 3 种方法。

（1）通过 Interference fit 解决。

对于接触对算法，若两个物体之间存在着初始过盈量 h，ABAQUS 会试图在第一个分析步中消除这个过盈量（类似于图 3-26）。此时，用户可以给定一个允许的过盈量 v，在分析步的开始，ABAQUS 将忽略 v 以内的过盈量，v 值将随着分析的进行逐渐减小。如果令 $v=h$，则 ABAQUS 会认为在分析的一开始，接触面正好吻合。ABAQUS 还提供了 Automatic shrink fit 功能来达到同样的目的。在 Interaction 模块中，进入图 3-9 所示的对话框中，单击【Interference fit】按钮，弹出 Interference Fit Options 对话框，在该对话框中可以定义相关参数或选择 Automatic shrink fit 功能。

提示：

【Interference fit】按钮在 Initial 分析步中不可用。

（2）通过设置初始间隙解决。

在 ABAQUS 中可以设定一个间隙调整值 a，并调整落在间隙中的从属面节点（见图 3-30），使其正好与主控面接触，在这个调整过程中不会产生应变。

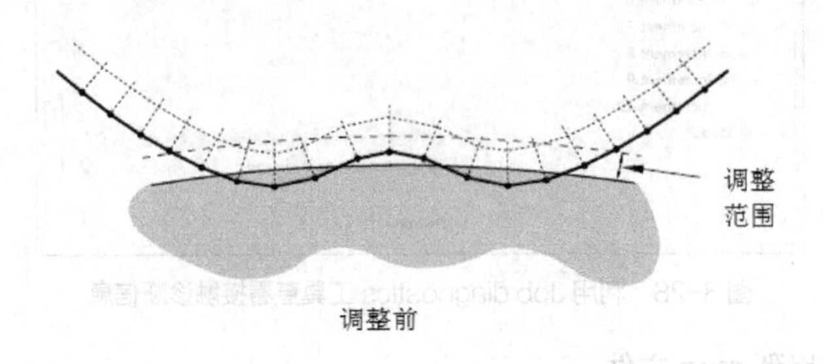

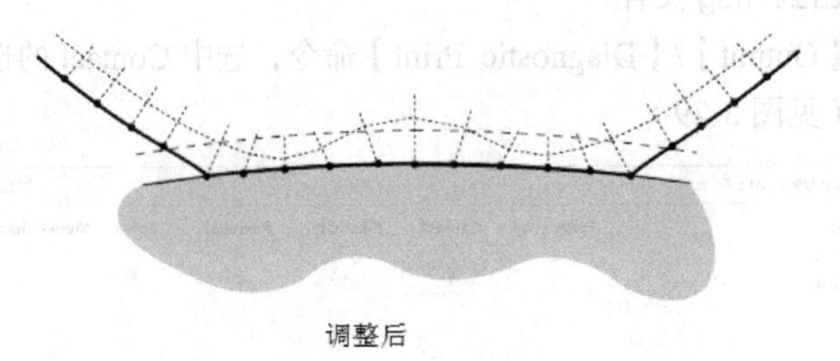

图 3-30　根据间隙调整 a 调整节点

注意：

如果 $a=0$，ABAQUS 只会调整穿透的节点。

在 Interaction 模块中，进入图 3-9 所示的对话框，在 Slave adjustment 选项卡中进行相关设置。其中：

- No adjustment：不做调整。
- Adjust only to remove overclosure：仅调整穿透节点。
- Specify tolerance for adjustment zone：指定 a。
- Adjust slave nodes in set：调整指定点集中的从属面节点。

（3）直接指定接触面之间的间隙。

如果在分析中需要使接触面之间存在一定的小间隙，而在间隙值与网格典型尺寸相比较小的情况下 ABAQUS 自动计算的间隙值不能令人满意，此时用户可直接指定一个间隙 h_0，$h_0<0$ 代表过盈，$h_0>0$ 代表空隙。

该方法只能对于小滑动接触问题使用，在 Interaction 模块中，进入图 3-9 所示的对话框，在 Clearance 选项卡中进行相关设置。

提示：

如果用户定义了间隙，无论节点坐标是多少，ABAQUS 都认为接触面不接触；如果定义了穿透，ABAQUS 会将其视为过盈量，并对视图进行调整。

2. 避免刚体位移

在静力分析中若接触约束不够可能会产生刚体位移，产生数值奇异，造成计算失败。为了避免这个问题，需要在分析中保证接触面处于良好接触状态。

3.4.3 正确定义表面

1. 避免在同一坐标系下定义两个节点

在将外部网格数据导入ABAQUS的过程中，如果节点坐标精度不够，可能会出现坐标一致的两个节点。如果进行的是有限滑动接触分析，ABAQUS 会认为表面在这两个节点处存在一个缝隙，节点可能通过这个缝隙跑到接触面背面，导致计算错误。

2. 保证主控面能有足够的接触范围

在接触分析中应保证主控面能有足够的接触范围，否则可能出现从属面上的节点超出主控面边界的情况。在后一个迭代步中，接触算法可能认为该节点处于穿透状态，重新建立接触条件，造成计算失败。因此，ABAQUS 建议接触对中的面应尽量覆盖所可能的区域。

3. 采用合适的网格

若网格划分过于粗糙，可能会带来如下问题：

（1）出现节点穿透。

若网格尺寸过大，且对几何形状模拟不好，在点对面的离散中可能会出现主控面节点穿透从属面的现象，增加了计算的难度。在面对面的离散中，也会额外耗费计算资源。

（2）接触可能只在一个单元表面上发生，计算精度十分糟糕。

（3）小滑动分析中若主控面网格过粗，将产生错误的结果。

4. 采用合适的单元

如果三维接触分析中法向模型采用硬接触，为了正确计算接触压力应尽可能使用六面体一阶单元（C3D8），避免使用二阶单元。如果无法划分六面体单元网格，可以使用修正的四面体二阶单元(C3D10M)。

3.4.4 避免迭代次数过多

1. 避免接触条件不确定造成的迭代次数过多

在平衡迭代之前，ABAQUS 会首先进行严重不连续迭代（severe discontinuity iteration）确定从属节点上接触状态的变化。若节点在迭代后间隙变为负的或零，则它的状态由脱离变为闭合。若节点在迭代后解除压力变为负的，则它的状态则由闭合变为脱开。在以下两种情况下，接触迭代的次数可能过多：

- 接触条件不确定，对于某些情况接触节点是脱开还是闭合对模型整体的影响很小，此时 ABAQUS 进行多次不连续迭代，计算收敛困难甚至可能失败。
- 模型中包含的接触对过多，无法确定唯一的接触状态。

对这两种情况，用户应重新审视分析模型。

2. 过盈量允许值过小造成的迭代次数过多

不连续迭代中的一个控制标准是过盈量，ABAQUS 会自动给出一个允许值 h_{crit}，如果其不能满足要求，ABAQUS 会进行多次迭代。但与耗费的计算资源相比，这种迭代对分析精度的提高作用非常有限。另一方面，有时 ABAQUS 自动确定的 h_{crit} 并不合理。此时用户可以通过以下语句定义 h_{crit}：*CONTACT PAIR, HCRIT= h_{crit}；该功能在 ABAQUS/CAE 中无法实现。

3.4.5 避免过约束（Overconstraints）

尽量避免在节点的某个自由度上同时定义两个以上的约束条件（边界条件或接触条件），否则可能会造成矛盾的动力学约束，使得计算结果十分混乱。此时用户可以根据 msg 文件过约束的警告信息对模型进行相关调整。

需要注意的是，若有两个接触对定义中主控面一致，并且从属面共享部分节点，此时如果这两个接触对采用了两种不同的接触面模型，ABAQUS 会提示在共享节点处会出现了“过约束”的现象。例如在考虑桩和桩周土、桩端土的接触中，如果桩和桩周土、桩端土的接触模型不一致，通常就会出现这种情况。虽然 ABAQUS 结果大多数情况下是合理的，但用户要避免出现过约束。

3.5 算例

3.5.1 库伦摩擦算例

本例主要介绍库伦摩擦接触，相应的 cae 文件名为 ex3-1.cae。

1. 问题描述

如图 3-31 所示，有一个尺寸为1.0m×1.0m×1.0m 的三维弹性正方体（Part-1），压在一个尺寸为 3.0m×3.0m×1.0m 的刚体（Part-2）上。弹性体的弹性模量为1GPa，泊松比为 0。接触面的摩擦系数为 0.5。整个加载过程分为两个阶段，第一阶段在正方体顶面施加 200kPa 压力，观察接触面法向应力 CPRESS 的变化；第二阶段将正方体沿 *X* 正向水平位移 0.01m，观察接触面切向应力 CSHEAR1 的变化。

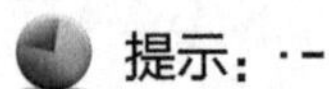

提示：

这里泊松比取为 0，是为了在施加压力过程中不产生水平膨胀变形，不至于产生摩擦力，从而更清晰地观察界面摩擦力的发挥。

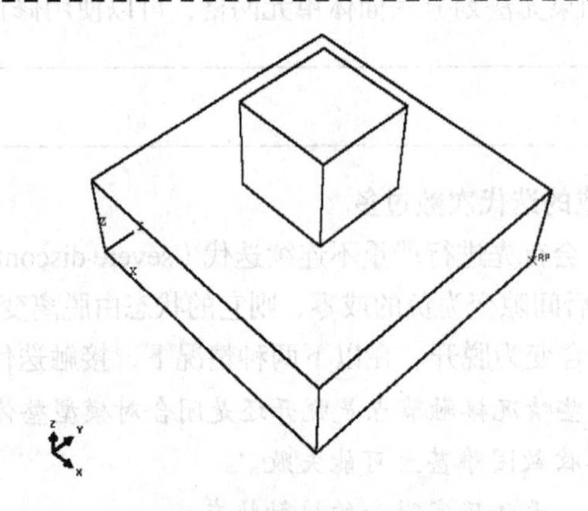

图 3-31　模型示意图（ex3-1）

2. 算例学习重点

- 分析步如何采用固定时间步长。
- 接触属性的定义。
- 接触对的定义。
- 弹性滑移量对计算结果的影响。

3. 模型建立及求解

Step 1　建立部件。在 ABAQUS/CAE 主界面的环境栏 Module 下拉列表中选择 Part 选项，进入 Part 模块。执行【Part】/【Creat】命令，接受默认选项，即 Name（名字）为 Part-1，Modeling Space（模型空间）为 3D，Type（类型）为 Deformable（变形体），Base Feature 区域的 Shape（形状）为 Solid（实体），Type（建

模方法）为Extrusion（拉伸），将Approximate size（模型的近似尺寸选项）设定为4，单击【Continue】按钮继续。在接下来的图形编辑窗口中创建一个长1.0m，宽1.0m的矩形。绘图结束后，单击提示区中的【Done】按钮（或按鼠标中键）退出绘图界面。在弹出的Edit Base Feature对话框中将Depth选项设为1.0，接受其余默认选项，单击【OK】按钮确认退出。

再次执行【Part】/【Creat】命令，建立一个名为Part-2的part，在Type选项中选择Discrete Rigid单选按钮，接受其余默认选项，单击【Continue】按钮进入到图形编辑窗口，绘制一个长3.0m，宽3.0m的矩形，单击提示区中的【Done】按钮退出绘图界面。在弹出的Edit Base Feature对话框中将Depth选项设为1.0，接受其余默认选项，单击【OK】按钮确认退出。执行【Tools】/【Reference Point】命令，按照提示区中的提示，选择刚体的任一角点作为刚体的参考点。

在后面的装配模块中，刚体实体是不能建立Instance的，需要将它转换为面。执行【Shape】/【Shell】/【From Solid】命令，按提示区中的提示在屏幕上选择Part-2后单击【Done】按钮。

提示：

通过环境栏中的【Part】下拉列表可在不同的Part之间切换。

Step 2 设置材料及截面特性。进入Property模块。执行【Material】/【Creat】命令，建立一个名为Material-1的材料，在Edit Material对话框中，执行【Mechanical】/【Elasticity】/【Elastic】命令，设置弹性模量为1.0×10^6kPa，泊松比为0.0，接受其余默认选项，单击【OK】按钮确认退出，结束材料性质的定义。

执行【Section】/【Create】命令，接受弹出的Create Section对话框中的默认选项，即Name为Section-1，Category为soild，Type为Homogeneous（均匀实体），单击【Continue】按钮继续，在弹出的Edit Section对话框中将Material选为之前定义的Material-1材料，单击【OK】按钮结束Section的定义。执行【Assign】/【Section】命令，选择Part-1部件，选中后单击提示区中的【Done】按钮，在弹出的Assign Section对话框中将Section选为之前定义的截面特性Section-1，单击【OK】按钮结束定义。

提示：

刚体无须设置材料及截面特性。

Step 3 装配部件。进入Assembly模块，执行【Instance】/【Create】命令，在Create Instance对话框的Parts区域中首先选择Part-1，单击【Apply】按钮，此时Part-1将显示在屏幕上；随后勾选Create Instance对话框中的Auto-offset from other Instances复选框，再在Parts选项中选中Part-2，单击【OK】按钮将Part-2添加到当前的Instance中后退出。为了使两个Part在分析的开始处于合适的位置，通过执行【Instance】/【Translate】命令，将两个物体按图3-31所示的位置放置，Part-1位于Part-2的中心，保证上、下两个物体正好接触。

提示：

在Assembly模块中，用户可通过或按钮或相关菜单命令对部件进行必要的平移及选择。

Step 4 定义分析步。进入Step模块，执行【Step】/【Create】命令，在ABAQUS自带的初始分析步（Initial）后插入名为Step-1的分析步，确保【Procedure Type】下拉列表中的选项为General，并在对话框的下部区域选择相应的分析步类型Static,general，单击【Continue】按钮进入Edit Step对话框，接受Basic选项卡中的默认选项，即分析步时长为1.0；切换到Incrementation选项卡，选择Type选项右侧的Fixed单选按钮，在Increment size输入框中输入0.1，即分析步采用固定时间增量步长，每级增量步步长为0.1，共10级，接受其余默认选项；对Other选项卡不进行变动。由于是静力分析，这里时间的单位对计算结果并无任何影响。

按照上述步骤，再建立一个Static,general分析步Step-2。

提示：

出于计算效率的考虑，一般建议采用自动增量步长。本例采用固定增量步长仅是为了说明相关功能。

Step 5 定义接触。进入 Interaction 模块，为了设置接触方便，我们先定义几个面。执行【Tools】/【Display Group】/【create】命令，在 Create display Group 对话框左侧的 Item 选项中选择 Part/Model Instances，在右侧选择区域中选中 Part-2-1，单击对话框下部的【Replace】按钮，将下部物体单独显式在屏幕上。执行【Tools】/【Surface】/【Create】命令，在 Create Surface 对话框中键入名字 Sur-b，单击【Continue】按钮后在屏幕上选择下部物体的顶面（见图 3-32），由于下部部件已转化为 shell，选择过程中需确定是 shell 的棕色（Brown）面还是紫色（Purple）面，选择结束后单击提示区中的【Done】按钮结束面的定义。按照相同的方法将上部物体的底面定义为 Sur-t。

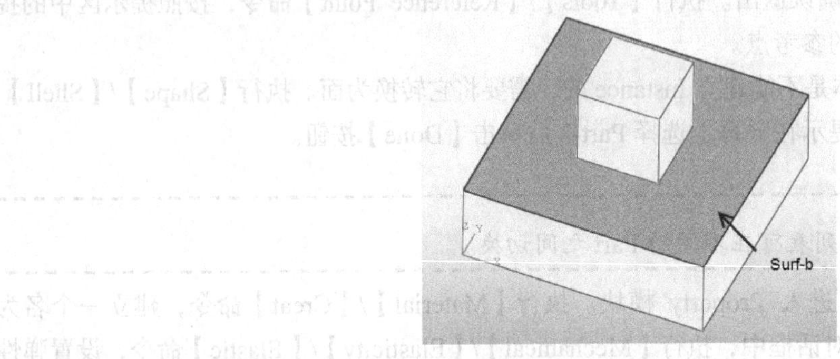

图 3-32 定义面（ex3-1）

执行【Interatcion】/【Property】/【Create】命令，在 Create Interatcion Property 对话框中输入名字为 IntProp-1，Type 选为 Contact，单击【Continue】按钮进入到 Edit Contact Property 对话框，执行对话框中的【Mechanical】/【Normal Behaviour】命令，定义接触面法向特性，接受默认选项；执行对话框中的【Mechanical】/【Tangential Behaviour】命令，在 Friction formulation 下拉列表中选择选项 Penalty，将摩擦系数（Friction coeff）设为 0.5。

执行【Interatcion】/【Create】命令，在 Create Interaction 对话框中将名字设为 Int-1，在 Step 下拉列表中选中 Initial，意味着接触从初始分析步就开始起作用，接受 Types for Selected Step 区域的默认选项【Surface-to-surface contact】，单击【Continue】按钮后按照提示区提示在屏幕上选择主控面（master surface），此时单击提示区右端的 Surfaces 按钮，弹出 Region Selection 对话框，在 Eligible Sets 中选择 Surf-b，单击【Continue】按钮。注意，此时提示区会提示选择从属面（slave surface）的建立方法，有 Surface 和 Node Region 两种，这里我们选择 Surface，单击相应按钮后会再次出现 Region Selection 对话框，从中选择 Surf-t 作为从属面，确认后会弹出 Edit Interaction 对话框，在对话框的 Contact interaction property 下拉列表中选择之前定义的接触面特性 IntProp-1，接受其余默认选项，单击【OK】按钮确认退出。

提示：

定义主控面和从属面时也可直接通过鼠标在屏幕上选择。

Step 6 定义荷载、边界条件。进入 Load 模块中，执行【BC】/【Create】命令，将 Name 设置为 BC-1，在 Step 下拉列表中选择 Initial，选择 Category 区域中的 Mechanical 单选按钮，并在右侧的 Types for Selected Step 区域中选择 Displacement/Rotation，单击【Continue】按钮继续，在屏幕上选中下部刚体的参考点后单击提示区中的【Done】按钮，在 Edit Boundary Condition 对话框中勾选 U1、U2、U3、UR1、UT2 和 UR3，将所有的位移自由度设为 0，单击【OK】按钮确认退出。按照上述步骤，在 Step-2 分析步中定义边界条件 BC-2：上部整个部件的 X 向水平位移 U1 设置为 0.01。注意到利用 Selction 工具栏中的下拉列表可以控制选择边或体，方便定义（见图 3-33）。

提示：

刚体的变形完全由参考点控制。

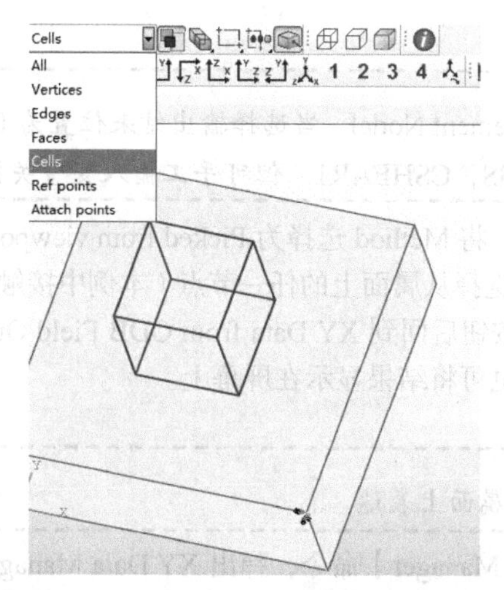

图 3-33 利用 Selection 工具栏进行选择（ex3-1）

执行【Load】/【Create】命令，在 Create Load 对话框中，将荷载命名为 Load-1，在 Step 下拉列表中选择对应的载荷步为 Step-1，意味着荷载在 Step-1 分析步中激活，在 Category 区域中选中 Mechanical 单选按钮，并在右侧的 Types for Selected Step 区域选中 Pressure，单击【Continue】按钮继续，按照提示在屏幕上选取上部物体顶面为加载面，单击提示区中的【Done】按钮，弹出 Edit Load 对话框，在 Magnitude 右侧的输入框中设置压力的大小 200，接受其余默认选项，确认后退出。

Step 7 划分网格。进入 Mesh 模块，将环境栏中的 Object 选项选为 Part，意味着网格划分是在 Part 的层面上进行的。在环境栏的 Part 下拉列表中选择 Part-1，首先对其进行划分。执行【Mesh】/【Controls】命令，在 Mesh Controls 对话框中选择 Element shape（单元形状）为 Hex（六面体），选择 Technique（划分技术）为 Structured。执行【Mesh】/【Element Type】命令，在 Element Type 对话框中，选择 C3D8 作为单元类型。执行【Seed】/【Part】命令，在 Global Seeds 对话框中将【Approximate global size】输入框设置为 1.0，接受其余默认选项。执行【Mesh】/【Part】命令，单击提示区中的【Yes】按钮，划分上部物体的网格。按照相似的步骤，选择单元类型为 R3D4（刚体单元），将 Part-2 进行网格划分。最终的网格形状如图 3-34 所示。

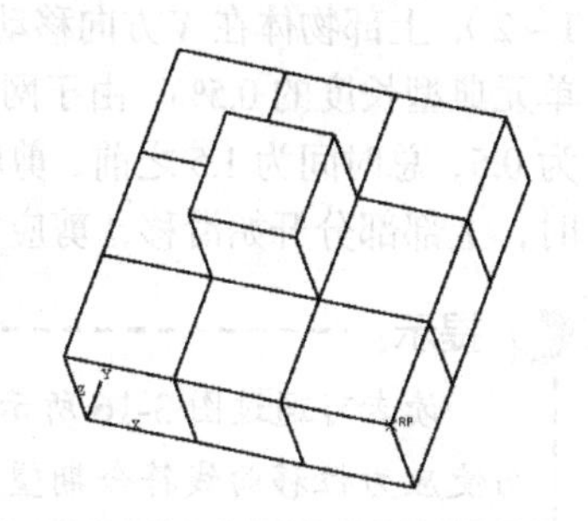

图 3-34 网格形状（ex3-1）

注意：

刚体单元针对面进行划分。

Step 8 提交任务。进入 Job 模块，执行【Job】/【Create】命令，建立名为 ex3-1 的任务并提交运算。

4．结果分析

Step 1 当 Job Manager 对话框中的 status 显示为 Completed（完成）之后，单击 Job Manager 对话框中的【Result】按钮可直接进入 Visualization 后处理模块，并且自动打开相应的计算结果文件数据库。用户也可通过在环境栏的 Molude 下拉列表中选择 Visualization 进入该模块，但是需要手动打开数据库，即执行【File】/【Open】命令。

Step 2 这里主要关心接触面的模拟是否准确，包括接触面法向应力的传递，切向摩擦的发挥等。执行【Tools】/【XY Data】/【Create】命令，在弹出的 Create XY Data 对话框中选择 ODB Field Output 作为 XY 曲线的数据源，单击【Continue】按钮后弹出 XY Data from ODB Field Output 对话框，在 Variables 选项卡的 Position 下拉列表中选择 Unique Nodal，意味着提取节点上的结果。在对话框下部的 Edit 右侧输入 CPRESS，CSHEAR1 将法向压力和方向 1 的摩擦力作为输出变量。

提示：

接触面的计算结果保存为 Element Nodal。当选择输出结果位置为 Unique Nodal 时，对话框下方的输出结果变量区选择不显示 CPRESS，CSHEAR1，但可手工输入变量关键字，区分大小写。

切换到 Elements/nodes 选项卡，将 Method 选择为 Picked from viewport，单击右侧的【Edit Selection】按钮，按照提示区中的提示在屏幕上选择从属面上的任一节点（本例中接触面上剪力均匀分布，选择哪一点都可以），单击提示区中的【Done】按钮后回到 XY Data from ODB Field Output 对话框，单击【Save】按钮存储提取的结果。单击【Plot】按钮也可将结果显示在屏幕上。

提示：

接触面的计算结果只能在从属面上表达。

执行【Tools】/【XY Data】/【Manager】命令，弹出 XY Data Manager 对话框，选中所有提取的曲线结果，单击对话框右侧的【Plot】按钮，将接触面的法向应力、方向 1 的剪应力随总时间的变化过程绘制成曲线，如图 3-35 所示。

提示：

通过【Options】/【XY Data Options】下的各个菜单命令，用户可以自定义 XY 曲线的绘制方式。

由图可见，在第一个分析步中（时间 0～1），上部物体受到 Z 方向的压力作用，接触面上的压力从 0 增加到 200，表明接触面上的法向特性得到了很好的模拟。由于上部弹性体的泊松比为 0，竖向压缩没有造成物体的水平变形，也就没有相应的剪力，这里选择泊松比为 0 纯粹是为了说明方便。第二个分析步中（时间 1～2），上部物体在 X 方向移动 0.01。移动初期，两个物体之间的弹性滑移由 ABAQUS 自动控制，其默认为单元典型长度的 0.5%。由于网格尺寸为 1，所以在剪切位移 0.005（由于总位移为 0.01），对应的分析步时间为 0.5，总时间为 1.5 之前，剪应力随位移线性增加，当剪应力达到临界值（摩擦系数乘以法向应力）100kPa 时，上部部分开始滑移，剪应力保持不变。

提示：

读者可通过图 3-16 所示的定义切向行为对话框中的 Elastic Slip 选项卡自行定义弹性滑移允许值，从而使应力位移曲线符合期望。

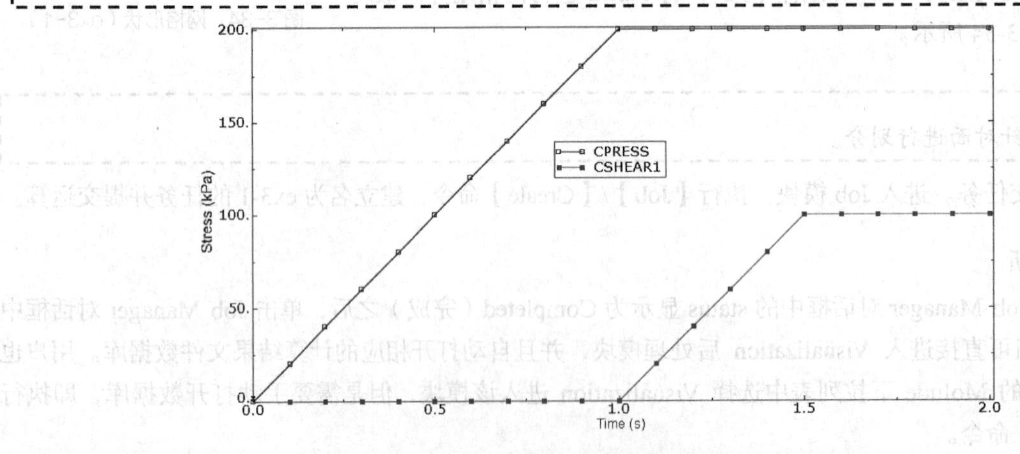

图 3-35 接触面上压应力、剪应力随时间的变化过程（ex3-1）

3.5.2 黏结模型算例

本例主要介绍黏结接触，相应的 cae 文件名为 ex3-2.cae。

1. 问题描述

本例的几何特征和加载过程与例 ex3-1 完全一致（见图 3-31），但假设两个界面之间有一层很薄的胶水黏结，胶水能承担的剪切强度为 100kPa，破坏后黏结层强度逐渐降低，不考虑界面之间的摩擦。

2. 算例学习重点

- 黏结接触模型的定义。
- 黏结强度破坏的定义。

3. 模型建立及求解

Step 1 将 ex3-1.cae 另存为 ex3-2.cae。

Step 2 进入 Interaction 模块，执行【Interaction】/【Property】/【Edit】/【IntProp-1】命令，弹出编辑接触性质对话框，单击对话框上的按钮，将原有的 Normal 和 Tangential behavior 删除。

提示：若该对话框中不定义任何接触面性质，ABAQUS 会默认法向为硬接触，切向为无摩擦光滑接触。

Step 3 执行编辑接触性质对话框中的【Mechanical】/【Cohesive Behavior】命令，在力与位移 Traction-separation behavior 中选择指定刚度系数（Specify stiffness coefficients），非耦合（uncoupled），将 knn、kss 和 ktt 分别设为 50000、50000、50000。这里将切向劲度系数设为 50000，意味着摩擦应力达到 100kPa 时所需要的位移是 0.002。

Step 4 执行编辑接触性质对话框中的【Mechanical】/【Damage】命令，在 Initiation 选项卡的 Criterion 中选择 Maximum norminal stress，将 Normal Only、Shear-1 Only 和 Shear-2 Only 均定义为 100kPa（见图 3-36），这意味着法向拉应力或两个方向的剪应力中的任意一个达到 100kPa，黏结层就将开始破坏。

注意：如果不定义破坏演化规律（damage evaluation），破坏准则不会生效。

Step 5 在图 3-36 所示的对话框中选择 Specify damage evolution，在 evolution 选项卡中将 Type 设为 Displacement，软化 Softening 设为 Linear，将 Total/Plastic Displacement 设为 0.008，这意味着在界面应力达到黏结强度之后位移达到 0.008（本例中总位移为 0.01）时黏结层完全破坏，不能承受力。损伤线性演化规律是通过间接的方式定义损伤系数 D（见图 3-37），如果采用表格形式 Tabular，可以直接给出 D 与位移的关系。

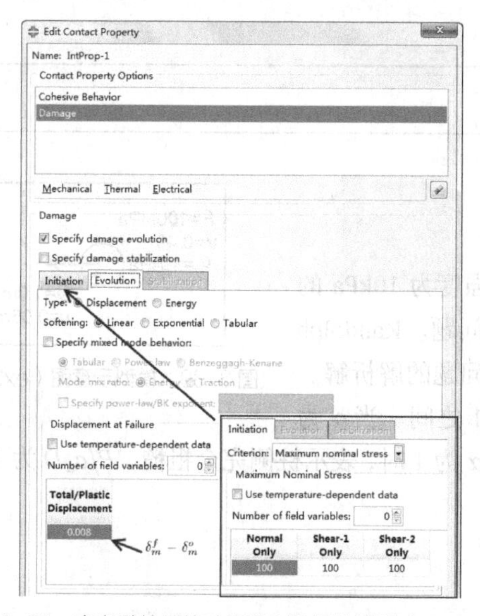

图 3-36 定义黏结层的破坏准则及损伤模型（ex3-2）

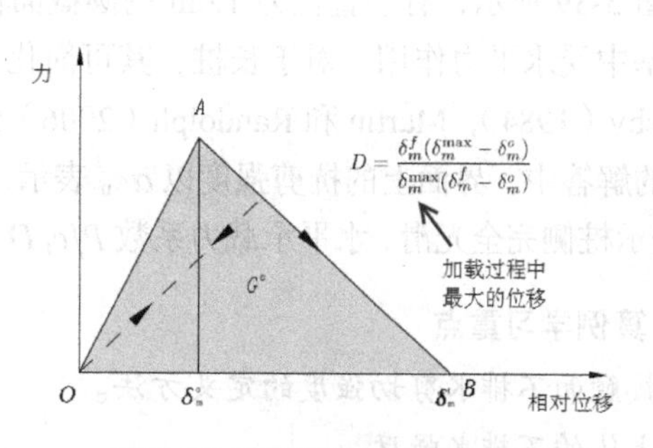

图 3-37 线性损伤演化规律（ex3-2）

Step 6 由于黏结层强度破坏及损伤不能应用于 surface to surface 的 Finite sliding，因此需要在 Interaction 模块中执行【Interaction】/【Edit】/【Int-1】命令，将接触对的有限滑动 Finite sliding 改为小滑动 small sliding，或者将 surface to surface 改成 node to surface，本例中将有限滑动改为小滑动。

Step 7 提交任务。进入 Job 模块，执行【Job】/【Create】命令，建立名为 ex3-2 的任务并提交运算。

4. 结果分析

Step 1 进入 Visualization 模块，打开相应数据库。

Step 2 按照前例方法，绘出接触面上的法向应力 CPRESS 和切向应力 CSHEAR1，如图 3-38 所示。由图可见，法向应力的发挥过程与前例一致，在法向加荷步中逐渐增加。剪应力则先随时间增加，达到峰值（100kPa，对应位移为 0.002m，时间为 0.2s）后按损伤线性演化规律软化，到位移为 0.01（时间为 1s）后衰减为 0。

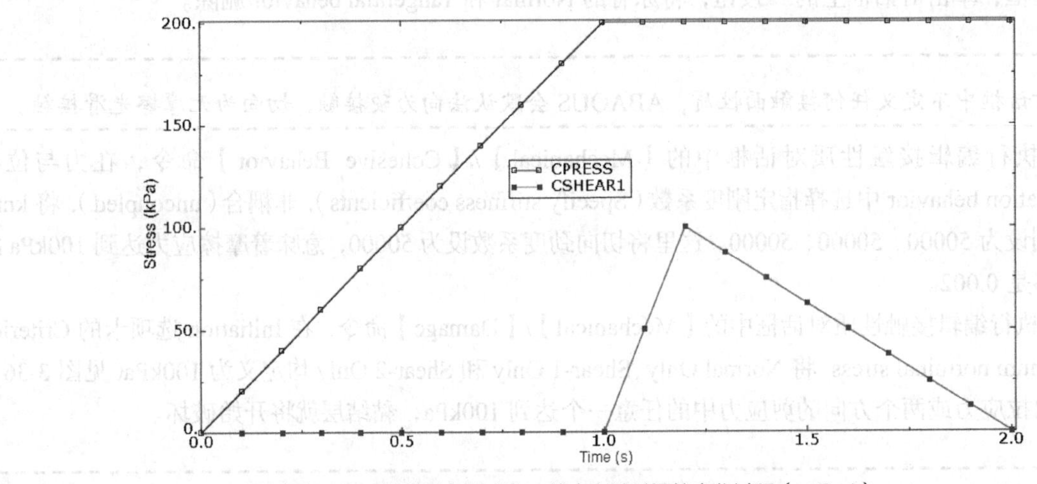

图 3-38 接触面上压应力、剪应力随时间的变化过程（ex3-1）

5. 算例的拓展

（1）读者可在接触面属性中同时包括黏结模型和摩擦模型，观察计算结果的改变。

（2）读者可尝试使用其他衰减模型或强度破坏准则，观察计算结果的改变。

（3）如果不考虑黏结层的破坏，黏结模型等同于线弹性的无厚度接触单元，选择合适的参数可用于面板堆石坝面板接缝的简单模拟。

3.5.3 不排水黏土中圆形桩的水平承载力

本例算例为 ex3-3.cae。

1. 问题描述

如图 3-39 所示，有一直径为 1.0m 的圆截面桩在不排水强度为 10kPa 的黏土地基中受水平力作用。对于长桩，其可简化为平面应变问题。Randolph 和 Houlsby（1984），Martin 和 Randolph（2006）给出了这一问题的解析解。在他们的解答中，界面上的抗剪强度以 αc_u 表示，α 处于 0~1 之间。当 α 为 0 时，表示桩侧完全光滑，水平承载力系数 P/c_uD 为 9.14；当 α 为 1 时，表示桩侧完全粗糙，P/c_uD 为 11.94。

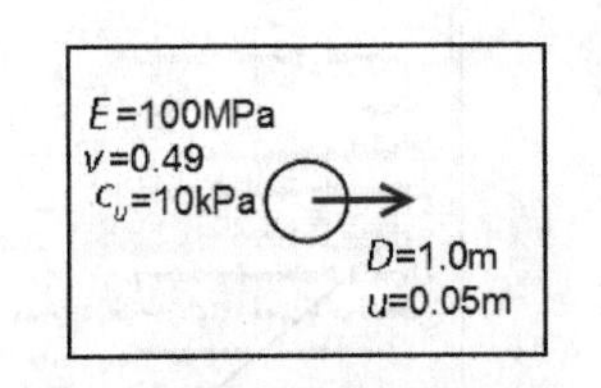

图 3-39 模型示意图（ex3-3）

2. 算例学习重点

- 接触面不排水剪切强度的定义方法。
- 土体的不排水强度。

3．模型建立及求解

Step 1 建立部件。进入 Part 模块，首先创建桩的部件。执行【Part】/【Creat】命令，将 Name 改为 Pile，Modeling Space（模型空间）为 2D Planar，Type（类型）为 Deformable（变形体），Base Feature 区域的 Shape（形状）为 Shell（平面），将 Approximate size（模型的近似尺寸选项）设定为 4，单击【Continue】按钮继续。在接下来的图形编辑窗口中利用 工具绘制一个圆心为（0，0），直径为 1.0m 的圆。绘图结束后，单击提示区中的【Done】按钮（或按鼠标中键）退出绘图界面。

Step 2 再次执行【Part】/【Creat】命令，建立一个名为 Clay 的二维变形体平面部件。进入到图形编辑窗口后，利用 按钮绘制一个角点（–10，–10）到（10，10）的正方形区域，其代表了土体的分析区域。再利用 工具预留出桩的位置，确认后退出。

Step 3 设置材料。进入 Property 模块。执行【Material】/【Creat】命令，建立一个名为 Clay 的材料，在 Edit Material 对话框中，执行【Mechanical】/【Elasticity】/【Elastic】命令，设置弹性模量为 1.0×10^5kPa，泊松比为 0.495。执行【Mechanical】/【Plasticity】/【Plastic】命令，将屈服应力（Yielding stress）设为 17.93Pa，Plastic strain 保留空白（即不考虑材料硬化）。接受其余默认选项，单击【OK】按钮确认退出，结束黏土材料性质的定义。Potts 和 Zdravkovic 在 Finite element analysis in geotechnical engineering 一书中对不同本构模型对应的不排水强度表达方式进行了总结，即：

$$c_u = (q_f \cos\theta)/\sqrt{3} \tag{3-7}$$

式中，q_f 是破坏时的偏应力；θ 是应力方位角，塑性力学中 $\theta=30°$ 代表受压，$\theta=30°$ 代表纯剪，$\theta=-30°$ 代表受拉。本例中采用的是 Mises 模型，则 q_f 为屈服应力，$q_f=\sqrt{3}c_u/\cos\theta$。若考虑 Mises 圆为 Tresca 屈服面的内接圆，则 $q_f=17.32$kPa；外接圆对应的 $q_f=20.0$kPa；$\theta=\pm15°$ 时 Mises 圆与 Tresca 屈服面拟合最好，$q_f=17.93$kPa。读者也可尝试使用 Mohr-Coulomb 模型，将摩擦角设为 0（此时屈服面退化为 Tresca 屈服面），黏聚力设为 c_u 即可。

提示：

ABAQUS 中 Mohr-Coulomb 采用非相关联流动法则，需采用非对称算法。

按照上述步骤，创建名为 Pile 的弹性材料，弹性模量为 20GPa，泊松比为 0.18。

Step 4 设置截面特性。执行【Section】/【Create】命令，创建名为 Clay 的截面属性，【Material】下拉列表选为之前定义的 Clay，单击【OK】按钮结束 Section 的定义。执行【Assign】/【Section】命令，选择部件 Clay，选中后单击提示区中的【Done】按钮，在弹出的 Assign Section 对话框中将 Section 中的【Section】选择为之前定义的截面特性 Clay，单击【OK】按钮结束定义。

按照以上步骤创建并赋予桩名为 Pile 的截面属性。

Step 5 装配部件。进入 Assembly 模块，执行【Instance】/【Create】命令，在 Create Instance 对话框的 Parts 区域中首先选择 Clay，单击【Apply】按钮；随后在 Parts 选项中选中 Pile，单击【OK】按钮将其添加到当前的 Instance 中后退出。

Step 6 定义分析步。进入 Step 模块，执行【Step】/【Create】命令，在 ABAQUS 自带的初始分析步（Initial）后插入名为 Step-1 的 Static, general 分析步。在 Edit Step 对话框中将 Time period 设为 100；在 Incrementation 选项卡中将初始增量步长设为 1，允许的最大时间步长设为 10。

Step 7 定义接触面。进入 Interaction 模块，执行【Tools】/【Surface】/【Create】命令，将桩的外边缘定义为 Pile 的面，将黏土与桩接触的表面定义为 Clay。

Step 8 定义界面黏结模型。执行【Interatcion】/【Property】/【Create】命令，在 Create Interatcion Property 对话框中输入名字为 IntProp-1，Type 选为 Contact，单击【Continue】按钮进入到 Edit Contact Property 对话框，执行【Mechanical】/【Cohesive Behavior】命令，在力与位移 Traction-separation behavior 中选择指定刚度系数（Specify stiffness coefficients），非耦合（uncoupled），将 knn、kss 和 ktt 分别设为 50000、50000、50000。

这里切向劲度系数的取值只影响力的发挥过程，不影响最终计算结果。

Step 9 执行编辑接触性质对话框中的【Mechanical】/【Damage】命令，在 Initiation 选项卡的 Criterion 中选择 Maximum norminal stress，将 Normal only、shear-1 only 和 shear-2 only 分别定义为 0.1kPa、10kPa 和 10kPa，即法向近似不受拉，切向剪应力最大值等于黏土的不排水强度。勾选 Specify damage evaluation 复选框，在 Evolution 选项卡中将 Type 设为位移 Displacement，软化 Softening 设为 Linear，将 Total/Plastic Displacement 设为 1e3。这里将破坏位移取一个很大值意味着界面刚度在剪应力达到不排水强度后不衰减，界面剪应力维持不变。

Step 10 创建接触对。执行【Interatcion】/【Create】命令，在 Create Interaction 对话框中将名字设为 Int-1，在 Step 下拉列表中选中 Initial，意味着接触从初始分析步就开始起作用，接受 Types for Selected Step 区域的默认选项【surface-to-surface contact】，单击【Continue】按钮后按照提示区中的提示在屏幕上选择主控面（master surface），此时单击提示区右端的【Surfaces】按钮，弹出 Region Selection 对话框，在 Eligible Sets 中选择 Pile，单击【Continue】按钮选择 Surface 为从属面类型，选择 Clay 为从属面，确认后在 Edit Interaction 对话框中将接触面属性设为 IntProp-1；将 Sliding formulation 设为 small sliding，接受其余默认选项，单击【OK】按钮确认退出。

Step 11 定义荷载、边界条件。进入 Load 模块中，执行【BC】/【Create】命令，在 Initial 分析步中约束土体左、右两侧 X 向位移 U1，约束土体上下两边的 Y 向位移；在 Step-1 分析步中将整个桩的 X 向水平位移 U1 设置为 0.05。

Step 12 Partition 部件。进入 Mesh 模块，将环境栏中的 Object 选项选为 Part。为了便于划分，通过按钮或者【Tools】/【Partition】命令，将桩切分为 4 部分（见图 3-40）执行。类似地，将黏土也切分为 4 个对等区域。

Step 13 划分网格。在环境栏的 Part 下拉列表中选择 Pile，首先对其进行划分。执行【Mesh】/【Controls】命令，在 Mesh Controls 对话框中选择 Element shape（单元形状）为 Quad（四边形），选择 Technique（划分技术）为 Structured。执行【Mesh】/【Element Type】命令，在 Element Type 对话框中，选择 CPE4（四节点平面应变单元）作为单元类型。执行【Seed】/【Part】命令，在 Global Seeds 对话框中将【Approximate global size】设置为 0.1，接受其余默认选项。执行【Mesh】/【Part】命令，单击提示区中的【Yes】按钮，划分桩的网格。

切换到部件 Clay，按照上述步骤，设置划分技术为 Structured，选择单元为 CPE4，将单元整体尺寸设为 0.5。执行【Seed】/【Edge】命令，将与桩相接触的 4 个边的种子数目设为 8；利用种子偏置功能，加密靠近接触面的网格，1/4 区域网格如图 3-41 所示。

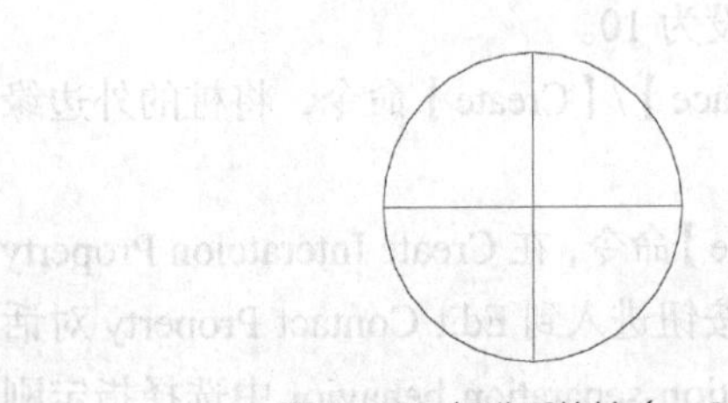

图 3-40　切分后的桩（ex3-3）

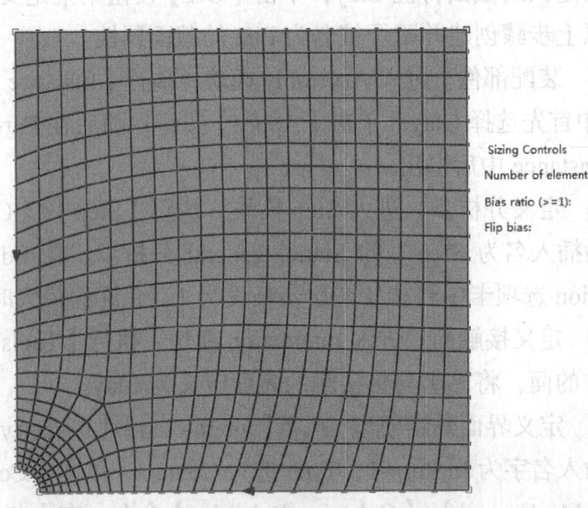

图 3-41　网格形状（ex3-3）

Step 14 提交任务。进入 Job 模块，执行【Job】/【Create】命令，建立名为 ex3-3 的任务并提交运算。

4．结果分析

Step 1　进入 Visualization 模块，打开相应数据库。

Step 2　观察塑性区。执行【Result】/【Field output】命令，选择 AC Yield 作为输出变量绘制云图，如图 3-42 所示。AC Yieid 等于 0，意味着材料未屈服；等于 1，意味着材料屈服。由于绘制云图时是根据积分点的值外插，所以图例上可能出现超过 1 的情况。从图 3-42 的塑性区分布来看，由于桩前土体受到挤压作用，土体有绕过桩体进行变形的趋势（可由位移云图印证），土体中出现剪切区，符合一般规律。

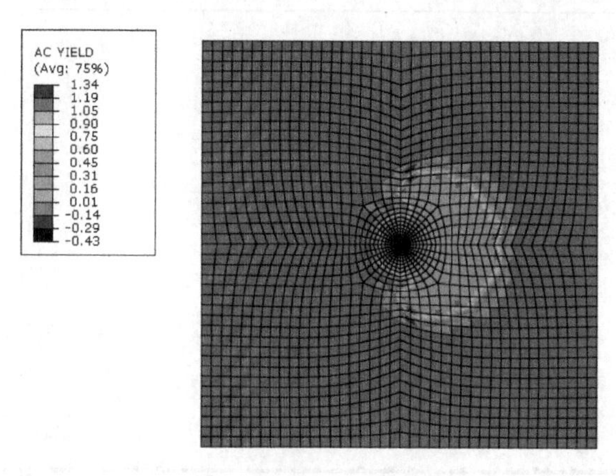

图 3-42　塑性区分布（ex3-3）

提示：

等值线云图的图例格式可通过【Viewport】/【Viewport Annotation Options】命令进行调整。

Step 3　绘制接触面上的剪应力分布。执行【Tools】/【Display group】/【Create】命令，在弹出的 Create Display Group 对话框的 Item 选项中选择 surface，在 Method 选项中选择 Surface sets，在对话框右侧的区域中选中 Clay，单击【Replace】按钮将从属面 Clay 单独绘制在屏幕上。

Step 4　执行【Results】/【Field output】命令，选择 CShear1 剪应力作为输出变量。为清晰起见，执行【Options】/【Contour】命令，弹出 Contour Plot Options 对话框，在 Contour type 中选择 Line，并选中【Show tick marks for line elements】复选框，单击【OK】按钮后等值线图如图 3-43 所示。由图可见，随着桩的水平移动，桩、土之间出现相对位移，伴随着摩阻力的发挥。桩的水平对称轴处，由于对称性条件，桩土之间无相对位移，剪应力为 0，接触面右侧（桩前）的其他节点基本都达到了不排水剪切强度 10kPa，桩后桩、土接触面上的节点有脱开的趋势，剪应力很小。

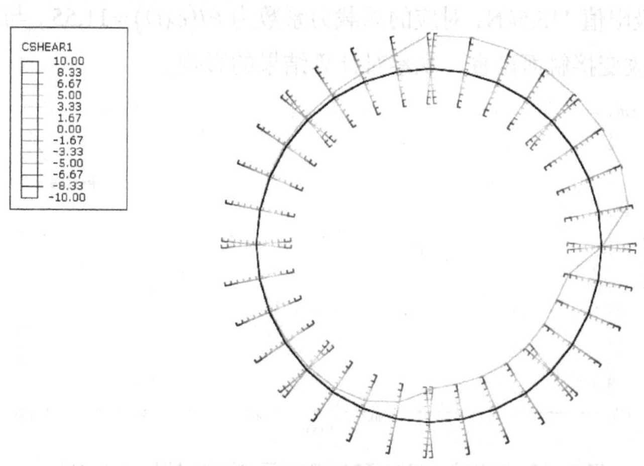

图 3-43　接触面上剪应力分布（ex3-3）

> **提示：**
>
> 执行【View】/【ODB Display Options】命令，在 Sweep/ Extrude 选项卡中，勾选 Extrude element，可将二维计算结果拉伸到三维显示。

Step 5 观察剪应力的发挥过程。执行【Tools】/【XY Data】/【Create】命令，选择剪应力最大的一点，绘制 CHEAR1 随时间的发挥过程曲线，如图 3-44 所示。由图可见，在所选择的劲度系数下，界面上的剪应力很快达到不排水强度 10kPa，然后保持该值不变，较好地模拟了桩、土界面上的不排水摩擦。

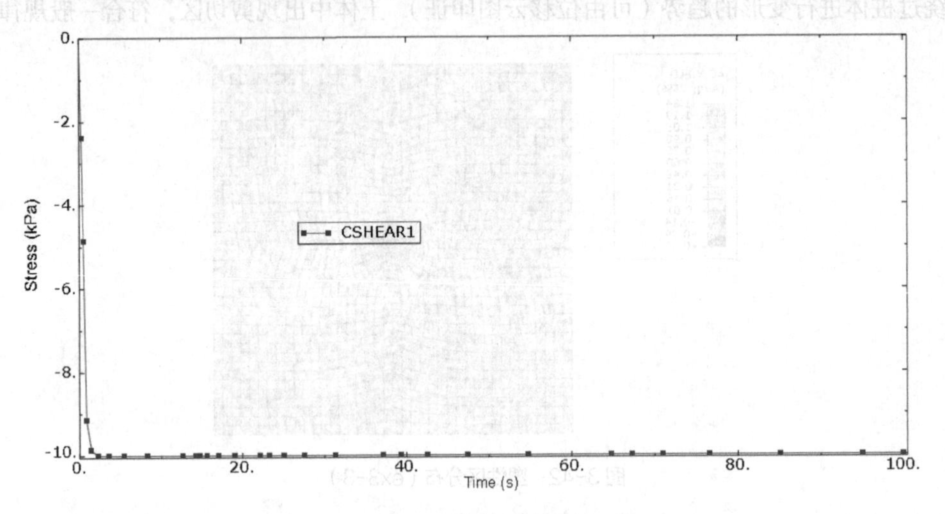

图 3-44 剪应力随时间发挥的过程（ex3-3）

Step 6 确定桩的水平极限承载力。本例中指定桩的水平位移，对应的将在桩身节点上产生水平方向的约束力 RF1，因此桩的水平极限承载力可由桩截面所有节点的 RF1 之和确定。执行【Tools】/【Display group】/【Create】命令，将桩单元单独显示在屏幕上。执行【Tools】/【XY Data】/【Create】命令，选择 Source（数据源）为 ODB Field Output，单击【Continue】按钮后在 Variables 选项卡中选择 Position 为 Unique nodal，选择 RF1 作为输出变量；切换到 Elements/Nodes 选项卡，在屏幕上选择所有桩节点，单击【Save】按钮，保存后退出。再次执行【Tools】/【XY Data】/【Create】命令，选择 Source（数据源）为 Operation on XY Data，单击【Continue】按钮在对话框的右侧找到 Sum 函数，单击后自动填入对话框上方的公式区。对话框下方是已定义的 XY Data 名称，选择所有已保存的 RF1 数据，单击【Add to expression】按钮，将数据名词填入公式区相应位置。单击【Save As】按钮，将创建的数据保存名称为 P 的数据。单击【Plot】按钮可将曲线绘制在屏幕上，退出该对话框后也可通过【Tools】/【XY Data】/【Plot】绘制。如图 3-45 所示，当位移较大之后，荷载基本保持不变，达到极限值 115.5kN，对应的承载力系数为 $P/(c_{\mathrm{d}}D)=11.55$，与理论解 11.94 相差约 3%。读者可进一步细化网格，改变接触面设置，观察对计算结果的影响。

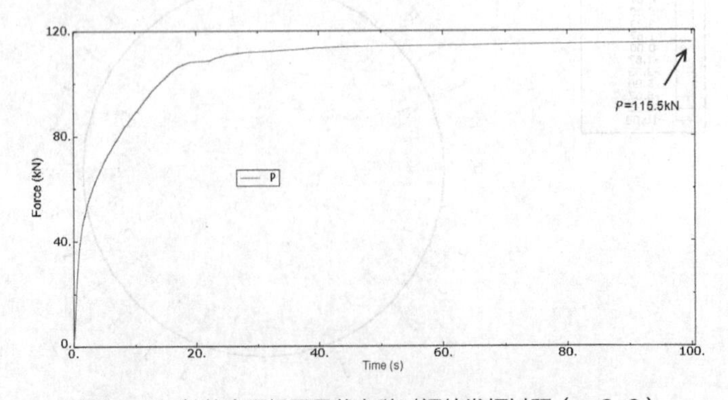

图 3-45 桩的水平极限承载力随时间的发挥过程（ex3-3）

3.5.4 考虑黏聚力的库伦摩擦

本例算例为 ex3-4.cae。

1．问题描述

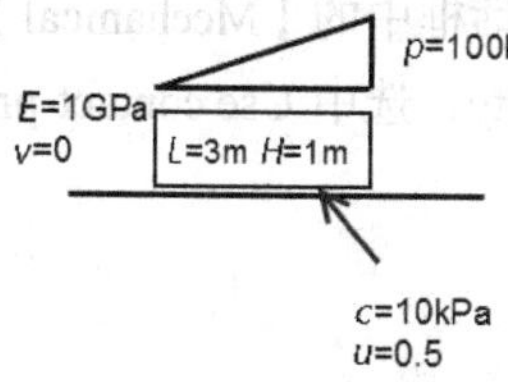

如图 3-46 所示，有一个长为 3m，高为 1m 的矩形放置在一个刚性桌面上，顶面受三角形荷载作用，界面黏聚力为 10kPa，摩擦系数为 0.5，材料弹性模型为 1GPa，泊松比为 0。试分析矩形在水平位移作用下，界面剪应力的分布。

图 3-46　模型示意图（ex3-4）

ABAQUS 中的库伦摩擦没有考虑接触面黏聚力的作用，若在接触面上同时采用黏结模型与摩擦模型，ABAQUS 认为黏结层破坏后，黏结行为对剪应力的贡献开始下降，摩擦行为开始发挥，摩擦模型中的界面弹性刚度系数与损伤系数按比例逐渐增加，直至黏结材料完全破坏，相对剪切完全由摩擦模型控制，即黏聚力和摩擦力不能同时100%发挥。当然用户可以通过用户子程序对接触面的摩擦特性进行二次开发，编写任意复杂的接触行为。本例则采用等效摩擦系数的概念，通过随压力变化的摩擦系数来近似考虑黏聚力。

根据库伦定律：

$$\tau_f = c + \mu\sigma = \mu^* \sigma \tag{3-8}$$

则

$$\mu^* = (c + \mu\sigma)/\sigma = \mu + c/\sigma \tag{3-9}$$

2．算例学习重点

- 三角形荷载的施加方式。
- 考虑黏聚力的库伦摩擦模型（随压力变化的摩擦系数）。

3．模型建立及求解

Step 1　建立部件。进入 Part 模块，执行【Part】/【Creat】命令，设定 Name 为 Part-1，Modeling Space（模型空间）为 2D Planar，Type（类型）为 Deformable（变形体），Base Feature 区域的 Shape（形状）为 Shell（平面），将 Approximate size（模型的近似尺寸选项）设定为 12，单击【Continue】按钮后创建一个角点为（0，0）和（3，1）的矩形。再次执行【Part】/【Creat】命令，建立一个名为 Part-2 的二维变形体线（wire）部件。进入到图形编辑窗口后，利用按钮绘制一从（-1，0）到（4，0）的直线，其代表水平桌面。执行【Tools】/【Reference Point】命令，按照提示区中的提示，选择刚体左端点作为参考点。

Step 2　创建材料。进入 Property 模块。执行【Material】/【Creat】命令，建立一个名为 Material-1 的材料，在 Edit Material 对话框中，执行【Mechanical】/【Elasticity】/【Elastic】命令，设置弹性模量为 1.0×10^6 kPa，泊松比为 0，确认后退出。

Step 3　设置截面特性。执行【Section】/【Create】命令，创建名为 Section-1 的截面属性，【Material】下拉列表选为之前定义的 Material-1，单击【OK】按钮结束 Section 的定义。执行【Assign】/【Section】命令，将 Section-1 赋予部件 Part-1。

Step 4　装配部件。进入 Assembly 模块，执行【Instance】/【Create】命令，在 Create Instance 对话框的 Parts 区域中首先选择 Part-1，单击【Apply】按钮；随后在 Parts 选项中选中 Part-2，单击【OK】按钮将其添加到当前的 Instance 中后退出。

Step 5　定义分析步。进入 Step 模块，执行【Step】/【Create】命令，在 ABAQUS 自带的初始分析步（Initial）后分别插入名为 Step-1 和 Step-2 的 Static, general 分析步，时间总长均为 1，初始增量步长均为 0.1。

Step 6　定义接触面。进入 Interaction 模块，执行【Tools】/【Surface】/【Create】命令，将桌面上表面定义为 Up，将物块下表面定义为 Bottom。

Step 7 定义摩擦模型。执行【Interatcion】/【Property】/【Create】命令，在 Create Interatcion Property 对话框中输入名字为 IntProp-1，Type 选为 Contact，单击【Continue】按钮进入到 Edit Contact Property 对话框，执行对话框中的【Mechanical】/【Normal Behaviour】命令，定义接触面法向特性，接受默认选项；执行对话框中的【Mechanical】/【Tangential Behaviour】命令，在【Friction formulation】下拉列表中选择选项 Penalty，选中 Use contact-pressure-dependent data 复选框，根据公式（3-9）按图 3-47 输入摩擦系数。

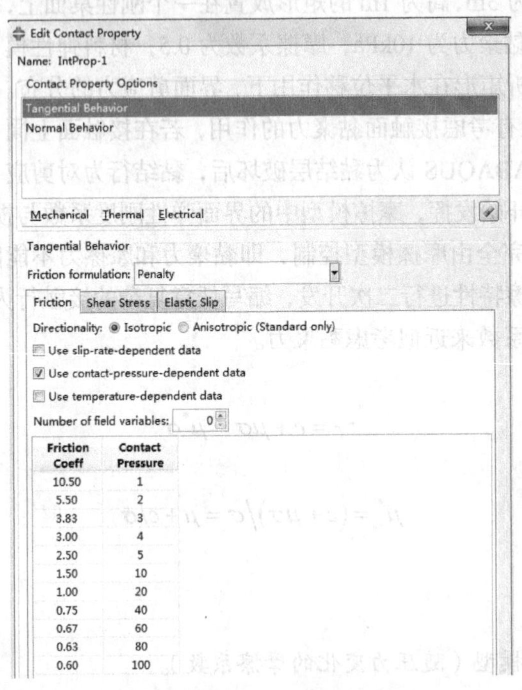

图 3-47 设置与随压力变化的摩擦系数（ex3-4）

Step 8 创建接触对。执行【Interatcion】/【Create】命令，在 Initial 分析步中创建 Up 和 Bottom 之间的接触对，接触面性质选择已定义的 IntProp-1，接受其他默认选项。

Step 9 定义边界条件。进入 Load 模块中，执行【BC】/【Create】命令，在 Initial 分析步中约束刚体参考点所有自由度；在 Step-2 分析步中将整个 Part-1 的 X 向水平位移 U1 设置为 0.1。

Step 10 定义荷载。首先定义荷载分别模式，执行【Tools】/【Analytical Field】/【Create】命令，按图 3-48 所示，输入名为 Tri 的荷载分布公式。注意到 Part-1 的水平坐标为 0 变化到 3，则对应的公式为 100*X/3，确认后退出。执行【Load】/【Create】命令，选择荷载施加步为 Step-1，选择 Part-1 的上表面作为荷载施加区域，在 Edit Load 对话框的 Distribution 下拉列表中选择之前定义的荷载分布模式（A）Tri，大小（Magnitude）设为 1（ABAQUS 会将该数值乘以分布中定义的值作为荷载的大小），确认后退出，屏幕上会以箭头的长短体现荷载的大小。

注意：

压力的 Hydrostatic 分布是定义沿高度变化（二维为 Y 向，三维为 Z 向）的荷载，不适用于本例。

Step 11 划分网格。进入 Mesh 模块，将环境栏中的 Object 选项选为 Part。采用 Structured 划分技术将 Part-1 划分为尺寸为 0.1 的 CPE4，将 Part-2 划分为尺寸为 0.1 的 R2D2。

Step 12 提交任务。进入 Job 模块，执行【Job】/【Create】命令，建立名为 ex3-4 的任务并提交运算。

4．结果分析

Step 1 进入 Visualization 模块，打开相应数据库。

Step 2 绘制接触面上的法向应力分布。执行【Tools】/【Display group】/【Create】命令，将从属面 Bottom

单独显示在屏幕上。执行【Results】/【Field output】命令，选择 CPRESS 接触压应力作为输出变量，绘出 Step-1 分析步结束时的分布。为清晰起见，执行【Options】/【Contour】命令，弹出 Contour Plot Options 对话框，在 Contour type 中选择 Line，并选中【Show tick marks for line elements】复选框，单击【OK】按钮后等值线图如图 3-49 所示。计算结果较好地反映了荷载沿水平方向的变化。由于节点结果为积分点的外插，左、右两个端点的计算值与理论值稍有差距，其他节点与理论值基本一致。

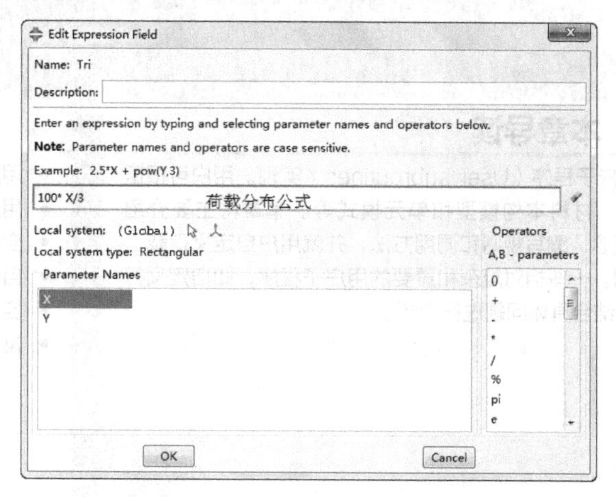

图 3-48 定义荷载分布（ex3-4）

提示：

执行【View】/【ODB Display Options】命令，在 Sweep/ Extrude 选项卡中，勾选 Extrude element，可将二维计算结果拉伸到三维显示。

Step 3 绘制接触面上的剪应力分布。执行【Tools】/【XY Data】/【Create】命令，绘制从属面上剪应力分布，如图 3-50 所示。计算结果反映了界面黏聚力的影响，以最右端点为例，计算结束后的法向应力为 82.05kPa（由于摩擦力的存在，界面法向应力分布形式有所改变），剪应力为 51.44kPa，与理论值 $10+82.05\times0.5=51.025$kPa 基本一致。

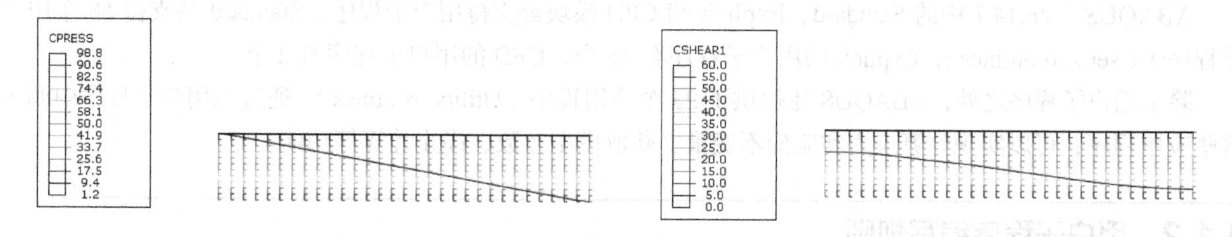

图 3-49 接触面上压应力分布（ex3-4）

图 3-50 接触面上剪应力分布（ex3-4）

3.6 本章小结

一个完整的接触面模拟中应包含两个关键内容，即接触的模拟方式和接触面力学模型的定义。本章主要介绍了 ABAQUS/Standard 中的通用接触算法和接触对算法，接触面法向接触、切向摩擦模型、黏结模型等力学模型，接触面模拟常见的问题等内容，并通过几个算例说明了摩擦模型、黏结模型在岩土工程中的应用。

第4章 ABAQUS 中的用户子程序

本章导读

ABAQUS 的二次开发通过用户子程序（User subroutines）实现。用户可根据实际需求灵活定义荷载分布模式、材料本构模型和单元模式等。本章将主要介绍 ABAQUS 中用户子程序的基本概念、编写规则和调用方法，并就用户自定义荷载、自定义位移边界条件等举几个实例。一些相对复杂和重要的用户子程序，如自定义材料、自定义单元等会在后续章节中结合具体问题进行介绍。

本章要点

- 用户子程序调用方法
- 用户子程序的编写规则
- 自定义边界条件实例
- 自定义荷载实例
- 自定义摩擦接触实例
- 常用应用程序

4.1 用户子程序简介

4.1.1 用户子程序类别

ABAQUS（V6.14）中的 Standard、Explicit 和 CFD 模块都支持用户子程序。Standard 共支持 58 个用户子程序（User subroutines），Explicit 的用户子程序有 25 个，CFD 的用户子程序有 2 个。

除了用户子程序之外，ABAQUS 还提供了 23 个应用程序（Utility routines），通过在用户子程序中调用这些应用程序，可以实现计算应力和应变不变量、获取模型参数、终止计算等功能。

4.1.2 用户子程序编写规则

（1）用户子程序可用 Fortran、C 或 C++语言编写。

（2）为了实现与 ABAQUS 中参数的对接，在 Fortran 文件中的第一行申明语句必须为 INCLUDE 语句，即在 Standard 中为 include 'aba_param.inc'，在 Explicit 中为 include 'vaba_param.inc'。如果用户在程序中还调用了自行编写的子程序，则所调用的子程序第一行也需为 INCLUDE 语句。

（3）若要调用自编的子程序或者通过 COMMON 块来传递数据，最好以字母 K 开头来命名，避免与 ABAQUS 中的内部命名相重叠。

（4）ABAQUS 调用用户子程序时通过内部变量进行数据交换，这些变量分为两类。一类是需要用户赋值的（variables to be defined）；另一类是传入的模型信息（variables passed in for information），这类变量的数值不能改变，否则会出错。

（5）若用户子程序中需要打开数据文件进行读写操作，应选用通道号 15～18 或者大于 100，并且通过在 fortran 文件中的 open 语句应指定所打开文件的完整路径名。ABAQUS 将文件 6 号通道预留给 dat 文件，7

号通道预留给 msg 文件。如语句 write（6，*）kstep，npt 的含义是将当前载荷步和积分点后写到 dat 文件中。

（6）用户子程序中若要终止计算，应调用应用程序 XIT (Abaqus/Standard) 或者 XPLB_EXIT (Abaqus/Explicit) 实现退出操作，而不是应用 stop 语句。

（7）编写用户子程序要考虑到其在 ABAQUS 中的调用时机和次数。例如定义材料、单元和接触面特性的子程序在每一个子增量步的第一次迭代中就会在各个积分点被调用两次，以便在正式计算前形成正确的初始刚度，此时就要防止初始应力为零导致刚度矩阵出错。在随后的每次迭代中每个积分点调用一次。

（8）某一个具体问题中用户可能用到多个用户子程序，这时必须将它们放在同一文件中。

4.1.3 ABAQUS/CAE 中用户子程序调用方式

在 ABAQUS/CAE 主界面环境栏的 Module 下拉列表中选择 Job 选项，进入 Job 任务模块，执行【Job】/【Edit】/【Job-name】命令，在弹出的 Edit Job 对话框中切换到 General 选项卡，在 User subroutine file 下方的输入框中设置用户子程序路径即可，如图 4-1 所示。

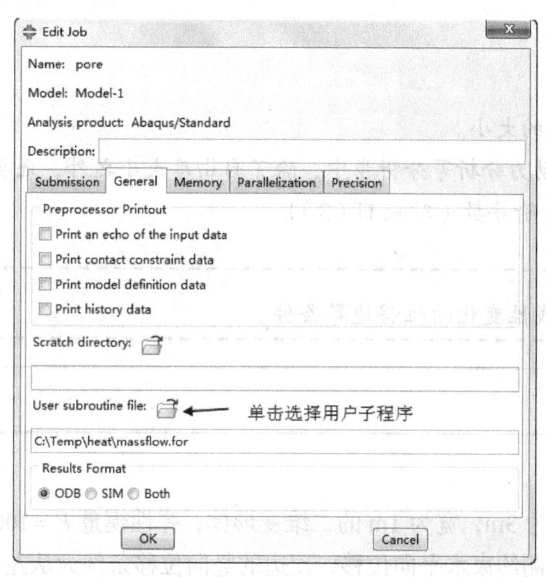

图 4-1 调用用户子程序

4.2 用户自定义位移子程序 DISP

4.2.1 子程序功能

位移子程序 DISP 用于自定义指定自由度的边界条件，这里的自由度可以是位移、孔压和温度等。

4.2.2 子程序格式和变量说明

1. 子程序格式

DISP 子程序的格式如下：

```
SUBROUTINE  DISP(U,KSTEP,KINC,TIME,NODE,NOEL,JDOF,COORDS)
C
      INCLUDE 'ABA_PARAM.INC'
C
```

```
      DIMENSION U(3),TIME(2),COORDS(3)
C
      用户代码定义 U
      RETURN
      END
```

2. 主要变量说明

（1）传入变量。

- KSTEP：分析步编号。
- KINC：增量步编号。
- TIME(1)：当前分析步时间。
- TIME(2)：当前总时间。
- NODE：节点编号。
- NOEL：单元编号。
- JDOF：自由度。
- COORDS：当前点坐标。

（2）需定义变量。

- U（1）：所指定自由度的大小。
- U（2）和 U（3）：在动力分析等分析步中，除了自由度大小之外，还要给出自由度对时间的 1 阶导数（对应 U（2））和 2 阶导数（对应 U（3））。

提示：

DISP 最常用于定义非线性变化的位移边界条件。

4.2.3 应用实例

1. 问题描述

如图 4-2 所示，有一个长为 3m，宽为 1m 的二维变形体，弹性模量 $E = 100\text{MPa}$，泊松比 $v = 0$，底边约束两个方向的位移，左、右两侧约束水平向位移，顶边的竖向位移条件为从左向右的三角形分布，最大值为 0.1m，试分析变形体内的应力场和位移场。本算例对应的 cae 文件名为 ex4-1.cae。

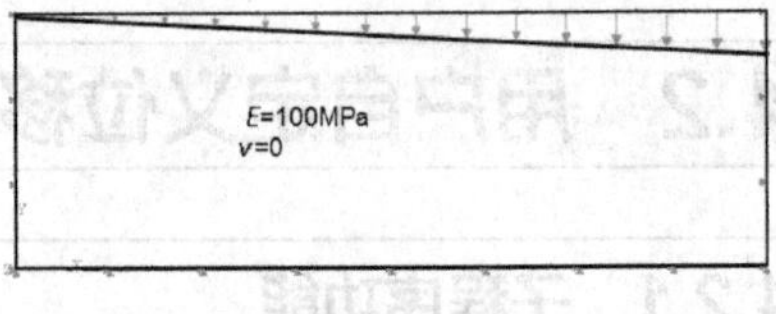

2. 算例学习重点

- DISP 子程序的编写及应用。
- 子程序的使用方法。

图 4-2 模型示意图（ex4-1）

3. DISP 子程序编写

本算例的实质是根据顶面节点的坐标指定相应的位移大小，子程序为 ex4-1.for，具体代码解释如下。

```
SUBROUTINE  DISP(U,KSTEP,KINC,TIME,NODE,NOEL,JDOF,COORDS)
C
      INCLUDE 'ABA_PARAM.INC'
C
      DIMENSION U(3),TIME(2),COORDS(3)
C
      U(1)=-0.1*COORDS(1)/3
C     COORDS(1)为 x 坐标，从 0~3 变化，对应的 U（1）为 0~0.1 之间线性变化，即位移的三角形分布
      RETURN
      END
```

4．模型建立及求解

Step 1　建立部件。在 Part 模块中执行【Part】/【Creat】命令，设定 Name（名字）为 Part-1，Modeling Space（模型空间）为 2D，Type（类型）为 Deformable（变形体），Base Feature 区域的 Shape（形状）为 Shell（面），将 Approximate size（模型的近似尺寸选项）设定为 6，单击【Continue】按钮继续。在接下来的图形编辑窗口中创建一个长为 3.0m，宽为 1.0m 的矩形，角点坐标分别为（0，0）和（3，1）。绘图结束后，单击提示区中的【Done】按钮（或按鼠标中键）退出绘图界面。

Step 2　设置材料及截面特性。进入 Property 模块。执行【Material】/【Creat】命令，建立一个名为 Material-1 的材料，在 Edit Material 对话框中，执行【Mechanical】/【Elasticity】/【Elastic】命令，设置弹性模量为 1.0×10^5kPa，泊松比为 0.0，接受其余默认选项，单击【OK】按钮确认退出，结束材料性质的定义。

执行【Section】/【Create】命令，接受弹出的 Create Section 对话框中的默认选项，即 Name 为 Section-1，Category 为 Soild，Type 为 Homogeneous（均匀实体），单击【Continue】按钮继续，在弹出的 Edit Section 对话框中将 Material 下拉列表选为之前定义的 Material-1 材料，单击【OK】按钮结束 Section 的定义。执行【Assign】/【Section】命令，选择 Part-1 部件，选中后单击提示区中的【Done】按钮，在弹出的 Assign Section 对话框中将 Section 选择为之前定义的截面特性 Section-1，单击【OK】按钮结束定义。

Step 3　装配部件。进入 Assembly 模块，执行【Instance】/【Create】命令，在 Create Instance 对话框的 Parts 区域中选择 Part-1，单击【OK】按钮后退出。

Step 4　定义分析步。进入 Step 模块，执行【Step】/【Create】命令，在 ABAQUS 自带的初始分析步（Initial）后插入名为 Step-1 的分析步，确保【Procedure Type】下列列表中的选项为 General，并在对话框的下部区域选择相应的分析步类型 Static, general，单击【Continue】按钮进入 Edit Step 对话框，接受所有默认选项。

Step 5　定义荷载、边界条件。进入 Load 模块中，执行【BC】/【Create】命令，将 Name 设置为 BC-1，【Step】下列列表中选为 Initial，选择 Category 区域中的 Mechanical 单选按钮，并在右侧的 Types for Selected Step 区域中选择 Displacement/Rotation，单击【Continue】按钮继续，在屏幕上选变形体底边点后单击提示区中的【Done】按钮，在 Edit Boundary Condition 对话框中勾选 U1、U2 将所有的位移自由度设为 0，单击【OK】按钮确认退出。按照上述步骤，设置左、右两侧位移 U1（BC-2）。最后定义顶边的位移边界条件，再次执行【BC】/【Create】命令，在 Create Boundary Conditio 对话框的【Step】下拉列表中选择 Step-1，确认并选择变形体顶边后弹出 Edit Boundary Condition 对话框，在 Distribution 下拉列表中选择 User-defined（用户自定义），勾选 U2 前的复选框，填入位移大小 1，如图 4-3 所示。

注意：

DISP 子程序定义的边界条件将覆盖 Edit Boundary Condition 对话框中的设定值。

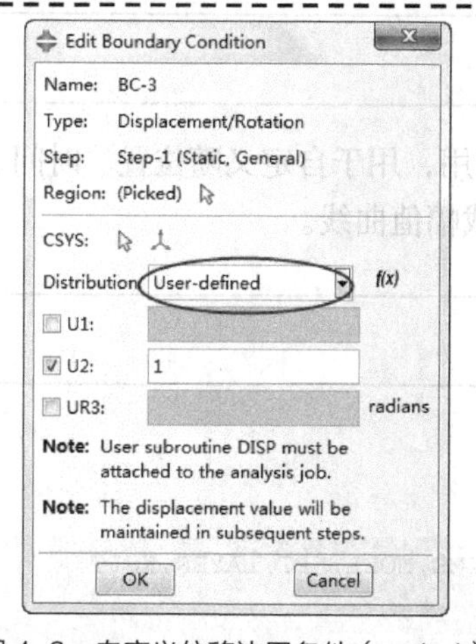

图 4-3　自定义位移边界条件（ex4-1）

Step 6 划分网格。进入 Mesh 模块，将环境栏中的 Object 选项选为 Part。执行【Mesh】/【Controls】命令，在 Mesh Controls 对话框中选择 Element shape（单元形状）为 Quad（四边形），选择 Technique（划分技术）为 Structured。执行【Mesh】/【Element Type】命令，在 Element Type 对话框中，选择 CPE4 作为单元类型。执行【Seed】/【Part】命令，在 Global Seeds 对话框中将 Approximate global size 输入框设置为 0.2，接受其余默认选项。执行【Mesh】/【Part】命令，单击提示区中的【Yes】按钮，划分网格。

Step 7 提交任务。进入 Job 模块，执行【Job】/【Create】命令，建立名为 ex4-1 的任务，在图 4-1 所示的 Edit Job 对话框中选择用户子程序的目录，确认后提交计算。

5. 结果分析

Step 1 进入 Visualization 后处理模块，打开相关数据库。

Step 2 执行【Resutl】/【Field out】命令，选择 Step/Frame 为计算终止时的帧（本例中为 Step：1，Frame：1），在 Primary Variables 选项卡中选择 U（位移），在 Component 中选中 U2。执行【Plot】/【Contours】/【On Undeformed Shape】命令，绘出竖向位移云图，如图 4-4 所示。读者也可执行【Plot】/【Deformed Shape】命令，绘出变形后的网格，直观观察用户子程序是否达到预期目的。

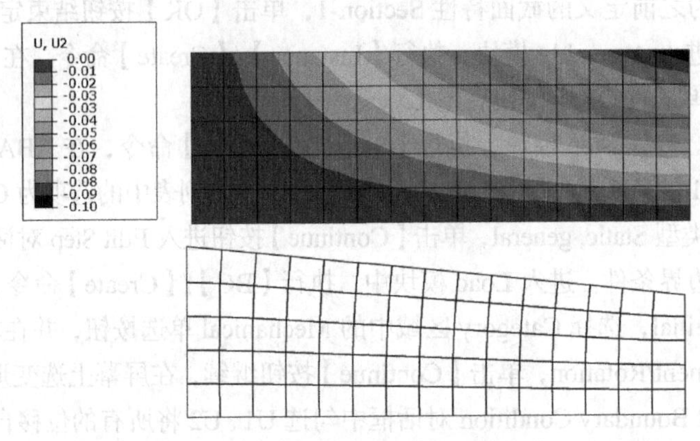

图 4-4 竖向位移云图及网格变形图（ex4-1）

> 提示：
> 通过 DISP 子程序中的 TIME 参数可以定义随时间变化的位移（自由度）边界条件。

4.3 用户自定义分布荷载子程序 DLOAD

4.3.1 子程序功能

DLOAD 子程序可在每个积分点调用，用于自定义随位置、时间、单元、节点号改变的非均匀分布压力荷载。使用该子程序将忽略定义的荷载幅值曲线。

4.3.2 子程序格式和变量说明

1. 子程序格式

DLOAD 子程序的格式如下：

```
SUBROUTINE DLOAD(F,KSTEP,KINC,TIME,NOEL,NPT,LAYER,KSPT,
    1 COORDS,JLTYP,SNAME)
C
     INCLUDE 'ABA_PARAM.INC'
```

```
C
      DIMENSION TIME(2), COORDS (3)
      CHARACTER*80 SNAME
      用户代码定义 F
      RETURN
      END
```

2. 主要变量说明

（1）传入变量。

- NPT：单元积分点号。
- JLTYP：荷载类型标识号，荷载可以是体力、面力（表面，或者基于单元定义的面）。JLTYP=0，代表的是 surface-based 压力，JLTYP=1 代表 *X* 方向体力 BXNU。该参数可区分某一单元上的多个非均匀分布荷载。
- SNAME：加载面的名称，如果荷载是体力或基于单元定义的面（element based surface），该参数为空值。

提示：

KSTEP、KINC 等参数含义与 DISP 子程序中相同，以后不再赘述。

（2）需定义变量。

F：分布荷载的大小。荷载若为压力，单位为力/长度^2；荷载若为体力，单位为力/长度^3。

4.3.3 应用实例

1. 问题描述

本算例的几何模型与 ex4-1 一致，有一分布范围为 0.4m 的矩形压力荷载从模型左侧向右侧移动，压力的大小为 100kPa，移动的速度为 0.1m/s，试分析移动荷载产生的变形（分析步的时长取 20s）。本算例对应的 cae 文件名为 ex4-2.cae。

2. 算例学习重点

- DLOAD 子程序的编写及应用。
- 移动车辆荷载的模拟方式。

3. DLOAD 子程序编写

```
      SUBROUTINE DLOAD(F,KSTEP,KINC,TIME,NOEL,NPT,LAYER,KSPT,
     1 COORDS,JLTYP,SNAME)
C
      INCLUDE 'ABA_PARAM.INC'
C
      DIMENSION TIME(2), COORDS (3)
      CHARACTER*80 SNAME
      VEL=0.1
C     移动速度
      PLENGTH=0.4
C     荷载作用范围
      XSTART=0.0
C     荷载范围起点
      XLEFT=XSTART+VEL*TIME(1)
      XRIGHT=XLEFT+PLENGTH
C     XLEFT 和 XRIGHT 分别为荷载作用范围的左、右侧 x 坐标，随时间变化
      IF(COORDS(1).LE.XRIGHT.AND.COORDS(1).GE.XLEFT)THEN
```

```
      F=100
   ELSE
      F=0
   END IF
   RETURN
   END
```

4．模型建立及求解

Step 1　修改模型。将 ex4-1.cae 另存为 ex4-2.cae。进入 Step 模块，执行【Step】/【Edit】命令，在 Edit Step 对话框的 Basic 选项卡中将时间总长（Time period）改成 20，在 Incrementation 选项卡中将初始时间步长设为 1，最大允许时间步长也设为 1，确保能精确捕捉荷载的移动过程。进入 Load 模块，执行【BC】/【Delete】命令，将模型顶边的位移边界条件删除。执行【Load】/【Create】命令，选择顶边，在 Step-1 分析步中定义压力分布荷载（Pressure），Edit Load 对话框如图 4-5 所示。

Step 2　重新提交运算。进入 Job 模块，执行【Job】/【Delet】命令，删除原有的任务 ex4-1。重新建立 ex4-2 任务，选择 DLOAD 子程序所在的文件夹，确认后提交计算。

注意：

DLOAD 中的 F 初始大小为 Edit Load 对话框中定义的荷载数值，除非用户用代码重新定义 F 的大小，否则其将保持不变。

5．结果分析

Step 1　进入 Visualization 后处理模块，打开相关数据库。

Step 2　执行【Resutl】/【Field out】命令，绘出不同时刻的竖向位移云图，如图 4-6 所示。结果表明编写的用户子程序达到了模拟移动荷载的目的，读者可在本例的基础上细化网格提升模拟精度，也可修改代码改变压力荷载的大小。

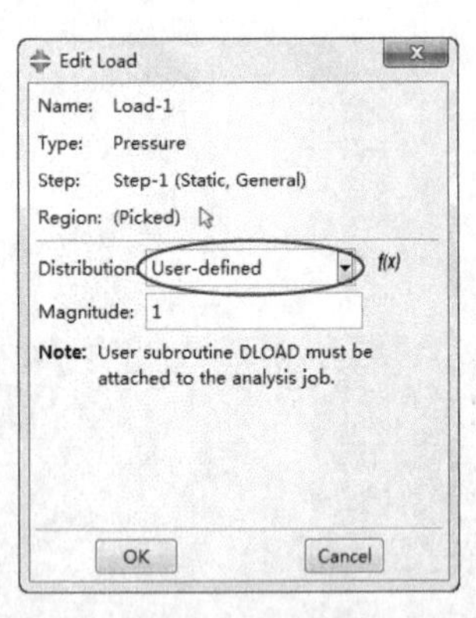

图 4-5　自定义分布荷载（ex4-2）

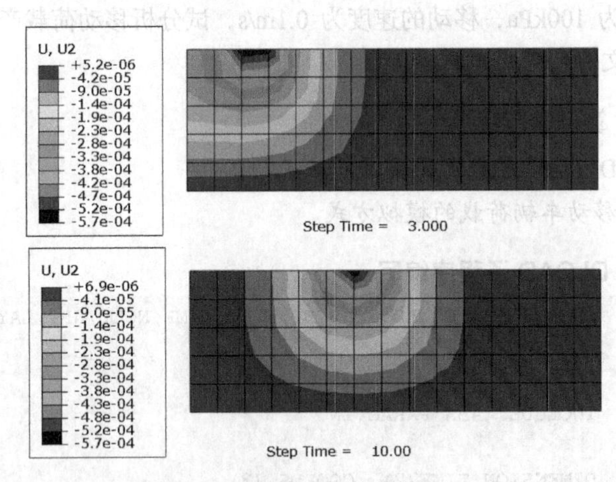

图 4-6　不同时刻竖向位移云图（ex4-2）

4.4　用户自定义接触面摩擦模型子程序 FRIC

4.4.1　子程序功能

接触面在闭合状态下可以传递剪应力，剪应力与接触面作用的压力之间的关系称为摩擦模型。ABAQUS 中默认用库伦（Coulomb）定律模拟。用户也可采用 FRIC 子程序自定义摩擦模型，突破传统库伦模型的限制，如采用非线性剪切劲度等。该子程序适用于 ABAQUS/Standard。

4.4.2 FRIC 子程序格式和变量说明

1. FRIC 子程序格式

FRIC 子程序的格式如下：

```
      SUBROUTINE FRIC(LM,TAU,DDTDDG,DDTDDP,DSLIP,SED,SFD,
     1 DDTDDT,PNEWDT,STATEV,DGAM,TAULM,PRESS,DPRESS,DDPDDH,SLIP,
     2 KSTEP,KINC,TIME,DTIME,NOEL,CINAME,SLNAME,MSNAME,NPT,NODE,
     3 NPATCH,COORDS,RCOORD,DROT,TEMP,PREDEF,NFDIR,MCRD,NPRED,
     4 NSTATV,CHRLNGTH,PROPS,NPROPS)
C
      INCLUDE 'ABA_PARAM.INC'
C
      CHARACTER*80 CINAME,SLNAME,MSNAME
C
      DIMENSION TAU(NFDIR),DDTDDG(NFDIR,NFDIR),DDTDDP(NFDIR),
     1 DSLIP(NFDIR),DDTDDT(NFDIR,2),STATEV(*),DGAM(NFDIR),
     2 TAULM(NFDIR),SLIP(NFDIR),TIME(2),COORDS(MCRD),
     3 RCOORD(MCRD),DROT(2,2),TEMP(2),PREDEF(2,*),PROPS(NPROPS)
      用户代码定义 LM, TAU, DDTDDG, DDTDDP,可选择定义 DSLIP, SED, SFD, DDTDDT, PNEWDT, STATEV
      RETURN
      END
```

2. 主要变量说明

FRIC 子程序中的一些变量符号是 ABAQUS 中通用的，如 KSTEP 代表当前分析过程次序编号、NOEL 代表当前单元编号等，这些在前面的例子中已经提到，这里不再赘述。其他 FRIC 子程序中特有的变量说明如下。

（1）传入变量。

- NSTATV：状态变量个数。
- NPROPS：用户自定义参数个数。
- PROPS(NPROPS)：用户自定义接触面摩擦模型的参数数组。
- NFDIR：接触方向个数，二维为 1，三维为 2。
- DGAM(NFDIR)：如果允许接触面之间有相对滑移变形，该数组传入增量滑移变形，$\Delta\gamma_{\alpha}$，$\alpha = 1, NFDIR$，否则为 0。
- TAULM(NFDIR)：如果接触面处于黏结状态，该数组返回接触节点上的剪应力，否则为 0。通过该数组中的值和所允许的临界剪应力相比较，可以判断什么时候从黏结状态变化到滑移状态。
- SLIP(NFDIR)：增量步开始时的总塑性滑移变形，为 DSLIP(NFDIR) 的累计值。
- PRESS：增量步结束时的接触压力。
- DPRESS：接触压力增量。
- CINAME：用户自定义的接触特性名称。
- SLNAME：从属面名称。
- MSNAME：主控面名称。
- CHRLNGTH：接触面单元尺寸的典型长度，通常在定义可允许的弹性滑移变形中用到。

（2）需定义变量。

- LM：反映相对移动状态的标记变量，0 为滑移，1 为黏结，2 为脱开。ABAQUS 首先传入上一次迭代的 LM 值，用户根据接触面状态更新 LM：如果允许接触节点之间出现相对滑移（不管是弹性滑移变形还是塑性滑移变形），令 LM=0。此时，FRIC 程序中必须给出相应的摩擦力，三维情况下为两个方向上的摩擦力（τ_1和τ_2），τ_1和τ_2可以是两个方向上的相对滑动距离γ_1、γ_2和接触压力等变量的函数。如果不允许相对滑移，令 LM=1，此时，不需要定义其他的变量，ABAQUS 会应用拉格朗日乘子法确保接触点之间没有相对位移。如果一直令 LM=1，则对应完全理想粗糙的状态（perfectly rough）。当摩擦忽略不计时，令 LM=2。如果一直令 LM=2，则为理想光滑状态（perfectly smooth），此时也无须定义其他变量。为了避免计算不收敛，如果在上一级增量步中发现接触点是脱开的，ABAQUS 会令 LM=2，此时简单地用 return 语句退出 FRIC 程序即可。

- TAU(NFDIR)：增量步开始时的界面剪力。
- DDTDDG(NFDIR,NFDIR)：α方向上的界面剪力对β方向的滑移量的偏导数$\partial\tau_\alpha/\partial\gamma_\beta$。例如对于对各向同性的弹性滑移有$\partial\tau_1/\partial\gamma_1=\partial\tau_2/\partial\gamma_2=K_{\rm elas}$，$\partial\tau_1/\partial\gamma_2=\partial\tau_2/\partial\gamma_1=0$，其中$K_{\rm elas}$是接触面上的弹性剪切刚度。
- DDTDDP(NFDIR)：α方向上的界面剪力对接触压力的偏导数$\partial\tau_\alpha/\partial p$。该项对刚度矩阵的贡献是非对称的，只有在非对称求解器中采用。
- DSLIP(NFDIR)：增量塑性滑移，如果 LM 在上一级迭代中设置为 0，该数组返回传入用户在上一级迭代中定义的大小，否则为 0。该数组只应在 LM=0 的情况下更新。
- STATEV(NSTATV)：求解状态变量数组。

4.4.3 应用实例

1. 问题描述

在岩土工程中，接触面上的错动滑裂或开裂，如挡土墙与墙后填土之间的接触面，土石坝中混凝土防渗墙与土体之间的接触面等，通常采用古德曼(Goodman)无厚度单元模拟。而 ABAQUS 中的接触面同样是没有厚度只有长度的，区别仅在于摩擦模型不同而已。ABAQUS 采用的是库伦模型，其是理想弹塑性的；而古德曼单元中通常将剪力和剪切变形之间的关系模拟为非线性弹性。用户可以通过 FRIC 子程序很方便地实现古德曼无厚度单元的功能。

本算例的几何模型与第 3 章中的算例 ex3-1 相似，有一个尺寸为1.0m×1.0m×1.0m的三维弹性正方体（Part-1），压在一个尺寸为3.0m×3.0m×1.0m 的刚体（Part-2）上。弹性体的弹性模量为1GPa，泊松比为 0。接触面的摩擦特性采用编制的FRIC 程序指定。正方体划分为 1 个单元，刚体为 9 个单元。整个加载过程分为 3 个阶段，第一阶段在正方体顶面施加 200kPa 压力，建立两个部件之间的接触；第二阶段将正方体沿 X 正向水平位移 0.01m；第三阶段将正方体沿 Y 正向水平位移 0.01m。本算例对应的 cae 文件名为 ex4-3.cae。

2. 算例学习重点

- 利用 FRIC 子程序实现非线性古德曼接触单元。
- FRIC 子程序的应用方法。

3. FRIC 子程序编写

古德曼认为接触面在受力之前完全吻合，即单元没有厚度只有长度，这和 ABAQUS 中面与面的接触是非常吻合的。在 ABAQUS 中只要考虑接触面上的摩擦接触特性就可以了，而把判断接触面是否脱开的任务交给 ABAQUS 进行，并且也不需要考虑常规有限元代码中接触面的局部坐标系的问题，ABAQUS 在调用 FRIC 程序的时候，已经将滑移变形转换到相应的接触面的两个方向上。

若不考虑两个方向上剪应力的相互影响，接触面的本构关系为：

$$\begin{Bmatrix}\Delta\tau_1\\\Delta\tau_2\end{Bmatrix}=\begin{bmatrix}k_{\rm s1}&0\\0&k_{\rm s2}\end{bmatrix}\begin{Bmatrix}\Delta\gamma_1\\\Delta\gamma_2\end{Bmatrix}\tag{4-1}$$

在 FRIC 程序中，我们只需给出$k_{\rm s1}$、$k_{\rm s2}$，并根据滑移变形增量更新界面接触剪应力即可。克拉夫和邓肯认为剪应力和相对剪切位移之间符合双曲线关系，则将 k_{s1} 、k_{s2} 表示为：

$$k_{s1}=\left(1-R_f\frac{\tau_1}{\sigma_n\tan\delta}\right)^2K_1\gamma_w\left(\frac{\sigma_n}{p_a}\right)^n \tag{4-2}$$

$$k_{s2}=\left(1-R_f\frac{\tau_2}{\sigma_n\tan\delta}\right)^2K_2\gamma_w\left(\frac{\sigma_n}{p_a}\right)^n \tag{4-3}$$

式中共有7个参数，K_1、K_2、R_f、n 为非线性指标，通过试验确定；δ 是接触面的界面摩擦角；γ_w 是水的容重；p_a 是大气压力。

```
      SUBROUTINE FRIC(LM,TAU,DDTDDG,DDTDDP,DSLIP,SED,SFD,
     1 DDTDDT,PNEWDT,STATEV,DGAM,TAULM,PRESS,DPRESS,DDPDDH,SLIP,
     2 KSTEP,KINC,TIME,DTIME,NOEL,CINAME,SLNAME,MSNAME,NPT,NODE,
     3 NPATCH,COORDS,RCOORD,DROT,TEMP,PREDEF,NFDIR,MCRD,NPRED,
     4 NSTATV,CHRLNGTH,PROPS,NPROPS)
C
      INCLUDE 'ABA_PARAM.INC'
C
      CHARACTER*80 CINAME,SLNAME,MSNAME
C
      DIMENSION TAU(NFDIR),DDTDDG(NFDIR,NFDIR),DDTDDP(NFDIR),
     1 DSLIP(NFDIR),DDTDDT(NFDIR,2),STATEV(*),DGAM(NFDIR),
     2 TAULM(NFDIR),SLIP(NFDIR),TIME(2),COORDS(MCRD),
     3 RCOORD(MCRD),DROT(2,2),TEMP(2),PREDEF(2,*),PROPS(NPROPS)
      IF (LM .EQ. 2) RETURN
C     如果接触节点脱开（拉裂）退出 FRIC 程序，无须更新变量
       FK1=PROPS(1)
       FK2=PROPS(2)
       FN=PROPS(3)
       FRF=PROPS(4)
       FFAI=TAN(PROPS(5)/180.*3.1415926)
       FGW=PROPS(6)
       FPA=PROPS(7)
C     模型参数，分别为两个方向上的K1和K2， n ， Rf ，界面摩擦角δ，水容重γw，大气压力pa
       XPRESS=PRESS-DPRESS
C     得到增量步开始时的接触面压力
       IF(XPRESS.LT.1.)THEN
       XPRESS=1.
       END IF
C     若压力过小，取一小值，简单取为 1kPa
       FEI1=FRF*ABS(TAU(1))/(XPRESS*FFAI)
       FEI2=FRF*ABS(TAU(2))/(XPRESS*FFAI)
       IF(FEI1.GE.0.99)FEI1=0.99
       IF(FEI2.GE.0.99)FEI2=0.99
       XK1=(1-FEI1)**2*FK1*FGW*((XPRESS/FPA)**FN)
       XK2=(1-FEI2)**2*FK2*FGW*((XPRESS/FPA)**FN)
C     得到两个方向的劲度系数
      LM=0
C     令 LM=0，意味着允许滑移，不是刚性黏结
       TAU(1)=TAU(1)+XK1*DGAM(1)
       TAU(2)=TAU(2)+XK2*DGAM(2)
C     计算两个方向上的界面剪应力
        DDTDDG(1,1)=XK1
        DDTDDG(2,2)=XK2
        DDTDDG(1,2)=0.0
```

```
      DDTDDG(2,1)=0.0
C     对劲度系数矩阵赋值
      RETURN
      END
```

注意：

本程序中采用的是基本增量法（即始点刚度法），即根据每一级增量步开始时的剪应力来确定劲度系数，并在增量步中保持不变。而事实上在每一个增量步中，界面劲度系数也是变化的，即每一个增量步都是一个非线性过程。基本增量法十分简单，但需要注意以下几点：（1）每一增量步中都有一定的误差，可能造成较大的累计误差。（2）计算的精度取决于增量步的大小，但无法指定增量步步长和计算精度之间的具体关系。（3）若计算中采用 ABAQUS 中的自动步长搜索功能，时间增量步长不宜过大（设置允许的最大时间增量步长）。

4. 模型建立及求解

Step 1 建立部件。在 ABAQUS/CAE 主界面环境栏的 Module 下拉列表中选择 Part 选项，进入 Part 模块。执行【Part】/【Creat】命令，接受默认选项，即 Name（名字）为 Part-1，Modeling Space（模型空间）为 3D，Type（类型）为 Deformable（变形体），Base Feature 区域的 Shape（形状）为 Solid（实体），Type（建模方法）为 Extrusion（拉伸），将 Approximate size（模型的近似尺寸选项）设定为 4，单击【Continue】按钮继续。在接下来的图形编辑窗口中创建一个长为 1.0m，宽为 1.0m 的矩形。绘图结束后，单击提示区的【Done】按钮（或按鼠标中键）退出绘图界面。在弹出的 Edit Base Feature 对话框中将【Depth】选项设为 1.0，接受其余默认选项，单击【OK】按钮确认退出。

再次执行【Part】/【Creat】命令，建立一个名为 Part-2 的 Part，在 Type 选项中选择 Discrete Rigid 单选按钮，接受其余默认选项，单击【Continue】按钮进入到图形编辑窗口，绘制一个长为 3.0m，宽为 3.0m 的矩形，单击提示区中的【Done】按钮退出绘图界面。在弹出的 Edit Base Feature 对话框中将 Depth 选项设为 1.0，接受其余默认选项，单击【OK】按钮确认退出。执行【Tools】/【Reference Point】命令，按照提示区中的提示，选择刚体的任一角点作为刚体的参考点。

在后面的装配模块中，刚体实体是不能建立 Instance 的，需要将它转换为面。执行【Shape】/【Shell】/【From Solid】命令，按提示区中的提示在屏幕上选择 Part-2 后单击【Done】按钮。

Step 2 设置材料及截面特性。进入 Property 模块。执行【Material】/【Creat】命令，建立一个名为 Material-1 的材料，在 Edit Material 对话框中，执行【Mechanical】/【Elasticity】/【Elastic】命令，设置弹性模量为 1.0×10^6 kPa，泊松比为 0.0，接受其余默认选项，单击【OK】按钮确认退出，结束材料性质的定义。

执行【Section】/【Create】命令，接受弹出的 Create Section 对话框中的默认选项，即 Name 为 Section-1，Category 为 Soild，Type 为 Homogeneous（均匀实体），单击【Continue】按钮继续，在弹出的 Edit Section 对话框中将 Material 下拉列表选为之前定义的 Material-1 材料，单击【OK】按钮结束 Section 的定义。执行【Assign】/【Section】命令，选择 Part-1 部件，选中后单击提示区中的【Done】按钮，在弹出的 Assign Section 对话框中将 Section 选择为之前定义的截面特性 Section-1，单击【OK】按钮结束定义。

Step 3 装配部件。进入 Assembly 模块，执行【Instance】/【Create】命令，在 Create Instance 对话框的 Parts 区域中首先选择 Part-1，单击【Apply】按钮，此时 Part-1 将显示在屏幕上；随后勾选 Create Instance 对话框中的 Auto-offset from other Instances 复选框，在 Parts 选项中选中 Part-2，单击【OK】按钮将 Part-2 添加到当前的 Instance 中后退出。执行【Instance】/【Translate】命令，将 Part-1 放在 Part-2 的中心，并保证上、下两个物体正好接触。

Step 4 定义分析步。进入 Step 模块，执行【Step】/【Create】命令，在 ABAQUS 自带的初始分析步（Initial）后插入名为 Step-1 的分析步，确保 Procedure Type 下列列表中的选项为 General，并在对话框的下部区域选择相应的分析步类型 Static, general，单击【Continue】按钮进入 Edit Step 对话框，接受 Basic 选项卡中的默认选项，即分析步时长为 1.0s；切换到 Incrementation 选项卡，选择 Type 选项右侧的 Fixed 单选按钮，在 Increment size 输入框中输入 0.1s，即分析步采用固定时间增量步长，每级增量步步长为 0.1，共 10 级，接受其余默认选项；对 Other 选项卡不做变动。由于是静力分析，这里时间的单位对计算结果并无任何影响。

按照上述步骤，再建立两个 Static, general 分析步 Step-2 和 Step-3。

Step 5 定义接触面。进入 Interaction 模块，为了设置接触方便，先定义几个面。执行【Tools】/【Display Group】/【create】命令，在 Create display Group 对话框左侧的 Item 选项中选择 Part Instances，在右侧选择区域中选中 Part-2-1，单击对话框下部的【Replace】按钮，将下部物体单独显式在屏幕上。执行【Tools】/【Surface】/【Create】命令，在 Create Surface 对话框中键入名字 Surface-1，单击【Continue】按钮后在屏幕上选择下部物体的顶面，单击提示区中的【Done】按钮结束面的定义。按照相同的方法将上部物体的底面定义为 Surface-2。

Step 6 采用自定义摩擦模型。执行【Interatcion】/【Property】/【Create】命令，在 Create Interatcion Property 对话框中输入名字为 IntProp-1，单击【Continue】按钮进入到 Edit Contact Property 对话框，执行对话框中的【Mechanical】/【Normal Behaviour】命令，定义接触面法向特性，接受默认选项；执行对话框中的【Mechanical】/【Tangential Behaviour】命令，在 Friction formulation 下拉列表中选择选项 User-defined（见图 4-7），状态变量个数取 0，自定义接触面摩擦模型在 Friction Property 区域输入，接触面摩擦模型参数从上到下依次设置为 2000、2000、0.56、0.74、36.6、10 和 100，分别对应 K_1 和 K_2、n、R_f、界面摩擦角 δ、水容重 γ_w 和大气压力 p_a。这里的数据会按次序传给 FRIC 子程序中的 PROPS（NPROPS）数组，数据的个数即为 NPROPS。

提示：

（1）输入自定义摩擦模型参数时，在数据列表尾部按回车键会自动增加一行数据。

（2）在数据窗口上单击鼠标右键会显示弹出式菜单，可实现数据的拷贝、增加、删除等功能。

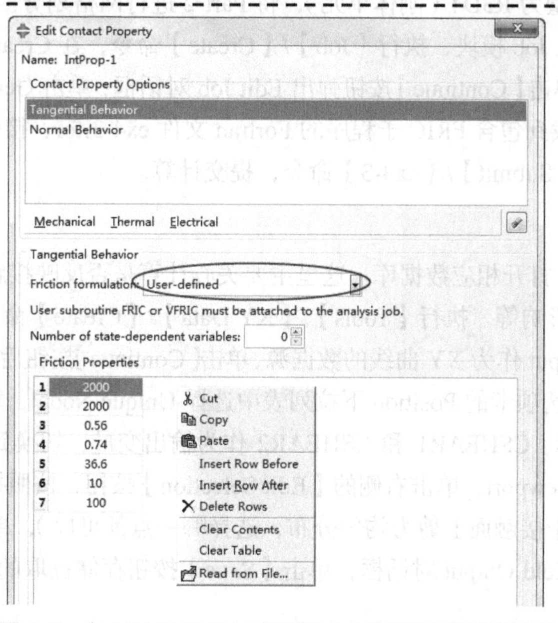

图 4-7 在 ABAQUS/CAE 设置用户自定义接触面摩擦模型

Step 7 设置接触对。执行【Interatcion】/【Create】命令，在 Create Interaction 对话框的 Step 下拉列表中选中 Initial，意味着接触从初始分析步就开始起作用，接受 Types for Selected Step 区域的默认选项【Surface-to-surface contact】，单击【Continue】按钮后按照提示区中的提示在屏幕上选择主控面（master surface），此时单击提示区右端的【Surfaces】按钮，弹出 Region Selection 对话框，在 Eligible Sets 中选择 Surface-1，单击【Continue】按钮。注意，此时提示区会提示选择从属面（slave surface）的建立方法，有 Surface 和 Node Region 两种，这里选择 Surface，单击相应按钮后会再次出现 Region Selection 对话框，从中选择

Surface-2 作为从属面，确认后会弹出 Edit Interaction 对话框，在对话框的 Contact interaction property 下拉列表中选择之前定义的接触面特性 IntProp-1，接受其余默认选项，单击【OK】按钮确认退出。

Step 8 定义荷载、边界条件。进入 Load 模块中，执行【BC】/【Create】命令，将【Name】设置为 BC-1，【Step】下列列表中选为 Step-1，选择 Category 区域中的 Mechanical 单选按钮，并在右侧的 Types for Selected Step 区域中选择 Displacement/Rotation，单击【Continue】按钮继续，在屏幕上选中下部刚体的参考点后单击提示区中的【Done】按钮，在 Edit Boundary Condition 对话框中勾选 U1、U2、U3、UR1、UT2 和 UR3，将所有的位移自由度设为 0，单击【OK】按钮确认退出。按照上述步骤，在 Step-1 分析步中定义边界条件 BC-2：上部物体体的 X 向水平位移 U1 设置为 0.01。执行【BC】/【Manager】命令，打开 Boundary Condition Manager 对话框，在 Step-3 分析步中选择之前定义的 BC-2，单击 Edit 按钮，把 U2 修改为 0.01。

执行【Load】/【Create】命令，在 Create Load 对话框中，将荷载命名为 Load-1，在 Step 下拉列表中选择对应的载荷步为 Step-1，意味着荷载在 Step-1 分析步中激活，在 Category 区域中选中 Mechanical 单选按钮，并在右侧的 Types for Selected Step 区域中选择 Pressure，单击【Continue】按钮继续，按照提示在屏幕上选取上部物体顶面为加载面，单击提示区中的【Done】按钮，弹出 Edit Load 对话框，在 Magnitude 右侧的输入框中设置压力的大小为 200，接受其余默认选项，确认后退出。

Step 9 划分网格。进入 Mesh 模块，将环境栏中的 Object 选项选为 Part，意味着网格划分是在 Part 的层面上进行的。在环境栏的 Part 下拉列表中选择 Part-1，首先对其进行划分。执行【Mesh】/【Controls】命令，在 Mesh Controls 对话框中选择 Element shape（单元形状）为 Hex（六面体），选择 Technique（划分技术）为 Structured。执行【Mesh】/【Element Type】命令，在 Element Type 对话框中，选择 C3D8 作为单元类型。执行【Seed】/【Part】命令，在 Global Seeds 对话框中将 Approximate global size 输入框设置为 1.0，接受其余默认选项。执行【Mesh】/【Part】命令，单击提示区中的【Yes】按钮，划分上部物体的网格。按照相似的步骤，选择单元类型为 R3D4（刚体单元），将 Part-2 进行网格划分。

Step 10 提交任务。进入 Job 模块，执行【Job】/【Create】命令，在 Create Job 对话框中将名称设置为 ex6-1，接受其余默认选项，单击【Continue】按钮弹出 Edit Job 对话框，单击 General 选项卡中 User subroutine file 右侧的【Select】按钮，找到包含 FRIC 子程序的 Fortran 文件 ex4-3.for，接受其余默认选项，单击【OK】按钮后退出。执行【Job】/【Submit】/【ex4-3】命令，提交计算。

5. 结果分析

Step 1 提取计算结果。打开相应数据库。这里主要关心计算是否反映接触面摩擦特性的非线性特点，接触面法向特性有没有受到影响等。执行【Tools】/【XY Data】/【Create】命令，在弹出的 Create XY Data 对话框中选择 ODB Field Output 作为 XY 曲线的数据源，单击【Continue】按钮后弹出 XY Data from ODB Field Output 对话框，在 Variables 选项卡的 Position 下拉列表中选择 Unique Nodal，意味着提取节点上的结果，在 EDIT 输入框中输入 CPRESS、CSHEAR1 和 CSHEAR2 作为输出变量，切换到 Elements/Nodes 选项卡，将 Method 选择为 Picked from viewport，单击右侧的【Edit Selection】按钮，按照提示区中的提示在屏幕上选择从属面上的任一节点（本例中接触面上剪力均匀分布，选择哪一点都可以），单击提示区中的【Done】按钮后回到 XY Data from ODB Field Output 对话框，单击【Save】按钮存储提取的结果。单击【Plot】按钮也可将结果显示在屏幕上。

Step 2 绘制结果。执行【Tools】/【XY Data】/【Manager】命令，弹出 XY Data Manager 对话框，选中所有提取的曲线结果，单击对话框右侧的【Plot】按钮，将接触面的压力、两个方向的剪力随总时间的变化过程绘制在屏幕上，如图 4-8 所示。

提示：

通过【Options】/【XY Data Options】下的各个菜单命令，用户可以自定义 XY 曲线的绘制方式。

由图可见，在第一个分析步中（时间 0 ~ 1），上部物体受到 z 方向的压力作用，接触面上的压力从 0 增加到 200，表明接触面上的法向特性得到了很好的模拟。由于上部弹性体的泊松比为 0，竖向压缩没有造成物体的水平变形，也就没有相应的剪应力。第二个分析步中（时间 1~2），上部物体在 x 方向移动 0.01，相应的剪应力有所增加，从图中看剪应力与变形（时间）的关系是典型的非线性。第三个分析步中（时间 2~3），上部物体在 y 方向移动 0.01，剪力相应变化，而 x 方向没有新的滑移变形，剪应力保持不变。

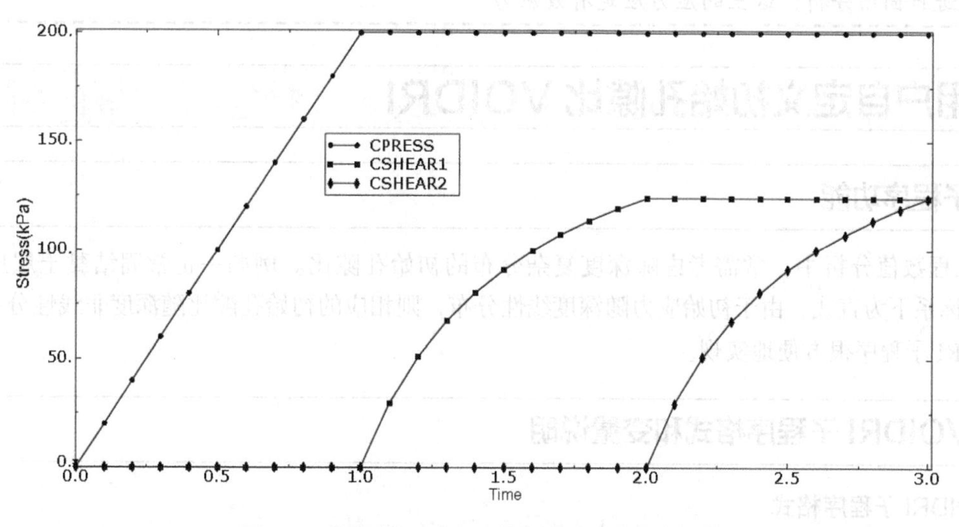

图 4-8　接触面上压应力、剪应力随时间的变化过程

4.5　用户自定义初始应力子程序 SIGINI

4.5.1　子程序功能

本书在第 2 章中介绍了如何在 CAE 中定义随深度线性分布的初始应力。对于更复杂的初始应力条件，可以通过子程序 SIGINI 定义与坐标、单元号、积分点号相关的初始应力场。

4.5.2　SIGINI 子程序格式和变量说明

1. SIGINI 子程序格式

SIGINI 子程序的格式如下：

```
      SUBROUTINE SIGINI(SIGMA,COORDS,NTENS,NCRDS,NOEL,NPT,LAYER,
     1 KSPT,LREBAR,NAMES)
C
      INCLUDE 'ABA_PARAM.INC'
C
      DIMENSION SIGMA(NTENS),COORDS(NCRDS)
      CHARACTER NAMES(2)*80
      用户代码自定义 SIGMA（NTENS）应力分量
      RETURN
       END
```

2. 主要变量说明

（1）传入变量。

- NTENS：需定义的应力分量个数，由单元类别确定，如平面应变单元需定义三个分量。
- NAMES(2)：单元类型名称，如 C3D8（三维八节点）等。

（2）需定义变量。

SIGMA(1)~ SIGMA(NTENS)：需定义的应力分量。

注意：

如果进行固结分析，这里的应力应是有效应力。

4.6 用户自定义初始孔隙比 VOIDRI

4.6.1 子程序功能

岩土工程数值分析中，常需考虑随深度复杂分布的初始孔隙比。例如一正常固结黏土层压缩曲线在 $e \sim \ln p'$ 坐标系下为直线，由于初始应力随深度线性分布，则相应的初始孔隙比随深度非线性分布，此时可利用 VOIDRI 子程序很方便地实现。

4.6.2 VOIDRI 子程序格式和变量说明

1. VOIDRI 子程序格式

SIGINI 子程序的格式如下：

```
      SUBROUTINE VOIDRI(EZERO,COORDS,NOEL)
C
      INCLUDE 'ABA_PARAM.INC'
C
      DIMENSION COORDS(3)
C
      用户代码定义初始孔隙比EZERO
      RETURN
      END
```

2. 主要变量说明

（1）传入变量

VOIDRI 子程序传入的变量主要是坐标 COORDS（3）和单元编号 NOEL。

（2）需定义变量。

EZERO：需定义的初始孔隙比。

4.7 常用应用程序

用户在编写用户子程序时，可以在代码中利用 CALL 命令调用 ABAQUS 中自带的实用程序，实现相关功能，如 CALL GETOUTDIR（OUTDIR, LENOUTDIR）可以获取输出文件的目录。

4.7.1 SINV 计算应力不变量

1. 程序调用方式

```
CALL SINV(STRESS,SINV1,SINV2,NDI,NSHR)
```

2. 变量含义

（1）传入变量。

- STRESS：应力数组。
- NDI：主应力个数。
- NSHR：剪应力个数。

（2）输出变量。

- SINV1：第一不变量 $\mathrm{trac}\sigma/3$。
- SINV2：第二不变量 $\sqrt{\frac{3}{2}\boldsymbol{s}:\boldsymbol{s}}$，$\boldsymbol{s}=\boldsymbol{\sigma}-\frac{1}{3}\mathrm{trac}\boldsymbol{\sigma I}$。

4.7.2 SPRINC 计算主应力/主应变

1. 程序调用方式

```
CALL SPRINC(S,PS,LSTR,NDI,NSHR)
```

2. 变量含义

（1）传入变量。

- S：应力或应变数组。
- LSTR：计算类型标识，LSTR=1 时 S 为应力；LSTR=2 时 S 为应变。
- NDI：主应力个数。
- NSHR：剪应力个数。

（2）输出变量。

PS（I）：I=1~3，3 个主应力或主应变。

4.7.3 SPRIND 计算主应力/主应变及方向

1. 程序调用方式

```
CALL SPRIND(S,PS,AN,LSTR,NDI,NSHR)
```

2. 变量含义

（1）传入变量。

- S：应力或应变数组。
- LSTR：计算类型标识，LSTR=1 时 S 为应力；LSTR=2 时 S 为应变。
- NDI：主应力个数。
- NSHR：剪应力个数。

（2）输出变量。

- PS（I）：I=1~3，3 个主应力或主应变。
- AN(K1,I), I=1,2,3：与 PS(K1)对应的主应力/主应变方向余弦。

4.8 本章小结

ABAQUS 中的用户子程序提供了开放、灵活的二次开放功能，可大大拓展 ABAQUS 的应用范围。本章中主要介绍了一些自定义边界、自定义荷载等常用子程序的格式、编写注意事项及应用实例，自定义材料 UMAT 和自定义单元 UEL 等复杂的用户子程序将在专门的章节中介绍。

应用篇

介绍了浅基础的地基承载力、挡土结构的土压力、饱和土的渗流固结、非饱和土的渗流、桩基工作性状、岩土开挖和堆载问题，以及边坡稳定分析等问题的求解方法。

第5章 浅基础的地基承载力

本章导读

地基极限承载力分析是土力学中的经典问题之一，也是浅基础设计的主要依据。针对均质土层、均布荷载等理想条件，国内外学者们提出了不同的理论计算公式，应用中常不能完整反映现场实际条件。本章主要介绍应用有限元软件 ABAQUS 求解地基承载力的方法。

本章要点

- 地基破坏模式及极限承载力
- 地基承载力分析实例
- 线性分布初始应力的设置
- 从外部数据库导入初始应力
- 滑动破坏面的确定

5.1 地基破坏模式及极限承载力

5.1.1 地基破坏模式

浅基础的地基破坏模式主要取决于土的类型，其可能有 3 种模式：整体剪切破坏、局部剪切破坏和刺入剪切（冲剪）破坏。整体剪切破坏主要发生在紧砂或坚硬黏土地基中，地基中出现连续的滑动面（见图 5-1），基础两侧土体有明显的隆起变形。由于出现了连续的滑动面，地基破坏后基础失去支撑，荷载沉降曲线有明显的拐点，当荷载超过拐点（极限承载力）之后，沉降急剧发展，荷载减小。局部剪切破坏主要发生在中砂或者中等坚硬的黏土地基中，此时地基中的滑动面未延伸到地表，荷载沉降曲线通常没有明显的破坏点，地基极限承载力通常由沉降要求控制。刺入剪切破坏通常发生在松砂或软黏土地基中，表现为沿基础四周土体的竖向剪切破坏，基础的连续下沉，地基荷载沉降曲线也没有明显的拐点。

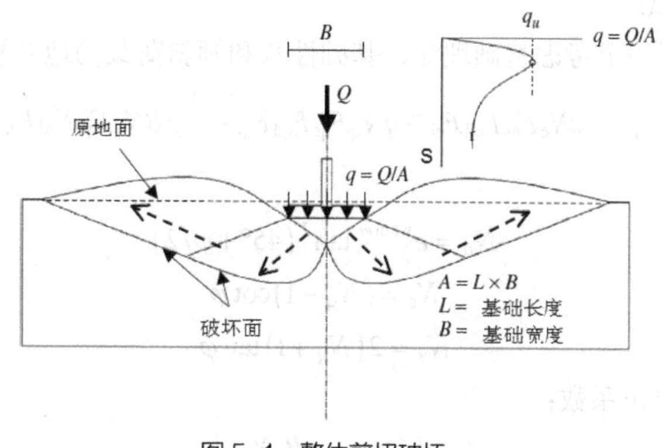

图 5-1　整体剪切破坏

5.1.2 承载力理论

现有承载力理论主要针对整体剪切破坏，典型代表理论有 Terzaghi 理论和 Meyerhof 理论。

1. Terzaghi 承载力公式

Terzaghi 1943 年针对整体剪切破坏模式提出了浅基础地基极限承载力公式，该公式针对条形基础，并假设地基为均质土层。Terzaghi 假设的破坏面形状如图 5-2 所示，基础底面以下土体中的破坏区由 3 段组成，即紧靠基础底面的三角区 DEH，两个径向剪切区 DHG 和 EIH，以及两个 Rankine 被动区 DGC 和 EFI。基础底面以上（埋深范围内）的土重由一均布压力 $q=\gamma D_f$ 代替，其中 D_f 是基础的埋深，γ 是埋深范围土的重度。Terzaghi 认为基底完全粗糙时，角度 α 等于土体摩擦角 φ，并忽略 CA 和 FB 上的土体抗剪力。极限破坏时，三角区向下移动，将其下土体向两侧远离基础的方向推动，径向剪切区推动 Rankine 被动区向上滑出。

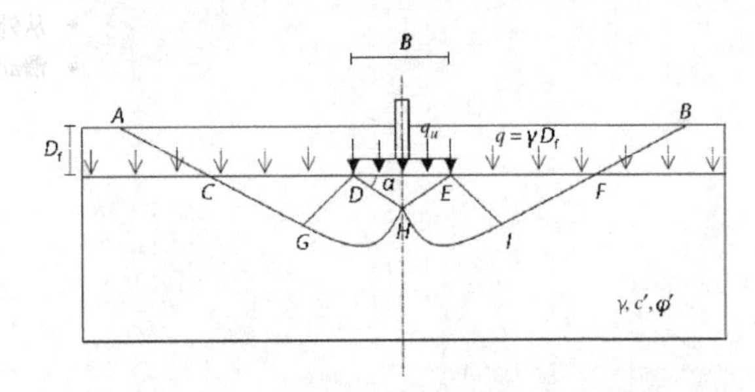

图 5-2 Terzaghi 承载力理论中的破坏面

根据三角区的极限平衡分析，Terzaghi 推导出的极限承载力公式为：

$$q_u = cN_c + qN_q + \frac{1}{2}\gamma BN_\gamma \tag{5-1}$$

式中：c 是凝聚力；q 是基础两侧超载；B 是基础宽度；N_c、N_q 和 N_γ 是承载力系数，Terzaghi 给出的公式为：

$$N_q = e^{\pi\tan\varphi}\tan^2(45°+\varphi/2) \tag{5-2}$$

$$N_c = (N_q-1)\cot\varphi \tag{5-3}$$

$$N_\gamma = (N_q-1)\tan 1.4\varphi \tag{5-4}$$

对于方形基础，承载力公式修正为：

$$q_u = 1.3cN_c + qN_q + 0.4\gamma BN_\gamma \tag{5-5}$$

对于圆形基础，承载力公式修正为：

$$q_u = 1.3cN_c + qN_q + 0.3\gamma BN_\gamma \tag{5-6}$$

2. Meyerhof 承载力公式

Meyerhof 1963 年提出了一个考虑基础埋深、基础性状和倾斜荷载的地基极限承载力公式：

$$q_u = cN_cF_{cs}F_{cd}F_{ci} + qN_qF_{qs}F_{qd}F_{qi} + \frac{1}{2}\gamma BN_\gamma F_{\gamma s}F_{\gamma d}F_{\gamma i} \tag{5-7}$$

承载力系数为：

$$N_q = e^{\pi\tan\varphi}\tan^2(45°+\varphi/2) \tag{5-8}$$

$$N_c = (N_q-1)\cot\varphi \tag{5-9}$$

$$N_\gamma = 2(N_q+1)\tan\varphi \tag{5-10}$$

F_{cs}、F_{qs} 和 $F_{\gamma s}$ 是形状修正系数：

$$F_{cs} = 1+\frac{B}{L}\frac{N_q}{N_c} \tag{5-11}$$

$$F_{qs}=1+\frac{B}{L}\tan\varphi \tag{5-12}$$

$$F_{\gamma s}=1-0.4\frac{B}{L} \tag{5-13}$$

F_{cd}、F_{qd} 和 $F_{\gamma d}$ 是深度修正系数：

对于 $D_f/B\leqslant 1$：

$$F_{cd}=1+0.4\frac{D_f}{B} \tag{5-14}$$

$$F_{qd}=1+2\tan\varphi(1-\sin\varphi)^2\frac{D_f}{B} \tag{5-15}$$

$$F_{\gamma d}=1 \tag{5-16}$$

对于 $D_f/B>1$：

$$F_{cd}=1+0.4\tan^{-1}\frac{D_f}{B} \tag{5-17}$$

$$F_{qd}=1+2\tan\varphi(1-\sin\varphi)^2\tan^{-1}\frac{D_f}{B} \tag{5-18}$$

$$F_{\gamma d}=1 \tag{5-19}$$

F_{ci}、F_{qi} 和 $F_{\gamma i}$ 是荷载方向修正系数：

$$F_{ci}=F_{qi}=\left(1-\frac{\beta^\circ}{90^\circ}\right)^2 \tag{5-20}$$

$$F_{\gamma i}=\left(1-\frac{\beta^\circ}{\varphi}\right)^2 \tag{5-21}$$

其中 β 是荷载方向与竖直线之间的角度。

5.2 算例

5.2.1 条形基础承载力

1. 问题描述

如图 5-3 所示，设有一宽度为 0.6m 的条形基础，底面完全粗糙，埋深 d 为 0.5m。地基土体均匀，可用 Mohr-Coulomb 模型进行模拟，弹性模量 $E=30\text{MPa}$，泊松比 $\nu=0.3$，凝聚力 $c=0\text{kPa}$，摩擦角 $\varphi=30^\circ$，重度 $\gamma=18\text{kN/m}^3$，试求地基极限承载力。本算例的 cae 文件为 ex5-1.cae。

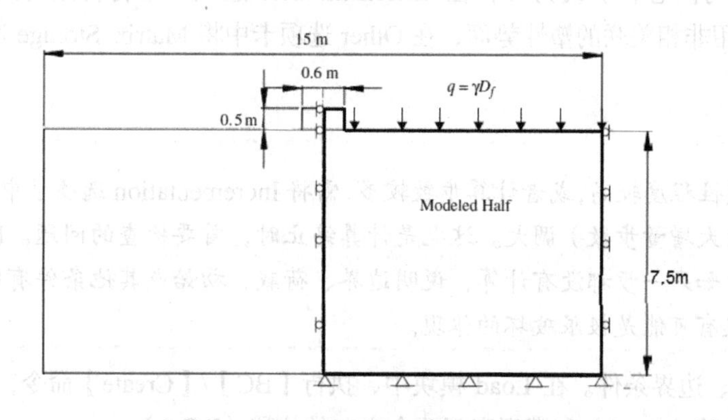

图 5-3 算例 5-1 的模型示意图（ex5-1）

2．算例学习重点

- 加载方式的模拟。
- 线性分布初始应力的设置。
- 滑动破坏面的确定。

3．模型建立及求解

Step 1　建立部件。这里首先需要确定分析区域的大小。利用模型的对称性，取一半进行分析，水平宽度和高度均取基础宽度的 50 倍，即 7.5m，在 Part 模块中执行【Part】/【Creat】命令，建立一个 7.5m×7.5m 的二维变形体。

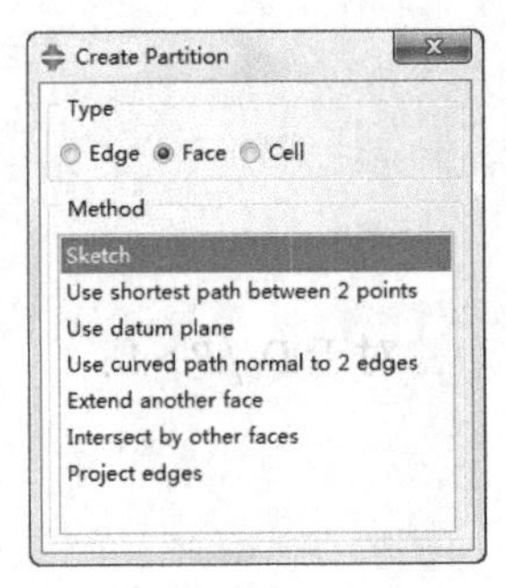

图 5-4　分隔面（ex5-1）

为了便于施加荷载，执行【Tools】/【Partition】命令，在弹出的 Create Partition 的对话框中选择 Type（类型）为 Face，Method（方法）选为 Sketch，根据提示区提示进入绘图界面后将分析区域在基础边缘处分开。这里和 Terzaghi 极限承载力理论对应，不考虑埋深范围内土的强度，埋深范围内土的重力用等效荷载反映。

执行【Tools】/【Set】/【Create】命令，将全部区域建立名为 soil 的集合。

Step 2　设置材料及截面特性。在 Property 模块中，执行【Material】/【Creat】命令，建立名称为 soil 的材料，在 Edit Material 对话框中执行【Mechanical】/【Elasticity】/【Elastic】命令设置弹性模型参数，继续执行【Mechanical】/【Plasticity】/【Mohr coulomb plasticity】命令定义 Mohr-Coulomb 模型参数，这里我们假设剪胀角 $\psi=0.1°$，即剪胀很小。同时 ABAQUS 中的黏聚力不能为 0，这里取一小值 0.1kPa。

提示：

根据前人的研究（Boltn 1986），对于平面应变 $\varphi'_{max}\approx\varphi'_{cv}+0.8\psi$，三轴条件 $\varphi'_{max}\approx\varphi'_{cv}+0.5\psi$，$\varphi'_{max}$、$\varphi'_{cv}$ 分别是峰值摩擦角和残余摩擦角。一般紧砂的剪胀角可取 15°左右，松砂小于 10°，正常固结土剪胀角取零。

执行【Section】/【Create】命令，设置名为 soil 的截面特性（对应的材料为 soil），并执行【Assign】/【Section】命令赋给相应的区域。

Step 3　装配部件。在 Assembly 模块中，执行【Instance】/【Create】命令，建立相应的 Instance。

Step 4　定义分析步。进入 Step 模块，执行【Step】/【Create】命令，在 Create Step 对话框中将分析步名改为 Geoini，选择分析步类型为 Geostatic，单击【Continue】按钮，接收 Edit Step 对话框的默认选项。该分析步是为了建立地基的初始应力状态。再次执行【Step】/【Create】命令，在 Create Step 对话框中将分析步名改为 Load，选择分析步类型为 Static, General，单击【Continue】按钮，在 Edit Step 对话框的 Basic 选项卡中将 Time period（时间总长）设为 1；在 Incrementation 选项卡中将初始时间步长设为 0.005，由于 Mohr-Coulomb 模型采用非相关联的塑性势面，在 Other 选项卡中将 Matrix Storage 选为 Unsymmetric。接受其余默认选项后退出。

注意：

如果问题的非线性程度较高，或者计算步数较多，需将 Incrementation 选项卡中的 Maximum number of increment（允许的最大增量步数）调大。这也是计算终止时，首要检查的问题。除此之外，计算不收敛的情况主要有两种，如果一步都没有计算，说明边界、荷载、初始或其他条件有问题；如果步长越来越小，最后不收敛，极有可能是极限破坏的体现。

Step 5　定义荷载、边界条件。在 Load 模块中，执行【BC】/【Create】命令，在 Initial 分析步中限定模型左、右侧的水平位移（BC-1）和模型底部两个方向的位移（BC-2）。

为了确定地基的极限承载力，这里需要确定地基的荷载沉降曲线。荷载沉降曲线的获得可以有两种方式，即给定荷载求解位移，或者给定位移求解对应的荷载。为了避免达到极限条件时，刚度减小（甚至趋于 0）带来的收敛的问题，本例中采取给定位移求解荷载的做法。为了模拟基础底面完全粗糙的情况，这里给定基础底面范围一个统一向下的位移，并且限定水平位移为零，从而达到模拟刚性、完全粗糙基础的目的。执行【BC】/【Create】命令，在 Load 分析步中，将基础底面范围的位移（BC-3）设为 U1=0，U2=-0.3m（这里指定一个较大的位移，确保计算达到破坏状态）。

Step 6 设置初始应力。本书在第 2 章中介绍了直接指定单元应力的方法构建初始应力场，这里介绍如何构建由自重产生的线性地应力场。在 Load 模块中，执行【Predefined Field】/【Create】命令，弹出如图 5-5 所示的创建预定义场对话框，将 Step 选为 Initial（ABAQUS 中的初始步），类型选为 Mechanical，Type 选择 Geostatic stress（地应力场），单击【Continue】按钮后按提示区中的提示选择整个区域施加初始应力（也可单击提示区右侧的【Sets】按钮，从已定义的 set（集合）中选择），确认后弹出编辑预定义场对话框，输入起点 1 的竖向应力（Stress Magnitude 1）-9（其为埋深范围土体的自重应力，γd，负号是因为 ABAQUS 以拉为正），对应的竖向坐标（vertical coordinate 1）为 7.5，终点的竖向应力 2（Stress Magnitude 2）为-144kPa（自重应力加上表面超载），对应的竖向坐标（vertical coordinate 2）为 0，侧向土压力系数 Lateral coefficient 按$1-\sin\varphi=0.5$估计，单击【OK】按钮确认退出。ABAQUS 会根据两端点的应力线性插值构建应力场。

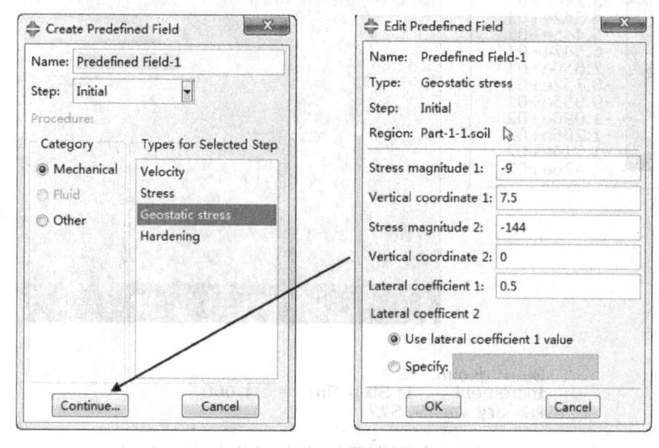

图 5-5 定义线性分布的初始应力（ex5-1）

提示：

在浅基础分析中，常忽略埋深范围内土体强度，将埋深范围内的土重作为均布荷载施加在基础底面的地基表面。

Step 7 定义荷载。为了确保在 Geostatic 分析步中初始应力场的平衡，需要施加相应的荷载，即地基土的自重和表面的超载。在 Load 模块中执行【Load】/【Create】命令，选择分析步 Geoini 作为荷载施加步，类型选择为 Body force（体力），对整个区域施加竖向体力荷载-18。再次执行【Load】/【Create】命令，在地基表面施加 Pressure（压力荷载）9kPa（包括基础底面范围）。

注意：

这里土体自重用 Body force 模拟，用户直接定义竖向的体力（重度）；自重也可采用 gravity（重力）模拟，此时需要在材料定义中设置密度，通过 gravity 类型设置重力加速度。

Step 8 划分网格。进入 Mesh 模块，将环境栏中的 Object 选项选为 Part。执行【Mesh】/【Controls】命令，在 Mesh Controls 对话框中选择 Element shape（单元形状）为 Quad（四边形），选择 Technique（划分技术）为 Structured。执行【Mesh】/【Element Type】命令，设置单元类型为 CPE4。

执行【Seed】/【Part】命令，将单元总体尺寸设为 0.15。执行【Seed】/【Edges】命令，将基础底面的种子设为 4（尺寸为 0.075），利用 Bias（偏离）选项，将土层表面、底面靠近基础的网格水平宽度设为 0.075，远处的网格水平宽度设为 0.3，优化网格。执行【Mesh】/【Part】命令划分网格。

注意：

本例中并未进行网格敏感性分析。

Step 9 提交任务。进入Job模块，执行【Job】/【Create】命令，建立名为ex5-1的任务并提交运算。

4．结果分析

Step 1 进入Visualization后处理模块，打开相应的计算结果数据库文件。

Step 2 首先检查初始应力设置是否正确，执行【Resutl】/【Field out】命令，选择geoini分析步结束时为输出帧，竖向应力S22作为输出变量。执行【Plot】/【Contours】/【On Undeformed Shape】命令，等值线云图绘制于图5-6中。通过工具栏区的⏮◀▶⏭按钮可以在不同帧中切换。结果表明，Geostatic分析步后初始应力场符合预期。读者也可进一步检查Geostatic分析步结束时的位移，如果初始应力场与外荷载及边界条件相平衡，产生的位移量值应是非常小的。

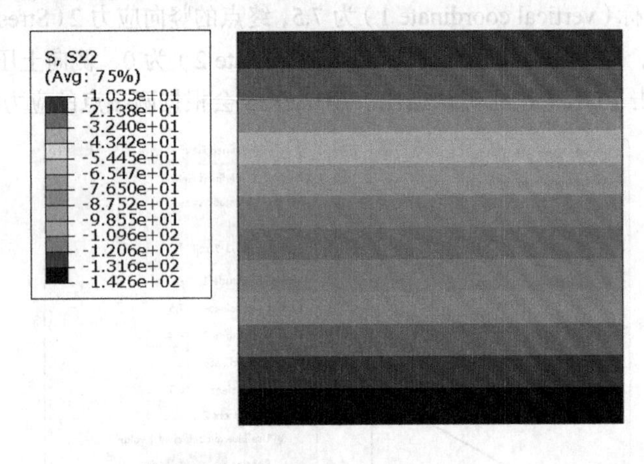

图5-6 初始应力平衡后的应力场分布（ex5-1）

Step 3 分析滑动破坏面。破坏面的确定通常有两种方式，一是根据位移场的分布；二是根据塑性应变的分布。这里分别介绍。通过【Resutl】/【Field out】命令将计算结束时（Load分析步）的位移大小Magnitude云图绘制于图5-7中。从图中可较容易地确定滑动面的位置，这是因为极限破坏时，滑动体的位移要远大于稳定部分土体的位移，两者之间有明显的界线。执行【Plot】/【Symbols】/【On Undeformed Shape】命令，可以绘制图5-8所示的位移矢量图，基础底面以下土体向两侧隆起破坏的趋势更明显，符合承载力理论的规律。

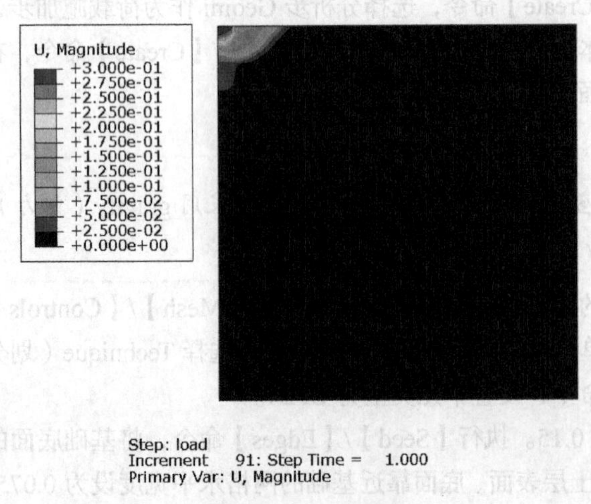

图5-7 计算终止时的位移云图（ex5-1）

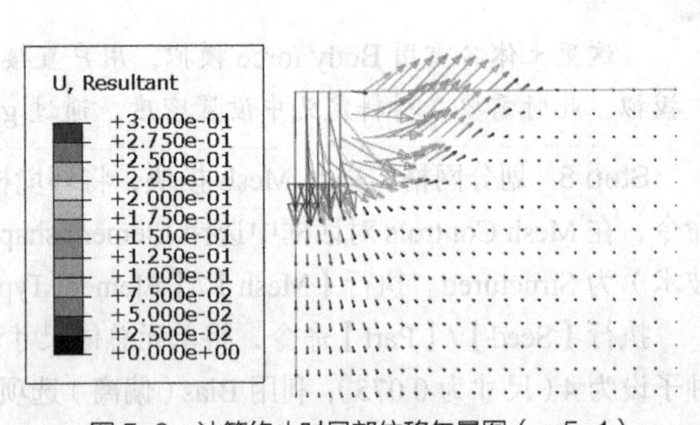

图5-8 计算终止时局部位移矢量图（ex5-1）

有的情况下，滑动体与稳定区域位移场之间的界限可能不易分辨。这时可考虑采用增量位移场来判断破坏面位置。执行【Tools】/【Create field output】/【From fields】命令或者单击工具箱区的按钮，弹出图 5-9 所示的对话框。该对话框可以对几个不同帧之间的结果进行操作，建立新的输出结果。分析步、帧可在 Step 和 Frame 右侧的下拉列表中进行选择。Operators 区域给出了适用的运算符号，可用鼠标单击选取。按图所示，输入 s2f95_u-s2f94_u 后退出。这些变量及运算符号可直接通过鼠标单击选择，其中 s2f95 指的是第二个分析步第 95 个帧，u 代表的是位移。s2f95_u-s2f94_u 就表示计算最后两步之间的增量位移，如果存在滑动破坏，滑动面处的增量位移应比周围区域大得多。执行【Resutl】/【Field out】命令，选择 Session Step 的 Session Frame 作为输出帧，将新创建的增量位移值作为输出变量，如图 5-10 所示。执行【Plot】/【Contours】/【On Undeformed Shape】命令，等值线云图绘制于图 5-11 中，此时基础下弹性楔体、径向剪切区和被动区滑动面的形状更明显。

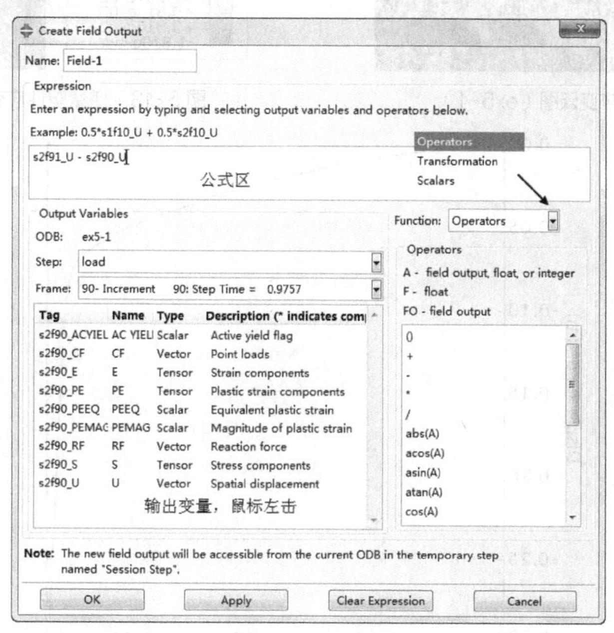

图 5-9　创建增量位移场（ex5-1）

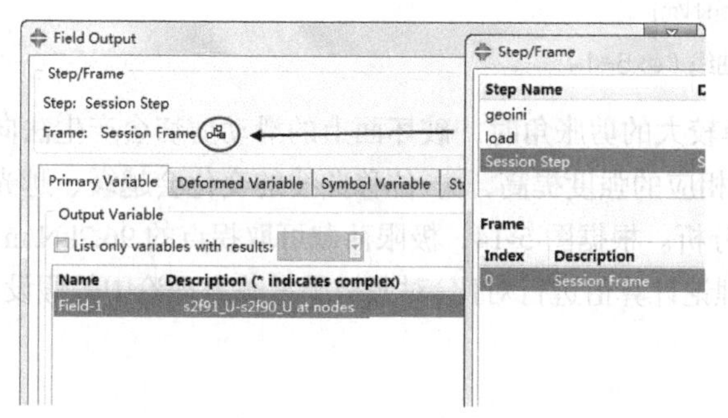

图 5-10　选择增量位移作为输出变量（ex5-1）

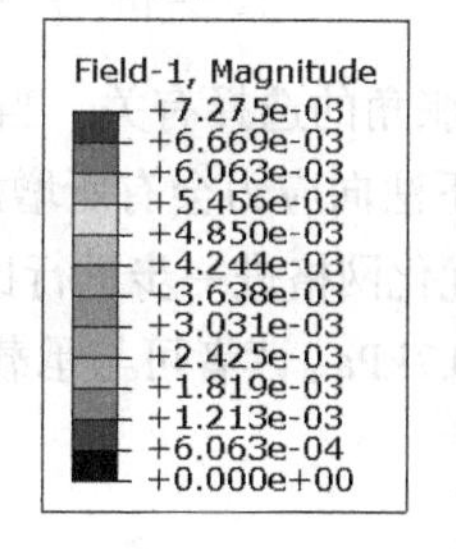

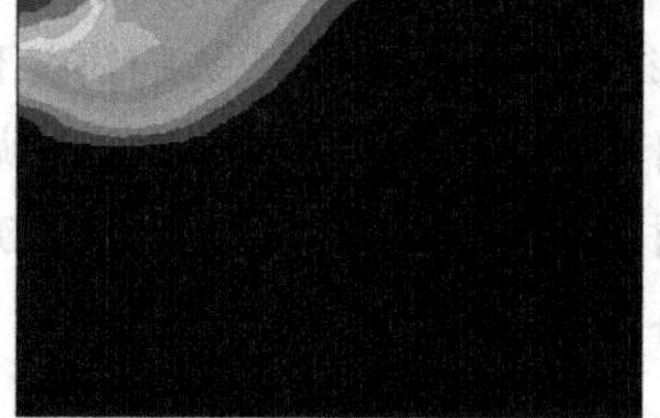

图 5-11　计算终止前的增量位移场（ex5-1）

破坏面的位置也可由塑性应变 PEMAG（见图 5-12）和增量塑性应变场（见图 5-13）来确定，图中弹性楔体、径向剪切区、被动破坏区的位置可清晰辨认，滑动面位置与根据位移场确定的结果接近。

Step 4　荷载沉降曲线的确定。注意到本例中模拟的是刚性基础（荷载作用范围内位移一致），基底下的竖向应力是不均匀的。为了获得地基的荷载沉降曲线，这里汇总了基底节点的竖向约束力。执行【Tools】/【XY Data】/【Create】命令，选择 Source（数据源）为 ODB Field Output，确认后将 Variables 选项卡中的位置 Position 选为 Unique nodal，选择竖向约束反力 RF2 和位移 U2 作为输出变量；通过 Elements/Nodes 选项卡的设置选择基底节点，保存相应结果。执行【Tools】/【XY Data】/【Create】命令，选择 Source（数据源）

为 Operation on XY Data，确认后利用 Sum 函数将各节点的 RF2 求和，利用 Combine 函数，绘制力-位移的曲线，如图 5-14 所示。

提示：

读者也可利用【Report】菜单下的命令将数据导出，利用第三方软件进行处理。

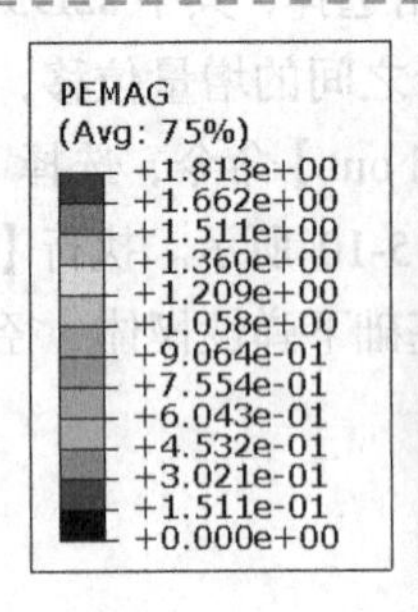

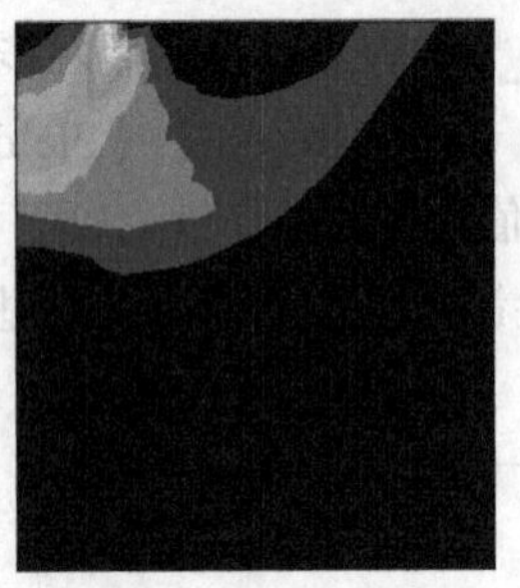

图 5-12　塑性应变云图（ex5-1）

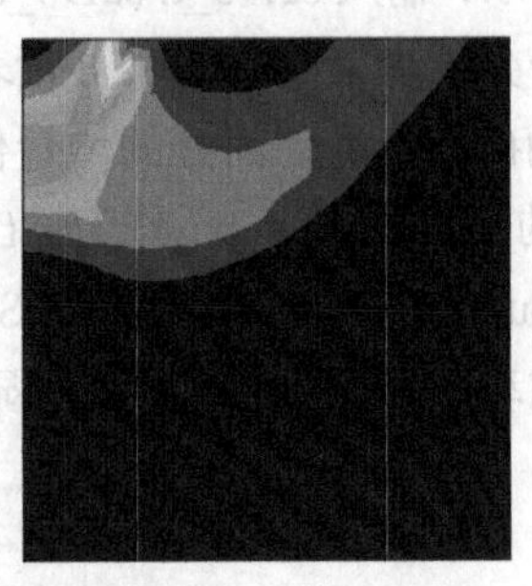

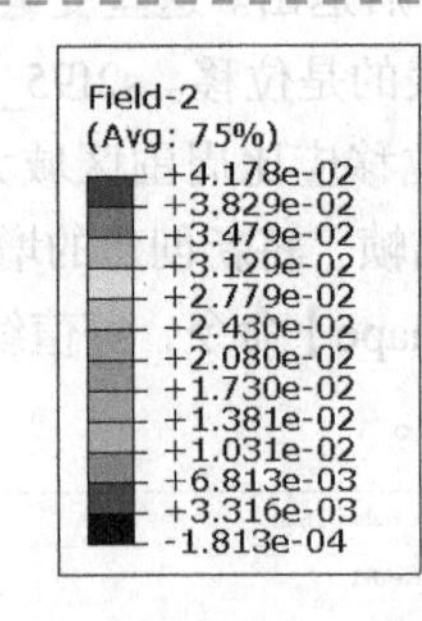

图 5-13　增量塑性应变云图（ex5-1）

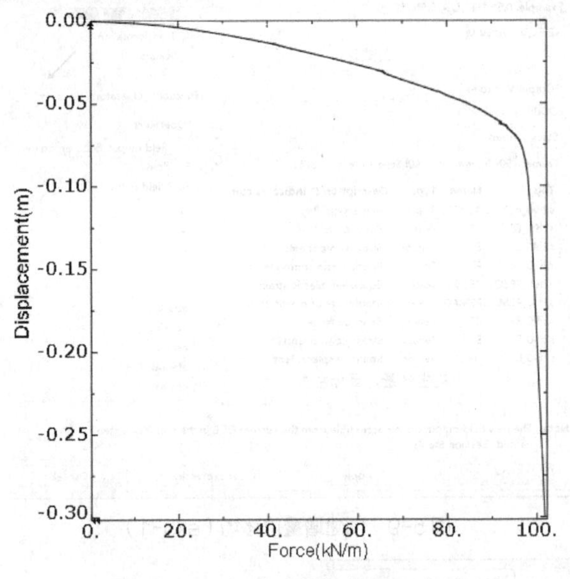

图 5-14　力-位移曲线（ex5-1）

力-位移曲线上的形态与剪胀角的选择有关。当选择较大的剪胀角时，破坏面上的滑动剪切会产生法向膨胀变形趋势，在土体的约束下法向应力会有所增加，相应的强度提高，力-位移曲线的变化会越缓、越光滑。读者可尝试调整剪胀角、优化网格进一步进行比较分析。根据图 5-14，极限荷载可取拐点的 96.2kN/m，对应的压力为 $96.2/(0.6/2)=320.7\text{kPa}$。读者可与承载力理论计算值进行对比，对照极限承载力理论中的假设，分析误差原因。

注意：

不考虑硬化的 Mohr-Coulomb 模型是理想弹塑性模型，常用于极限承载力的分析，但其得到的位移发展过程与真实情况之间有区别。

5.2.2　方形基础极限承载力

1．问题描述

本例中地基土性质、基础埋深与 ex5-1 相同，基础为一边长 3m 的方形基础（见图 5-15），试求地基极限承载力。本算例的 cae 文件为 ex5-2.cae。

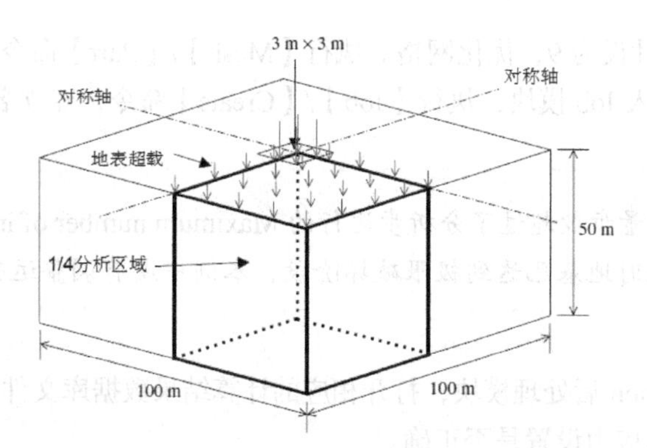

图5-15 算例5-2的模型示意图（ex5-2）

2. 算例学习重点

- 三维初始应力场的设置。
- 矩形基础的极限承载力。
- 等值线云图的三维多切片显示。

3. 模型建立及求解

Step 1 建立部件。利用模型的对称性，取1/4三维区域进行分析。在Part模块中执行【Part】/【Creat】命令，利用Extrusion（拉伸）的方法，建立一个50m×50m×50m的三维变形体。执行【Tools】/【Partition】命令，选择Type为Face，将模型顶面加载范围与其他部分分隔开。为了划分网格方便，选择Type为Cell，将基底下分隔为一土柱。执行【Tools】/【Set】命令，建立加载面集合load。

Step 2 设置材料及截面特性。在Property模块中，执行【Material】/【Creat】命令，建立名称为soil的材料，在Edit Material对话框中执行【Mechanical】/【Elasticity】/【Elastic】和【Mechanical】/【Plasticity】/【Mohr coulomb plasticity】命令定义Mohr-Coulomb模型参数。执行【Section】/【Create】命令，设置名为soil的截面特性（对应的材料为soil），并执行【Assign】/【Section】命令赋给相应的区域。

Step 3 装配部件。在Assembly模块中，执行【Instance】/【Create】命令，建立相应的Instance。

Step 4 定义分析步。进入Step模块，按照ex5-1中的步骤，建立类型为Geostatic的分析步Geoini和类型为Static, general的分析步Load。

Step 5 定义荷载、边界条件。在Load模块中，执行【BC】/【Create】命令，在Initial分析步约束模型底部Z=0面上3个方向的位移，X=0对称面和远处边界面X=50m上X向位移，Y=0对称面和远处边界面Y=50m，Y向位移。执行【BC】/【Create】命令，在Load分析步中，将基础底面范围的位移设为U1=0，U2=0，U3=–1.5m。

Step 6 设置初始应力。在Load模块中，执行【Predefined Field】/【Create】命令，按ex5-1中的步骤设置初始应力场，起点应力为–9，竖向坐标为50，终点应力为–909，竖向坐标为0，两个方向的土压力系数都取0.5。

注意：

三维初始应力场设置中的应力是Z向应力，即Z轴必须代表竖向。

Step 7 定义荷载。进入Load模块，在Geoini分析步中对整个区域施加BZ竖向体力荷载–18，对地基表面施加Pressure压力荷载9kPa。

Step 8 划分网格。进入Mesh模块，将环境栏中的Object选项选为Part。执行【Mesh】/【Controls】命令，在Mesh Controls对话框中选择Element shape（单元形状）为Hex（六面体），选择Technique（划分技术）为Sweep。执行【Mesh】/【Element Type】命令，设置单元类型为C3D8。执行【Seed】/【Edges】命令，将基础底面四边的单元边长设为0.3。利用Bias（偏离）选项，将土层表面、底面、竖向靠近基础的网格尺寸设为0.3，远处的尺寸设为9，优化网格。执行【Mesh】/【Part】命令划分网格。

Step 9　提交任务。进入Job模块，执行【Job】/【Create】命令，建立名为ex5-2的任务并提交运算。

提示：

本例中计算所需的增量步数超过了分析步运行的Maximum number of increment（默认100），计算终止。由于后续分析表明此时地基已达到极限破坏阶段，本例中没有调整运行最大步数重新计算。

4．结果分析

Step 1　进入Visualization后处理模块，打开相应的计算结果数据库文件，通过Geoini步开始及结束时的应力场、位移场检查初始应力设置是否正确。

Step 2　按照例子ex5-1中的方法，将计算终止时的增量位移云图绘制于图5-16之中。由图中也可清晰地确定三维破坏面的位置，其与条形基础下的有所不同，体现出明显的三维特点。读者可尝试通过塑性剪切应变、增量塑性剪切应变的云图进行印证。

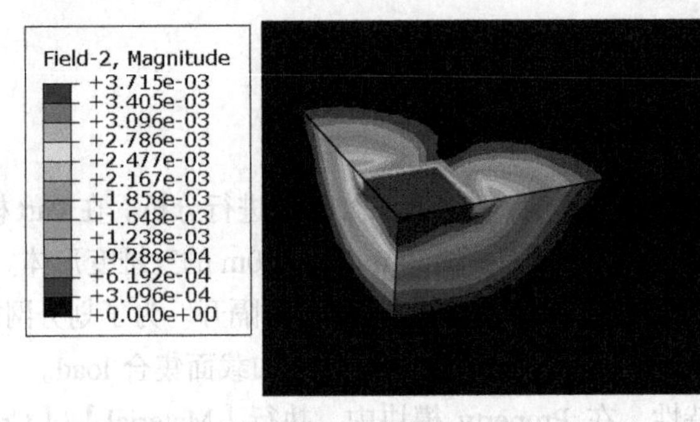

图5-16　计算终止时的增量位移云图（ex5-2）

Step 3　对于三维云图，可通过切片功能进行分析。执行【Tools】/【View Cut】/【Manager】命令，弹出图5-17所示的对话框，读者可勾选*X*、*Y*、*Z*前面的选择框，选择切片截面。通过Position位置控制切片位置。切片平面位置可以有平切和旋转两种。选择Allow for multiple cuts可允许同时显示多张切片。单击【Create】按钮，可以自定义切片。指定原点为（0，0，0），Normal axis切片法线上的点为（0，0，1）（即*Z*轴），Axis 2设为（0，1，0）（切片上的一点）。创建切片后，在切片管理对话框中可同时选择多个切片，图5-18所示的是利用这一功能绘制的竖向应力S33云图。

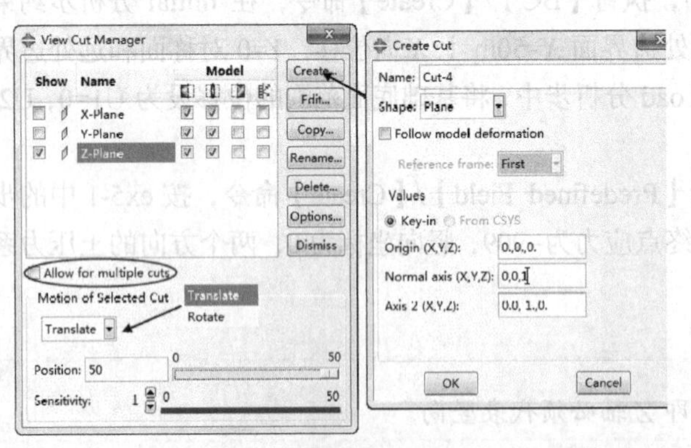

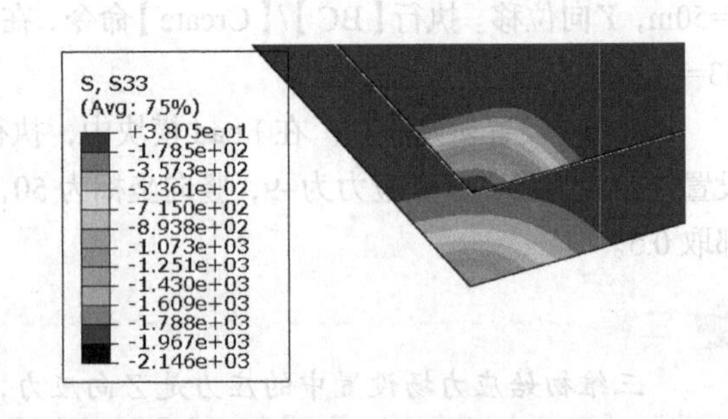

图5-17　切片管理对话框（ex5-2）　　　　图5-18　竖向应力切片云图（ex5-2）

Step 4　荷载沉降曲线的确定。利用ex5-1中介绍的方法，执行【Tools】/【XY Data】/【Create】命令，选择Source（数据源）为ODB Field Output，确认后将Variable选项卡中的位置Position选为Unique nodal，选择竖向约束反力RF3和位移U3作为输出变量；在Elements/nodes选项卡中选择Selction的Method为Node sets，根据为之前定义的加载面集合load确定输出结果的节点，保存相应结果。执行【Tools】/【XY Data】/【Create】命令，选择Source（数据源）为Operation on XY Data，确认后利用Sum函数将各节点的RF3求和，利用 Combine 函数，绘制力-位移的曲线，如图 5-19 所示，曲线拐点对应的荷载为 2060kN，对应的承载力为 $4\times2060/9=915.6\text{kPa}$ 。

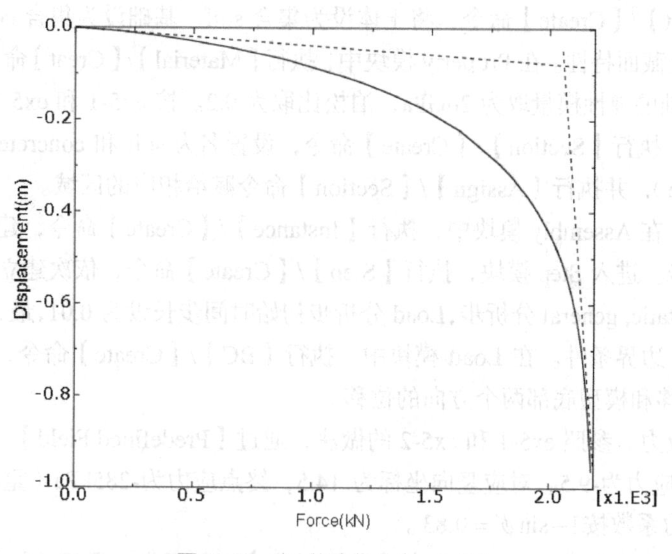

图 5-19 力-位移曲线（ex5-2）

5.2.3 倾斜荷载作用下的条形基础

1. 问题描述

如图 5-20 所示，有一个宽度为 2.0m 的条形基础，底面完全粗糙，埋深 d 为 0.5m，基础中心受到一倾斜荷载作用。地基土体弹性模量 $E=20\text{MPa}$，泊松比 $\nu=0.3$，凝聚力 $c=60\text{kPa}$，摩擦角 $\varphi=15°$，剪胀角 $\psi=0.1°$，重度 $\gamma=19\text{kN/m}^3$ 。试求地基极限承载力。本算例的 cae 文件为 ex5-3.cae。

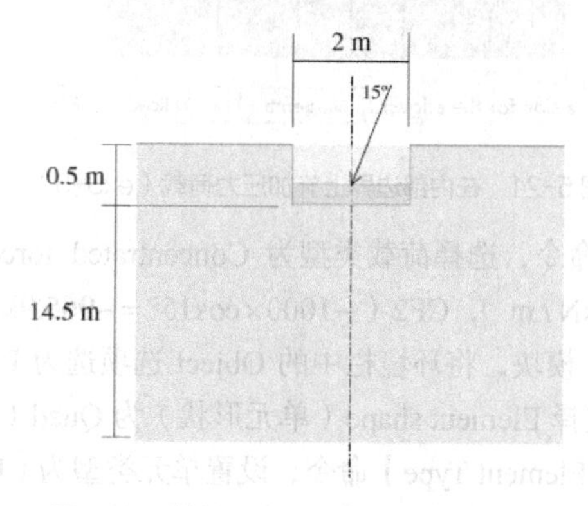

图 5-20 算例 5-3 的模型示意图（ex5-3）

2. 算例学习重点

- 荷载方向对地基承载力的影响。
- 在内边界上施加压力荷载。
- 后处理中显示组 display group 的操作。

3. 模型建立及求解

Step 1 建立部件。由于荷载倾斜，不满足对称条件，建模时需要考虑全部土体区域。同时由于基础的位移方向不定，无法采用 ex5-1 中的方法模拟刚性基础，需要在几何模型中包含混凝土基础。由于基础底面完全粗糙，为简单起见，认为基础底面和土体之间共节点。在 Part 模块中执行【Part】/【Creat】命令，不考虑埋深范围内的土体，建立二维变形体。执行【Tools】/【Partition】命令，根据提示区中的提示进入绘图界面后分隔出基础的形状，为了方便施加荷载及剖分网格，将基础及土层沿中心线分开。

执行【Tools】/【Set】/【Create】命令，将土体设为集合 soil，基础设为集合 concrete。

Step 2 设置材料及截面特性。在 Property 模块中，执行【Material】/【Creat】命令，建立名称为 concrete 的弹性材料，混凝土基础的弹性模量取为 20GPa，泊松比取为 0.2。按 ex5-1 和 ex5-2 的步骤，创建名为 soil 的 Mohr-Coulomb 材料。执行【Section】/【Create】命令，设置名为 soil 和 concrete 的截面特性（对应的材料分别为 soil 和 concrete），并执行【Assign】/【Section】命令赋给相应的区域。

Step 3 装配部件。在 Assembly 模块中，执行【Instance】/【Create】命令，建立相应的 Instance。

Step 4 定义分析步。进入 Step 模块，执行【Step】/【Create】命令，依次建立名为 Geoini 的 Geostatic 分析步和名为 Load 的 Static, general 分析步，Load 分析步初始时间步长设为 0.01，最大允许增量数设为 1000。

Step 5 定义荷载、边界条件。在 Load 模块中，执行【BC】/【Create】命令，在 Initial 分析步中限定模型左、右侧的水平位移和模型底部两个方向的位移。

Step 6 设置初始应力。参照 ex5-1 和 ex5-2 的做法，通过【Predefined Field】/【Create】命令定义初始应力场，起点 1 的竖向应力为-9.5，对应竖向坐标为 14.5；终点应力为-285kPa（重度乘以深度），对应的竖向坐标为 0，侧向土压力系数按 $1-\sin\phi'=0.83$。

Step 7 定义荷载。为了确保 Geostatic 分析步中初始应力场的平衡，需要施加相应的荷载。在 Load 模块中执行【Load】/【Create】命令，选择分析步 Geoini 作为荷载施加步，类型选择为 Body force（体力），对土层施加竖向体力荷载–19；对土层顶面（包含基础底面的土层）施加压力荷载 9.5kPa。这里需要注意，由于基础底面属于模型内部边界，选择时需将 Selction 工具栏中的（选择外部边界）更改为（选择内部边界）。选择基础底边后，ABAQUS 会在提示区询问面的方向，如图 5-21 所示。该方法也常在施加大坝心墙上的水压力时采用。

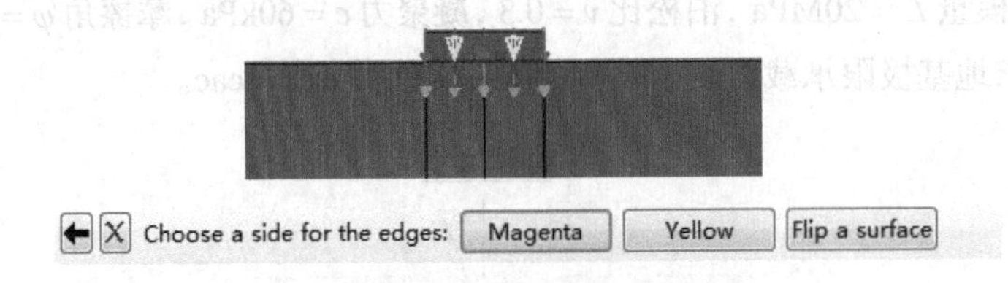

图 5-21 在内部边界上施加压力荷载（ex5-3）

再次执行【Load】/【Create】命令，选择荷载类型为 Concentrated force（集中力），在基础顶面中心点施加 CF1（$-1000\times\sin15°=-258.8\text{kN}/\text{m}$），CF2（$-1000\times\cos15°=-965.9\text{kN}/\text{m}$）。

Step 8 划分网格。进入 Mesh 模块，将环境栏中的 Object 选项选为 Part。执行【Mesh】/【Controls】命令，在 Mesh Controls 对话框中选择 Element shape（单元形状）为 Quad（四边形），选择 Technique（划分技术）为 Sweep。执行【Mesh】/【Element Type】命令，设置单元类型为 CPE4。执行【Seed】/【Edges】命令，将基础底面的单元尺寸设为 0.125，利用 Bias（偏离）选项，将土层表面、底面靠近基础的网格水平尺寸设为 0.125，远处的网格水平宽度设为 1.25。执行【Mesh】/【Part】命令划分网格。

Step 9 提交任务。进入 Job 模块，执行【Job】/【Create】命令，建立名为 ex5-3 的任务并提交运算。

4. 结果分析

Step 1 进入 Visualization 后处理模块，打开相应的计算结果数据库文件。根据 geoini 分析步终止时的竖向应力及位移云图检查初始应力设置是否正确。

Step 2 计算结束时的位移云图如图 5-22 所示。由于荷载倾斜，滑动区域左侧要大一些，符合一般规律。画图时可利用【Tools】/【Display group】/【Create】命令或相应的工具栏按钮，将不同区域单独显示。

Step 3 荷载沉降曲线的确定。利用【Tools】/【XY Data】/【Create】命令，将基础中心点竖向位移随时间的发展绘制于图 5-23 中。图中的横坐标时间为总时间，时间坐标 1～2 代表着第二个分析步。由图可见，在 t=1.97 时变形忽然增加，可认为地基破坏。由于荷载在分析步中线性变化，则对应的破坏荷载为 $0.97\times1000=970\text{kN}/\text{m}$。

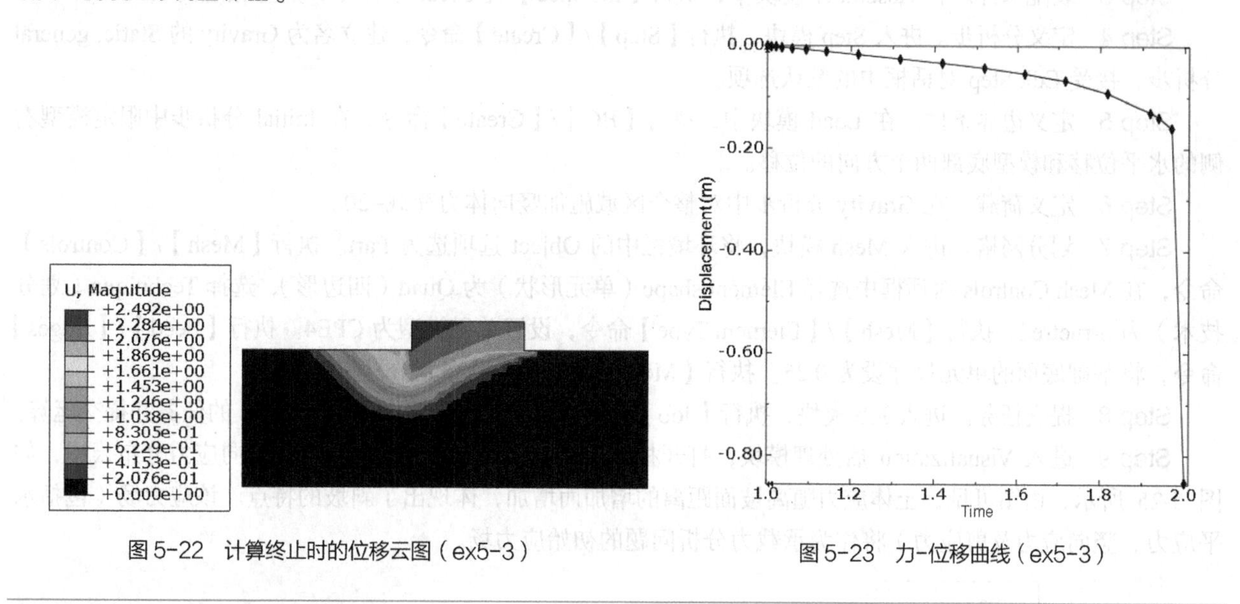

图 5-22 计算终止时的位移云图（ex5-3） 图 5-23 力-位移曲线（ex5-3）

5.2.4 边坡上的条形基础

1. 问题描述

如图 5-24 所示，有一个宽度为 2.0m 的条形基础坐落在一个高 4m 的斜坡上，埋深 d 为 1m，地基土体弹性模量 $E=20\text{MPa}$，泊松比 $\nu=0.3$，凝聚力 $c=40\text{kPa}$，摩擦角 $\varphi=20°$，剪胀角 $\psi=0.1°$，重度 $\gamma=20\text{kN/m}^3$。试求极限承载力。

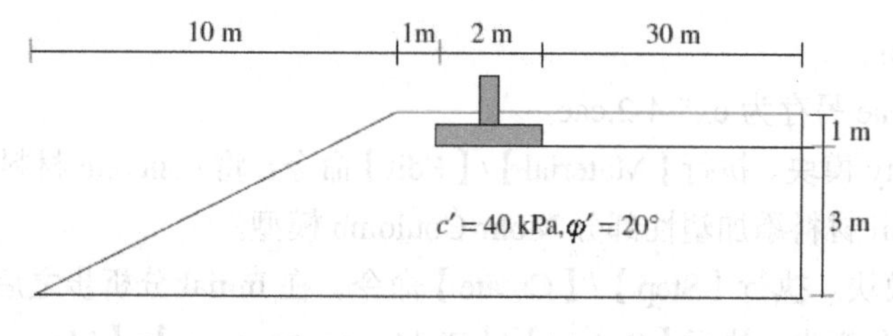

图 5-24 算例 5-4 的模型示意图（ex5-4）

2. 算例学习重点

- 复杂初始应力场的生成。
- 从外部数据库导入初始条件。

3. 模型建立及求解

（1）初始应力场的生成。

本例中分析区域为一土坡，自重应力场不是线性分布。为了获得斜坡的初始应力场，先将土体和基础假设为同一弹性材料，进行自重荷载下的分析。相应的 cae 文件为 ex5-4-1.cae。

Step 1 建立部件。在 Part 模块中执行【Part】/【Creat】命令，按图 5-24 所示的尺寸，建立一个二维变形体。利用【Tools】/【Partition】命令，分隔出基础的形状，简化起见，基础厚度取为 1m。

Step 2 设置材料及截面特性。在 Property 模块中，执行【Material】/【Creat】命令，分别建立名称为 concrete 和 soil 的弹性材料，弹性模量都暂时取为 20MPa，泊松比取为 0.3。执行【Section】/【Create】命令，设置名为 soil 和 concrete 的截面特性（对应的材料分别为 soil 和 concrete），并执行【Assign】/【Section】命令赋给相应的区域。

Step 3 装配部件。在 Assembly 模块中，执行【Instance】/【Create】命令，建立相应的 Instance。

Step 4 定义分析步。进入 Step 模块，执行【Step】/【Create】命令，建立名为 Gravity 的 Static, general 分析步，接受 Edit Step 对话框中的默认选项。

Step 5 定义边界条件。在 Load 模块中，执行【BC】/【Create】命令，在 Initial 分析步中限定模型右侧的水平位移和模型底部两个方向的位移。

Step 6 定义荷载。在 Gravity 分析步中对整个区域施加竖向体力荷载–20。

Step 7 划分网格。进入 Mesh 模块，将环境栏中的 Object 选项选为 Part。执行【Mesh】/【Controls】命令，在 Mesh Controls 对话框中选择 Element shape（单元形状）为 Quad（四边形），选择 Technique（划分技术）为 Structred。执行【Mesh】/【Element Type】命令，设置单元类型为 CPE4。执行【Seed】/【Edges】命令，将基础底面的单元尺寸设为 0.25。执行【Mesh】/【Part】命令划分网格。

Step 8 提交任务。进入 Job 模块，执行【Job】/【Create】命令，建立名为 ex5-4-1 的任务并提交运算。

Step 9 进入 Visualization 后处理模块，打开相应的计算结果数据库文件。绘制竖向应力分布云图，如图 5-25 所示，由图可见，土体应力随离坡面距离的增加而增加，体现出了斜坡的特点。该应力场（包括水平应力、竖向应力及剪应力）将作为承载力分析问题的初始应力场。

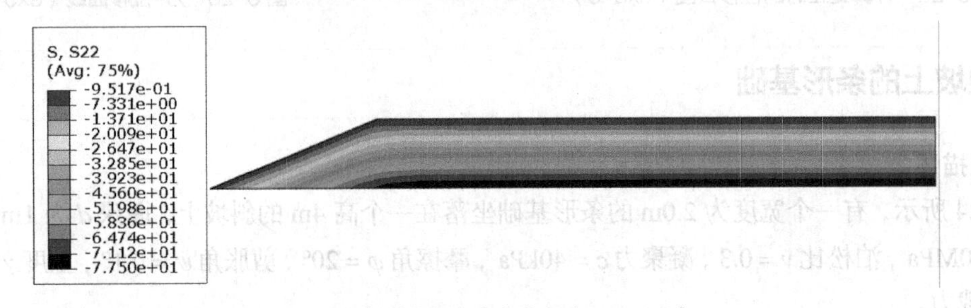

图 5-25　斜坡的竖向应力分布（ex5-4-1）

（2）导入初始应力场。

Step 1 将 ex5-4-1.cae 另存为 ex5-4-2.cae。

Step 2 进入 Property 模块。执行【Material】/【Edit】命令，将 concrete 材料的弹性模量修改为 20GPa，泊松比修改为 0.2；对 soil 材料添加塑性部分 Mohr-Coulomb 模型。

Step 3 进入 Step 模块。执行【Step】/【Create】命令，在 Initial 分析步之后、Gravity 分析步之前插入名为 Geoini 的 Geostatic 分析步。执行【Output】/【Field output request】/【Manger】命令，在图 5-26 所示的对话框中，单击右侧的【Move Left】按钮，确保场变量输出在 Geoini 分析步中就已生效。

Step 4 进入 Load 模块。执行【Load】/【Manager】命令，弹出图 5-27 所示的 Load Manager 对话框。选择之前时间的体力荷载，单击右侧的【Move Left】按钮，将荷载移至 Geoini 分析步中，表示荷载在初始应力平衡步中就已经施加。

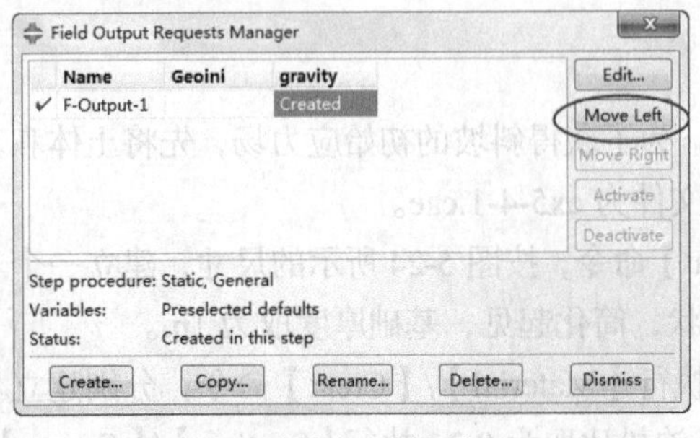

图 5-26　修改输出请求控制（ex5-4）

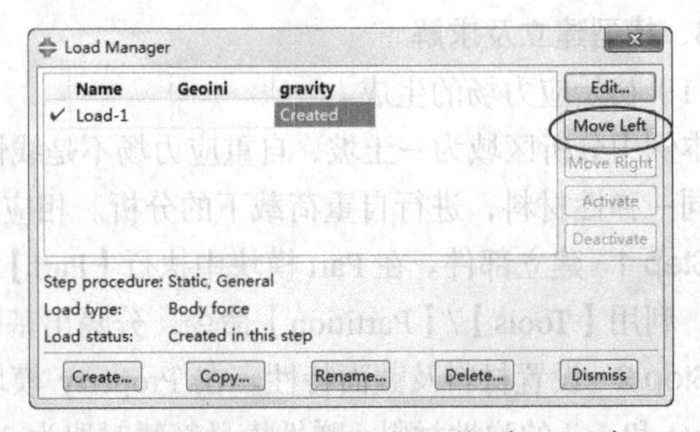

图 5-27　修改荷载生效时间（ex5-4）

Step 5 回到 Step 模块。执行【Step】/【Delete】/【Gravity】命令，将 Gravity 分析步删除，由于之前已将荷载调整到 Geoini 分析步，删除 Gravity 分析步不会对荷载和边界条件产生影响。

Step 6 进入 Load 模块。执行【Predefined Field】/【Create】命令，弹出如图 5-5 所示的创建预定义场对话框，将 Step 选为 Initial（ABAQUS 中的初始步），类型选为 Mechanical，Type 选择 Stress，单击【Continue】按钮后按提示区中的提示选择整个区域，确认后弹出如图 5-28 所示的编辑预定义场对话框，在 Specification 右侧的下拉列表中选择 From output database file，在 File name 右侧的文本框中设置外部数据库的路径，本例中为之前的 ex5-4-1（可不写后缀）。Step 和 Increment 分别为欲导入结果的分析步和增量步，本例中均为 1，即第一个分析步的第一个增量步。

注意：

这里初始应力场的设置是从外部数据库导入每个单元的应力，因此不选择 Geostress，而是选择 Stress。

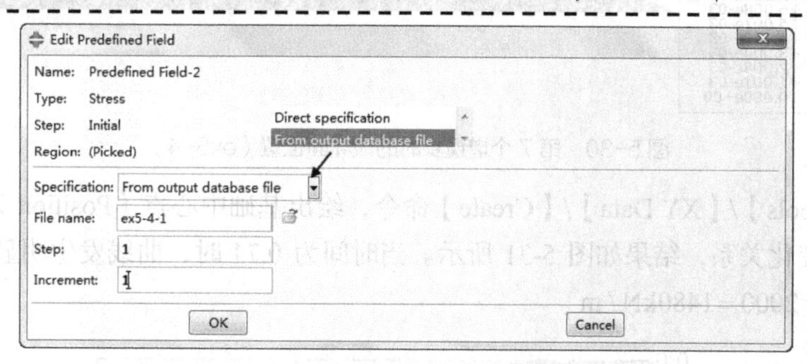

图 5-28 从外部数据库导入初始应力场（ex5-4）

提示：

如果初始应力场由第三方软件获得，用户可将其按照一定的格式写出文本文件，然后在 inp 文件中利用相关关键字命令导入。用户可参考 ABAQUS 帮助文档中关键字部分关于*Initial conditions，type=stress 的相关解释。

Step 7 进入 Job 模块，创建名为 ex5-4-2 的任务，并提交计算。计算结束后打开相应数据库，通过应力分布云图和位移分布云图，验证初始应力设置是否成功。

（3）极限承载力分析。

Step 1 将 ex5-4-2.cae 另存为 ex5-4-3.cae。

Step 2 进入 Step 模块。执行【Step】/【Create】命令，在 Geoini 分析步后插入类型为 Static, general，名字为 Load 的分析步，在 Edit Step 对话框的 Basic 选项卡中将 Time period（时间总长）设为 1；在 Incrementation 选项卡中将初始时间步长设为 0.01，在 Other 选项卡中将 Matrix Storage 选为 Unsymmetric。

Step 3 进入 Load 模块。执行【Load】/【Create】命令，在基础顶面中心点施加集中荷载 2000kN/m，荷载生效时间为 Load 分析步。

Step 4 进入 Job 模块，创建新的任务 ex5-4-3 并提交运算。

4．结果分析

Step 1 进入 Visualization 后处理模块，打开 ex5-4-3.odb。本例中计算到第 61 个增量步，分析步时间为 0.765 时计算终止。

Step 2 通过【Result】/【Field output】命令，选择计算结束时为输出帧，塑性应变 PEMAG 为输出变量。执行【Plot】/【Contours】/【On Undeformed Shape】命令，将等值线云图绘制于图 5-29 中，由该图中可以清晰地区分出破坏面的位置。对比不同时间的 PEMAG 等值线云图（见图 5-30），可以发现加载初期，塑性区由基础两侧边缘向下发展；当破坏区发展到一定程度后，逐渐连成片，并向临坡面一侧滑动变形。读者也可尝试使用位移分布云图判断破坏面的位置。

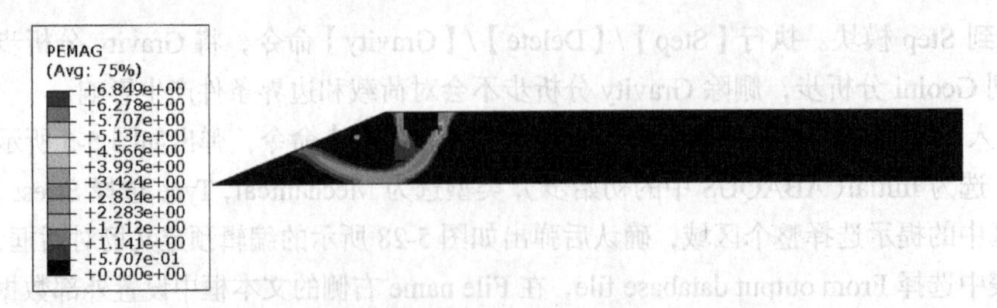

图 5-29　第 61 增量步时的破坏面位置（ex5-4）

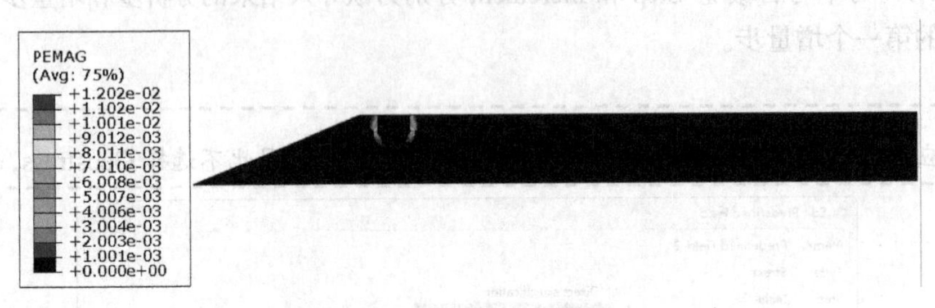

图 5-30　第 7 个增量步时的破坏面位置（ex5-4）

Step 3　执行【Tools】/【XY Data】/【Create】命令，绘出基础中心点（Position 为 Unique nodal）的竖向位移 U2 随时间的变化关系，结果如图 5-31 所示。当时间为 0.74 时，曲线发生明显转折，达到破坏，对应的极限荷载为 $0.74\times2000=1480\text{kN}/\text{m}$。

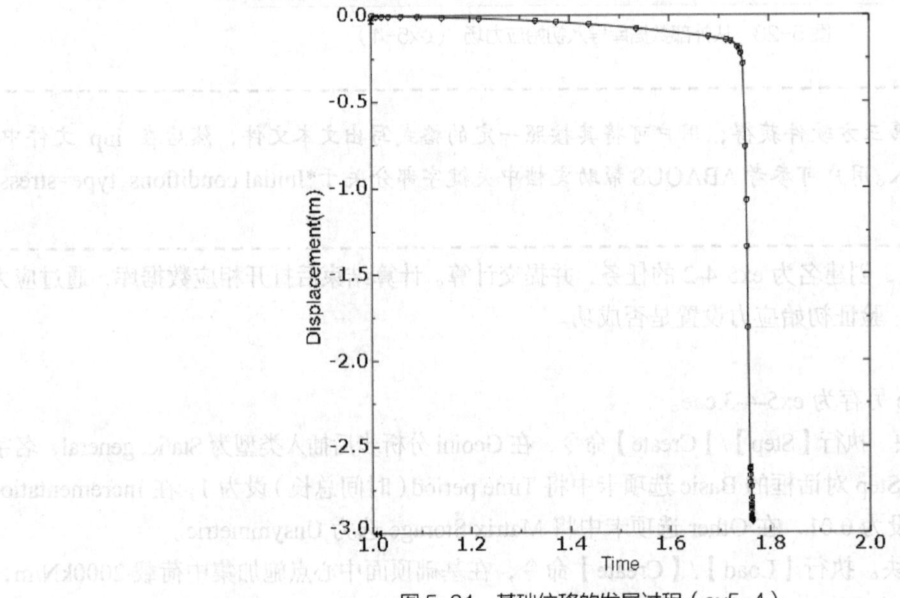

图 5-31　基础位移的发展过程（ex5-4）

5.3　本章小结

本章首先简单介绍了浅基础地基极限承载力的经典理论，然后通过条形基础、方形基础、倾斜荷载作用下的条形基础、斜坡上的条形基础等实例介绍了相关问题的数值求解方法，重点讨论了初始应力状态的设置、破坏面的位置、极限荷载的确定的内容。

第 6 章 挡土结构的土压力

本章导读

在土木水利工程中，为了防止土体的水平移动，通常需要设置挡土结构。挡土结构的设计首先需要确定作用的荷载，本章主要介绍应用有限元软件 ABAQUS 求解挡土结构土压力的方法。

本章要点

- 土压力理论
- 重力式挡土墙分析实例
- 加筋土挡墙分析实例

6.1 土压力理论

挡土墙后的土压力可能有 3 种，即静止土压力、主动土压力和被动土压力。

6.1.1 静止土压力

静止土压力的计算常根据墙后某点竖向应力 σ_v' 的大小估计水平应力 σ_h'，水平应力的分布图形面积即为静止土压力合力。

$$\sigma_h' = K_0\sigma_v' \tag{6-1}$$

式中，K_0是静止土压力系数，正常固结土可根据土的有效摩擦角 φ' 估计：

$$K_0 = 1-\sin\varphi' \tag{6-2}$$

6.1.2 主动土压力

主动土压力的计算理论主要有郎肯理论和库伦理论。郎肯理论假设挡土墙墙背竖直、光滑、填土面水平，其根据墙后某点的极限平衡条件，得到主动土压力强度 σ_a' 为：

$$\sigma_a' = \sigma_v' K_a - 2c'\sqrt{K_a} \tag{6-3}$$

式中，$K_a = \tan^2(45°-\varphi'/2)$ 是主动土压力系数，c' 为土体的有效黏聚力，其余参数意义如前。

库伦土压力理论从破坏楔体的整体平衡出发，假设破坏面为平面，给出的主动土压力系数为：

$$K_a = \frac{\sin^2(\beta+\varphi')}{\sin^2\beta\sin(\beta-\delta)\left[1+\sqrt{\dfrac{\sin(\varphi'+\delta)\sin(\varphi'-\alpha)}{\sin(\beta-\delta)\sin(\alpha+\beta)}}\right]^2} \tag{6-4}$$

式中，α 为填土倾角（见图 6-1）；β 为墙背倾角；δ 为墙与土之间的摩擦角，如无试验数据，可假设为 $2\varphi'/3$。

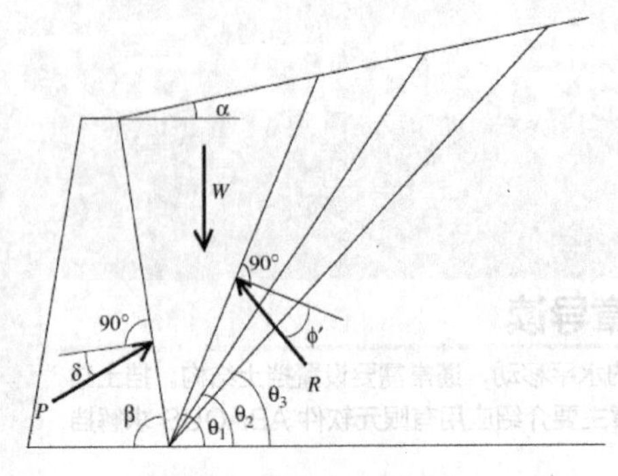

图 6-1 库伦土压力理论

6.1.3 被动土压力

按照郎肯理论，被动土压力强度 σ'_{p} 为：

$$\sigma'_{\mathrm{p}} = \sigma'_{\mathrm{v}} K_{\mathrm{p}} + 2c'\sqrt{K_{\mathrm{p}}} \tag{6-5}$$

式中，$K_{\mathrm{p}} = \tan^2(45° + \varphi'/2)$ 是被动土压力系数，其余参数意义如前。

库伦理论给出的被动土压力系数为：

$$K_{\mathrm{p}} = \frac{\sin^2(\beta - \varphi')}{\sin^2\beta \sin(\beta + \delta)\left[1 - \sqrt{\dfrac{\sin(\varphi' + \delta)\sin(\varphi' + \alpha)}{\sin(\beta + \delta)\sin(\alpha + \beta)}}\right]^2} \tag{6-6}$$

6.2 算例

6.2.1 重力式挡土墙

1. 问题描述

本算例取自 SAM HELWANY 的《Applied Soil Mechanics with ABAQUS Applications》一书。如图 6-2 所示，有一个高 3m 的混凝土重力式挡土墙，弹性模量 $E = 20\mathrm{GPa}$，泊松比 $\nu = 0.2$。墙后为干砂，填土表面作用超载 7 kPa，弹性模量 $E = 50\mathrm{MPa}$，泊松比 $\nu = 0.3$，凝聚力 $c' = 0\mathrm{kPa}$，摩擦角 $\varphi' = 37°$，剪胀角 $\psi = 10°$，重度 $\gamma = 17\,\mathrm{kN/m^3}$，假设挡土墙静止不动、绕墙趾点向左及向右旋转，求墙后的土压力。本算例的 cae 文件为 ex6-1.cae。

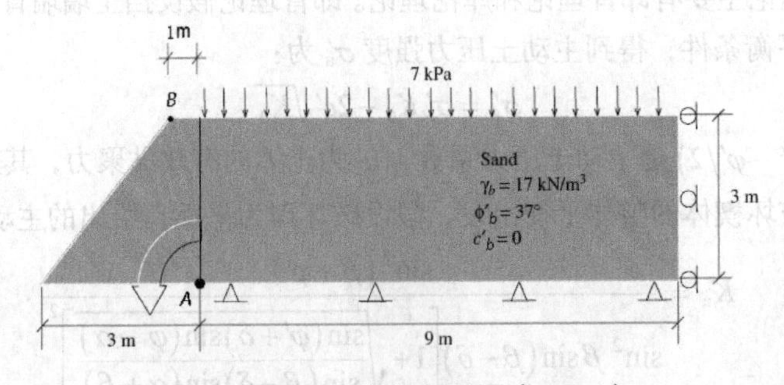

图 6-2 算例 6-1 的模型示意图（ex6-1）

2. 算例学习重点

- 重力荷载的施加。
- 利用局部坐标系定义旋转位移边界条件。
- 墙、土接触面的设置。
- 墙后土压力与位移大小及方向之间的关系。

3. 模型建立及求解

Step 1 建立部件。在 Part 模块中执行【Part】/【Creat】命令，按图 6-2 所示尺寸，分别建立一个名为 wall 和 soil 的部件，均为二维变形体。为方便操作，将 *A* 点的坐标取为（0，0）。为后续定义接触面方便，执行【Surface】/【Create】命令，在 wall 和 soil 部件中（通过环境栏 Part 右侧的下拉列表切换）分别将墙背面和相应的土体侧面定义为名为 wall-int 和 soil-int 的面。

Step 2 设置材料及截面特性。在 Property 模块中，执行【Material】/【Creat】命令，按所给数据，分别创建名为 wall 的弹性材料及名为 soil 的 Mohr-Coulomb 材料。本例中将采用 gravity 的类型施加重力荷载，因此对 soil 材料还需定义材料的密度。在图 6-3 所示的 Edit Material 对话框中，执行【General】/【Density】命令，定义密度为 1.7 t/m^3。

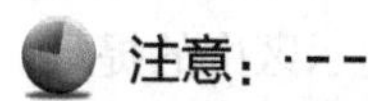

注意：

如果力的单位取为 kN，长度的单位取为 m，则应力和模量的单位为 kPa，密度的单位为 t/m^3。

执行【Section】/【Create】命令，设置名为 wall 的截面特性（对应的材料为 wall），soil 截面特性（对应的材料为 soil），并执行【Assign】/【Section】命令赋给相应的区域（操作中可能需要切换当前 Part）。

提示：

为方便起见，常将材料的名字和截面特性的名字取为一致。

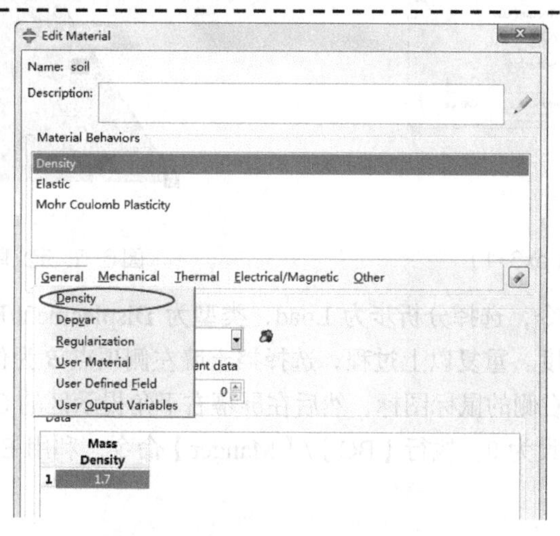

图 6-3 设置材料的密度（ex6-1）

Step 3 装配部件。在 Assembly 模块中，执行【Instance】/【Create】命令，弹出 Create Instance 对话框，首先选择部件 soil，单击【Apply】按钮，生成相应实体；再选择部件 wall，单击【OK】按钮确认退出。由于本例中建立部件时就控制了部件的坐标，此时不需要调整位置。否则需要执行【Instance】/【Translate】等命令，移动部件，确保 wall 和 soil 部件正好接触。

Step 4 定义分析步。进入 Step 模块，执行【Step】/【Create】命令，依次建立名为 Load（施加荷载）和 Move（移动挡土墙）的分析步，分析步类型均为 Static, general 分析步，分析步时长均为 1，最初始增量步长设为 0.1，允许最大增量步长设为 0.2，并在 Other 选项卡中将 Matrix Storage 选为 Unsymmetric。

Step 5 定义墙土之间的接触。进入 Interaction 模块，执行【Interatcion】/【Property】/【Create】命令，在 Create Interatcion Property 对话框中输入名字为 wall-soil，Type（类型）选为 Contact，单击【Continue】按钮进入到 Edit Contact Property 对话框，执行对话框中的【Mechanical】/【Normal Behaviour】命令，定义接触面法向特性，接受默认选项；执行对话框中的【Mechanical】/【Tangential Behaviour】命令，接受默认选项 Frictionless（光滑接触面）。

执行【Interatcion】/【Create】命令，在 Create Interaction 对话框中将名字设为 wall-soil，在 Step 下拉列表中选中 Initial，意味着接触从初始分析步就开始起作用，接受 Types for Selected Step 区域的默认选项【Surface-to-surface contact】，单击【Continue】按钮后按照提示区中的提示在屏幕上选择主控面（master surface），此时单击提示区右端的【Surfaces】按钮，弹出 Region Selection 对话框，在 Eligible Sets 中选择 wall-int，单击【Continue】按钮。选择从属面（slave surface）的建立方法为 Surface，确认后选择 soil-int 为从属面，确认后弹出 Edit Interaction 对话框，在对话框的【Contact interaction property】下拉列表中选择之前定义的接触面特性 wall-soil，接受其余默认选项，单击【OK】按钮确认退出。

Step 6 定义荷载、边界条件。在 Load 模块中，执行【BC】/【Create】命令，在 Initial 分析步中限定土体底面两个方向的位移和土体右侧的水平位移。为了定义绕墙踵点旋转的位移，这里首先定义一个局部坐标系，原点取为 *A* 点，以墙背面为 *R* 轴。执行【Tools】/【Datum】命令，选择 Type（类型）为 CSYS，Method（方法）为 3 Points，将坐标系名称改为 New，坐标系类型选为 Cylindrical（见图 6-4）。根据提示区中的提示，按照图 6-5 所示的顺序，依次选墙踵点、墙顶点和墙趾点作为定义局部坐标系的 3 个点。结束后单击 Create Datum Csys 对话框右上方的关闭按钮。

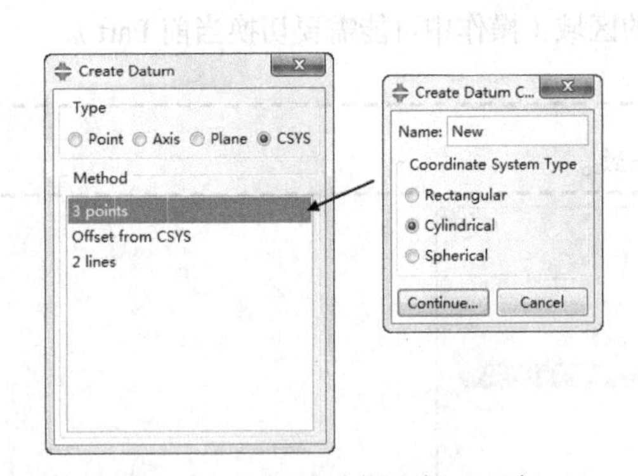

图 6-4 定义局部坐标系（ex6-1）

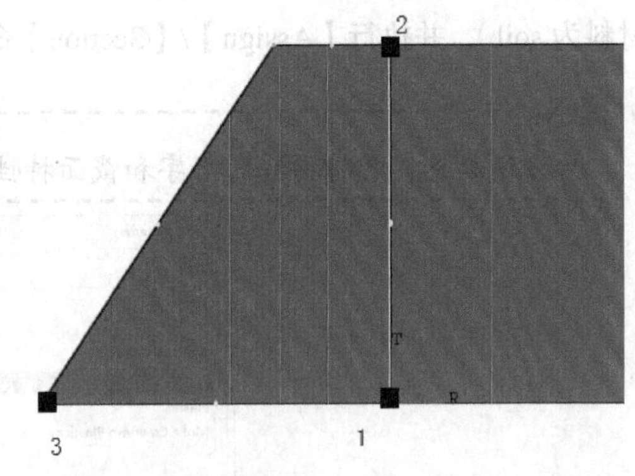

图 6-5 定义局部坐标系的 3 个点（ex6-1）

执行【BC】/【Create】命令，选择分析步为 Load，类型为 Displacment/Rotation，确认后首先约束挡土墙墙踵点 *A* 点的全部位移自由度。重复以上过程，选择挡土墙左侧顶点 *B* 为位移施加区域，确认后在图 6-6 所示的对话框中，单击 CSYS 右侧的鼠标图标，然后在屏幕右下角提示区的 CSYS List 中选择定义的局部坐标系 New，确认后将 U1、U2 设为 0。执行【BC】/【Manger】命令，利用 Edit 功能，将 Move 分析步中挡土墙的位移 U2 改为 3e-3。

提示：

（1）定义好的局部坐标系可在模型树的 Assembly 下的 Feature 类别中进行删除等操作。

（2）这里定义局部坐标系是为了说明相关功能，读者可直接给定 *B* 点的水平、竖向位移来达到相同效果。

执行【Load】/【Create】命令，选择分析步 Load 作为荷载施加步，类型选择为 Gravity（重力）后弹出图 6-7 所示的 Edit load 对话框，将 *y* 方向的分量设为−10（负号代表方向向下）。由于本例中只对土体施加重力荷载，单击 Region 右侧的鼠标按钮，选择土体作为施加区域，确认后退出。执行【Load】/【Create】命令，在 Load 分析步中对土体表面施加压力荷载 7kPa。

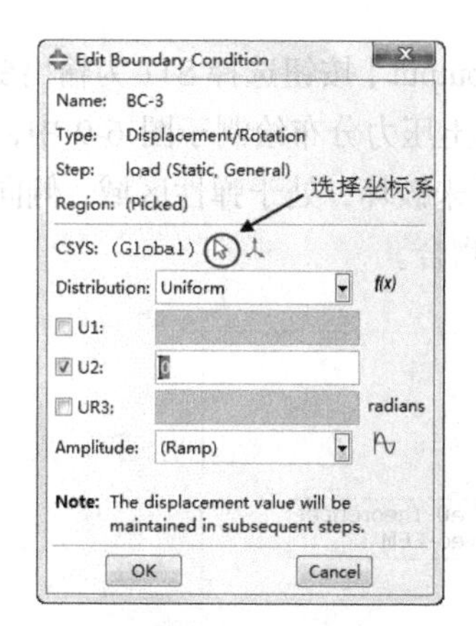

图 6-6 选择局部坐标系（ex6-1）

图 6-7 施加重力荷载（ex6-1）

提示：

重力也可直接通过 Body force（体力）的形式施加。

Step 7 划分网格。进入 Mesh 模块，将环境栏中的 Object 选项选为 Part，并选择 Soil 为当前部件，执行【Mesh】/【Controls】命令，在 Mesh Controls 对话框中选择 Element Shape（单元形状）为 Quad（四边形），选择 Technique（划分技术）为 Structured。执行【Mesh】/【Element Type】命令，设置单元类型为 CPE4。执行【Seed】/【Part】命令，将单元总体尺寸设为 0.1。执行【Mesh】/【Part】命令划分网格。

选择当前部件为 wall，按照类似的步骤划分网格。注意到接触面两侧的网格密度不需要完全一致，选取单元整体尺寸为 0.2。

Step 8 提交任务。进入 Job 模块，执行【Job】/【Create】命令，建立名为 ex6-1 的任务并提交运算。

4．结果分析

Step 1 进入 Visualization 后处理模块，打开相应的计算结果数据库文件。首先检查根据局部坐标系施加的旋转位移是否正确。利用【Tools】/【Display Group】/【Create】命令，将挡土墙单独显示。执行【Resutl】/【Field out】命令，选择计算结束时的位移 U 的大小 Magnitude 作为输出场变量，执行【Plot】/【Symbols】/【On Undeformed Shape】绘制挡土墙的位移矢量图，如图 6-8 所示。由图可见，所定义的局部坐标系达到了预期目的，挡土墙发生了沿 A 点的旋转。

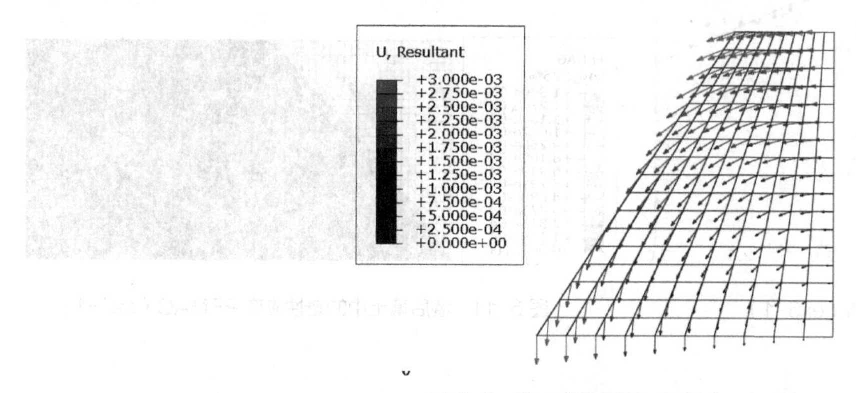

图 6-8 挡土墙的位移矢量图（ex6-1）

Step 2 墙后静止土压力的分布。这里利用 Path 的相关功能绘制墙后的土压力分布。按照第 1 章算例 ex1-1 中的介绍，执行【Tools】/【Path】/【Create】命令，在墙背土体接触面处创建 path-1（可利用 Display Group 相关功能，将土体单独显示）。执行【Tools】/【XY Data】/【Create】命令，在弹出的对话框中选择 Source（数据源）为 Path，单击【Continue】按钮后在 XY Data from Path 对话框中将 Model shape 改为 Undeformed（基于未变形形状），选中 Point Locations 下的 Include interactions（包含路径上的所有节点），通过 Frame 右侧的按钮【Step/Frame】选择 load 分析步结束时的帧，【Field output】按钮选择 S11 为输出变量，单击【Save As】按钮可保存数据曲线，单击【Plot】按钮将加载结束时的土压力分布绘制于图 6-9 中，由于此时墙体保持不动，土压力可认为是静止土压力。由于填土在重力荷载下未破坏，处于弹性区域，侧向土压力系数可用 $\nu/(1-\nu)$ 估计，计算结果表明理论值与有限元计算结果非常吻合。

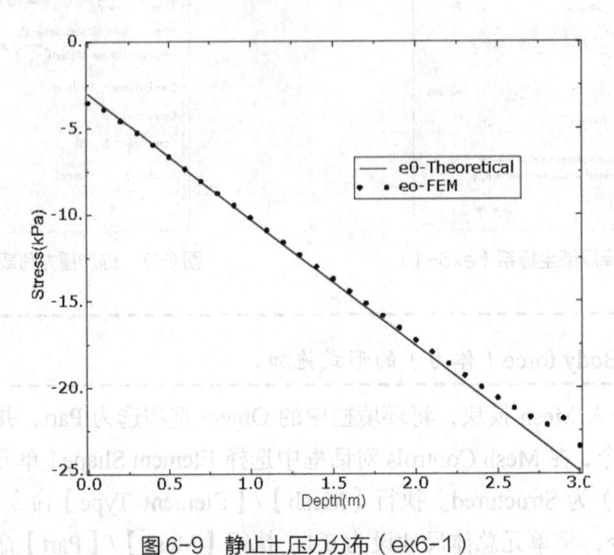

图 6-9 静止土压力分布（ex6-1）

Step 3 墙后主动土压力分布。类似地，将墙移动后的土压力分布绘制于图 6-10 中。由图可见，本例中当墙顶位移达到 0.1%的墙高后，墙后的大部分区域已处于主动极限平衡状态（可由图 6-11 所示的塑性应变的分布图印证），土压力减小为主动土压力。注意到在墙趾附近，墙体的位移还不足以使得土体达到主动极限平衡状态，土压力介于静止土压力和主动土压力之间。

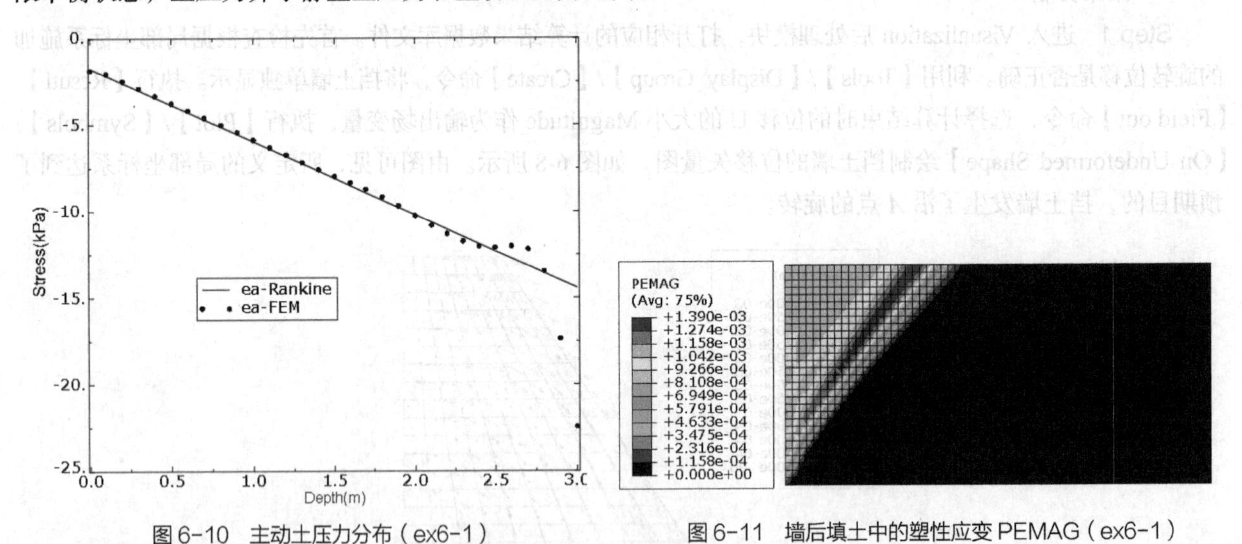

图 6-10 主动土压力分布（ex6-1）

图 6-11 墙后填土中的塑性应变 PEMAG（ex6-1）

5. 算例的拓展

Step 1 将算例另存为 ex6-1-2.cae。

Step 2 进入 Load 模块，执行【BC】/【Manger】命令，打开边界条件管理对话框，将 *B* 点的位移条件由 3e-3 改为-3e-2，即墙体面对填土方向旋转。

Step 3 进入 Job 模块，重新创建 ex6-1-2 的任务并提交计算。

Step 4 进入 Visualization 后处理模块，将计算结束后的土压力与郎肯被动土压力理论值对比于图 6-12 中。由图可见，与算例 6-1 相比，被动土压力的发挥需要挡土墙发生更大的位移，本例中墙后土体还未完全达到被动极限平衡状态（见图 6-13），土压力呈曲线分布。

提示：
读者可改变墙背摩擦系数、墙的位移模式，观察其对土压力分布的影响。

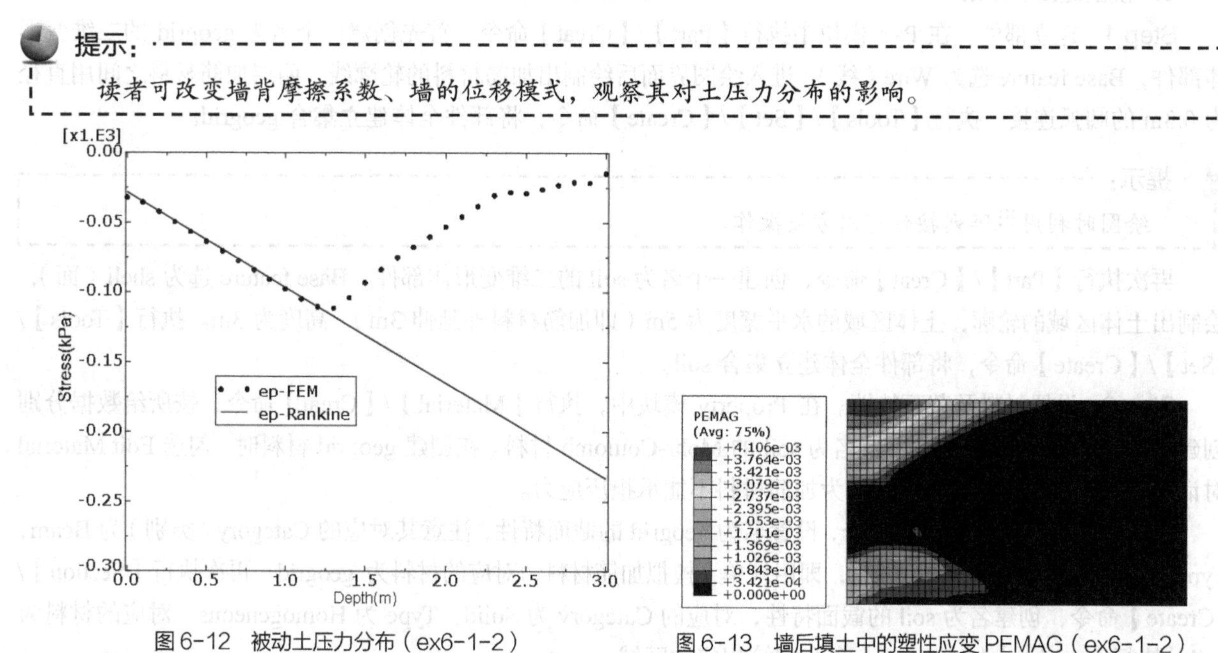

图 6-12　被动土压力分布（ex6-1-2）　　图 6-13　墙后填土中的塑性应变 PEMAG（ex6-1-2）

6.2.2 加筋土挡墙

1．问题描述

如图 6-14 所示，有一个高 3m 的满铺包裹式挡墙由 10 层加筋土组成，每层厚 0.3m。土体弹性模量 $E = 50\text{MPa}$，泊松比 $\nu = 0.3$，凝聚力 $c' = 0\text{kPa}$，摩擦角 $\varphi' = 37°$，剪胀角 $\psi = 10°$，重度 $\gamma = 18.9\text{kN/m}^3$。加筋材料厚度为 3mm，长为 2m，弹性模量 $E = 100\text{MPa}$，泊松比 $\nu = 0$。试分析挡墙土压力及加筋材料拉力。本例 cae 文件为 ex6-2.cae。

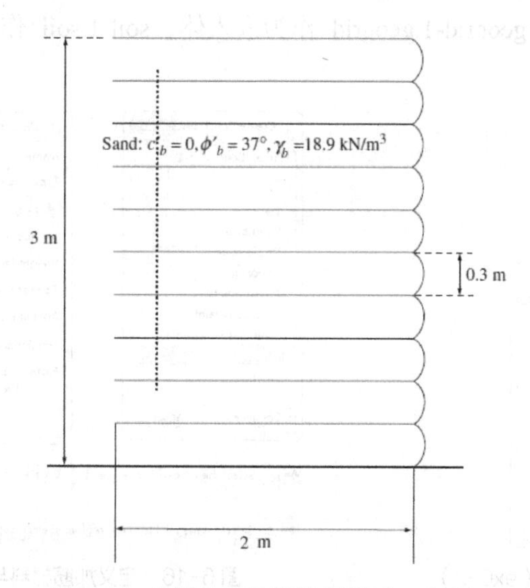

图 6-14　算例 6-2 的模型示意图（ex6-2）

2．算例学习重点

- Embedded Region 约束的使用。
- 加筋土挡墙墙后填土中的潜在破裂面。

3. 模型建立及求解

Step 1 建立部件。在 Part 模块中执行【Part】/【Creat】命令，首先创建一个名为 geogrid 的二维变形体部件，Base feature 选为 Wire（线），进入绘图界面后绘制出加筋材料的轮廓线，两层加筋材料之间用直径为 0.3m 的圆弧连接。执行【Tools】/【Set】/【Create】命令，将部件全体建立集合 geogrid。

提示：

绘图时利用阵列按钮可以方便操作。

再次执行【Part】/【Creat】命令，创建一个名为 soil 的二维变形体部件，Base feature 选为 shell（面），绘制出土体区域的轮廓，土体区域的水平宽度为 5m（即加筋材料外延伸 3m），高度为 3m。执行【Tools】/【Set】/【Create】命令，将部件全体建立集合 soil。

Step 2 设置材料及截面特性。在 Property 模块中，执行【Material】/【Creat】命令，按所给数据分别创建名为 geogrid 的弹性材料，及名为 soil 的 Mohr-Coulomb 材料。在创建 geogrid 材料时，勾选 Edit Material 对话框中的 No compression，即认为加筋材料不能承担压应力。

执行【Section】/【Create】命令，设置名为 geogrid 的截面特性，注意其对应的 Category（类别）为 Beam，Type（类型）为 Tuss（见图 6-15），即用杆单元模拟加筋材料，对应的材料为 geogrid。再次执行【Section】/【Create】命令，创建名为 soil 的截面特性，对应的 Category 为 Solid，Type 为 Homogeneous，对应的材料为 soil。执行【Assign】/【Section】命令赋给相应的区域。

Step 3 装配部件。在 Assembly 模块中，执行【Instance】/【Create】命令，弹出 Create Instance 对话框，首先选择部件 soil，单击【Apply】按钮，生成相应实体；再选择部件 geogrid，单击【OK】按钮确认退出。检查 soil 和 geogrid 是否处于预期的位置。

Step 4 定义分析步。进入 Step 模块，执行【Step】/【Create】命令，建立名为 Step-1 的分析步，分析步类型均为 Static, general 分析步，分析步时长为 1，最初始增量步长设为 0.1，允许最大增量步长设为 1，并在 Other 选项卡中将 Matrix Storage 选为 Unsymmetric。

Step 5 定义加筋材料和填土之间的约束。进入 Interaction 模块，执行【Constraint】/【Create】命令，在弹出的对话框中选择类型为 Embedded region（见图 6-16），确认后单击屏幕右下侧提示区中的【Sets】按钮，依次选择之前定义的集合 geogrid-1.geogrid 作为嵌入体，soil-1.soil 作为被嵌入体，确认后接受 Edit Constraint 中的所有默认选项。

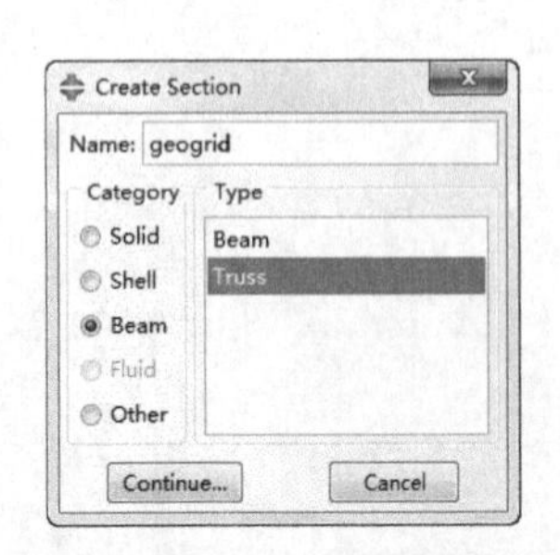

图 6-15 设置加筋材料的截面特性（ex6-2）

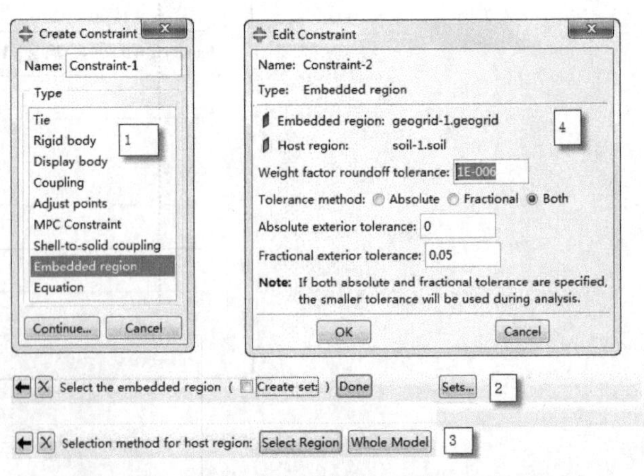

图 6-16 定义加筋材料与填土之间的约束（ex6-2）

提示：

Embedded region 功能可以在主体单元 host elment 中嵌入加筋材料，并保证节点具有主体单元相应位置处的位移自由度，可用来模拟土钉、钢筋等加筋材料。

Step 6 定义荷载、边界条件。在 Load 模块中，执行【BC】/【Create】命令，在 Initial 分析步中限定土体底面两个方向的位移和土体左侧的水平位移。执行【Load】/【Create】命令，选择分析步 step-1 作为荷载施加步，对土体区域施加体力荷载-18.9。

Step 7 划分网格。进入 Mesh 模块，将环境栏中的 Object 选项选为 Part。首先选择 geogrid 为当前部件，执行【Mesh】/【Element Type】命令，设置单元类型为 T2D2（二节点杆单元）。执行【Seed】/【Part】命令，将单元总体尺寸设为 0.1。执行【Mesh】/【Part】命令划分网格。

Step 8 通过环境栏中 Object 选项右侧的下拉列表选择 soil 为当前部件。执行【Mesh】/【Controls】命令，在 Mesh Controls 对话框中选择 Element shape（单元形状）为 Quad（四边形），选择 Technique（划分技术）为 Free。执行【Mesh】/【Element Type】命令，设置单元类型为 CPE4。执行【Seed】/【Part】命令，将单元总体尺寸设为 0.1。执行【Mesh】/【Part】命令划分网格。

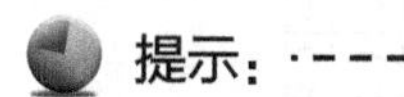

为划分网格方便，可将分析区域 Partition 成几块规则图形。

Step 9 提交任务。进入 Job 模块，执行【Job】/【Create】命令，建立名为 ex6-2 的任务并提交运算。

4．结果分析

Step 1 进入 Visualization 后处理模块，打开相应的计算结果数据库文件。

Step 2 位移分布。执行【Resutl】/【Field out】命令，选择计算结束时位移 U 的大小 Magnitude 作为输出场变量，执行【Plot】/【Contours】/【On Undeformed Shape】命令绘制挡土墙的位移云图，如图 6-17 所示。由图可见，在重力荷载下，挡土墙向右下侧变形，位移最大值为 22.6mm，约占墙高的 0.7%，加筋效果明显。

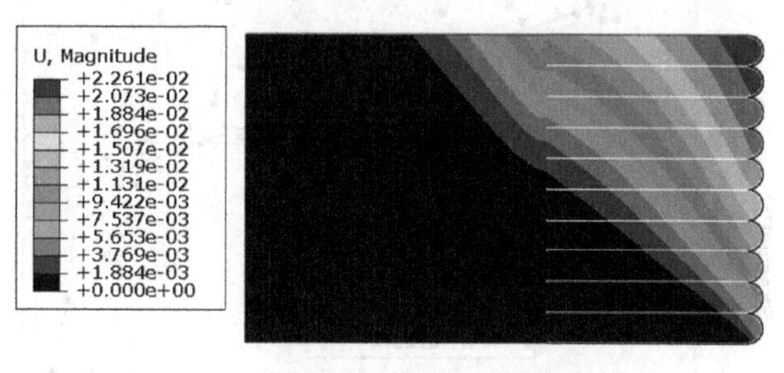

图 6-17 有加筋时挡土墙的位移云图（ex6-2）

Step 3 塑性应变分布。通过图 6-17 还可以发现，位移云图分布有突变，土体区域可以明显分为稳定区域和破坏区域。土体上部的破坏区超过了加筋材料的范围，这意味本算例中顶部的加筋长度不够，未起到相应的作用。这可由图 6-18 中塑性应变 PEMAG 的分布进行印证。

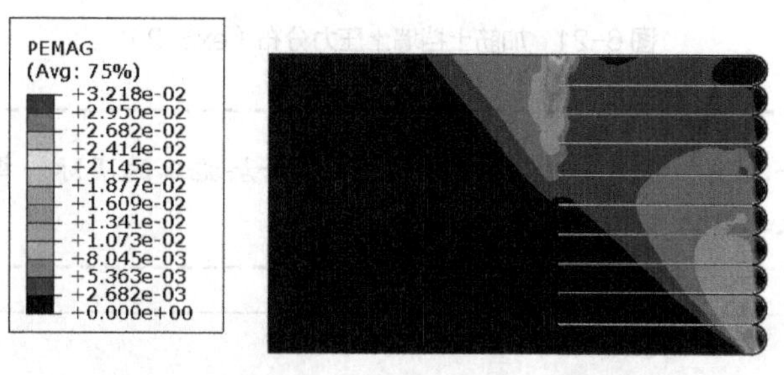

图 6-18 塑性应变 PEMAG 分布（ex6-2）

Step 4 加筋材料拉力分布。利用 Display Group 相关功能，将加筋材料单独显示（省去了包裹段），通过【Resutl】/【Field out】命令选择 S11 为显示变量，执行【Plot】/【Contours】/【On Undeformed Shape】命令绘制相关云图。为了显示清楚，执行【Options】/【Contours】命令，在弹出的云图显示对话框中（见图

6-19)，选中 Show tick marks for line elements，可更直观地显示拉力的分布。读者也可对线条颜色等选项进行调整。一般认为沿加筋材料水平方向最大拉力点的迹线就是土体的破裂面，如图 6-20 所示，其位置与图 6-18 中的基本一致。

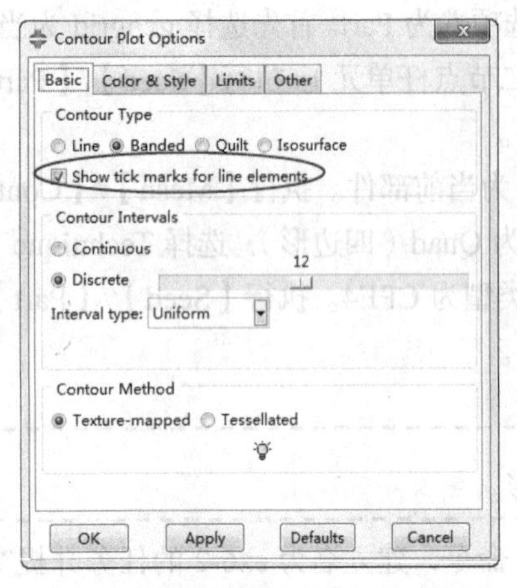

图 6-19　编辑云图显示选项（ex6-2）

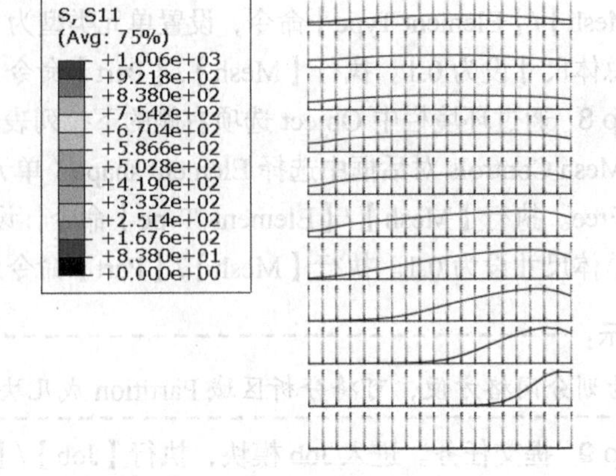

图 6-20　加筋材料的拉应力（ex6-2）

Step 5　墙后土压力的分布。参照 ex6-1 中的相关步骤，将挡土墙土压力绘制于图 6-21 之中。这里选择的是包裹顶点向里 0.15m 和 0.45m 处节点上的结果。根据土体参数，按郎肯理论的计算值同样绘制于图中。由图可见，由于加筋的抗拉作用，加筋材料位置的主动土压力有所减小，稍远处的结果与郎肯理论值基本一致。在底部节点处，有限元的计算结果要大一些，这是因为计算时约束了土体底部的水平位移。

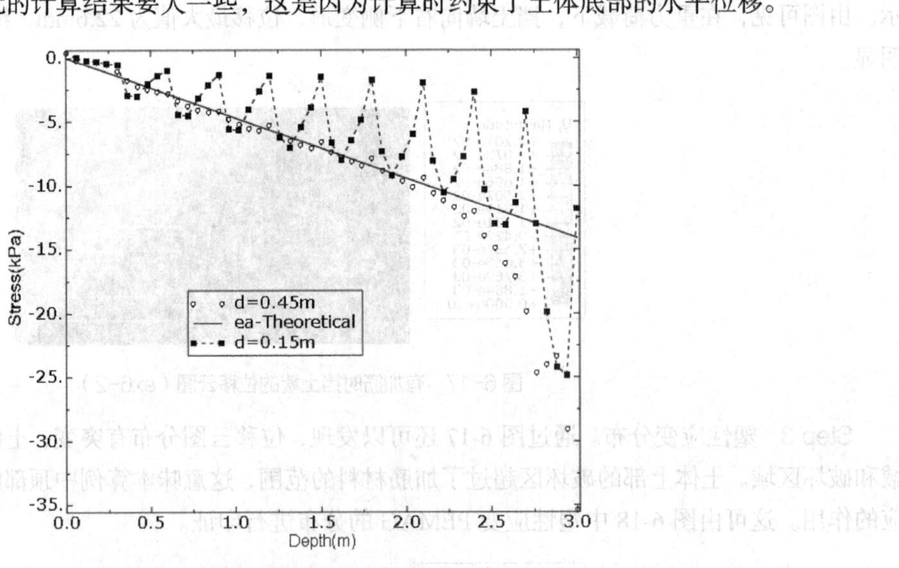

图 6-21　加筋土挡墙土压力分布（ex6-2）

注意：

本例中重力荷载是一次施加的，并不符合加筋土挡墙分层施工的实际。模拟分层填筑施工，需要利用到单元的生死功能，本书将在后续章节中进行介绍。

6.3　本章小结

本章首先简单概括了挡土结构土压力计算的经典理论，然后通过重力式挡土墙和加筋土挡墙的算例介绍了相关问题的数值求解方法。读者可在此基础上举一反三，对感兴趣的问题进行深入分析。

第 **7** 章

饱和土的渗流固结

本章导读

荷载作用之下土体的压缩变形主要源于土体孔隙体积的减小，因而土体的压缩过程实际上就是孔隙中气体和液体的渗出过程。对饱和土而言，沉降的过程即为孔隙水的渗出过程。这一与时间有关的现象或过程，称为土的固结。ABAQUS 中提供了专门的孔隙流体渗透/应力耦合（Coupled pore fluid diffusion and stress analysis）分析步，用于求解饱和土或非饱和土的渗流固结问题，本章主要针对饱和土的渗流固结问题，介绍 ABAQUS 中的相关理论及功能，然后通过算例进行说明。

本章要点

- ABAQUS 中的渗流固结相关理论
- 流固耦合分析步的设置要点
- 饱和土渗流固结问题算例

7.1 流固耦合分析步简介

7.1.1 适用范围

ABAQUS/Standard 中提供了流体渗透/应力耦合（Coupled pore fluid flow and stress analysis）分析类型，其可以求解以下问题。

（1）饱和渗流问题：通常认为地下水位以下的土体处于饱和状态，这种情况下孔隙水的流动为饱和渗流问题。典型例子有土体受压固结沉降变形等。

（2）非饱和渗流问题：地下水位以上的土体处于非饱和状态，一般情况下均存在着水的迁移流动。典型例子有灌溉问题、降雨入渗等。

（3）联合渗流问题：即指同时包含饱和及非饱和渗流问题。最典型的是土坝的渗流问题，在浸润面以下是饱和渗流，浸润面以上则是非饱和渗流。

（4）水分迁移问题：如纸巾或海绵等高分子材料中水分的变化问题。

（5）热-流-固耦合分析。如使用带温度、孔压及位移自由度的单元，可在流固耦合分析的基础上同时进行传热计算。

7.1.2 相关土力学概念

1．孔隙介质中的流体流动

ABAQUS/Standard 中处理孔隙介质中的流体流动的方式和岩土工程中的做法是一致的，即将孔隙体视为多相材料，孔隙中的流体可包含两部分：一是液体，通常认为其压缩性相对很低；另一个则是气体，认为其是可压缩的。土体的体积包括两部分：土颗粒的体积和孔隙的体积，孔隙的体积等于孔隙中液体的体积与气体体积之和。

计算中有限元的网格固定在土骨架上，气体或液体可流过网格，但需要满足流体的连续性方程。土体的力学特性通过采用有效应力定义的本构模型模拟，液体的渗透采用 Forchheimer 渗透定律模拟，常用的 Darcy 定律是它的简化，具体定义方式会在后面的章节中介绍。

2．有效应力原理

在 ABAQUS 中应力以拉为正，而液体压力 u_{w} 和气体压力 u_{a} 则以压为正。因此，ABAQUS 中的有效应力原理和常规土力学中的表达略有差异，如下所示：

$$\bar{\boldsymbol{\sigma}} = \boldsymbol{\sigma} + \left(\chi u_{\mathrm{w}} + (1-\chi)u_{\mathrm{a}}\right)\boldsymbol{I} \tag{7-1}$$

式中，$\boldsymbol{\sigma}$ 是总应力，$\bar{\boldsymbol{\sigma}}$ 是有效应力，χ 与饱和土和液体-气体之间的表面张力有关，土完全饱和时 $\chi = 1.0$，土是干土时 $\chi = 0.0$。由于实验研究数据较少，ABAQUS/Standard 中简单地将 χ 取为饱和度，并忽略气压。

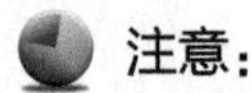

注意：

ABAQUS/Standard 中所有材料模型都是基于有效应力定义的。

3．固结计算中的孔压

ABAQUS 中的孔压有两种表达方式：总孔压和超孔压。超孔压指的是超出静水压力的那部分。ABAQUS/Standard 中的流体渗透/应力耦合分析中可以基于总孔压，也可基于超孔压进行分析。当模型的重力荷载采用 GRAV（gravity load）分布荷载类型进行定义时，ABAQUS/Standard 基于总孔压进行分析；若模型重力通过施加体力（Body force，BX、BY 或 BZ）来实现，则 ABAQUS/Standard 中采用的是超孔压。

注意：

分析中我们通常关心荷载引起的超孔压分布及消散，因此大多数情况下问题的初始超孔压是零，此时无需定义初始超孔压的分布。而若采用总孔压进行分析，则需定义初始总孔压的分布，具体方式会在后续章节中介绍。

7.1.3 流体渗透/应力耦合分析步的使用方式

1．创建分析步

ABAQUS 中流体渗透/应力耦合分析步用关键字 Soils 标识。在 Step 模块中，执行【Step】/【Create】命令，在【Procedure Type】下列列表中选择 General，并在对话框的下部区域选择分析步类型 Soils（见图 7-1），单击【Continue】按钮后弹出 Edit Step 对话框，进行相关设置后即可创建流体渗透/应力耦合分析步。

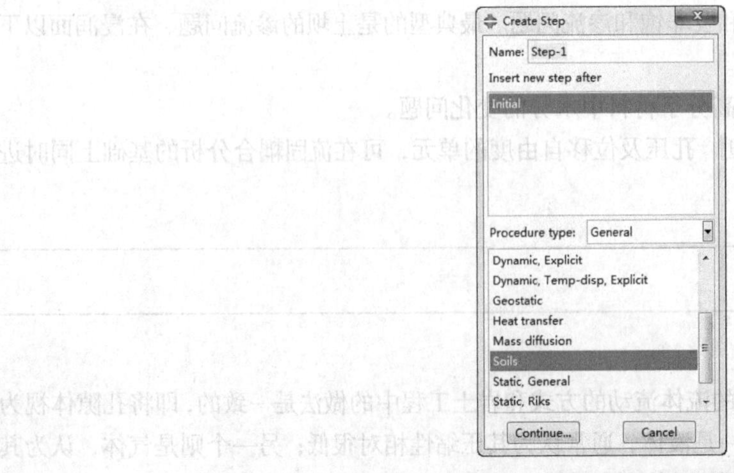

图 7-1 Create Step 对话框

2．分析步类型

ABAQUS 中流体渗透/应力耦合分析步可以有稳态（steady-state）和瞬态（Transient consolidation）分析步两种。稳态分析认为流体的流动速度、体积等都随时间不变化。瞬态分析可以求解孔压、沉降随时间的变化过程。稳态或瞬态的选择在图 7-2 所示的 Basic 选项卡中进行，在 Basic 选项卡中选择 Pore fluid response 右侧的【Steady-state】单项按钮，单击【OK】按钮创建稳态分析步。在选中【Steady-state】单项按钮的时候，屏幕上会弹出一个信息框，提示用户：

- 稳态分析步中，荷载随分析步时间的变化是线性的。而在瞬态分析步中，荷载默认为在分析步的一开始瞬间施加，并在其余时间中保持不变。
- 稳态分析是强非对称的，因而在稳态分析中自动采用非对称的刚度矩阵存储和求解方法。

对于瞬态分析，如果研究的是非饱和渗流问题，或者采用 Gravity 类型施加荷载，ABAQUS/Standard 采用非对称的刚度矩阵存储和求解方法。其他情况如需采用非对称算法，用户需自行指定。

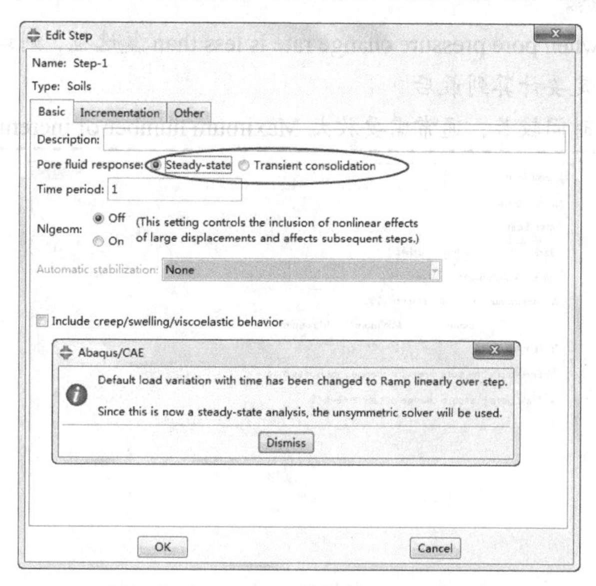

图 7-2　Edit step 对话框的 Basic 选项卡

3．增量步时间步长的选择

（1）稳定时间步长最小允许值。

在流体渗透/应力耦合的瞬态分析中，ABAQUS/Standard 用向后差分法求解连续性方程，从而保证了求解是无条件稳定的，只需关注孔压对时间的积分是否精确即可。若时间步长过小，则会造成孔压的不正常波动，造成模拟失真或收敛困难。ABAQUS/Standard 针对饱和渗流稳态，给出的稳定时间步长最小允许值为：

$$\Delta t > \frac{\gamma_{\mathrm{w}}\left(1+\beta v_{\mathrm{w}}\right)}{6Ek}\left(1-\frac{E}{K_{\mathrm{g}}}\right)^2\left(\Delta l\right)^2 \tag{7-2}$$

其中，Δt 是时间增量步长；γ_{w} 是液体的容重；E 是土体的杨氏弹性模量；k 是土的渗透系数；v_{w} 是孔隙流体的速度；β 按照 Forchheimer 渗透定律中的速度系数，如果采用达西定律，则 $\beta=0$；K_{g} 是土骨架的体积模量；Δl 是典型的单元尺寸。

注意：

若网格尺寸较大，最小的时间步长也会较大。此时可能造成力学非线性计算中的收敛困难，需将网格加密。

（2）采用自动时间步长。

固结计算中一般建议采用自动时间步长（Type：Automatic）。因为在固结计算的后期，孔压的变化较小，相应的时间步长可以取相对较大值。如果采用固定步长（Type：Fixed），就会造成不必要的计算时间浪费。如果选择了自动时间增量技术，用户必须指定两个误差控制参数：

- UTOL：增量步中允许的孔压变化最大值 $\Delta u_w^{\max}$，其决定了孔压对时间积分的精度。Abaqus/Standard 会自动控制时间步长的大小，确保在任何一个点（除了边界点）上的孔压变化不超过允许值。
- CETOL：如果材料模型中包含蠕变材料特性，则积分的精度取决于允许最大的应变改变率 *errtol*。

在图 7-3 所示的 Edit Step 对话框中，切换到 Incrementation 选项卡，单击 Type 右侧的【Automatic】单选按钮采用自动时间步长。在 Max. pore pressure change per increment 右侧的输入框中设置 UTOL 的大小，在 Creep/swelling/viscoelastic strain error tolerance 右侧的输入框中设置 CETOL 的大小。

提示：

（1）如果要设置 CETOL，需保证 Edit step 对话框的 Basic 选项卡中的 Include creep/swelling/viscoelastic behavior 复选框为选中状态。

（2）若勾选 End step when pore pressure change rate is less than 复选框，则计算会在孔压变化率小于用户指定值后终止，而不一定要计算到最后。

（3）若固结分析步的时间较长，通常需要放大 Maximum number of increments。

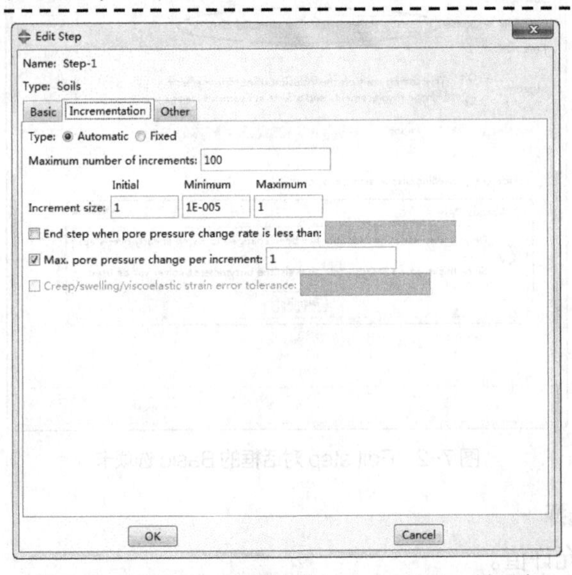

图 7-3　Edit Step 对话框中的 Incrementation 选项卡

7.1.4　计算注意事项

1．单元选择

Abaqus/Standard 中可对平面应变、轴对称和三维的流体渗透/应力耦合分析问题进行求解，需采用相应维度的带孔压自由度（自由度编号 8）的单元，其单元类型标识符通常以字母 P 结尾，如 CPE4P 代表平面四节点孔压单元。对于不存在孔压问题的区域可采用仅含位移自由度的单元。如有需要，用户还可采用包含位移、孔压和温度（自由度编号 11）的单元，在进行固结分析的同时进行传热计算。

在纯渗流分析中，所涉及的自由度只有孔压。由于 ABAQUS/Standard 中没有纯孔压自由度的单元，用户可在分析中采用常规孔压单元，然后约束单元的所有位移自由度即可。

2．材料模型

（1）密度。

如果在分析中采用 Gravity 类型的分布荷载施加重力，即分析基于总孔压进行，此时必须定义相应的密度，密度应当是干密度 ρ_d。

（2）渗透性。

流体渗透/应力耦合分析中还必须定义土体的渗透系数。ABAQUS/Standard 中采用的渗透定律是 Forchheimer 渗透定律，其渗透系数 $\bar{k}$ 定义为：

$$\bar{k}=\frac{k_s}{\left(1+\beta\sqrt{v_w v_w}\right)}k \tag{7-3}$$

式中，k 是饱和土的渗透系数；β 是反映速度对渗透系数影响的系数，当 $\beta=0.0$ 时 Forchheimer 渗透定律简化为达西定律；v_w 是流体的速度；k_s 是与饱和度有关的系数，当饱和度 $S_r=1.0$ 时，$k_s=1.0$，ABAQUS/Standard 中默认 $k_s=S_r^3$，其反映了非饱和土渗透系数与饱和土渗透系数的区别。渗透系数除了可以是饱和度的函数之外，也可以是孔隙比的函数，可用来反映渗透系数随孔隙比的减小而减小。

渗透性的定义在 Property 模块中进行。执行【Material】/【Create】命令，在 Edit Material 对话框中执行【Other】/【Pore Fluid】/【Permeability】命令，此时对话框如图 7-4 所示。

- Type（类型）下拉列表：Type 下拉列表中包含 3 个选项，Isotropic（各向同性）、Orthotropic（正交各向同性）和 Anisotropic（各向异性）的渗透系数。
- Specific weight of wetting liquid（液体重度）输入框：在该输入框中设置液体重度。
- Data（数据）区域：在该区域中设置随孔隙比变化的渗透系数。如不考虑渗透系数随孔隙比的变化，孔隙比可保留为空值。
- Suboptions（子选项）下拉菜单：通过该菜单下的【Saturation Dependence】命令可以定义随饱和度变化的 k_s；通过【Velocity Dependence】命令可以设置 β。

提示：

（1）若使用 Orthotropic 或 Anisotropic 渗透系数，需定义局部坐标系。

（2）液体重度需与静水压力相协调。

（3）Edit Material 对话框中菜单【Other】/【Pore Fluid】下的其余各项命令在非饱和土渗流中会用到。

（4）如果考虑孔隙流体的压缩性，可通过【Other】/【Pore Fluid】下的【Porous Bulk Moduli】命令设置。

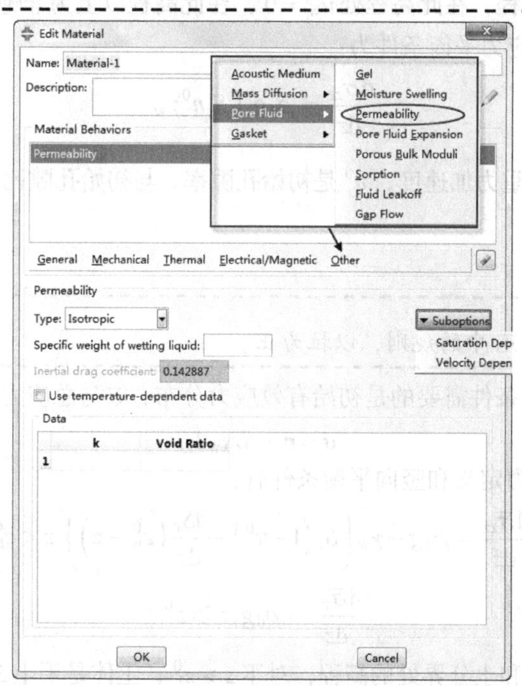

图 7-4 设置渗透系数

3. 荷载和边界条件

除了正常的荷载、位移边界条件之外，在孔压消散/应力耦合分析中，还可以对自由度 8，即孔压，进行相应的荷载和边界条件设置，如排水边界上可将孔压设为 0，设置边界的流量等。

注意：

若不指定孔压边界条件，ABAQUS 认为该边界是不透水的。

4. 设置初始条件

（1）设置初始有效应力分布。

在前面章节的例子中我们曾采用 Geostatic 分析步来建立土体受荷前的初始平衡状态。实际上，对于岩土工程的分析而言，Geostatic 分析步通常都是岩土分析中的第一步。在这一步中，土体受到重力作用，所设置的初始应力应和重力相平衡，且不产生任何位移。ABAQUS/Standard 会在 Geostatic 步中通过迭代来建立与荷载和边界条件相对应的平衡状态，并作为后继分析的初始状态。如果给出的初始应力状态偏离平衡条件过大，或存在过大的非线性，可能造成 Geostati 步的迭代失败，此时需要调整初始应力状态。同样，如果在 Geostatic 步中迭代平衡之后的位移量值，接近甚至大于后继加载所造成的位移，也意味着初始应力场的设置是有问题的。

对于土体这种孔隙介质，为了正确定义初始状态，必须给出初始孔隙比，初始孔压和初始有效应力的正确分布。当固结计算以超孔压进行计算时，初始应力的设置较为简单，初始有效应力与施加的体力荷载相对应即可。在以总孔压为未知量进行计算（重力荷载以 Gravity 类型施加）时，需要特别注意。以下以总孔压分析中的竖向（z 向，z 坐标竖直向上）平衡为例进行说明。

若在初始状态，孔隙流体处于静水压力平衡条件：

$$\frac{\mathrm{d}u_{\mathrm{w}}}{\mathrm{d}z}=-\gamma_{\mathrm{w}} \tag{7-4}$$

其中，γ_{w} 是用户指定的液体重度，一般可认为 γ_w 与 z 坐标无关，对上式积分后有：

$$u_{\mathrm{w}}=\gamma_{\mathrm{w}}\left(z_{\mathrm{w}}^{0}-z\right) \tag{7-5}$$

其中，z_{w}^{0} 是自由水面的高程，在此高程处 $u_{\mathrm{w}}=0$，在此高程以上为非饱和区域，$u_{\mathrm{w}}<0$。

若忽略剪应力，则竖向总应力平衡条件为：

$$\frac{\mathrm{d}\sigma_{zz}}{\mathrm{d}z}=\rho_{\mathrm{d}}g+S_{\mathrm{r}}n^{0}\gamma_{\mathrm{w}} \tag{7-6}$$

其中，ρ_{d} 是干密度，g 是重力加速度，n^0 是初始孔隙率，与初始孔隙比 e^0 之间的关系为：$n^{0}=\dfrac{e^{0}}{1+e^{0}}$；$S_{\mathrm{r}}$ 是饱和度。

提示：

这里的应力按照 ABAQUS 中的规则，以拉为正。

ABAQUS/Standard 的初始条件需要的是初始有效应力分布，$\bar{\boldsymbol{\sigma}}$ 与总应力 $\boldsymbol{\sigma}$ 之间的关系为：

$$\bar{\boldsymbol{\sigma}}=\boldsymbol{\sigma}+S_{\mathrm{r}}u_{\mathrm{w}}\boldsymbol{I} \tag{7-7}$$

对上式求导，联合有效应力定义和竖向平衡条件有：

$$\frac{\mathrm{d}\bar{\sigma}_{zz}}{\mathrm{d}z}=\rho_{\mathrm{d}}g-\gamma_{\mathrm{w}}\left(S_{\mathrm{r}}\left(1-n^{0}\right)-\frac{\mathrm{d}S_{\mathrm{r}}}{\mathrm{d}z}\left(z_{\mathrm{w}}^{0}-z\right)\right),z<z_{1}^{0} \tag{7-8}$$

$$\frac{\mathrm{d}\bar{\sigma}_{zz}}{\mathrm{d}z}=\rho_{\mathrm{d}}g,z\geqslant z_{1}^{0} \tag{7-9}$$

式中，z_1^0 是干土和部分饱和土分界处的高程，对于 $z>z_1^0$，土体是干土 $S_{\mathrm{r}}=0$；对于 $z_{\mathrm{w}}^{0}<z<z_{1}^{0}$，土体是部分饱和的；对于 $z\leqslant z_{\mathrm{w}}^{0}$，土体是完全饱和的，$S_{\mathrm{r}}=1$。

在许多问题中，饱和度S_r可以认为是一个定值。比如，对于饱和渗流问题，浸润面以下都有$S_r=1$。如果进一步假定初始孔隙率n_0和干密度ρ_d都随深度保持不变，则通过对上两式积分有：

$$\bar{\sigma}_{zz}=\rho_d g\left(z-z^0\right)-\gamma_w S_r\left(1-n_0\right)\left(z-z_w^0\right), z<z_1^0 \quad (7\text{-}10)$$

$$\bar{\sigma}_{zz}=\rho_d g\left(z-z^0\right), z \geqslant z_1^0 \quad (7\text{-}11)$$

需要注意，大多数问题中孔隙比e（或孔隙率）随深度肯定是变化的，甚至ρ_d和S_r都不是一个定值，此时需要根据给出的积分公式，给出准确的初始应力的分布，否则对计算结果是有影响的。反之，若已经知道或假定初始有效应力沿深度呈某一特定的模式分布，则意味着e、ρ_d和S_r沿深度的分布也应是有一定规律的。本章会在后面通过一个例子详细说明这个问题。

以上给出了初始竖向应力随深度的分布，而通常认为土体中的初始水平有效应力只和z坐标有关，而和水平位置无关。因此在分析中，水平有效应力由竖向有效应力乘以水平土压力系数得到。

（2）其他初始条件的设置。

除了初始应力之外，通常还需进行初始孔隙比、初始孔隙水压力的等初始条件的设置。ABAQUS 6.14中这些初始条件同样可在ABAQUS/CAE中实现。在Load模块中，执行【Predefined Field】/【Create】命令，弹出图7-5所示的创建预定义场对话框，将Category（类型）选为Other，Type选择Void ratio对应初始孔隙比，Pore pressure对应孔压。

提示：

对非饱和土还需定义初始饱和度，若不定义ABAQUS默认土体是饱和的。

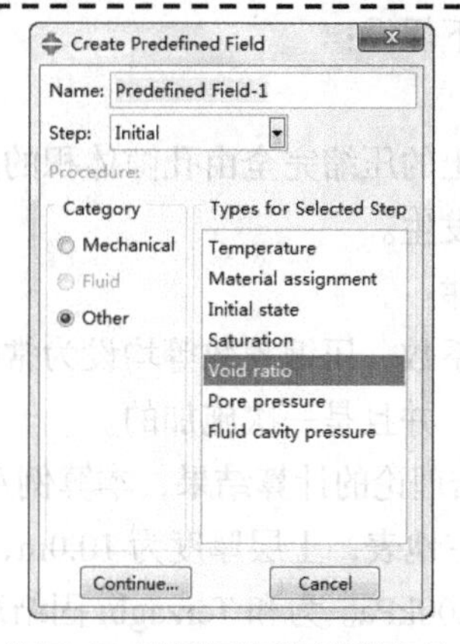

图7-5 设置初始孔隙比等条件

7.1.5 固结计算中的输出变量

除了常规的（有效）应力、应变等之外，针对流体渗透/应力耦合分析，ABAQUS/Standard 还可输出表7-1中的单元输出变量。

表7-1 单元输出变量

变量名称	含 义
VOIDR	孔隙比
POR	孔压
SAT	饱和度
GELVR	固体占总体积的比例
FLUVR	流体占总体积的体积比
FLVEL	孔隙流体的速度分量及大小

除了常规的位移、节点反力之外，针对流体渗透/应力耦合分析，ABAQUS/Standard 还可输出表 7-2 中的节点输出变量。

表 7-2　节点输出变量

变量名称	含　义
CFF	集中流量
POR	节点处的孔压
RVF	流量，符号为正时代表流体流进模型
RVT	渗透量，为 RVF 对时间的积分

流体渗透/应力耦合分析中的单位并无具体要求。采用的物理量之间单位协调即可，如长度都取 m，应力都取 kPa 等。但要注意应力和渗流的数值建议不要相差太大，比如应力可采用 kPa 或 MPa 而不是 Pa，避免总刚度矩阵病态。

7.2 算例

7.2.1 太沙基（Terzaghi）一维固结

1. 问题描述

太沙基提出的一维固结理论具有如下假设：

（1）土是均质、各向同性且饱和的。

（2）土粒和孔隙水是不可压缩的，土的压缩完全由孔隙体积的减小引起。

（3）土体压缩和固结仅在竖直方向发生。

（4）孔隙水的渗透流动符合达西定律。

（5）在整个固结过程中，土的渗透系数、压缩系数等均设为常数。

（6）土体表面作用着连续均布荷载，并且是一次施加的。

为了比较 ABAQUS 与 Terzaghi 固结理论的计算结果，本算例对图 7-6 所示的模型进行分析。图中所示为典型的一维饱和均匀地基，地下水位在地表，土层厚度为 10.0m，土层的初始孔隙比为 1.5，底面不排水，顶面排水，土体表面一次瞬时施加荷载 200kPa。为和 Terzaghi 固结理论的条件对应，土体取为线弹性体，弹性模量 $E = 10\text{MPa}$，泊松比 $\nu = 0.3$，渗透系数 $k = 1\times10^{-7}\,\text{m/s}$；水的容重取为 $\gamma_\text{w} = 10\text{kN/m}^3$。本算例的 cae 文件为 ex7-1.cae。

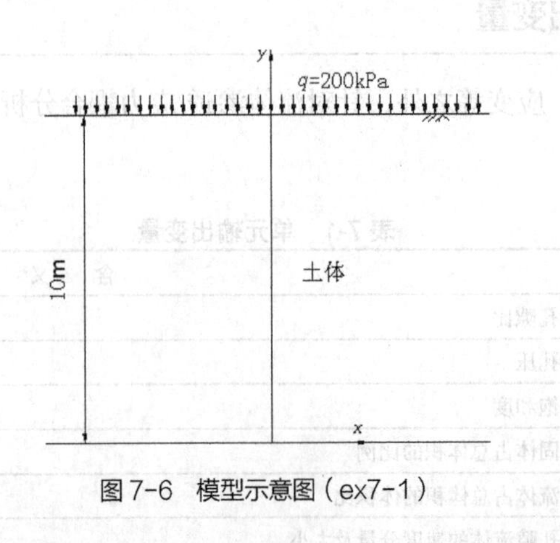

图 7-6　模型示意图（ex7-1）

2．算例学习重点

- 流体渗透/应力耦合分析步的使用。
- 基于超孔压的固结分析。
- 排水边界条件的设置。

3．模型建立及求解

Step 1 建立部件。为和一维条件相对应，这里取一个宽度为 1.0m、高度为 10.0m 的土柱，并在后面的边界条件设置中只允许土体发生竖直位移。在 Part 模块中执行【Part】/【Creat】命令，在 Create Part 对话框中选择 Modeling space 区域的 2D Planer 单选按钮，接受其余默认选项，单击【Continue】按钮后进入图形编辑界面，建立一个宽为 1.0m，高为 10.0m 的矩形后单击提示区中的【Done】按钮。

执行【Tools】/【Set】/【Create】命令，选择全部区域，建立名为 soil 的集合。

Step 2 设置材料及截面特性。在 Property 模块中，执行【Material】/【Creat】命令，建立名称为 soil 的材料，并设置相应的弹性模型参数和渗透参数。这里我们首先认为土体的渗透系数不随孔隙比的改变而改变，因此渗透系数填1×10^{-7} m/s，对应孔隙比填 1.5。

执行【Section】/【Create】命令，设置名为 soil 的截面特性（对应的材料为 soil），并执行【Assign】/【Section】命令赋给相应的区域。

Step 3 装配部件。在 Assembly 模块中，执行【Instance】/【Create】命令，建立相应的 Instance。

Step 4 定义分析步。在 Step 模块中建立两个类型为 soils 的瞬态分析步，第一个分析步名称为 load，在这一步中施加荷载，所有边界都为不排水边界，为了模拟荷载的瞬时增加，将载荷步的时间取为任一较小值，如1×10^{-3}秒，时间增量步步长采用固定步长1×10^{-3}秒。第二个分析步名称为 consolidation，在这一步中孔压消散进行固结分析，在随后的边界条件设置中将该步中的土层顶面边界条件设置为排水。该步的时间总长为 20 天（1.728e6s），时间增量步采用自动搜索功能。时间增量步的大小根据允许的孔压变化最大值 UTOL 确定，本例中取为 200kPa（这主要是考虑到顶面边界附近上孔压的突变）。ABAQUS 中默认的增量步最大数为 100，由于固结时间比较长，在 Edit Step 对话框的 Incrementation 选项卡中将 Maximum number of increments 改为 1000，防止出现错误。另外，正如前面所提到的，在这样一个固结分析中，合理选择初始增量步的大小是比较重要的，根据式（7-2），对于达西渗流，若假设土颗粒不可压缩， 则有：

$$\Delta t > \frac{\gamma_w}{6Ek}(\Delta l)^2 \tag{7-12}$$

若将沿土层的层高划分为 10 个单元，则 $\Delta t \geqslant \frac{\gamma_w}{6Ek}(\Delta l)^2 = \frac{10}{6\times10\times10^3\times1\times10^{-7}}\times1^2 = 1666.7s$，本例中取 2000s。本例中要求固结计算达到稳定状态（即孔压消散完毕后）结束计算，因此选择指定稳定状态判别标准为 1×10^{-5}kPa/s。最大允许的时间步长为 20000s。

Step 5 定义荷载、边界条件。在 Load 模块中，执行【BC】/【Create】命令，限定模型两侧的水平位移和模型底部两个方向的位移。应注意这些边界条件在 initial 步或 load 分析步中就已激活生效。为了在 consolidation 分析步让土体表面排水，再次执行【BC】/【Create】命令，弹出 Create Boundary condition 对话框，在 Step 下拉列表中选择 consolidation，意味此时定义的边界条件从这一步开始生效，在 Category 区域中选择 Other 单选按钮，并将对话框右侧的 Types for Selected Type 选项设为 Pore pressure，单击【Continue】按钮后在屏幕上选择土体表面，单击提示区中的【Done】按钮弹出 Edit Boundary Condition 对话框，将孔压的大小设为 0。

执行【Load】/【Create】命令，在 Load 步中对土体表面施加均匀压力 200kPa。

Step 6 划分网格。进入 Mesh 模块，将环境栏中的 Object 选项选为 Part，意味着网格划分是在 Part 的层面上进行的。执行【Mesh】/【Controls】命令，在 Mesh Controls 对话框中选择 Element shape（单元形状）为 Quad（四边形），选择 Technique（划分技术）为 Structured。执行【Mesh】/【Element Type】命令，在 Element Type

对话框中，选择 CPE4P 作为单元类型。执行【Seed】/【Part】命令，在 Global Seeds 对话框中将【Approximate global size】输入框设置为 1.0，接受其余默认选项。执行【Mesh】/【Part】命令，单击提示区中的【Yes】按钮，对模型进行网格剖分。

Step 7 建立初始条件。本算例中采用的是线弹性材料，初始应力对计算结果没有任何影响，因而可以不做设置，但必须定义初始孔隙比。在 Load 模块中，执行【Predefined Field】/【Create】命令，在图 7-5 所示的创建预定义场对话框中将 Name 设为 void，Step 分析步选为 Initial，Category（类型）选为 Other，Type 选择 Void ratio，单击【Continue】按钮后在屏幕上选择土体（或通过提示区右侧的【Sets】按钮直接选择之前定义的集合），确认后在图 7-7 所示的对话框中设置初始孔隙比为 1.5。

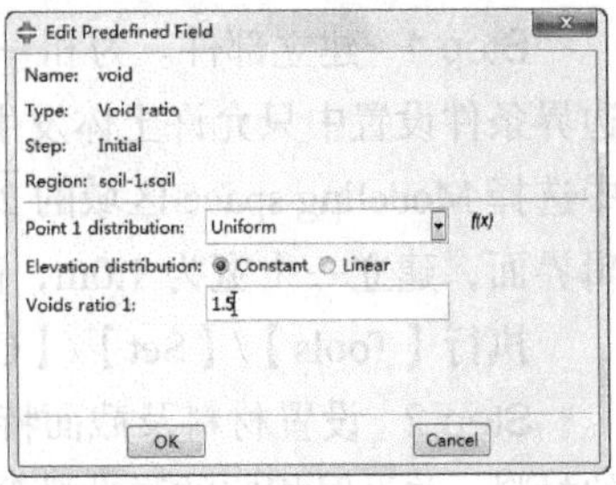

图 7-7 设置初始孔隙比（ex7-1）

Step 8 提交任务。进入 Job 模块，执行【Job】/【Create】命令，建立名为 ex7-1 的任务。执行【Job】/【Submit】/【ex7-1】命令，提交计算。

4．结果分析

Step 1 进入 Visualization 后处理模块，打开相应的计算结果数据库文件。本例中计算达到 1.39×10^6s（约 16.1 天）时，孔压的变化率已经小于 1×10^{-5}kPa/s，可以认为达到稳定状态，计算终止，这样避免了过长的无必要的计算。

Step 2 这里首先分析不同时刻孔压沿高度的分布。执行【Tools】/【Path】/【Create】命令，在 Create Path 对话框中选中 Node list 单选按钮作为路径的类型，然后在屏幕上从上到下依次选择土体模型右侧的节点作为 Path 路径上的点。执行【Tools】/【XY Data】/【Create】命令，在弹出的 Create XY Data 对话框中选中【Path】单选按钮，单击【Continue】按钮之后选择并储存不同时刻 Path 上孔压的结果。图 7-8 中给出了 t=2000s、1.8e4s 和 9.4e4s 时孔压沿深度的分布，图中横坐标表示从土体表面起算的深度。由图可见，顶部孔压消散得最快，底部孔压消散得慢，形成了向上的渗流，从顶部排出。图中显示的孔压分布规律是和太沙基固结理论吻合的。

作为比较，若将初始时间增量步长取为 100s，计算初期得到的孔压会出现错误的振荡，如图 7-9 所示。这再次说明了固结计算中时间增量步选择的重要性。

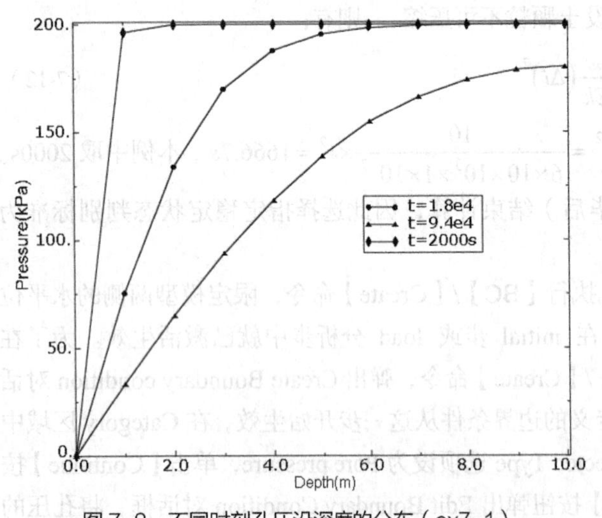

图 7-8 不同时刻孔压沿深度的分布（ex7-1）

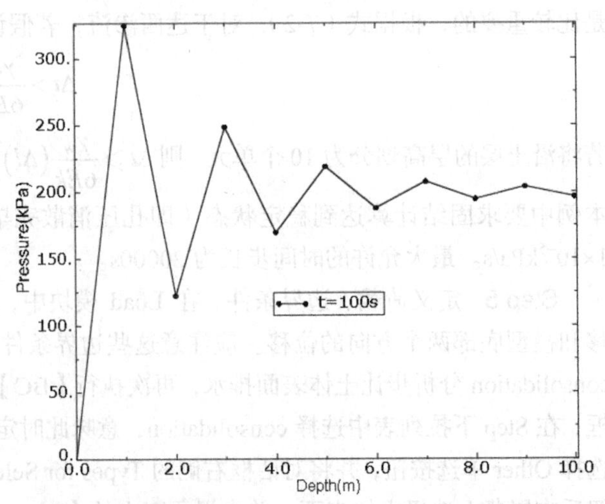

图 7-9 初始增量步时间步长造成的错误孔压分布（ex7-1）

Step 3 图 7-10 和图 7-11 分别给出了高度为 5.0m 处孔压和竖向有效应力随时间的变化，计算结果较好地反映了固结的本质，即孔隙压力逐渐消散，有效应力相应增加的过程。如果节点应力结果有微小的振荡，读者可通过【Result】/【Options】下的选项提高结果在节点处的光滑度（见图 7-12）。

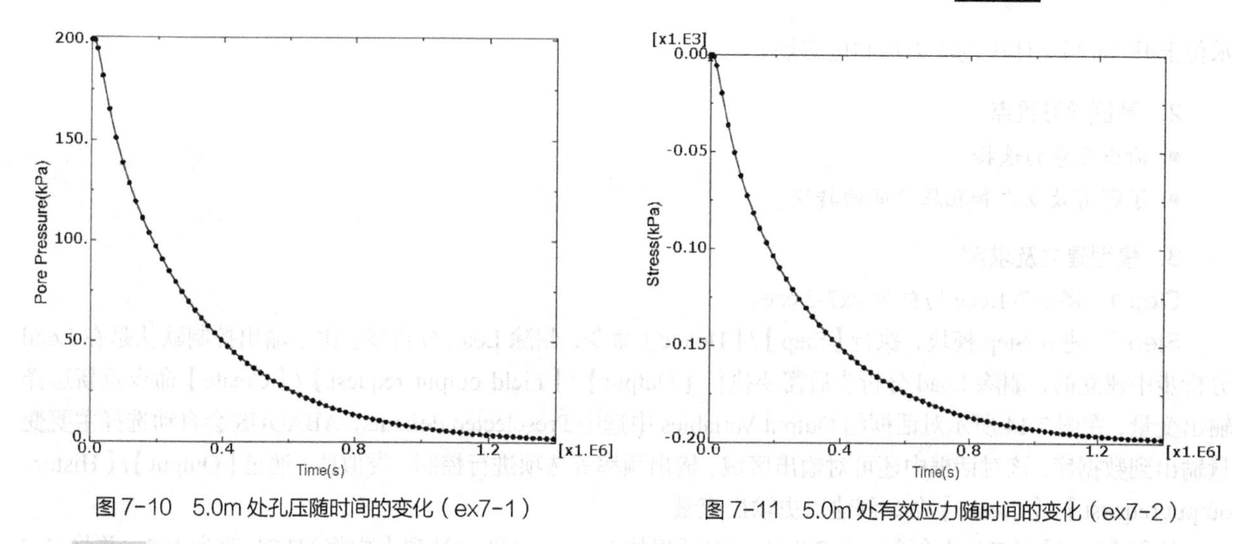

图 7-10 5.0m 处孔压随时间的变化（ex7-1）

图 7-11 5.0m 处有效应力随时间的变化（ex7-2）

Step 4 图 7-13 比较了 ABAQUS 计算结果和按太沙基固结理论计算的固结度 U 和时间因素 T_v 之间的关系。注意到 $E=E_s\left(1-\dfrac{2v^2}{1-v}\right)$，本例中弹性模量为 10MPa，因此压缩模量为 13.46MPa，最终沉降应为 $\dfrac{\Delta p}{E_s}h=14.86\text{cm}$，理论值和有限元计算值基本一致。将土层顶面沉降除以最终沉降可得土层的平均固结度，而时间因素 $T_v=\dfrac{C_v t}{H^2}=\dfrac{kE_s}{\gamma_w H^2}t=\dfrac{1\times10^{-7}\times13.46\times10^3}{10\times100}t=0.000001346t$。计算结果表明 ABAQUS 和 Terzaghi 的计算结果非常吻合。

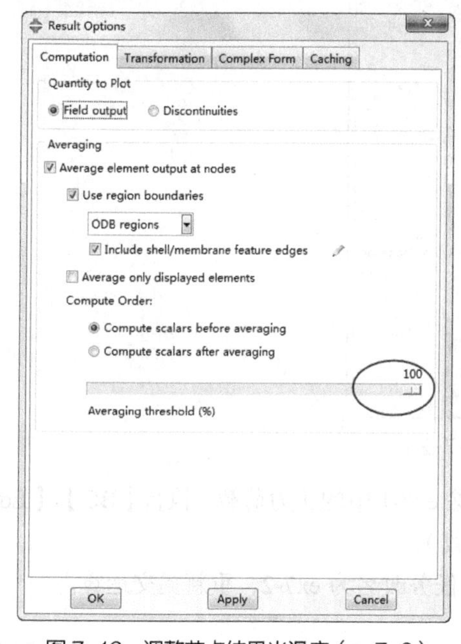

图 7-12 调整节点结果光滑度（ex7-2）

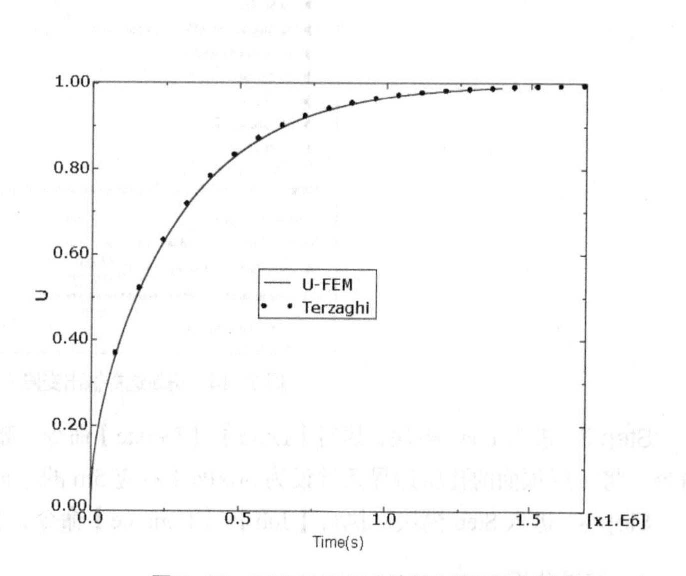

图 7-13 ABAQUS 和太沙基计算结果的比较

7.2.2 蓄水问题

1. 问题描述

岩土数值分析中常需要模拟蓄水问题，如心墙堆石坝蓄水后的变形等。这里通过一个简单的算例介绍 ABAQUS 中模拟蓄水需要注意的事项。本算例的几何模型与算例 7-1 相同（见图 7-6），现试模拟填土表面水位上升 5m 后土体中的应力场和位移场。

2．算例学习重点

- 输出变量的选择。
- 了解有效应力和孔压之间的转变。

3．模型建立及求解

Step 1　将 ex7-1.cae 另存为 ex7-2.cae。

Step 2　进入 Step 模块，执行【Step】/【Delete】命令，删除 Load 分析步。由于输出控制默认是在 Load 分析步中建立的，删除 Load 分析步后需要执行【Output】/【Field output request】/【Create】命令重新选择输出变量，在图 7-14 所示对话框的 Output Variables 中选中 Preselected defaults，ABAQUS 会自动选择主要变量输出到数据库，该对话框中还可对输出区域、输出频率等选项进行控制。类似地，通过【Output】/【History output request】/【Create】命令创建历史输出变量。

执行【Step】/【Edit】命令，在 Edit Step 对话框的 Incrementation 选项卡中将 UTOL 改为 100，并将 End step when pore pressure change rate less than 前的复选框取消选中，让分析步完全计算结束。

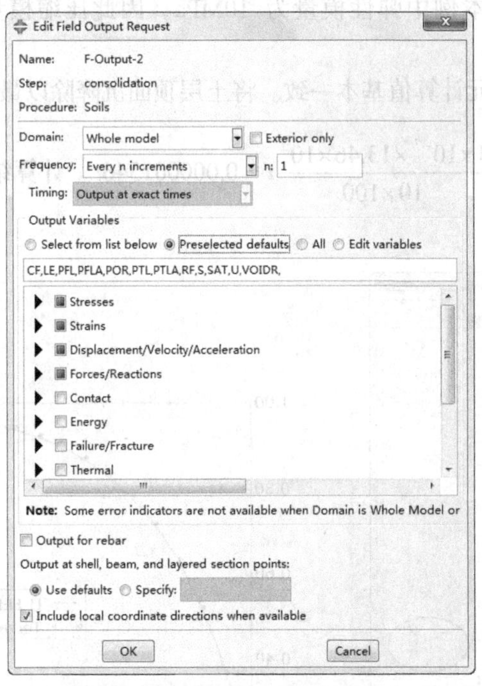

图 7-14　重新选择输出变量（ex7-2）

Step 3　进入 Load 模块，执行【Load】/【Delete】命令，删除 ex7-1 中的压力荷载。执行【BC】/【Edit】命令，将土层顶面的孔压边界条件设为 50kPa（对应 5m 的水荷载）。

Step 4　进入 Step 模块，执行【Job】/【Rename】命令，将任务改名为 ex7-2，重新提交运算。

4．结果分析

Step 1　进入 Visualization 模块，打开相应数据库。将计算结束时的孔压分布绘制于图中。计算结束后，土层上下的孔压均接近 50kPa，与预期结果吻合。但后续分析时会发现，计算的位移场、有效应力场与蓄水问题有很大的区别。

Step 2　图 7-16 和图 7-17 分别给出了计算结束时的竖向位移分布和竖向有效应力分布。注意到 ABAQUS 中以拉为正，蓄水之后土体向上变形，有效应力为拉应力。而根据土力学理论，蓄水后，土体上下水体联通，有效应力是不改变的，土体也不应该有变形。出现这样的问题主要在于本例中错误的用边界孔压的变化来模拟蓄水过程。实际上，蓄水不仅引起土体表面孔压的变化，还造成总应力的改变。如果不考虑总应力的增加，即总应力为 0，设置孔压为 50kPa 后，ABAQUS 根据节点力的平衡，将得到有效应力为拉应力 50kPa，对应的土体发生膨胀拉伸变形。

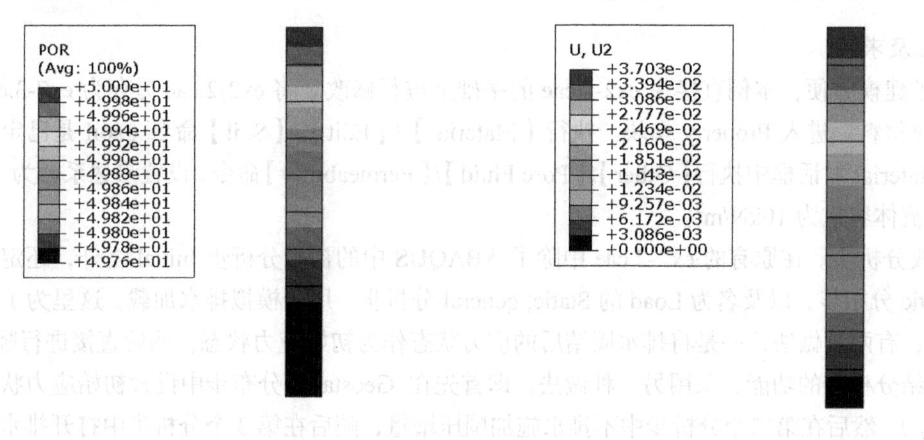

图 7-15 超孔压分布（ex7-2）　　图 7-16 竖向位移分布（ex7-2）

5．模型的改进

Step 1 将 ex7-2.cae 另存为 ex7-2-2.cae。

Step 2 进入 Load 模块，执行【Load】/【Create】命令，在 Consolidation 分析步中对土体表面施加压力荷载 50kPa。

Step 3 进入 Job 模块，重新创建任务 ex7-2-2，并提交计算。

Step 4 进入 Visualization 模块，打开相应数据库。绘制计算结束时的竖向有效应力分布，如图 7-18 所示。此时蓄水引起的总应力完全由孔隙水承担，有效应力不变化，接近为零，符合基本理论。

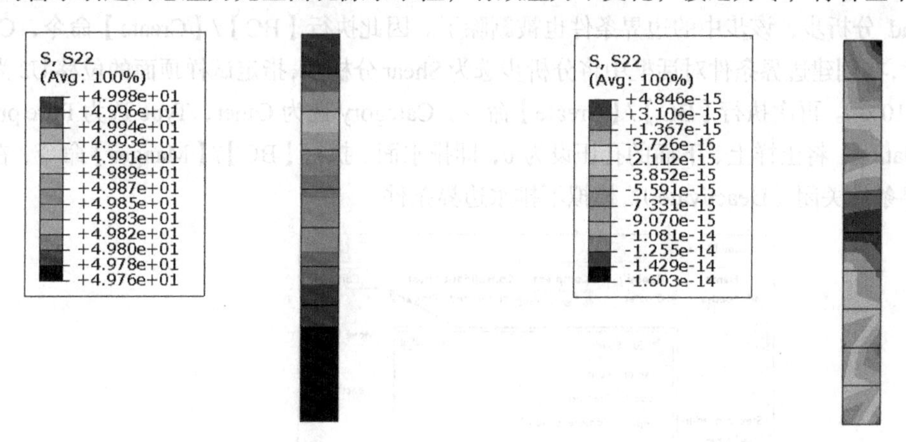

图 7-17 竖向有效应力分布（ex7-2）　　图 7-18 改进后的竖向有效应力分布（ex7-2）

7.2.3 修正剑桥模型的固结不排水三轴试验

1．问题描述

本算例的几何模型和基本参数和第 2 章的算例 2-2 一致。有一正常固结土试样，在 $\sigma_3 = 100\text{kPa}$ 下固结稳定，即初始平均应力 $p_0 = 100\text{kPa}$；土样的泊松比 $\nu = 0.3$，$\lambda = 0.15$，$\kappa = 0.05$，$M = 1.0$，$e_1 = 2$，由于其是正常固结土，则初始孔隙比 $e_0 = e_1 - \lambda \ln(p_0) = 1.309$。现对该试样进行固结不排水剪切试验，在排水条件下围压增量为 100kPa，然后在不排水条件下将试样压缩破坏。土体的渗透系数为 $1\times10^{-8}\text{m/s}$。本算例的 cae 文件为 ex7-3.cae。

2. 算例学习重点

- 不排水剪切条件下正常固结黏土中的孔压变化。
- 固结分析步中荷载随时间的变化方式。

3. 模型建立及求解

Step 1 为了建模方便，本例直接在 ex2-2.cae 的基础上进行修改。将 ex2-2.cae 另存为 ex7-3.cae。

Step 2 修改材料。进入 Property 模块。执行【Material】/【Edit】/【Soil】命令（soil 是已定义的材料名称），在 Edit Material 对话框中执行【Other】/【Pore Fluid】/【Permeability】命令，设置渗透系数为 1×10^{-8}m/s（3.6×10^{-5}m/h），流体容重为 10kN/m^3。

Step 3 修改分析步。在原有的 ex2-2.cae 中除了 ABAQUS 中的初始分析步 Initial 之外，还定义了名为 Geoini 的 Geostatic 分析步，以及名为 Load 的 Static, general 分析步，用于模拟排水加载。这里为了模拟固结不排水三轴试验，有两种做法，一是将排水固结后的应力状态作为初始应力状态，然后直接进行竖向压缩。这里为了讲解固结分析步的功能，采用另一种做法，即首先在 Geostatic 分布步中设置初始应力状态（对应三轴试验中的 σ_c），然后在第二个分析步中不排水施加围压增量，随后在第 3 个分析步中打开排水阀，让土样固结完成；最后在不排水条件下将土样压缩破坏。为此，我们保留原有的 Geoini 分析步，然后删除 Load 分析步，执行【Step】/【Create】命令，在 Geoini 后依次添加名为 Compress、Consolidation 和 Shear 的 3 个 Soils 类型分析步，均不考虑蠕变效应。其中 Compress 分析步的时长为 1×10^{-3}h，采用固定时间分析步步长；Consolidation 分析步的时间为 24h，采用自动增量步长，初始时间增量步长为 1h，允许的最大孔压改变为 100kPa；Shear 分析步的设置与 Consolidation 分析步一致。

Step 4 修改荷载及边界条件。进入 Load 模块，执行【Load】/【Manger】命令，弹出的对话框如图 7-19 所示。选中 Load-1 对应 Compress 分析步的位置，单击【Edit】将围压从 100kPa 修改为 200kPa，意味着围压在这一步中改变。

由于删除了 Load 分析步，该步中的边界条件也被删除了。因此执行【BC】/【Create】命令，Category 选为 Mechanical 力学，在创建边界条件对话框中将分析步选为 Shear 分析步，指定试样顶面的位移 U2 为-0.008（对应的竖向应变为 10%）。再次执行【BC】/【Create】命令，Category 选为 Other，Type 选为 Pore pressure，分析步选为 Consolidation，将土样上、下面的孔压设为 0，即排水面。执行【BC】/【Manger】命令，在 Shear 分析步中将排水边界条件关闭（Deactivate），模拟不排水边界条件。

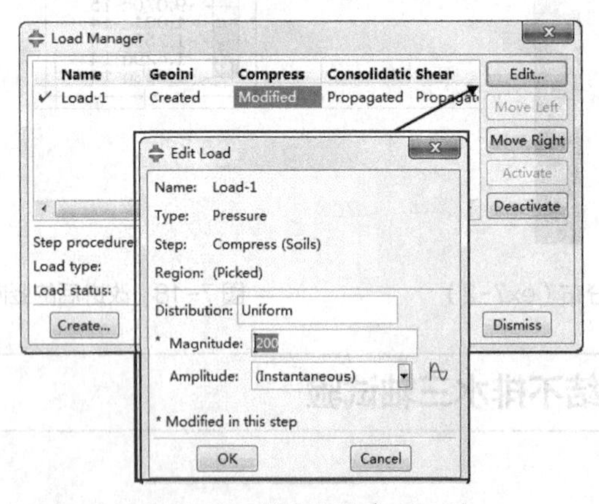

图 7-19 修改荷载（ex2-2）

Step 5 修改单元类型。进入 Mesh 模块，执行【Mesh】/【Element Type】命令，在 Element Type 对话框中，选择单元类型为轴对称孔压应力单元 CAX4P。

Step 6 进入 Job 模块，执行【Job】/【Manger】命令，在编辑任务对话框中将任务名改为 ex7-3，重新提交运算。

4．结果分析

Step 1 进入 Visualization 后处理模块并打开结果数据库。执行【Tools】/【XY Data】/【Create】命令，绘出孔压随时间的变化曲线，如图 7-20 所示。图中清楚地显示了试验中的不同阶段，在不排水条件下施加围压增量时，荷载全部由孔隙水承担，孔压上升为 100kPa，随后排水固结孔压消散，然后在不排水条件下剪切，孔压逐渐上升，达到临界状态后孔压保持不变。

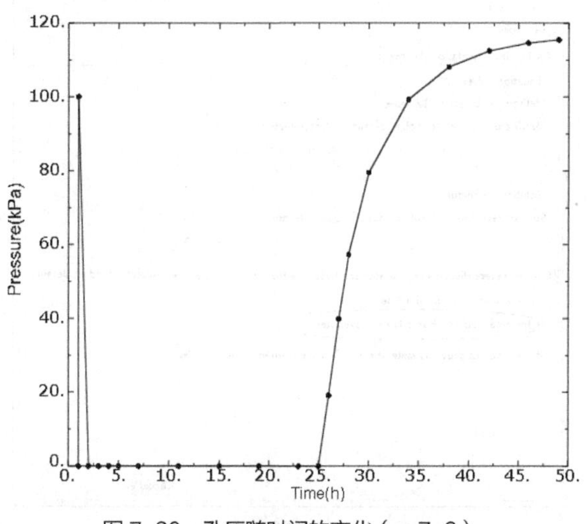

图 7-20 孔压随时间的变化（ex7-3）

Step 2 执行【Tools】/【XY Data】/【Create】命令，保存土体单元中点（centroid）的平均应力（pressure）p 和米塞斯应力（偏应力 q），然后执行【Tools】/【XY Data】/【Create】命令，选择 Source（数据源）为 Operation on XY Data，利用 Combine 功能，将有效应力路径绘制于图 7-21 中，为对比起见，图中同时绘出了总应力路径。由图可见，由于土样固结后为正常固结土，塑性势面的法向方向指向右侧，在不排水剪切过程中产生塑性体积压缩应变（对应屈服面增大），由于试样不排水，总体体积不变化。产生的塑性体积压缩应变需由弹性体积膨胀应变弥补，对应的压缩有效应力下降。剪切破坏时，应力状态点达到新的屈服面的顶点，塑性势面法线向上，只发生剪切变形，没有体积变化，即达到临界状态，孔压维持不变。

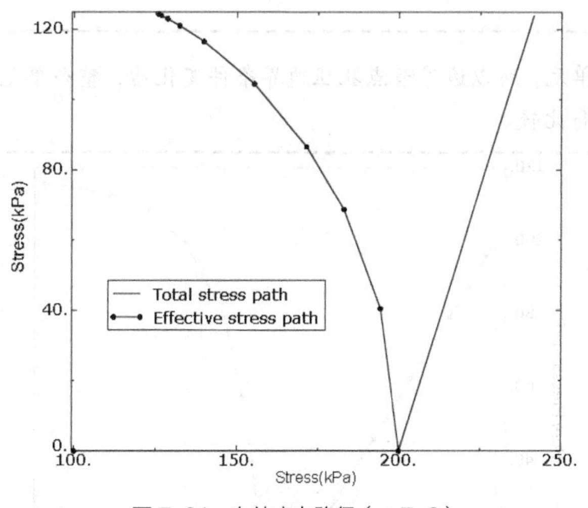

图 7-21 有效应力路径（ex7-3）

5．算例拓展

ABAQUS 中不同分析步类型所默认的荷载随分析步时间的变化关系是不一样的，对于通用静力分析步 static general，如果没有定义 Amplitude 幅值曲线的话，其是假设荷载随时间线性变化的。对于 soils 固结分析步，其是假定荷载瞬间施加的。用户可以在 Step 模块中通过 Edit Step 对话框 Other 选项卡中的 Default load variation with time 下选择 Instantaneous（瞬间施加）或者 Ramp linearly over step（线性变化）进行调整（见图 7-22）。但修改时，用户需慎重选择，避免得到与实际不一致的结果。本小节在 ex7-3 的基础上以实例进行说明。

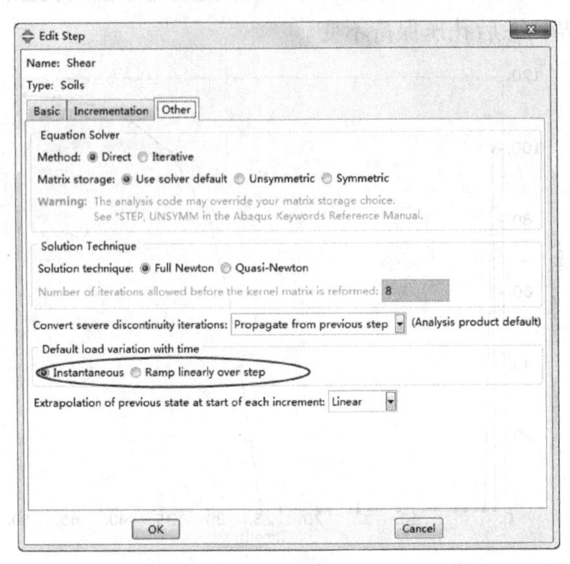

图 7-22　调整荷载变化选项（ex7-3）

Step 1　将 ex7-3.cae 另存为 ex7-3-2.cae。

Step 2　进入 Step 模块，执行【Step】/【Edit】/【Consolidation】命令，在 Edit Step 对话框的 Other 选项卡中将 Default load variation with time 下改为 Ramp linearly over step。

Step 3　进入 Job 模块，重新建立名为 ex7-3-2 的任务文件，并提交计算。

Step 4　进入 Visualization 后处理模块。执行【Tools】/【XY Data】/【Create】命令，将节点孔压分布绘制于图 7-23 中。对比图 7-20 可以发现，由于选择了随时间线性变化的荷载模式，在孔压边界条件改变时，ABAQUS 会将孔压在整个分析步中逐渐衰减，随时间是线性变化的，并没有模拟瞬间孔压阀门打开的现象。

注意：

本例中只划分了一个单元，所以边界节点孔压边界条件变化后，整个单元的孔压状态全发生了变化。读者可多划分几个单元进行比较。

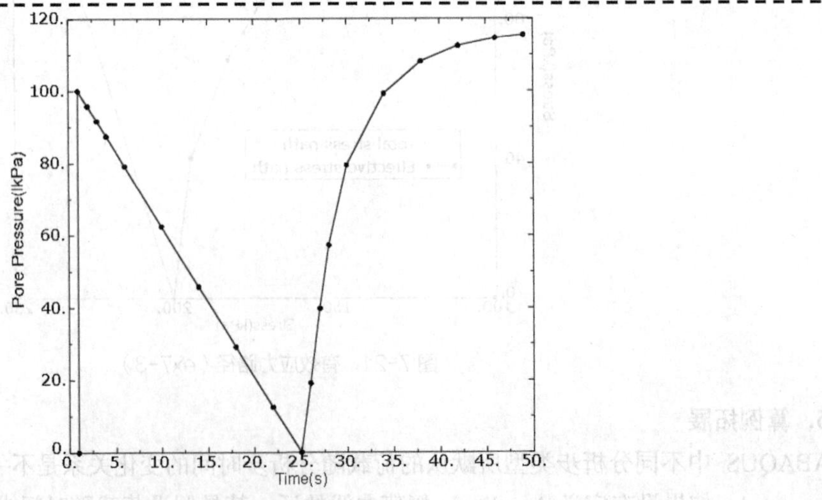

图 7-23　孔压变化（ex7-3-2）

7.2.4 一维剑桥黏土地基固结分析

1. 问题描述

算例 ex7-1 中的一些假设不符合实际情况，如：

（1）土体假设为弹性体，没有考虑土的非线性。

（2）孔隙比随深度假设为一恒定值，而对于一般的土体，即使是正常固结土，由于土层深层的自重应力大，对应的孔隙比应比浅层的小。对于一些复杂的本构模型，如剑桥黏土模型，孔隙比随深度的变化还将影响屈服面的大小沿深度的分布，不排水剪切强度随深度的分布等。因而合理确定初始条件是非常重要的。本例将通过剑桥黏土地基的固结问题来说明这一点。

如图 7-24 所示，有一厚 10.0m 的饱和正常固结土地基（采用一维土柱模拟），土层底部不排水，顶面排水。在正式加载前，土体在自重和表面均布荷载 10kPa 作用下已经固结完成，随后土层表面瞬间施加均布荷载 100kPa（总荷载为 110kPa），本算例试图利用 ABAQUS/Standard 的固结计算功能计算沉降随时间的发展孔压的变化等。假设在整个分析过程中，地下水位与土体表面保持齐平。土体用修正剑桥模型模拟。参数取为：半对数坐标系下初始等向正常固结曲线 INCL 的斜率 $\lambda=0.5$，半对数坐标系下压缩回弹曲线的斜率 $\kappa=0.1$，$e\sim\ln p'$ 平面临界状态线 CSL 在 e 轴上的截距（即 $\ln p=0$）$e_{cs}=3.0$，临界状态线 CSL 在 $p'\sim q$ 空间上的斜率 $M=1.0$（对于三轴压缩 $M=\dfrac{6\sin\varphi'}{3-\sin\varphi'}$，三轴拉伸则为 $M=\dfrac{6\sin\varphi'}{3+\sin\varphi'}$）和泊松比 $\nu=0.3$，静止土压力系数 $K_0=0.5$。土体的饱和容重取为 $\gamma_{sat}=18\text{kN/m}^3$，水的容重取为 $\gamma_w=10\text{kN/m}^3$，即土的有效容重 $\gamma'=8\text{kN/m}^3$。土的渗透系数取为 $k=1\times10^{-8}\text{m/s}$。本例的 cae 文件为 ex7-4.cae。

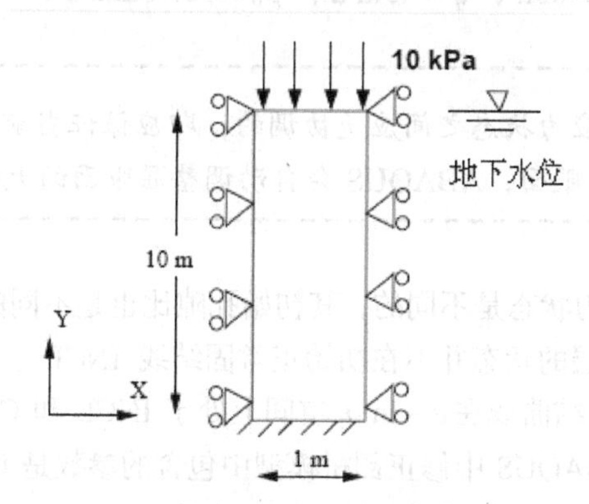

图 7-24 算例 8-2 模型示意图

2. 算例学习重点

- 修正剑桥模型中正常固结土初始条件的设置。
- 基于总孔压的固结分析。
- 采用 Distribution（分布）功能定义初始孔隙比的分布。
- 采用用户子程序定义初始孔隙比的分布。

3. 初始条件分析

（1）初始有效应力。

由于假设在正式加载（100kPa）之前，土体在自重和表面均布荷载 10kPa 作用下已经固结完成，因而结合本例中给出的参数，土层的初始应力线性分布，具体如下，注意到 ABAQUS 中应力以拉为正。

$\sigma'_y=-\left(10+8(10-y)\right)$，$\sigma'_x=-\left(5+4(10-y)\right)$

土层顶面：$y=10.0\text{m}$，$\sigma'_y=-10\text{kPa}$，$\sigma'_x=-5\text{kPa}$。

土层底面：$y=0.0\text{m}$，$\sigma_y'=-90\text{kPa}$，$\sigma_x'=-45\text{kPa}$。

（2）初始孔压场。

本例中土层的重力加载通过 Gravity 荷载类型施加，因此 ABAQUS/Standard 会基于总孔压进行计算，因而必须给出孔压的初始分布，孔压沿深度线性分布：

土层顶面：$y=10.0\text{m}$，$u=0\text{kPa}$。

土层底面：$y=0.0\text{m}$，$u=100\text{kPa}$。

（3）初始屈服面大小 p_0'（$a_0=p_0'/2$）。

由于土层为正常固结土，这意味着土层任一深度的应力点都位于屈服面上。由于土层从上到下，有效应力是变化的，因而初始屈服面的大小 p_0' 从上到下也是变化的。

根据修正剑桥模型的理论，其屈服面写成：

$$\frac{M^2p'^2}{q^2+M^2p'^2}=\frac{p'}{p_0'} \tag{7-13}$$

改写成：

$$p_0'=\frac{q^2+M^2p'^2}{M^2p'}=\frac{q^2}{M^2p'}+p' \tag{7-14}$$

式中，p' 和 q 分别为平均有效应力和偏应力，其余符号意义如前。本例中有 K_0=0.5，$p'=\dfrac{2\sigma_x+\sigma_y}{3}=\dfrac{180-16y}{3}$，$q=45-4y$，因而有：

土层顶面：$y=10.0\text{m}$，$p'=6.67\text{kPa}$，$q=5\text{kPa}$，$p_0'=10.42\text{kPa}$。

土层底面：$y=0.0\text{m}$，$p'=60\text{kPa}$，$q=45\text{kPa}$，$p_0'=93.75\text{kPa}$。

注意：

屈服面的大小和孔隙比、应力状态之间应是协调的，即应保证当前应力状态在屈服面的内部（含屈服面）。如果应力状态超出了屈服面，ABAQUS 会自动调整屈服面的大小。

（4）初始孔隙比的分布。

由于土层从上到下，初始应力状态是不同的，其初始孔隙比也是不同的。需要注意，一维地基中土体的应力状态并不是等向固结，即土层的状态并不在初始正常固结线 INCL 上，而是在代表 K_0 固结的曲线上。根据修正剑桥模型的理论，K_0 固结曲线在 $e\sim\ln p'$ 空间上处于 INCL 和 CSL 之间，并且这 3 条线是平行的（见图 7-25）。另外需要注意，ABAQUS 中修正剑桥模型中包含的参数是 INCL 的截距 e_1，而不是 CSL 的截距 $e_{cs}=3.0$，按照修正剑桥模型的理论，两者之间有如下关系：

$$e_1=e_{cs}+(\lambda-\kappa)\ln(2)=3+0.4\ln(2)=3.27726 \tag{7-15}$$

类似地，按照修正剑桥模型理论，处于 K_0 固结状态土体的孔隙比 e_0 为：

$$\begin{aligned}e_0&=e_1-\lambda\ln p_0'+\kappa\ln\frac{p_0'}{p'}\\&=e_1-\lambda\ln\left(\frac{q^2}{M^2p'}+p'\right)+\kappa\ln\left(\frac{q^2}{M^2p'^2}+1\right)\\&=3.27726-0.5\ln\left(\frac{3(45-4y)^2}{(180-16y)}+\frac{180-16y}{3}\right)+0.1\ln\left(\frac{9(45-4y)^2}{(180-16y)^2}+1\right)\end{aligned} \tag{7-16}$$

根据上式，可得初始孔隙比的分布：

土层顶面：$y=10.0\text{m}$，$e_0=2.150$。

土层底面：$y=0.0\text{m}$，$e_0=1.052$。

注意：

正常固结黏土的孔隙比沿深度并非线性分布。读者可以将土柱划分为几个区域，每个区域设置均匀或线性分布的孔隙比。也可以通过 Distribution 功能或者用户子程序 VOIDRI 指定。

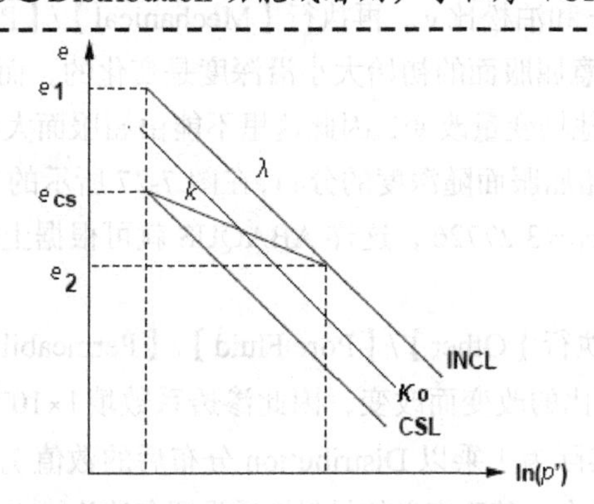

图 7-25　等向固结线、K_0固结线和临界状态线的位置

（5）干密度 ρ_d 的分布。

在 ABAQUS/Standard 中，若土体采用 Gravity 荷载类型施加重力荷载，计算基于总孔压进行，此时在材料的密度选项中应填入土体的干密度。本例中假设土体的饱和重度 $\gamma_{sat} = 18\text{kN}/\text{m}^3$，即 $\rho_{sat} = 1.8\text{g}/\text{cm}^3$，且沿土层深度保持不变。若考虑到土体是饱和的，则根据土体三相比例指标之间的关系，可以得到：

$$\rho_d = \rho_{sat} - \rho_w \frac{e_0}{1+e_0}$$

$$= 1.8 - \frac{3.27726 - 0.5\ln\left(\frac{3(45-4y)^2}{(180-16y)} + \frac{180-16y}{3}\right) + 0.1\ln\left(\frac{9(45-4y)^2}{(180-16y)^2} + 1\right)}{1 + 3.27726 - 0.5\ln\left(\frac{3(45-4y)^2}{(180-16y)} + \frac{180-16y}{3}\right) + 0.1\ln\left(\frac{9(45-4y)^2}{(180-16y)^2} + 1\right)} \tag{7-17}$$

由于孔隙比随深度是变化的，这就意味着，干密度随土层深度不是恒定值，也是变化的，而且应是非线性变化：

土层顶面：$y = 10.0\text{m}$，$\rho_d = 1.117\text{g}/\text{cm}^3$。

土层底面：$y = 0.0\text{m}$，$\rho_d = 1.287\text{g}/\text{cm}^3$。

根据以上分析，本例中除了初始有效应力和初始孔压是沿深度线性分布之外，孔隙比和干密度随深度都应是非线性的分布。若简单地将它们视为线性分布可能会带来计算误差。通常情况下，若要精确模拟这些变量随深度的非线性分布，要么采用一系列折线模拟，要么采用分布，要么采用用户子程序。本算例将结合具体情况详细说明。

4．模型建立及求解

Step 1　建立部件。执行【Part】/【Creat】命令，建立一个宽为 1.0m，高为 10.0m 的土柱。执行【Tools】/【Set】/【Create】命令，将所有区域建立名为 soil 的集合。

Step 2　设置材料及截面特性。这里利用 Distribution 功能设置随 y 坐标变化的干密度。在 Property 模块中，执行【Tools】/【Analytical Field】/【Create】命令，在弹出的对话框中将名字设为 Density，Type 选为 Expression field 后单击【Continue】按钮，在 Create Expression Field 的对话框中按公式（7-17）输入干密度分布。按照类似步骤，依据公式（7-16）建立名为 void 的分布。

执行【Material】/【Creat】命令，建立名称为 soil 的材料。执行 Edit Material 对话框中的【General】/【Density】命令设置土体的干密度。在图 7-26 所示 Edit Material 对话框中，在 Density 下的 Distribution 右侧

的下拉列表中选择已定义的分布 Density，Data 数据区的密度设为 1（实际为 1 乘以 Distribution 分布后的数值）。

由于采用的是剑桥模型，因此需先执行 Edit Material 对话框中的【Mechanical】/【Elasticity】/【Porous elastic】命令设置回弹模量参数 κ 和泊松比 ν。再执行【Mechanical】/【Plasticity】/【clay plasticity】命令设置其余的剑桥模型参数。这里注意屈服面的初始大小沿深度是变化的，而在 ABAQUS 中，a_0 只取决于土体的初始状态，而不随温度场或其他场变量改变，因此这里不能由屈服面大小与场变量的关系来获得随深度变化的屈服面大小 a_0。为了定义初始屈服面随深度的分布，在图 7-27 所示的 Edit Material 对话框中，将 Intercept 设为等向压缩曲线 INCL 的起点 $e_1 = 3.27726$，这样 ABAQUS 就可根据土体当前孔隙比和应力状态，按修正剑桥模型理论给出 a_0 的大小。

在 Edit Material 对话框中，执行【Other】/【Pore Fluid】/【Permeability】命令设置土体的渗透系数。这里认为土体的渗透系数不随孔隙比的改变而改变，因此渗透系数填 $1\times10^{-8}\text{m/s}$（0.315m/a），水的容重取为 $\gamma_w = 10\text{kN/m}^3$，孔隙比填 1（实际为 1 乘以 Distribution 分布后的数值）。

执行【Section】/【Create】命令，基于定义的材料性质设置名称为 soil 的截面 section，并执行【Assign】/【Section】命令赋给相应的区域。

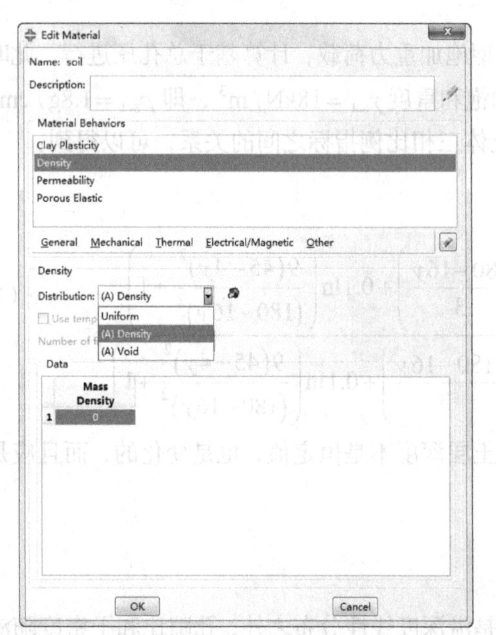

图 7-26 通过 Distribution 功能设置干密度分布（ex7-4）

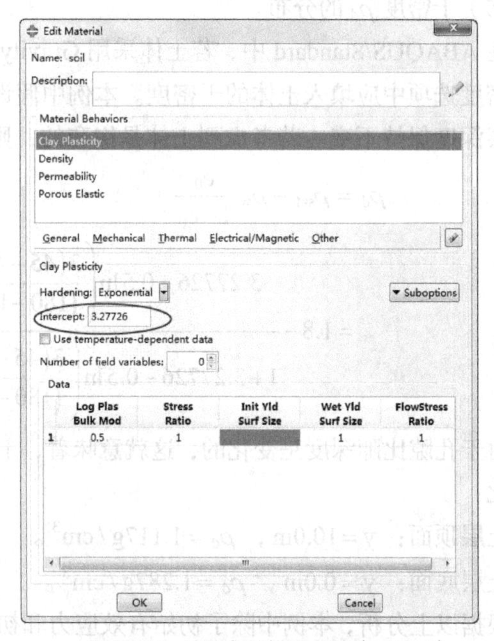

图 7-27 设置剑桥模型参数（ex7-4）

Step 3 装配部件。在 Assembly 模块中，执行【Instance】/【Create】命令，建立相应的 Instance。

Step 4 定义分析步。在 Step 模块中首先建立名为 Ini 的 Geostatic 分析步，在随后的边界条件中施加相应的荷载及边界条件，确保与初始应力状态相平衡。然后建立一个名称为 load 类型为 soils 的分析步，在这一步中施加荷载，所有边界都为不排水边界，为了模拟荷载的瞬时增加，将载荷步的时间取为任一较小值，如 1×10^{-3} 年，时间增量步步长采用固定步长 1×10^{-3} 年。建立第三个荷载步，名称为 consolidation，类型为 soils。在这一步中孔压消散进行固结分析，在随后的边界条件设置中将该步中的土层顶面边界条件设置为排水。该步的时间总长为 10 年，时间增量步采用自动搜索功能，初始时间增量步长为 0.1，最大时间步长设置为 0.2，UTOL 取为 30kPa，允许的增量步数目改为 1000，其余均采用默认值。

执行【Output】/【Field Output Requests】/【Edit】命令，增加 Strains 中的 PEEQ 作为输出变量。

提示：

剑桥模型中的 PEEQ 是屈服面大小 a_0。

Step 5 定义荷载、边界条件。在 Load 模块中，执行【BC】/【Create】命令，在 Initial 分析步中限定模型两侧的水平位移和模型底部两个方向的位移，在 consolidation 分析步中将顶面的孔压边界设为 0。

执行【Load】/【Create】命令，选择 Gravity 在 ini 步中对模型施加重力荷载（注意，本例中重力应加在 y 方向），表面施加 10kPa 压力。执行【Load】/【Manger】命令，利用【Edit】按钮在 load 载荷步中将表面压力修改为 110kPa。

Step 6 设置初始条件。在 Load 模块中，执行【Predefined Field】/【Create】命令，弹出图 7-5 所示的创建预定义场对话框，将分析步选为 Initial，Category（类型）选为 Other，Type 选择 Pore pressure，单击【Continue】按钮后选择整个土体为定义区域，确认后在弹出的对话框中选择孔压分布为 Linear 线性分布，并设置初始孔压场。

按照 ex5-3 等例子中的做法，设置随深度线性变化的初始应力。

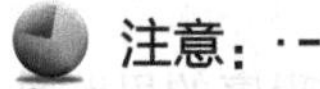

本例中土层底面 Y 坐标为 0。如果读者采用了不同的坐标系，坐标数值应做相应调整。

类似地，设置初始孔隙比分布，在图 7-29 所示的对话框中，选择分布为之前定义的 Void。

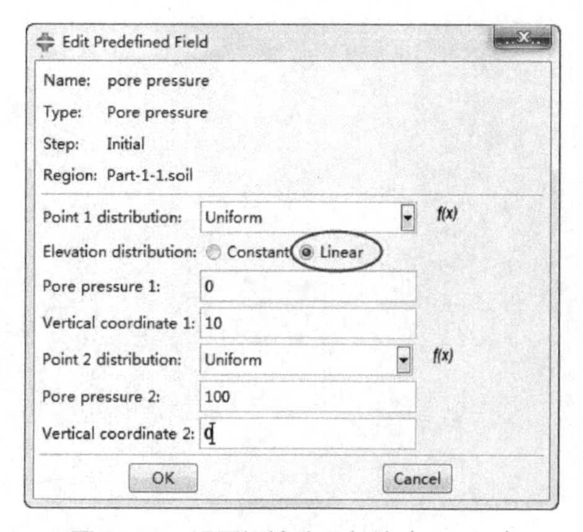

图 7-28 设置初始孔压条件（ex7-4）

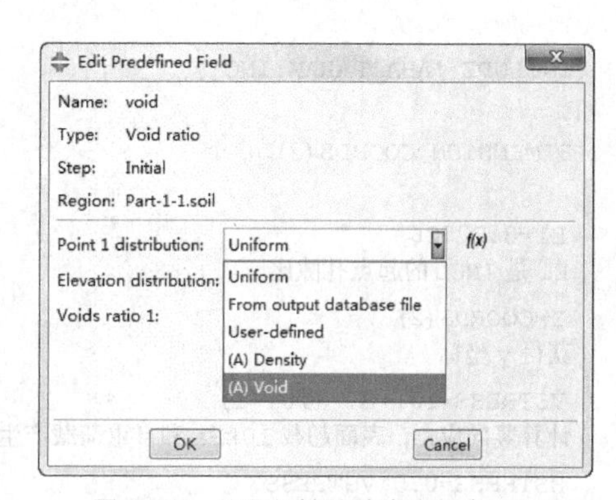

图 7-29 设置初始孔隙比分布（ex7-4）

Step 7 划分网格。进入 Mesh 模块，将环境栏中的 Object 选项选为 Part，意味着网格划分是在 Part 的层面上进行的。为了相对准确地模拟孔隙比等的非线性分布，执行【Seed】/【Part】命令，将单元的大小设置为 0.2；执行【Mesh】/【Controls】命令，选择单元形状为四边形；执行【Mesh】/【Element Type】命令，对所有区域选择单元 CPE4P；执行【Mesh】/【Part】命令，划分模型网格。

Step 8 提交任务。进入 Job 模块，创建名为 ex7-4 的任务并提交计算。

5．结果分析

Step 1 进入 Visualization 后处理模块，打开相应的计算结果数据库文件。

Step 2 这里首先关心土层的初始状态是否得到了合理的模拟，将 Geostatic 分析步 Ini 开始时的孔隙比分布绘制于图 7-30 中。将 Ini 计算结束后的竖向应力分布绘制于图 7-31 中。计算结果表明，利用 Distribution 功能较好地模拟了孔隙比的非线性分布，对应的干密度及产生的初始应力符合预期，初始应力步平衡较好。读者可进一步检查初始屈服面沿深度的分布，加强对初始条件设置的理解。如果将孔隙比和干密度简化为直线分布，将会造成某一深度处的有效重度 $\gamma' = \gamma_d - \dfrac{1}{1+e_0}\gamma_w$ 不能保持 $\gamma' = 8\text{kN/m}^3$ 不变，对应的初始应力场会有一定的误差。

Step 3 读者可进一步绘出不同时刻沉降、孔压等计算结果的分布图或随时间的变化曲线图，加强对固结分析问题的熟悉程度。

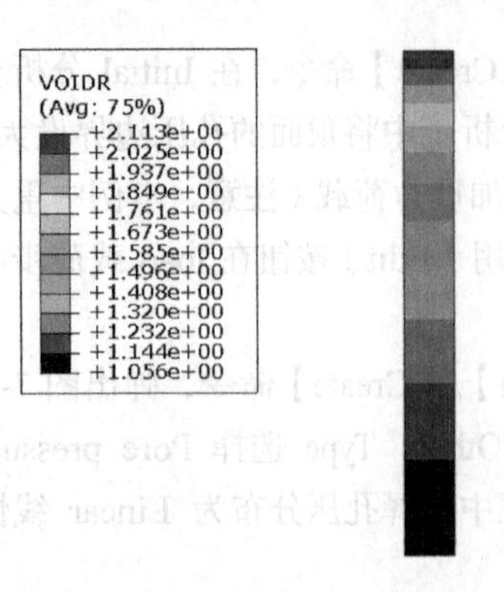

图 7-30 初始孔隙比分布（ex7-4）

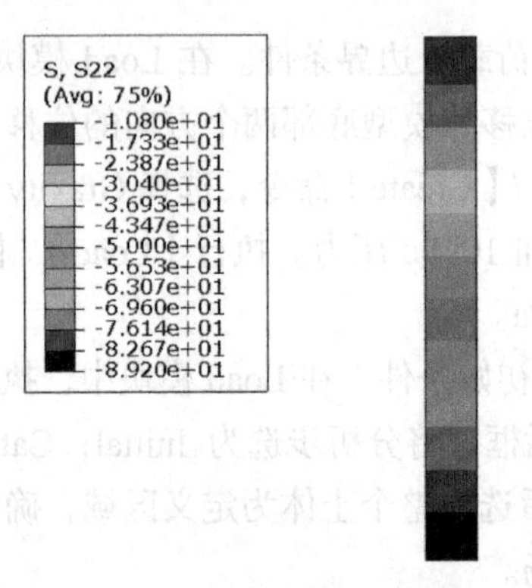

图 7-31 初始应力平衡之后的竖向应力分布（ex7-4）

6. 采用用户子程序 VOIDRI 定义初始孔隙比分布

初始孔隙比的分布也可采用用户子程序 VOIDRI 实现，相应的子程序文件为 ex7-4.for，该程序的思路是根据当前的坐标，确定当前的应力状态，结合初始等向固结曲线 INCL 的起点 e_1，找到当前状态在 $e\sim\ln p'$ 空间的位置，确定当前孔隙比 e_0。程序代码及说明如下：

```
      SUBROUTINE VOIDRI(EZERO,COORDS,NOEL)
C
      INCLUDE 'ABA_PARAM.INC'
C
      DIMENSION COORDS(3)
C
      E1=3.27726
C     E1 是 INCL 的起点孔隙比
      Y=COORDS(2)
C     获得 y 坐标
      VSTRESS=10.+8.*(10.-Y)
C     计算竖向应力，表面超载 10kPa 和自重荷载产生
      HSTRESS=0.5*VSTRESS
C     计算水平应力
      P=(VSTRESS+2.*HSTRESS)/3.0
C     计算平均应力
      Q=VSTRESS-HSTRESS
C     计算偏应力
      FL=0.5
C     λ
      FK=0.1
C     κ
      FM=1.0
C     M
      EZERO=E1-FL*LOG(Q*Q/FM/FM/P+P)+FK*LOG(Q*Q/FM/FM/P/P+1.0)
C     按修正剑桥模型理论确定和初始应力状态确定初始孔隙比
      RETURN
     END
```

Step 1 将 ex7-4.cae 文件另存为 ex7-4-2.cae。

Step 2 进入 Load 模块，执行【Predefined Field】/【Edit】命令，修改之前定义的孔隙比分布 Void。在图 7-29 所示的对话框中，选择孔隙比的大小由 User-defined 用户子程序确定。

Step 3 进入 Job 模块，执行【Job】/【Edit】命令，在 Edit Job 对话框的 General 选项卡中定位 User-defined file，确认后退出对话框。将任务改名为 ex7-4-2 并提交运算。

Step 4 进入 Visualization 模块。读者可通过孔压、应力和位移的分布比较两种做法结果的差异。结果表明，两种方法的结果一致。

7．基于超孔压的计算

在前面的分析中，我们采用 Gravity 荷载分布形式施加重力，因而 ABAQUS/Standard 会基于总孔压进行分析。也可用体力的方式施加重力，此时 ABAQUS/Standard 会基于超孔压进行分析，此时就不需要设置干密度、初始孔压等，对饱和土渗流固结问题更加简便。

Step 1　将原有的 ex7-4.cae 文件另存为 ex7-4-3.cae。

Step 2　进入 Property 模块，执行【Material】/【Edit】命令，删去土体材料的密度选项。

Step 3　进入 Load 模块，执行【Load】/【Delete】命令，删去重力加载，并重新施加一个 y 方向体力荷载（Body force）-8。

Step 4　在 Load 模块中，执行【Predefined Field】/【Delete】命令，删除设置的孔压分布。

Step 5　进入 Job 模块，将任务改名为 ex7-4-3 并提交运算。

Step 6　检查初始应力是否平衡后，将总孔压分析和超孔压分析中土层底部的孔压变化曲线对比于图 7-32 之中，由图可见两者的消散规律是相近的，都符合固结计算的特点。两者数值上相差 100kPa，即土层底部的静水压力。为了显示清楚，在提取 XY data 时，在 XY Data from ODB Field Output 对话框中单击【Active steps/Frames】按钮，仅提取 Consolidation 分析步的结果（见图 7-33）。

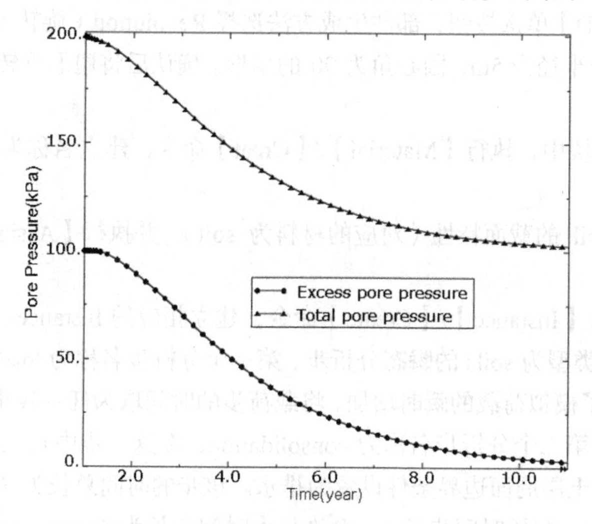

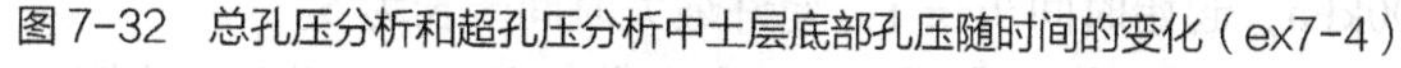
图 7-32　总孔压分析和超孔压分析中土层底部孔压随时间的变化（ex7-4）

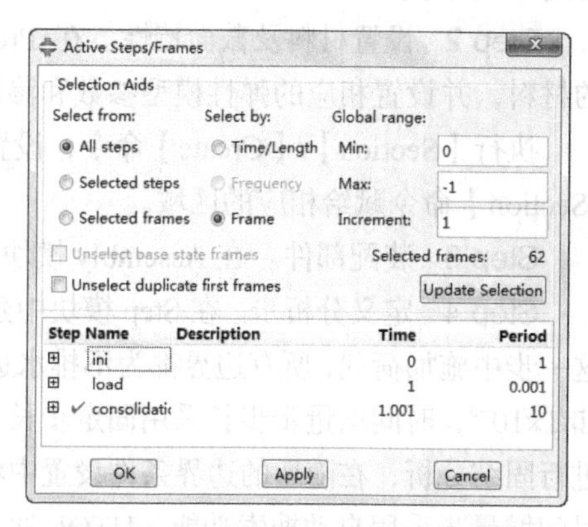

图 7-33　控制 XY Data 提前分析步/帧

8．关于初始条件设置的进一步讨论

本例中说明了初始孔隙比的分布对屈服面大小的影响。若按照常规的修正剑桥固结理论，不排水强度可表示为：

$$c_u = \frac{M}{2}\exp\left(\frac{e_1-(\lambda-\kappa)\ln 2}{\lambda}-\frac{e_0}{\lambda}\right) \tag{7-18}$$

对于黏土层，现场往往只能给出不排水强度随深度的分布等有限数据（见图 7-34），是正常固结黏土和表面有硬壳层的黏土层通常的不排水强度随深度的分布，而对于 ABAQUS 等有限元软件，不排水强度并不是一个模型的输入参数。这就要求初始条件的设置，尤其是初始孔隙比必须吻合。另外，对于表面的硬壳层，其处于超固结状态，其水平土压力系数与静止土压力系数 $K_0 = 1-\sin\varphi'$ 还是有区别的，可采用 $K_0 = (1-\sin\varphi')OCR^{\sin\varphi'}$ 估计。

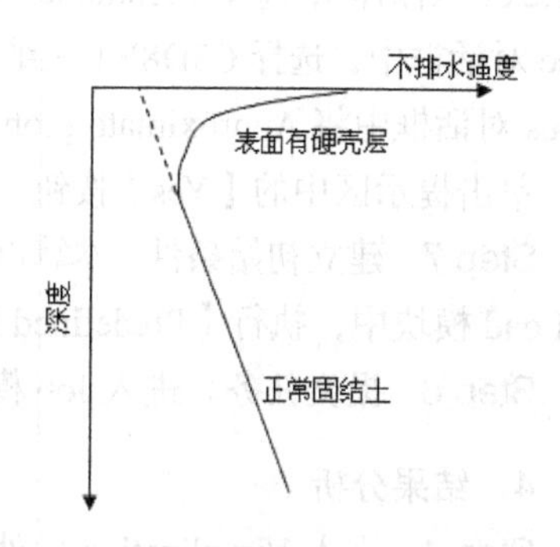

图 7-34　不排水强度沿深度的典型分布

7.2.5 土体固结问题中的曼德尔效应

1. 问题描述

曼德尔和克莱耶先后发现土体固结时，土体中心的孔压出现了先上升后下降的现象，其称为曼德尔效应。

本例以一受均布压力作用，径向排水固结的土球为例来说明 ABAQUS 模拟这类问题的能力。设有一半径为 5m 的土球，弹性模量 $E=10\text{MPa}$，泊松比 $\nu=0.3$，孔隙比 $e=1.0$，渗透系数 $k=1\times10^{-8}\text{m/s}$（$k=3.6e-5\text{m/h}$），水的容重取为 $\gamma_\text{w}=10\text{kN/m}^3$。外表面有均布压力 100kPa 作用，试分析孔压随时间的变化。本算例的 cae 文件为 ex7-5.cae。

2. 算例学习重点

- 理解曼德尔效应。

3. 模型建立及求解

Step 1 建立部件。考虑对称性，取 1/4 土球进行分析。在 Part 模块中执行【Part】/【Creat】命令，在 Create Part 对话框中选择 Modeling space 区域的【3D】单选按钮，部件生成方法选择 Revolution（旋转），单击【Continue】按钮后进入图形编辑界面，建立一个半径为 5m，圆心角为 90°的扇形。确认后将扇形旋转 90°得到 1/4 圆球。

Step 2 设置材料及截面特性。在 Property 模块中，执行【Material】/【Creat】命令，建立名称为 soil 的材料，并设置相应的弹性模型参数和渗透参数。

执行【Section】/【Create】命令，设置名为 soil 的截面特性（对应的材料为 soil），并执行【Assign】/【Section】命令赋给相应的区域。

Step 3 装配部件。在 Assembly 模块中，执行【Instance】/【Create】命令，建立相应的 Instance。

Step 4 定义分析步。在 Step 模块中建立两个类型为 soils 的瞬态分析步，第一个分析步名称为 load，在这一步中施加荷载，所有边界都为不排水边界，为了模拟荷载的瞬时增加，将载荷步的时间取为任一较小值，如 1×10^{-3}，时间增量步步长采用固定步长 1×10^{-3}。第二个分析步名称为 consolidation，在这一步中孔压消散进行固结分析，在随后的边界条件设置中将该步中土层周面边界条件设置为排水。该步的时间总长为 72h，时间增量步采用自动搜索功能。UTOL 取为 100kPa，起始时间步长 1，允许最大时间步长为 5。

Step 5 定义荷载、边界条件。在 Load 模块中，执行【BC】/【Create】命令，在 Initial 分析步中限定 1/4 土球对称面上的相应位移；在 Consolidation 分析步中设置土球表面的孔压条件为 0。

执行【Load】/【Create】命令，在 load 步中对土球表面施加均匀压力 100kPa。

Step 6 划分网格。进入 Mesh 模块，将环境栏中的 Object 选项选为 Part，意味着网格划分是在 Part 的层面上进行的。执行【Mesh】/【Controls】命令，在 Mesh Controls 对话框中选择 Element shape（单元形状）为 Hex（六面体），选择 Technique（划分技术）为 Structured。执行【Mesh】/【Element Type】命令，在 Element Type 对话框中，选择 C3D8P（三维八节点孔压单元）作为单元类型。执行【Seed】/【Part】命令，在 Global Seeds 对话框中将 Approximate global size 输入框设置为 0.5，接受其余默认选项。执行【Mesh】/【Part】命令，单击提示区中的【Yes】按钮，对模型进行网格剖分。

Step 7 建立初始条件。本算例中采用的是线弹性材料，且基于超孔压计算，只需定义初始孔隙比即可。在 Load 模块中，执行【Predefined Field】/【Create】命令，定义初始孔隙比为 1.0。

Step 8 提交任务。进入 Job 模块，建立并提交任务 ex7-5。

4. 结果分析

Step 1 进入 Visualization 后处理模块，打开相应的计算结果数据库文件。

Step 2 执行【Tools】/【XY Data】/【Create】命令，绘制土球中心点的孔隙水压力和有效平均应力，如图 7-35 所示。计算结果表明，曼德尔效应得到了较好的模拟，即土球中心的孔压是先上升后下降的。其可解释为：排水初期，由于边界排水，使得靠近周边处的孔压下降，有效应力增加，将产生收缩。外壳的收缩将造成内部的总应力增加，但土球内部土体水尚未排出，没有体积变形，骨架不能承担增加的应力，总应力的增加只能由孔压承担，造成初期内部孔压上升。当时间流逝后，内部的孔隙水也逐渐向外排出，后期孔压下降。Terzaghi 固结理论中总应力随时间不改变，是无法反映这种现象的。ABAQUS 中通过耦合计算，将孔压与土体变形联系起来分析，是可以模拟这一规律的。前人的研究表明，曼德尔效应与土骨架泊松比有关，泊松比较小时初期孔压上升明显，当泊松比增加为 0.5 时，骨架没有体积变形，曼德尔效应消失。需要说明的是，在一维固结问题中，由于土层单向变形，不产生环形的收缩压力，也就不会出现初期孔压升高的现象。

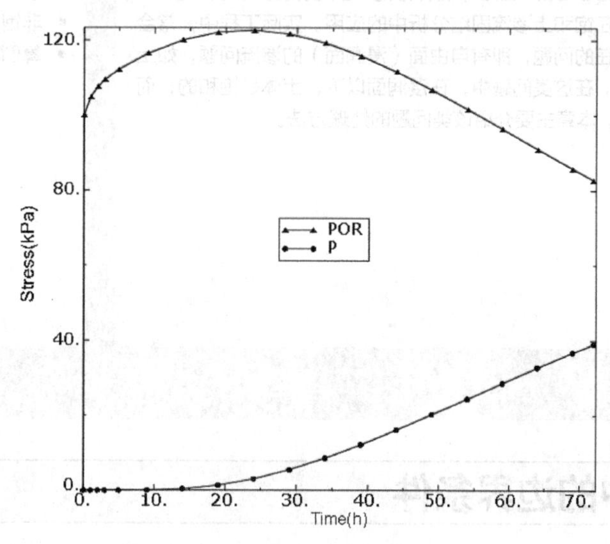

图 7-35 土球中心孔压和有效平均压力随时间的变化（ex7-5）

7.3 本章小结

本章首先介绍了 ABAQUS 中用于处理土体渗流固结问题的相关理论及功能，然后针对饱和土，通过算例详细介绍了利用 ABAQUS 进行固结分析的步骤，特别强调了初始及边界条件的设置。读者可在掌握相关内容的基础上，对前面已介绍的地基承载力等问题考虑渗流固结的影响。

第 **8** 章

非饱和土渗流问题

本章导读

本书第7章中已介绍了ABAQU/Standard中流体渗透/应力耦合分析的功能及具体的分析流程，并举例说明了其在饱和土渗流固结分析中的应用。实际工程中，常会碰到非饱和和饱和渗流的同时存在的问题，即有自由面（浸润面）的渗流问题，如土坝的渗流问题、现场抽水问题等。在这类问题中，在浸润面以下，土体是饱和的；而在浸润面以上，土体是非饱和的。本章主要介绍该类问题的处理方法。

本章要点

- 渗流分析中的边界条件
- 非饱和土的材料模型
- 算例

8.1 渗流分析中的边界条件

8.1.1 典型边界条件

这里结合一土坝的渗流问题（见图8-1）进行说明：

（1）S_1为已知总水头边界条件，即总水头$\phi_1 = H_1$。对于已知总水头边界条件，ABAQUS/Standard中指定边界上的孔隙水压力即可，即$u_w = (H_1 - z)\gamma_w$。

（2）S_2为已知总水头边界条件，即总水头$\phi_2 = H_2$。ABAQUS/Standard中指定$u_w = (H_2 - z)\gamma_w$。

（3）S_3为不透水边界条件，即通过该边界的流量为0。由于ABAQUS/Standard中默认所有边界条件是不透水的，因此分析中无需额外设置。

（4）S_4为浸润面，其位置是未知的。该边界上孔压u_w为0，即总水头等于位置水头z。在传统的渗流分析中，将该面也看成不透水边界，渗流只在饱和区内发生，浸润面是最上方的流线。但在非饱和渗流分析中，水有可能进入到非饱和区，浸润线实际上为孔压为零的等压线。

（5）S_5为自由渗出段边界，在渗出点（浸润线与下游边坡的交点）以下、下游水位以上的部位孔压u_w为0。ABAQUS/Standard提供了针对这一情况的特殊边界条件，可以满足这一要求，具体内容将在下一小节介绍。

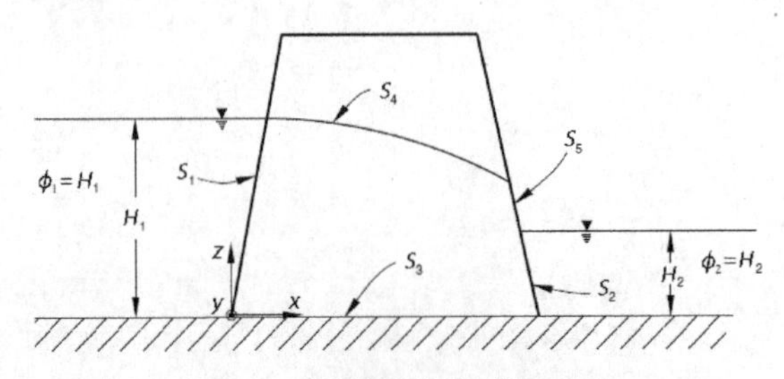

图8-1 土坝渗流的典型边界条件

8.1.2 ABAQUS/Standard 中渗流边界条件的模拟功能

在 ABAQUS 中，除了可以直接定义边界上的孔压和渗流速度之外，还提供了以下功能。

1．定义与孔压相关的孔隙流动

在计算中，可以将孔隙流体的流速与孔压关联起来，即：

$$v_n = k_s\left(u_w - u_w^\infty\right) \tag{8-1}$$

式中，v_n 是边界法线方向的流速，k_s 是渗流系数，u_w 是边界上的孔隙水压力，u_w^∞ 是参考孔压。

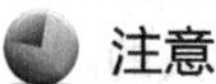

注意：

这里的 k_s 与土体的渗透系数 k 是两个概念。

该类边界条件可以结合单元的面或几何表面设置。

（1）对于单元面，该类边界条件无法在 CAE 中设置，需要修改 inp 文件。执行【Model】/【Edit keywords】命令，在*step 分析步语句后添加如下语句：

```
*Flow
```

单元号或单元集合，Q_n，u_w^∞，k_s；

Q_n 中的 Q 指荷载类型标示，n 指渗流类型编号，标明了在单元的哪个面上定义孔隙流。二维、三维单元面的编号规则可参照 ABAQUS 帮助文档。

（2）对于几何表面，该类边界条件同样无法在 CAE 中设置，需要在 inp 文件中插入下列语句。

```
*Sflow
```

面的名称，Q_n，u_w^∞，k_s

2．定义自由渗出段边界（drainage-only flow）

该种边界条件只允许孔隙水从分析区域中渗出，而不允许水流进入。在 ABAQUS 中，drainage-only flow 边界条件假设当边界面上的孔压为正时，孔隙流体的流速与孔压成正比；当孔压为负值（吸力）时，流速限定为 0，即流体不会进入到分析区域内部，即：

$$\begin{aligned} v_n &= k_s u_w, u_w > 0 \\ v_n &= 0, u_w \leqslant 0 \end{aligned} \tag{8-2}$$

当渗流系数 k_s 取一相对较大值时，可以近似限定边界上的孔压等于 0，这特别适用于浸润面与下游边坡的交点高于下游水位的情况。ABAQUS/Standard 中建议对于这种情况，k_s 按如下标准确定：

$$k_s \gg k/\gamma_w c \tag{8-3}$$

式中，k 是材料的渗透系数，γ_w 是水的容重，c 是单元的典型长度。一般取 $k_s = 10^5 k/\gamma_w c$ 即可。

该类边界条件无法在 ABAQUS/CAE 中定义，需在 inp 文件中添加如下语句：

*Flow；基于单元面的定义语句。

单元号或单元集合，Q_nD，k_s；关键词 Q_nD 表示定义的渗出段边界条件。

*Sflow；基于几何表面的定义语句。

面的名称，QD，k_s。

3．直接定义渗流速度

在 ABAQUS/Standard 中可以直接给出面或节点上的渗流速度。

（1）定义面上的渗流速度。

该类边界条件可以在 CAE 中定义，在 Load 模块中，执行【Load】/【Create】命令，在 Create Load 对话框中将 Category 选项设为 Fluid，在 Types for Selected Step 中选择 Surface pore fluid，单击【Continue】按钮继续，按照提示区中的提示，在屏幕上选择施加荷载的区域，单击提示区中的【Done】按钮后弹出 Edit Load

对话框，在 Magnitude 输入框中可直接给出 v_n 的大小。

（2）定义点上的流量。

该类边界条件也可以在 CAE 中定义，具体步骤和定义表面流速是一致的，只不过在 Create Load 对话框中将 Types for Selected Step 选为 Concentrated pore fluid 即可。

8.2 非饱和渗流问题中的材料模型

在上一章饱和土的固结问题中，我们已经学过了材料渗透系数的定义。对于非饱和土，其渗透系数与饱和度有关，而饱和度则通常被表述成基质吸力的函数。在 ABAQUS/Standard 中这两部分是分别定义的。

注意：

在 ABAQUS/Standard 中，基质吸力与饱和度相关，而饱和度又决定了渗透系数。而在一些非饱和土力学的相关文献中，渗透系数被直接表达成了基质吸力的函数。这两种做法本质并无差别，只不过在分析过程中需考虑参数转化的问题。

8.2.1 饱和度对渗透性能的影响

在 ABAQUS 内部是以一个折减系数 k_s 来考虑饱和度对渗透系数的影响的。若出现非饱和渗流，ABAQUS/Standard 默认当饱和度 $S_r < 1.0$ 时，$k_s = (S_r)^3$；当 $S_r \geqslant 1.0$ 时，$k_s = 1.0$。计算中渗透系数 k 按照饱和度的不同修正为 $k_s \cdot k$。用户也可自行给定渗透系数折减系数与饱和度之间的关系，在材料 Property 模块中，执行【Material】/【Create】或【Edit】命令，在 Edit Material 对话框中选择【Other】/【Pore Fluid】/【Permeability】命令，在二级选项 Suboptions 中可定义渗透系数随饱和度的变化（Saturation Dependence Type），如图 8-2 所示。

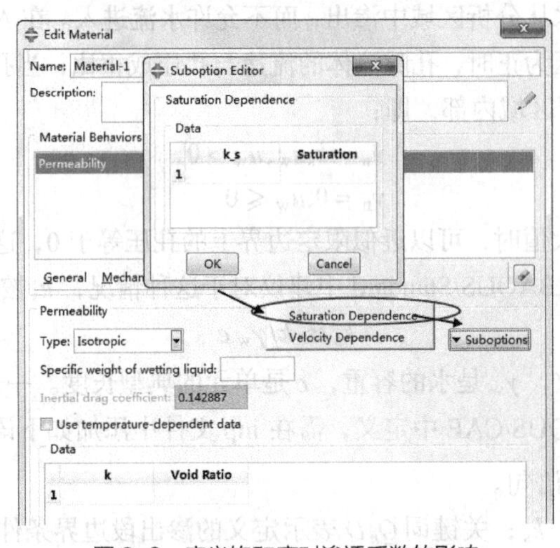

图 8-2　定义饱和度对渗透系数的影响

8.2.2 饱和度与基质吸力之间的关系

非饱和土的孔隙水压力 $u_w < 0$，$-u_w$ 反映了材料的毛细吸力（基质吸力）。考虑到土体可能出现吸湿和脱水特性，则在某一个基质吸力作用下，土体的饱和度应处于一个范围之内，如图 8-3 所示。

当利用 ABAQUS 分析非饱和土问题时，必须分别指定图 8-3 中的吸湿曲线（absorption）、脱水曲线（exsorption）以及在两者之间的变化规律（scanning behavior），否则 ABAQUS 会将土体的饱和度取为 1，达不到非饱和渗流分析的目的。

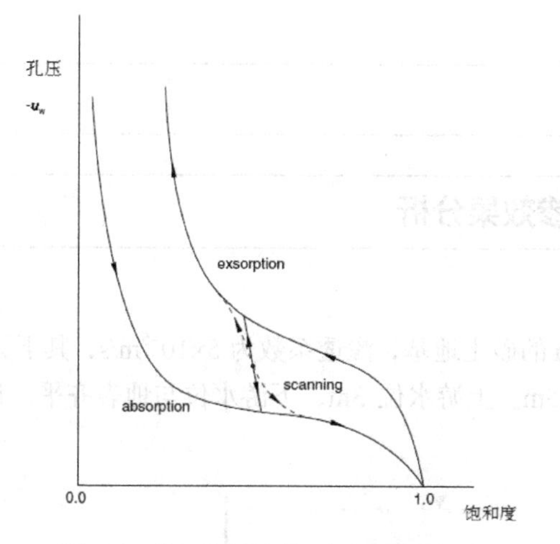

图 8-3　饱和度与基质吸力之间的关系

材料吸湿或脱水曲线的设定可以在 CAE 中完成。在 Property 模块中，调出 Edit Material 对话框，选择【Other】/【Pore Fluid】/【Sorption】命令，在 Absorption 或 Exsorption 选项卡中可定义相关的数据。各标签栏中的 Law 下拉列表可控制是按表格输入还是按理论公式定义（见图 8-4）。当选择 Tabular 时，直接输入不同的孔隙水压力和饱和度。当选择 Log 时，其可按 ABAQUS 内置的吸湿曲线方程定义（见式（8-4）、式（8-5）和图 8-5），此时只需给出几个控制参数即可。

$$u_{\mathrm{w}}=\frac{1}{B}\ln\left[\frac{S_{\mathrm{r}}-S_{\mathrm{r0}}}{\left(1-S_{\mathrm{r0}}\right)+A\left(1-S_{\mathrm{r}}\right)}\right],S_{\mathrm{r1}}<S_{\mathrm{r}}<1 \tag{8-4}$$

$$u_{\mathrm{w}}=u_{\mathrm{w}}\big|_{S_{\mathrm{r1}}}-\frac{\mathrm{d}u_{\mathrm{w}}}{\mathrm{d}S_{\mathrm{r}}}\bigg|_{S_{\mathrm{r1}}}\left(S_{\mathrm{r1}}-S_{\mathrm{r}}\right),S_{\mathrm{r0}}<S_{\mathrm{r}}<S_{\mathrm{r1}} \tag{8-5}$$

式中，A、B 是材料参数，S_{r0} 和 S_{r1} 的含义见图 8-5。

在图 8-4 所示的对话框中，Sorption 区域切换到 Exsorption 选项卡，勾选 Include exsorption 复选框可以定义脱水曲线，否则 ABAQUS 认为材料的吸湿和脱水性能一致。若选中 Include scanning 复选框，则可以定义 scanning 线的斜率，否则 ABAQUS 自动将其取为吸湿和脱水曲线最大斜率的 1.05 倍。

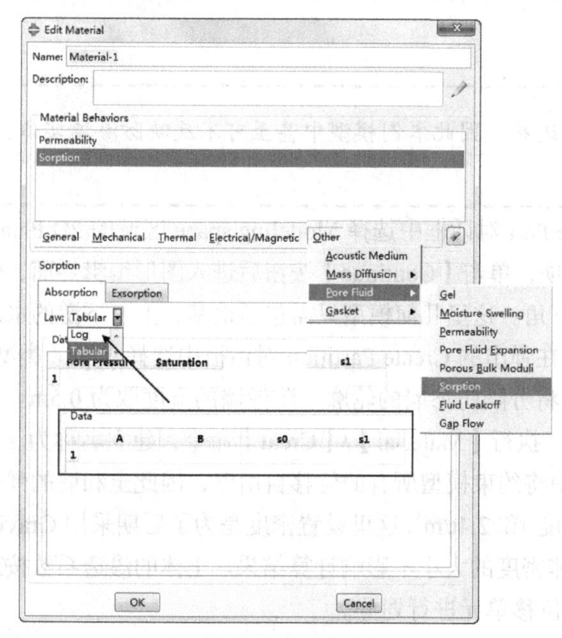

图 8-4　设置吸湿和脱水曲线

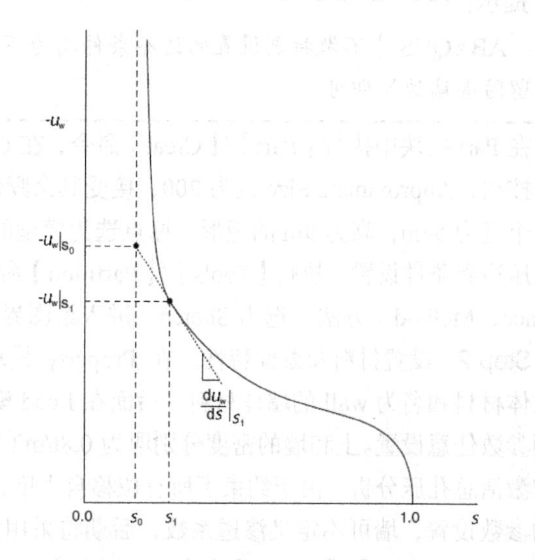

图 8-5　吸湿和脱水曲线的理论曲线

8.3 算例

8.3.1 悬挂式防渗墙防渗效果分析

1. 问题描述

如图 8-6 所示，有一厚 9m 的砂土地基，渗透系数为 $5×10^{-5}$m/s，其下为不透水的黏土层。地基中设有一悬挂防渗墙，墙的入土深度 4.5m。上游水位 3m，下游水位与地表齐平。试分析地基中的渗流量。本例 cae 文件为 ex8-1.cae。

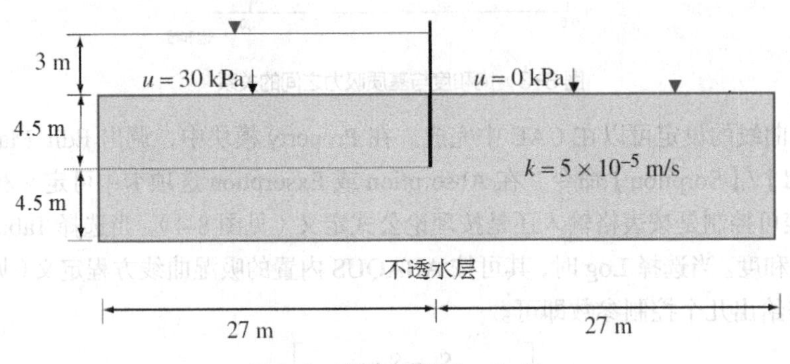

图 8-6 模型示意图（ex8-1）

2. 算例学习重点

- 防渗墙的模拟方式。
- 渗流计算结果的处理。

3. 模型建立及求解

Step 1 建立部件。如果要考虑防渗墙与周围土体之间的受力相互作用，通常将墙和地基作为两个部件，并设置两者之间的接触。本例主要进行渗流分析，可不考虑两者之间的接触，直接建为一个部件，相应区域采用不同的材料。

> 提示：
> ABAQUS 中不做特别设置的边界条件均为不排水边界。因此本例模型中甚至可不反映防渗墙实体，保留防渗墙边界即可。

在 Part 模块中执行【Part】/【Creat】命令，在 Create Part 对话框中选择 Modeling space 区域的 2D Planer 单选按钮，Approximate Size 设为 200，接受其余默认选项，单击【Continue】按钮后进入图形编辑界面，建立一个宽为 54m，高为 9m 的矩形，原点选为模型的左下角。这里几何模型只需包括地基，上、下游的水通过孔压边界条件设置。执行【Tools】/【Partition】命令，在弹出的 Create Partition 对话框中选择 Type（类型）为 Face，Method（方法）选为 Sketch，进入绘图界面后将分隔防渗墙的轮廓，防渗墙的宽度取为 0.5m。

Step 2 设置材料及截面特性。在 Property 模块中，执行【Material】/【Creat】命令，建立名称为 soil 的土体材料和名为 wall 的墙体材料。后面在 Load 模块中将约束模型所有的位移自由度，因此土和墙的弹性模型参数任意设置。土和墙的密度分别取为 0.8t/m^3（干密度）和 2.4t/m^3，这里设置密度是为了后期采用 Gravity 加载激活总孔压分析，由于约束了所有位移自由度，具体密度的大小不影响计算结果。土体的渗透系数按所给的参数设置，墙可不定义渗透系数，后期将采用常规位移单元进行划分。

执行【Section】/【Create】命令，设置名为 soil（对应的材料为 soil）和 wall（对应的材料为 wall）的截面特性，并执行【Assign】/【Section】命令赋给相应的区域。

Step 3　装配部件。在 Assembly 模块中，执行【Instance】/【Create】命令，建立相应的 Instance。

Step 4　定义分析步。执行【Step】/【Create】命令，创建一个名为 Step-1 的 Soil 分析步，在 Edit Step 对话框中选择 Pore fluid response 为 Steady state（稳态分析），接受所有默认选项。执行【Output】/【Field Output Requests】/【Edit】命令，增加 Porous media 中的 RVF 和 FLVEL 以及 Volume/Thickness/Coordinates 中的 Coord 为输出变量。

Step 5　定义荷载、边界条件。在 Load 模块中，执行【BC】/【Create】命令，在 Initial 或者 Step-1 分析步中限定模型全体的水平和竖向位移。类似地，通过【BC】/【Create】命令，在 Step-1 分析步中对上游土体表面施加孔压边界 30kPa，下游设置孔压边界 0kPa。执行【Load】/【Create】命令，在 Step-1 分析中对模型全体施加 Gravity 荷载-10。

Step 6　设置初始孔隙比。执行【Predefined Field】/【Create】命令，将土体的初始孔隙比设为 1.0。

Step 7　划分网格。进入 Mesh 模块，将环境栏中的 Object 选项选为 Part，意味着网格划分是在 Part 的层面上进行的。执行【Mesh】/【Controls】命令，在 Mesh Controls 对话框中选择 Element Shape（单元形状）为 Quad（四边形），选择 Technique（划分技术）为 Structured。执行【Mesh】/【Element Type】命令，分别将土体和防渗墙的单元类型设为 CPE4P 和 CPE4，即不考虑防渗墙的透水性。执行【Seed】/【Part】命令，在 Global Seeds 对话框中将【Approximate global size】输入框设置为 1.0，接受其余默认选项。执行【Mesh】/【Part】命令，单击提示区中的【Yes】按钮，对模型进行网格剖分。

Step 8　提交任务。进入 Job 模块，建立并提交名为 ex8-1 的任务。

4．结果分析

Step 1　进入 Visualization 后处理模块，打开相应的计算结果数据库文件。

Step 2　为了显示清楚，通过【Tools】/【Display group】菜单，将防渗墙从屏幕上移除。执行【Result】/【Field Output】命令，选择 Por 孔压为输出变量。执行【Plot】/【Contours】/【On Undeformed Shape】命令，等值线云图绘制于图 8-7 中。由图可见，上、下游边界上的孔压与预期一致。在静水条件下，总孔压沿深度应成直线分布。图中孔压等值线的弯曲意味着有渗流出现。需要指出的是，图 8-7 中只体现了压力水头的大小，并不是总水头分布，与渗流之间的关系并不直观。

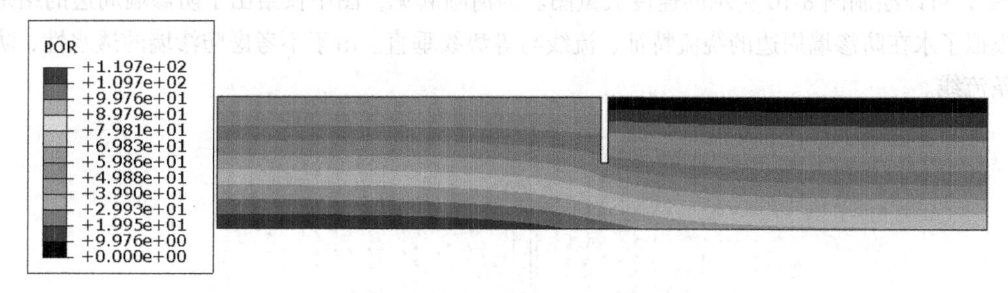

图 8-7　总孔隙水压力分布（ex8-1）

Step 3　按照土力学中的概念，总水头为压力水头与位置水头之和。读者可通过【Report】/【Field Output】命令将场输出结果导出到第三方软件进行处理，这里通过 ABAQUS 后处理中的自带功能来实现。执行【Tools】/【Create field output】/【From fields】命令或者单击工具箱区中的按钮，弹出图 8-8 所示的对话框。为了获得 *y* 坐标，在对话框的 Function 下拉列表中选择 Scalars，然后依次单击 s1f1_coord 和右侧 Scalars 下的 Coord2，则 Expression 下的公式中出现提取 y 向坐标的公式，在公式末尾添加 s1f1_POR/10（即加上压力水头），确认后退出。执行【Resutl】/【Field out】命令，选择 Session step 的 Session frame 作为输出帧（可参见第 5 章的例子 ex5-1），将新创建的 Field1 作为输出变量。执行【Plot】/【Contours】/【On Undeformed Shape】命令，等值线云图绘制于图 8-9 中，该图即为等势线，等势线之间的间隔即为水头损失。

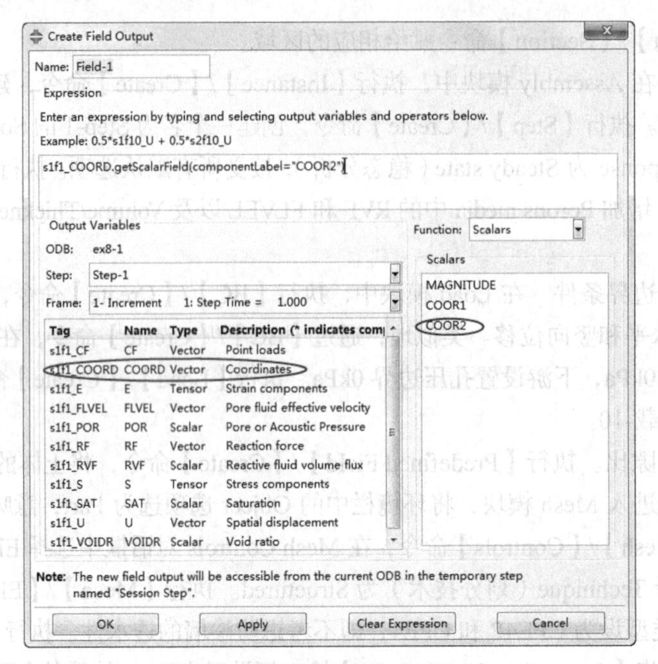

图 8-8　创建总水头结构（ex8-1）

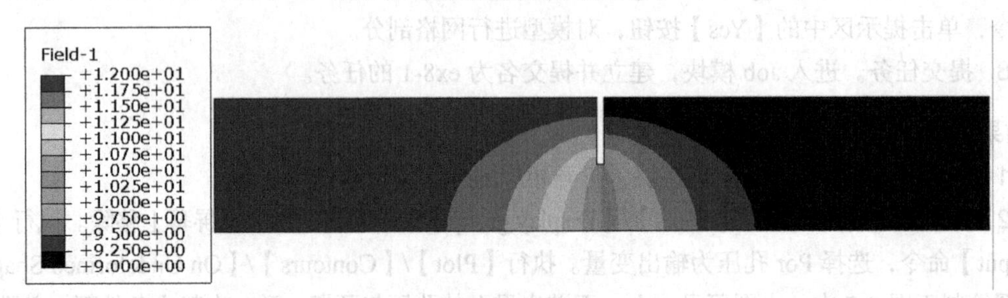

图 8-9　总水头分布（ex8-1）

Step 4　选择 FLEVL 流体速度的大小 Magnitude 作为输出变量，执行【Plot】/【Symbols】/【On Undeformed Shape】命令，可以绘制图 8-10 所示的速度矢量图。为清晰起见，图中仅给出了防渗墙周边的结果。计算结果较好地模拟了水在防渗墙周边的绕流特征，流线与等势线垂直。由于不考虑防渗墙的透水性，防渗墙的轮廓也是一条流线。

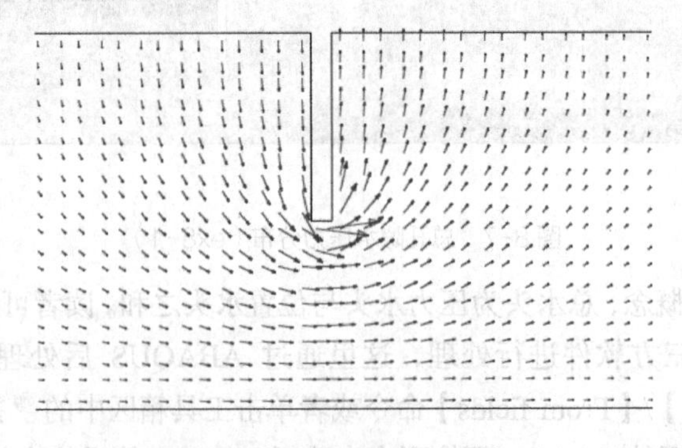

图 8-10　流速矢量图（ex8-1）

Step 5　渗流量可通过上游或者下游边界节点上的 RVF 求和得到，RVF 为单位时间进入或者流出模型的流体体积。类似于 ex5-1 中获得 RF 的做法，执行【Tools】/【XY Data】/【Create】命令，提取上游边界上所有节点的 RVF，将 XY 数据导出或者利用 Operation on XY Data 功能下的 Sum 函数，对所有的 RVF 数据求和，得到渗流量为 $7.07\times10^{-5}\text{m}^3/\text{s}$。

8.3.2 二维均质土坝的稳定渗流分析

1. 问题描述

上一个算例土体均在水位以下，实际上是饱和渗流问题。这里选择 Lam（1984）给出的坝体渗流算例对饱和-非饱和渗流分析进行说明。该例子已被很多学者作为检验非饱和渗流分析方法的一个经典课题。如图 8-11 所示，一均质土坝的高度为 12.0m，坝顶长度为 4.0m，上、下游坡比均为 1∶2，坝底长度为 52.0m。下游坡脚向上游 12.0m 范围内为水平排水滤层。上游水位高出基准面 10.0m，下游水位与基准面齐平。土体饱和渗透系数为1.0×10^{-7} m/s，渗透函数（渗透系数与基质吸力之间的关系）见图 8-12。本例 cae 文件为 ex8-2.cae。

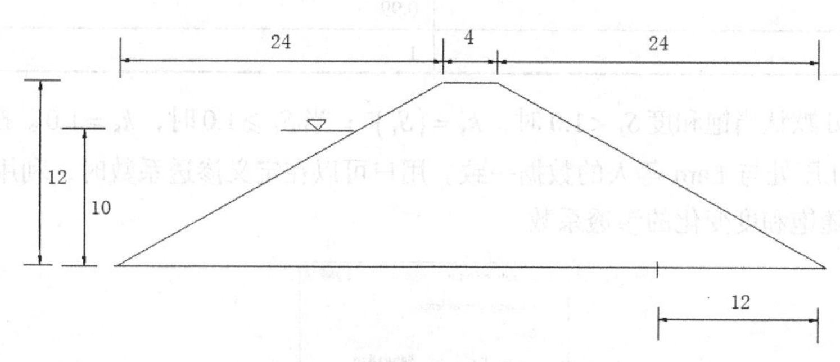

图 8-11 模型示意图（ex8-2）

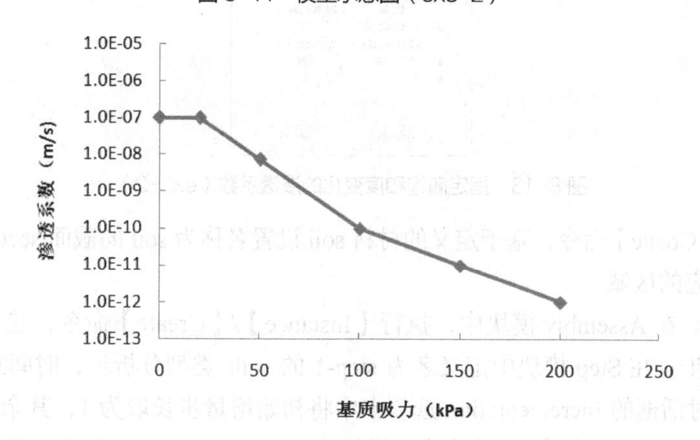

图 8-12 渗透系数与基质吸力之间的关系（ex8-2）

2. 算例学习重点

- 自由排水等边界条件的设定。
- 非饱和渗透参数的设定。
- 各向异性渗透系数的设置。
- 材料坐标系的设置。

3. 模型建立及求解

Step 1 建立部件。在 Part 模块中执行【Part】/【Creat】命令，按照模型尺寸建立一个名为 dam 的 part。执行【Tools】/【Partion】命令，Type 选择 Edge，分别将上游边坡与上游水位的交点和底面水平排水起始点分开。执行【Tools】/【Set】/【Create】命令，将所有区域建立名为 dam 的集合。执行【Tools】/【Surface】/【Create】命令，将上游水位以下的边坡建立名为 Fup 的面，将大坝底部的水平排水层建立名为 Fbot 的面，将下游边坡建立名为 Fdown 的面。

Step 2 设置材料及截面特性。在 Property 模块中，执行【Material】/【Creat】命令，建立名称为 soil

的材料，选择线弹性模型，弹性模量取为 10MPa，泊松比取为 0.3，密度取为 2.0，由于本例中会将所有节点的位移自由度约束住，力学模型的具体参数并无影响。在【Other】/【Pore Fluid】/【Permeability】选项中定义饱和时的渗透系数为$1.0\times10^{-7}\,\mathrm{m/s}$。在【Other】/【Pore Fluid】/【Sorption】选项中仅定义吸湿曲线。相应的数据为：

孔 压	饱 和 度
-200	0.021544347
-150	0.046415888
-100	0.1
-50	0.416869383
-20	0.99
0	1

ABAQUS/Standard 默认当饱和度$S_r<1.0$时，$k_s=(S_r)^3$；当$S_r\geqslant1.0$时，$k_s=1.0$。按上述数据确定的吸湿曲线保证在给定的孔压处与 Lam 等人的数据一致。用户可以在定义渗透系数时，利用 Suboptions 下的选项（见图 8-13）指定随饱和度变化的渗透系数。

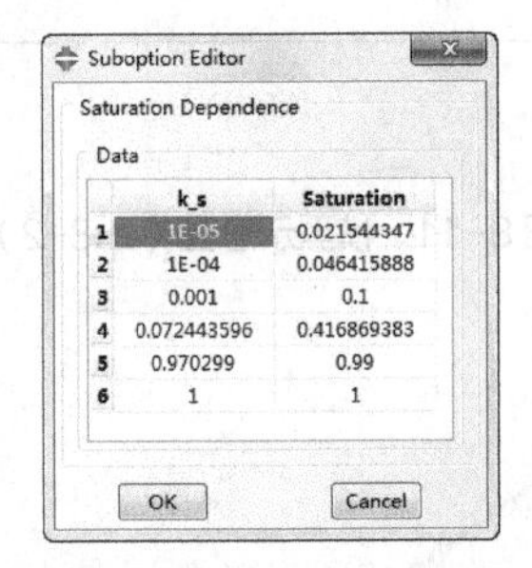

图 8-13　指定随饱和度变化的渗透系数（ex8-2）

执行【Section】/【Create】命令，基于定义的材料 soil 设置名称为 soil 的截面 section，并执行【Assign】/【Section】命令赋给相应的区域。

Step 3　装配部件。在 Assembly 模块中，执行【Instance】/【Create】命令，建立相应的 Instance。

Step 4　定义分析步。在 Step 模块中定义名为 step-1 的 soils 类型分析步，时间总长为 10；选择稳态分析类型，在 Edit Step 对话框的 Incrementation 选项卡中将初始增量步长取为 1，其余选项均取默认值。执行【Output】/【Field Output Requests】/【Edit】命令，增加 Porous media/Fluids 中的 SAT（饱和度）、FLVEL（渗流速度）和 RVF（渗流量）作为输出变量。

Step 5　定义荷载、边界条件。在 Load 模块中，执行【Load】/【Create】命令，对坝施加重力荷载-10。执行【BC】/【Create】命令，将所有区域的位移自由度都约束住。

除了位移约束条件之外，在上游边界应指定随高程线性变化的孔压以满足已知水头的条件，这里通过创建空间的分布来进行。执行【BC】/【Create】命令，在 Create Boundary Conditions 对话框中将 Step 下拉列表中选择 Step-1，在 Category 中选中 Other 选项，选择 Types for Selected Step 为 Pore pressure，单击【Continue】按钮后进入图形截面，在屏幕上选择上游边界（即面 Fup）后，单击提示区中的【Done】按钮弹出 Edit Boundary Condtions 对话框。在 Edit Boundary Condtions 对话框中单击【Distribution】下拉列表右侧的 Create 按钮，弹出 Edit Expression Field 对话框。如图 8-14 所示，设置分布的名称为 pore，输入空间分布的计算公式：10*(10-Y)。返回 Edit Boundary Conditions 窗口中将 Distribution 下拉列表选为 pore，大小设置为 1.0。

注意：

（1）空间分布计算公式中的坐标 Y 需大写。

（2）空间分布也可先通过执行【Tools】/【Analytical Field】/【Create】命令定义。

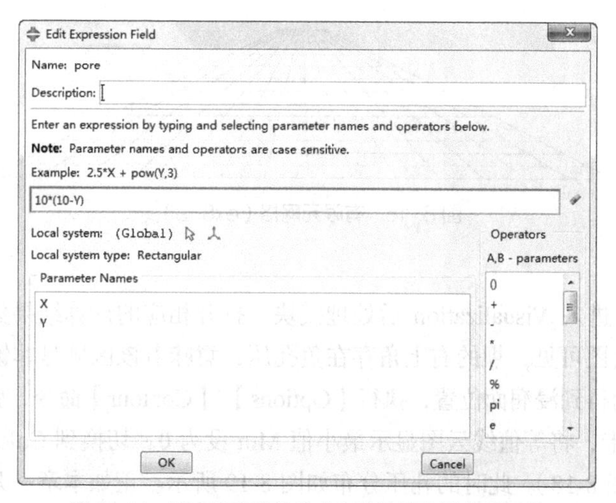

图 8-14 建立沿高度线性分布的孔压空间分布函数

除了上游的孔压边界条件外，在底部的水平排水层部分是一个排水边界，坝体的下游坡面也可能是排水边界，这里通过 ABAQUS 中的 Drainage only 边界条件来控制。执行【Model】/【Edit Keywords】命令，在分析步语句*step 之后的设置边界条件的选项块中添加如下语句（见图 8-15）：

```
*SFLOW
Dam-1.Fbot, QD,0.1
Dam-1.Fdown,QD,0.1
```

这里将 k_s 取为 0.1，从而保证 $k_s > k/\gamma_w c$ 。

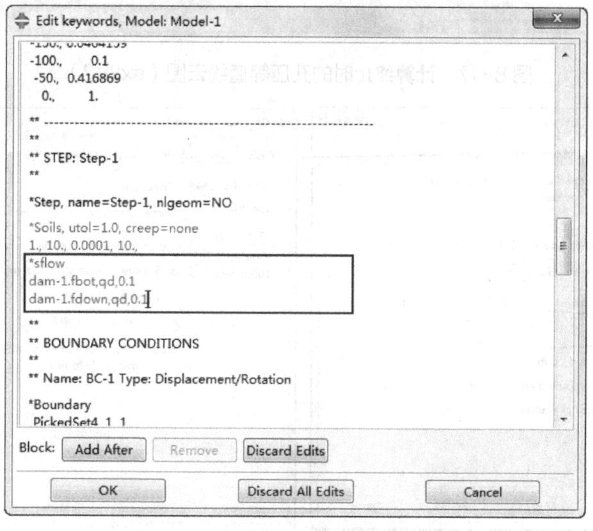

图 8-15 修改 inp 文件（ex8-2）

Step 6 设置初始条件。在 Load 模块中，执行【Predefined Field】/【Create】命令，将土体的初始孔隙比设为 1.0；将初始饱和度设为 1.0。

注意：

这里将坝体的饱和度设为 1.0 只是为了提供一个迭代的初始条件而已，稳态计算中 ABAQUS/Standard 会根据荷载、边界条件和吸湿曲线等材料参数得到与实际情况吻合的饱和度。

Step 7 划分网格。在 Mesh 模块中将环境栏中的 Object 选项选为 Part，意味着网格划分是在 Part 的层面上进行的。采用 CPE4P 单元，划分后的网格如图 8-16 所示。

Step 8 提交任务。进入 Job 模块，建立并提交名为 ex8-2 的任务。

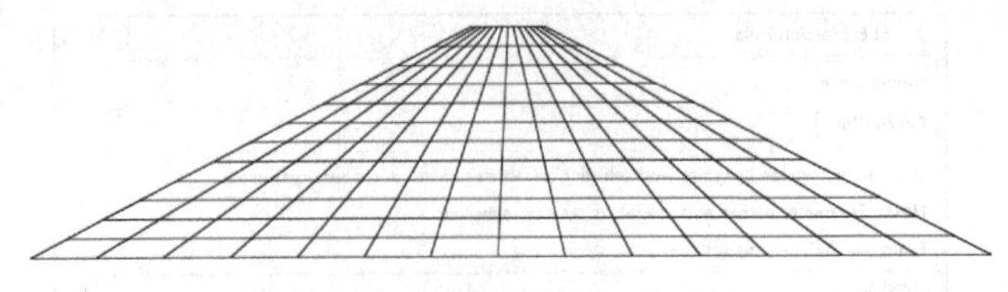

图 8-16　有限元网格（ex8-2）

4．结果分析

Step 1　浸润面位置。进入 Visualization 后处理模块，打开相应的计算结果数据库文件。绘制孔压等值线图，如图 8-17 所示。由图可见，坝的右上角存在负孔压，意味着该区域是非饱和的，坝体中同时存在着饱和渗流和非饱和渗流。为得到浸润面位置，执行【Options】/【Contour】命令，弹出 Contour Plot Options 对话框，切换到 Limits 选项卡，将等值线云图显示最小值 Min 设为 0。切换到 Color&Style 选项卡，将小于最小值的颜色设为白色（见图 8-18）。此时的孔压分布如图 8-19 所示。正如本章一开始所提到的，此处孔压为 0 的面即是浸润面。ABAQUS/Standard 所得到的浸润线位置与常规渗流分析方法和 Lam 给出的结果是吻合的。

图 8-17　计算终止时的孔压等值线云图（ex8-2）

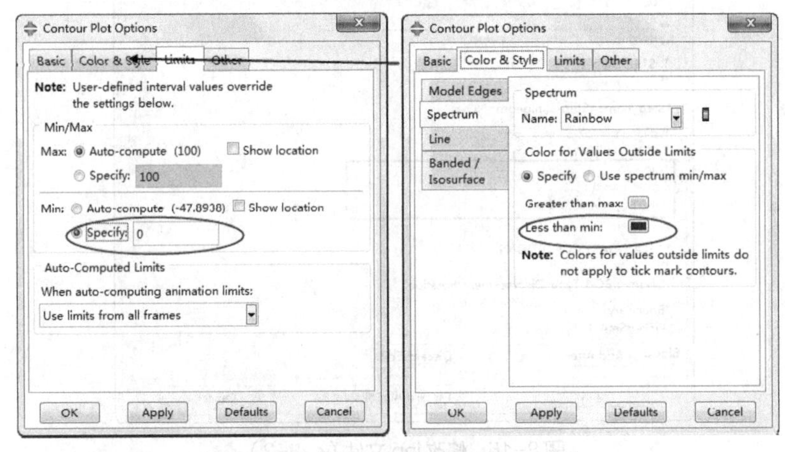

图 8-18　修改云图显示格式（ex8-2）

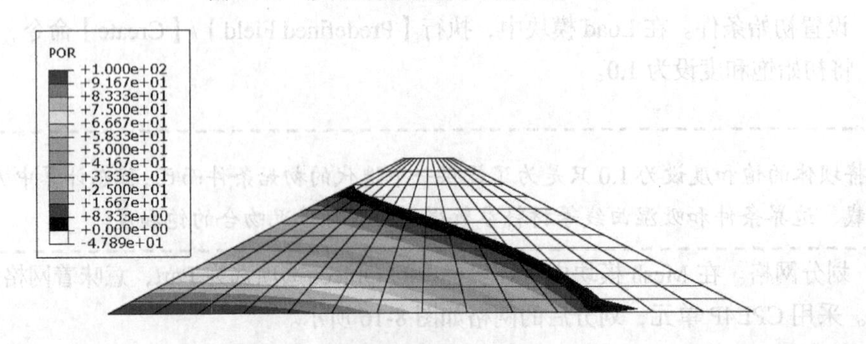

图 8-19　浸润面位置（ex8-2）

Step 2　流速及饱和度分布。图 8-20 给出了网格积分点流速矢量图，图 8-21 给出了饱和度的等值线图。对比流速矢量图、饱和度分布图和浸润线的位置可以发现，在饱和非饱和渗流中，水是可以通过浸润线流动的，也即水可以通过浸润线流入非饱和区。例如在靠近坝的上游面处，水流跨越浸润线由饱和区流入非饱和区，并且在非饱和区内继续流动。这些都表明非饱和渗流中浸润线并不像常规渗流分析技术中假设的那样是最上部的流线。如果在定义材料渗透性质时使基质吸力略有增加后渗透系数就显著降低，则流入非饱和区的水量将明显减少，从而近似符合常规分析中认为的渗流只在自由面以下发生的假设。

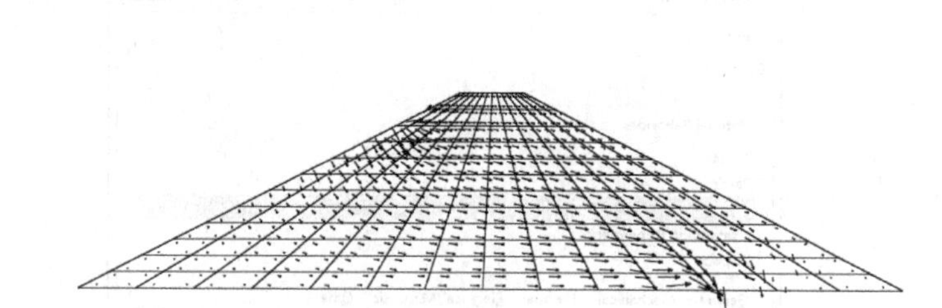

图 8-20　流速矢量图（ex8-2）

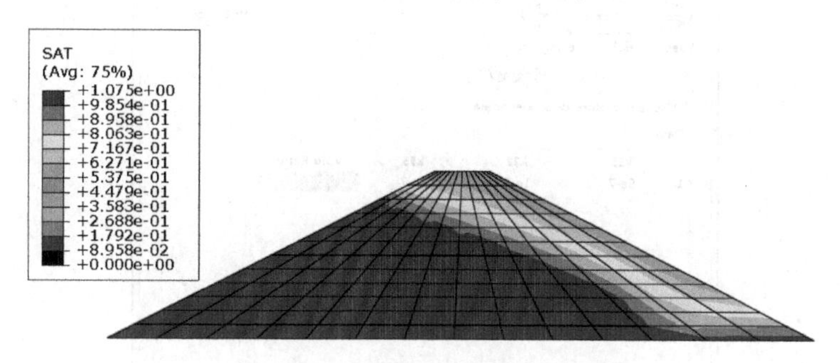

图 8-21　饱和度的等值线图（ex8-2）

5．算例的拓展

（1）自由排水边界条件的影响。

在本例中，由于坝靠近下游坝趾的部位存在水平排水层，下游边坡的自由排水边界条件并没有起到作用，浸润面并未与下游坡面相交。若没有该排水层，则在下游坡面上可能存在着逸出点。这里进行如下修改。

Step 1　将 ex8-2.cae 另存为 ex8-2-2.cae。

Step 2　执行【Model】/【Edit keywords】命令，删去*SFLOW 语句下的涉及底部排水层的数据行：

```
Dam-1.Fbot, QD,0.1; 删去该行
```

Step 3　进入 Job 模块，建立并提交名为 ex8-2-2 的任务文件。

Step 4　进入 Visualization 后处理模块，打开相应数据库。绘制孔压分布图，如图 8-22 所示。可以看到此时浸润线与下游坡面的交点是高于下游水位的，即存在着逸出点。

图 8-22　无底部排水层的浸润面位置（ex8-2-2）

（2）正交各向异性下的渗流分析。

上面的分析中，x、y 方向的渗透系数是一样的。这里进一步研究当材料的渗透性能是正交各向异性时的情况。

Step 1 将 ex8-2.cae 另存为 ex8-2-3.cae。

Step 2 进入 Property 模块。执行【Material】/【Edit】命令，在弹出的 Edit Material 对话框的 Type 下拉列表中选择 Orthotropic（正交各向异性），将水平方向的渗透系数设为其他方向的 9 倍，即 9×10^{-7} m/s，如图 8-23 所示。

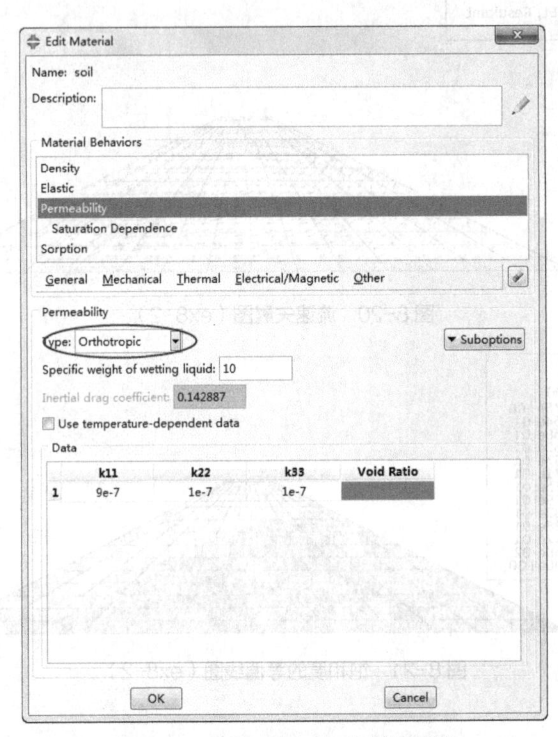

图 8-23 设置正交各向异性渗透系数

Step 3 由于采用了正交各向异性，需要指定材料的方向（Material Orientation），首先执行【Tools】/【Datum】命令，在弹出的 Create Datum 对话框中选择 Type 为 CSYS，对话框下方方法（Method）选择 3 points。在选中某一方法之后会弹出 Create Datum 对话框，将 Coordinates System Type（坐标系类型）选为 Rectangular（直角坐标系），然后按照提示区中的提示创建材料方向（自定义坐标系，这里的坐标系设置与整体坐标系一致，x 轴向右，y 轴向上）；然后执行【Assign】/【Material Orientation】命令，将创建的 CSYS 赋给坝体。

Step 4 进入 Job 模块，创建并提交任务 ex8-23。得到的浸润面位置如图 8-24 所示，可见，浸润线在渗透系数较大的方向上有明显的延伸，这和其他程序的计算结果是一致的。

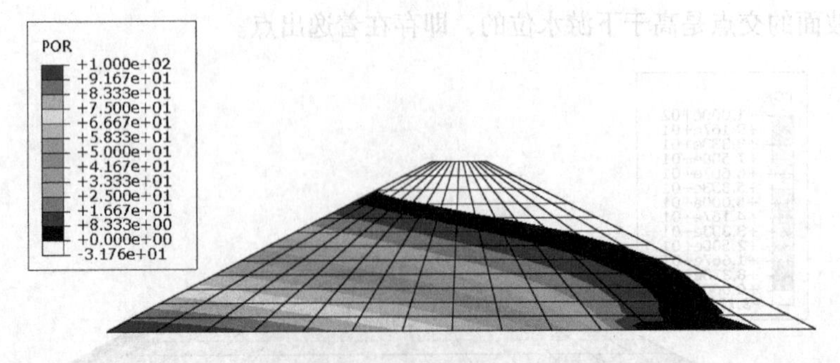

图 8-24 正交各向异性时的浸润面位置（ex8-2-3）

8.3.3 边坡降雨入渗分析

在上面的渗流场分析中，约束住了土体的所有位移自由度，没有考虑渗流对土体应力的改变。本节将通过一个降雨入渗的例子进一步学习流固耦合分析。

1. 问题描述

降雨会降低岩土体的抗剪强度，抬高地下水位使得孔隙水压力升高，另外长时间高强度降雨会使得稳定地下水位以上区域出现暂态饱和区，则相应区域会出现孔隙水压力升高的情况，因此需要研究雨水入渗的瞬态渗流对土坡应力、应变的影响。这里选择一个典型的例子进行分析。算例的 cae 文件为 ex8-3.cae。图 8-25 所示的边坡，坡脚为 40°，坡高为 30m。初始地下水位位于坡脚处。土体的弹性模量为10MPa，泊松比为 0.3，凝聚力 $c'=15\text{kPa}$，摩擦角 $\varphi'=30°$。材料渗透系数随基质吸力：

$$K_\text{w}=a_\text{w}K_\text{ws}\Big/\left[a_\text{w}+\left(b_\text{w}\times\left(u_\text{a}-u_\text{w}\right)\right)^{c_\text{w}}\right] \tag{8-6}$$

式中，K_ws是土体饱和时的渗透系数，取$5.0\times10^{-6}\text{m/s}$（$0.018\text{m/h}$）；$u_\text{a}$和$u_\text{w}$分别土体中的气压和水压力，由于坡面与大气接触，这里简单地取u_a为 0。a_w、b_w和c_w是材料系数，本例中分别取为 1000、0.01 和 1.7。

饱和度随基质吸力的关系为：

$$S_\text{r}=S_\text{i}+\left(S_\text{n}-S_i\right)a_\text{s}\Big/\left[a_\text{s}+\left(b_\text{s}\times\left(u_\text{a}-u_\text{w}\right)\right)^{c_\text{s}}\right] \tag{8-7}$$

式中，S_r为饱和度；S_i为残余饱和度，本例中为 0.08；S_n为最大饱和度，取 1；a_s、b_s和c_s是材料系数，本例中分别取为 1、5×10^{-5}、3.5。

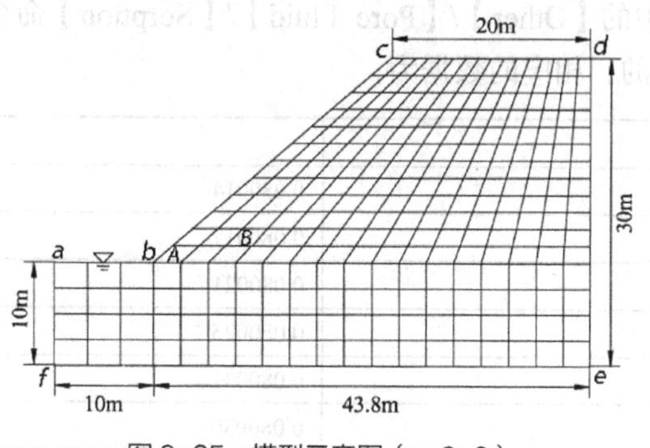

图 8-25　模型示意图（ex8-3）

2. 算例学习重点

- 降雨入渗边界条件。
- Amplitude 幅值函数的创建及应用。

3. 无降雨时的分析

先不考虑降雨，进行一个静水位作用的分析。初始状态相应的 cae 文件为 ex8-3-1.cae。

Step 1　建立部件。在 Part 模块中执行【Part】/【Creat】命令，按照模型尺寸建立一个名为 slope 的 part。执行【Tools】/【Set】/【Create】命令，将所有区域建立名为 slope 的集合。

Step 2　设置材料及截面特性。在 Property 模块中，执行【Material】/【Creat】命令，建立名称为 soil 的材料，选择弹性模型，弹性模量取为 100MPa，泊松比取为 0.3，干密度取为 1.3。添加莫尔库伦性质 $c'=15\text{kPa}$，摩擦角 $\varphi'=30°$。在材料性质编辑窗口中选择【Other】/【Pore Fluid】/【Permeability】命令，定义渗透系数及水的容重，在二级选项 Suboptions 中可定义渗透系数随饱和度的变化（Saturation Dependence Type）。渗透系数随饱和度的变化是根据公式（8-6）和公式（8-7）得到的，相应的数据为：

折减系数 k_s	饱和度
0.273855	0.080014
0.291533	0.080017
0.310874	0.080021
0.332063	0.080025
0.355304	0.080031
0.380815	0.080039
0.408831	0.08005
0.439592	0.080065
0.473339	0.080086
0.510292	0.080116
0.550626	0.080163
0.594431	0.080235
0.641653	0.080355
0.692013	0.080566
0.744902	0.080971
0.79924	0.081836
0.853322	0.084
0.904647	0.090867
0.949753	0.123317
0.983977	0.409885
1	1

执行 Edit Material 对话框中的【Other】/【Pore Fluid】/【Sorption】命令，仅定义吸湿曲线。吸湿曲线的数据是根据公式（8-7）得到的，相应的数据为：

孔　压	饱和度
-400	0.080014
-380	0.080017
-360	0.080021
-340	0.080025
-320	0.080031
-300	0.080039
-280	0.08005
-260	0.080065
-240	0.080086
-220	0.080116
-200	0.080163
-180	0.080235
-160	0.080355
-140	0.080566
-120	0.080971
-100	0.081836
-80	0.084
-60	0.090867
-40	0.123317
-20	0.409885
0	1

执行【Section】/【Create】命令，基于所定义的材料创建名称为 soil 的截面 section，并执行【Assign】/【Section】命令赋给相应的区域。

Step 3 装配部件。在 Assembly 模块中，执行【Instance】/【Create】命令，建立相应的 Instance。

Step 4 定义分析步。在 Step 模块中创建名为 step-1 的 soils 类型分析步，时间总长为 10；选择稳态分析类型，在 Incrementation 选项卡中将初始增量步长取为 1，其余选项均取默认值。执行【Output】/【Field output requests】/【Edit】命令，添加 Strain 下的塑性应变 PE、PEEQ 和 PEMAG 以及 Pore fluid 下的 FLVEL 作为输出变量。

Step 5 定义荷载、边界条件。在 Load 模块中，执行【Load】/【Create】命令，在 Step-1 模块中对分析区域施加重力荷载-10。执行【BC】/【Create】命令，约束模型底部的水平和竖直位移，约束两侧的水平位移。

除了位移约束之外，还需设置孔压边界条件。再次执行【BC】/【Create】命令，利用 Distribution 空间分布函数在左、右两侧水位以下的边界上设置随深度线性增加的静水孔压边界，即 10*（10-Y）（分布为 pore）。类似的，将坡脚外土层顶面的孔压设为 0，其余边界暂时设为不排水边界，不做额外的修改。

Step 6 设置初始条件。执行【Predefined Field】/【Create】命令，将土体的初始孔隙比设为 1.0。

Step 7 划分网格。进入 Mesh 模块，将环境栏中的 Object 选项选为 Part，意味着网格划分是在 Part 的层面上进行的。执行【Mesh】/【Element Type】命令，对坝体选择单元 CPE4P，划分的网格如图 8-25 所示。

由于进行的是稳态分析，这里没有给出饱和度的初始分布，ABAQUS 中会根据基质吸力和饱和度的关系自动给出饱和度的分布。

Step 8 提交任务。进入 Job 模块，执行【Job】/【Create】命令，建立并提交名为 ex8-3-1 的任务。

4．初始状态的结果分析

Step 1 进入 Visualization 后处理模块，打开相应的计算结果数据库文件。执行【Result】/【Field Output】命令，选择孔压为输出变量。执行【Plot】/【Contours】/【On Undeformed Shape】命令，绘出最终的孔压等值线图，如图 8-26 所示。可见，水压力呈线性分布，底部为 100kPa，顶部为-200kPa（吸力），这和我们所给出的条件是符合的。这里假设孔压（包括吸力）随深度是线性分布的。有时可能需要采用不同的孔压分布模式，例如认为非饱和区的初始孔隙水压力在浸润面上初始孔隙水压力为 0，向上基质吸力逐渐增大。但当超过某一高程后，则吸力保持不变。若在本算例的基础上进行简单的修改，指定相应区域的孔压分布边界条件，就可实现这一吸力分布模式。需要注意，某点静水条件下的总孔压为该点以上水的重量，如果假定为非线性分布的孔压，意味着有效应力与静水条件下的也有所不同。

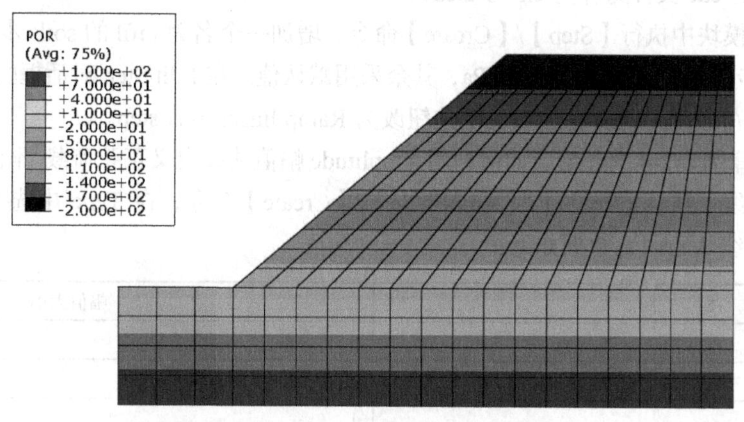

图 8-26 降雨之前的孔压分布（ex8-3）

Step 2　图 8-27 给出了计算结束后的饱和度分布，可见，水位以下饱和度为 1，水位以上快速减小到 0.08，这和我们在*sorption 选项中给出的条件是对应的。

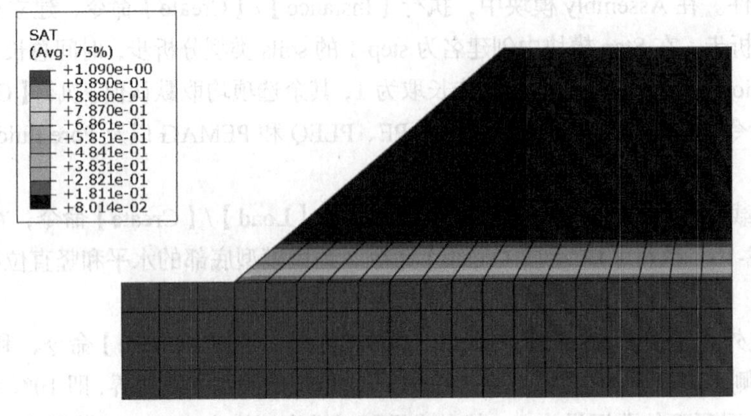

图 8-27　降雨之前的饱和度分布（ex8-3）

Step 3　图 8-28 给出了计算结束时的竖向有效应力分布，需要注意，在土坡顶部，竖向有效应力并不为 0，这是因为 ABAQUS/Standard 中有效应力为 $\sigma' = \sigma - \chi u_{\mathrm{w}} = \sigma - S_{\mathrm{r}} u_{\mathrm{w}}$，反映了吸力的影响。另外，竖向有效应力分布呈现出从坡面向里逐渐增加的特点，这和水平地基的应力分布情况是截然不同的，这也是预先进行一次分析获得初始状态的原因。

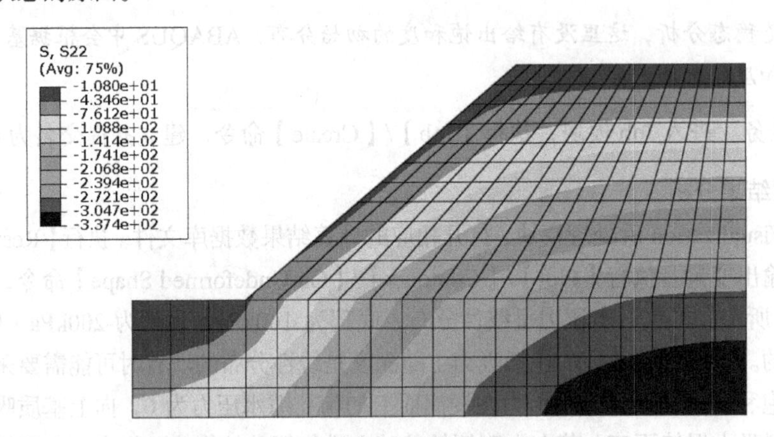

图 8-28　降雨之前的竖向有效应力分布（ex8-3）

5. 降雨入渗模型建立与求解

Step 1　将原有的 cae 文件另存为 ex8-3-2.cae。

Step 2　在 Step 模块中执行【Step】/【Create】命令，增加一个名为 infil 的 soils 步。infil 步中的时间为 72h，初始时间增量步为 0.1，UTOL 为 100kPa，其余采用默认值。在 Edit Step 对话框的 Other 标签栏中，选择非对称分析；并将荷载随时间变化选项的单选钮改为 Ramp linear over step。

Step 3　本书在算例 ex2-4 中介绍了如何利用 Amplitude 幅值曲线定义正弦荷载。本例中介绍利用 Tabular 表格形式定义幅值曲线。执行【Tools】/【Amplitude】/【Create】命令，在 Type 中选择 Tabular，创建降雨强度随时间的变化曲线 Amp-1，数据如下：

时　间	幅值大小
0	0
24	1
48	1
72	0

在 Load 模块中执行【Plugs-in】/【Tools】/【Amplitude plotter】命令可绘出幅值曲线，如图 8-29 所示。

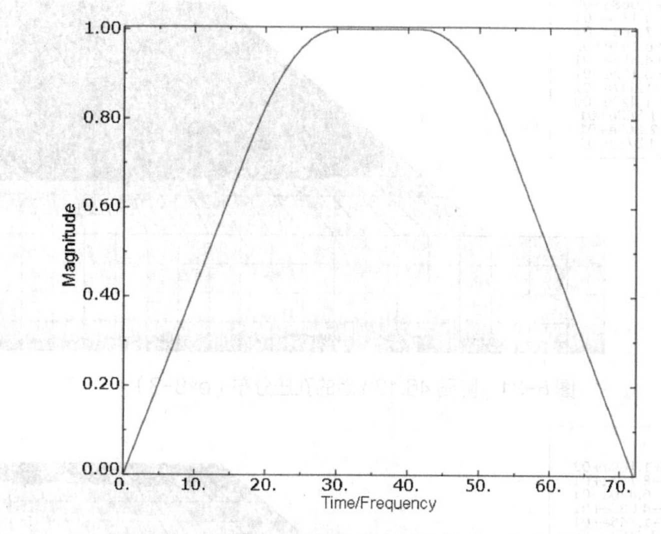

图 8-29　所采用的降雨强度幅值曲线（ex8-3-2）

Step 4　设置降雨边界条件。降雨边界函数以降雨强度，即单位流通量 q(m/s)表示，并且排除降雨所造成的地表积水现象。在整个分析区域的顶面都受到降雨作用，入渗强度为 0.02m/h。执行【Load】/【Create】命令，选择 Category 为 Fluid，在 infil 分析步中设置分析区域坡顶的降雨入渗强度（Surface pore fluid）为 0.02m/h，坡面的入渗强度为 $0.02\cos 40° = 0.015$ m/h（垂直坡面法向入渗），设置时在 Edit load 对话框的【Amplitude】下拉列表中选择之前创建的时间变化曲线 Amp-1（见图 8-30）。

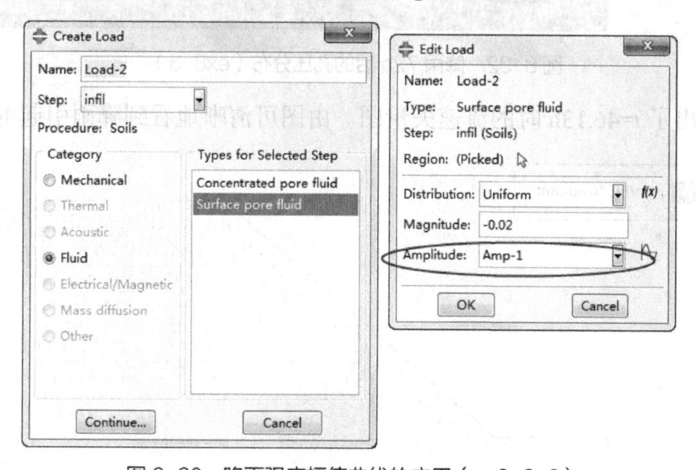

图 8-30　降雨强度幅值曲线的应用（ex8-3-2）

注意：

这里给出的流速与法向方向相同时为正，因此这里应取负值。

Step 5　进入 Job 模块，建立并提交名为 ex8-3-2 的任务文件。

6. 降雨入渗的结果分析

Step 1　在后处理模块 Visualization 中执行【Result】/【Field Output】命令，绘出 t=46.13h 和 72h 时的孔压等值线图，如图 8-31 和图 8-32 所示。由图可见，考虑降雨入渗后的孔压分布图与初始状态有很明显的区别，斜坡顶部以下的吸力区范围减小，基质吸力也有所减小。对比不同时刻的结果可以发现随着降雨时间的延长，饱和度增大，孔隙水压力增大，土体浅层的基质吸力则减小或消失。在降雨减小或停止之后，随着时间的延长，饱和度逐渐减小，孔隙水压力减小，土体浅层的基质吸力又逐渐增加。

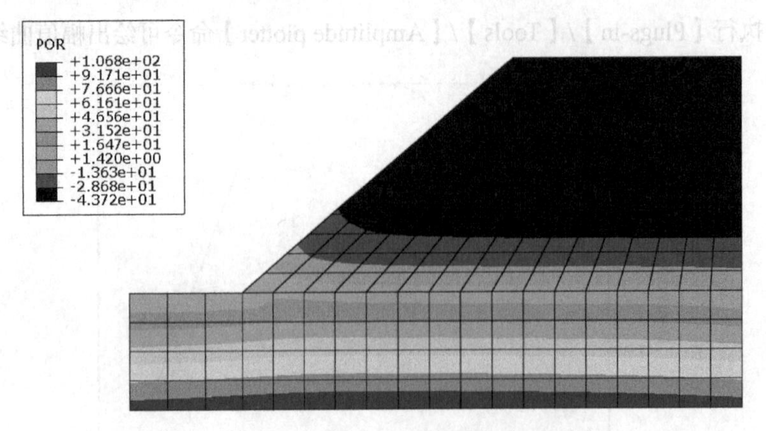

图 8-31　降雨 46.13h 后的孔压分布（ex8-3）

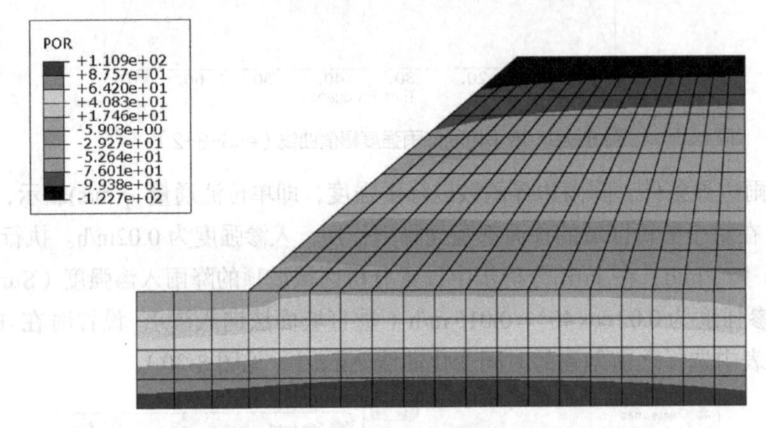

图 8-32　降雨 72h 后的孔压分布（ex8-3）

Step 2　图 8-33 给出了 t=46.13h 时的流速矢量图。由图可清晰地看到降雨引起的水流下渗现象。

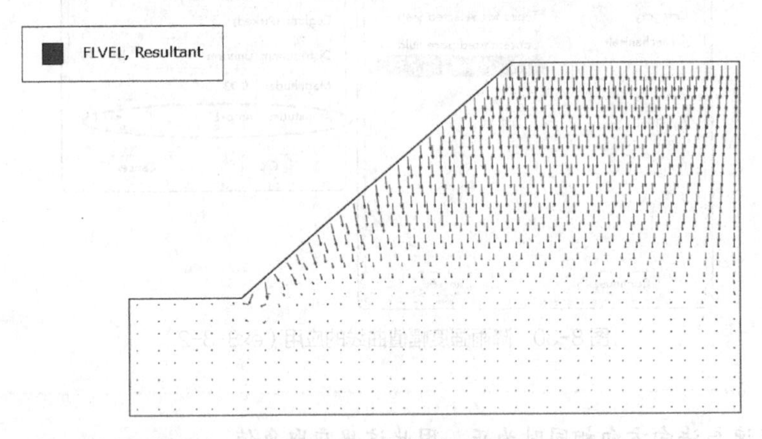

图 8-33　降雨 46.13h 后的流速矢量图（ex8-3）

Step 3　执行【Tools】/【Create field output】/【from fields】命令，提前降雨引起的增量水平和竖直位移如图 8-34 和图 8-35 所示。由图可见，最大水平位移发生在坡脚；最大沉降发生在土坡的中部。之所以最大沉降没有出现在坡顶是因为降雨入渗后，吸力降低，即孔压增加，有效应力有所减小，出现了卸载回弹的现象。另一方面，随着降雨入渗的持续，土体含水率和容重会有所增加，导致沉降和应力的增加。图 8-36 给出了位移矢量图，可以很明显地看到，由于降雨入渗的发生，边坡有滑动变形的趋势，可以预见边坡稳定性是降低的。

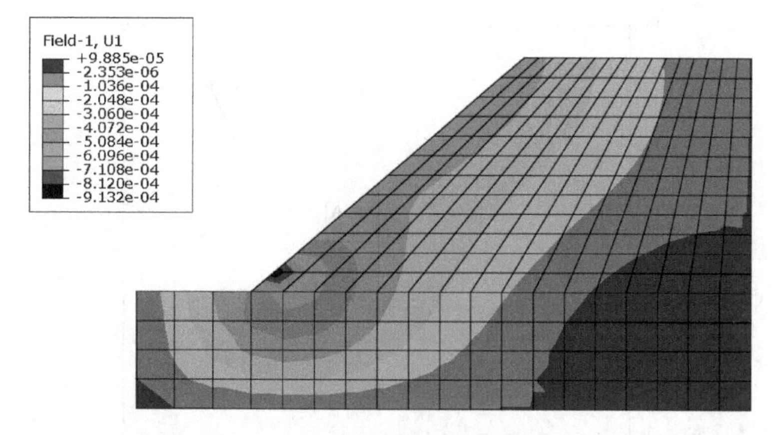

图 8-34 降雨 72h 后的水平位移（ex8-3）

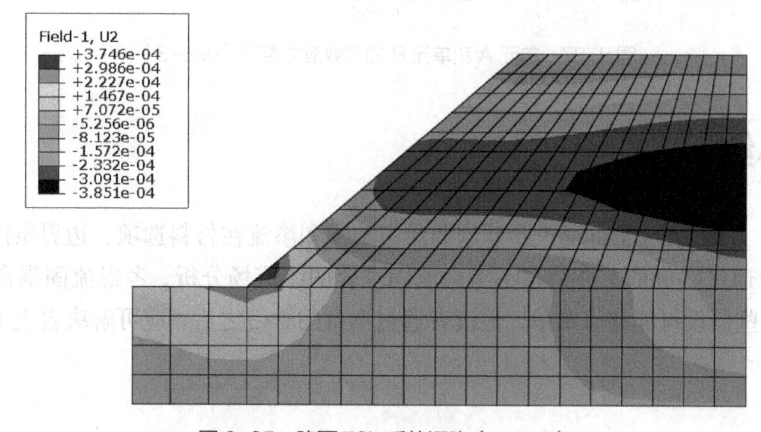

图 8-35 降雨 72h 后的沉降（ex8-3）

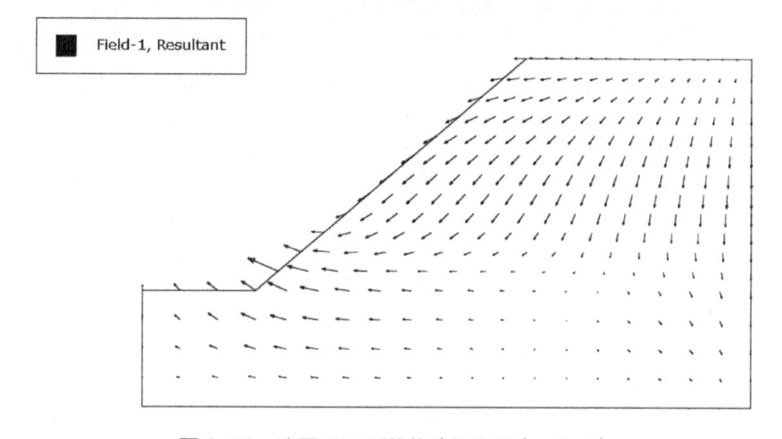

图 8-36 降雨 72h 后的位移矢量图（ex8-3）

Step 4 执行【Tools】/【XY Data】/【Create】命令，储存降雨入渗分析步中单元 A 和单元 B（位置如图 8-25 所示）的平均应力（pressure）和等效偏应力（Mises）随时间变化的关系，并利用 ABAQUS 提供的 combine 函数，绘出单元 A 和单元 B 的有效应力路径，如图 8-37 所示。由图可见，A 点和 B 点的有效应力路径表现出了不同的特征，对于坡脚的 A 单元，在降雨入渗作用下，孔压增加，有效平均应力是减小的。当减小到一定程度时，有效应力路径达到屈服面，此时应力路径沿着屈服面（摩尔库伦强度包线）向左下方移动，直到降雨量逐渐减小，吸力增加，孔压减小，有效应力增大后，逐渐偏移屈服面。而对于单元 B，其处于土坡内部，其上方的单元吸水后容重增加，导致单元 B 的平均有效应力和偏应力都是增加的，直至降雨的后期，接近降雨结束时平均有效应力和偏应力都有所下降。这也印证了一些学者得到的观点，降雨入渗作用下主要是边坡浅层可能会出现失稳现象。

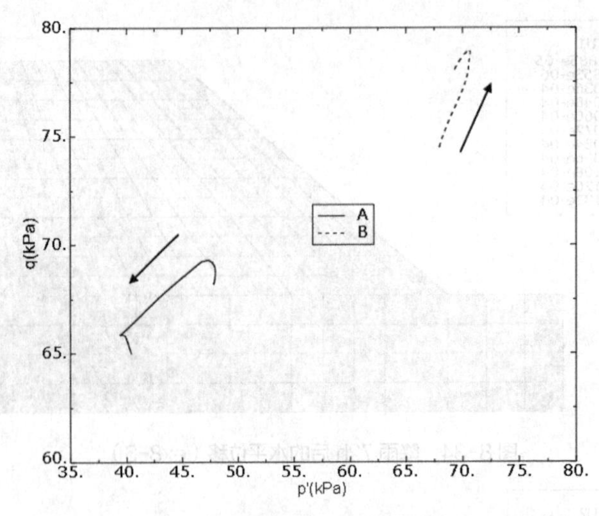

图 8-37 单元 A 和单元 B 的有效应力路径（ex8-3）

8.4 本章小结

本章首先介绍了 ABAQUS/Standard 中非饱和渗流与饱和渗流在材料选项、边界条件、初始条件和分析方法上的异同，然后通过实例依次介绍了不考虑流固耦合的渗流场分析，考虑流固耦合的降雨入渗对土坡影响的分析。尽管有些假设可能略显简单，但读者通过本章的学习之后，应可解决岩土工程中的大部分渗流问题。

第 9 章 桩基工作性状分析

本章导读

由于有限单元法具有能够精确模拟桩和桩周土的几何形状、本构模型、边界条件、桩和土之间接触条件等优点，其在桩基工程中的应用很广泛。本章主要介绍利用ABAQUS分析竖向及水平荷载作用下桩的工作性状。

本章要点

- 桩基承载力理论
- 桩土接触面对桩工作性状的影响
- 竖向荷载作用下的算例
- 水平荷载作用下的算例

9.1 桩基承载力理论

为了在后面验证有限元计算结果的可靠性，这里将桩基承载力理论简要介绍如下。

9.1.1 α方法

这种方法适合于黏土中不排水条件下的桩。

1．极限摩阻力

α 方法中将单位面积上的摩阻力极限值 f_s 计算为：

$$f_s = \alpha c_u \tag{9-1}$$

式中，c_u 为土体的不排水强度；f_s 为经验系数，很多学者对其进行了研究，也有很多经验公式。API标准将其与式（9-1）联系起来：

$$\alpha = \begin{cases} 1-(c_u-25)/90, 25\text{kPa} < c_u < 70\text{kPa} \\ 1.0 \qquad\qquad\quad , c_u \leqslant 25\text{kPa} \\ 0.5 \qquad\qquad\quad , c_u \geqslant 70\text{kPa} \end{cases} \tag{9-2}$$

2．极限端阻力

α 方法中将单位面积上的端阻力极限值 f_b 计算为：

$$f_b = (c_u)_b N_c \tag{9-3}$$

式中，$(c_u)_b$ 是桩端处土体的排水强度，N_c 是承载力系数，一般按 Skempton 的建议值为 9.0。

9.1.2 β方法

β 方法是基于有效应力的分析方法。

1．极限摩阻力

$$f_s = \mu \sigma_h' \tag{9-4}$$

式中，σ_h' 是作用在桩壁的水平有效土压力，μ 是桩和土之间的摩擦系数。考虑到水平有效土压力为竖向土压力 σ_v' 乘以水平土压力系数 K_0，因而上式写为：

$$f_s = \mu K_0 \sigma_v' = \beta \sigma_v' \tag{9-5}$$

之所以将 μK_0 写成 β，是因为研究人员发现，对应正常固结土近似有：

$$K_0 = 1 - \sin\varphi' \tag{9-6}$$

式中，φ' 是土体的有效摩擦角。

而桩壁与土之间的摩擦角 δ 可取为 $(0.75\sim1)\varphi'$，因而 $\beta = \mu K_0$ 在一定摩擦角范围内变化不大。

需要注意，对应超固结土，K_0 还和超固结比 OCR 有关。

$$K_0 = (1 - \sin\varphi') OCR^{0.5} \tag{9-7}$$

2．极限端阻力

$$f_b = (c')_b N_c + (\sigma_v')_b N_q \tag{9-8}$$

式中，$(c')_b$ 是桩端土体的有效黏聚力，$(\sigma_v')_b$ 是桩端土体的竖向有效应力，N_c 和 N_q 是承载力系数。承载力系数可按 Janu 提出的公式计算：

$$N_q = \left(\tan\varphi' + \sqrt{1+\tan^2\varphi'}\right)^2 \exp(2\eta\tan\varphi') \tag{9-9}$$

$$N_c = (N_q - 1)\cot\varphi' \tag{9-10}$$

其中，η 是控制桩端破坏面性状的角度（见图 9-1），其在 0.33π（黏土）到 0.58π（紧砂）之间变化。

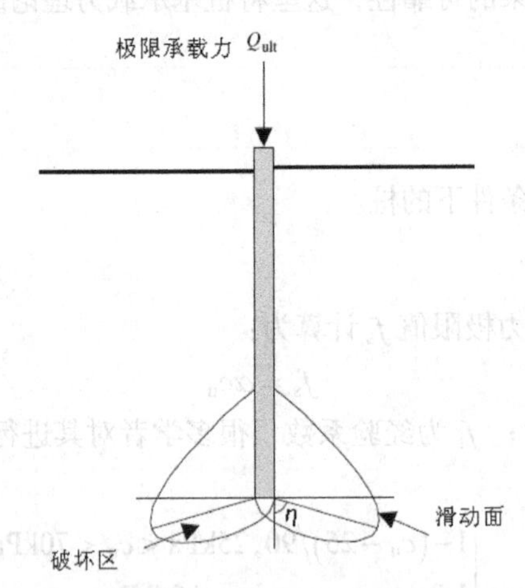

图 9-1 桩端剪切破坏面（Janbu，1976）

9.2 桩的加荷速度

除了要选取合适的本构模型，考虑桩土接触面之外，有限元分析中还要特别注意桩的加荷速度。这里的加荷速度并不是指荷载施加的绝对速度，而是指在加载过程中，孔压有没有足够的时间消散。如果加荷速度很快，土体渗透条件也不好，孔压将持续上升，这就属于不排水条件下的短期承载力。如果加荷速度很慢，地基排水条件很好，在加载过程中基本不产生孔压，或者孔压已经消散，这就属于排水条件下的长期承载力问题。

这两种加荷速度或者说两种排水条件下桩的工作性状都可以采用前面章节中介绍的流体渗透/应力耦合分析步骤进行分析。分析中只要选择了合理的土体本构模型，按实际情况设置排水条件及加载速度，就无须考虑土体不排水强度和排水强度之间的差异，全由有效应力控制。在以下两种特殊情况下，也可以简化处理方法：

- 完全排水的情况：由于认为桩的加载不会产生孔压，因此可以采用纯静力分析，此时在分析中采用有效应力参数。
- 完全不排水的情况：此时极限状态由不排水强度控制，因而可采用相对简化的本构模型，只要其能反映土体在不排水条件下的抗剪强度即可（如 Tresca 模型）。另外，考虑到不排水条件下体积保持不变，因而土体泊松比要取得接近于 0.5。

9.3 算例

9.3.1 不排水黏土地基中竖向受荷桩——不设置接触面

1．问题描述

有一长为 20m、直径为 1m 的圆形桩设置在一密实黏土地基中，黏土的不排水强度 $c_u = 100\text{kPa}$，饱和重度 $\gamma_{sat} = 18\text{kN/m}^3$，水平土压力系数取为 1.0。试分析不排水条件下桩的工作性状。

本例中为了模拟不排水加载条件，采用总应力进行分析，对应的泊松比 ν 选为 0.49，弹性模量 $E = 100\text{MPa}$。不排水强度采用莫尔库伦模型模拟，即将 $c = 100\text{kPa}$，$\varphi = 0°$（摩擦角取为 0，莫尔库伦模型退化为 Tresca 模型）。桩体采用弹性模型，弹性模量 $E = 20\text{GPa}$，泊松比 $\nu = 0.15$。

通常在分析时为了模拟桩土接触面之间的滑移现象，需要在桩土之间设置接触面。但接触面的切向刚度等参数难以精确确定。Potts 在《Finite element analysis in geotechnical engineering》一书中指出，分析竖向荷载作用的桩时，可不设置接触面。本例通过这一算例进行说明，cae 文件为 ex9-1.cae。

2．算例学习重点

- 不排水加载的模拟。
- 单桩荷载传递机理。

3．模型建立及求解

Step 1 建立部件。本例简化为轴对称问题。在 Part 模块中执行【Part】/【Creat】命令，在 Create Part 对话框中选择 Modeling space 区域的【Axissymmetric】单选按钮，Approximate Size 设为 200，接受其余默认选项，单击【Continue】按钮后进入图形编辑界面，建立一个宽为 50m，高为 50m 的矩形，原点选为模型的左下角。执行【Tools】/【Partition】命令，在弹出的 Create Partition 的对话框中选择 Type（类型）为 Face，Method（方法）选为 Sketch，进入绘图界面后分隔出桩的轮廓。

注意：

ABAQUS 在绘图环境下进行分隔等操作时，会自动将原点定位在模型中心点，可能与建立部件时绘制的坐标不同，有时不方便操作。此时可在绘图环境下单击按钮，或者执行【Edit】/【Sketcher options】命令，在弹出的图 9-2 所示的对话框中，单击【Origin】按钮重设原点。这里坐标的重设只是为了绘图方便，不会影响真实的坐标。

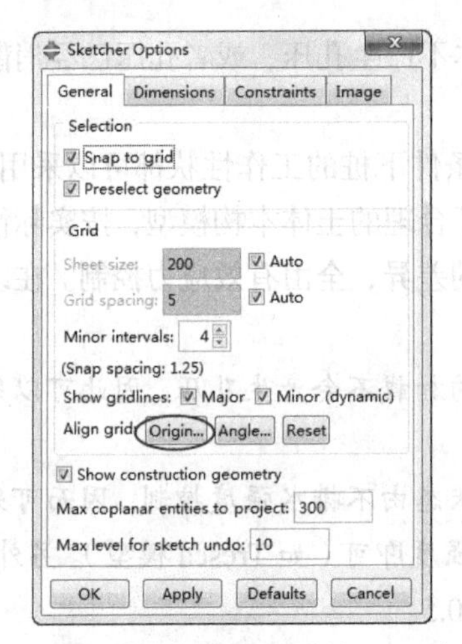

图 9-2　调整草图显示选项（ex9-1）

Step 2　设置材料及截面特性。在 Property 模块中，执行【Material】/【Creat】命令，建立名称为 soil 的土体材料和名为 pile 的桩体材料。执行【Section】/【Create】命令，设置名为 soil（对应的材料为 soil）和 pile（对应的材料为 pile）的截面特性，并执行【Assign】/【Section】命令赋给相应的区域。

Step 3　装配部件。在 Assembly 模块中，执行【Instance】/【Create】命令，建立相应的 Instance。

Step 4　定义分析步。执行【Step】/【Create】命令，依次建立名为 Geoini 的 Geostatic 分析步和名为 Load 的 Static，General 分析步。将 Load 分析步的起始时间步长设为 0.1，最大允许步长为 0.2，并设置为非对称算法。

Step 5　定义荷载、边界条件。在 Load 模块中，执行【BC】/【Create】命令，在 Initial 分析步中限定模型底部的水平和竖向位移，模型左侧（轴对称轴）和右侧的水平位移。桩的加载通过指定桩顶位移条件实现，执行【BC】/【Create】命令，在 Load 分析步中指定桩顶位移为-0.04m。为了和初始应力相适应，执行【Load】/【Create】命令，在 Geoini 分析中对模型全体施加体力荷载-18。

Step 6　定义初始应力条件。在 Load 模块中，执行【Predefined Field】/【Create】命令，将 Step 选为 Initial（ABAQUS 中的初始步），类型选为 Mechanical，Type 选为 Geostatic stress（地应力场），设置起点 1 的竖向应力（Stress Magnitude 1）为 0，对应的竖向坐标（vertical coordinate 1）为 50（土体表面），终点 2 的竖向应力（Stress Magnitude 2）为-900kPa，对于的竖向坐标（vertical coordinate 2）为 0，侧向土压力系数 Lateral coefficient 为 1。

Step 7　划分网格。进入 Mesh 模块，将环境栏中的 Object 选项选为 Part，意味着网格划分是在 Part 的层面上进行的。执行【Mesh】/【Controls】命令，在 Mesh Controls 对话框中选择 Element shape（单元形状）为 Quad（四边形），选择 Technique（划分技术）为 Sweep。执行【Mesh】/【Element Type】命令，选择单元类型为 CAX4（轴对称四节点单元）。执行【Seed】/【Edges】命令，将桩水平方向的种子设为 5；利用 Bias（偏离）选项，将土层水平方向靠近桩的水平宽度设为 0.1，远处的网格水平宽度设为 2.5；设置模型竖向网格长度为 0.5。执行【Mesh】/【Part】命令划分网格。

 注意：

由于未设置接触面，靠近桩侧的土体网格尺寸需要足够小，以便反映较大的变形梯度。

Step 8　提交任务。进入 Job 模块，建立并提交名为 ex9-1 的任务。

4．结果分析

Step 1　进入 Visualization 后处理模块，打开相应的计算结果数据库文件。

Step 2　利用工具箱区中的和按钮，观察网格变形图和各变量的等值线云图。注意，ABAQUS 为了显示清楚，常将变形放大后显示，偶尔会有放大比例过大，网格显示失真的情况。读者可通过【Options】/【Common】命令进行调整，如图 9-3 所示。是否显示网格线，线条的颜色也可在此对话框中进行设置。

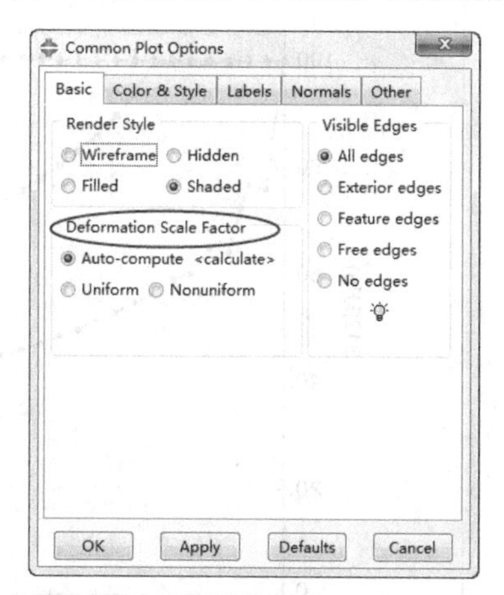

图 9-3　调整变形显示比例（ex9-1）

Step 3　屈服区分布。通过【Tools】/【Display group】命令，在当前视图中移除桩。绘制不同时刻桩侧土体的屈服区，如图 9-4 所示。AC Yield 是屈服标识，发生屈服时为 1，未屈服时为 0，由于节点上的值采用插值确定，故显示时有可能超过 1，不影响计算结果的可靠性。计算结果表明，加荷初期，屈服主要出现在顶部桩侧土体中，桩端土层的屈服主要在后期出现。这从侧面体现了桩侧阻力先发挥，端阻力后发挥，可由下面荷载沉降曲线的分析进一步验证。

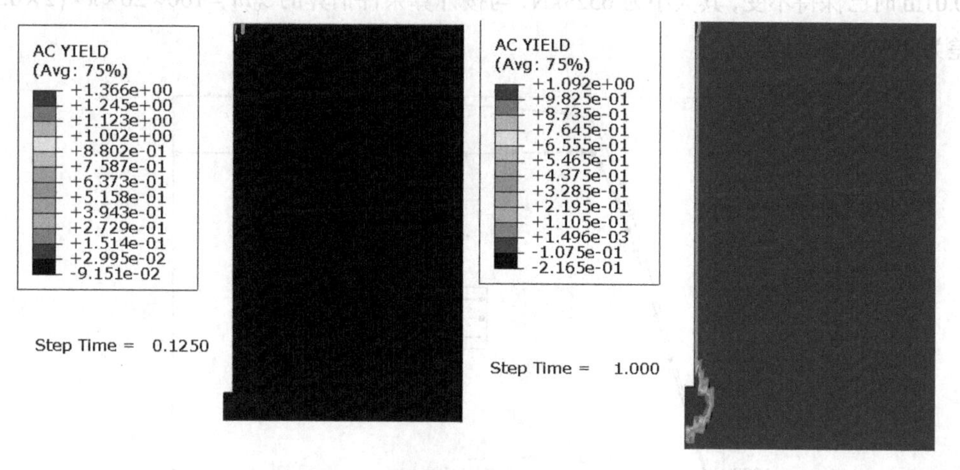

图 9-4　不同时刻的屈服区（ex9-1）

Step 4　侧阻力发挥过程。执行【Tools】/【Path】/【Create】命令，在桩周土体建立一条路径（不包括桩端节点）。执行【Tools】/【XY Data】/【Create】命令，以 Path 为数据源，绘制桩土界面的剪应力 S12。注意到本例中桩土界面没有设置接触面，即桩、土共节点。节点两侧单元模量差异大，应力变化非连续，后处理时对节点应力平均可能会造成波动。为此执行【Result】/【Options】命令，在图 9-5 所示的对话框中选中 Average only displayed elements。读者也可提取桩侧土体单元中心点上的 S12 作为摩阻力，其分布要比节点上的值更光滑一些。S12 的分布结果表明加载初期，桩顶的桩土相对位移最大，摩阻力发挥得最早。注意到本例中桩体模量较大，桩身压缩量较小，桩端处的桩土相对位移也较为可观，摩阻力也有一定的发挥。随着加载的进行，摩阻力从上到下发挥，直至全长达到极限值，如图 9-6 所示，本例中土体不排水强度大小为 100kPa。读者可调整桩体模量等参数，观察计算结果的改变。

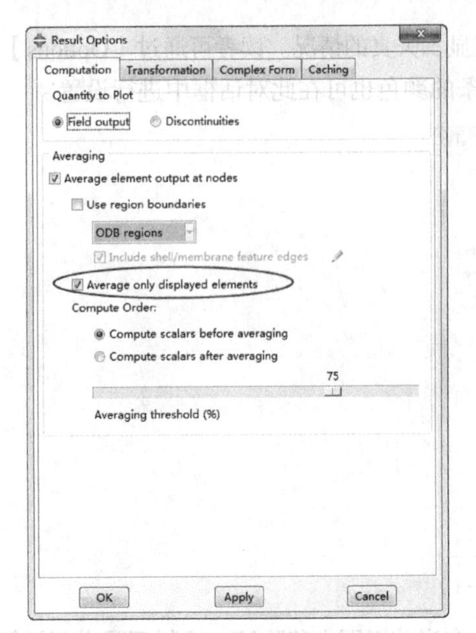

图 9-5　只根据显示单元对节点应力进行平均（ex9-1）

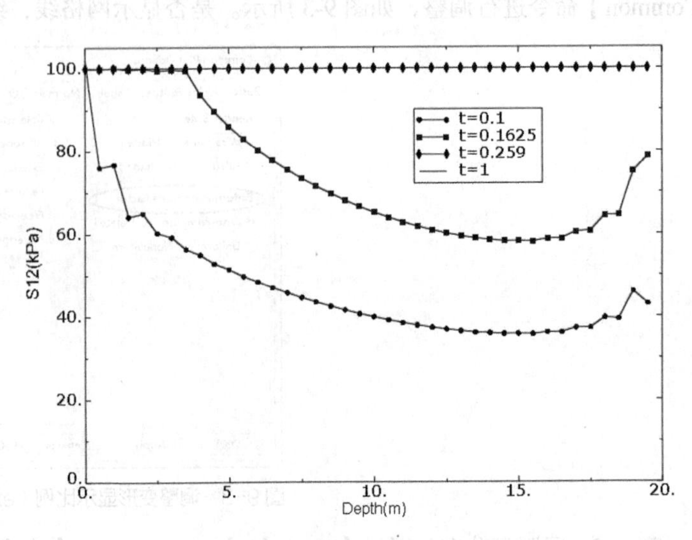

图 9-6　桩侧摩阻力分布（S12）（ex9-1）

Step 5　荷载沉降曲线。将桩顶、桩端节点竖向应力的平均值作为桩顶、桩端应力代表值，乘以装横截面面积之后绘制荷载沉降曲线，如图 9-7 所示。图中同时给出了桩端阻力发挥过程曲线，总的荷载沉降曲线减去桩端阻力发挥曲线可得到总侧阻力的发挥曲线。图中清晰地表明了端阻力的发挥滞后于侧阻力，侧阻力在位移达到 0.01m 时已保持不变，其大小为 6529kN，与按计算条件估算的 $c_u lu = 100 \times 20 \times \pi \times (2 \times 0.5) = 6283\text{kN}$ 相近，误差为 4%。

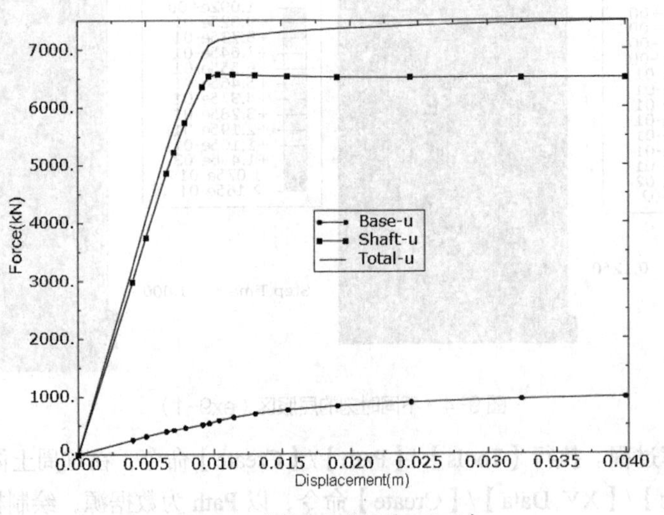

图 9-7　荷载沉降曲线（ex9-1）

9.3.2　不排水黏土地基中竖向受荷桩——设置接触面

1．问题描述

本例 cae 文件为 ex9-2.cae，基本条件与 ex9-1 相同，但分析中在桩土界面设置接触面。接触面强度为 100kPa。

2．算例学习重点

- 接触面不排水剪切强度的设置。

- 接触面刚度对荷载沉降曲线的影响。

3．模型建立与求解

本例建模步骤与 ex9-1 基本相同，这里只介绍有区别的地方。

Step 1 由于考虑桩土接触面，需要建立土和桩两个部件，在桩侧、桩端分别建立 Surface 面 Pile-b 和 Pile-l，相接触的土体表面分别建立表面 Soil-b 和 Soil-l。

Step 2 材料、分析步、荷载及边界条件、初始条件的设置、网格密度均和 ex9-1 相同。

Step 3 定义接触特性。本例通过定义界面黏结模型实现接触面上下均匀的不排水剪切强度。进入 Interaction 模块，执行【Interatcion】/【Property】/【Create】命令，在 Create Interatcion Property 对话框中输入名字为 IntProp-1，type 选为 Contact，单击【Continue】按钮进入到 Edit Contact Property 对话框，执行【Mechanical】/【Cohesive Behavior】命令，在力与位移 Traction-separation behavior 中选择指定刚度系数（Specify stiffness coefficients），非耦合（uncoupled），将 knn、kss 和 ktt 均设为 1e5。

执行编辑接触性质对话框中的【Mechanical】/【Damage】命令，在 Initiation 选项卡的 Criterion 中选择 Maximum norminal stress，将 Normal only、shear-1 only 和 shear-2 only 定义为 100kPa。勾选 Specify damage evaluation 复选框，在 Evaluation 选项卡中将 Type 设为位移（Displacment），软化（Softening）设为 Linear，将 Total/Plastic Displacement 设为 1e3。这里将破坏位移取一很大值意味着界面刚度在剪应力达到不排水强度后不衰减，界面剪应力维持不变。

Step 4 创建接触对。在 Interaction 模块中，执行【Interatcion】/【Create】命令，在 Create Interaction 对话框中将名字设为 Int-1，在 Step 下拉列表中选中 Initial，意味着接触从初始分析步就开始起作用，接受 Types for Selected Step 区域的默认选项【surface to surface contact】，单击【Continue】按钮后按照提示区中的提示在屏幕上选择主控面（master surface），此时单击提示区右端的【Surfaces】按钮，弹出 Region Selection 对话框，在 Eligible Sets 中选择 Pile-l，单击【Continue】按钮选择 Surface 为从属面类型，选择 soil-l 为从属面，确认后在 Edit Interaction 对话框中将接触面属性设为 IntProp-1；将 Sliding formulation 设为 small sliding，接受其余默认选项，单击【OK】按钮确认退出。类似地，建立 Pile-b 和 soil-b 之间的接触对。

Step 5 进入 Job 模块，建立并提交名为 ex9-2 的任务。

4．结果分析

Step 1 进入 Visualization 后处理模块，打开相应的计算结果数据库文件。利用 Path 相关功能，将接触面上的剪应力 Cshear1 绘制于图 9-8 中。计算所得到的规律与图 9-6 中相同，由于界面摩擦力符号规定不同，图 9-8 中的结果与图 9-6 中的 S12 差一个正负号。

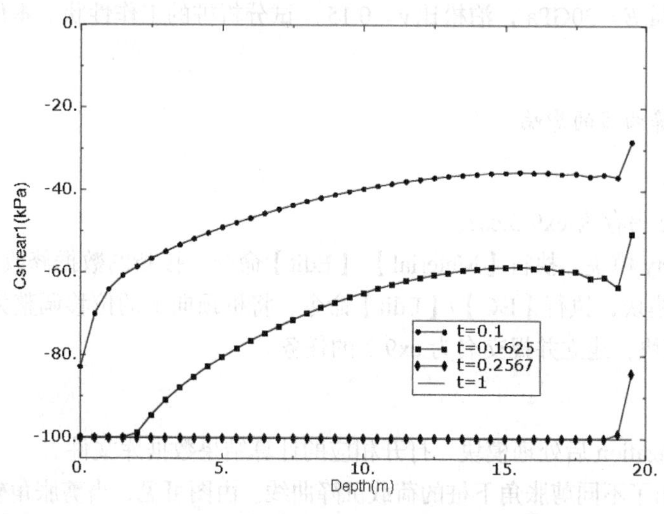

图 9-8 桩摩阻力分布（ex9-2）

提示：

在有限元分析中，桩端边缘节点不会出现刺入变形，因此摩擦力在桩端有所减小。

Step 2 图 9-9 对比了设置和不设置接触面得到的荷载沉降曲线。图中同时给出了接触面刚度为 1×10^7（ex9-2-2）和 1×10^3（ex9-2-3）下的计算结果。由图可见，接触面刚度较大时（1×10^5 和 1×10^7）的计算结果差不多，且与无接触面时的计算结果较为接近。由于不设置接触面时，桩土间的相对滑移受到一定的限制，桩土体系的刚度和极限承载力要略大一些。接触面刚度较小时，荷载沉降曲线有明显的不同，摩阻力的发挥及达到极限荷载状态时需要较大的位移。这一结论与 Potts 的计算结果一致。他指出，如果不能精确确定接触面刚度，不妨将刚度取得大一些。但是也要注意，接触面刚度取得过大可能会造成矩阵病态，难以收敛或计算结果变差。在分析竖向荷载下的桩基工作性状问题时，也可直接不设置接触面，桩侧采用较密的网格即可。

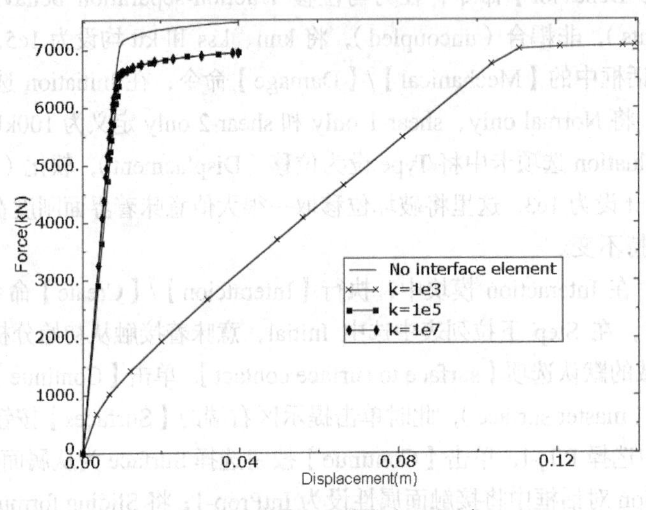

图 9-9 荷载沉降曲线（ex9-2）

9.3.3 干砂地基中的竖向受荷桩——不设置接触面

1．问题描述

有一干砂地基，弹性模量 $E = 100\text{MPa}$，泊松比 $\nu = 0.3$，重度 $\gamma = 18\text{kN/m}^3$，水平土压力系数取为 1.0，$c = 0\text{kPa}$，$\varphi = 25°$，剪胀角按 $\psi = 0°$（ex9-3）和 20°（ex9-3-2）两种情况考虑。桩的长度为 20m、直径为 1m，桩体材料的弹性模量 $E = 20\text{GPa}$，泊松比 $\nu = 0.15$。试分析桩的工作性状。本例 cae 文件为 ex9-3.cae。

2．算例学习重点

- 剪胀角对荷载沉降曲线的影响。

3．模型建立与求解

Step 1 将 ex9-1.cae 另存为 ex9-3.cae。

Step 2 进入 Property 模块，执行【Material】/【Edit】命令，按新的数据修改土体参数。

Step 3 进入 Load 模块，执行【BC】/【Edit】命令，将桩顶向下的位移调整为-0.08。

Step 4 进入 Job 模块，建立并提交名为 ex9-3 的任务。

4．结果分析

Step 1 进入 Visualization 后处理模块，打开相应的计算结果数据库文件。

Step 2 图 9-10 给出了不同剪胀角下桩的荷载沉降曲线。由图可见，当剪胀角较大时，荷载沉降曲线明显更高，且没有明显的转折点，未达到极限状态。这是因为当 ABAQUS 中莫尔库伦模型的塑性势面在压力较大时为一倾斜向上的直线，性桩侧土体单元剪切屈服时，产生无限制的剪胀（塑性势面的法向方向保持不变），水平向的应力持续增加，继而桩侧土体能提供的摩阻力也继续增加。这一现象对所有未反映临界状态（剪切变形无限制发展，体积不变化）的模型都存在。

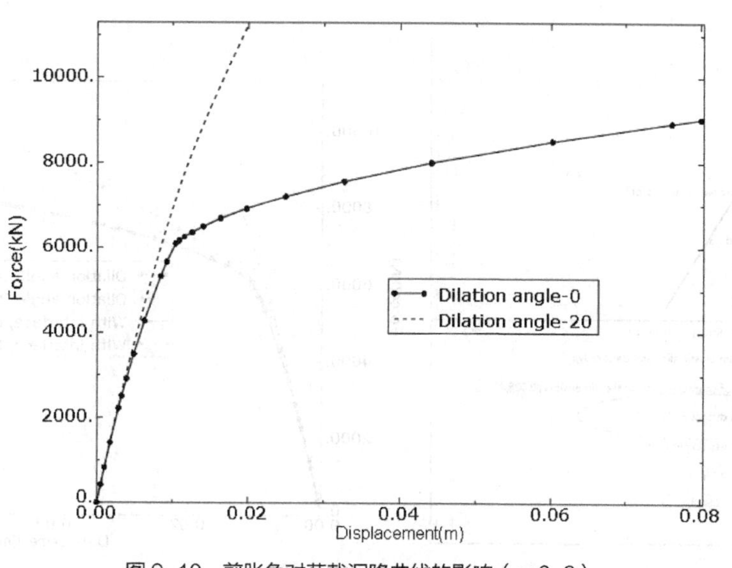

图 9-10 剪胀角对荷载沉降曲线的影响（ex9-3）

9.3.4 干砂地基中的竖向受荷桩——设置接触面

1．问题描述

本例 cae 文件为 ex9-4.cae。模型参数与 ex9-3 相同，但在桩土界面处设置接触面。

2．算例学习重点

- 存在接触面的情况下，剪胀角对荷载沉降曲线的影响。

3．模型建立与求解

Step 1 将 ex9-2.cae 另存为 ex9-4.cae。

Step 2 进入 Property 模块。执行【Material】/【Edit】命令，按新的数据修改土体参数，剪胀角按 $\psi = 0°$（ex4-3）和 20°（ex9-4-2）两种情况考虑。

Step 3 进入 Load 模块。执行【BC】/【Edit】命令，将桩顶向下的位移调整为-0.06。

Step 4 进入 Interaction 模块。执行【Interaction】/【Property】/【Edit】命令，在弹出的 Edit Contact Property 对话框中删除 ex9-2 中的接触黏结模型定义，执行对话框中的【Mechanical】/【Normal Behavior】命令，接受默认选项，设置法向接触。执行【Mechanical】/【Tangential Behavior】命令，选择切向模型为 Penalty 罚函数，设置摩擦系数为 $\tan 25° = 0.466$，切换到 Elastic Slip 选项卡（见图 9-11），将 Specify maximum elastic slip 设置为 1e-5。

Step 5 进入 Job 模块。建立并提交名为 ex9-4 的任务。

4．结果分析

Step 1 进入 Visualization 后处理模块，打开相应的计算结果数据库文件。

Step 2 图 9-12 给出了不同剪胀角下桩的荷载沉降曲线。由图可见，当剪胀角为 0 时，设置和不设置接触面的计算结果非常接近。而当剪胀角为 20°时，设置接触面的结果要软一些，这是因为 ABAQUS 中的库伦接触模型未考虑界面剪胀。

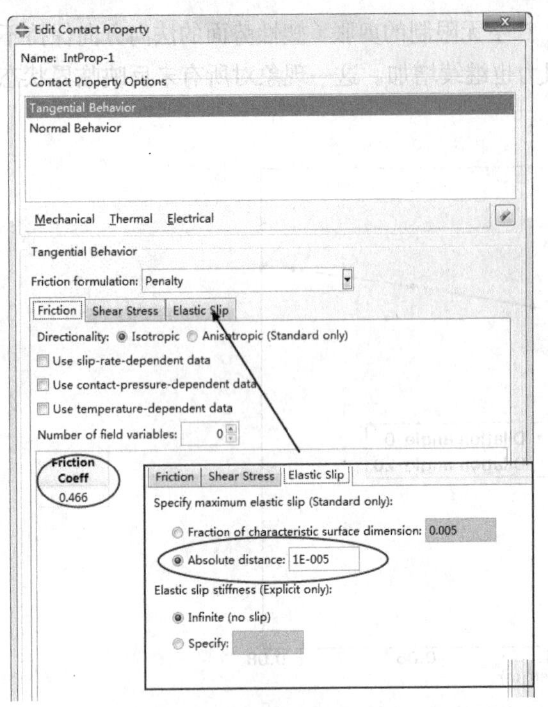

图 9-11 设置库伦摩擦（ex9-4）

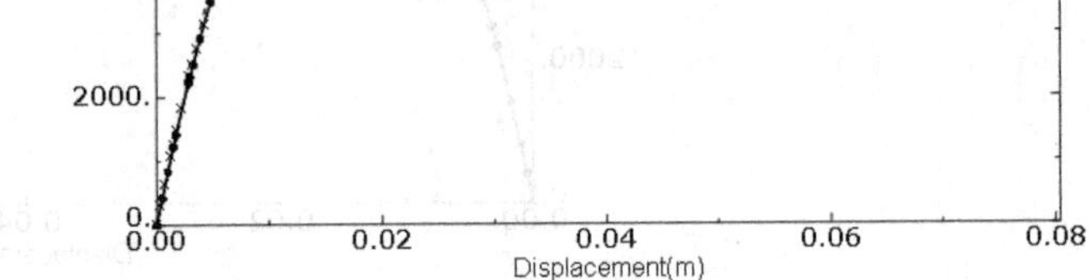

图 9-12 设置接触面的情况下剪胀角对荷载沉降曲线的影响（ex9-4）

9.3.5 不排水强度非均匀分布条件下的竖向受荷桩

1. 问题描述

在算例 ex9-1 中土体的不排水强度沿深度均匀分布，实际情况中常需考虑不排水强度沿深度非均匀分布（如线性分布）的情况，本例将对这种情况进行模拟。假设黏土地基的不排水强度在地表（y=50）处为 10kPa，在模型底部（y=0）处为 100kPa，其余参数与 ex9-1 相同。本例 cae 文件为 ex9-5.cae。

2. 算例学习重点

- 非均匀分布的不排水强度设置。
- 用户子程序 UFIELD 的应用。

3. 模型建立与求解

Step 1 将 ex9-1.cae 另存为 ex9-5.cae。

Step 2 进入 Property 模块。执行【Material】/【Edit】命令，在图 9-13 所示的对话框中设置随场变量变化的黏聚力。这里需在 Cohesion 选项卡中将 Number of field variables 设为 1，即材料的黏聚力与 1 个场变量相关，并设置相应的黏聚力，即场变量为 0 时，黏聚力为 100；场变量为 50 时，黏聚力为 10。在用户子程序 UFIELD 中将场变量设置为节点的纵坐标。UFIELD 为 ex9-5.for，代码如下：

```
      SUBROUTINE UFIELD(FIELD,KFIELD,NSECPT,KSTEP,KINC,TIME,NODE,
     1 COORDS,TEMP,DTEMP,NFIELD)
C
      INCLUDE 'ABA_PARAM.INC'
C
      DIMENSION FIELD(NSECPT,NFIELD), TIME(2), COORDS(3),
     1 TEMP(NSECPT), DTEMP(NSECPT)
C

      FIELD(1,1)=COORDS(2)
```

```
      C      场变量数组为 FIELD（NSECPT，NFIELD），其中 NSECPT 为每个节点需定义的个数，除梁、板类单元外均为 1，NFIELD 为场变量编号，本例中为 1。COORDS（2）为节点的 y 坐标
      RETURN
      END
```

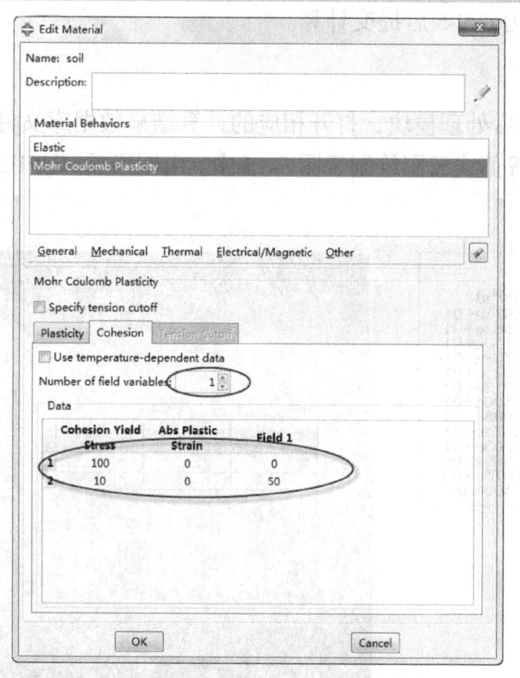

图 9-13　设置随场变量相关的黏聚力（ex9-5）

Step 3　修改模型数据 inp 文件，对节点设置场变量。场变量的定义无法在 CAE 中进行，需要执行【Model】/【Edit Keywords】命令手工进行修改。在第一个分析步 geoini 的关键字语句*step 后插入以下语句（见图 9-15）。这里数据行的 Part-1-1 为 Instance 实体的名称，soil 为定义的土体的集合。

```
*Field, user
Part-1-1.soil
```

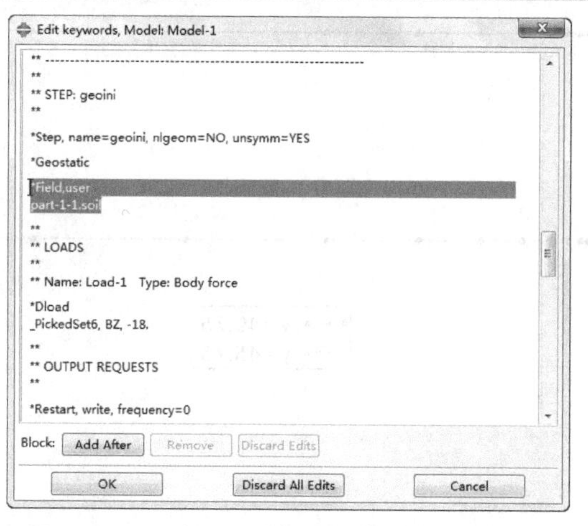

图 9-14　手工修改 inp 文件设置场变量（ex9-5）

注意：

由于没有设置场变量的初始值，在分析的一开始 ABAQUS 假设其为 0。本例中通过*Field 命令在 Geostaic 分析步中改变其数值，其随分析步时间线性变化到预定值。本例中由于初始土体未破坏，黏聚力大小的改变不会造成收敛困难。如果考虑的是弹性模量随深度的分布，Geostatic 分析步中场变量的改变会造成收敛问题，此时需按照实际情况设置场变量的初始分布，本书将在后面的章节中结合实例进行介绍。

Step 4 进入 Step 模块，执行【Output】/【Field Output Requests】/【Edit】命令，增加【State/Field/User/Time】下的 FV（场变量）为输出变量。

Step 5 进入 Job 模块，执行【Job】/【Edit】命令，在 Edit Job 对话框的 General 选项卡中设置用户子程序的路径。将任务文件改名为 ex9-5 后提交计算。

4．结果分析

Step 1 进入 Visualization 后处理模块，打开相应的计算结果数据库文件。

Step 2 将场变量 FV1 的等值线云图绘制于图 9-15 中。由图可见，UFIELD 子程序发挥了作用，场变量被赋值为土体节点的纵坐标。

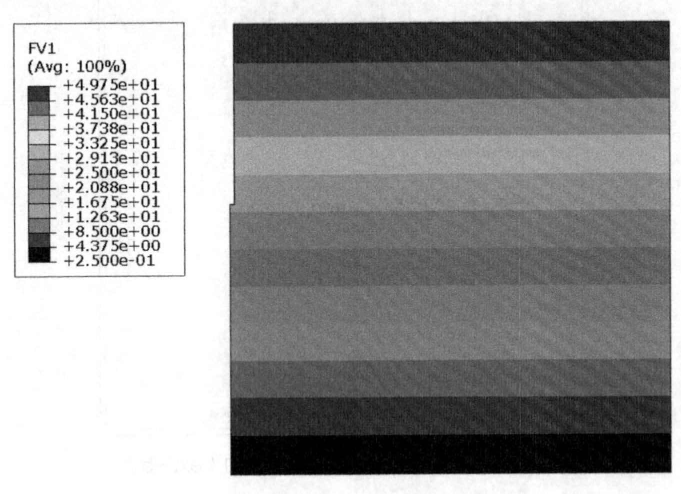

图 9-15 场变量 FV1 分布（ex9-5）

Step 3 图 9-16 给出了距离桩顶不同深度单元中心点（y=49.75 和 45.75）的摩阻力 S12 随时间的变化曲线，由图可见，桩顶附近的摩阻力小，深处的摩阻力大，较好地反映了不排水强度随深度的增长。

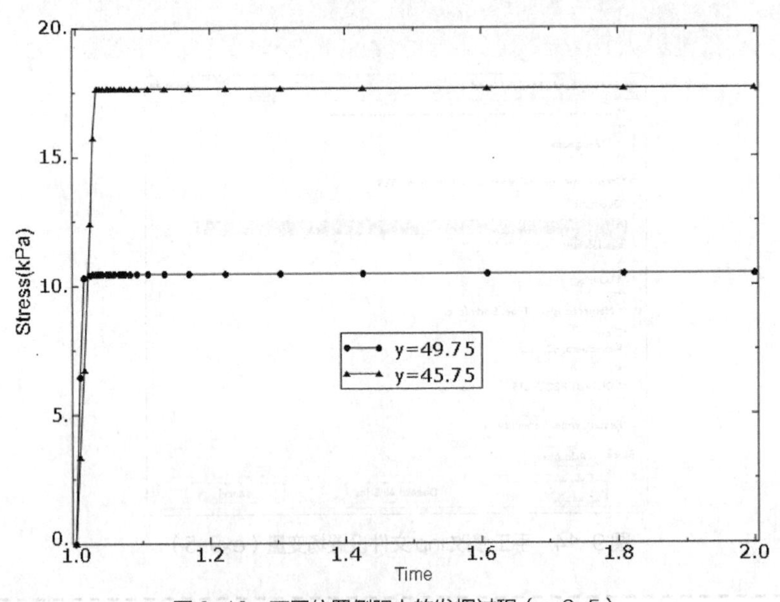

图 9-16 不同位置侧阻力的发挥过程（ex9-5）

提示：

读者可在本例的基础上进一步修改弹性模量等材料参数沿深度的分布。

9.3.6 剑桥黏土地基中的竖向受荷桩

1. 问题描述

前面的算例中通过总应力法及采用不排水强度模拟不排水加载条件。本例针对剑桥黏土地基中的竖向受荷桩，采用流体渗透/应力耦合分析步，进行有效应力分析。设有一混凝土实心圆桩位于正常固结饱和黏土中，地下水位与地基齐平。桩长为10.0m，桩径为0.5m。考虑到轴对称性，采用轴对称模型进行分析。分析区域桩端向下扩展1倍桩长，水平方向取为20倍的桩径，以求降低边界对分析区域的影响。土体采用剑桥模型模拟，参数见表9-1；桩采用线弹性模型，弹性模量$E=20\text{GPa}$，泊松比$\nu=0.2$。桩土摩擦系数为0.577（$\tan\varphi$）。本例算例为ex9-6.cae。

表9-1 土体剑桥模型参数（ex9-6）

材料	γ'（kN/m^3）	ν	λ	κ	$M(\varphi')$	e_1	k (m/s)
软黏土	8.0	0.35	0.20	0.040	1.20（30°）	2.0	1×10^{-7}

2. 初始条件分析

初始应力的合理设置对求解的可靠性十分重要。根据已知条件，土体为正常固结黏土，设土体经历了一维K_0正常固结，则竖向初始应力σ'_{v0}和水平初始应力σ'_{h0}为：

$$\sigma'_{v0}=\gamma' z \tag{9-11}$$

$$\sigma'_{h0}=K_0\sigma'_{v0} \tag{9-12}$$

式中，K_0是初始水平土压力系数，考虑到水平方向无变形，取为$\nu/(1-\nu)=0.538$。

则有初始平均应力$p'_0=\dfrac{1+2K_0}{3}\gamma' z$，偏应力$q_0=(1-K_0)\gamma' z$。对于正常固结土，各点的应力状态都落在屈服面上，则各点对应屈服面的大小p'_c为：

$$p'_c=\frac{{q_0}^2}{M^2 p'_0}+p'_0 \tag{9-13}$$

根据修正剑桥模型，各深度初始孔隙比e_0为：

$$e_0=e_1-(\lambda-\kappa)\ln p'_c-\kappa\ln p'_0 \tag{9-14}$$

由表9-1的参数和初始应力条件，根据修正剑桥模型理论，土体中不排水剪切强度c_u的分布可由下式计算：

$$c_u=\frac{M}{2}\exp\left(\frac{(1+e_1)-(\lambda-\kappa)\ln 2}{\lambda}-\frac{1+e_0}{\lambda}\right) \tag{9-15}$$

计算的不排水剪切强度$c_u=2.37z$，其将在简化方法和有限元计算结果进行对比时用到。

3. 模型建立及求解

Step 1 建立部件。在Part模块中，执行【Part】/【Create】命令，在弹出的Create Part对话框中，将Name设为soil，Modeling Space设为Axisymmetric，Type（类型）设为Deformable，Base Feature设为Shell（二维的面）。单击【Continue】按钮后进入图形编辑界面，按所示形状绘制图9-17所示的土体，完成后单击提示区中的【Done】按钮完成部件的建立。

执行【Tools】/【Set】/【Create】命令，选择全部区域，建立名为soil的集合。

按照类似的布置，在轴对称条件下建立桩的部件Pile，并将其建立为Pile的集合。

Step 2 设置材料及截面特性。在Property模块中，执行【Material】/【Creat】命令，建立名称为soil的材料，执行Edit Material对话框中的【Mechanical】/【Elasticity】/【Porous Elastic】和【Mechanical】/【Plasticity】/【Clay Plasticity】命令，设置剑桥模型参数。另外，为了进行固结计算，还需定义材料的渗透系数。执行【Other】/【Pore Fluid】/【Permeabiltiy】命令，将水容重设为10，渗透系数设为3.6×10^{-4}m/h。这里取渗透系数的单位为m/h是为了避免渗透系数数值过小造成病态矩阵。

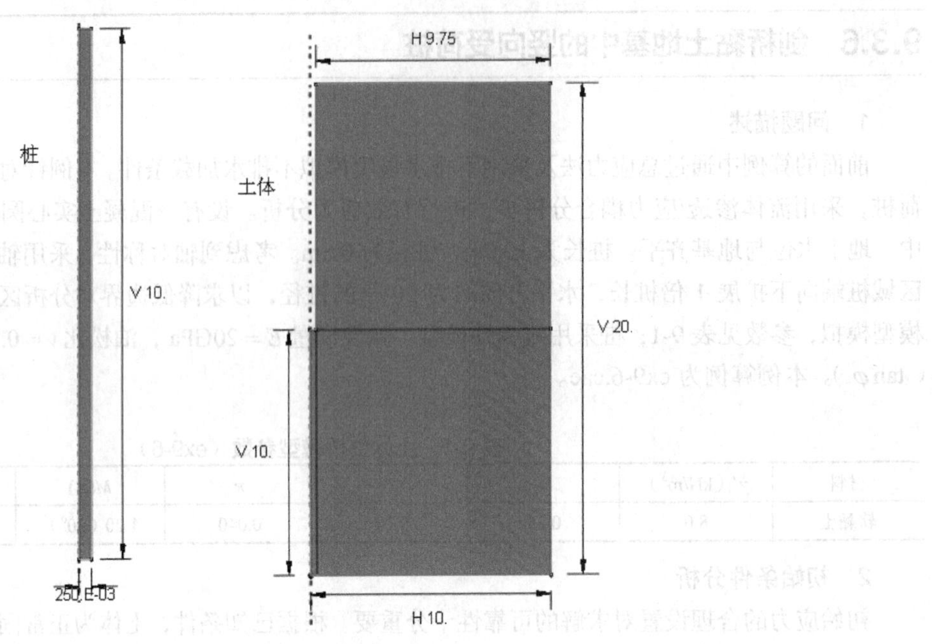

图 9-17 模型示意图(ex9-6)

按照类似的步骤，建立名为 Pile 的弹性材料。

执行【Section】/【Create】命令，分别设置名为 soil 和 pile 的截面特性（对应的材料为 Soil 和 Pile），并执行【Assign】/【Section】命令赋给相应的区域。

Step 3 装配部件。在 Assembly 模块中，执行【Instance】/【Create】命令，建立相应的 Instance。确保桩和土体正好接触。

Step 4 定义分析步。在 Step 模块中，执行【Step】/【Create】命令，在弹出的 Create Step 对话框中设定名字为 geo，分析步类型选为 Geostatic，单击【Continue】按钮进入 Edit Step 对话框，接受所有默认选项后退出。

按照上述步骤，再建立一个名为 Load 的 Soil 类型的瞬态分析步，其时间为 1h，初始时间增量步为 0.05，允许的最大增量步为 0.5，增量步允许的孔压变化为 20kPa，采用非对称算法。

Step 5 定义接触。进入 Interaction 模块，为了定义接触方便，首先定义几个面。执行【Tools】/【Surface】/【Create】命令，将桩周表面设为 Pile-1，桩端设为 Pile-2，土体与桩周接触的面定义为 soil-1，土体与桩端的交界面定义为 Soil-2。

执行【Interaction】/【Property】/【Create】命令，建立名为 Pile-soil 的接触特性，其中法向模型选为硬接触，摩擦特性选为 Penalty，摩擦系数为 0.577（$\tan\varphi$），将 Specify maximum elastic slip 设置为 1e-5。

执行【Interaction】/【Create】命令，弹出 Create Interaction 对话框，将名字设为 Int-1，确保 Step 下拉列表中为 Initial，代表接触从初始分析步就已存在，单击【Continue】按钮。此时提示区要求选择主面（master surface），单击窗口底部提示区右侧的 Surface 按钮，在弹出的 Region Selection 对话框中，选中 Pile-1，再单击【Continue】按钮。此时要求选择从面（slave surface），单击窗口底部提示区中的【Surface】按钮，在再次弹出的 Region Selection 对话框中，选中 soil-1，单击【Continue】按钮，弹出 Edit Interaction 对话框中，在 Contact Interaction Property 下拉列表中选择之前定义的接触面特性 Pile-soil，将接触滑移改为小滑移，接受其余默认选项，确认后退出。

按照上述步骤，建立桩端和土体的接触对 Int-2。

Step 6 定义荷载、边界条件。在 Load 模块中，执行【BC】/【Create】命令，限定土体模型两侧的水平位移和模型底部两个方向的位移。应注意这些边界条件在 initial 步或 geo 分析步中就已激活生效。另外需要注意，在桩的中心线上也要设置水平方向的约束。

执行【Load】/【Create】命令，在 geo 分析步中对土体和桩所有区域施加体力-8，以此来模拟有效重力荷载，这意味着计算将基于超孔压进行。

执行【BC】/【Create】命令，将土体表面的孔压设置为 0。为了模拟桩的快速加载，执行【BC】/【Create】命令，在 Load 分析步中将桩顶指定向下的位移 0.05m（0.1 倍桩径）。

注意：

所谓的不排水或排水是相对的概念，这里通过在 1h 内完成下沉 0.05m 来模拟不排水加载条件。

Step 7 设置初始应力和初始孔隙比。在 Load 模块中，执行【Predefined Field】/【Create】命令，将 Step 选为 Initial（ABAQUS 中的初始步），设置初始应力和初始孔隙比。初始应力的设置参见前面的例子，初始孔隙比的设置可以采用分布 Distribution 功能（参见算例 ex7-4）或者应用用户子程序 VOIDRI。本例中采用用户子程序实现，程序文件为 ex9-6.for，代码及说明如下：

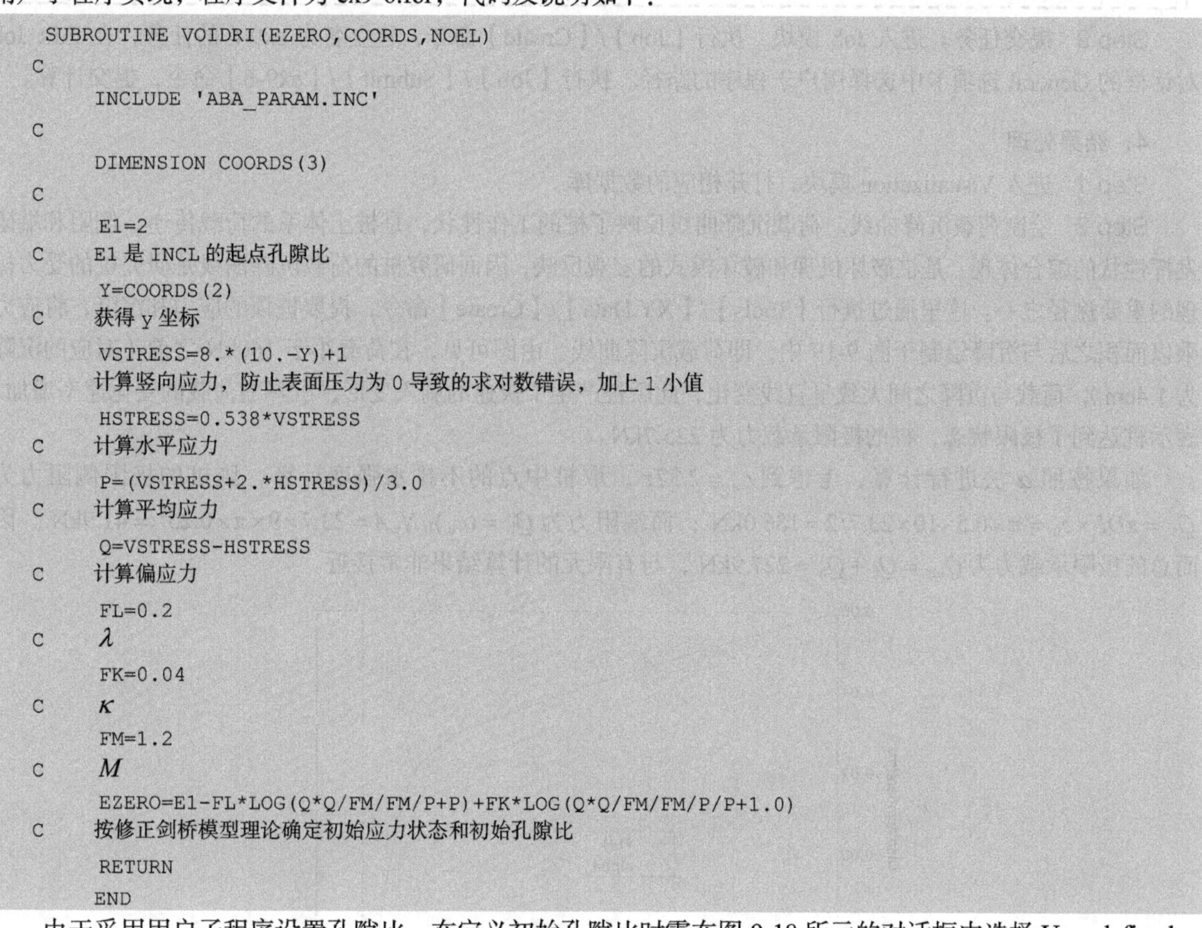

```
SUBROUTINE VOIDRI(EZERO,COORDS,NOEL)
C
      INCLUDE 'ABA_PARAM.INC'
C
      DIMENSION COORDS(3)
C
       E1=2
C     E1 是 INCL 的起点孔隙比
       Y=COORDS(2)
C     获得 y 坐标
       VSTRESS=8.*(10.-Y)+1
C     计算竖向应力，防止表面压力为 0 导致的求对数错误，加上 1 小值
       HSTRESS=0.538*VSTRESS
C     计算水平应力
       P=(VSTRESS+2.*HSTRESS)/3.0
C     计算平均应力
       Q=VSTRESS-HSTRESS
C     计算偏应力
       FL=0.2
C     λ
       FK=0.04
C     κ
       FM=1.2
C     M
       EZERO=E1-FL*LOG(Q*Q/FM/FM/P+P)+FK*LOG(Q*Q/FM/FM/P/P+1.0)
C     按修正剑桥模型理论确定初始应力状态和初始孔隙比
       RETURN
      END
```

由于采用用户子程序设置孔隙比，在定义初始孔隙比时需在图 9-18 所示的对话框中选择 User-defined。

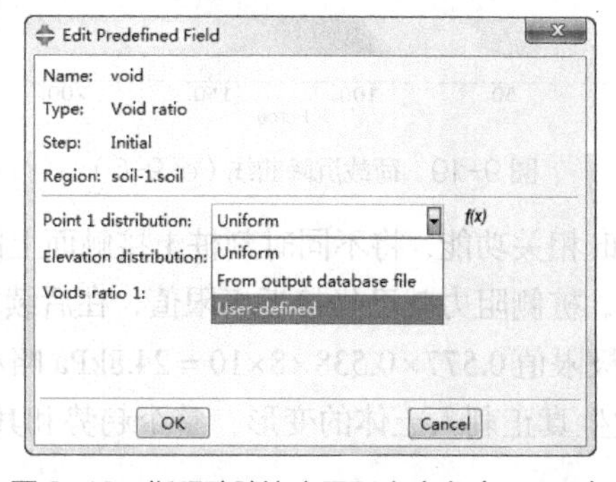

图 9-18 指明孔隙比由子程序确定（ex9-6）

Step 8 划分网格。进入 Mesh 模块，将环境栏中的 Object 选项选为 Part，意味着网格划分是在 Part 的层面上进行的。为了便于网格划分，执行【Tools】/【Partition】命令，将区域分成几个合适的区域。执行【Mesh】/【Controls】命令，在 Mesh Controls 对话框中选择 Element shape（单元形状）为 Quad（四边形），选择 Technique（划分技术）为 Sweep。执行【Mesh】/【Element Type】命令，将土体和桩的单元类型分别设为 CAX4P 和 CAX4。通过【Seed】下的菜单设置合适的网格密度，这里将桩在深度范围内划分为 50 个单元，桩径范围内划分为 5 个单元，桩长范围内的土体划分为 50 个单元，土体在桩径范围内划分为 5 个单元，利用 Bias 功能，将靠近桩的土体尺寸设为 0.1，远处最大网格尺寸为 1。执行【Mesh】/【Part】命令，分别形成土体和桩的单元。

提示：

接触面两侧的单元密度不需要完全一致。

Step 9 提交任务。进入 Job 模块，执行【Job】/【Create】命令，建立名为 ex9-6 的任务，在 Edit Job 对话框的 General 选项卡中选择用户子程序的路径。执行【Job】/【Submit】/【ex9-6】命令，提交计算。

4．结果处理

Step 1 进入 Visualization 模块，打开相应的数据库。

Step 2 绘制荷载沉降曲线。荷载沉降曲线反映了桩的工作性状，是桩土体系的荷载传递、侧阻和端阻发挥性状的综合体现，是桩破坏机理和破坏模式的宏观反映，因而研究桩的荷载沉降曲线是研究桩的受力机理的重要途径之一。这里通过执行【Tools】/【XY Data】/【Create】命令，提取桩顶的应力和沉降，将应力乘以面积之后与沉降绘制于图 9-19 中，即荷载沉降曲线。由图可见，在荷载小于 160kN 之前（对应的沉降为 1.4cm），荷载与沉降之间大致呈直线变化，此后桩产生了快速的刺入变形，沉降随荷载的变化速率增加，表示桩达到了极限状态，桩的极限承载力为 225.7kN。

如果按照 α 法进行计算，考虑到 $c_{\mathrm{u}}=2.37z$，取桩中点的不排水强度计算，则桩的极限侧阻力为 $Q_{\mathrm{f}}=\pi DL\times c_{\mathrm{u}}=\pi\times0.5\times10\times23.7/2=186.0\mathrm{kN}$；而端阻力为 $Q_{\mathrm{b}}=(c_{\mathrm{u}})_{\mathrm{b}}N_{\mathrm{c}}A=23.7\times9\times\pi\times0.25^2=41.9\mathrm{kN}$。因而总的极限承载力为 $Q_{\mathrm{ult}}=Q_{\mathrm{f}}+Q_{\mathrm{b}}=227.9\mathrm{kN}$，与有限元的计算结果非常接近。

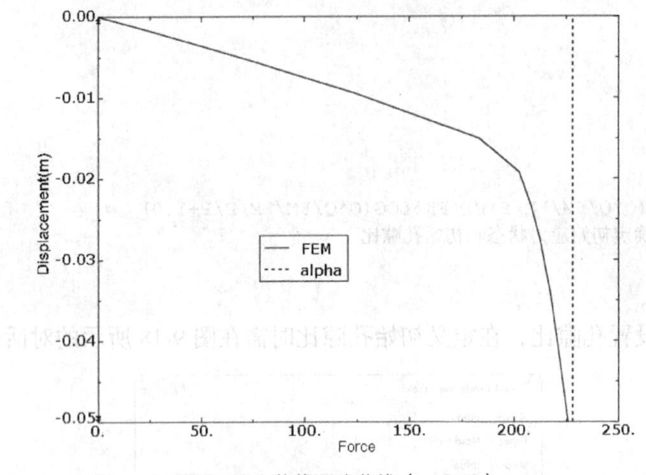

图 9-19 荷载沉降曲线（ex9-6）

Step 3 绘制摩阻力。利用 Path 相关功能，将不同时刻桩土接触面上的摩阻力 CSHEAR1 绘制于图 9-20 中。由图可见，在 t=0.3844h 之后，桩侧阻力就已经接近极限值，在后续加载中变化已很小。有限元计算的摩阻力最大值为 22.0kPa，比理论极限值 $0.577\times0.538\times8\times10=24.8\mathrm{kPa}$ 略小，这是因为在基于连续介质力学的有限元分析中，桩端并不可能发生真正刺入土体的变形，整个趋势和其他学者的计算规律是类似的。

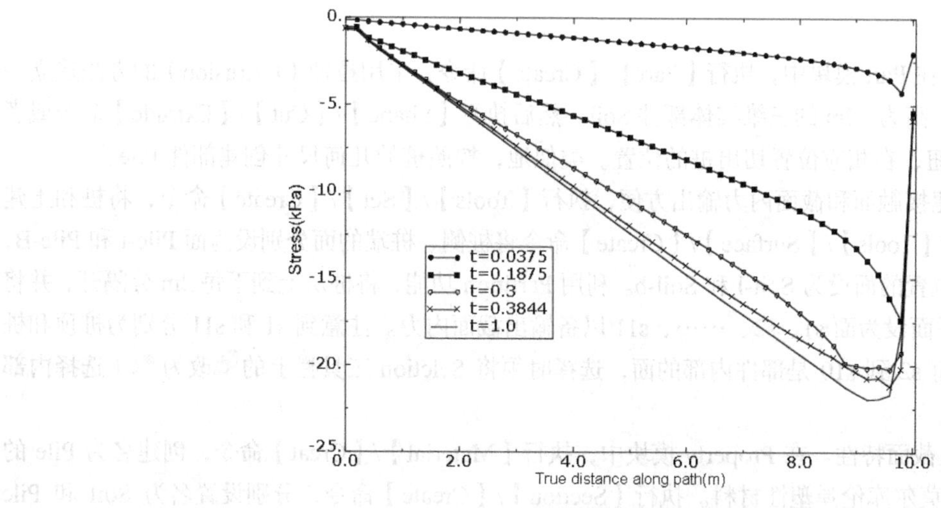

图9-20 不同时刻的桩侧摩阻力（ex9-6）

Step 4 绘制孔压场。图9-21给出了桩端局部土体的孔压等值线云图。计算结果表明，桩端下的土体由于竖向受压，产生了正的孔压，最大值约为53.5kPa。

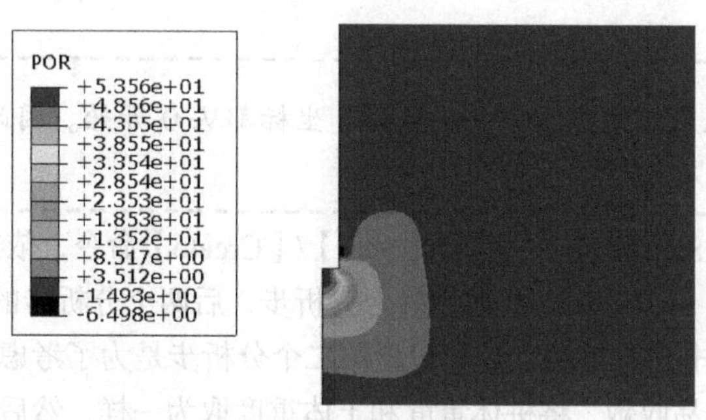

图9-21 桩端土体的孔压场（ex9-6）

9.3.7 水平受荷桩

1. 问题描述

设有一长为20m，直径为1.0m的混凝土圆截面桩，桩顶承受水平荷载3000kN，试通过有限元求解桩身水平位移和桩身弯矩的分布。对于水平受荷的桩，不能采用轴对称模型，必须进行三维分析，考虑到对称性，可沿加载方向取模型的一半进行分析。桩底土层深5m，模型水平范围为20m。桩体混凝土采用线弹性模型模拟，桩与土之间的摩擦系数为$\mu=0.4$，土体采用Mohr-Coulomb模型模拟，参数如表9-2所示。本例cae文件为ex9-7.cae。

表9-2 材料参数(ex9-7)

类别	弹性模量E(MPa)	泊松比ν	重度γ(kN/m^3)	黏聚力c(kPa)	内摩擦角φ(°)	剪胀角ψ(°)
桩	2.0×10^4	0.17	24	—	—	—
桩土	10	0.35	18	10	30	0.1

2. 算例学习重点

- 选择模型内部的面。
- 在分析中改变接触面特性。
- 水平受荷桩的工作性状。
- 截面弯矩的输出。

3．模型建立与求解

Step 1　建立部件。在 Part 模块中，执行【Part】/【Create】命令，采用拉伸（Extrusion）的方法建立一个长为 20m，宽为 10m，高为 25m 的三维实体部件 Soil。然后执行【Shape】/【Cut】/【Extrude】命令或者单击工具箱区中的按钮，在相应位置切出桩的位置。类似地，按照桩的几何尺寸创建部件 Pile。

为了后续显示、创建接触面和截面内力输出方便，执行【Tools】/【Set】/【Create】命令，将桩和土建立集合 pile 和 soil，执行【Tools】/【Surface】/【Create】命令将桩侧、桩端的面分别设为面 Pile-l 和 Pile-B，将土体与桩接触的相应位置的面设为 Soil-l 和 Soil-b。利用 Partition 功能，将桩从上到下每 2m 分隔开，并将桩顶到桩端每沿 2m 的平面设为面 s1、s2、……、s11 以备输出截面内力。注意到 s1 和 s11 分别为桩顶和桩端平面，属于外部面；而 s2 到 s10 是部件内部的面，选择时须将 Selction 工具栏上的改为（选择内部实体）。

Step 2　设置材料及截面特性。在 Property 模块中，执行【Material】/【Creat】命令，创建名为 Pile 的弹性材料和名为 Soil 的莫尔库伦弹塑性材料。执行【Section】/【Create】命令，分别设置名为 Soil 和 Pile 的截面特性（对应的材料为 Soil 和 Pile），并执行【Assign】/【Section】命令赋给相应的区域。

Step 3　装配部件。在 Assembly 模块中，执行【Instance】/【Create】命令，建立相应的 Instance。利用 Translate 部件功能，确保桩和土体正好接触。

提示：

本例中土和桩部件均采用拉伸建立，默认竖向 z 坐标都从 0 开始。因此需要通过平移部件使得两者之间正好接触。

Step 4　定义分析步。在 Step 模块中，执行【Step】/【Create】命令，依次创建名为 geo 的 Geostatic 分析步、名为 load-v 和 load-l 的 Static, general 通用静力分析步，后两个分析步的时间总长设为 1，起始步长为 0.1，最大步长为 0.5，并设为非对称算法。这里设置第二个分析步是为了考虑桩和土体重力的差异。在进行初始地应力的平衡时，为了容易收敛，将桩体重度和土体重度取为一样，然后在第二步中施加桩体和土体实际重度之间的差值。第三步对桩顶施加水平荷载。

Step 5　定义接触。进入 Interaction 模块，执行【Interaction】/【Property】/【Create】命令，建立名为 free 的接触特性，其中法向模型选为硬接触，摩擦特性选为 Frictionless（光滑）。然后建立名为 Ture 的接触特性，其摩擦特性选为 Penalty，摩擦系数为 0.4，将 Specify maximum elastic slip 设置为 1e-5。

执行【Interaction】/【Create】命令，弹出 Create Interaction 对话框，将名字设为 Int-1，确保 Step 下拉列表中为 Initial，代表接触从初始分析步就已存在，单击【Continue】按钮。此时提示区要求选择主面（master surface），单击窗口底部提示区右侧的 Surface 按钮，在弹出的 Region Selection 对话框中，选中 Pile-1，再单击【Continue】按钮。此时要求选择从面（slave surface），单击窗口底部提示区中的【Surface】按钮，在再次弹出的 Region Selection 对话框中，选中 soil-1，单击【Continue】按钮，弹出 Edit Interaction 对话框，在 Contact Interaction Property 下拉列表中选择之前定义的接触面特性 free，将接触滑移改为小滑移，接受其余默认选项，确认后退出。

按照上述步骤，建立桩端和土体的接触对 Int-2。

执行【Interaction】/【Manger】命令，在图 9-22 所示的 Interaction Manger 对话框中，选择 load-v 分析步对应的接触对，单击【Edit】按钮，重新将接触特性设为 Ture。

这里在计算过程中修改接触面特性是为了更好地达到初始应力平衡。Geostaic 分析步中将接触面设为光滑，可取得较好的平衡效果，确保模型应力场和接触面上的法向应力正确。后续加载过程中修改接触面特性，模拟真实情况。

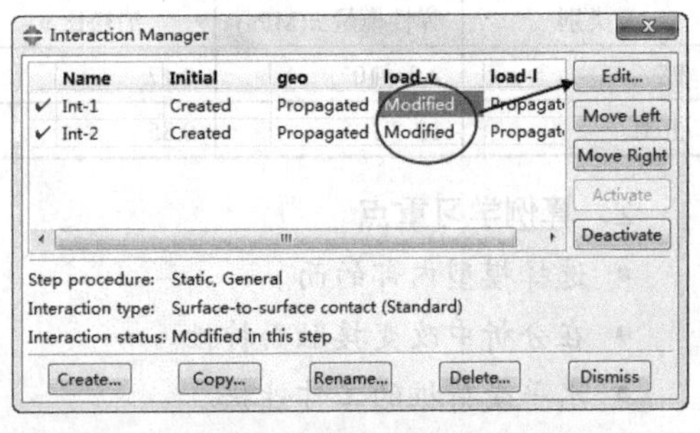

图 9-22　在计算中修改接触特性（ex9-7）

 提示：

桩端和桩侧的接触条件都会对桩端外边缘施加约束作用，ABAQUS 会提示一个过约束的警告信息。通常情况下可不做理会，如果不收敛或者计算结果不好，可尝试将桩侧和桩端土体组合成一个面。

Step 6 定义荷载、边界条件。在 Load 模块中，执行【BC】/【Create】命令，在 Initial 分析步中限定土体底边 3 个方向的位移，左右两侧 x 方向的位移，前后两侧 y 方向的位移，模型两侧的水平位移和模型底部两个方向的位移。

执行【Load】/【Create】命令，在 geo 分析步中对土体和桩的所有区域施加体力-18；在 load-v 分析步中对桩体施加重度的差值-6。再次执行【Load】/【Create】命令，在 load-l 分析步中将荷载类型选为 Surface Traction，单击【Continue】按钮后选择桩顶作为加载面，将 Magnitude 大小设为 1910（$3000/\left(\pi\times0.5^2\right)/2$，如图 9-23 所示。

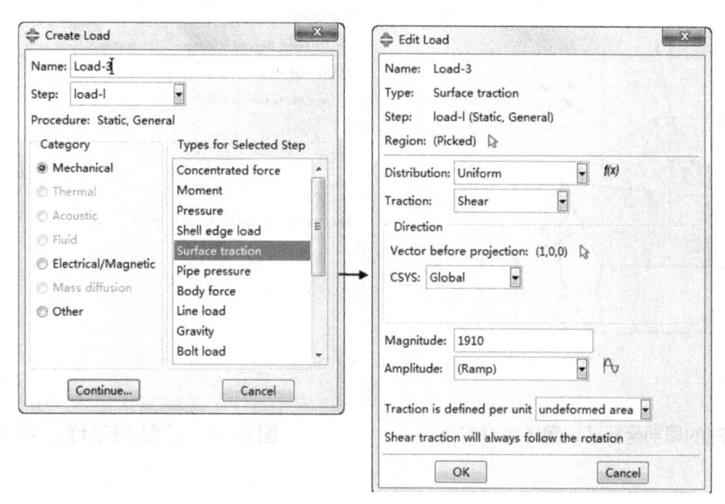

图 9-23 施加水平荷载（ex9-7）

Step 7 设置初始应力。在 Load 模块中，执行【Predefined Field】/【Create】命令，将 Step 选为 Initial，设置线性分布的初始应力。

 注意：

设置初始应力时所采用的竖向坐标应为基于实体 Instance 层次的坐标。比如桩顶在部件层次中，其竖向坐标为 20。但在创建实体后，利用平移功能移动了桩体，对应的桩顶竖向坐标为 25。

Step 8 划分网格。进入 Mesh 模块，将环境栏中的 Object 选项选为 Part，意味着网格划分是在 Part 的层面上进行的。采用 C3D8 对桩和土进行划分。

 提示：

为了获得较理想的网格，可尝试将模型 Partition 为几个区域，并合理设置网格尺寸。

Step 9 修改 inp 文件，输出截面内力（见图 9-24）。执行【Model】/【Edit Keywords】命令，在分析步 load-l 的最后输入以下语句：

```
*section print,name=s1,surface=pile-1.s1,axes=local,frequency=1,update=yes
,20,0,25
,30,0,25,,20,10,25
sof,som
```

其中，关键字行的 name 为用户指定的输出标识名称；surface 指定了已经定义的面；axes=local 表示为局部坐标系；frequency 指定了输出频率；update=yes 表示在几何非线性情况下更新坐标系。

数据行第一行的第一个数据为截面求矩点的节点号，若为空格则由后面的 3 个数据确定的坐标决定。

数据行第二行的第一个数据为图 9-24 中 a 点的节点编号，若保持空格则由后三位数据代表的坐标确定。最后四个数据代表了 b 点的位置。

数据行第三行的 sof 表示轴力，som 表示弯矩。

重复上述语句，并修改相应的求矩点，控制所有桩体截面的内力输出。

当计算完成之后，在 dat 文件中找到 Section Print 字符，其下的数据即为所输出的弯矩。

Step 10 提交任务。进入 Job 模块，建立并提交名为 ex9-7 的任务。对于计算量较大的情况，可以在图 9-25 所示 Edit Job 对话框的 Parallelization 对话框中采用多核计算。

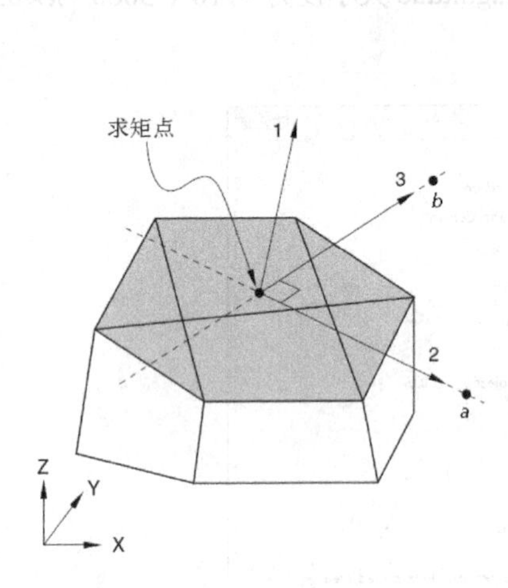

图 9-24 输出截面内力时的局部坐标系设置（ex9-7）

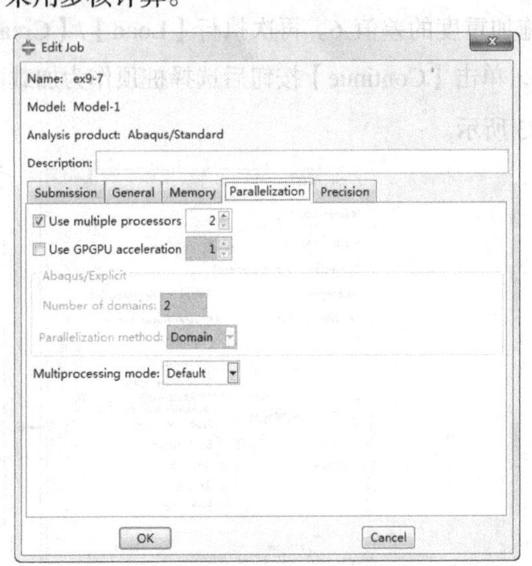

图 9-25 设置多核计算（ex9-7）

4. 结果处理

Step 1 进入 Visualization 模块，打开相应的数据库。根据 geostatic 分析步结束前后的应力场、位移场检查初始应力设置是否正确。

Step 2 图 9-26 和图 9-27 分别给出了加载结束后桩体和土体的水平位移云图分布。从图中可以看出，桩表现为明显的弹性桩性状，在桩顶处位移最大，达到 10cm。桩顶以下 7m 以下的位移很小，几乎为零，有明显的嵌固作用。从土体的位移场来看，桩前土体受到明显的挤压作用，出现被动挤压破坏区。读者可以和塑性应变分布结合起来进行分析。由于土体凝聚力非零，桩后部分土体可保持直立，桩和土体分开。读者可尝试将黏聚力取为 0.1，这时可发现桩后土体随桩一起运动，并有下陷现象。

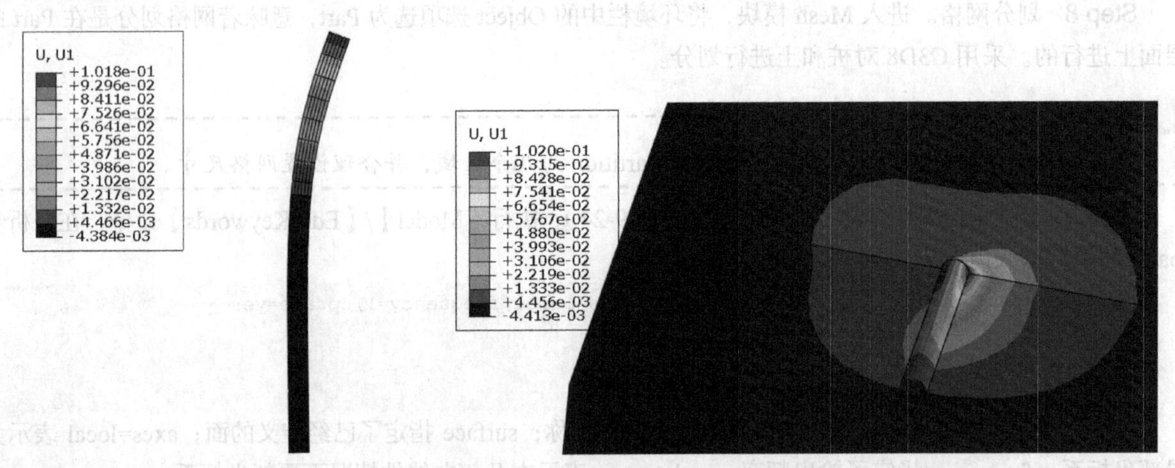

图 9-26 桩体水平位移（ex9-7）

图 9-27 土体水平位移（ex9-7）

Step 3 桩后土体的脱开现象也可通过图9-28所示的接触面压力CPRESS分布说明。桩后CPRESS为零，表示脱开，这也是为什么在模拟水平受荷时需要设置接触面。深部接触面压力与加载前变化不大，同样表示深部桩体变形很小。

Step 4 用记事本等文本编辑器打开ex9-7.dat文件，找到Section Print字符，其下的数据即为所输出的弯矩。将弯矩沿桩身的分布绘制于图9-29中，从图中可以看出桩身弯矩与桩的挠曲特征一致，先增大再减小，最大弯矩发生位置距离桩顶5m左右，即整根桩长的1/4处，最大弯矩约为400kN•m。

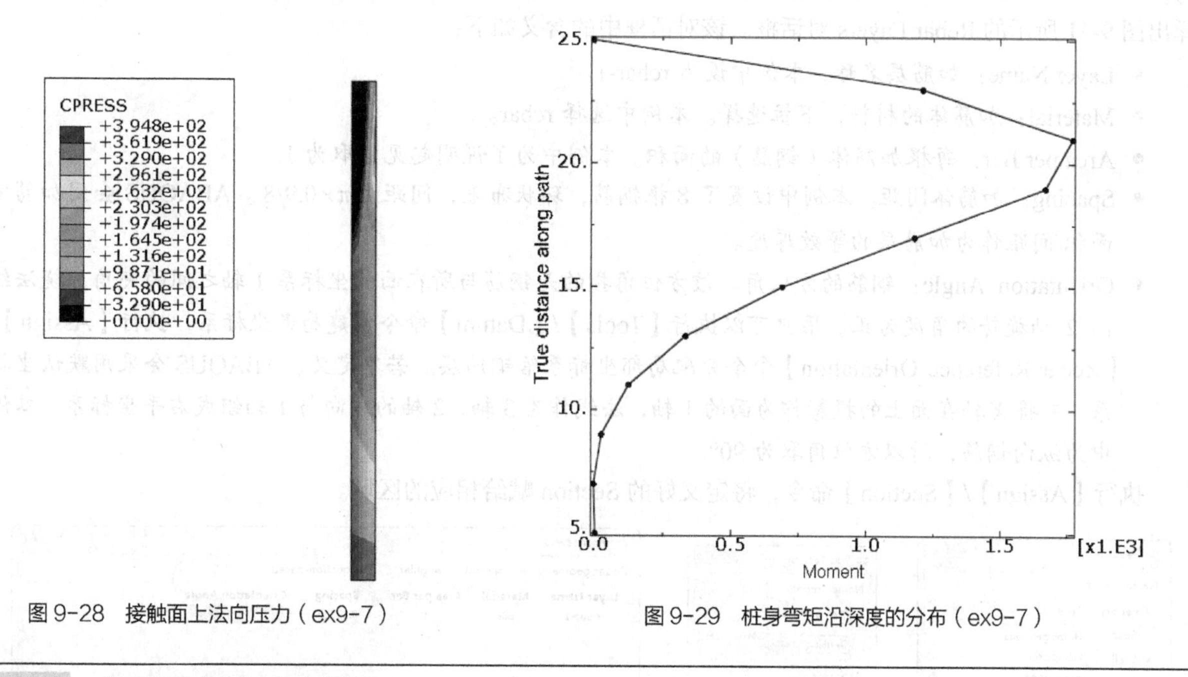

图9-28 接触面上法向压力（ex9-7）

图9-29 桩身弯矩沿深度的分布（ex9-7）

9.3.8 钢筋混凝土桩的模拟

1. 算例描述

在岩土工程分析中，由于混凝土桩与土体之间强度、刚度的差异，通常不考虑桩的破坏，采用线弹性材料模拟，也不考虑钢筋的作用。但某些情况下，需要考虑钢筋对混凝土的加强作用。在算例ex6-2中，我们将加筋材料用杆单元模拟，并嵌入到实体单元中。对钢筋混凝土结构，同样可以将钢筋用杆单元模拟，嵌入到混凝土中。本例中介绍另一种做法，即采用Rebar layer加筋层的做法。

本例的cae文件为ex9-8。设有一直径1为m、长为10m的桩，设置了8根钢筋，钢筋笼直径为0.9m，钢筋弹性模量为200GPa。为了突出钢筋的加筋作用，将桩体材料模量取一很低的值。桩顶指定向下位移0.1m，对应的轴向应变应为1%，钢筋应力应为2GPa。

2. 算例学习重点

- Surface和Rebar layer的使用。
- Rebar的结果输出。
- Embedded region嵌入功能的使用。

3. 模型建立及求解

Step 1 创建部件。ABAQUS中的Rebar layer加筋层可以设置在Membrane（膜）、Surface（表面层）或者板之中。与膜或板不同，表面层不需要设置材料性质，ABAQUS也不会对其进行力学分析，其存在只是给加筋层等提供一个附着体。在Part模块中，执行【Part】/【Create】命令，采用拉伸（Extrusion）的方法建立一个直径为0.9m，高为10m的三维面shell，名字设为Rebar。随后建立一个直径为1m，高为10m的三维实体，名字设为 pile。

Step 2 设置材料及截面特性。在 Property 模块中，执行【Material】/【Creat】命令，创建名为 Pile 的弹性材料，弹性模量为 1kPa；创建名为 rebar 的弹性材料，模量为 200×10^6kPa。执行【Section】/【Create】命令，设置名为 pile 的截面特性（Category 选为 solid，Type 选为 Homogeneous，对应的材料为 pile）。

为了应用加筋层，执行【Section】/【Create】命令，创建名为 Rebar 的截面特性，Category 选为 Shell，Type 选为 Surface（见图 9-30），单击【Continue】按钮，在 Edit Section 对话框中单击 Option 右侧的按钮，弹出图 9-31 所示的 Rebar Layers 对话框。该对话框中的含义如下：

- Layer Name：加筋层名称，本例中设为 rebar-1。
- Material：加筋体的材料，下拉选择。本例中选择 rebar。
- Area per Bar：每根加筋体（钢筋）的面积。本例中为了说明起见，取为 1。
- Spacing：加筋体间距。本例中设置了 8 根钢筋，环状布置，间距为 $\pi\times0.9/8$ 。ABAQUS 会用加筋体面积/间距作为加筋层的等效厚度。
- Orientation Angle：钢筋的方位角。该方位角指的是钢筋与所在面的坐标系 1 轴之间的夹角，绕法线向 2 轴旋转的角度为正。用户可以执行【Tools】/【Datum】命令创建局部坐标系，执行【Assign】/【Rebar Reference Orientation】命令分配局部坐标系给钢筋层。若不定义，ABAQUS 会采用默认坐标系，即将 X 轴在面上的投影作为面的 1 轴，法线作为 3 轴，2 轴的方向与 1 轴组成右手坐标系。本例中为纵向钢筋，所以方位角取为 90°。

执行【Assign】/【Section】命令，将定义好的 Section 赋给相应的区域。

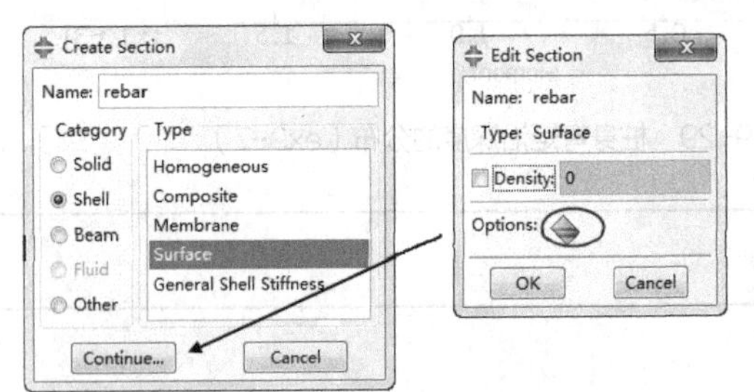

图 9-30 设置 surface 截面特性（ex9-8）

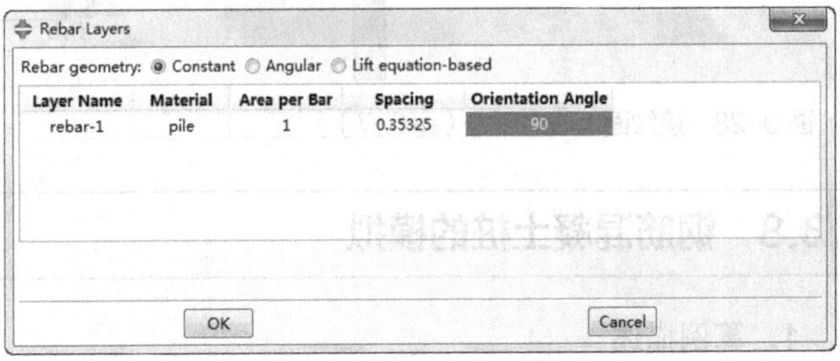

图 9-31 设置加筋层（ex9-8）

Step 3 装配部件。在 Assembly 模块中，执行【Instance】/【Create】命令，生成 pile 和 rebar 对应的实体 Instance。

Step 4 定义分析步。在 Step 模块中，执行【Step】/【Create】命令，创建一个名为 Load 的 Staic general 分析步，接受所有默认选项。

执行【Output】/【Field Output Requests】/【Edit】命令，增加 Force/Reaction 下的 RBFOR（加筋体的内力）为输出变量。RBFOR 为钢筋应力与面积的乘积。勾选对话框下侧的 Output for rebar 复选框。

Step 5 将钢筋层嵌入到实体。进入 Interaction 模块，执行【Constraint】/【Create】命令，在弹出的对话框中选择类型为 Embedded region，将 Rebar 作为嵌入体，pile 作为被嵌入体，确认后接受 Edit Constraint 中的所有默认选项。

Step 6 定义荷载、边界条件。在 Load 模块中，执行【BC】/【Create】命令，在 Initial 分析步中限定桩底边 3 个方向的位移，在 step-1 分析步中指定桩顶向下的位移-0.1。

Step 7 划分网格。进入 Mesh 模块，将环境栏中的 Object 选项选为 Part。选择当前部件为 Pile，执行【Mesh】/【Controls】命令，在 Mesh Controls 对话框中选择 Element shape（单元形状）为 Hex，选择 Technique（划分技术）为 Sweep。执行【Mesh】/【Element Type】命令，设置单元类型为 C3D8。执行【Seed】/【Part】命令，将单元总体尺寸设为 0.2。执行【Mesh】/【Part】命令划分网格。

选择当前部件为 rebar。执行【Mesh】/【controls】命令，选择 Element shape（单元形状）为 Quad，选

择 Technique（划分技术）为 Sweep。执行【Mesh】/【Element Type】命令，设置单元类型为 SFM3D4（Surface 类单元）。执行【Seed】/【Part】命令，将单元总体尺寸设为 0.2。执行【Mesh】/【Part】命令划分网格。

Step 8 提交任务。进入 Job 模块，建立并提交名为 ex9-8 的任务。

4. 结果分析

Step 1 进入 Visualization 模块，打开相应数据库。

Step 2 图 9-33 给出了 RBFOR 的分布，其内力值与预期结果一致。

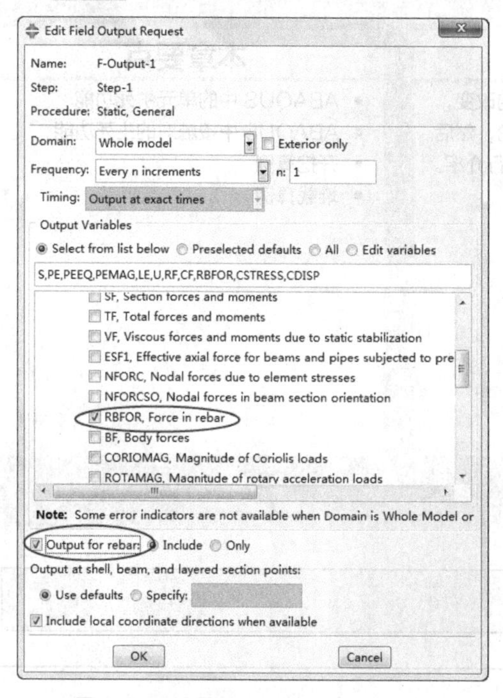

图 9-32 设置 Rebar 输出（ex9-8）

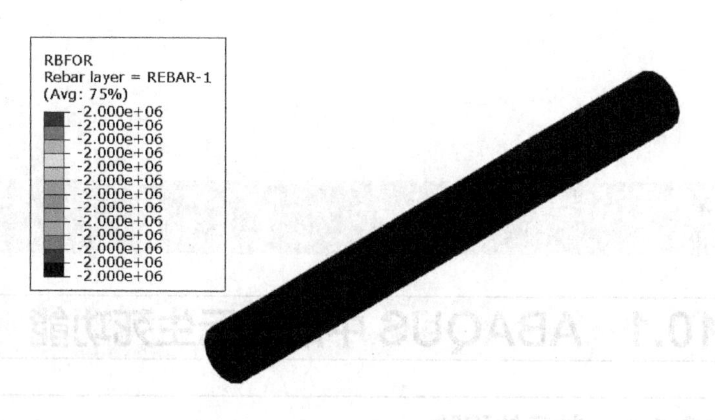

图 9-33 加筋体内力（ex9-8）

Step 3 为了验证加筋的间距是否正确（8 根钢筋），由于桩体材料模量取得很低，钢筋的合力与桩顶节点的反力 RF3 之和接近，读者可进行比较。

9.4 本章小结

有限元等数值方法在桩基工程中的应用很广泛。本章结合几个算例，对如何采用 ABAQUS 分析桩的工作性状进行了介绍，具体包括接触面刚度、材料剪胀角对计算结果的影响，不排水、排水条件下竖向受荷桩的承载力分析、水平荷载作用下桩身位移和桩身弯矩的分布、如何设置钢筋等。读者可以在本章的基础上，举一反三，对自己关心的问题进行深入分析。

第 10 章

岩土开挖和堆载问题

本章导读

岩土工程中的开挖和堆载问题都涉及单元、接触条件、边界条件或荷载的改变，需要移除或重新激活单元。本章将首先介绍 ABAQUS 中单元生死的相关理论，然后结合分步开挖和堆载等问题的算例，对利用 ABAQUS 模拟相关问题的方法进行介绍。

本章要点

- ABAQUS 中的单元生死功能
- ABAQUS 中接触对的生死功能
- 开挖算例
- 堆载算例

10.1 ABAQUS 中的单元生死功能

10.1.1 单元的移除

ABAQUS 允许在除线性摄动分析步（Linear perturbation step）外的一般分析步中移除单元。在移除单元之前，ABAQUS 自动计算和存储移除单元与余下单元交界面上的节点力，这些节点力将在移除步中逐渐减少为零，也就是说只有当移除步结束之后，移除单元对整体模型的影响才完全消失。但需要注意，在移除步的一开始，被移除的单元就不再参与单元计算。

新版本的 ABAQUS 可以通过 CAE 进行单元的移除和激活。在 Interaction 模块中，执行【Interaction】/【Create】命令，在图 10-1 所示的对话框中选择类型为 Model change，然后单击【Continue】按钮，在 Edit Interaction 对话框中可以 Deactivated（移除）或者 Reactivated（重新激活）in this step。

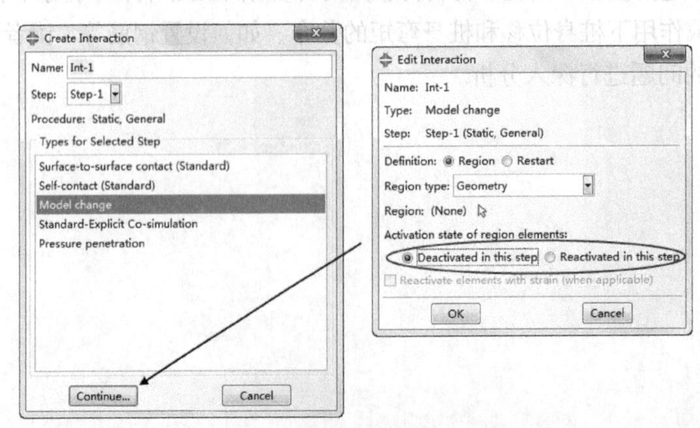

图 10-1　单元的移除与激活

10.1.2 单元的激活

首先要注意一点，由于分析过程中无法生成网格，所有要在某一个分析步中激活的单元必须在分析开始之间就已存在，然后在第一步中移除，在随后需要的分析步中激活，这就是为什么 ABAQUS 称之为 Reactivation。

ABAQUS 中提供了两种不同的单元激活方式，Strain free（无应变）激活和 With strain（有应变）激活，其中 Strain free 激活方式将按照单元移除前的初始位置重新生成单元，而 With strain 激活方式则不然。

1. Strain free 激活方式

在这种方式中，单元在重激活分析步的一开始就完全被激活，并按照激活分析步一开始确定位置，并且单元处于零应力零应变的初始状态。

在小变形分析中，由于不考虑单元节点位置的变化，重新激活的单元位置、体积和质量就完全和激活前保持一致。而在大变形分析中，由于形状发生变化，重新激活的单元可能与其初始状态有很大的区别。为了保证形成合理的网格，要求重新激活的单元与其他单元之间共享节点。此时可以在需激活的单元位置上定义一个共享所有节点的完全一样的网格，该网格在分析中一直保留（不移除也不激活）。这样该网格副本就给激活单元提供了位置定位，但需要注意网格副本的材料及参数的选择应保证不会对求解造成大的影响，通常将网格副本对应的弹模取得足够低。

2. With strain 激活方式

单元的激活可以考虑节点的位移，这个位移可以是与模型其他部分共享节点处的位移，也可以是由边界条件指定的位移。若将节点位移目标值以 u^{g} 表示，则在整个重激活分析步中，单元节点位移线性增加到目标值，即：

$$u^{e}=\alpha(t)u^{g} \tag{10-1}$$

式中，$\alpha(t)$ 是从 0 变化到 1 的线性函数。

另外，为了形成一致刚度矩阵，单元的刚度也被乘以 $\alpha(t)$，重激活分析步中重激活的单元也是线性变化的。

单元的激活同样在图 10-1 所示的对话框中进行，勾选 Reactiveate elements with strain 复选框意味着单元的激活是 With strain 方式。

10.1.3 接触对的移除和激活

ABAQUS 中的接触对也可移除或激活。用户在创建接触对时可直接指定在哪个分析步生效，ABAQUS 会自动在第一步创建并移除接触对，然后在用户指定的分析步中重新激活，用户无需理会。如果想在分析中移除接触对，建议在 Interaction Manger 对话框中进行，其可在 Interaction 模块中执行【Interaction】/【Manger】命令弹出。如图 10-2 所示，单击对话框右侧的 Deactive 按钮可以移除接触对，移除不可能的接触对可以节省计算资源。

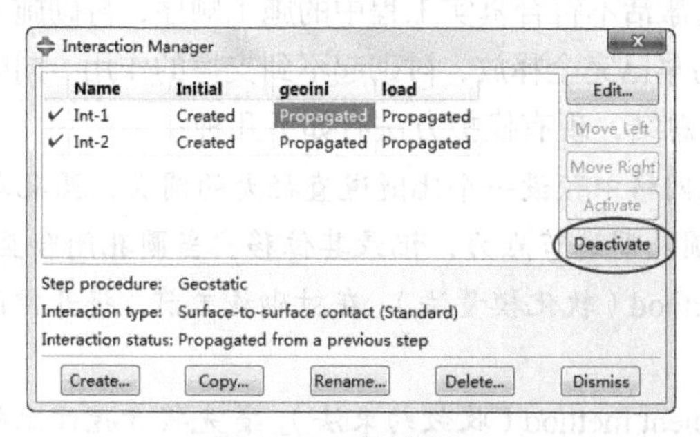

图 10-2 移除接触对

10.1.4 单元生死操作中的注意事项

除了上面提到的内容之外，ABAQUS 中单元的生死操作还需注意如下几点：

- 若在静力分析步中移除单元，要保证余下的单元不会发生刚体位移。
- 如果与接触对相连的单元被移除，那么也应将接触对移除。
- 激活预应力单元。在岩土工程中需要激活的单元可能具有预应力，如预应力锚杆。此时可在模型定义中定义单元的初始应力，然后在第一个分析步中将其移除，当重新激活时，单元就具有预应力。
- 单元移除后节点变量不受影响，用户可在节点上定义边界条件。节点的场变量也不受单元生死操作的影响。
- 单元移除后，作用在单元上的分布荷载也被移除，单元重新激活之后，未被用户修改的分布荷载也会被激活。而节点荷载不受单元移除的影响。

10.2 开挖算例

10.2.1 隧道开挖分析（软化模量法）

1．问题描述

有一半径为 4.0m 的隧道，开挖过程中采用厚 0.15m 的混凝土衬砌支撑，土体和衬砌都采用弹性模型模拟，参数如图 10-3 所示。本例 cae 文件为 ex10-1.cae。

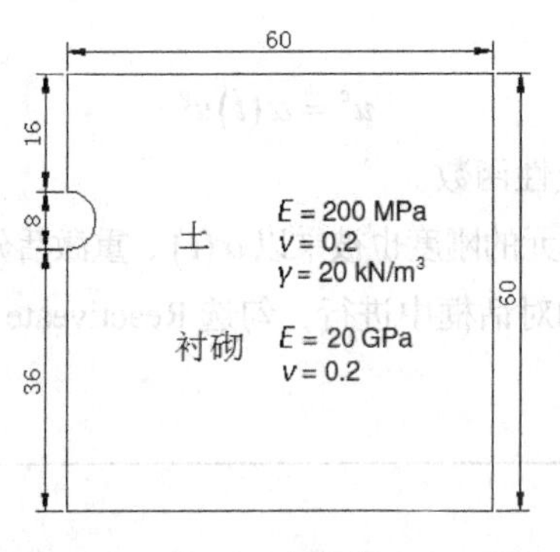

图 10-3 模型示意图（ex10-1）

2．分析思路

隧道的开挖和其他开挖问题类似，其实质主要是应力的释放。如果没有衬砌的施工，那问题很简单，只要在建立初始应力之后，移除开挖单元即可。但实际工程中，隧道的开挖施工步骤是十分复杂的，其涉及灌浆、开挖、衬砌施工等。而在有限元计算中衬砌等支护结构施工的模拟尤为重要，特别是衬砌单元激活的时机，若在开挖区域单元移除之前激活不符合真实工程中的施工顺序，衬砌施工时土体应力已有所释放；而若在单元移除之后进行则土体应力早已完全释放，衬砌起不到支撑的作用。同时，考虑到隧道开挖中的地层损失（ground loss），根据 Potts 的总结，现有模拟方法有如下几种：

- The gap mothod。有限元网格中预设一个比隧道直径大的圆孔，圆孔与隧道之间的体积差代表了地层损失。分析中逐渐降低圆孔周边节点力，记录其位移，当圆孔闭合至隧道位置时，激活衬砌。
- The Progress softening method（软化模量法）。在衬砌施工前，将开挖区单元的模量降低，依次来模拟应力释放效应。
- The convergence-confinement method（收敛约束法）。首先将开挖面上的节点施加约束，得到与初始应力平衡的节点力。然后放松约束，将节点力加到相应节点处，并让节点力的大小随时间递减，当减小某一程度时（如30%~40%）激活衬砌单元，再衰减余下的荷载。

本算例和下一算例分别采用第二种和第三种方法进行分析。

3. 算例学习重点

- 单元的移除与激活。
- 软化模量法的实现。
- 衬砌的模拟。
- 设置与场变量相关的材料参数。

4. 没有衬砌时的隧道开挖

对比起见，这里首先进行没有衬砌时的隧道开挖问题求解，具体步骤如下：

Step 1 建立部件。在Part模块中，执行【Part】/【Create】命令，在弹出的Create Part对话框中，将Name设为soil，Modeling Space设为2D Planar，Type（类型）设为Deformable，Base Feature设为Shell（二维的面）。单击【Continue】按钮后进入图形编辑界面，按所示形状绘制土体几何轮廓，完成后单击提示区中的【Done】按钮完成部件的建立。（本例中原点取为隧道中心点。）

执行【Tools】/【Partition】命令，分隔出隧道的几何形状。

执行【Tools】/【Set】/【Create】命令，选择全部区域，建立名为all的集合；将隧道内部土体建立名为remove的集合。

Step 2 设置材料及截面特性。在Property模块中，执行【Material】/【Creat】命令，建立名称为soil的材料，执行Edit Material对话框中的【Mechanical】/【Elasticity】/【Elastic】命令设置弹性模型参数，这里弹性模量$E = 200\text{MPa}$，泊松比$v = 0.2$。

执行【Section】/【Create】命令，设置名为soil的截面特性（对应的材料为soil），并执行【Assign】/【Section】命令赋给相应的区域。

Step 3 装配部件。在Assembly模块中，执行【Instance】/【Create】命令，建立相应的Instance。

Step 4 定义分析步。在Step模块中，执行【Step】/【Create】命令，在弹出的Create Step对话框中设定名字为geo，分析步类型选为geostatic，单击【Continue】按钮进入Edit Step对话框，接受所有默认选项后退出。

按照上述步骤，再建立一个名为Remove的静力分析步，其时间为1.0，初始时间增量步为0.1，允许的最大增量步为0.2。

Step 5 定义隧道开挖。在Interaction模块中，执行【Interaction】/【Create】命令，在图10-1所示的对话框中选择分析步为Remove，类型为Model change，然后单击【Continue】按钮，通过Edit Interaction对话框中Region右侧的鼠标符号确定开挖的位置，确认Activation state of region elements为Deactivatedin in this step。

Step 6 定义荷载、边界条件。在Load模块中，执行【BC】/【Create】命令，限定模型两侧的水平位移和模型底部两个方向的位移。应注意这些边界条件在initial步或geo分析步中就已激活生效。

执行【Load】/【Create】命令，在geo分析步中对土体所有区域施加体力-20，以此来模拟重力荷载；在Remove分析步中对距离轴线30m的范围内施加表面压力荷载50kPa，以此模拟可能的交通荷载和堆载。

Step 7 定义初始应力。在Load模块中，执行【Predefined Field】/【Create】命令，将Step选为Initial（ABAQUS中的初始步），类型选为Mechanical，Type选择Geostatic stress（地应力场），设置起点1的竖向应力（Stress Magnitude 1）为0，对应的竖向坐标（vertical coordinate 1）为20（土体表面），终点2的竖向应力（Stress Magnitude 2）为-1200kPa，对于的竖向坐标（vertical coordinate 2）为-40，侧向土压力系数（Lateral coefficient）为0.5。

Step 8 划分网格。进入 Mesh 模块，将环境栏中的 Object 选项选为 Part，意味着网格划分是在 Part 的层面上进行的。为了便于网格划分，执行【Tools】/【Partition】命令，将区域分成几个合适的区域。执行【Mesh】/【Controls】命令，在 Mesh Controls 对话框中选择 Element shape（单元形状）为 Quad（四边形），选择 Technique（划分技术）为 Structured。执行【Mesh】/【Element Type】命令，在 Element Type 对话框中，选择 CPE4（四节点平面应变单元）作为单元类型。通过【Seed】下的菜单设置合适的网格密度。执行【Mesh】/【Part】命令，单击提示区中的【Yes】按钮，将网格划分为图 10-4 所示的状态。

提示：

本例中没有进行网格尺寸敏感性分析，也没有考虑分析范围对结果的影响。

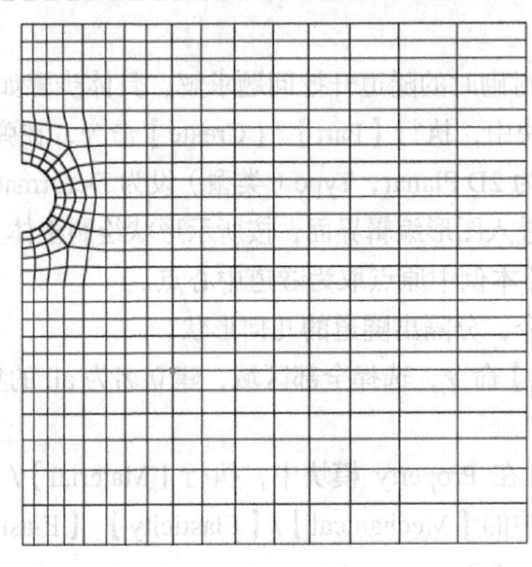

图 10-4 有限元网格（ex10-1）

Step 9 提交任务。进入 Job 模块，创建并提交名为 ex10-1 的任务。

5．结果分析

进入 Visualization 后处理模块，打开相应的计算结果数据库文件。执行【Tools】/【Path】/【Create】命令，将土体水平表面建立为 Paht-1。执行【Tools】/【XY Data】/【Create】命令，在 Create XY Data 对话框中选择 Path 为数据源，将土体表面的水平位移 U1 和竖向位移 U2 绘制于图 10-5 中。由图可见，土层表面靠近中心线处的沉降最大，随着距离的增加而逐渐减小；水平位移则指向中心线，大体反映了变形指向开挖面。图 10-6 给出了隧道周围局部区域的位移矢量图，隧道底部回弹，顶部下沉，同样反映了这一规律。

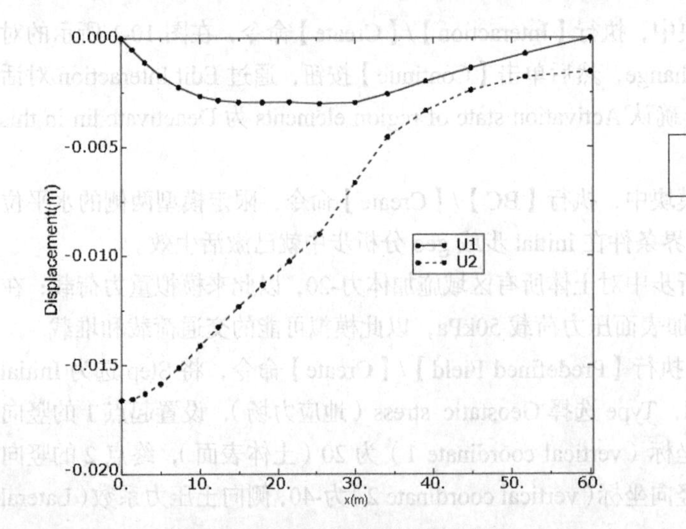

图 10-5 没有衬砌的土层表面水平位移和竖向位移（ex10-1）

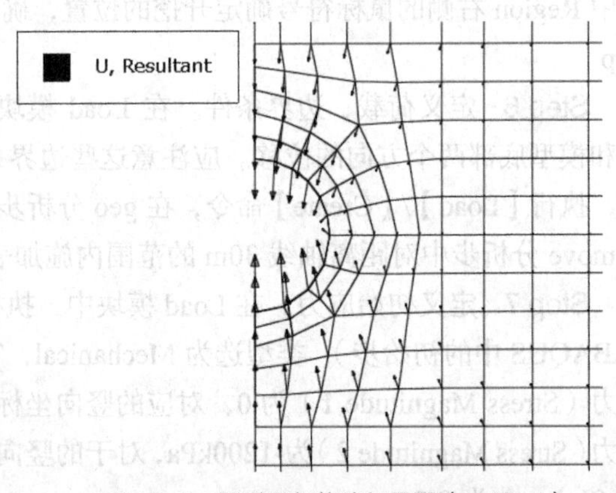

图 10-6 隧道局部位移矢量图（ex10-1）

6. 有衬砌的隧道开挖问题（The Progress softening method）

这里采用模量衰减的方法来模拟应力的部分释放现象。除初始分析步之外，还需定义这样几个分析步：

- reduce 分析步，在此步中开挖区模量衰减 40%。
- add 分析步，此步中激活衬砌单元。
- remove 分析步，此步中移除隧道开挖单元。

另外，还需定义衬砌单元和定义与场变量 Field Variable 相关的弹性模量参数。具体操作如下：

Step 1 将 ex10-1.cae 另存为 ex13-1-2.cae。

Step 2 进入 Part 模块，执行【Part】/【Create】命令建立厚为 0.15m，外半径为 4m 的二维平面衬砌部件 Liner。执行【Tools】/【Set】/【Create】命令，将整个衬砌建立名为 Liner 的集合。

Step 3 进入 Property 模块，建立名为 Linear 的弹性材料，弹性模量 $E = 19\text{GPa}$，泊松比 $\nu = 0.2$。将原有的材料 soil 拷贝为新的材料 soil-remove，执行【Material】/【Edit】命令，对 soil-remove 进行修改。在 Edit Material 对话框中，将 Number of field variables 设为 1，并按图 10-7 中的数据设置随场变量变化的弹性模量。在后面的步骤中，我们将把场变量 FV1 的初始值设为 1，然后在 reduce 分析步中将 Field 设为 2，从而实现模量的衰减。

重新定义截面特性，并赋予相应的区域。

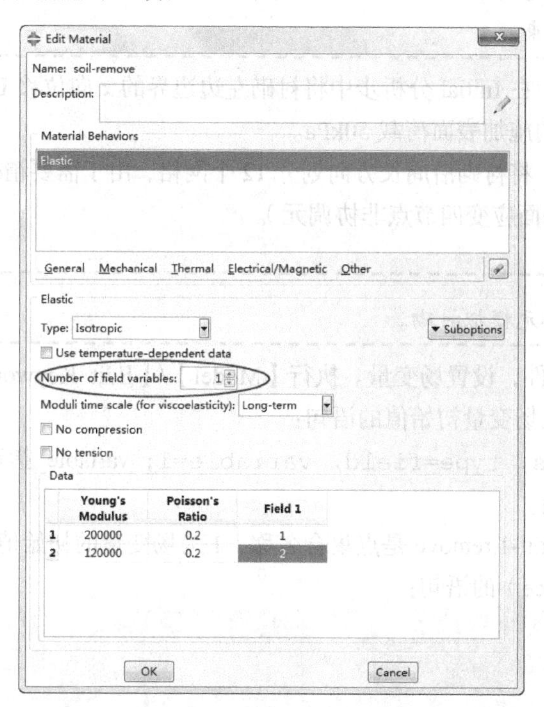

图 10-7 定义随场变量变化的弹性模型（ex10-1）

Step 4 进入 Assembly 模块，将衬砌 Linear 部件插入当前 Instance 中。

Step 5 进入 Step 模块，删除原有的分析步 remove，重新在 geo 分析步之后依次插入名为 reduce、add 和 remove 的 static, general 静力分析步。

Step 6 由于分析步变动，需要重新定义开挖区域，同时也需要指定衬砌的激活时机。衬砌首先需在第一个分析步中移除。在 Interaction 模块中，执行【Interaction】/【Create】命令，选择分析步为 geo，类型为 Model change，然后单击【Continue】按钮，通过 Edit Interaction 对话框中 Region 右侧的鼠标符号选择衬砌，确认 Activation state of region elements 为 Deactivatedin in this step。类似地，将隧道位置部分的土体在 Remove 分析步中移除。执行【Interaction】/【Manger】命令，在 Interaction Manager 对话框中单击【Edit】按钮，将衬砌在 Add 分析步中 Reactived。

提示：

由于衬砌和隧道部分重合，可以利用【Tools】/【Display Group】/【Create】命令将其单独显示在屏幕上。

Step 7 设置衬砌与土体之间的接触面。执行【Tools】/【Surface】/【Create】命令，将衬砌外周表面设为 Liner-o，土体与之相接触的面设为 soil-o。

注意：

土体与衬砌接触的面属于模型内部的面，如何选择可参照 ex9-7。同时需要正确选择面的方向。

执行【Interaction】/【Property】/【Edit】命令，然后执行对话框中的【Mechanical】/【Normal Behavior】命令，接受默认选项，设置法向接触。执行【Mechanical】/【Tangential Behavior】命令，选择切向模型为 Rough，即衬砌与土体之间为完全粗糙。

执行【Interatcion】/【Create】命令，在 Remove 分析步中创建衬砌与土体之间的接触。

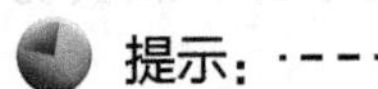
提示：

衬砌与土体之间的约束也可以采用 MPC 多点约束的方法，使得衬砌和周边土体的节点具有同样的自由度。读者也可尝试 Tie 约束。

Step 8 进入 Load 模块，在 Initial 分析步中将衬砌左边边界的 x 向位移 U1 限制为 0。在 Remove 分析步中在距离轴线 30m 的范围内施加表面荷载 50kPa。

Step 9 进入 Mesh 模块，将衬砌沿周长方向划分 12 个网格，由于需要精确模拟衬砌单元的弯曲变形模式，需要采用单元 CPE4I（平面应变四节点非协调元）。

提示：

读者也可尝试采用梁单元模拟衬砌。

Step 10 修改模型输入文件，设置场变量。执行【Model】/【Edit Keywords】/【Model-1】命令，在第一个分析步之前添加如下定义场变量初始值的语句：

`*initial conditions, type=field, variable=1`；variable 指定了场变量的名字，ABAQUS 中场变量的命名必须从 1 开始。

`soil-1.remove, 1`；soil-1.remove 是点集合名称，1 为场变量的初始值。

找到第二个分析步（reduce）的语句：

```
*Step, name=Reduce
*Static
0.1, 1., 1e-05, 0.2
```

在这之后插控制场变量的语句：

```
*Field, VARIABLE=1
```

`soil-1.remove,2`；在 Reduce 分析步中将场变量变化为 2。

提示：

场变量的设置无法在 CAE 中进行。

Step 11 进入 Step 模块，创建并提交任务 ex10-1-2。

Step 12 进入 Visualization 后处理模块，打开相应的计算结果数据库文件。图 10-8 比较了有无衬砌两种情况下地基表面的沉降变形。由图可见，有衬砌之后地表最大沉降减小，衬砌支撑作用明显。需要注意，有时计算得到的地表可能出现向上的隆起变形，与实际地层损失下沉的现象不一致。这是因为模拟中衬砌在开挖完全完成之前施工完毕，由于衬砌刚度较大，衬砌内土体的移除将使得衬砌有整体上抬变形的趋势，其将抵消地层损失导致的地面下沉。另外，这一现象和我们采取的本构模型也有一定的关系，我们未考虑材料的非线性，土体加、卸载模量之间的区别，也没有考虑到弹性模量随深度的分布，这些与实际情况之间有一定的差异。

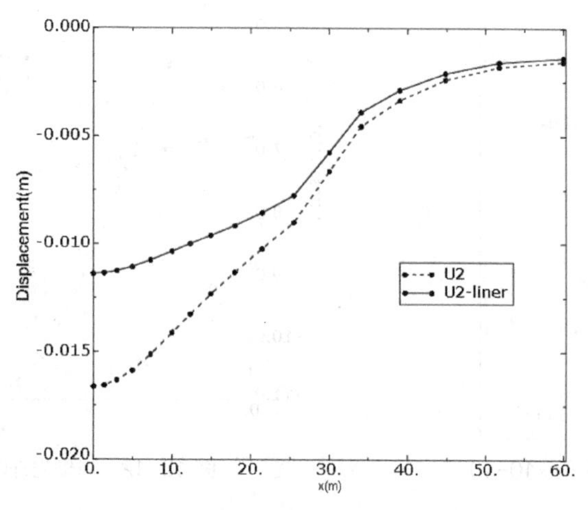

图 10-8 衬砌对地表变形的影响（ex10-1）

Step 13 衬砌变形和应力。图 10-9 给出了衬砌的变形前后的形状对比。由于衬砌是一个圆形，在整体坐标系下的应力结果将不是很直观，需要将应力结果转换到局部坐标系下显示。读者可以在前处理中通过【Assign】/【Material Orientation】命令将局部坐标系赋予 Liner 衬砌区域，也可以在后处理中进行。这里介绍后一种做法。

在 Visualization 后处理模块中执行【Tools】/【Coordinate system】/【Create】命令，在图 10-10 所示的对话框中选择类型（Type）为 Cylindrical，然后按照提示选择三个点确定坐标系。执行【Result】/【Options】命令，在图 10-11 所示的 Result Options 对话框中切换到 Transformation 选项卡，将 Transform Type 选择为 User-specified（自定义），选择之前定义的坐标系。

执行【Tools】/【Path】/【Create】命令，分别设置内、外两侧的边界为路径，然后将衬砌轴向方向应力绘制于图 10-12 中。图 10-12 中横坐标代表距离衬砌上顶点的弧线长度。计算结果表明，衬砌内主要承受压应力，压应力的差异体现了衬砌的弯曲变形，如衬砌右侧外侧有弯曲受拉、内侧受压的趋势，这和图 10-9 中的变形模式是一致的。

提示：

本例中衬砌采用实体单元，衬砌分片之间相当于刚接。实际情况下衬砌之间可能为铰接，此时可将衬砌分为若干段，每端之间留一微小间隙，将间隙两端节点的位移自由度相互关联。

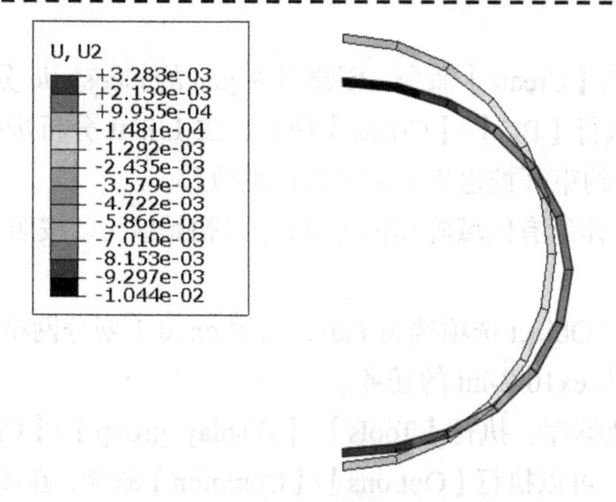

图 10-9 衬砌的变形前后的形状对比（ex10-1）

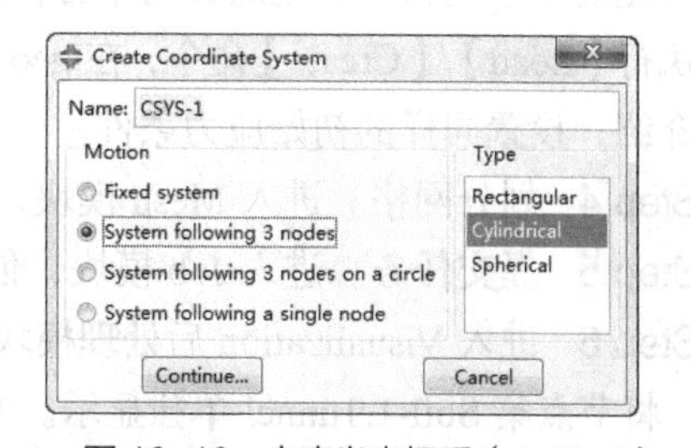

图 10-10 自定义坐标系（ex10-1）

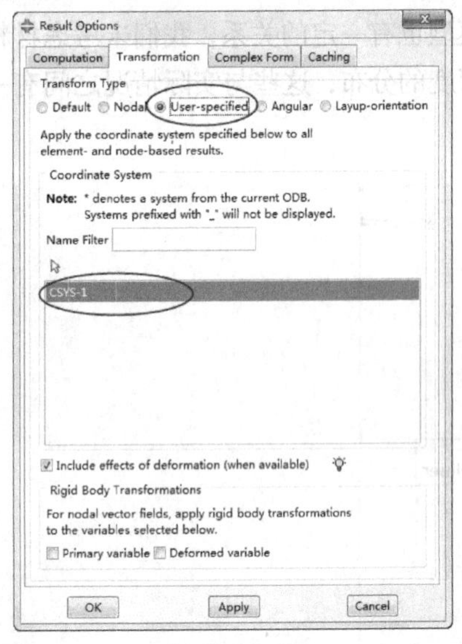

图 10-11 选择结果输出坐标系（ex10-1）

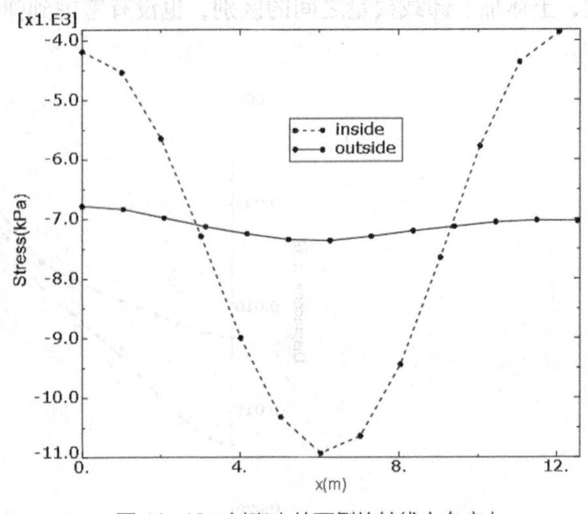

图 10-12 衬砌内外两侧的轴线方向应力

10.2.2 隧道开挖分析（收敛约束法）

1．问题描述

本例几何模型和材料参数与 ex10-1 一致，本例通过收敛约束法进行模拟，相应的 cae 文件为 ex10-2.cae。

2．算例学习重点

- 收敛约束法的实现。
- 批量施加节点荷载。
- Amplitude 幅值曲线中的时间。

3．分析思路

收敛约束法中土体的开挖通过逐渐释放开挖区域边界节点的集中荷载来实现，当荷载释放到一定程度（本例中为 40%）时，激活衬砌单元，然后在随后的分析步中将荷载完全释放。为此，首先进行一个独立的分析，获得开挖区域周边节点的等效节点力。

4．开挖荷载的确定

Step 1 新建一个名为 ex10-2-ini 的 cae。按 ex10-1 中介绍的步骤，建立部件、设置材料及截面特性和装配部件，注意数值模型中不包含开挖区域。为了后续操作方便，执行【Tools】/【Set】/【Create】命令，将开挖边界设置为集合 Tunnel。

Step 2 定义分析步。在 Step 模块中，执行【Step】/【Create】命令，创建名为 geo 的 Geostatic 分析步。

Step 3 定义荷载、边界条件。在 Load 模块中，执行【BC】/【Create】命令，在 Initial 分析步中限定模型两侧的水平位移和模型底部两个方向的位移，同时约束开挖边界上两个方向的位移。

执行【Load】/【Create】命令，在 geo 分析步中对土体所有区域施加体力-20 定义初始应力。按照 ex10-1 中的介绍，设置同样的初始应力条件。

Step 4 划分网格。进入 Mesh 模块，将环境栏中的 Object 选项选为 Part，参照 ex10-1 划分网格。

Step 5 提交任务。进入 Job 模块，创建并提交名为 ex10-2-ini 的任务。

Step 6 进入 Visualization 后处理模块，打开相应数据库。执行【Tools】/【Display group】/【Create】命令，将节点集 Soil-1.Tunnel 单独显示。为了清晰起见，可以执行【Options】/【Common】命令，在图 10-13 所示的对话框中，切换到 Label 选项卡，显示节点符号和编号。

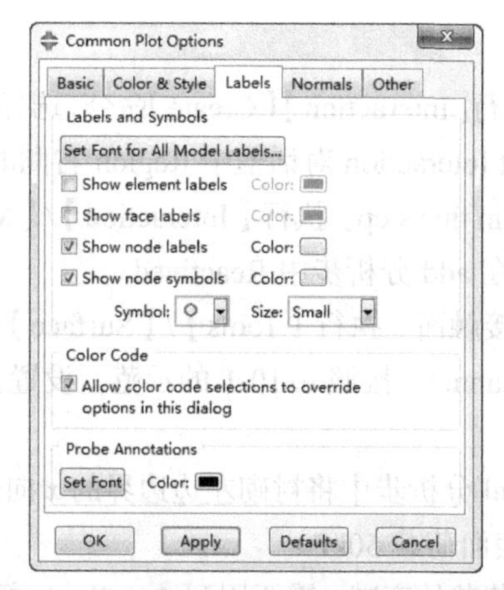

图 10-13 显示节点符号和编号（ex10-2）

Step 7 执行【Report】/【Field output】命令，在图 10-14 所示对话框的 Variable 选项卡中选择位置为 Unique nodal，输出变量为 RF1 和 RF2；切换到 Setup 选项卡，设定输出文件为 node-force.rpt，并控制输出格式，确认后即将节点反力输出到相应文件。Rpt 文件可以用文本编辑器打开，结果如下所示：

```
        Node          RF.RF1        RF.RF2
       Label          @Loc 1        @Loc 1
---------------------------------------------
          19         206.947      -2.93924
          20         116.866      -247.620
       ……
         171         190.018       99.3405
```

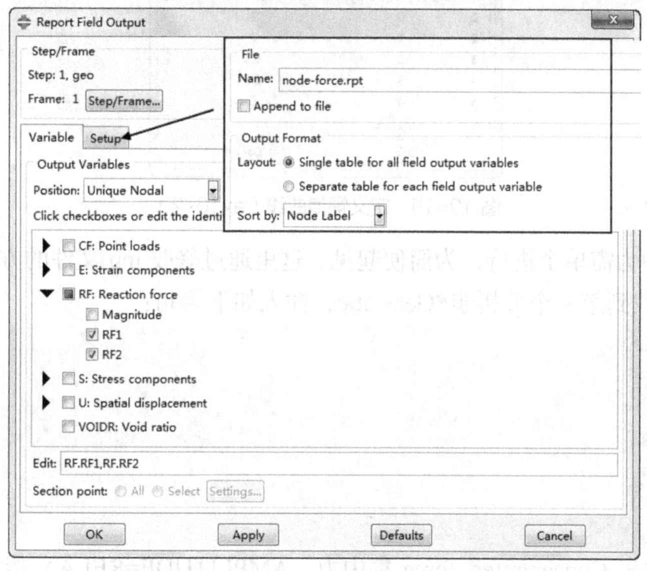

图 10-14 输出节点反力（ex10-2）

5. 开挖模拟

Step 1 将 ex10-2-ini.cae 另存为 ex10-2.cae。

Step 2 进入 Part 模块，执行【Part】/【Create】命令建立厚为 0.15m，外半径为 4m 的二维平面衬砌部件 Liner。

Step 3 进入 Property 模块，建立名为 Linear 的弹性材料，并定义截面特性，并赋予相应的区域。进入 Assembly 模块，将衬砌 Linear 部件插入当前 Instance 中。

Step 4 进入 Step 模块，在 geo 分析步之后依次插入名为 relax-1、add 和 relax-2 的 static, general 静力分

析步。

Step 5 在 Interaction 模块中，执行【Interaction】/【Create】命令，选择分析步为 geo，类型为 Model change，然后单击【Continue】按钮，通过 Edit Interaction 对话框中 Region 右侧的鼠标符号选择衬砌，确认 Activation state of region elements 为 Deactivated in this step。执行【Interaction】/【Manger】命令，在 Interaction Manager 对话框中单击【Edit】按钮，将衬砌在 add 分析步中 Reactived。

Step 6 设置衬砌与土体之间的接触面。执行【Tools】/【Surface】/【Create】命令，将衬砌外周表面设为 Liner，土体与之相接触的面设为 tunnel。按照 ex10-1 的示范，设置土和衬砌之间的接触，使其在 add 分析步中激活。

Step 7 进入 Load 模块，在 Initial 分析步中将衬砌左边边界的 x 向位移 U1 限制为 0。在 Relax-2 分析步中，在距离轴线 30m 的范围内施加表面荷载 50kPa。

Step 8 为了模拟隧道周边节点荷载的衰减，需要用到 Amplitude 幅值函数。执行【Tools】/【Amplitude】/【Create】命令，将名字设为 Relax，选择类型为 Tabular，确认后按图 10-15 所示设置幅值曲线，注意需要将 Time span 改为 Total time，意味着荷载幅值曲线是针对总时间而言的。由于每一分析步的时间都取为 1，则 0~1 代表 geo 分析步，1~2 代表 Relax-1 分析步等。

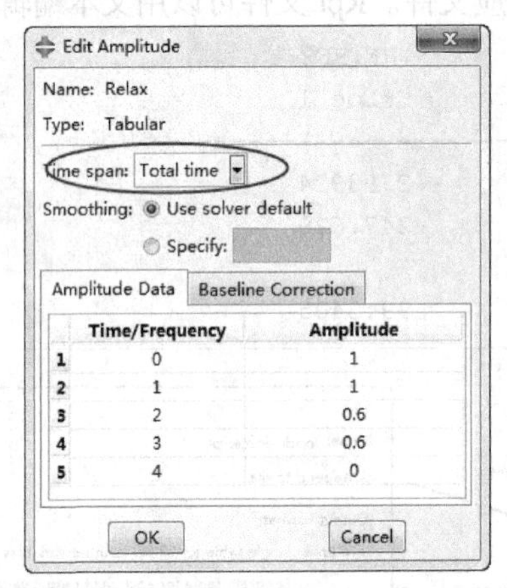

图 10-15 定义幅值曲线（ex10-2）

CAE 中施加节点集中力需单个进行，为简便起见，这里通过修改 inp 文件的方式进行。执行【Model】/【Edit Keywords】命令，找到第一个分析步*Geostatic，插入如下语句：

```
*Cload,AMPLITUDE=RELAX
soil-1.19,1,206.947
……
soil-1.171,1,190.018
soil-1.19,2,-2.93924
……
soil-1.171,2,99.3405
```

关键字行的 Cload 代表 Concentrated force 集中力，AMPLITUDE=RELAX 指定幅值曲线为之前定义的 Relax。数据行共 3 个数据，第一个数据代表节点号（soil-1 为实体 Instance 的名字），第二个数据代表加载方向，第三个数据为荷载大小。这些数据可以很容易地根据 ex10-2-ini 给出的 node-force.rpt 稍做修改后得到。

> **提示：**
> 尽管 ABAQUS 的 CAE 包含了绝大多数功能，但是熟悉和了解 inp 文件的构成仍然是非常有用的。建议读者多读 ABAQUS 自带的 keywords 帮助，并与 CAE 的操作对应起来学习。

Step 9 进入 Mesh 模块，将衬砌沿周长方向划分为 12 个 CPE4I 单元（平面应变四节点非协调元）。

Step 10 进入 Job 模块，创建并提交名为 ex10-2 的任务。

6．结果分析

Step 1 进入 Visualization 后处理模块，打开相应数据库。通过应力分布云图，检查 Geostatic 分析步的效果，核实节点荷载的施加是否正确。

Step 2 图 10-16 比较了无衬砌，软化模量法（ex10-1）和收敛约束法（ex10-2）计算得到的地表位移。注意到模量衰减 40%和节点力放松 40%并不完全对应，但分析所得的规律是一致的。

提示：

建议读者更改网格密度、计算范围、土体模型等参数，分析其对计算结果的影响。

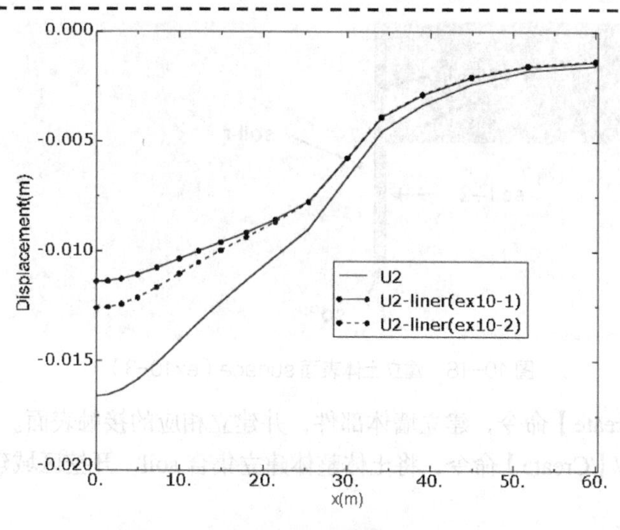

图 10-16 衬砌对地表沉降的影响（ex10-2）

10.2.3 悬臂式基坑开挖模拟

1．问题描述

如图 10-17 所示，有一开挖宽度为 2m×20m 的基坑，开挖深度为 10m，采用悬臂式围护结构支护，墙体宽度为 1m，总长 20m。土体的弹性模量沿深度线性增加，$E = 6000 + 6000z(\text{kPa})$，$z$ 是距离墙顶的深度，泊松比 $v = 0.2$，土体重度 $\gamma = 20\text{kN/m}^3$，黏聚力 $c' = 0$，摩擦角 $\varphi' = 30°$，剪胀角 $\psi = 0°$，水平土压力系数 $K_0 = 2$。墙体弹性模量 $E = 28\text{GPa}$，泊松比 $v = 0.15$。墙与土之间的摩擦角取为 30°（摩擦系数为 0.577）。本例 cae 文件为 ex10-3.cae。

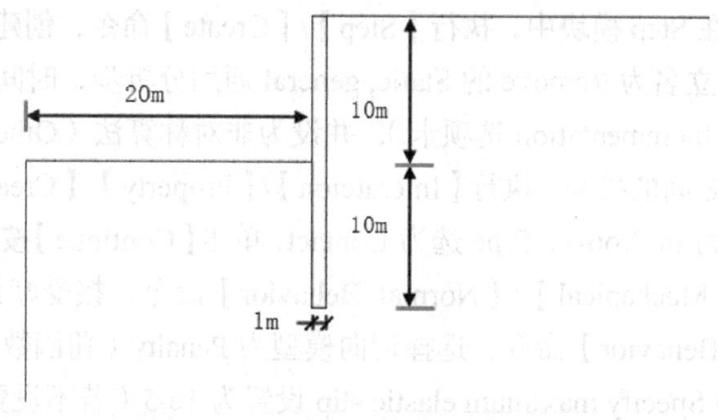

图 10-17 模型示意图（ex10-3）

2．算例学习重点

- 接触对的移除。
- 弹性模量沿深度变化的模拟。

- 土体模型对计算结果的影响。

3. 模型建立与求解

Step 1 建立部件。在Part模块中，执行【Part】/【Create】命令，按照所示尺寸建立名为soil的二维变形体部件，并留出墙的位置。原点取为分析区域左下角，分析区域宽度和高度均取为100m。

执行【Tools】/【Partition】命令，分隔出开挖区域的几何形状，为了后续划分网格方便，将土体沿开挖深度、墙底深度分隔开。执行【Tools】/【Surface】/【Create】命令，按图10-18所示创建土与墙接触的表面。这里将坑内土体上下分开是因为开挖深度范围内的接触对在开挖分析步中会被移除。

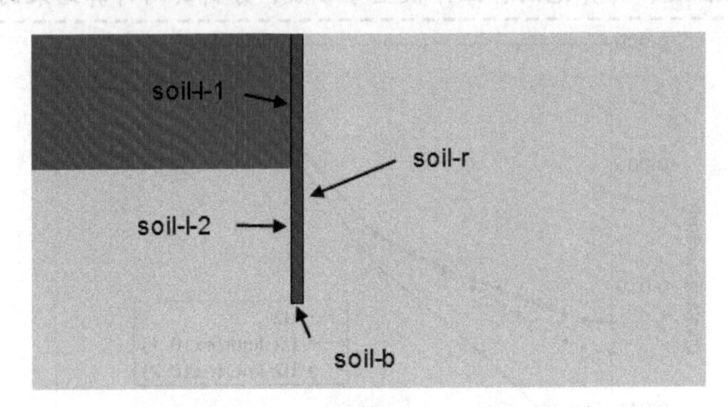

图10-18 建立土体表面surface（ex10-3）

再次执行【Part】/【Create】命令，建立墙体部件，并建立相应的接触表面。

执行【Tools】/【Set】/【Create】命令，将土体整体建立集合soil，开挖区域建立集合Remove，墙建立集合Wall。

Step 2 设置材料及截面特性。在Property模块中，执行【Material】/【Creat】命令，建立名称为soil的材料，执行Edit Material对话框中的【Mechanical】/【Elasticity】和【Mechanical】/【Plasticity】/【Mohr Coulomb Plasticity】命令，设置莫尔库伦模型。因为主要关心墙体的变形和受力，这里取墙中点深度处的弹性模量66MPa作为土层的代表值，随后我们将分析这一简化所带来的影响。

按照上述步骤，建立名为Wall的弹性材料。

执行【Section】/【Create】命令，在Create Section对话框中选择Category为Solid，设置名为soil截面特性（对应的材料为soil）。类似地，建立名为wall的截面特性。执行【Assign】/【Section】命令，将设置好的截面特性赋给相应的区域。

Step 3 装配部件。在Assembly模块中，执行【Instance】/【Create】命令，建立相应的Instance。确保墙与土处于合适的位置。

Step 4 定义分析步。在Step模块中，执行【Step】/【Create】命令，创建名为geo的Geostatic分析步，接受所有默认选项。随后建立名为Remove的Static, general通用分析步，时间总长设为1，起始时间步长设为0.1，最大步长设为0.2（Incrementation选项卡），并设为非对称算法（Other选项卡）。

Step 5 定义墙和土体之间的接触。执行【Interatcion】/【Property】/【Create】命令，在Create Interatcion Property对话框中输入名字为IntProp-1，Type选为Contact，单击【Continue】按钮进入到Edit Contact Property对话框，执行对话框中的【Mechanical】/【Normal Behavior】命令，接受默认选项，设置法向接触。执行【Mechanical】/【Tangential Behavior】命令，选择切向模型为Penalty（罚函数），设置摩擦系数为0.577，切换到Elastic Slip选项卡，将Specify maximum elastic slip设置为1e-5（若不设置，ABAQUS默认为网格尺寸的0.5%。

在Interaction模块中，执行【Interatcion】/【Create】命令，在Create Interaction对话框中将名字设为Int-1，在Step下拉列表中选中Initial，意味着接触从初始分析步就开始起作用，接受Types for Selected Step区域的默认选项surface-to-surface contact，单击【Continue】按钮后按照提示区中的提示在屏幕上选择主控面（master surface)，此时单击提示区右端的【Surfaces】按钮，弹出 Region Selection 对话框，在 Eligible Sets 中选择 wall-r，单击【Continue】按钮选择 Surface 为从属面类型，选择 soil-r 为从属面，确认后在 Edit Interaction 对话框中将接触面属性设为 IntProp-1；接受其余默认选项，单击【OK】按钮确认退出。类似地，建立 wall-l 和 soil-l-1，wall-l 和 soil-l-2，wall-b 和 soil-b 的接触对。

执行【Interaction】/【Manger】命令，在 Remove 分析步中将 wall-l 和 soil-l-1 之间的接触对 Inactive。

在采用大滑动变形的接触对中，移除单元后，接触对也要移除。或者可采用小滑动变形 small sliding。

Step 6 设置移除区域。在 Interaction 模块中，执行【Interaction】/【Create】命令，选择分析步为 Remove，类型为 Model change，然后单击【Continue】按钮，通过 Edit Interaction 对话框中 Region 右侧的鼠标符号选择欲开挖的区域，确认 Activation state of region elements 为 Deactivated in this step。

Step 7 定义荷载、边界条件。在 Load 模块中，执行【BC】/【Create】命令，限定模型两侧的水平位移和模型底部两个方向的位移。应注意这些边界条件在 initial 步或 geo 分析步中就已激活生效。

执行【Load】/【Create】命令，在 geo 分析步中对土体所有区域施加体力-20，以此来模拟重力荷载。

Step 8 设置初始应力。在 Load 模块中，执行【Predefined Field】/【Create】命令，将 Step 选为 Initial（ABAQUS 中的初始步），类型选为 Mechanical，Type 选择 Geostatic stress（地应力场），设置起点 1 的竖向应力（Stress Magnitude 1）为 0，对应的竖向坐标（vertical coordinate 1）为 100（土体表面），终点 2 的竖向应力（Stress Magnitude 2）为-2000kPa，对应的竖向坐标（vertical coordinate 2）为 0，侧向土压力系数 Lateral coefficient 为 2。这里将墙和土均设置了相同的初始应力，即不考虑墙的设置对土体应力的影响。

Step 9 划分网格。进入 Mesh 模块，将环境栏中的 Object 选项选为 Part，意味着网格划分是在 Part 的层面上进行的。首先选择 Part 下拉列表为 wall，对墙体进行划分。执行【Mesh】/【Controls】命令，在 Mesh Controls 对话框中选择 Element shape(单元形状)为 Quad(四边形)，选择 Technique(划分技术)为 Structured。执行【Mesh】/【Element Type】命令，在 Element Type 对话框中，选择 CPE4I 作为单元类型。通过【Seed】下的菜单设置合适的网格密度，将墙沿高度方向分隔为 20 个单元，宽度方向划分为 3 个单元。执行【Mesh】/【Part】命令，划分网格。

类似地，采用单元 CPE4 对土体区域进行网格划分，利用【Seed】/【Edges】下的 Bias 功能，将靠近墙体的网格加密，如图 10-19 所示。

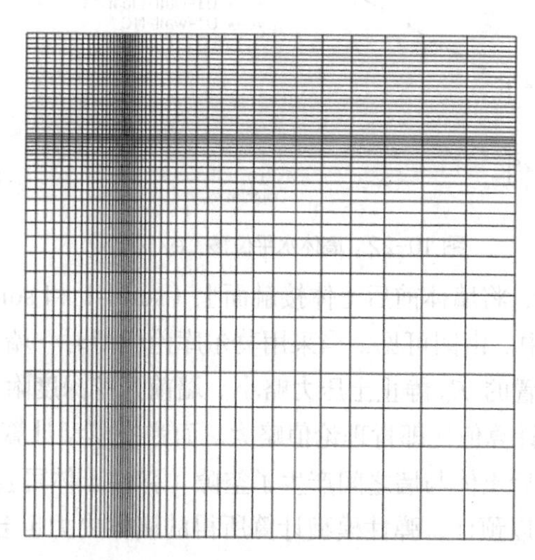

图 10-19 有限元网格（ex10-3）

Step 10 提交任务。进入 Job 模块，执行【Job】/【Create】命令，建立名为 ex10-3 的任务，执行【Job】/【Submit】/【ex10-3】命令，提交计算。

4．结果分析

Step 1 进入 Visualization 模块，打开相应数据库。

Step 2 图 10-20 和图 10-21 分别给出了开挖区域周边的水平和竖直位移云图。由图可见，基坑开挖后土体向内侧移动，最大水平位移约为 20cm。基坑底面隆起变形约为 23cm，基坑周边土体的沉降约为 4.8cm，这一沉降变形是由于墙后填土达到了主动极限平衡状态，如果土体采用纯弹性模型计算，墙后土体会出现上抬变形。

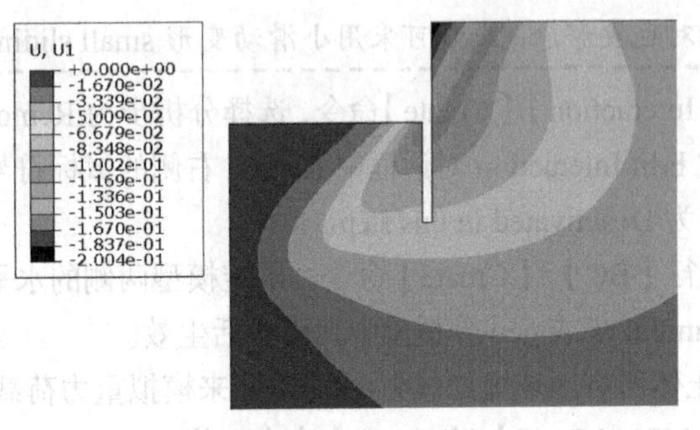

图 10-20 土体水平位移（ex10-3）

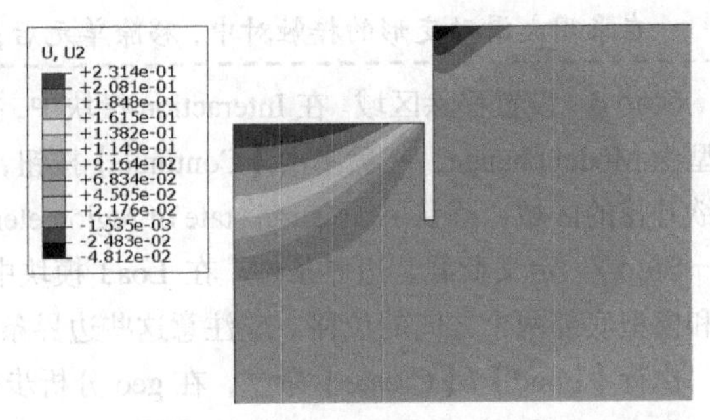

图 10-21 土体竖直位移（ex10-3）

Step 3 执行【Tools】/【Path】/【Create】命令，沿墙体中线创建路径 Path-1。执行【XY Data】/【Create】命令，选择 Source 源为 Path，在 XY Data from Path 对话框中选择 Model shape 为 Undeformed，Path points 下勾选 Include intersection，将墙体的水平位移沿深度的分布绘制于图 10-22 中。为对比起见，采用弹性模型的计算结果一并给出（ex10-3-2）。由图可见，若不考虑土体的塑性，计算所得的墙体水平位移过小，这和作用在墙体上的土压力有直接的关系。

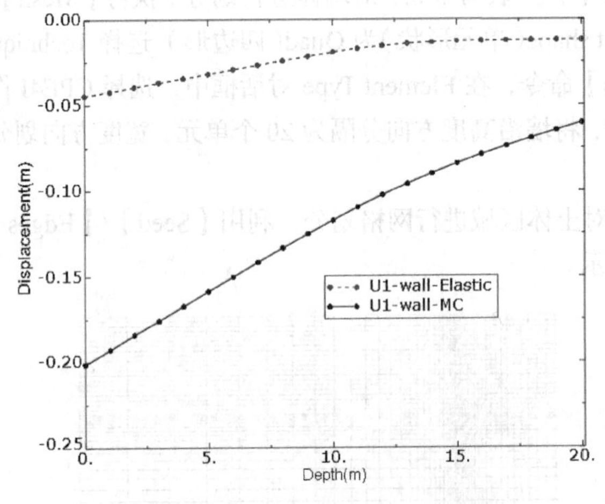

图 10-22 墙体水平位移（ex10-3）

Step 4 利用 Path 相关功能，将墙体前后土体接触面上（soil-l-1 和 soil-r）的法向压力 CPRESS（土压力）绘制于图 10-23 和图 10-24 中。由图可见，当采用莫尔库伦模型时，墙后上部土压力基本达到主动土压力的大小，下部变化不大，比设置的 K_0 静止土压力略小。墙前开挖深度附近达到被动土压力大小，由于考虑了墙与土之间的摩擦，有限元计算值比郎肯理论值略大。而弹性模型计算之下，土体不会破坏，过大估计了墙前起稳定作用的土压力，墙后土体与墙之间产生了空隙（弹性土体可直立而不破坏）。因而墙体的位移较莫尔库伦模型计算值要小，可以预计，弹性模型计算所得的墙体内力也会较小。

提示：

提取 XY 数据时，仅将土体单元显示在屏幕上，并通过【Result】/【Options】命令，选择 Average only display elements。

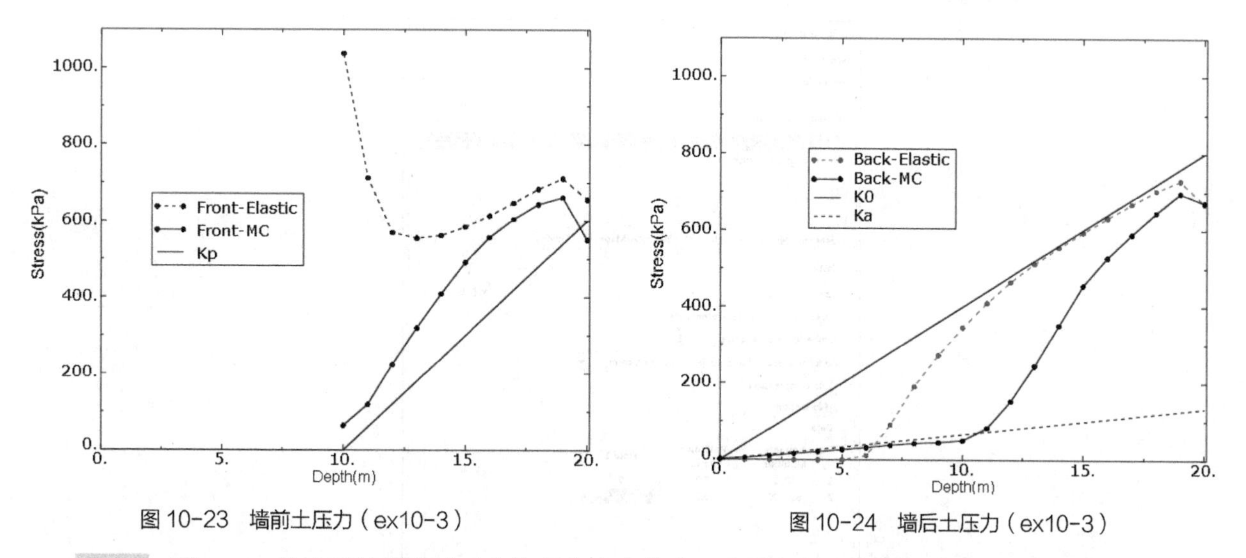

图 10-23 墙前土压力（ex10-3）

图 10-24 墙后土压力（ex10-3）

Step 5 图 10-25 给出了墙前和墙后边缘竖向应力分布，由图可见，墙前侧受压，墙后侧受拉，两侧基本对称，由于墙体中设置初始竖向应力，压应力比拉应力略大一些，较好地反映了墙体弯曲变形的特征。读者可根据弯曲应力公式和墙体惯性矩整理出墙体弯矩分布，或者可根据算例 ex9-7 中介绍的*section print 输出弯矩。

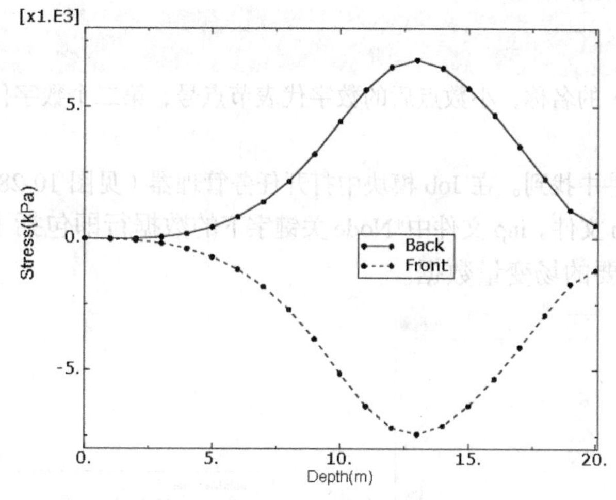

图 10-25 墙体竖向应力 s22 分布（ex10-3）

5．算例拓展

本小节介绍如何设置随深度线性增加的弹性模量，并分析其对计算结果的影响。其主要思路是将弹性模量与场变量建立关系，并设置场变量的初始分布。

Step 1 将 ex10-3.cae 另存为 ex10-3-3.cae。

Step 2 进入 Property 模块，执行【Material】/【Edit】/【Soil】命令，修改土体模型。在图 10-26 所示的对话框中将 Number of field variables 设为 1，即材料弹性模量与 1 个场变量相关，并设置相应的数值，即场变量为 0（深度）时，模量为 6000；场变量为 100 时，黏聚力为 606000。

Step 3 为了在 Geostatic 分析步的一开始就获得预定的模量分布，需要给定场变量的初始分布。执行【Model】/【Edit Keywords】命令手工进行修改。在*initial conditions 设置初始条件的语句后插入如下命令（见图 10-27）：

```
*initial conditions,type=field,variable=1,input=node-depth.txt
```

其中，*initial conditions 代表初始条件设置，类型（type）为 field（场变量），variable=1 表示变量名称为 1，input=node-depth.txt 表示数据从外部文件中读入。

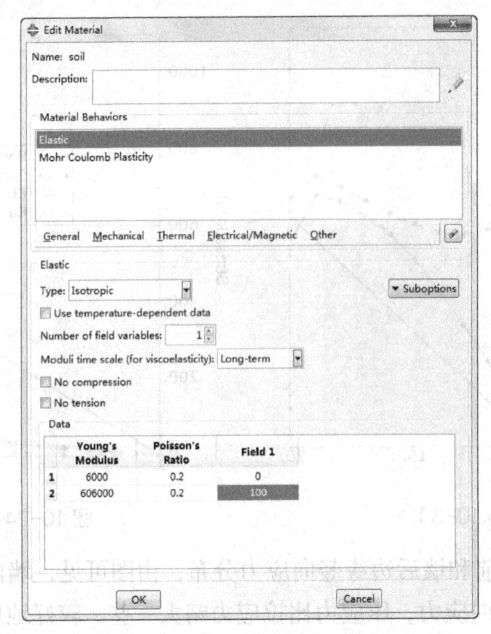

图 10-26　设置随场变量变化的弹性模量

node-depth.txt 文件中的数据格式如下：

```
soil-1.1,20
……
```

其中，soil-1 为 Instance 的名称，小数点后的数字代表节点号，第二个数字代表场变量（本例中为 100 减去纵坐标）。

节点坐标可以在 inp 文件中找到。在 Job 模块中打开任务管理器（见图 10-28），单击【Write Input】按钮可以在工作目录下生成 inp 文件。inp 文件中*Node 关键字下的数据行即包括了节点编号及数据，读者可以稍做编辑，得到所需要的场变量数据。

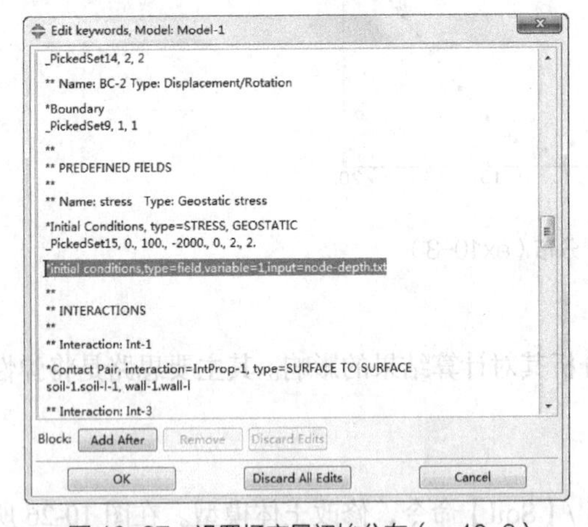

图 10-27　设置场变量初始分布（ex10-3）

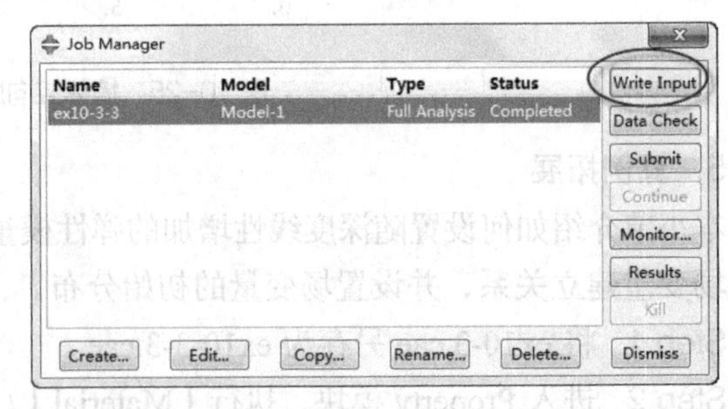

图 10-28　生成 inp 文件(ex10-3)

Step 4　进入 Step 模块，执行【Output】/【Field Output Requests】/【Edit】命令，增加 State/Field/User/Time 下的 FV（场变量）为输出变量。

Step 5　进入 Job 模块，执行【Job】/【Edit】命令，在 Edit Job 对话框中将任务文件改名为 ex10-3-3 后提交计算。

Step 6　进入 Visualization 后处理模块，打开相应数据库。绘出 FV1 分布云图，检查场变量是否正确。

Step 7　图 10-29 比较了均匀模量（Uniform）和线性分布模量（linear）下墙体水平变形的计算结果。对比起见，图中同时给出了 K_0=0.5 时的计算结果。K_0 越大，意味着开挖减少的水平荷载越大，变形越明显。

另一方面，考虑弹性模量随深度线性增加之后，挡墙的水平变形减小，深部的嵌固作用更明显。读者可进一步比较墙体应力等计算结果。

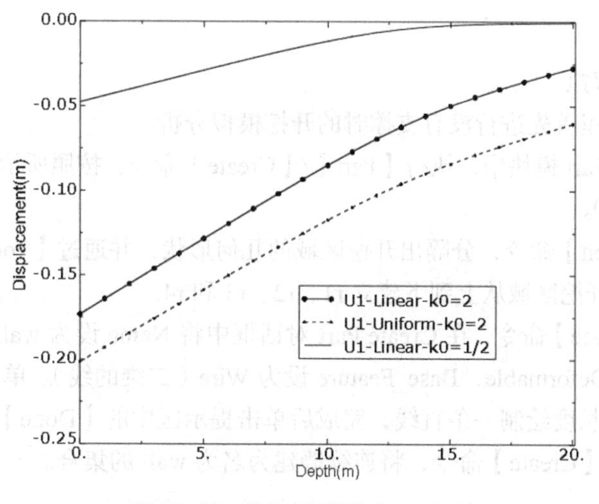

图 10-29 墙体水平位移（ex10-3）

10.2.4 内撑式基坑开挖模拟

1．问题描述

内撑式围护结构形式适用于大多数土质条件和开挖深度，但支撑的内力与土体性质、施工顺序等多种因素有关，常规分析方法往往无法解决，常常需要进行有限元分析。本例结合二维内撑式基坑开挖进算例进行介绍。本算例的 cae 文件为 ex10-4.cae。

如图 10-30 所示，在一正常固结黏土层中开挖一深度为 10.0m，开挖宽度 $B/2$ 为 20.0m 的基坑，采用地下连续墙和内置支撑进行加固。支撑的竖向间距为 2.5m。基坑共分 4 级开挖，每开挖一层后之后再设置内部支撑。土体采用剑桥模型模拟，水平土压力系数 $K_0 = 0.5$ 。不考虑地下水，土体参数见表 10-1。地下连续墙为弹性材料，弹性模量 $E = 20\text{GPa}$ ，泊松比 $v = 0.2$ 。

表 10-1 土体剑桥模型参数（ex10-4）

材料	γ（kN/m^3）	v	λ	κ	$M(\varphi')$	e_1
软黏土	18.0	0.35	0.20	0.040	1.20（30°）	2.0

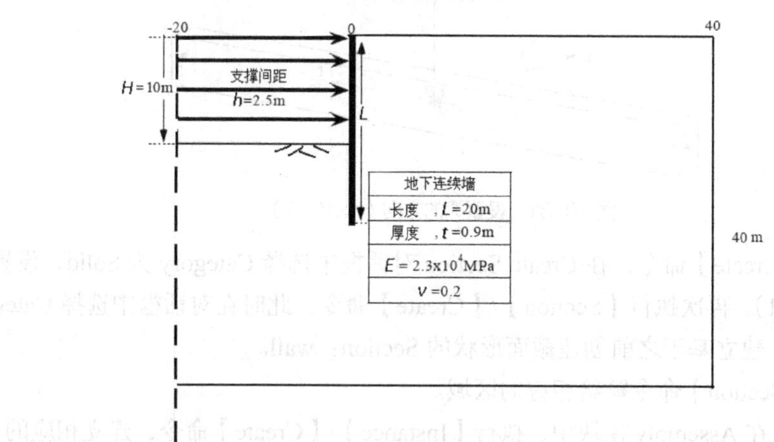

图 10-30 模型示意图（ex10-4）

2. 算例学习重点

- 使用梁单元模拟围护结构。
- 支撑的模拟。

3. 无支撑的基坑开挖模拟

为了进行对比分析，这里首先进行没有支撑时的开挖模拟分析。

Step 1 建立部件。在 Part 模块中，执行【Part】/【Create】命令，按照所示尺寸建立名为 soil 的部件。模型左下角坐标为（0，-20）。

执行【Tools】/【Partition】命令，分隔出开挖区域的几何形状，并通过【Tools】/【Set】/【Create】命令，将整体建立集合 soil，开挖区域从上到下建立 r1、r2、r3 和 r4。

再次执行【Part】/【Create】命令，在 Create Part 对话框中将 Name 设为 wall，Modeling Space 设为 2D Planar，Type（类型）设为 Deformable，Base Feature 设为 Wire（二维的线）。单击【Continue】按钮后进入图形编辑界面，按连续墙的长度绘制一条直线，完成后单击提示区中的【Done】按钮完成部件的建立。

执行【Tools】/【Set】/【Create】命令，将连续墙建为名为 wall 的集合。

提示：

这里用梁单元来模拟连续墙，因而需创建二维的线。

Step 2 设置材料及截面特性。在 Property 模块中，执行【Material】/【Creat】命令，建立名称为 soil 的材料，执行 Edit Material 对话框中的【Mechanical】/【Elasticity】/【Porous Elastic】和【Mechanical】/【Plasticity】/【Clay Plasticity】命令，设置剑桥模型参数。

按照上述步骤，建立名为 Wall 的弹性材料。

通过环境栏上的 Part 下拉列表切换到 Wall 部件，执行【Assign】/【Beam Section Orientation】命令，按照默认设置指定梁截面的方向。设置过程中 t 方向为梁轴向方向，n_1 和 n_2 为梁截面上的方向（见图 10-31）。对于平面上的梁（本例），n_1 的方向始终为(0.0, 0.0, –1.0)，即垂直于屏幕向里。

执行【Profile】/【Create】命令，在弹出的 Create Profile 对话框中将 Shpae（形状）选择为 Rectangular，单击【Continue】按钮之后进入 Edit Profile 对话框，注意到 n_2 方向为连续墙宽度方向，因此将 b 设置为 0.9，a 设置为 1（垂直与分析平面方向）。

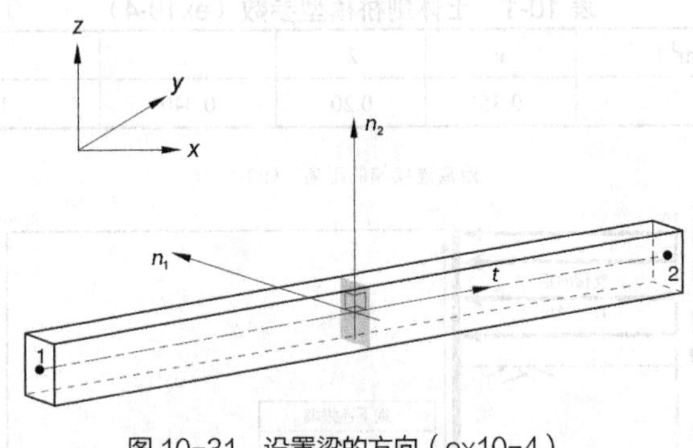

图 10-31 设置梁的方向（ex10-4）

执行【Section】/【Create】命令，在 Create Section 对话框中选择 Category 为 Solid，设置名为 soil 截面特性（对应的材料为 soil）。再次执行【Section】/【Create】命令，此时在对话框中选择 Category 为 Beam，Type 选项也选为 Beam，建立基于之前创建截面形状的 Section：wall。

执行【Assign】/【Section】命令赋给相应的区域。

Step 3 装配部件。在 Assembly 模块中，执行【Instance】/【Create】命令，建立相应的 Instance。确保连续墙在合适的位置上。

Step 4 定义分析步。在 Step 模块中，执行【Step】/【Create】命令，创建名为 geo 的 geostatic 分析步，接受所有默认选项后退出。随后依次增加名为 R1、R2、R3 和 R4 的 Static, general 静力分析步，其时间为 1.0，初始时间增量步为 0.1，接受其余默认选项。

执行【Output】/【Field Output Requests】/【Edit】命令，在 Edit Field Output Requests 对话框中增加 SFORCE（截面力和弯矩）作为输出变量。

Step 5 定义连续墙和土体之间的相互作用条件。在前面的例子中，通过设置摩擦接触考虑墙和土之间的接触，对于梁单元，同样设置会麻烦一点。这里通过在 Interaction 模块中设置连续墙和土体之间的 tie 约束来实现相似的功能。执行【Constraint】/【Create】命令，在 Create Constraint 对话框中将 Type 选为 Tie，单击 Continue 按钮继续，此时提示区出现图 10-32 所示的提示，由于这里想在梁单元表面和土体面上建立 Tie 连接，而之前并没有定义过表面（surface），因而这里应单击【Node Region】按钮，然后在屏幕上选择连续墙的节点。随后按照提示区中的提示，再次单击【Node Region】按钮将从属面的建立方法也视为由节点生成，在屏幕上选择与连续墙节点位置相同的节点，接受 Edit Constraint 对话框中的所有默认选项，确认后退出。

注意：

（1）由于连续墙和土体位置重合，读者可以采用【Tools】/【Display Group】/【Create】命令将连续墙或土体单独显示在屏幕上，便于操作。

（2）由于假设土体和连续墙之间完全连续在一起，有可能减少了地基表面的沉降。但在以连续墙的变形内力为主要研究对象的分析中，其误差一般较小。

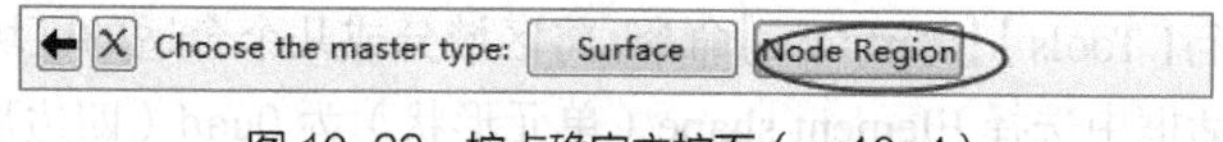

图 10-32 按点确定主控面（ex10-4）

Step 6 分步骤开挖。在 Interaction 模块中，执行【Interaction】/【Create】命令，设置选择分析步 Step 为 R1，类型为 Model change，然后单击【Continue】按钮，通过 Edit Interaction 对话框中 Region 右侧的鼠标符号确定移除的区域 soil-1.r1，确认 Activation state of region elements 为 Deactivated in this step。类似地，在分析步 R2、R3 和 R4 中移除相应区域。

Step 7 定义荷载、边界条件。在 Load 模块中，执行【BC】/【Create】命令，限定模型两侧的水平位移和模型底部两个方向的位移。应注意这些边界条件在 initial 步或 geo 分析步中就已激活生效。

执行【Load】/【Create】命令，在 geo 分析步中对土体所有区域施加体力-18，以此来模拟重力荷载。

Step 8 设置初始应力条件。在 Load 模块中，执行【Predefined Field】/【Create】命令，将 Step 选为 Initial（ABAQUS 中的初始步），类型选为 Mechanical，Type 选择 Geostatic stress（地应力场），对土体设置起点 1 的竖向应力（Stress Magnitude 1）为 0，对应的竖向坐标（vertical coordinate 1）为 20（土体表面），终点 2 的竖向应力（Stress Magnitude 2）为-720kPa，对应的竖向坐标（vertical coordinate 2）为-20，侧向土压力系数 Lateral coefficient 为 1。

Step 9 设置初始孔隙比。在 Load 模块中，执行【Predefined Field】/【Create】命令，将 Step 选为 Initial（ABAQUS 中的初始步），类型选为 Other，Type（类型）选为 Void 定义孔隙比，单击【Continue】按钮后选择 User-defined，表示孔隙比由用户子程序确定，程序文件为 ex10-4.for，其结构与 ex9-6 中基本一致，代码及说明如下：

```
SUBROUTINE VOIDRI(EZERO,COORDS,NOEL)
C
    INCLUDE 'ABA_PARAM.INC'
C
    DIMENSION COORDS(3)
C
```

```
      E1=2
C E1 是 INCL 的起点孔隙比
      Y=COORDS(2)
C 获得 y 坐标
      VSTRESS=18.*(10.-Y)+1
C 计算竖向应力，防止表面压力为 0 导致的求对数错误，加上 1 小值
      HSTRESS=1*VSTRESS
C 计算水平应力
      P=(VSTRESS+2.*HSTRESS)/3.0
C 计算平均应力
      Q=VSTRESS-HSTRESS
C 计算偏应力
      FL=0.2
C λ
      FK=0.04
C κ
      FM=1.2
C M
      EZERO=E1-FL*LOG(Q*Q/FM/FM/P+P)+FK*LOG(Q*Q/FM/FM/P/P+1.0)
C 按修正剑桥模型理论和初始应力状态确定初始孔隙比
      RETURN
      END
```

Step 10 划分网格。进入 Mesh 模块，将环境栏中的 Object 选项选为 Part，意味着网格划分是在 Part 的层面上进行的。首先选择 Part 下拉列表为 Soil，对土体进行划分。

为了便于网格划分，执行【Tools】/【Partition】命令，将区域分成几个合适的区域。执行【Mesh】/【Controls】命令，在 Mesh Controls 对话框中选择 Element shape（单元形状）为 Quad（四边形），选择 Technique（划分技术）为 Structured。执行【Mesh】/【Element Type】命令，在 Element Type 对话框中，选择 CPE4（四节点平面应变单元）作为单元类型。通过【Seed】/【Part】命令，设置网格近似尺寸为 1。执行【Mesh】/【Part】命令，划分网格。

通过下拉列表，切换到部件 Wall，选择梁单元 B21 对其进行划分，尺寸控制为 1.25，保证支撑位置处有节点。

Step 11 提交任务。进入 Job 模块，执行【Job】/【Create】命令，建立名为 ex10-4 的任务，在 Edit Job 对话框的 General 选项卡中选择用户子程序的路径。执行【Job】/【Submit】/【ex10-4】命令，提交计算。

无支撑的计算结果将在下面一起介绍。

4．有支撑时的基坑开挖模拟

支撑的主要作用是限制土体向基坑内部位移，这里采用施加位移约束的条件来实现，即假设支撑是刚性的。具体步骤如下：

Step 1 将原有的 ex10-4.cae 另存为 ex10-4-2.cae。

Step 2 进入 Step 模块，分别在 R1、R2、R3 和 R4 分析步后插入设置支撑的分析步 A1、A2、A3 和 A4 的 Static，general 静力分析步，接受所有默认设置。

Step 3 进入 Load 模块，执行【BC】/【Create】命令，在 Create Boundary Conditions 对话框中将 Step 下拉列表选为 A1，Category 选项中选择 Mechanical，Types for Selected Step 选中 Displacement/Rotation，单击【Continue】按钮后按照提示选中第一级开挖区域顶部与连续墙的交界面的节点，确认后弹出 Edit Boundary Condition 对话框，在 Method 下拉列表中选择 Fixed at Current Position，勾选 U1 和 U2 复选框，这样在后续的分析中，该节点即支撑位置处就不再移动，从而模拟支撑的作用（见图 10-33）。如果选择 Specify Constraints，则会直接指定节点的位移。

按照上述步骤，分别在 A2、A3 和 A4 分析步中施加约束条件，模拟支撑作用。

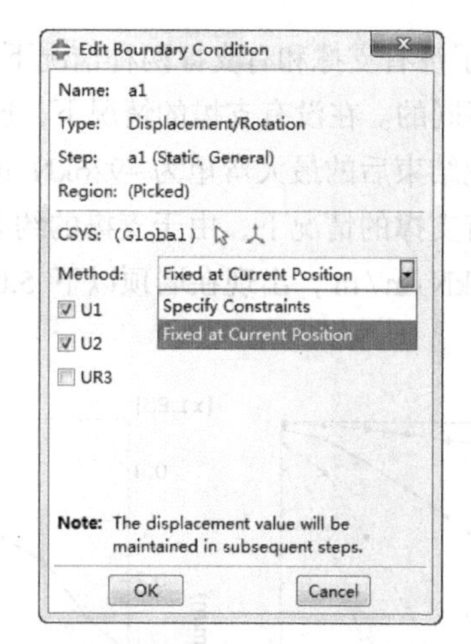

图 10-33 将支撑点固定在当前位置（ex10-4）

注意：

这里认为支撑只对后续开挖起作用，在支撑作用之前开挖的土体应力全部释放，这样对于模拟基坑稳定性是偏于安全的。

Step 4 进入 Job 模块，执行【Job】/【Rename】命令，将任务改名为 ex10-4-2，执行【Job】/【Submit】命令提交计算。

5. 结果处理

Step 1 进入 Visualization 后处理模块，打开相应的计算结果数据库文件。检查初始条件设置是否正确。

Step 2 执行【Tools】/【Path】/【Create】命令，将连续墙从上到下建立相应的路径 Path，以便进行结果处理。

Step 3 图 10-34 给出了没有采用支撑加固时各级开挖后的连续墙水平位移。由图可见，本例参数设置下连续墙向基坑内侧位移，墙顶位移最大，墙底位移最小，呈现出类似悬臂梁的变形模式。而有支撑的情况则有明显区别（见图 10-35），在第一级开挖完成之后，由于支撑还未施工，此时连续墙的变形模式和没有支撑的情况是完全一致的，即墙端有自由的水平位移。当第一级支撑 S1 施工之后，第二级开挖时在支撑点的位置地下连续墙和土体就不能产生变形了，此时支撑下部的墙体位移开始增加，由类似于"踢脚"变形模式产生。第三步和第四步开挖的情况也是类似的，最终墙体水平位移远小于无支撑时的情况，而且两者的位置也是不一样的。当然，这和墙的嵌入深度有关系。

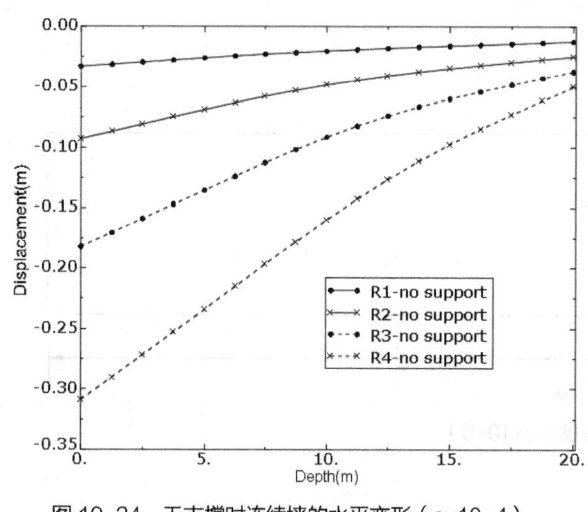

图 10-34 无支撑时连续墙的水平变形（ex10-4）

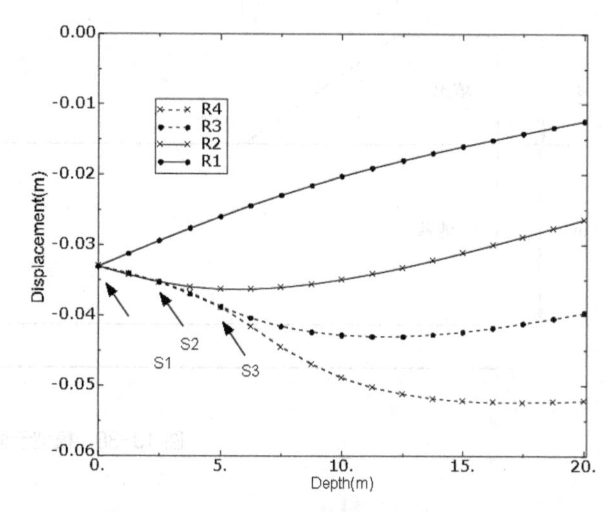

图 10-35 有支撑时连续墙的水平变形（ex10-4）

Step 4　图 10-36 和图 10-37 比较了没有支撑和有支撑两种情况下连续墙的弯矩（SM）分布。计算结果表明，这两种情况下的弯矩也是截然不同的。在没有支撑的情况下，连续墙主要是单侧受弯，随着开挖的进行，最大弯矩位置逐渐下移。基坑开挖结束后的最大弯矩为 –926kN·m / m，出现在墙顶以下 13.75m。弯矩为负代表墙体基坑外一侧受拉。而在有支撑的情况下，由于支撑的约束作用，基坑内侧也出现了受拉现象，正负弯矩大小较均匀，最大弯矩为 420kN·m / m，出现在墙顶以下 5.0m 处。这些弯矩的分布特点是与变形模式密不可分的。

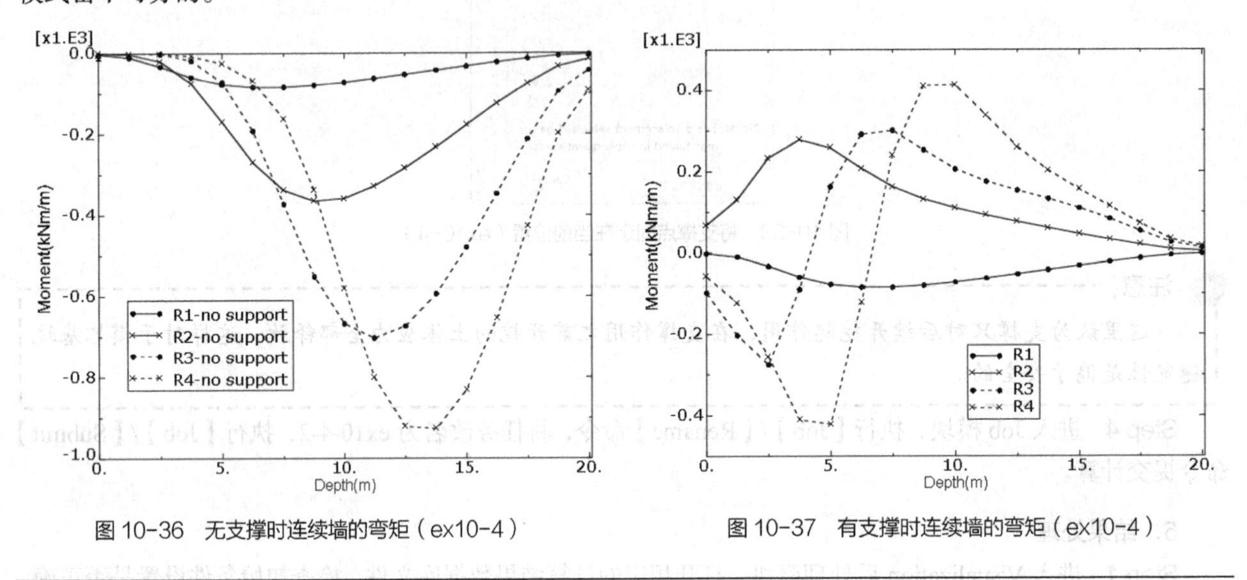

图 10-36　无支撑时连续墙的弯矩（ex10-4）　　图 10-37　有支撑时连续墙的弯矩（ex10-4）

10.2.5　堆载预压模拟

1. 问题描述

本算例研究分级填土加载下地基的固结沉降，考虑到对称性，取图 10-38 所示的半幅路堤及地基。路堤顶宽 6.0m，路堤边坡 1：1.5，高 6.0m，分三级加载，每级加载 2.0m，填土重度 $\gamma = 20\text{kN}/\text{m}^3$。加载过程线如图 10-39 所示。地基为正常固结饱和软土，$\gamma_{\text{sat}} = 18\text{kN}/\text{m}^3$，厚 10.0m，地下水位于地基表面，软土层下为不透水的基岩，顶面自由排水，土体分析区域宽度取 60.0m。土体参数如表 10-2 所示。

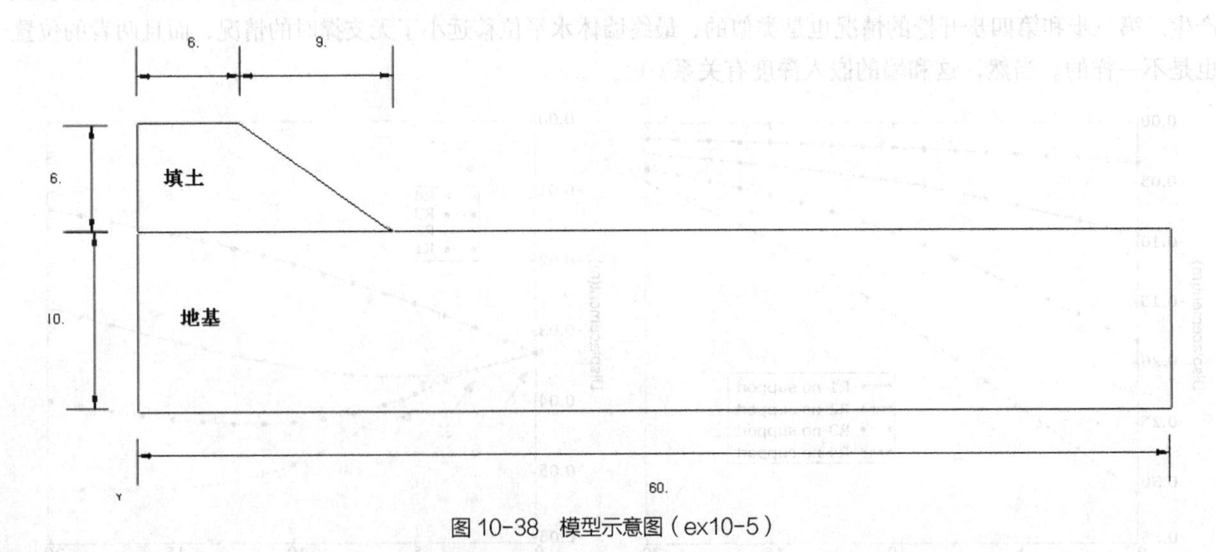

图 10-38　模型示意图（ex10-5）

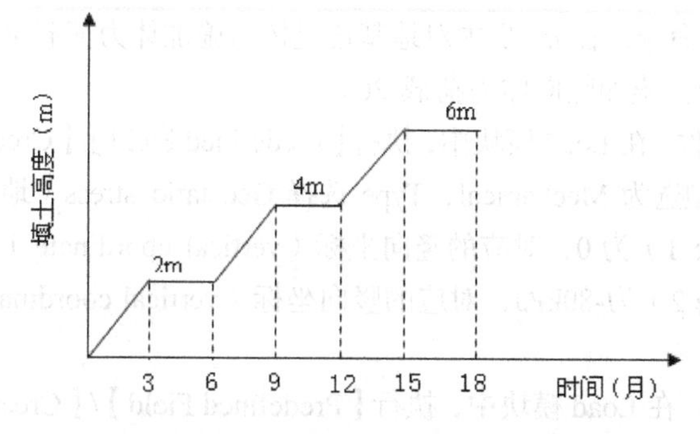

图 10-39 堆载过程曲线（ex10-5）

表 10-2 材料参数（ex10-5）

材料	模型	排水条件	c'（kPa）	φ'（°）	ψ'（°）	E（MPa）	ν	λ	κ	M	e_1	$k\times10^{-3}$（m/d）
路堤填土	MC	完全排水	1	40	15	20	0.20					
地基土	MCC	固结					0.33	0.22	0.022	1.20	2.0	4.32

注：MC 为 Mohr-Coulomb 模型，MCC 为 Modified Cam Clay 模型。

2. 算例学习重点

- 分级堆载的模拟。
- 堆载速率对稳定性的影响。

3. 模型建立

Step 1 建立部件。在 Part 模块中执行【Part】/【Creat】命令，按照模型尺寸建立一个名为 Part-1 的 part。模型左下角坐标为（0，0）。执行【Tools】/【Partion】命令，将填土和地基分开，并将填土分成 2.0m 一级的 3 个区域。执行【Tools】/【Set】/【Create】命令，将地基土建立集合 ground，三级填土从下到上分别建立名为 fill-1、fill-2 和 fill-3 的集合。

Step 2 设置材料和截面特性。在 Property 模块中，执行【Material】/【Creat】命令，分别建立名称为 ground 和 fill 的材料。这里填土选择莫尔库伦材料，地基土采用修正剑桥模型，并设置渗透系数。执行【Section】/【Create】命令，设置名称为 fill 和 ground 的截面 section，并执行【Assign】/【Section】命令赋给相应的区域。

Step 3 装配部件。在 Assembly 模块中，执行【Instance】/【Create】命令，建立相应的 Instance。

Step 4 定义分析步。在 Step 模块中首先建立名为 ini 的 Geostatic 分析步，然后依次建立 6 个 soils 瞬态分析步，即 fill-1、con-1、fill-2、con-2、fill-3、con-3，对应分级加载及固结过程，各荷载步时间总长均为 90 天。时间增量步采用自动搜索功能，初始时间增量步长为 1 天，UTOL 选项选 5kPa，其余均采用默认值。在 Edit Step 对话框的 Other 选项卡中，将荷载随时间的变化选项的单选按钮选为 Ramp linear over step，这样才能实现线性加载。由于填土采用莫尔库伦模型，需选择非对称算法。

Step 5 定义分级加载。为了模拟分级填土施工，在第一个分析步中移除所有填土网格，随后在后续分析步中逐一激活。在 Interaction 模块中，执行【Interaction】/【Create】命令，设置选择分析步 Step 为 ini，类型为 Model change，然后单击【Continue】按钮，通过 Edit Interaction 对话框中 Region 右侧的鼠标符号确定移除所有填土区域，确认 Activation state of region elements 为 Deactivated in this step。再次执行【Interaction】/【Create】命令，选择分析步为 fill-1，将第一级填土在该分析步中激活 Reactivated in this step。类似地，在 fill-2 和 fill-3 中激活相应区域。

Step 6 定义荷载、边界条件。在 Load 模块中，执行【BC】/【Create】命令，在 ini 载荷步中对模型设置相应的边界条件：固定模型底边的所有位移，约束模型左右两侧的水平位移，并将分析一开始地基顶面的孔压边界设为 0。

执行【Load】/【Create】命令，在 ini 步中对地基通过体力施加体力荷载-8，在 load-1、load-2 和 load-3 步中分别对第一、二、三层填土施加竖向体力荷载-20。

Step 7 设置初始应力条件。在 Load 模块中，执行【Predefined Field】/【Create】命令，将 Step 选为 Initial（ABAQUS 中的初始步），类型选为 Mechanical，Type 选择 Geostatic stress（地应力场），对土体设置起点 1 的竖向应力（Stress Magnitude 1）为 0，对应的竖向坐标（vertical coordinate 1）为 10（地基表面），终点 2 的竖向应力（Stress Magnitude 2）为-80kPa，对应的竖向坐标（vertical coordinate 2）为 0，侧向土压力系数 Lateral coefficient 为 0.5。

Step 8 设置初始孔隙比。在 Load 模块中，执行【Predefined Field】/【Create】命令，将 Step 选为 Initial（ABAQUS 中的初始步），类型选为 Other，Type（类型）选为 Void 定义孔隙比，单击【Continue】按钮后选择 User-defined，表示孔隙比由用户子程序确定，程序文件为 ex10-5.for，其结构与上一例中基本一致，这里不再赘述。

Step 9 划分网格。在 Mesh 模块中，将环境栏中的 Object 选项选为 Part，意味着网格划分是在 Part 的层面上进行的。执行【Mesh】/【Element Type】命令，对填土区域选择单元 CPE4，对地基区域选择单元 CPE4P，划分的网格如图 10-40 所示。

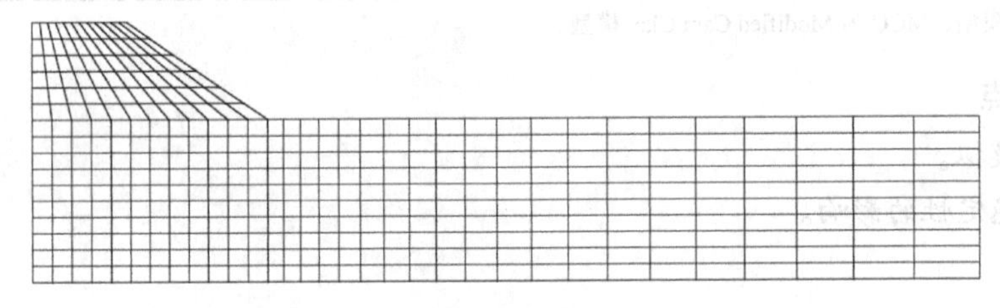

图 10-40 有限元网格(ex10-5)

Step 10 提交任务。在 Job 模块中，建立并提交任务 ex10-5。注意需在 Edit Job 对话框的 General 选项卡中选择定义初始孔隙比的用户子程序 ex10-5.for。

4. 结果分析

Step 1 进入 Visualization 后处理模块，打开相应的计算结果数据库文件。执行【Options】/【Common】命令，在 Common Plot Options 对话框的 Basic 选项卡中将 Visible Edges 选项设为 Feature edges，单击【OK】按钮后退出，这样可隐去单元网格线。执行【Result】/【Field Output】命令，分别绘出最终的水平位移和竖向位移等值线图，如图 10-41 和图 10-42 所示。计算结果表明，水平位移最大值为 0.78m，发生在坡脚处。对于分级加载的情况，最大沉降并不是出现在填土表面的。ABAQUS 的单元生死很好地反映了这一点，图 10-42 表明竖向位移最大值为 2.0m，发生在路堤第一级填土的中部。

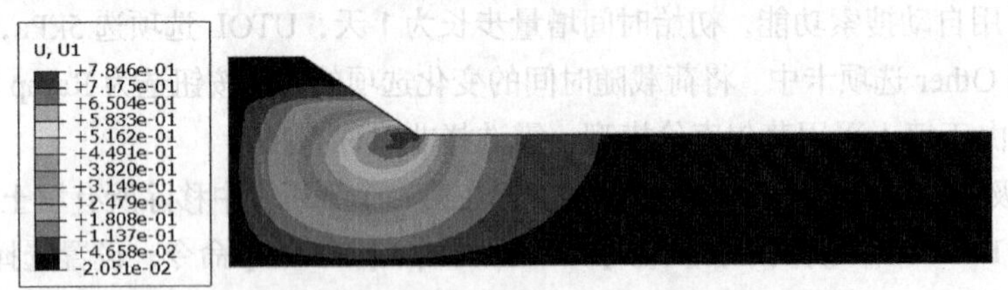

图 10-41 计算终止时的水平位移等值线云图(ex10-5)

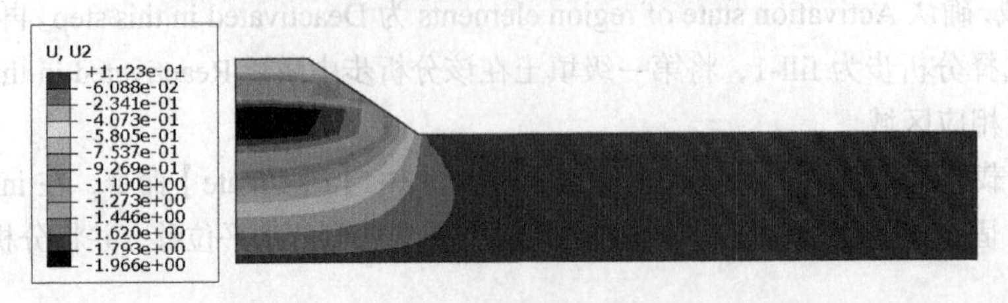

图 10-42 计算终止时的沉降等值线云图(ex10-5)

Step 2 执行【Tools】/【Display group】/【Create】命令，只显示地基，绘出计算终止时孔压场的分布，如图 10-43 所示。最大孔压发生在路堤中心线处的土层底部，为 6.57kPa。这是因为该处收到的压缩作用较大，且到顶面排水边界距离最远，孔压消散最难。为进一步反映孔压的变化，执行【Tools】/【XY Data】/【Create】命令，将土层底部靠近中心线节点的孔压变化绘制于图 10-44 中，可见孔压的变化和加载过程是有比较好的相关性的，加载分析步中孔压上升，固结分析步中孔压消散。

图 10-43 计算终止时的孔压分布(ex10-5)

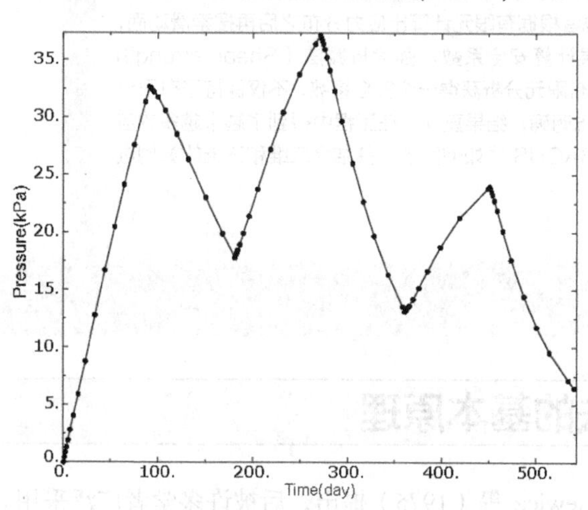

图 10-44 土层底部孔压变化曲线(ex10-5)

Step 3 有趣的是，如果将第一级加载（load-1 分析步）的时间调整到 30 天（ex10-5-2.cae），土体渗透系数降低一个数量等级，其余参数保持不变，我们会发现，计算到 fill-1 的第 34 级增量步就会出现不能收敛的情况。在计算终止的水平位移等值线图绘制中（见图 10-45），我们可以发现，路堤及地基中出现了明显的滑动面，这意味着若加载过快，且土体的渗透较低的情况下，土体的强度得不到有效增长，出现承载力破坏的情况。读者可以自行比较两种情况下屈服面大小的变化、坡脚水平位移的变化曲线等。

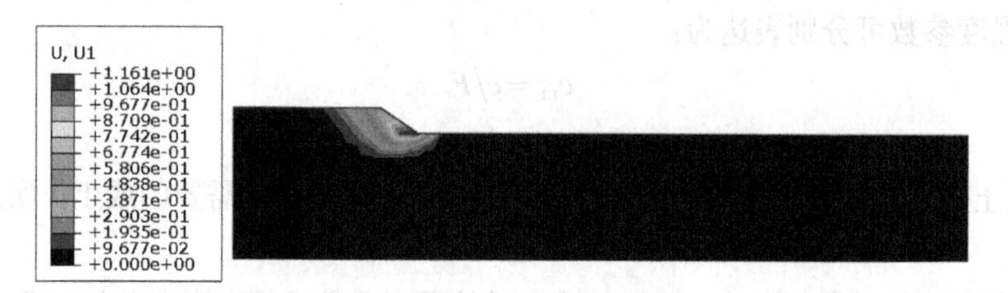

图 10-45 快速加载下的路堤水平位移（ex10-5）

10.3 本章小结

本章首先介绍了 ABAQUS 中的单元生死功能，然后结合隧道开挖、基坑开挖和分级堆载等问题进行了详细介绍，并分析了模拟方式和材料模型对计算结果的影响，读者在阅读时还可结合算例加深对初始条件的设置、随场变量变化的材料参数等内容的理解。

第11章 边坡稳定性分析

本章导读

边坡稳定性分析一直是岩土工程中的重要研究领域。目前边坡稳定性的分析方法主要可以分极限平衡法和有限元（或有限差分）方法两大类。极限平衡分析方法以安全系数来评价边坡的稳定性，其原理简单，物理意义明确，是最重要、最常用和最直观的稳定性评价指标。在以往的有限元分析中，通常都是根据边坡的位移场、应力场、塑性区等来间接评价边坡稳定性，或者根据有限元计算出应力分布之后再搜索滑动面，根据滑动面上的单元应力计算结果计算安全系数。强度折减法（Shear strength reduction technique）可直接通过有限元分析获得一个安全系数，不仅保持了有限元在模拟复杂问题上的优点，而且概念明确，结果直观，在工程中得到了越来越多的应用。本章主要介绍强度折减法在 ABAQUS 中如何实现，并结合二维和三维的算例进行详细介绍。

本章要点

- 强度折减法的基本原理
- 强度折减法在 ABAQUS 中的实现方法
- 二维及三维算例

11.1 强度折减法的基本原理

强度折减法最早由 Zienkiewicz 等（1975）提出，后被许多学者广泛采用。他们提出了一个抗剪强度折减系数（SSRF：Shear Strength Reduction Factor）的概念，其定义为：在外荷载保持不变的情况下，边坡内土体所能提供的最大抗剪强度与外荷载在边坡内所产生的实际剪应力之比。在极限状况下，外荷载所产生的实际剪应力与抵御外荷载所发挥的最低抗剪强度即按照实际强度指标折减后所确定的、实际中得以发挥的抗剪强度相等。当假定边坡内所有土体抗剪强度的发挥程度相同时，这种抗剪强度折减系数相当于传统意义上的边坡整体稳定安全系数 F_s，又称为强度储备安全系数，与极限平衡法中所给出的稳定安全系数在概念上是一致的。

折减后的抗剪强度参数可分别表达为：

$$c_m = c/F_r \tag{11-1}$$

$$\varphi_m = \arctan(\tan\varphi/F_r) \tag{11-2}$$

式中，c 和 φ 是土体所能够提供的抗剪强度；c_m 和 φ_m 是维持平衡所需要的或土体实际发挥的抗剪强度；F_r 是强度折减系数。

计算中假定不同的强度折减系数 F_r，根据折减之后的强度参数进行有限元分析，观察计算是否收敛。在整个计算过程中不断增加 F_r，达到临界破坏时的强度折减系数 F_r 就是边坡稳定安全系数 F_s。目前判断土坡达到临界破坏的评价标准主要有这样几种：

- 以数值计算收敛与否作为评价标准，其与有限元的算法有关。
- 以特征部位的位移拐点作为评价标准。
- 以是否形成连续的贯通区作为评价标准。

11.2 强度折减法在 ABAQUS 中的实现

目前一些数值计算软件，如 FLAC 等，已经内置了强度折减法。ABAQUS 中虽然没有提供该种方法，但实现起来是相当简单的。

从强度折减法的基本原理来看，其基本实质就是材料的 c 和 φ 逐渐降低，导致某单元的应力无法和强度配套，或超出了屈服面，其不能承受的应力将逐渐转移到周围土体单元中去，当出现连续滑动面（屈服点连成贯通面）之后，土体就将失稳。而在 ABAQUS 中，材料的参数是可以随场变量变化的，我们可以很简单地实现强度参数减小的过程。具体步骤为：

Step 1 定义一个场变量，通常就将其取为强度折减系数 F_r。

Step 2 定义随场变量变化的材料模型参数。

Step 3 在分析开始指定场变量的大小，并对模型施加重力（体力）荷载，建立平衡应力状态。为了避免在这个时候破坏，F_r 可取得较小，如 $F_r<1$，即放大了强度。

Step 4 在后续分析步中线性增加场变量 F_r，计算中止（数值不收敛）后对结果进行处理，按照失稳评价标准确定安全系数。

11.3 算例

11.3.1 二维均质土坡稳定性分析

1. 问题描述

这里选择 Dawson 等（1999）分析的一个均质土坡作为算例。该算例已被很多学者用很多方法（如 FLAC 等）进行了验证性分析，因而该算例的计算结果好坏可以反映 ABAQUS 是否能使用强度折减法计算安全系数。如图 11-1 所示，有一高 $H=10.0\text{m}$，坡角 $\beta=45°$ 的均质土坡，土体容重为 $\gamma=20\text{kN}/\text{m}^3$，黏聚力 $c=12.38\text{kPa}$，摩擦角 $\varphi=20°$。若按极限平衡法分析，本算例中的土坡稳定安全系数应为 1.0。

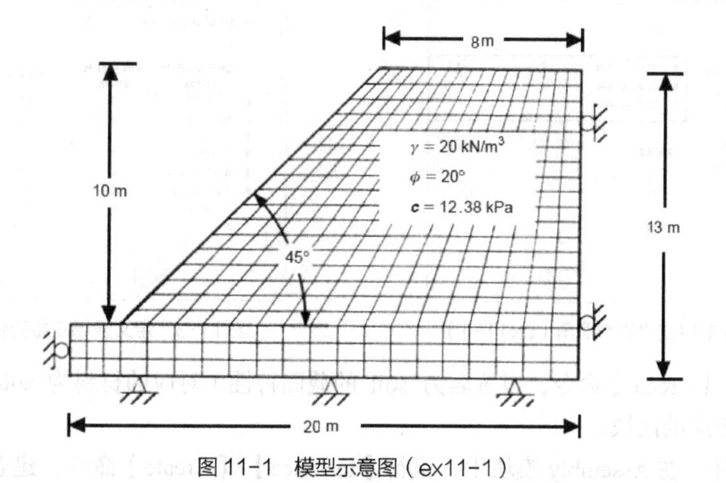

图 11-1 模型示意图（ex11-1）

2. 算例学习重点

- 设置与场变量相关的强度参数。
- 强度的折减。
- 极限状态的判断标准。

3．模型建立与求解

Step 1 建立部件。在 Part 模块中，执行【Part】/【Create】命令，在弹出的 Create Part 对话框中，将 Name 设为 Slope，Modeling Space 设为 2D Planar，Type（类型）设为 Deformable，Base Feature 设为 Shell（二维的面）。单击【Continue】按钮后进入图形编辑界面，按所示形状绘制边坡几何轮廓，完成后单击提示区中的【Done】按钮完成部件的建立。

执行【Tools】/【Set】/【Create】命令，选择全部区域，建立名为 slope 的集合。

Step 2 设置材料及截面特性。在 Property 模块中，执行【Material】/【Creat】命令，建立名称为 soil 的材料，执行 Edit Material 对话框中的【Mechanical】/【Elasticity】/【Elastic】命令设置弹性模型参数，这里假设弹性模量 $E = 100\text{MPa}$，泊松比 $\nu = 0.35$。读者可变化弹性参数，检查其对计算结果的影响。

继续在 Edit Material 对话框中执行【Mechanical】/【Plasticity】/【Mohr Coulomb Plasticity】命令，这里需要指定材料的 c，φ 值随场变量变化，因此需在 Plasticity 选项卡中将 Number of field variables 设为 1（见图 11-2），然后设置随场变量变化的摩擦角（Friction Angle）和剪胀角（Dilation Angle）。这里场变量取为强度折减系数（或安全系数），其在 0.5~2 之间变化。类似地，在 Cohesion 选项卡中，按图 11-3 中的数据设置随场变量变化的黏聚力（Cohesion Yield Stress）。

注意：

（1）这里假设剪胀角等于 0。

（2）由于摩擦角随场变量不是线性变化的，即 $\varphi_{\text{m}} = \arctan(\tan\varphi / F_{\text{r}})$，这里通过分段直线模拟。

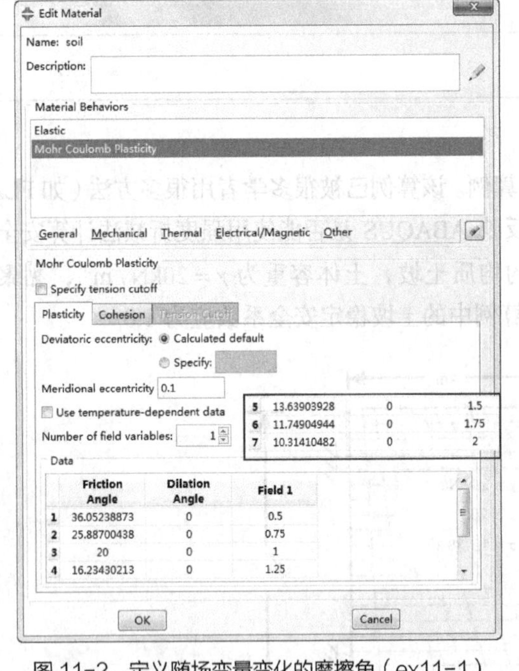

	Friction Angle	Dilation Angle	Field 1
1	36.05238873	0	0.5
2	25.88700438	0	0.75
3	20	0	1
4	16.23430213	0	1.25
5	13.63903928	0	1.5
6	11.74904944	0	1.75
7	10.31410482	0	2

图 11-2 定义随场变量变化的摩擦角（ex11-1）

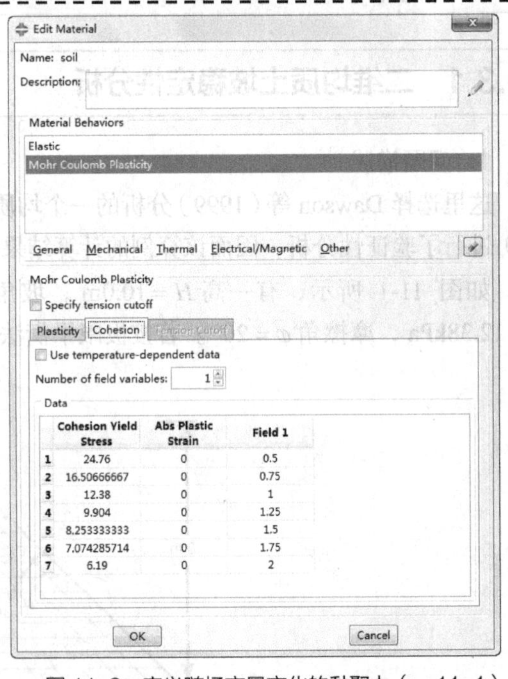

	Cohesion Yield Stress	Abs Plastic Strain	Field 1
1	24.76	0	0.5
2	16.50666667	0	0.75
3	12.38	0	1
4	9.904	0	1.25
5	8.253333333	0	1.5
6	7.074285714	0	1.75
7	6.19	0	2

图 11-3 定义随场变量变化的黏聚力（ex11-1）

执行【Section】/【Create】命令，设置名为 soil 的截面特性（对应的材料为 soil），并执行【Assign】/【Section】命令赋给相应的区域。

Step 3 装配部件。在 Assembly 模块中，执行【Instance】/【Create】命令，建立相应的 Instance。

Step 4 定义分析步。在 Step 模块中，执行【Step】/【Create】命令，在弹出的 Create Step 对话框中设定名字为 Load，分析步类型选为 Static, general（通用静力分析步），单击【Continue】按钮进入 Edit Step 对话框，在 Incrementation 选项卡中将初始增量步设置为 0.1；切换到 Other 选项卡，在 Equation Solver Method 区域中将 Matrix storage 设为 Unsymmetric，即非对称分析，接受其余默认选项后退出。

按照上述步骤，再建立一个名为 Reduce 的静力分析步，在这一步中强度将折减。

执行【Output】/【Field Output Requests】/【Edit】/【F-Output-1】命令对默认的结果输出进行修改，在弹出的 Edit Field Output Request 对话框中拖动右侧的滑动条，找到位于对话框下方的 State/Field/User/Time 中的 FV，将其增加到输出结果中。

注意：

Mohr-Coulomb 模型应用非对称算法。

Step 5 定义荷载、边界条件。在 Load 模块中，执行【BC】/【Create】命令，限定模型两侧的水平位移和模型底部两个方向的位移。应注意这些边界条件在 initial 步或 load 分析步中就已激活生效。

执行【Load】/【Create】命令，在 Load 分析步中对土坡所有区域施加体力-20，依次来模拟重力荷载。

Step 6 划分网格。进入 Mesh 模块，将环境栏中的 Object 选项选为 Part，意味着网格划分是在 Part 的层面上进行的。

为了保证网格密度和 Dawson 进行的分析中一致，执行【Tools】/【Partition】命令，在 Create Partition 对话框中将 Type 选为 Face（分隔面），Method 选为 Sketch（画线分隔），将土坡分为图 11-4 所示的几个区域。执行【Mesh】/【controls】命令，在 Mesh controls 对话框中选择 Element shape（单元形状）为 Quad（四边形），选择 Technique（划分技术）为 Sweep。执行【Mesh】/【Element Type】命令，在 Element Type 对话框中，选择 CPE4（四节点平面应变单元）作为单元类型。执行【Seed】/【Edge by number】命令，按图 11-4 所示设置网格密度。执行【Mesh】/【Part】命令，单击提示区中的【Yes】按钮，对模型进行网格剖分。

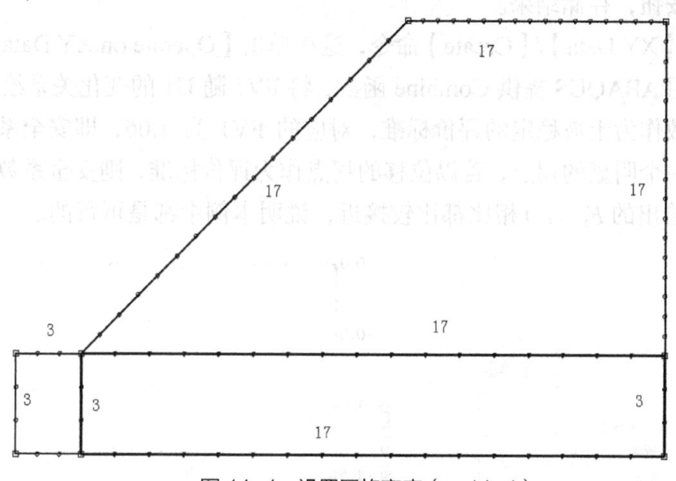

图 11-4 设置网格密度（ex11-1）

Step 7 修改模型输入文件，控制场变量变化。执行【Model】/【Edit Keywords】/【Model-1】命令，弹出 Edit keywords，Model：Model-1 对话框，滚动右侧的滑动条，找到第一个分析步的定义语句：

```
*Step, name=Load, unsymm=YES
*Static
0.1, 1., 1e-05, 1.
```

在以上语句之前插入如下语句：

`*initial conditions, type=field, variable=1`：variable 指定了场变量的名字，ABAQUS 中场变量命名编号必须从 1 开始。

`slope-1.slope,0.5`：slope-1.slope 是点集合名称，0.5 为场变量（这里就为强度折减系数）的初始值。

找到第二个分析步的语句：

```
*Step, name=Reduce, unsymm=YES
*Static
0.1, 1., 1e-05, 1.
```

在以上语句之后插入如下语句：

```
*Field, VARIABLE=1
slope-1.slope,2;
```

在 Reduce 分析步中将场变量变化为 2。

修改完成后单击【OK】按钮退出。

Step 8 提交任务。进入 Job 模块，执行【Job】/【Create】命令，建立名为 ex11-1 的任务。执行【Job】/【Submit】/【ex11-1】命令，提交计算。

4．结果分析

Step 1 进入 Visualization 后处理模块，打开相应的计算结果数据库文件。本算例在第二个分析步的 0.371831 时无法收敛，计算终止。这是因为强度折减到某一程度之后，土体就已经失稳。下面来分析安全系数和滑动面。

Step 2 分析安全系数。执行【Tools】/【XY Data】/【Create】命令，在弹出的 Create XY Data 对话框中选中 ODB Field Output 单项按钮，单击【Continue】按钮，弹出 XY Data from ODB Field Output 对话框。这里我们只关心第二个分析步（即强度折减分析步）中的结果，单击对话框右上方的【Active Steps/Frames】按钮，弹出 Active Steps/Frames 按钮，取消对话框下方第一个分析步 Load 之前的绿色勾号（见图 11-5），确认回到 XY Data from ODB Field Output 对话框，在 Position 下拉列表中选择 Unique Nodal，选择 FV1 和 U1（场变量和 x 方向位移）作为输出变量，切换到 Elements/Nodes 选项卡，将 Method 选为 Picked from Viewport，单击【Edit Selection】按钮，在屏幕上选择边坡坡面左上角的顶点，确认后回到 XY Data from ODB Field Output 对话框，单击【Save】按钮，存储结果。

再次执行【Tools】/【XY Data】/【Create】命令，这次单击【Operate on XY Data】按钮，进入到 Operate on XY Data 对话框，利用 ABAQUS 提供 Combine 函数，将 FV1 随 U1 的变化关系绘制于图 11-6 中。由图可见，若以数值计算不收敛作为土坡稳定的评价标准，对应的 FV1 为 1.06，即安全系数 $F_s = 1.06$。同时注意到顶部节点水平位移有一个明显的拐点，若以位移的拐点作为评价标准，则安全系数为 $F_s = 0.99$。这两个数值与极限平衡分析方法给出的 $F_s = 1.0$ 相比都比较接近，说明本例中都是可行的。

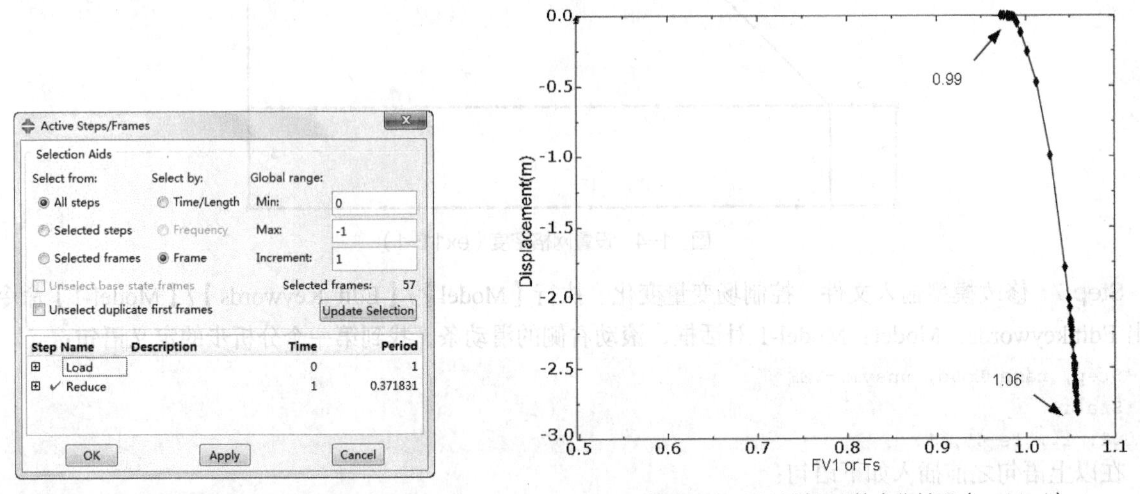

图 11-5 选择合适的分析步/帧的计算结果（ex11-1）

图 11-6 FV1 随 U1 的变化关系（ex11-1）

Step 3 塑性应变的分布。执行【Result】/【Field Output】命令，将第二个分析步中 t=0.2938 和 t=0.3213 的 PEMAG（塑性应变量值）分别绘制于图 11-7 和图 11-8 中。这两个图清楚地表明了土坡失稳的过程，即一开始是土坡坡脚出现屈服，然后向上延伸，直到 t=0.3213 时出现了塑性区的贯通现象，对应的安全系数为 $F_s = 0.98$，这和前面两种判断标准得到的安全系数差不多，尤其是和位移拐点方法很接近。这是因为塑性区贯通之后位移自然快速增加，而计算并不一定不收敛。

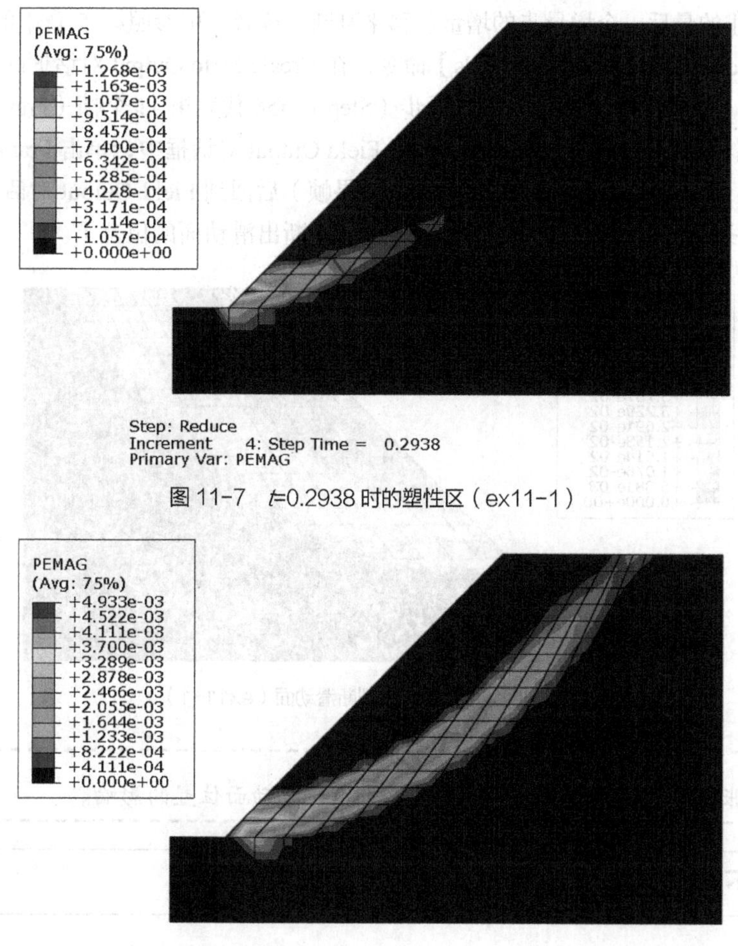

图 11-7　t=0.2938 时的塑性区（ex11-1）

图 11-8　t=0.3213 时的塑性区（ex11-1）

Step 4　滑动面位置。实际上从上一步塑性应变的分布就可确定出滑动面的位置。这里也可以通过位移等值线分布图来确定。执行【Result】/【Field Output】命令，将计算终止时的位移等值线云图绘制于图 11-9 中。由图可以很清楚地判断出滑动面的位置，其与极限平衡分析法中的一样，呈大致的圆弧状，并且通过坡角点。

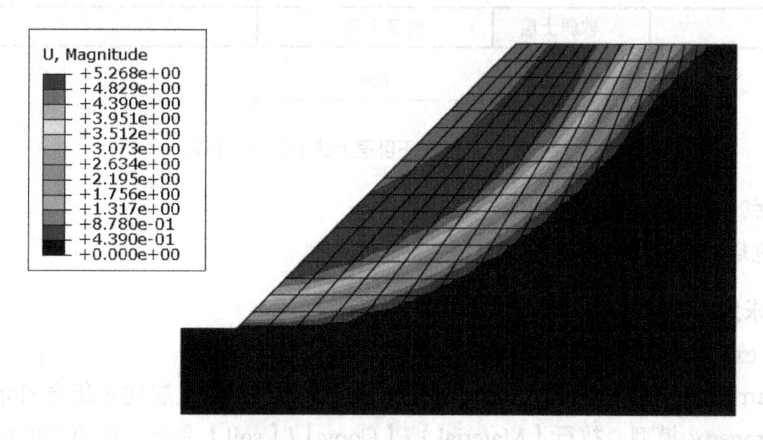

图 11-9　位移等值线云图(ex11-1)

Step 5　通过增量位移分布确定破坏面。然而，在某些情况下，根据总位移等值线无法判断滑动面位置。

此时可以通过计算终止的最后一个增量步的增量位移来判断（读者也可参照第 5 章中的例子），具体为执行【Tools】/【Create Field Output】/【Froms Fields】命令，在 Create Field Output 对话框的 Expression 输入框中设置 S2f56U-S2f55U，这里的 S2 代表第二个分析步（Step），f56 代表第 11 个帧（Frame），确认后退出。

执行【Result】/【Field Output】命令，在弹出的 Field Output 对话框中，单击 Frame 右侧的按钮弹出 Steps/Frames 对话框，选中 Session Step（之前定义的结果帧）后回到 Field Output 对话框，选择位移作为输出变量，将增量等值线云图绘制于图 11-10 中，此时就可判断出滑动面的位置了。

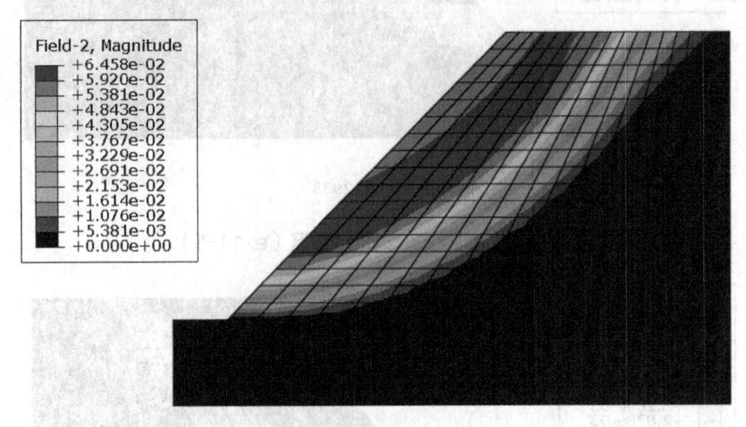

图 11-10　用增量位移判断滑动面（ex11-1）

提示：

读者可改变剪胀角等模型参数，观察其对安全系数、滑动面位置的影响。

11.3.2　含软弱下卧层的边坡稳定分析

1. 问题描述

将 ex11-1 中的边坡向左右两侧各延伸 20m（见图 11-11），软弱土层分布也标识在图中。软土的黏聚力为 10kPa，摩擦角为 0°。本例 cae 文件为 ex11-2.cae。

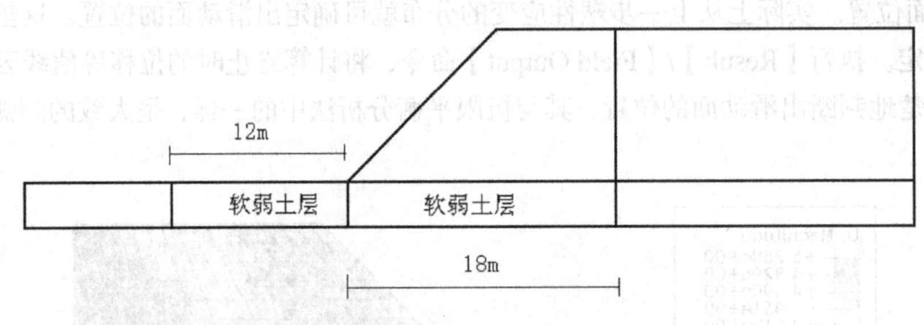

图 11-11　软弱夹下卧层上的土坡(ex11-2)

2. 算例学习重点

- 软弱土层对边坡稳定性的影响。

3. 模型建立与求解

Step 1　将原有 ex11-1.cae 另存为 ex11-2.cae。

Step 2　进入 Part 模块， 按照所给尺寸重新建立部件，并将所有土层建立集合 slope。

Step 3　进入 Property 模型。执行【Material】/【Copy】/【soil】命令，将原有的材料 soil 复制为材料 soft，执行【Material】/【Copy】/【Edit】命令，将 soft 的弹性模量设为 10MPa，摩擦角保持为 0°，黏聚力设为：40kPa（FV1=0.25），20kPa（FV1=0.5）、10kPa（FV1=1）、5kPa（FV1=2）。由于软弱土层的存在，为

了保证得到一个平衡稳定的折减起点，分析一开始将强度提高到原来的 4 倍。执行【Material】/【Edit】/【Soil】命令，在摩擦角和黏聚力的数据中增加 FV1=0.25 时的数值。

Step 4 定义相应的截面特性并赋给相应区域。

Step 5 进入 Load 模块。由于部件变动，这里需要重新定义所有的边界和荷载条件。

Step 6 进入 Mesh 模块。单元依然选择 CPE4，重新划分网格，如图 11-12 所示。

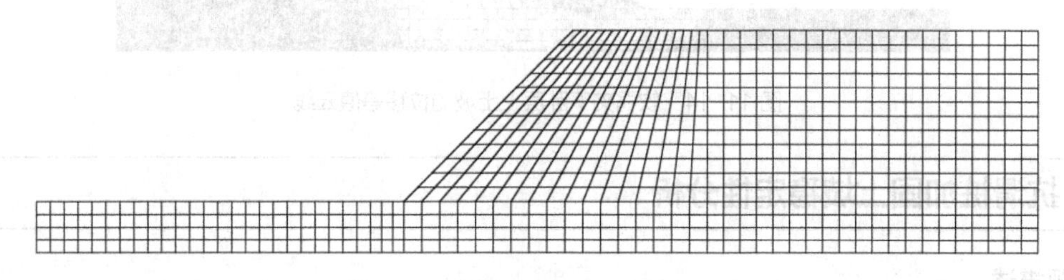

图 11-12 软弱夹下卧层上土坡的网格划分

Step 7 执行【Model】/【Edit Keywords】/【Model-1】命令，将定义场变量的语句改为：

```
*initial conditions, type=field, variable=1
slope-1.slope,0.25
```

将分析步 Reduce 中改变场变量的语句改为：

```
*Field, VARIABLE=1
slope-1.slope,1
```

本例中安全系数不会大于 1，为节省计算时间，折减系数取得小一些。

修改完成后单击【Ok】按钮退出。

Step 8 提交任务。进入 Job 模块，建立并提交名为 ex11-2 的任务。

4．结果分析

Step 1 进入 Visualization 后处理模块，打开相应数据库。

Step 2 图 11-13 是土层顶部节点 FV1 和 U1 的关系曲线，位移拐点对应的安全系数为 0.57 左右。

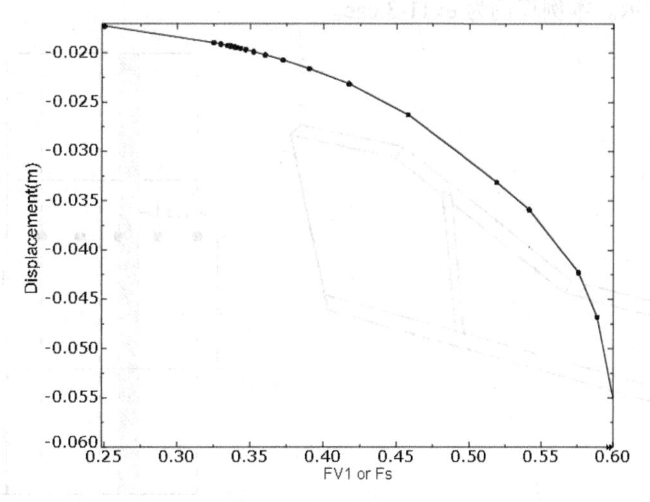

图 11-13 软弱夹下卧层土坡的安全系数(ex11-2)

Step 3 图 11-14 给出了计算结束后的位移等值线云图。计算结果很好地模拟了有软弱下卧层的滑动趋势，即有部分滑动面沿着软弱下卧层水平方向，整个滑动面呈两端圆弧中间直线的复合状，与一般规律相吻合，这说明强度折减法无须预先假设滑动面位置。

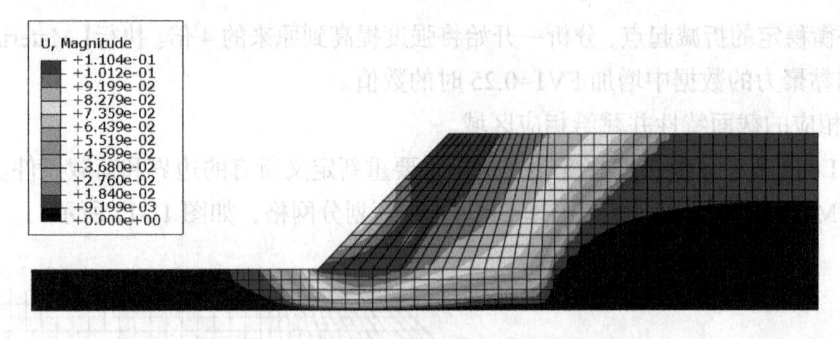

图 11-14　软弱夹下卧层上土坡的位移等值云线

11.3.3　抗滑桩加固土坡稳定性分析

1．问题描述

目前国内外滑坡灾害防治技术措施包括卸荷、压坡角、坡面防护、抗滑桩、锚杆、预应力锚索、综合加固等方法，在很多大型滑坡灾害防治工程中往往同时采用一种或多种防治措施，其中抗滑桩是应用较多的一种加固技术。随着滑坡防治实践的不断丰富和工程经验的积累，人们已经意识到事先预防滑坡的重要性，对不稳定或欠稳定滑坡采用抗滑桩等预加固措施是非常有效的。

抗滑桩加固土坡的稳定性分析，特别是桩土相互作用的土拱效应等，多年来已吸引许多研究者的兴趣。目前其分析方法可大致分为两类：基于土压力/位移分析的极限平衡法和有限单元/有限差分数值计算方法。采用数值方法对抗滑桩-边坡系统的稳定性分析，可对边坡土体和抗滑桩分别进行单元离散，用弹塑性对其进行应力和变形进行分析，反映桩土之间相互作用的真实机理，是一个耦合的计算方法。

本小节将对一采用抗滑桩加固的边坡进行三维有限元分析。如图 11-15 所示，有一无限长的土质边坡采用抗滑桩加固，坡高为 10.0m，坡度为 1：1.5，桩位置距离坡角为 10.5m，桩长为 15.5m，桩径为 0.8m，桩间距为 3.2m，桩端距离土体底部 2.0m。由于抗滑桩的存在，本问题不能简化为平面应变问题分析。这里利用对称，取图 11-15 中的阴影部分进行分析。分析中土体采用理想线弹塑性 Mohr-Coulomb 模型，桩为弹性材料，桩土参数如下表所示。本例算例为 ex11-3.cae。

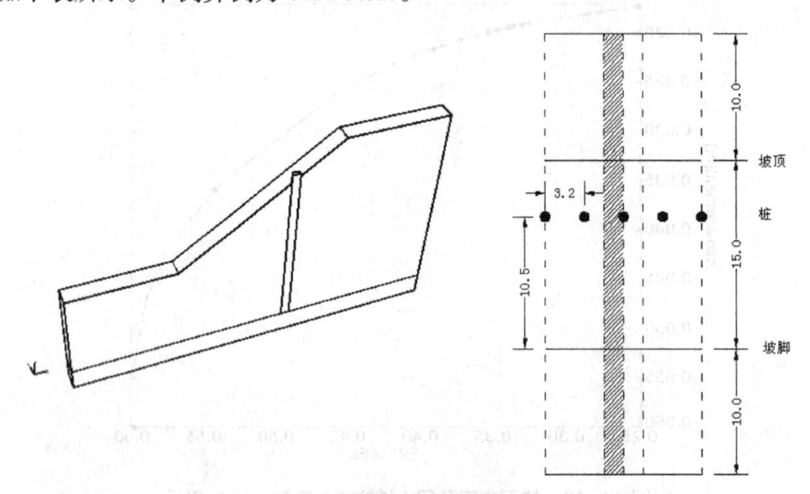

图 11-15　算例 16-2 模型示意图

表　模型参数（ex11-3）

材料	重度 γ/（kN/m^3）	黏聚力 c/kPa	内摩擦角 φ/（°）	剪胀角 ψ/（°）	弹性模量 E/MPa	泊松比 μ
土体	20	20	36	0	100	0.25
桩	24	—	—	—	30000	0.2

2. 算例学习重点

- 从外部导入初始应力条件。
- 利用 Geostatic 分析步的加强功能设置初始应力。
- 抗滑桩对边坡稳定性的影响。

3. 模型建立与求解

前面二维的例子中包含两个分析步，第一个分析步施加重力荷载获得初始应力状态，第二个分析步进行强度折减。本例中将其分成两个独立的计算，这样一方面可以节约反复试算的时间，另一方面在强度折减中的位移就不包含重力加载引起的位移，直接反映了强度折减的影响。

Step 1 新建 ex11-3-ini.cae。然后在 Part 模块中，执行【Part】/【Create】命令，在弹出的 Create Part 对话框中，接受所有默认选项，即通过拉伸建立三维变形体部件，将 Name 设为 Soil，单击【Continue】按钮后进入图形编辑界面，绘制一个 35.0m×1.6m 的平面，完成后单击提示区中的【Done】按钮，在弹出的 Edit Base Extrusion 对话框中将拉伸长度（Depth）设为 20。利用【Shap】/【Cut】菜单下的命令，切割出土坡的形状和桩的空位。

再次执行【Part】/【Create】命令，按照桩的尺寸建立名为 pile 的部件。

执行【Tools】/【Set】/【Create】命令，选择部件 Soil，建立名为 soil 的集合；选择部件 pile，建立名为 pile 的集合。

Step 2 设置材料及截面特性。在 Property 模块中，执行【Material】/【Creat】命令，按照数据建立名称为 soil（土体）和 pile（桩）的材料， 注意此时土体摩擦角取为 55.46°，黏聚力取为 40kPa，即强度折减系数（安全系数）为 0.5，这是为了建立平衡的初始应力状态。

提示：

考虑到桩和土的重度不一致，这里分别设置材料的密度，然后在加载模块中统一施加重力荷载，读者也可在施加荷载时分区域施加体力荷载。

执行【Section】/【Create】命令，设置名为 soil 和 pile 的截面特性（对应的材料分别为 soil 和 pile），并执行【Assign】/【Section】命令赋给相应的区域。

Step 3 装配部件。在 Assembly 模块中，执行【Instance】/【Create】命令，在弹出的 Create Instance 对话框中同时选中 Pile 和 Soil 建立相应的 Instance。执行【Instance】/【Translate】命令将桩移动到桩孔处。

Step 4 定义分析步。在 Step 模块中，执行【Step】/【Create】命令，在弹出的 Create Step 对话框中设定名字为 Load，分析步类型选为 Static, general（通用静力分析步），单击【Continue】按钮进入 Edit Step 对话框，在 Incrementation 选项卡中将初始增量步设置为 0.1；切换到 Other 选项卡，在 Equation Solver Method 区域中将 Matrix storage 设为 Unsymmetric，即非对称分析，接受其余默认选项后退出。

Step 5 定义接触。进入 Interaction 模块，为了定义接触方便，首先定义几个面。执行【Tools】/【Surface】/【Create】命令，将桩周、桩端表面分别设为表面 Pile-1 和 Pile-2，土体与桩周接触的位置设为 Soil-1，与桩端接触的表面设为 Soil-2。

执行【Interaction】/【Property】/【Create】命令，建立名为 pile-soil-1 的接触特性，其中法向模型选为硬接触，摩擦特性选为 Penalty，摩擦系数为 0.51（$\tan(0.75\varphi)$）。

执行【Interaction】/【Create】命令，弹出 Create Interaction 对话框，将名字设为 Pile-soil-1，确保 Step 下拉列表中为 Initial，代表接触从初始分析步就已存在，单击【Continue】按钮。此时提示区要求选择主面（master surface），单击窗口底部提示区右侧的【Surface】按钮，在弹出的 Region Selection 对话框中，选中 Pile-1，再单击【Continue】按钮。此时要求选择从面（slave surface）按钮，单击窗口底部提示区中的【Surface】按钮，在再次弹出的 Region Selection 对话框中，选中 soil-1，单击【Continue】按钮，弹出 Edit Interaction

对话框中，在 Discretization method 下拉列表中选择 surface to surface（面对面离散），在 Contact Interaction Property 下拉列表中选择之前定义的接触面特性 Pile-soil-1，在 Specify tolerance for adjustment zone 输入框中输入 0.02，接触面该范围内的从属面节点将调整到主控面上，这是为了防止网格划分造成穿透，接受其余默认选项，确认后退出。

类似地，建立桩端和桩端土体之间的接触。

Step 6 定义荷载、边界条件。在 Load 模块中，执行【BC】/【Create】命令，在 initial 步中限定模型左右两面上 x 向的位移，限定前后两面上 y 向的位移和底部 3 个方向的位移。需要注意，在桩的对称面上也要约束住 y 方向的位移。

执行【Load】/【Create】命令，在 Load 分析步中对土和桩施加重力荷载 Gravity-10。

Step 7 划分网格。进入 Mesh 模块，将环境栏中的 Object 选项选为 Part，意味着网格划分是在 Part 的层面上进行的。

执行【Tools】/【Partition】命令，将土坡沿着坡脚、坡顶和桩端水平面分开。执行【Mesh】/【Element Type】命令，在 Element Type 对话框中，选择 C3D8（八节点六面体单元）作为单元类型。执行【Seed】/【Part】命令，在 Global Seeds 对话框中将 Approximate global size 设为 0.5；执行【Seed】/【Edge by number】命令，在土与桩接触的边上设置 8 个种子。执行【Mesh】/【Part】命令，单击提示区中的【Yes】按钮，对土体进行网格剖分（见图 11-16）。类似地，划分桩的网格。

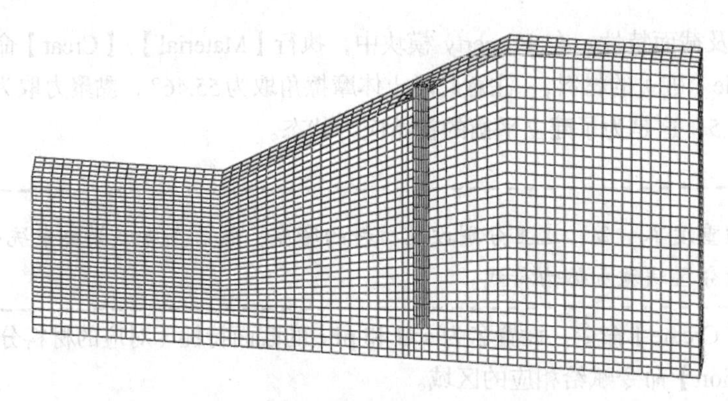

图 11-16　有限元网格（ex11-3）

Step 8 提交任务。进入 Job 模块，创建并提交名为 ex11-3-ini 的任务。

Step 9 将 ex11-3-ini.cae 另存为 ex11-3.cae。

Step 10 进入 Property 模型，执行【Material】/【Edit】/【soil】命令，修改 soil 材料的材料参数。在 Edit Material 中按照 ex11-1 的做法，设置材料依赖的场变量个数为 1，在 Plasticity 选项卡中，将摩擦角从 55.46°（FV1=0.5）变化到 10.29°（FV1=4）；在 Hardening 选项卡中将黏聚力从 40kPa（FV1=0.5）变化到 5kPa（FV1=4）。

Step 11 在 Step 模块中执行【Step】/【Create】命令，在 Initial 分析步之后 Load 分析步之前插入名为 geo 的 Geostatic 分析步，采用非对称算法。

执行【Output】/【Field Output Requests】/【Manager】命令，弹出 Field Output Requests Manager 对话框，选中 Load 分析步的输出设置，单击【Move left】按钮，使其在 geo 分析步中开始生效。单击【Edit】按钮，增加 FV、PE、PEEQ 和 PEMAG 为输出变量。确认后退出。类似地，使历史输出设置在 geo 分析步中开始生效。

执行【Step】/【Rename】/【Load】命令，将第二个分析步名称由 Load 改为 Reduce。

Step 12 进入 Load 模块。执行【Load】/【Manager】命令，将施加的体力荷载移到 geo 分析步中。

提示：

由于之前定义的边界条件和接触面都是在 Initial 中进行的，因此无须变动。

Step 13 从外部数据库设置初始应力。执行【Predefined Field】/【Create】命令，在创建预定义场对话框中，将 Step 选为 Initial（ABAQUS 中的初始步），类型选为 Mechanical，Type 选择 Stress，单击【Continue】按钮后按提示区中的提示选择整个区域，确认后在编辑预定义场对话框 Specification 右侧的下拉列表中选择 From output database file，在 File name 右侧的文本框中设置外部数据库的路径，本例中为之前的 ex11-3-ini（可不写后缀 odb）。Step 和 Increment 分别为欲导入结果的分析步和增量步，本例中分别为 1 和 6，即第 1 个分析步的第 6 个增量步。

Step 14 修改模型输入文件，控制场变量变化。执行【Model】/【Edit Keywords】/【Model-1】命令，弹出 Edit keywords, Model: Model-1 对话框，滚动右侧的滑动条，找到第一个分析步的定义语句：

```
*Step, name=Geo, unsymm=YES
```

在以上语句之前插入如下语句：

*initial conditions, type=field, variable=1：variable 指定了场变量的名字，ABAQUS 中场变量必须从 1 开始。

soil-1.soil,0.5：soil-1.soil 是点集合名称，0.5 为场变量（这里为强度折减系数）的初始值。

找到第二个分析步的语句：

```
*Step, name=Reduce, unsymm=YES
*Static
0.1, 1., 1e-05, 1.
```

在以上语句之后插入如下语句：

```
*Field, VARIABLE=1;
```

soil-1.soil,4：在 Reduce 分析步中将场变量变化为 4。

修改完成后单击【OK】按钮退出。

Step 15 提交任务。进入 Job 模块，建立并提交名为 ex11-3 的任务。

4．结果分析

Step 1　检查初始应力。进入 Visualization 后处理模块，打开相应的计算结果数据库文件。图 11-17 是土体竖向应力分布，其呈现出一般土坡的应力规律，即由坡面向内应力增加。

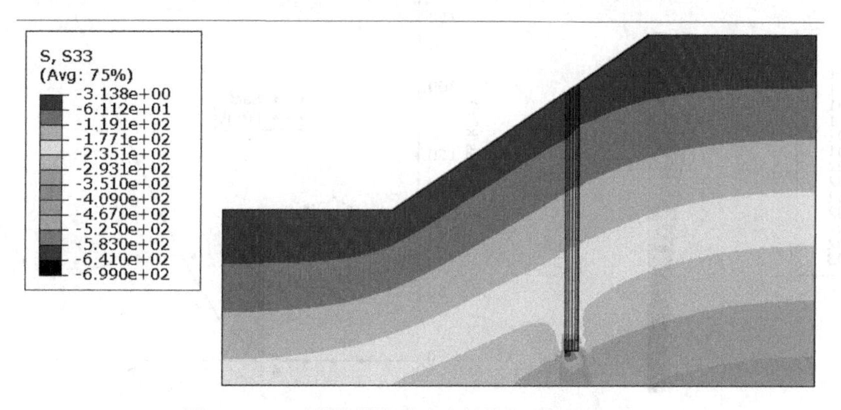

图 11-17　土坡初始竖向应力等值线云图(ex11-3)

Step 2　图 11-18 和图 11-19 分别是计算终止时的整体位移和塑性应变等值线云图，由计算结果可以清晰地分析滑动面的位置。抗滑桩阻止了其上部土体向下的滑动变形，没有出现整体圆弧状滑动面。但桩前土体仍然产生了向下的失稳滑动变形，该部分土体和桩之间是脱开的。另外，桩后土体产生了绕桩滑动的模式，即所谓的绕流失稳现象。

Step 3　抗滑桩性状分析。图 11-20 给出了失稳时桩的变形，由图可见本算例中桩的上部产生了弯曲变形，而下部则呈较好的锚固状，是典型的中长桩变形模式。

另外为了进行抗滑桩的设计，有必要对桩身上的土压力（即接触压力）分布进行分析。由图 11-21 可见，抗滑桩上的土压力比常规分析中所假设的桩前被动土压力、桩后主动土压力要复杂得多。本算例中，桩前顶部以下约 4D 范围内由于土体的滑动失稳，土体与桩之间是脱开的，因而没有接触压力。在较深的土体中，桩前土体的土压力要大于桩后的数值，这是和桩的弯曲变形模式密切相关的。

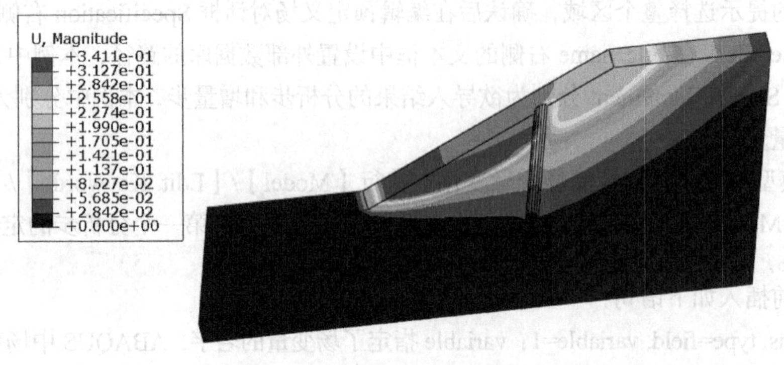

图 11-18　位移等值线图（ex11-3）

图 11-19　塑性应变等值线图（ex11-3）

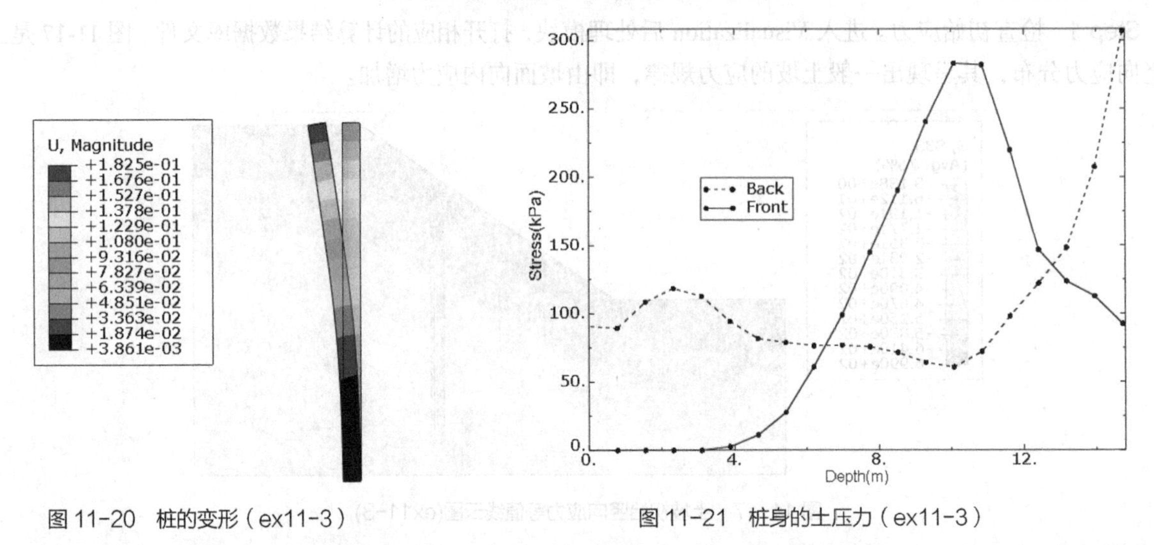

图 11-20　桩的变形（ex11-3）　　图 11-21　桩身的土压力（ex11-3）

Step 4　安全系数。这里将场变量 FV1（即安全系数 F_s）与坡脚水平位移 U1 的变化关系绘制于图 11-22 之中。由图可见，若以位移拐点为评价标准，加固后的安全系数为 2.52，读者可对比没有抗滑桩的计算结果，分析抗滑桩的加固作用。

提示：

由于场变量在分析步中随时间线性变化，读者也可直接根据 U1 随时间的变化曲线找出拐点对应的时间，然后推算出对应的折减系数。

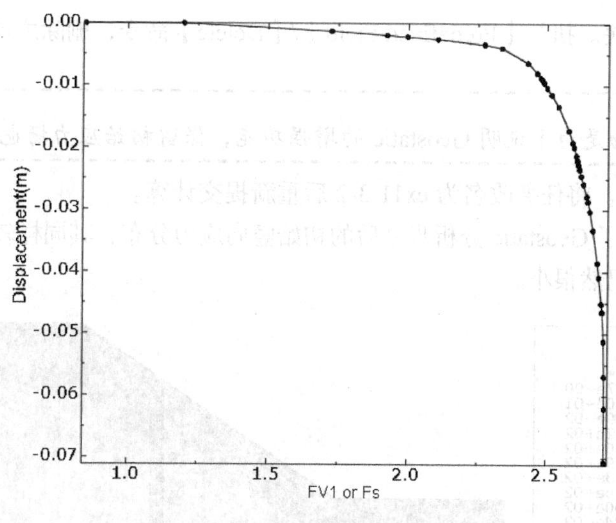

图 11-22　FV1 与 U1 的关系曲线（ex11-3）

5．算例拓展

正如本书中之前所提到的，岩土工程数值分析通常需要设置初始应力，然后在*Geostatic 分析步中进行应力平衡，从而得到一个零应变（或者应变很小）的初始状态。对于水平地基，其初始应力可按自重应力估计。对于斜坡等复杂的情况，可以先进行一个初始分析，然后从外部数据库导入。这种方法需要初始应力尽可能精确。如果初始应力场未知，也可以利用 Geostatic 分析步的增强功能进行初始应力的设置。但需注意，这种方法只适用于弹性、孔隙弹性、剑桥黏土和莫尔库伦模型，单元也只适用于具有位移自由度的连续单元或 Cohesive 黏结单元。这里结合算例 ex11-3 进行介绍。

Step 1　将 ex11-3.cae 另存为 ex11-3-2.cae。

Step 2　进入 Step 模块，执行【Step】/【Edit】/【Geo】命令（Geo 为定义的 Geostatic 分析步的名称）。切换到 Incrementation 选项卡（见图 11-23），设置 Type 为 Automatic，并将 Max displacement change 改为 1e-3，确认后退出。

提示：

将增量步步长控制方法选为 Automatic，ABAQUS 会激活增强功能。Max displacement change 控制了计算的精度。通常这种方法所需要的计算时间较长。

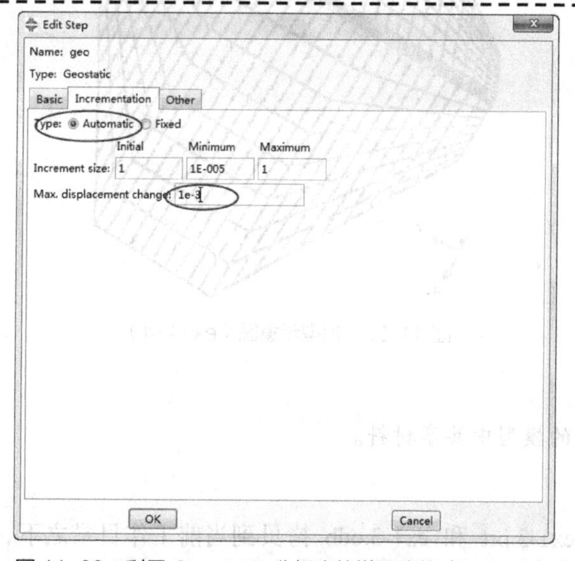

图 11-23　利用 Geostatic 分析步的增强功能（ex11-3）

Step 3　进入 Load 模块。执行【Predefined Field】/【Delete】命令，删除之前定义的初始应力场。

提示：

这里删除初始应力场是为了说明 Geostatic 的增强功能，保留初始应力场也可以。

Step 4　进入 Job 模块。将任务改名为 ex11-3-2 后重新提交计算。

Step 5　图 11-24 给出了 Geostatic 分析步之后的初始竖向应力分布，其同样较好地模拟了边坡的应力分布，而且此时对应的变形仍然很小。

图 11-24　Geostatic 增强功能得到的初始竖向应力分布（ex11-3）

11.3.4　三维心墙堆石坝边坡稳定性分析

1．问题描述

本例的几何性状与第 1 章中的算例 ex1-3 相同（见图 11-25），堆石的强度指标与算例 ex11-3 相同，即摩擦角为 36°，黏聚力为 200kPa。为简便起见，心墙强度指标与堆石一致。本例的 cae 文件为 ex11-4.cae。

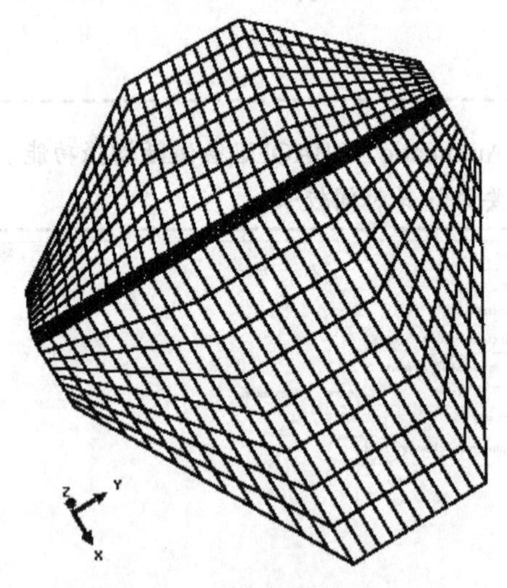

图 11-25　模型示意图（ex11-4）

2．算例学习重点

- 建立材料库，在不同的模型中共享材料。

3．模型建立与求解

Step 1　将 ex1-3.cae、ex1-3.prt 和 ex1-3.odb 拷贝到当前工作目录之下，并分别改名为 ex11-4.cae、ex11-4-ini.prt 和 ex11-4-ini.odb。

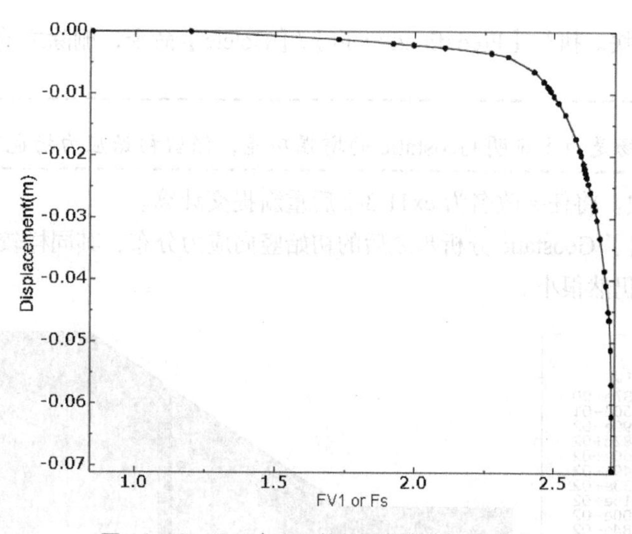

图 11-22 FV1 与 U1 的关系曲线（ex11-3）

5. 算例拓展

正如本书中之前所提到的，岩土工程数值分析通常需要设置初始应力，然后在*Geostatic 分析步中进行应力平衡，从而得到一个零应变（或者应变很小）的初始状态。对于水平地基，其初始应力可按自重应力估计。对于斜坡等复杂的情况，可以先进行一个初始分析，然后从外部数据库导入。这种方法需要初始应力尽可能精确。如果初始应力场未知，也可以利用 Geostatic 分析步的增强功能进行初始应力的设置。但需注意，这种方法只适用于弹性、孔隙弹性、剑桥黏土和莫尔库伦模型，单元也只适用于具有位移自由度的连续单元或 Cohesive 黏结单元。这里结合算例 ex11-3 进行介绍。

Step 1 将 ex11-3.cae 另存为 ex11-3-2.cae。

Step 2 进入 Step 模块，执行【Step】/【Edit】/【Geo】命令（Geo 为定义的 Geostatic 分析步的名称）。切换到 Incrementation 选项卡（见图 11-23），设置 Type 为 Automatic，并将 Max displacement change 改为 1e-3，确认后退出。

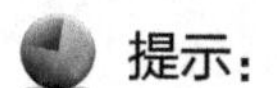

提示：

将增量步步长控制方法选为 Automatic，ABAQUS 会激活增强功能。Max displacement change 控制了计算的精度。通常这种方法所需要的计算时间较长。

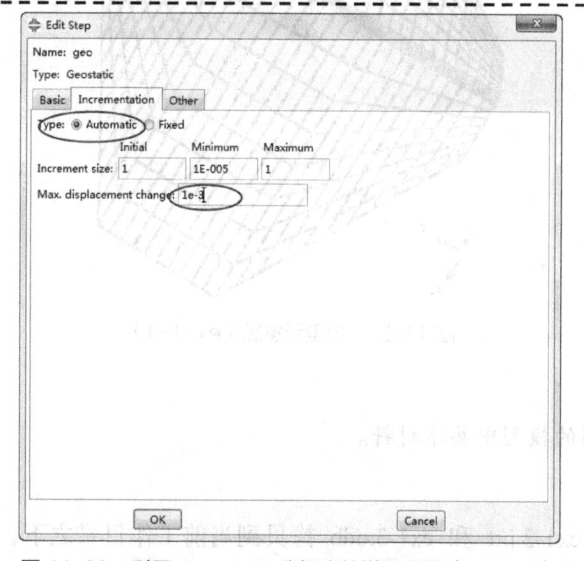

图 11-23 利用 Geostatic 分析步的增强功能（ex11-3）

Step 3 进入 Load 模块。执行【Predefined Field】/【Delete】命令，删除之前定义的初始应力场。

> 提示：
> 这里删除初始应力场是为了说明 Geostatic 的增强功能，保留初始应力场也可以。

Step 4 进入 Job 模块。将任务改名为 ex11-3-2 后重新提交计算。

Step 5 图 11-24 给出了 Geostatic 分析步之后的初始竖向应力分布，其同样较好地模拟了边坡的应力分布，而且此时对应的变形仍然很小。

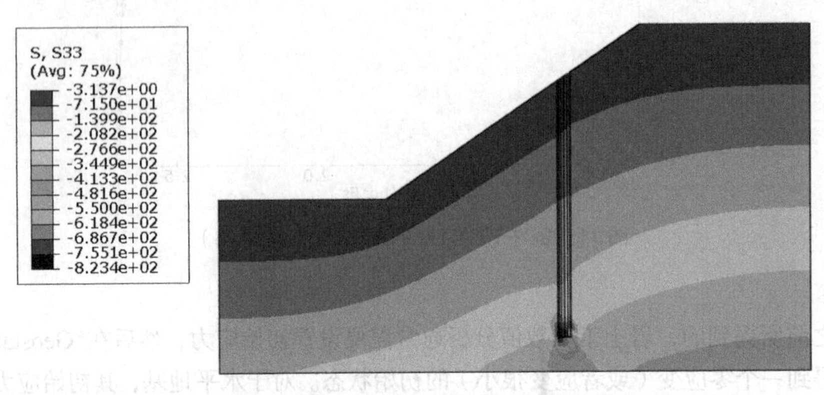

图 11-24 Geostatic 增强功能得到的初始竖向应力分布（ex11-3）

11.3.4 三维心墙堆石坝边坡稳定性分析

1. 问题描述

本例的几何性状与第 1 章中的算例 ex1-3 相同（见图 11-25），堆石的强度指标与算例 ex11-3 相同，即摩擦角为 36°，黏聚力为 200kPa。为简便起见，心墙强度指标与堆石一致。本例的 cae 文件为 ex11-4.cae。

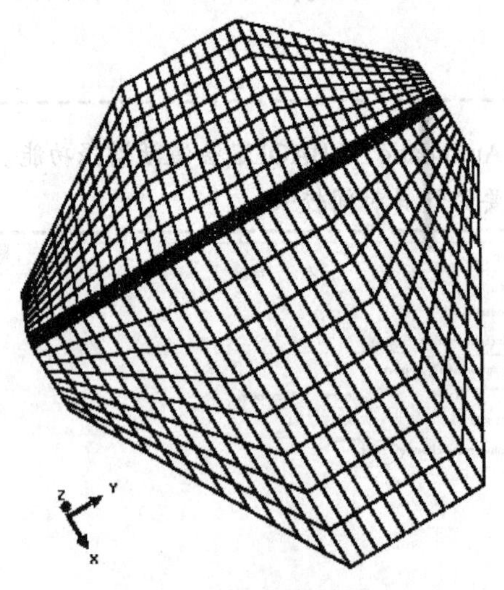

图 11-25 模型示意图（ex11-4）

2. 算例学习重点

- 建立材料库，在不同的模型中共享材料。

3. 模型建立与求解

Step 1 将 ex1-3.cae、ex1-3.prt 和 ex1-3.odb 拷贝到当前工作目录之下，并分别改名为 ex11-4.cae、ex11-4-ini.prt 和 ex11-4-ini.odb。

 提示：

当前工作目录的设定可以通过【File】/【Set Work dictionary】命令实现。

Prt 文件存储了部件和拼装后的实体信息。

Step 2 本例中堆石的材料模型与算例 ex11-3 相同。为了避免烦琐的参数设置过程，本例通过材料库的方式实现。打开 ex11-3.cae，进入 Property 模块。切换到模型数的第 3 个选项卡 Material Library，单击 Name 右侧的管理器图标，打开图 11-26 所示的对话框，单击【Create】按钮，创建一个材料库，本例中命名为 soil。然后在右侧的 Model Materials 下选择材料 soil，单击 < 按钮将其添加到材料库，单击【Save Changes】按钮后退出。

 提示：

创建材料库时可选择存放在当前目录还是主目录下。

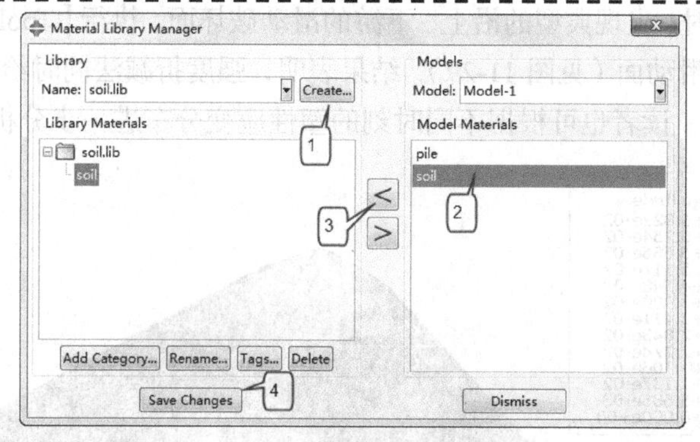

图 11-26 创建材料库（ex11-4）

 提示：

模型树（Model tree）可以通过【View】/【Show model tree】命令打开。

Step 3 打开 ex11-4.cae。在 Part 模块中，执行【Tools】/【Set】/【Create】命令，将所有坝体建立集合 all。

Step 4 进入 Property 模块，按照步骤 2 的方法打开 Material Library Manger 对话框，在左侧 Library Materials 下选择材料 soil 后单击 > 按钮，将材料导入现有模型，单击【Dismiss】按钮关闭对话框。

Step 5 执行【Material】/【Delete】命令，删去之前的材料 Rock 和 Clay。执行【Material】/【Copy】命令，将 soil 拷贝为材料 Clay。执行【Material】/【Edit】命令，按新的数据编辑 soil 的黏聚力，将 soil 材料的泊松比设为 0.3，并将 clay 的弹性模量和泊松比修改为与 ex1-3 一致，这是为了和初始应力对应的条件一致。

Step 6 执行【Section】/【Edit】命令，将截面特性 Rock 对应的材料调整为新导入的材料 soil。

Step 7 进入 Step 模块，在 Initial 分析步之后 Load 分析步之前插入名为 geo 的 Geostatic 分析步，由于个别单元在所给材料强度参数下可能屈服，采用非对称算法，接受其余默认选项。

执行【Output】/【Field Output Requests】/【Manager】命令，弹出 Field Output Requests Manager 对话框，选中 Step-1 分析步的输出设置，单击【Move left】按钮，使其在 geo 分析步中开始生效。单击【Edit】按钮，增加 FV 和 PEMAG 为输出变量。确认后退出。类似地，使历史输出设置在 geo 分析步中开始生效。

执行【Step】/【Rename】命令，将第二个分析步名称由 Step-1 改为 Reduce，并通过【Step】/【Edit】命令，将该分析步的初始增量步长设为 0.1，采用非对称算法。

Step 8 进入 Load 模块。执行【Load】/【Manager】命令，将施加的体力荷载移到 geo 分析步中。类似地，执行【BC】/【Manger】命令，将所有的边界条件 Move left 到 geo 分析步之中。

Step 9 从外部数据库设置初始应力。按照 ex11-3 的介绍，执行【Predefined Field】/【Create】命令，从外部数据库导入初始应力，本例为 ex11-4-ini。Step 和 Increment 为 ex1-3 计算结束时的时刻，本例中均为 1。

Step 10 修改模型输入文件，控制场变量变化。执行【Model】/【Edit Keywords】/【Model-1】命令，按照前例介绍，设置初始场变量为 0.5，在 Reduce 分析步中变化至 4。

> 提示：
> 控制场变量时，需要用到点集的名称，本例中为 Dam-1.all，其中 Dam 是部件的名称，-1 代表生成了 1 个实体，all 是坝体集合的名词。

Step 11 提交任务。进入 Job 模块，建立并提交名为 ex11-4 的任务。

4．结果分析

Step 1 进入 Visualization 后处理模块，打开相应数据库，检查初始应力。

Step 2 图 11-27 和图 11-28 分别给出了折减初期和最终的位移分布云图。由图可见，初始应力采用弹性模型计算，由于地形的限制，在大坝左、右两岸存在较大的拉应力，折减初期这些位置单元首先屈服，发生应力转移。但到计算终止时，出现典型的沿上、下游的滑动破坏面。执行【Tools】/【View cut】/【Manager】命令，可以显示坝体内部的滑动面（见图 11-29），结果表明，强度折减法同时给出了上、下游的滑动面，其结果是对整体稳定性的反映。读者也可根据不同时刻的塑性应变分布进一步分析坝体破坏过程。

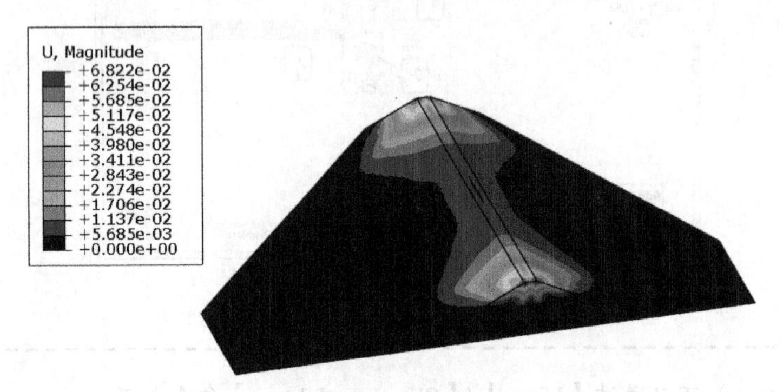

图 11-27 折减初期位移分布（ex11-4）

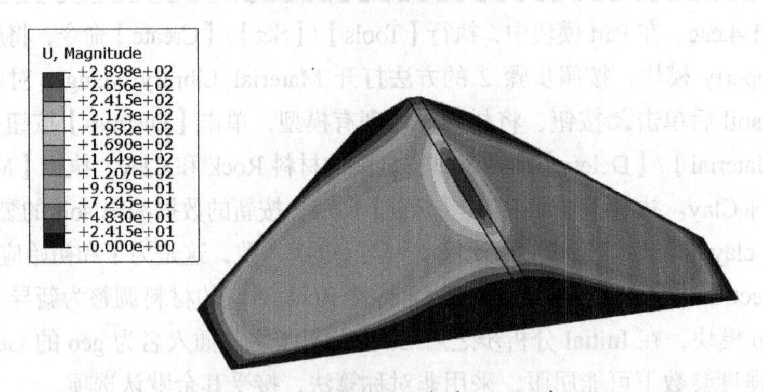

图 11-28 最终位移分布（ex11-4）

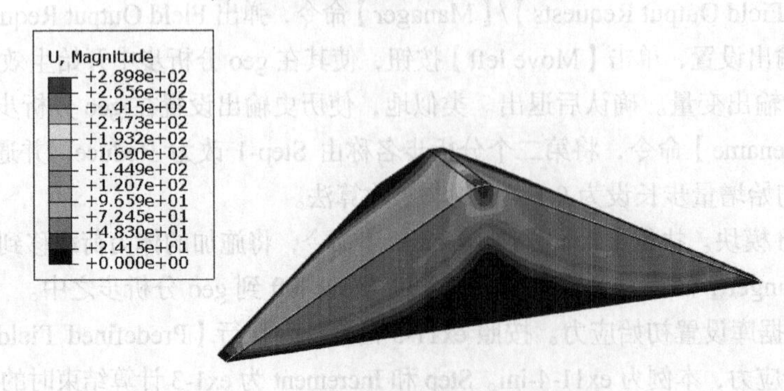

图 11-29 坝体内部滑动面位置（ex11-4）

11.4　本章小结

强度折减法是一种在有限元分析中减小强度计算安全系数的方法，近年来得到了广大研究人员和工程技术人员的关注。本章在介绍了强度折减法的原理之后，对这种方法如何在 ABAQUS 中实现进行了详细的说明，并通过二维（均质土坡、软弱下卧层上的土坡）、三维（采用抗滑桩加固的土坡和三维大坝）的算例介绍了具体操作步骤和结果处理方法。这些算例的计算结果与常规的极限平衡分析结果或一般规律都很吻合，证明在 ABAQUS 中实现强度折减法是成功的。

在利用强度折减法时有一点读者需要特别注意，即如何在有限元分析中判断土坡失稳的临界状态。目前的 3 种标准（数值收敛与否、特征点位移拐点、塑性区贯通）都有各自的问题，正数值收敛与否和单元类型、数值算法等多种因素有关；特征点位移拐点存在如何选择合适的特征点和合适的特征位移的问题；塑性区贯通这一标准则很难直观判断。因而，在分析时最好综合考虑这 3 个标准。当然，安全系数本身的定义也只是一个评价土坡稳定性的标准而已，哪怕最精确的极限平衡稳定分析，其值也不能十分精确地代表土坡的状态。安全系数等于 1 不一定安全，而安全系数等于 0.99 也不一定破坏。考虑到这一点，在分析时也无须为了根据不同标准确定的安全系数之间存在的微小差异而担忧。

提高篇

介绍了用户自定义材料和单元的二次开发、岩土动力问题和离散元分析。

第12章 用户自定义材料

本章导读

尽管ABAQUS中的材料模型非常丰富，但仍有一些岩土工程常用的本构模型未包含在内，限制了ABAQUS在岩土工程中的应用。幸运的是，ABAQUS提供的UMAT子程序（ABAQUS/Standard）或者VUMAT子程序（ABAQUS/Explicit）可让用户灵活地创建自定义材料模型。本章将结合邓肯模型、线黏弹性模型和边界面模型介绍ABAQUS/Standard中用户自定义材料二次开发过程。

本章要点

- ABAQUS中的非线性问题求解方法
- UMAT子程序的构成
- 显式及隐式应力积分算法
- 岩土常用模型的二次开发

12.1 ABAQUS中的非线性问题求解方法

12.1.1 Newton（牛顿）迭代方法

有限元求解方程可简写成如下形式：

$$\boldsymbol{F}(\boldsymbol{u})=0 \tag{12-1}$$

这里的$\boldsymbol{F}$和$\boldsymbol{u}$都是向量，对力学问题可理解为力和位移。ABAQUS/Standard中采用Newton迭代方法对该方程进行求解。假设经过第i次迭代后，已经获得一个近似解$\boldsymbol{u}_i$（$\boldsymbol{F}(\boldsymbol{u}_i)\neq 0$，简写为$\boldsymbol{F}_i$），其与精确解的差值为$\boldsymbol{c}_{i+1}$。则应有：

$$\boldsymbol{F}(\boldsymbol{u}_i+\boldsymbol{c}_{i+1})=0 \tag{12-2}$$

将上式泰勒展开，并略去高阶项，可得：

$$\boldsymbol{K}\boldsymbol{c}_{i+1}=-\boldsymbol{F}_i \tag{12-3}$$

式中，$\boldsymbol{K}_i=\dfrac{\partial \boldsymbol{F}}{\partial \boldsymbol{u}}(\boldsymbol{u}=\boldsymbol{u}_i)$是Jacobian刚度矩阵。

由上式求解出$\boldsymbol{c}_{i+1}$之后，则下一级迭代的位移$\boldsymbol{u}_{i+1}$为：

$$\boldsymbol{u}_{i+1}=\boldsymbol{u}_i+\boldsymbol{c}_{i+1} \tag{12-4}$$

ABAQUS会根据$\boldsymbol{F}_i$和$\boldsymbol{c}_{i+1}$是否足够小来判断是否收敛。

对于一般的非线性问题，Newton迭代方法通常都能取得较好的效果。但刚度矩阵的生成和求逆通常需要较大的计算资源。此时也可考虑拟牛顿（Quasi-Newton）方法，即在迭代过程中采用同一个刚度矩阵，不在每一步进行生成和求逆计算。虽然这种做法会降低收敛速度，但迭代过程也能趋于真实解。

提示：

在 Edit Step 对话框 Other 选项卡的 Solution Technique 选项中可控制是否采用拟牛顿法，默认为牛顿迭代法。

12.1.2 非线性问题的收敛控制标准

在 Step 模块中，执行【Other】/【General solution controls】/【Edit】命令，弹出图 12-1 所示的对话框，可以编辑非线性问题的收敛控制标准。选中 Specify 前的单选按钮可以修改控制参数。对于力与位移的问题，R_n^a 是力的最大残量与平均力之间的比值，C_n^a 是位移修正值。其余参数的含义可参见帮助文档。

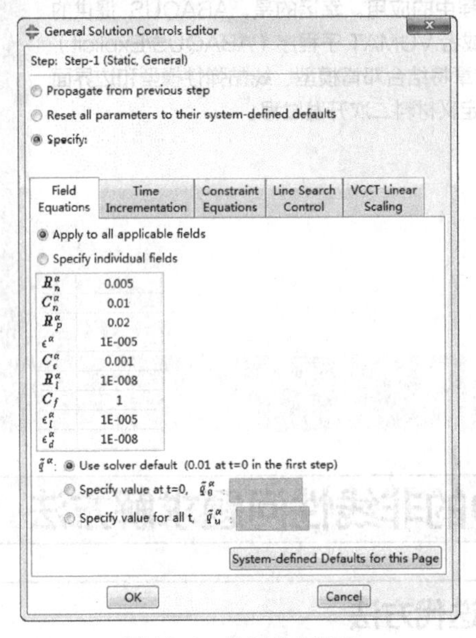

图 12-1 控制收敛标准

提示：

绝大多数情况下收敛标准无须变动。

12.2 UMAT 子程序简介

12.2.1 子程序功能

用户自定义材料子程序 UMAT 是 ABAQUS 提供给用户定义自己的材料属性的二次开发接口。根据 Newton 迭代法的计算原理，它的主要任务是根据 ABAQUS 主程序传入的应变增量更新应力增量和状态变量（如有必要），并给出材料的雅克比（Jacobian）矩阵 $\partial\Delta\sigma/\partial\Delta\varepsilon$ 供 ABAQUS 求解使用。

12.2.2 子程序格式和变量说明

1. 子程序格式

UMAT 的格式如下：

```
      SUBROUTINE UMAT(STRESS,STATEV,DDSDDE,SSE,SPD,SCD,
     1 RPL,DDSDDT,DRPLDE,DRPLDT,
```

```
     2 STRAN,DSTRAN,TIME,DTIME,TEMP,DTEMP,PREDEF,DPRED,CMNAME,
     3 NDI,NSHR,NTENS,NSTATV,PROPS,NPROPS,COORDS,DROT,PNEWDT,
     4 CELENT,DFGRD0,DFGRD1,NOEL,NPT,LAYER,KSPT,JSTEP,KINC)
C
      INCLUDE 'ABA_PARAM.INC'
C
      CHARACTER*80 CMNAME
      DIMENSION STRESS(NTENS),STATEV(NSTATV),
     1 DDSDDE(NTENS,NTENS),DDSDDT(NTENS),DRPLDE(NTENS),
     2 STRAN(NTENS),DSTRAN(NTENS),TIME(2),PREDEF(1),DPRED(1),
     3 PROPS(NPROPS),COORDS(3),DROT(3,3),DFGRD0(3,3),DFGRD1(3,3),
     4 JSTEP(4)
      用户代码定义 DDSDDE,STRESS, STATEV 等变量（数组）
      RETURN
      END
```

2. 变量说明

这里对一般岩土工程分析中可能涉及的变量进行简要说明。

（1）传入变量。

- NDI：正应力或正应变分量的个数，与所选单元类型有关，如三维实体单元为3。
- NSHR：剪应力分量个数。
- NTENS：应力分量或应变分量的总个数，NDI+NSHR。
- NSTATV：单元积分点上状态变量的个数。
- NPROPS：用户自定义材料模型的参数个数。
- PROPS(NPROPS)：材料参数数组。
- STRAN(NTENS)：增量步开始时的应变分量，包含塑性和弹性应变。
- DSTRAN(NTENS)：应变增量数组。
- TIME(1)：当前增量步开始时的分析步时间。
- TIME(2)：当前增量步开始时的总时间。
- DTIME：增量步的时间增量步长。
- CMNAME：用户自定义的材料名，靠左对齐，为避免干扰，尽量避免采用 ABQ 开头。在子程序中 CMNAME 可作为标识用来区分多种自定义的材料，调用不同的代码。
- COORDS：当前积分点的坐标数组。
- NOEL：当前单元编号。
- NPT：当前积分点号。
- JSTEP(1)：分析步号。
- JSTEP(2)：分析步类型编号。
- JSTEP(3)：为1表示考虑几何非线性，否则为0。
- JSTEP(4)：为1表示为线性摄动步，否则为0。
- KINC：当前增量步次序编号。

注意：

NDI、NSHR 和 NTENS 由 ABAQUS 根据所选用的单元自动确定，而 NSTATV、NPROPS 和 PROPS（NPROPS）需由用户在 ABAQUS/CAE 或 inp 输入文件中指定。

（2）UMAT 子程序中必须更新的变量。

- DDSDDE(NTENS,NTENS)：雅克比矩阵 $\partial\Delta\sigma/\partial\Delta\varepsilon$，雅克比矩阵的正确定义对问题的求解速度和稳定性十分关键。但需指出，只要求解收敛，雅克比矩阵的具体数值只会影响收敛速度，而对计算结果没有影响。在未特别指明的情况下，ABAQUS 认为 DDSDDE 矩阵是对称的，只存储一半元素。

- STRESS(NTENS)：应力张量，增量步开始时由 ABAQUS 传入，需要在 UMAT 中更新为增量步结束时的值。岩土工程中通常需要设置初始应力，所设置的初始应力场也会通过该数组传入 UMAT 子程序。
- STATEV(NSTATV)：与求解过程有关的状态变量数组（solution-dependent state variables）。状态变量通常用来存储塑性应变、硬化参数或其他一些与本构模型有关的参变量，这些变量需随求解过程而更新。另外，子程序 USDFLD 或者 UEXPAN 可以在 ABAQUS 调用 UMAT 之前更改 STATEV 数组中的数据，然后将更新后的数据在增量步开始时传入 UMAT 子程序。状态变量初始值的定义会在后面的章节中结合具体例子予以说明。

12.2.3 CAE 中自定义材料的设置方法

在 Property 模块中，执行【Material】/【Create】命令（或单击相关工具箱区中的按钮），弹出 Edit Material 对话框（见图 12-2），用户可以通过该对话框选择材料模型、设置材料参数。对于自定义模型，执行对话框中的【General】/【User Material】命令，此时在 Material Behaviors 区域中就会出现 User Material 字样，表明定义的是用户材料。在 Edit Material 对话框下方 User Material 区域的 User material type 下拉列表中有 3 个选项，分别为 Mechanical（力学材料）、Thermal（热学材料）和 Thermomechanical（热力学模型），默认选项为 Mechanical。

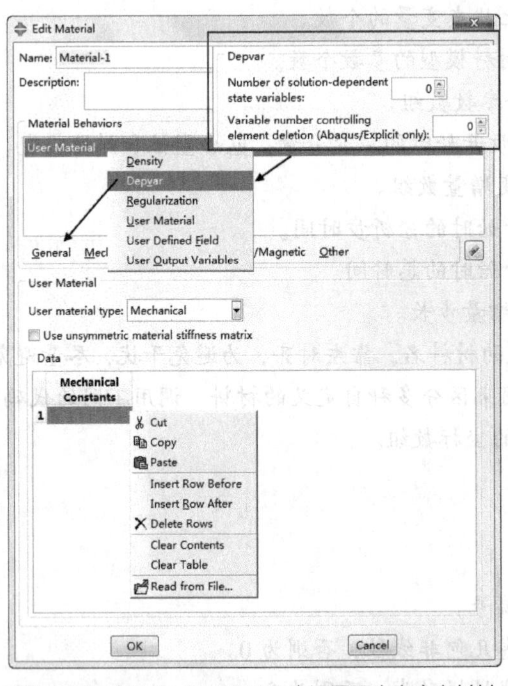

图 12-2 在 ABAQUS/CAE 中设置用户自定义材料

对于一些岩土材料模型，尤其是采用非关联流动法则的模型，雅克比矩阵是不对称的，此时需勾选 Use unsymmetric material stiffness matrix 复选框。

材料的参数在 Data 区域的【Mechanical Constants】列表中输入，这里的数据会按次序传给 UMAT 子程序中的 PROPS（NPROPS）数组，数据的个数即为 NPROPS。

提示：

（1）输入材料参数时，在数据列表尾部按回车键会自动增加一行数据。

（2）在数据窗口上单击鼠标右键会显示弹出式菜单，可实现数据的拷贝、增加、删除等功能。

如果 UMAT 子程序中用到了状态变量，还需设置状态变量的个数。具体操作仍然在 Edit Material 对话框中进行，执行对话框中的【General】/【Depvar】命令，在 Number of solution-dependent state variables 输入框中设置状态变量的个数。

12.3 邓肯模型的二次开发

邓肯模型是一种非线性弹性模型，已为广大工程人员所熟知。它的理论简单，可以反映土体变形的主要特点，各种土的邓肯模型参数取值也积累了很多经验。因此，尽管还存在着许多问题，邓肯模型仍然在岩土数值分析中得到了广泛应用。

12.3.1 基本理论

邓肯模型有 $E-\nu$ 模型和 $E-B$ 模型两类，本文以 $E-\nu$ 模型为例，其切线弹性模量 E_t 为：

$$E_t = Kp_a\left(\sigma_3/p_a\right)^n\left(1-R_fS\right)^2 \tag{12-5}$$

式中，$S=\dfrac{(\sigma_1-\sigma_3)(1-\sin\varphi)}{2c\cos\varphi+2\sigma_3\sin\varphi}$为应力水平。

为考虑土石料材料强度的非线性，内摩擦角为：

$$\varphi=\varphi_0-\Delta\varphi\lg\left(\sigma_3/p_a\right) \tag{12-6}$$

当偏应力$(\sigma_1-\sigma_3)$小于历史上曾经达到的最大偏应力$(\sigma_1-\sigma_3)_0$，且应力水平 S 小于历史最大应力水平 S_0 时，采用回弹模量 E_{ur}：

$$E_{ur}=K_{ur}p_a\left(\sigma_3/p_a\right)^{n_{ur}} \tag{12-7}$$

一般来说，n_{ur} 与加荷时的 n 基本一致。

切向泊松比 ν_t 为：

$$\nu_t=\frac{G-F\lg\left(\dfrac{\sigma_3}{p_a}\right)}{(1-A)^2} \tag{12-8}$$

$$A=\frac{D(\sigma_1-\sigma_3)}{Kp_a\left(\sigma_3/p_a\right)^n\left(1-R_fS\right)} \tag{12-9}$$

上式中除通用符号外，共有 K、n、R_f、c、φ_0、$\Delta\varphi$、K_{ur}、G、F 和 D 10 个模型参数。

提示：

邓肯模型是基于围压不变、轴向偏应力增加的三轴试验所提出的非线性弹性模型，严格来说只适用于与试验应力路径一致的情况。

12.3.2 邓肯模型 UMAT 子程序编写

1．编写注意事项

UMAT 子程序的结构在上一节已经有比较详细的介绍，本节仅对几个关键问题进行讨论。

（1）邓肯模型有 10 个模型参数。此外，为了协调单位，本文将大气压力 p_a 也作为一个材料参数，当应力单位取为 kPa 时，$p_a=100$；当应力单位取为 Pa 时，$p_a=100000$。因此，UMAT 中的 PROPS 数组共有 11 个分量。另一方面，为了判断何时采用回弹模量以及考虑固结压力 σ_3 降低的情况，状态变量数组 STATEV

需包含 3 个分量，即历史上最大的偏应力、应力水平和固结压力。

（2）ABAQUS 应力以拉为正，与土力学中的符号规定相反。因此，在通过调用 ABAQUS 中的内置实用子程序 SPRINC 获得主应力之后，要进行相应的调整。

（3）初始状态的问题。

非线性计算中，模量矩阵或刚度矩阵取决于应力状态，作为近似的估计，初始应力可采用土体的自重应力。对于新填土层，其初始应力各分量均为 0，而实际上填土总是经过碾压的，碾压的应力就是前期固结压力。作为粗略的估计，可取 $\sigma_{30}=50\text{kPa}$。在分析时也可采用自重应力进行估计，在分析位移时不计入本级自重荷载下的变形，只考虑后续填土的作用。

（4）应力修正的问题。

在某些单元的计算应力超过极限应力状态而出现拉裂或剪坏，而实际应力不可能超过破坏状态的情况下，必须进行修正。另一方面，如果不修正会则导致计算出错。比如在确定应力水平 S 时，如果单元出现了过大的拉应力，会导致 $S<0$，这显然是错误的。具体修正的方法可参见有关文献。

（5）UMAT 中关键任务之一是根据应变增量如何得到应力增量，即所谓的应力积分算法问题。

$$\{\sigma\}_{t+\Delta t}=\{\sigma\}_t+\{\Delta\sigma\}_t=\{\sigma\}_t+\int_t^{t+\Delta t}[D]\{d\varepsilon\}\approx\{\sigma\}_t+[D]^*\{\Delta\varepsilon\} \quad (12\text{-}10)$$

从数学上来说，这是一个典型的非线性初值问题。其一般有如下几种数值计算方法：

- Euler 法（始点刚度法），取 $[D]^*=[D]_t$，这种方法只有一阶的精度。
- Heun's 方法，$[D]^*=\left([D]_t+[D]_{t+\Delta t}\right)/2$，注意到 $[D]_{t+\Delta t}$ 取决于终点的应力状态，目前是未知的，按 $\{\sigma\}_{t+\Delta t}=\{\sigma\}_t+[D]_t\{\Delta\varepsilon\}$ 计算，该方法具有二阶精度。
- 二阶 Runge-Kutta 方法（或修正 Euler-Cauchy 方法），$[D]^*=[D]_{t+\Delta t/2}$，$\{\sigma\}_{t+\Delta t/2}=\{\sigma\}_t+[D]_t\{\Delta\varepsilon/2\}$。

2．始点刚度法

本方法的基本步骤是：

（1）根据每级增量步的起始应力来确定切线弹性参数 E_t 和 ν_t，从而形成刚度矩阵 $[\boldsymbol{D}(\{\boldsymbol{\sigma}_0\})]$。在当前偏应力和应力水平都小于历史上的最大值时，采用回弹模量。

（2）根据 ABAQUS 传入 UMAT 的应变增量 $\{\Delta\boldsymbol{\varepsilon}\}$ 计算应力增量 $\{\Delta\boldsymbol{\sigma}\}=[\boldsymbol{D}(\{\boldsymbol{\sigma}_0\})]\{\Delta\boldsymbol{\varepsilon}\}$。

（3）更新应力分量 $\{\boldsymbol{\sigma}\}=\{\boldsymbol{\sigma}_0\}+\{\Delta\boldsymbol{\sigma}\}$，更新历史上最大的偏应力、应力水平和固结压力。

（4）以终点的应力状态确定刚度矩阵 $[\boldsymbol{D}(\{\boldsymbol{\sigma}\})]$，赋值给雅克比矩阵 DDSDDE。

程序代码见 duncan-1.for，具体说明如下：

```
      SUBROUTINE UMAT(STRESS,STATEV,DDSDDE,SSE,SPD,SCD,
     1 RPL,DDSDDT,DRPLDE,DRPLDT,
     2 STRAN,DSTRAN,TIME,DTIME,TEMP,DTEMP,PREDEF,DPRED,CMNAME,
     3 NDI,NSHR,NTENS,NSTATV,PROPS,NPROPS,COORDS,DROT,PNEWDT,
     4 CELENT,DFGRD0,DFGRD1,NOEL,NPT,LAYER,KSPT,JSTEP,KINC)
C
      INCLUDE 'ABA_PARAM.INC'
C
      CHARACTER*80 CMNAME
      DIMENSION STRESS(NTENS),STATEV(NSTATV),
     1 DDSDDE(NTENS,NTENS),DDSDDT(NTENS),DRPLDE(NTENS),
     2 STRAN(NTENS),DSTRAN(NTENS),TIME(2),PREDEF(1),DPRED(1),
     3 PROPS(NPROPS),COORDS(3),DROT(3,3),DFGRD0(3,3),DFGRD1(3,3),
     4 JSTEP(4)
      DIMENSION PS(3),DSTRESS(NTENS)
C     定义数组 PS（3）用于存储三个主应力，数组 DSTRESS(NTENS)用于存储应力增量
```

```
      PARAMETER (ONE=1.0D0,TWO=2.0D0,THREE=3.0D0,SIX=6.0D0)
      EK=PROPS(1)
      EN=PROPS(2)
      RF=PROPS(3)
      C=PROPS(4)
      FAI=PROPS(5)/180.0*3.1415926
      UG=PROPS(6)
      UD=PROPS(7)
      UF=PROPS(8)
      EKUR=PROPS(9)
      PA=PROPS(10)
      DFAI=PROPS(11)/180.0*3.1415926
C     依次为模型参数K、n、Rf、c、φ0、G、D、F、Kur、pa和Δφ
      S1S3O=STATEV(1)
      S3O=STATEV(2)
      SSS=STATEV(3)
C     三个状态变量依次为历史上最大的偏应力，固结应力和应力水平
      CALL GETPS(STRESS,PS,NTENS)
C     用子程序获得三个主应力，并存储于PS数组中
      FAI=FAI-DFAI*LOG10(S3O/PA)
      CALL GETEMOD(PS,EK,EN,RF,C,FAI,ENU,PA,EKUR,EMOD,S,S3O,UG,UD,UF
     1,SSS,S1S3O)
C     调用子程序GETEMOD求得与应力状态相对应的弹模EMOD和泊松比ENU
      EBULK3=EMOD/(ONE-TWO*ENU)
      EG2=EMOD/(ONE+ENU)
      EG=EG2/TWO
      EG3=THREE*EG
      ELAM=(EBULK3-EG2)/THREE
      CALL GETDDSDDE(DDSDDE,NTENS,NDI,ELAM,EG2,EG)
C     调用子程序GETDDSDDE获得刚度矩阵
      DSTRESS=0.0
      CALL GETSTRESS(DDSDDE,DSTRESS,DSTRAN,NTENS)
C     调用子程序GETSTRESS按增量应变计算增量应力
      DO 701 I1=1,NTENS
      STRESS(I1)=STRESS(I1)+DSTRESS(I1)
701   CONTINUE
C     更新应力
      CALL GETPS(STRESS,PS,NTENS)
      CALL GETEMOD(PS,EK,EN,RF,C,FAI,ENU,PA,EKUR,EMOD,S,S3O,UG,UD,UF,
     1SSS,S1S3O)
      EBULK3=EMOD/(ONE-TWO*ENU)
      EG2=EMOD/(ONE+ENU)
      EG=EG2/TWO
      EG3=THREE*EG
      ELAM=(EBULK3-EG2)/THREE
      CALL GETDDSDDE(DDSDDE,NTENS,NDI,ELAM,EG2,EG)
C     按增量步终点应力状态确定刚度矩阵，并赋值给DDSDDE矩阵
      IF(PS(3).GT.S3O)S3O=PS(3)
      IF((PS(1)-PS(3)).GT.S1S3O)S1S3O=PS(1)-PS(3)
      IF(S.GT.SSS)SSS=S
      STATEV(1)=S1S3O
      STATEV(2)=S3O
      STATEV(3)=SSS

C     更新状态变量
```

```
      END
      SUBROUTINE GETPS(STRESS,PS,NTENS)
C     本子程序功能为求出三个主应力，并改变符合以压为正，从大到小按顺序排列
      INCLUDE 'ABA_PARAM.INC'
      DIMENSION PS(3),STRESS(NTENS)
      CALL SPRINC(STRESS,PS,1,3,3)
      DO 310 I=1,2
      DO 320 J=I+1,3
      IF(PS(I).GT.PS(J))THEN
      PPS=PS(I)
      PS(I)=PS(J)
      PS(J)=PPS
      END IF
320   CONTINUE
310   CONTINUE
      DO 330 K1=1,3
      PS(K1)=-PS(K1)
330   CONTINUE
      RETURN
      END

      SUBROUTINE GETEMOD(PS,EK,EN,RF,C,FAI,ENU,PA,EKUR,EMOD,S,S30
     1,UG,UD,UF,SSS,S1S30)
C     本子程序的功能为求出与当前应力状态相对应的 EMOD 和泊松比 ENU
      INCLUDE 'ABA_PARAM.INC'
      DIMENSION PS(3)
      S=(1-SIN(FAI))*(PS(1)-PS(3))
      IF(PS(3).LT.(-C/TAN(FAI))) THEN
         S=0.99
       ELSE
         S=S/(2*C*COS(FAI)+2*PS(3)*SIN(FAI))
         IF(S.GE.0.99) S=0.99
      END IF
C     求出应力水平
      EMOD=EK*PA*((S30/PA)**EN)*((1-RF*S)**2)
C     确定切线模量
      AA=UD*(PS(1)-PS(3))
      AA=AA/(EK*PA*((S30/PA)**EN))
      AA=AA/(1-RF*S)
      ENU=UG-UF*LOG10(S30/PA)
      ENU=ENU/(1-AA)/(1-AA)
      IF(ENU.GT.0.49)ENU=0.49
      IF(ENU.LT.0.05)ENU=0.05
C     求出泊松比
      IF(S.LT.SSS.AND.(PS(1)-PS(3)).LT.S1S30)THEN
      EMOD=EKUR*PA*((S30/PA)**EN)
      END IF
      END

      SUBROUTINE GETDDSDDE(DDSDDE,NTENS,NDI,ELAM,EG2,EG)
C     本子程序的功能是按弹性参数组成刚度矩阵
      INCLUDE 'ABA_PARAM.INC'
      DIMENSION DDSDDE(NTENS,NTENS)
      DO 20 K1=1,NTENS
       DO 10 K2=1,NTENS
```

```
          DDSDDE(K2,K1)=0.0
  10      CONTINUE
  20    CONTINUE
        DO 40 K1=1,NDI
         DO 30 K2=1,NDI
          DDSDDE(K2,K1)=ELAM
  30      CONTINUE
         DDSDDE(K1,K1)=EG2+ELAM
  40    CONTINUE
        DO 50 K1=NDI+1,NTENS
         DDSDDE(K1,K1)=EG
  50    CONTINUE
        RETURN
        END

        SUBROUTINE GETSTRESS(DDSDDE,STRESS,DSTRAN,NTENS)
C       本子程序的功能是按应变增量求解应力增量
        INCLUDE 'ABA_PARAM.INC'
        DIMENSION DDSDDE(NTENS,NTENS),STRESS(NTENS),DSTRAN(NTENS)
        DO 70 K1=1,NTENS
         DO 60 K2=1,NTENS
          STRESS(K1)=STRESS(K1)+DDSDDE(K1,K2)*DSTRAN(K2)
  60      CONTINUE
  70    CONTINUE
        RETURN
        END
C
        INCLUDE 'ABA_PARAM.INC'
        DIMENSION PS(3),STRESS(NTENS)
        CALL SPRINC(STRESS,PS,1,3,3)
        DO 310 I=1,2
        DO 320 J=I+1,3
        IF(PS(I).GT.PS(J))THEN
        PPS=PS(I)
        PS(I)=PS(J)
        PS(J)=PPS
        END IF
 320    CONTINUE
 310    CONTINUE
        DO 330 K1=1,3
        PS(K1)=-PS(K1)
 330    CONTINUE
        RETURN
        END
```

3．中点增量法

本方法的基本步骤是：

（1）根据每级增量步的起始应力来确定切线弹性参数 E_t 和 v_t，从而形成刚度矩阵 $[\boldsymbol{D}(\{\boldsymbol{\sigma}_0\})]$。在当前偏应力和应力水平都小于历史上的最大值时，采用回弹模量。

（2）根据 ABAQUS 传入 UMAT 的应变增量 $\{\Delta\boldsymbol{\varepsilon}\}$ 计算应力增量 $\{\Delta\boldsymbol{\sigma}_1\}=[\boldsymbol{D}(\{\boldsymbol{\sigma}_0\})]\{\Delta\boldsymbol{\varepsilon}\}$。

（3）更新应力分量 $\{\boldsymbol{\sigma}_1\}=\{\boldsymbol{\sigma}_0\}+\{\Delta\boldsymbol{\sigma}\}$。

（4）根据每级增量步的平均应力 $\{\bar{\boldsymbol{\sigma}}\}=\frac{1}{2}\left(\{\boldsymbol{\sigma}_0\}+\{\boldsymbol{\sigma}_1\}\right)$ 确定切线弹性参数 E_t 和 v_t，从而形成刚度矩阵 $[\boldsymbol{D}(\{\bar{\boldsymbol{\sigma}}\})]$。

（5）根据 ABAQUS 传入 UMAT 的应变增量 $\{\Delta\boldsymbol{\varepsilon}\}$ 计算应力增量 $\{\Delta\boldsymbol{\sigma}\}=[\boldsymbol{D}(\{\bar{\boldsymbol{\sigma}}\})]\{\Delta\boldsymbol{\varepsilon}\}$。更新应力分量，历

史上最大的偏应力、应力水平和固结压力。

（6）以终点的应力状态确定刚度矩阵$[\boldsymbol{D}(\{\sigma\})]$，赋值给雅克比矩阵 DDSDDE。

程序代码 duncan-2.for，文件中的数组名称及含义与基本增量法中的相同。

12.4 邓肯模型算例

12.4.1 三轴压缩试验

1. 问题描述

本算例的目的主要是验证编制的 UMAT 子程序能否反映土体应力-应变之间的非线性关系，因此选择三轴试验进行模拟。设有一个土样，初始固结应力为$\sigma_3 = 100\text{kPa}$，首先施加偏应力$\sigma_1 - \sigma_3 = 200\text{kPa}$，然后卸载到$100\text{kPa}$，最后加载到$300\text{kPa}$。本例的 cae 文件为 ex12-1.cae。

2. 算例学习重点

- 用户自定义材料的使用。
- solution-dependent state variables（解相关）状态变量的设置及应用。
- 应力积分算法对计算结果的影响。

3. 模型建立及求解

Step 1 建立部件。在 Part 模块中执行【Part】/【Creat】命令，创建名为 Part-1 的1.0m×1.0m×1.0m的三维变形体。由于这里主要验证内容是应力应变关系，因而并不需要模拟一个圆柱形的试样。执行【Tools】/【Set】/【Create】命令，将整个部件建立集合 soil。

Step 2 设置材料及截面特性。在 Property 模块中，执行【Material】/【Creat】命令，建立一个名为 Material-1 的材料。在 Edit Material 对话框中，执行【General】/【Depvar】命令，将材料的状态变量个数设为 3。

执行对话框中的【General】/【User Material】命令，按图 12-3 所示将材料的参数设为 1000、0.5、0.8、10、30、0.3、0、0、1500、100、0，分别对应于K、n、R_f、c、φ_0、G、D、F、K_ur、p_a和$\Delta\varphi$。

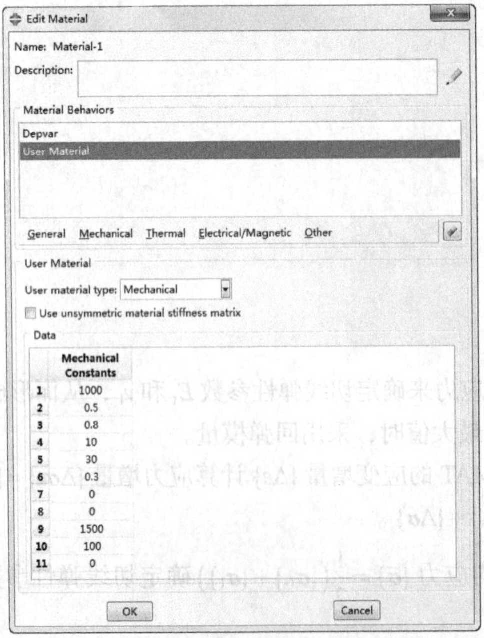

图 12-3 设置邓肯材料的参数(ex12-1)

Step 3 装配部件。进入 Assembly 模块，执行【Instance】/【Create】命令，在 Create Instance 对话框的 Parts 区域中选中 Part-1，单击【OK】按钮确认后退出。ABAQUS 会自动将 Instance 命名 Part-1-1。

Step 4 定义分析步。进入 Step 模块，执行【Step】/【Create】命令，在 ABAQUS 自带的初始分析步（Initial）后插入名为 geostatic 的分析步，确保 Procedure Type 下列列表中的选项为 General，并在对话框的下部区域选择分析步类型 Geostatic，单击【Continue】按钮进入 Edit Step 对话框，接受默认选项，单击【OK】按钮退出。再次执行【Step】/【Create】命令，在 geostatic 分析步之后添加名为 Load（加载）、Unload（卸载）和 Reload（再加载）的 Static, general 静力分析步。在各分析步的 Edit Step 对话框的 Basic 选项卡中将时间总长均取为 1.0（对于静力分析，时间只是一个相对度量，其绝对数值大小并不影响计算结果）；在 Incrementaion 选项卡中选中 Type 选项右侧的 Automatic 单选按钮采用自动增量步长；将初始时间步长和允许的最大步长都设为 0.1。

注意：

对于始点刚度法，其在增量步中应力是线性变化的，为了模拟刚度的非线性，需要控制所允许的最大增量步长，否则计算结果误差太大。

在 Step 模块中，执行【Output】/【Field Output Requests】命令，在弹出的 Edit Field Output Request 对话框中勾选 State/Field/User/Time 选项中的 SDV 复选框可将 UMAT 子程序中的状态变量输出到计算结果数据库，方便用户进行后处理。

Step 5 定义荷载、边界条件。进入 Load 模块，执行【BC】/【Create】命令，将 name 设置为 BC-1，Step 下列列表中选为 geostatic（即边界条件在 geostatic 开始生效），选择 Category 区域中的 Mechanical 单选按钮，并在右侧的 Types for Selected Step 区域中选择 Displacement/Rotation，单击【Continue】按钮继续，在屏幕上选择 $z = 0$ 的面，单击提示区中的【Done】按钮，在弹出的 Edit Boundary Condition 对话框中勾选 U3，将对应的位移设为 0，单击【OK】按钮确认退出。类似地，限定 x=0 面上的 U1，y=0 面上的 U2

执行【Load】/【Create】命令，在 Create Load 对话框中，将荷载命名为 Load-1，在 Step 下拉列表中选择对应的载荷步为 geostatic，意味着荷载在 geostatic 分析步中激活，在 Category 区域中选中 Mechanical 单选按钮，并在右侧的 Types for Selected Step 区域中选择 Pressure，单击【Continue】按钮继续，按照提示在屏幕上选取外部 3 个面（除了底面、内部的两个对称面），单击提示区中的【Done】按钮，弹出 Edit Load 对话框，在 Magnitude 右侧的输入框中设置压力的大小为 100，接受其余默认选项，确认后退出，此时模型的状态如图 12-4 所示。

再次执行【Load】/【Create】命令，在 $z = 1$ 的面上设置从 Load 分析步生效的均布压力 Load-2，压力大小为 200。执行【Load】/【Manager】命令，打开 Load Manager 对话框，将 Load-2 的大小在 Unload 分析步中改为 100，在 Reload 分析步中改为 300。

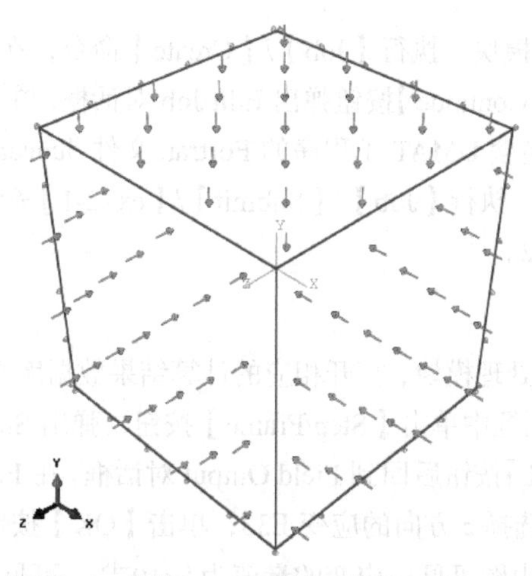

图 12-4 荷载 Load-1 的作用范围(ex12-1)

注意：

（1）在ABAQUS自带的初始分析步Initial中，所有的边界条件和荷载只能为0。

（2）荷载Load-1是为了和后面要设置的初始应力状态相平衡。

Step 6 设置初始应力。执行【Predefined Field】/【Create】命令，在创建预定义场对话框中，将Step选为Initial（ABAQUS中的初始步），类型选为Mechanical，Type选为Stress，单击【Continue】按钮后按提示区中的提示选择整个单元，确认后按图12-5所示设置初始应力（3个正应力为-100kPa，3个剪应力为0）。

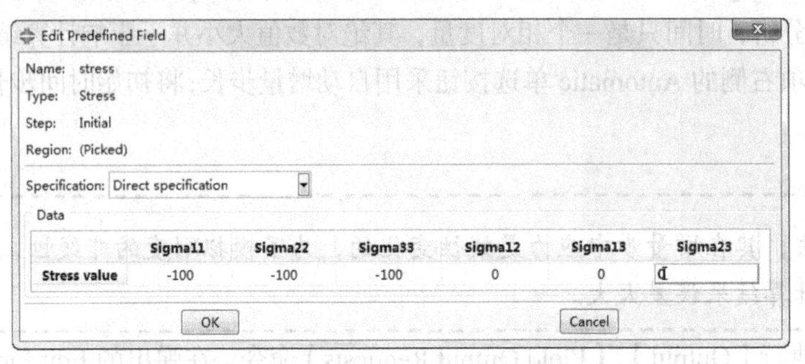

图12-5 设置初始应力（ex12-1）

Step 7 设置状态变量初始值。与场变量类似，状态变量的设置也无法在CAE中进行。执行【Model】/【Edit Keywords】/【Model-1】命令，弹出Edit keywords, Model: Model-1对话框，滚动右侧的滑动条，找到第一个分析步的定义语句（*step），在这之前插入定义状态变量初始值的语句：

*Initial conditions，type=solution；关键字solution表明定义的是状态变量。

part-1-1.soil,0.0 ,100.0, 0.0；其中依次为单元号，3个状态变量。在UMAT中3个状态变量依次为历史上最大的偏应力、固结应力和应力水平。

注意：

定义初始条件的关键字行必须出现在第一个分析步定义语句之前。

Step 8 划分网格。进入Mesh模块，将环境栏中的Object选项选为Part，意味着网格划分是在Part的层面上进行的。执行【Mesh】/【Controls】命令，在Mesh Controls对话框中选择Element shape（单元形状）为Hex（六面体），选择Technique（划分技术）为Structured。执行【Mesh】/【Element Type】命令，在Element Type对话框中，选择C3D8作为单元类型。执行【Seed】/【Part】命令，在Global Seeds对话框中将Approximate global size输入框设置为1.0，接受其余默认选项。执行【Mesh】/【Part】命令，单击提示区中的【Yes】按钮，对模型进行网格剖分。

Step 9 提交任务。进入Job模块，执行【Job】/【Create】命令，在Create Job对话框中将名称设置为ex12-1，接受其余默认选项，单击【Continue】按钮弹出Edit Job对话框，单击General选项卡中User subroutine file右侧的【Select】按钮，找到包含UMAT子程序的Fortran文件duncan-1.for（始点刚度法），接受其余默认选项，单击【OK】按钮后退出。执行【Job】/【Submit】/【ex12-1】命令，提交计算。按照上述步骤，建立采用中点增量法的任务ex12-1-2。

4．结果分析

Step 1 进入Visualization后处理模块，打开相应的计算结果数据库文件。执行【Result】/【Field output】命令，在弹出的Field Output对话框中单击【Step/Frame】按钮，弹出Step/Frame对话框，选择geostatic分析步的最后一个增量步，单击【OK】按钮后回到Field Output对话框。在Field Output对话框Primary Variables选项卡的Output Variable区域中选择*z*方向的应变E33，单击【OK】按钮绘制Geostatic平衡之后的轴向应变等值线云图，如图12-6所示。由图可见，应变的量值为1×10^{-19}，可见所加荷载和初始应力之间是相配套的，UMAT 在 Geostatic 分析步中就已发挥作用。

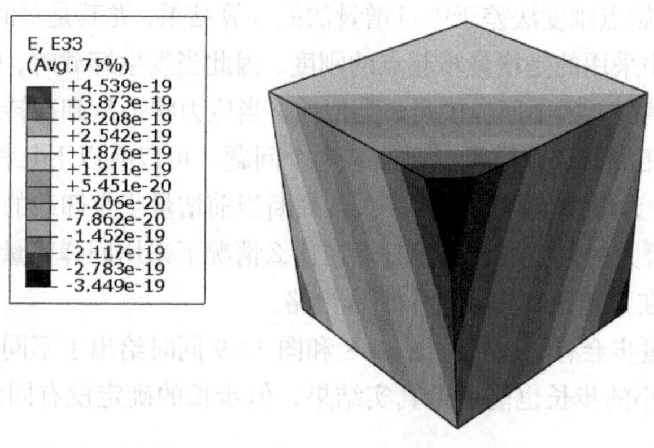

图 12-6 Geostatic 步后竖向应变等值线云图（ex12-1）

提示：

通过执行【Options】/【Contour】命令，用户可以使用个性化等值线云图的绘制方式。

Step 2 执行【Tools】/【XY Data】/【Create】命令，在弹出的 Create XY Data 对话框中选择 ODB Field Output 作为 XY 曲线的数据源，单击【Continue】按钮后弹出 XY Data from ODB Field Output 对话框，在 Variables 选项卡的 Position 下拉列表中选择 Centroid，意味着提取单元中心点的结果，在对话框下方的输出结果变量区，选择轴向应变 E33 和米塞斯应力 Mises（即偏应力）作为输出变量。切换到 Elements/Nodes 选项卡，将 Method 选择为 Picked from viewport，单击右侧的 Edit Selection 按钮，按照提示区中的提示在屏幕上选择单元 1，单击提示区中的【Done】按钮后回到 XY Data from ODB Field Output 对话框，单击【Save】按钮存储单元 1 的 E33 和 Mises 的结果，单击【Dismiss】按钮关闭对话框。

再次执行【Tools】/【XY Data】/【Create】命令，在 Create XY Data 对话框中选择 Operate on XY data 单选按钮，单击【Continue】按钮后弹出 Operate on XY Data 对话框，该对话框右侧的 Operators 区域中提供了一系列可对 XY 数据点进行处理的函数。这里，我们选择 combine 函数将两个数据系列组合成一个新的系列（见图 12-7）。

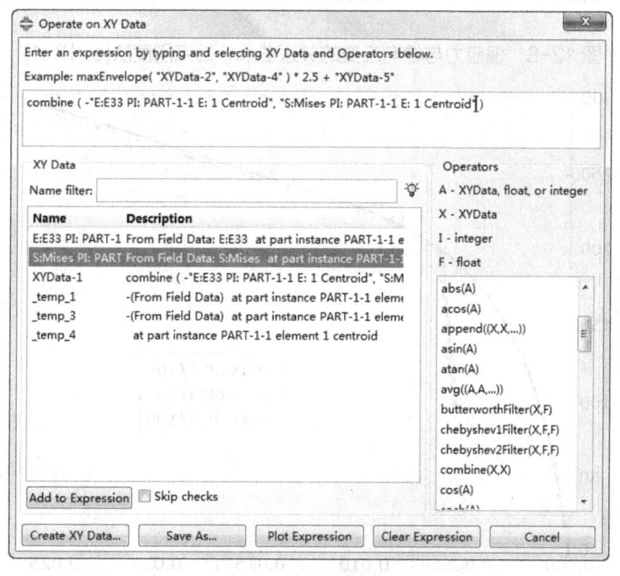

图 12-7 利用自带函数处理数据序列（ex12-1）

提示：

执行【Report】/【XY】命令可将曲线数据点输出到外部文本文件。

通过以上方法，将始点刚度法（ex12-1）和中点刚度法（ex12-1-2）得到的偏应力与轴向应变计算结果绘制于图 12-8 和图 12-9 中。始点刚度法差于中点增量法的计算结果，尤其是对卸载和再加载转折点的模拟。这是因为始点刚度法在计算中采用的是增量步起点的刚度，因此当发生卸载时，UMAT 要在下一个增量步才会发现应力状态处于卸载的情况，采用回弹模量。类似地，当应力状态从卸载转换到加载时，UMAT 也会滞后一步，在下一步才会采用相应的加载模量。要改善这个问题，可以有以下几种途径：

（1）在 UMAT 子程序中，增加代码先试算一次，判断当前增量步是卸载的还是再加载的，如果是再加载的，是否已经超出历史上最大的偏应力。当然对于在什么情况下采用回弹模量的标准，实际上是一个屈服准则的问题。这里并没有像在弹塑性本构模型中那样严格。

（2）采取较小的时间增量步会有所改善。图 12-8 和图 12-9 同时给出了不同允许最大增量步步长的计算结果，可见始点刚度法取较小的步长也能逼近真实结果，但步长的确定没有固定标准，只能靠试算或经验确定。

 提示：

对于单调加载问题，一般将加载步分为 10 到 20 级就可取得较好的精确度。

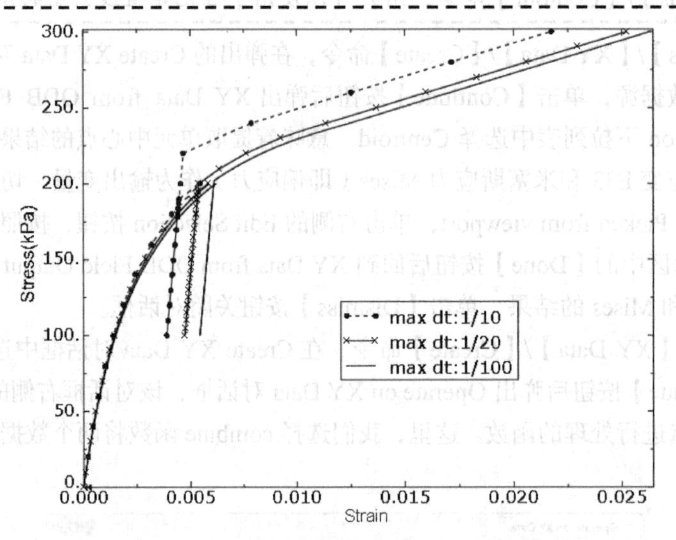

图 12-8　偏应力与轴向应变的关系曲线，始点刚度法(ex12-1)

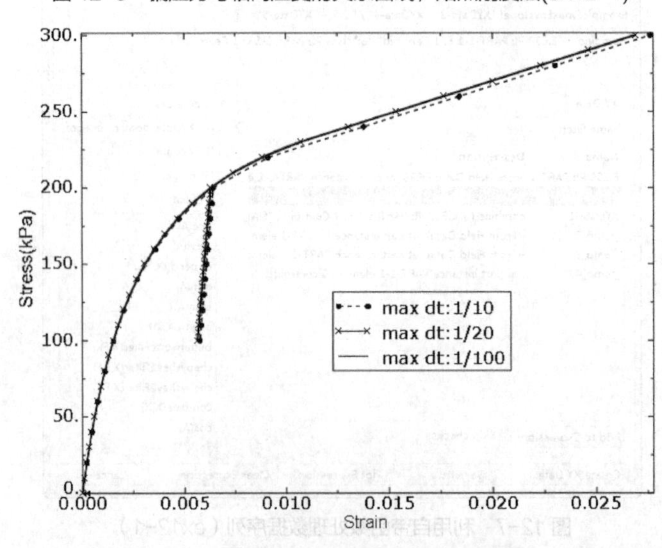

图 12-9　偏应力与轴向应变的关系曲线，中点增量法(ex12-1)

12.4.2 土石坝施工过程模拟

1. 问题描述

有一个简单的心墙堆石坝，高为100m（见图12-10），坝顶宽为10m，上下游坝坡坡比为1：2；心墙顶宽为6m，心墙的坡比为1：0.2。大坝施工分10级，每级填土厚度为10m。材料的邓肯模型参数见下表。这里采用邓肯E-B模型，读者可在duncan-1.for的基础上稍做修改。本例用户子程序为duncan-eb.for，算例cae文件为ex12-2.cae。

表 模型参数(ex12-2)

材料	K	n	R_f	c（kPa）	φ（°）	φ_0（°）	K_{ur}	K_b	m	ρ（g/cm³）
心墙	500	0.35	0.8	50	30	0	800	470	0.15	2.0
坝壳料	1100	0.30	0.8	10	40	0	1800	600	0.1	2.2

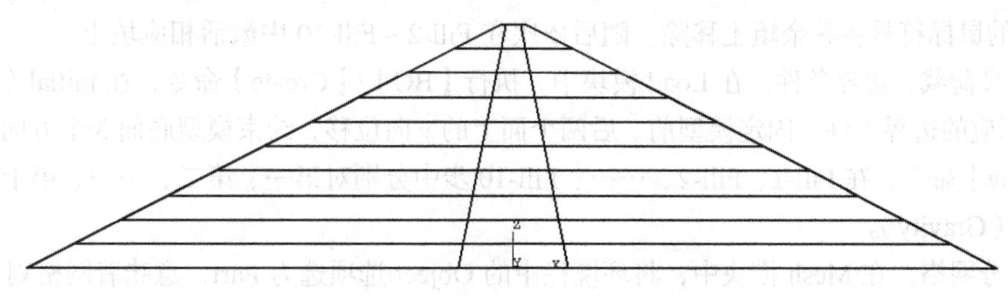

图12-10 模型示意图（ex12-2）

2. 算例学习重点

- 邓肯EB模型的应用。
- 分级填土位移的修正。

3. 模型建立与求解

Step 1 建立部件。由于本例UMAT子程序针对三维单元编写，因此需建立三维部件。在Part模块中执行【Part】/【Creat】命令，按照模型尺寸建立一个名为Part-1的三维part。该part厚5m，在后续的边界条件设置中约束厚度方向的位移，以此模拟平面应变条件。执行【Tools】/【Partion】命令，首先将堆石和心墙分开，随后将整个坝体分为10.0m一级的10个区域。执行【Tools】/【Set】/【Create】命令，将心墙建立集合core，堆石建立集合rock，从下到上的十级填土的集合分别命名为fill-1,fill-2，……，fill-10。将所有区域建立集合all。

Step 2 设置材料及截面特性。在Property模块中，执行【Material】/【Creat】命令，建立名称为Rock的材料。这里我们采用的是邓肯E-B模型。在Edit Material对话框中，执行【General】/【Density】命令，设置密度为2.2。执行【General】/【User Material】命令，按表12-1中的数据将材料的参数依次设为1000、0.3、0.8、10、40、0.0、600、0.1、1800、100，分别对应于K、n、R_f、c、φ_0、$\Delta\varphi$、K_b、m、K_{ur}和p_a。执行【General】/【Depvar】命令，将材料的状态变量个数设为3。类似地，建立材料Core。

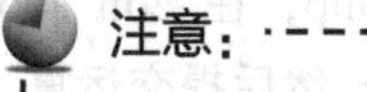

注意：本例中算例参数的顺序与ex12-1中不同。

执行【Section】/【Create】命令，设置名称为Rock的section，接受默认选项，即soild,homogeneous均匀实体，单击【Continue】按钮继续，在弹出的Edit Section对话框中将材料选为之前定义的Rock材料，其余选项不变，单击【OK】按钮束section的定义。类似地，定义截面Core。执行【Assign】/【Section】命令，将定义的截面分别赋予相应的区域。

Step 3 装配部件。在Assembly模块中，执行【Instance】/【Create】命令，建立相应的Instance。执行

【Instance】/【Rotate】命令，将整个坝体绕 x 轴旋转 90°，使得 z 方向代表高程方向（见图 12-10）。

注意：

本例中建立部件时初始 z 方向代表厚度方向。

Step 4 定义分析步。在 Step 模块中依次建立十个 Static，General 类型分析步，即 fill-1、fill-2、……、fill-10，对应分级加载过程，各荷载步时间总长均为 10（此时间的绝对值对计算结果无任何影响）。时间增量步采用自动时间增量步长，初始时间增量步长为 1，允许的最大时间增量步长为 1，其余均采用默认值。执行【Output】/【Field Output Requests】/【Edit】命令，在 Edit Field Output Requests 对话框中选择应力 S、应变 E、位移 U、坐标 COORD 和状态变量 SDV 作为输出变量。

Step 5 这里模拟的是填土分级加载，在施加第一级荷载之前，第二、三级填土是不存在的，因而需要用到 ABAQUS 提供的单元生死功能。按照第 10 章的介绍，在 Interaction 模块中，执行【Interaction】/【Create】命令，选择分析步为 Fill-1，类型为 Model change，然后单击【Continue】按钮，通过 Edit Interaction 对话框中 Region 右侧的鼠标符号将其余填土移除。随后依次在 Fill-2 ~ Fill-10 中激活相应填土。

Step 6 定义荷载、边界条件。在 Load 模块中，执行【BC】/【Create】命令，在 initial（初始）分析步中对模型设置相应的边界条件：固定模型前、后两个面上的 y 向位移，约束模型底面 3 个方向的位移。执行【Load】/【Create】命令，在 Fill-1、Fill-2、……、Fill-10 步中分别对第一、第二、……、第十层填土施加竖向重力荷载-10（Gravity）。

Step 7 划分网格。在 Mesh 模块中，将环境栏中的 Object 选项选为 Part，意味着网格划分是在 Part 的层面上进行的。执行【Mesh】/【Element Type】命令，选择单元 C3D8；执行【Mesh】/【Controls】命令，选择 Element shape（单元形状）为 Hex（六面体），针对不同的区域选用划分技术 Technique 下的单选按钮为 Structured 或 Sweep。通过【Seeds】下的各项命令，可以控制网格的密度。执行【Mesh】/【Part】命令，单击提示区中的【Yes】按钮，划分的网格如图 12-11 所示。

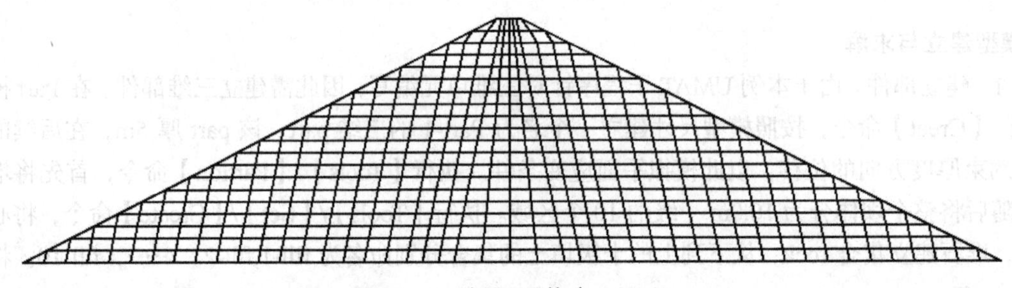

图 12-11　有限元网格（ex12-2）

Step 8 修改模型输入文件，建立初始条件。执行【Model】/【Edit Keywords】命令，在第一个 step 之前添加状态变量初始值的语句：

```
*Initial conditions,type=solution
```

part-1-1.all,0.0 ,100.0, 0.0! 其中依次为单元集合名称，3 个状态变量，分别代表了历史上最大的应力水平、小主应力和偏应力。

Step 9 提交任务。在 Job 模块中，执行【Job】/【Create】命令建立任务文件 ex12-2.inp，在 Edit Job 对话框的 General 选项中选择包含邓肯 EB 模型的 UMAT 子程序的 Fortran 文件 Duncan-eb.for，然后提交运算。

4．结果分析

Step 1 进入 Visualization 后处理模块，打开相应的计算结果数据库文件。

Step 2 应力分析。图 12-12 是竣工结束后大坝的小主应力等值线图。由图可见，在心墙和坝壳材料之间应力是不连续的。这是因为 ABAQUS 在绘制应力等值线的时候是通过单元积分点向外外插得到的，因而在不同材料的边界处会出现跳跃。我们也可迫使 ABAQUS 在节点处强制进行平均。执行【Results】/【Options】

命令，在 Result Options 对话框的 Computation 选项卡中确保 Use Region Boundaries 复选框为未选中状态，接受其余默认选项，确认后退出。

注意：

由于 ABAQUS 中以拉为正，ABAQUS 中的小主应力对应于岩土工程中的大主应力。

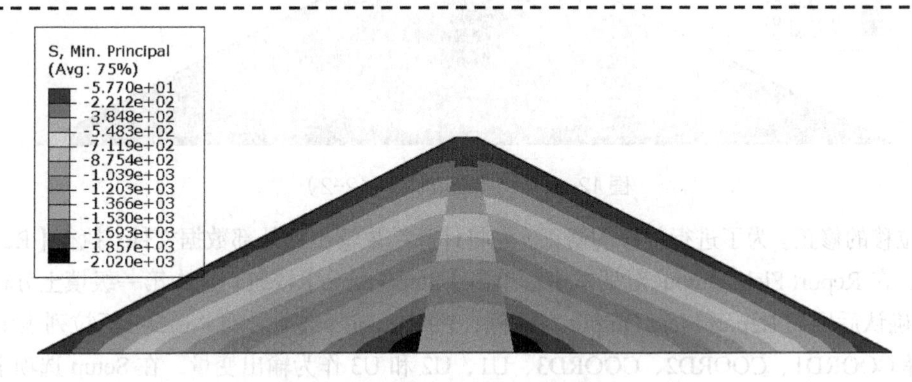

图 12-12 小主应力分布（平均前）（ex12-2）

重新绘制的竣工结束后大坝的小主应力等值线如图 12-13 所示。由图可见，小主应力分布有较好的规律，离开坝面距离越远，应力值越高。由于坝壳和心墙的模量差异，小主应力等值线在心墙和坝壳之间呈驼峰状分布，即出现了“拱效应”，这和通常土石坝的应力计算规律是一致的。

图 12-13 小主应力分布（ex12-2）

Step 3 位移分析。图 12-14 和图 12-15 分别是大坝的水平位移及竖向位移。由于大坝左右对称，且在施工期只受自重作用，因而竣工期坝壳上、下游的水平位移也是对称分布的，各自指向坡外方向。在沉降等值线图上，可以看出有明显的台阶状，这是因为对于各级填土，荷载是一次增加的，其顶面位移不为零，造成大坝施工完成后的累计位移呈现出阶梯状，需要将各级填土一次加荷计算出的位移修正到分级层数无穷多的位移。位移修正公式可参照殷宗泽的《土工原理》一书。

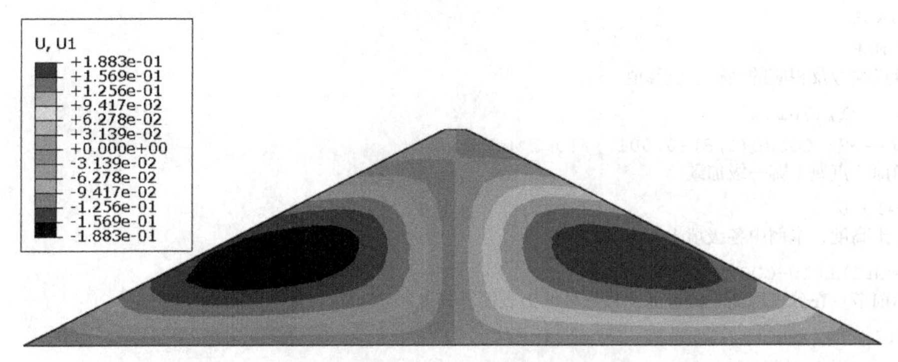

图 12-14 大坝的水平位移（ex12-2）

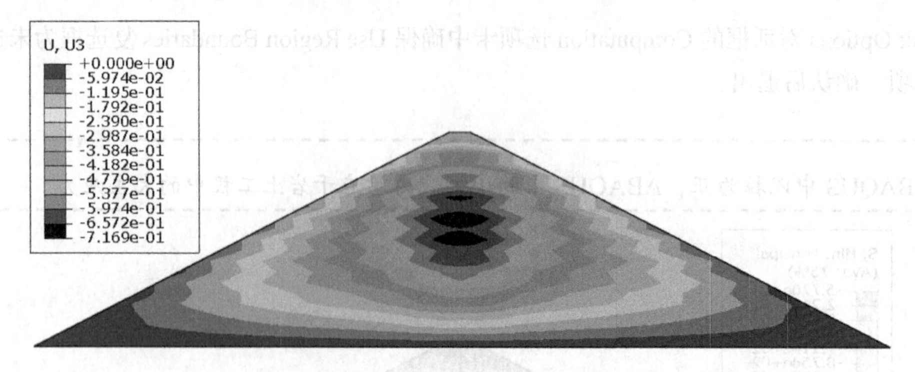

图 12-15　大坝的沉降（ex12-2）

Step 4　位移的修正。为了进行位移的修正，先将计算结果输出到外部数据文件。执行【Report】/【Field Output】命令，在 Report Field Output 对话框中，单击【Step/Frame】按钮，选中第一级填土分析步中的最后一个增量步，确认后回到 Report Field Output 对话框；在 Variables 选项卡的 Position 下拉列表中选择 Unique Nodal，并选择 COORD1、COORD2、COORD3、U1、U2 和 U3 作为输出变量，在 Setup 选项卡中将名称设为 U1.rpt，取消选中 Append to file 复选框，单击【Ok】或【Apply】按钮将第一级增量步结束时的节点沉降输出到 U1.rpt。按照上述步骤，分别将余下的分析步结束时的沉降输出到 U2.rpt~U10.rpt。编写一段 Fortran 程序用于处理位移的修正(deal.for)，代码及说明如下：

```
      DIMENSION NODE(1701),COORD(1701,3),DIS(10,1701,3),CDIS(1701,3)
C     分别为节点编号，坐标，各级荷载下的位移，位移修正值，本例中节点共 1701 个
      DIMENSION FDIS(1701,3)
C     最终累计位移
      OPEN(1,FILE="U1.RPT")
      OPEN(2,FILE="U2.RPT")
      OPEN(3,FILE="U3.RPT")
      OPEN(4,FILE="U4.RPT")
      OPEN(5,FILE="U5.RPT")
      OPEN(6,FILE="U6.RPT")
      OPEN(7,FILE="U7.RPT")
      OPEN(8,FILE="U8.RPT")
      OPEN(9,FILE="U9.RPT")
      OPEN(10,FILE="U10.RPT")
C     依次打开十个位移结果文件
      OPEN(11,FILE="OUTU.DAT")
C     打开输出文件
      DO 20 K=1,10
      DO 10 I=1,1701
      READ(k,*)NODE(I),COORD(I,1),COORD(I,2),
     1 COORD(I,3),DIS(K,I,1),DIS(K,I,2),DIS(K,I,3)
10    CONTINUE
20    CONTINUE
C     读入节点编号及相应的坐标、位移值
      DO 30 I=1,1701
      NFILL=ABS((COORD(I,3)-0.001))/10+1
C     确定当前节点属于哪一级加载
      FEIH=10.0
C     当前填土高度，本例中各级填土均为 10.0m
      FEIZ=NFILL*10-COORD(I,3)
C     确定当前节点在分级填土中的埋深（从分级填土表面算起）
      CDIS(I,1)=2*FEIZ/(FEIH+FEIZ)*DIS(NFILL,I,1)
      CDIS(I,2)=2*FEIZ/(FEIH+FEIZ)*DIS(NFILL,I,2)
```

```
         CDIS(I,3)=2*FEIZ/(FEIH+FEIZ)*DIS(NFILL,I,3)
   C     进行位移修正
         FDIS(I,1)=CDIS(I,1)+DIS(10,I,1)-DIS(NFILL,I,1)
         FDIS(I,2)=CDIS(I,2)+DIS(10,I,2)-DIS(NFILL,I,2)
         FDIS(I,3)=CDIS(I,3)+DIS(10,I,3)-DIS(NFILL,I,3)
   C     累计位移
   30    CONTINUE
         DO 40 I=1,1701
         WRITE(11,*)COORD(I,1),COORD(I,3),FDIS(I,1)*100,FDIS(I,3)*100
   C     输出结果，将位移单位从m转化为cm
   40    CONTINUE
         END
```

运行以上程序得到 outu.dat，然后就可通过 Surfer 软件进行等值线的绘制，见图 12-16 和图 12-17，大坝的最大沉降为 59.8cm，大约发生在 1/2 坝高处。由图可见，修正的效果是十分理想的。用户可以根据自己的算例，对以上程序进行微调。

提示：

应用本程序时需将 U1.rpt 等文件中除数据外的无关注释文字删除。

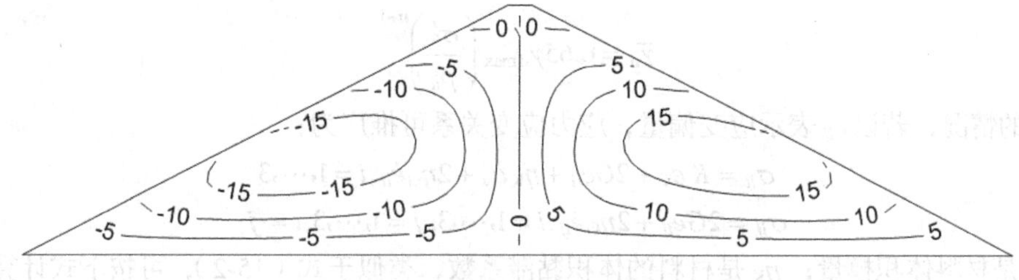

图 12-16　修正后的水平位移（ex12-2）

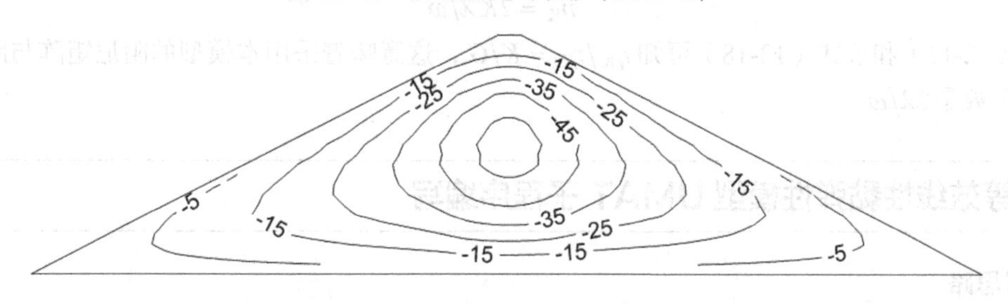

图 12-17　修正后的竖向位移（ex12-2）

12.5　等效线性黏弹性模型的二次开发

12.5.1　基本理论

目前，土石坝的地震反应分析可分为等效线性和非线性两大类。虽然非线性方法从理论上更具优势，但由于参数难以准确确定，加上计算费用和计算效率的限制，非线性分析往往只用在一维场地反应分析中，在三维分析中还较少应用。等效线性方法则通过迭代的手段来近似反映土体的非弹性和非线性。由于每个迭代过程是线性的，这种方法计算效率高，且对于大多数情况，尤其是应变较小（小于 2%），地震加速度在（<0.3g）的情况下都能提供较合理的结果。因此等效线性方法仍然是目前岩土地震分析中的主流。

由于 ABAQUS 中自带的黏弹性模型无法考虑模量与应力状态之间的关系、模量和阻尼比随应变的变化，因此需要进行二次开发。

等效线性模型实际上是基于黏弹性理论发展而来的，即用黏弹性 Kelvin 模型来反映土体在周期荷载下的滞回性。Kelvin 模型由一个线弹性弹簧和一个黏壶并联组成，其应力应变关系为：

$$\tau = G\gamma + \eta_G \dot{\gamma} \tag{12-11}$$

式中，G 是剪切模量，η_G 是剪切黏滞系数，τ 是剪应力，γ 是剪应变。在圆频率为 ω 的简谐荷载作用之下，应力应变的关系曲线为一椭圆滞回圈。根据阻尼比的概念，可以得到：

$$\eta_G = 2G\lambda/\omega \tag{12-12}$$

式中，λ 为阻尼比，ω 为圆频率。

土体的剪切模量 G 和阻尼比 λ 的函数是剪切应变 γ 的函数，在土石坝地震反应分析中可以采用沈珠江提出的如下形式：

$$G = \frac{k_2}{1+k_1\overline{\gamma}_d} p_a \left(\frac{\sigma_3'}{p_a}\right)^n \tag{12-13}$$

$$\lambda = \lambda_{max} \frac{k_1\overline{\gamma}_d}{1+k_1\overline{\gamma}_d} \tag{12-14}$$

式中，σ_3' 是围压；k_1、k_2 和 n 是由试验确定的材料参数；$\overline{\gamma}_d$ 是归一化的剪应变，可根据地震过程中的最大动剪应变 $\gamma_{d\max}$ 计算：

$$\overline{\gamma}_d = 0.65\gamma_{d\max} \left(\frac{\sigma_3'}{p_a}\right)^{n-1} \tag{12-15}$$

对于三维的情况，若以 e_{ij} 表示应变偏量，应力应变关系可推广为：

$$\sigma_{ii} = K\varepsilon_v + 2Ge_{ii} + \eta_K\dot{\varepsilon}_v + 2\eta_G\dot{e}_{ii}, i = 1,\cdots,3 \tag{12-16}$$

$$\sigma_{ij} = 2Ge_{ij} + 2\eta_G\dot{e}_{ij}, i = 1,\cdots,3, j = 1,\cdots,3, i \neq j \tag{12-17}$$

式中，K 是材料体积模量；η_K 是材料的体积黏滞系数，类似于式（15-2），可按下式计算：

$$\eta_K = 2K\lambda/\omega \tag{12-18}$$

由公式（12-12）和公式（12-18）可知 $\eta_K/\eta_G = K/G$，这意味着采用本模型的阻尼矩阵与刚度矩阵成正比，其比例系数是 $2\lambda/\omega$。

12.5.2 等效线性黏弹性模型 UMAT 子程序编写

1. 编写思路

等效线性模型实际上是基于黏弹性理论，即用黏弹性 Kelvin 模型来反映土体在周期荷载下的滞回性。土体能量损耗（或阻尼比）随剪应变变化的特性和滞回曲线斜率（或剪切模量）随剪应变变化的特性，通过改变模型参数来反映。具体过程为：先假设一个初始值阻尼比和剪切模量，计算过程中记录每个单元经历的最大剪切应变，根据试验求得的剪切模量、阻尼比与周期剪应变之间的关系曲线确定新的剪切模量和阻尼比，再根据新的材料参数进行计算，整个过程重复几次，直到材料性质不再发生变化。具体编写中需考虑以下几个问题：

（1）如何反映模量与应力之间的关系。一般认为，土体在地震过程中的动模量取决于震前静应力。这可通过以下方法实现：将静力分析得到的各单元平均有效应力输出为一文本文件，如 B.TXT，然后在 inp 文件中通过*Initial conditions，type=solution，input=B.TXT 语句将各单元的平均有效应力作为状态变量 STATEV（1），以供在 UMAT 子程序中调用。由于平均静有效应力在地震过程中不改变，UMAT 中无须对 STATEV（1）修改。静应力结果文件可以是 ABAQUS 的计算结果，也可以由其他程序的计算结果经简单处理后形成。

（2）如何反映阻尼项。在 ABAQUS 中若采用 Rayleigh 阻尼，则一种材料只允许设定一组 Rayleigh 阻尼参数，这就意味着尽管同一种材料中不同位置的岩土体单元在动力过程中所经历的应变水平（最大剪切应变）

不同，但它们的阻尼比是相同的。因此，要正确反映阻尼项，只有在模型内部解决，即根据等效线性模型的应力应变关系来反映滞回特性和能量损失。

> **提示：**
> 若模型参数不变，Kelvin 模型的阻尼比随圆频率的增加而增加，Maxwell 模型的阻尼比随圆频率的增加而减小；而一般认为土体的阻尼比与频率关系不大，故简化的黏弹性模型只适用于加载频率较狭窄的情况。

（3）正确反映模量、阻尼比随应变水平的变化。为了做到这一点，土石坝的地震反应分析需要进行若干次迭代，每一次迭代过程中的模量和阻尼比保持不变。当某次迭代结束之后，按照当前应变水平重新确定各单元的动模量和阻尼比，继续进行下一步迭代。理论上来说，迭代的过程可以内嵌入到用户子程序中让 ABAQUS 自动运行，但对于三维地震反应分析来说，通常需要占用大量的计算资源和时间，普通 PC 用户难以承受。且计算时间过长不利于对中间结果的监控和调试。为了避免这一问题，建议采用如下做法：

- 在 UMAT 用户子程序中设置状态变量 STATEV（2），储存各单元所经历的最大剪应变。
- 另外编一个简单的 FORTRAN 程序，根据各单元的应变水平确定 $G/G_{\max}$ 和 $\lambda/\lambda_{\max}$，并分别作为状态变量 STATEV（3）和 STATEV（4），将 STATEV（1）~STATEV（4）保存在同一个文本文件中，如 B.TXT。
- 保持 ABAQUS 的 inp 文件不变，只改变*Initial conditions，type=solution，input=B.TXT 中的外部输入文件 B.TXT，重新计算，直到收敛为止，一般计算 3~4 次就可满足要求。

2. 程序代码

ABAQUS 的 UMAT 子程序例子中，提供了图 12-18 所示黏弹性模型的用户子程序。其应力应变关系为：

$$\sigma+\frac{\mu_1}{(E_1+E_2)}\dot{\sigma}=\frac{\mu_1}{(1+E_1/E_2)}\dot{\varepsilon}+\frac{1}{(1/E_1+1/E_2)}\varepsilon \tag{12-19}$$

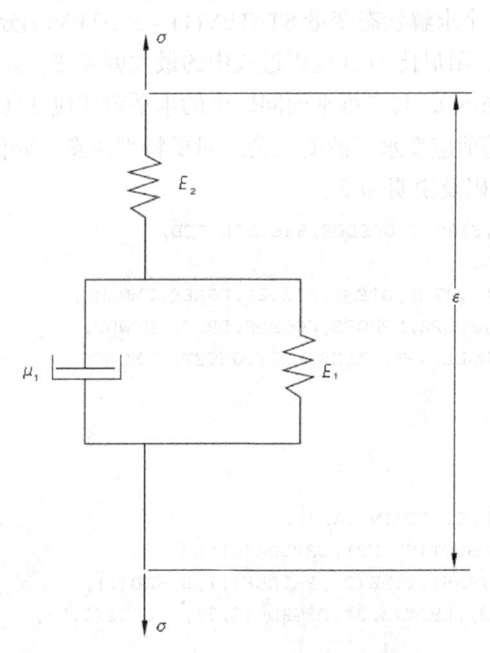

图 12-18 黏弹性模型示意图

将其推广到三维情况有：

$$\sigma_{xx}+\tilde{\nu}\dot{\sigma}_{xx}=\lambda\varepsilon_V+2\mu\varepsilon_{xx}+\tilde{\lambda}\dot{\varepsilon}_V+2\tilde{\mu}\dot{\varepsilon}_{xx}\text{（3 个正应力）} \tag{12-20}$$

$$\sigma_{xy}+\tilde{\nu}\dot{\sigma}_{xy}=\mu\gamma_{xy}+\tilde{\mu}\dot{\gamma}_{xy}\text{（3 个剪应力）} \tag{12-21}$$

上述两组方程可根据中点差分法求解。即这两个方程在 $t+\frac{1}{2}\Delta t$ 成立，按 $\dot{f}_{t+\frac{1}{2}\Delta t}=\frac{\Delta f}{\Delta t}$，$f_{t+\frac{1}{2}\Delta t}=f_t+\frac{1}{2}\Delta f$ 进行展开，合并同类项，可得应力增量的计算公式：

$$\left(\frac{1}{2}\Delta t+\tilde{\nu}\right)\Delta\sigma_{xx}=\left(\Delta t\frac{\lambda}{2}+\tilde{\lambda}\right)\Delta\varepsilon_{\mathrm{V}}+\left(\Delta t\mu+2\tilde{\mu}\right)\Delta\varepsilon_{xx}+\Delta t\left(\lambda\varepsilon_{V}+2\mu\varepsilon_{xx}-\sigma_{xx}\right)_t \tag{12-22}$$

$$\left(\frac{1}{2}\Delta t+\tilde{\nu}\right)\Delta\sigma_{xy}=\left(\Delta t\frac{\mu}{2}+\tilde{\mu}\right)\Delta\gamma_{xy}+\Delta t\left(\mu\varepsilon_{xy}-\sigma_{xy}\right)_t \tag{12-23}$$

据此，可写出 Jacobian 矩阵的项：

$$\frac{\partial\sigma_{xx}}{\partial\varepsilon_{xx}}=\frac{1}{\left(\frac{1}{2}\Delta t+\tilde{\nu}\right)}\left[\Delta t\left(\frac{\lambda}{2}+\mu\right)+\tilde{\lambda}+2\tilde{\mu}\right] \tag{12-24}$$

$$\frac{\partial\sigma_{xx}}{\partial\varepsilon_{yy}}=\frac{1}{\left(\frac{1}{2}\Delta t+\tilde{\nu}\right)}\left[\Delta t\frac{\lambda}{2}+\tilde{\lambda}\right] \tag{12-25}$$

$$\frac{\partial\sigma_{xy}}{\partial\gamma_{xy}}=\frac{1}{\left(\frac{1}{2}\Delta t+\tilde{\nu}\right)}\left[\Delta t\frac{\mu}{2}+\tilde{\mu}\right] \tag{12-26}$$

若将图 12-18 所示模型中的弹性模量 E_2 取为无穷大，则模型退化为 Kelvin 模型。实际运用时，将 $E_2=100E_1$ 就已经足够。原 UMAT 材料共包含 λ、μ、$\tilde{\lambda}$、$\tilde{\mu}$ 和 $\tilde{\nu}$ 5 个参数，其中 λ 和 μ 即为拉密常数。结合土体等效黏弹性模型，μ 应由土体动剪切模量确定，若已知泊松比，λ 也可确定。$\tilde{\lambda}$、$\tilde{\mu}$ 应和阻尼比有关。根据式（12-19）和式（12-21），$\tilde{\nu}$ 与 $\tilde{\mu}$ 有关。按照以上思路，土体等效线性黏弹性模型的 UMAT 程序代码如下，其中共有 4 个材料参数，分别代表最大动剪切模量参数 $G_{\max}=kp_{\mathrm{a}}\left(\frac{\sigma_3'}{p_{\mathrm{a}}}\right)^n$ 的 k、n、泊松比 ν 和圆频率 ω。除了模型参数之外，还需要 4 个求解状态变量 STATEV(1) ~ STATEV(4)分别对应于地震前的围压、与应变水平相关的剪切模量比 $G/G_{\max}$、阻尼比 D 和地震过程中的最大剪应变 $\gamma_{\max}$。需要注意，对于三维问题，这里的 $\gamma_{\max}$ 为纯剪应变（剪应变强度），与二维平面问题中的水平剪切应变还是有区别的，两者仅在纯剪的情况下符合。这一点在采用模量随剪应变水平改变的公式时要特别注意，要保证两者是一致的。

UMAT 子程序为 dyna.for，代码及说明如下：

```
      SUBROUTINE UMAT(STRESS,STATEV,DDSDDE,SSE,SPD,SCD,
     1 RPL,DDSDDT,DRPLDE,DRPLDT,
     2 STRAN,DSTRAN,TIME,DTIME,TEMP,DTEMP,PREDEF,DPRED,CMNAME,
     3 NDI,NSHR,NTENS,NSTATV,PROPS,NPROPS,COORDS,DROT,PNEWDT,
     4 CELENT,DFGRD0,DFGRD1,NOEL,NPT,LAYER,KSPT,JSTEP,KINC)
C
      INCLUDE 'ABA_PARAM.INC'
C
      CHARACTER*80 CMNAME
      DIMENSION STRESS(NTENS),STATEV(NSTATV),
     1 DDSDDE(NTENS,NTENS),DDSDDT(NTENS),DRPLDE(NTENS),
     2 STRAN(NTENS),DSTRAN(NTENS),TIME(2),PREDEF(1),DPRED(1),
     3 PROPS(NPROPS),COORDS(3),DROT(3,3),DFGRD0(3,3),DFGRD1(3,3),
     4 JSTEP(4)
      IMENSION DSTRES(6),D(3,3)
       DIMENSION PROPSS(5),PS(3)
       FEK=PROPS(1)
       FEN=PROPS(2)
       FEV=PROPS(3)
       FEW=PROPS(4)
```

```
C     PROPS(1)~PROPS(4)分别对应k、n、v和ω
      SIG30=STATEV(1)
      GG=STATEV(2)
      DD=STATEV(3)
      GAMA=STATEV(4)
C     STATEV(1)~STATEV(4)分别对应于震前围压、G/Gmax3、D和γmax
      ELG=FEK*(SIG30/100)**FEN*100
      ELG=ELG*GG
      ELM=2*ELG*FEV/(1-2*FEV)
      ELGT=2*ELG/FEW*DD
      ELMT=2*ELM/FEW*DD
C     黏壶系数
      ELG1=ELG/1.01
      ELM1=ELM/1.01
      ELGT1=ELGT/1.01
      ELMT1=ELMT/1.01
      EFEI=0.01*ELGT/ELG
      PROPSS(1)=ELM1
      PROPSS(2)=ELG1
      PROPSS(3)=ELMT1
      PROPSS(4)=ELGT1
      PROPSS(5)=EFEI
C     假设E2=100E1，将输入参数进行调整，以满足原程序的要求，直接调用原程序
      EV = 0.
      DEV = 0.
      DO K1=1,NDI
        EV = EV + STRAN(K1)
        DEV = DEV + DSTRAN(K1)
      END DO
C
      TERM1 = .5*DTIME + PROPSS(5)
      TERM1I = 1./TERM1
      TERM2 = (.5*DTIME*PROPSS(1)+PROPSS(3))*TERM1I*DEV
      TERM3 = (DTIME*PROPSS(2)+2.*PROPSS(4))*TERM1I
C
      DO K1=1,NDI
        DSTRES(K1) = TERM2+TERM3*DSTRAN(K1)
     1    +DTIME*TERM1I*(PROPSS(1)*EV
     2    +2.*PROPSS(2)*STRAN(K1)-STRESS(K1))
        STRESS(K1) = STRESS(K1) + DSTRES(K1)
      END DO
C
      TERM2 = (.5*DTIME*PROPSS(2) + PROPSS(4))*TERM1I
      I1 = NDI
      DO K1=1,NSHR
        I1 = I1+1
        DSTRES(I1) = TERM2*DSTRAN(I1)+
     1    DTIME*TERM1I*(PROPSS(2)*STRAN(I1)-STRESS(I1))
        STRESS(I1) = STRESS(I1)+DSTRES(I1)
      END DO
C  CREATE NEW JACOBIAN
      TERM2 = (DTIME*(.5*PROPSS(1)+PROPSS(2))+PROPSS(3)+
     1  2.*PROPSS(4))*TERM1I
      TERM3 = (.5*DTIME*PROPSS(1)+PROPSS(3))*TERM1I
      DO K1=1,NTENS
```

```
        DO K2=1,NTENS
          DDSDDE(K2,K1) = 0.
        END DO
      END DO
      DO K1=1,NDI
        DDSDDE(K1,K1) = TERM2
      END DO
      DO K1=2,NDI
        N2=K1-1
        DO K2=1,N2
          DDSDDE(K2,K1) = TERM3
          DDSDDE(K1,K2) = TERM3
        END DO
      END DO
      TERM2 = (.5*DTIME*PROPSS(2)+PROPSS(4))*TERM1I
      I1 = NDI
      DO K1=1,NSHR
        I1 = I1+1
        DDSDDE(I1,I1) = TERM2
      END DO
C  TOTAL CHANGE IN SPECIFIC ENERGY
      TDE = 0.
      DO K1=1,NTENS
        TDE = TDE + (STRESS(K1)-.5*DSTRES(K1))*DSTRAN(K1)
      END DO
C  CHANGE IN SPECIFIC ELASTIC STRAIN ENERGY
      TERM1 = PROPSS(1) + 2.*PROPSS(2)
      DO  K1=1,NDI
        D(K1,K1) = TERM1
      END DO
      DO K1=2,NDI
        N2=K1-1
        DO K2=1,N2
          D(K1,K2) = PROPSS(1)
          D(K2,K1) = PROPSS(1)
        END DO
      END DO
      DEE = 0.
      DO K1=1,NDI
        TERM1 = 0.
        TERM2 = 0.
        DO K2=1,NDI
          TERM1 = TERM1 + D(K1,K2)*STRAN(K2)
          TERM2 = TERM2 + D(K1,K2)*DSTRAN(K2)
        END DO
        DEE = DEE + (TERM1+.5*TERM2)*DSTRAN(K1)
      END DO
      I1 = NDI
      DO K1=1,NSHR
        I1 = I1+1
        DEE = DEE + PROPSS(2)*(STRAN(I1)+.5*DSTRAN(I1))*DSTRAN(I1)
      END DO
      SSE = SSE + DEE
      SCD = SCD+TDE-DEE
       CALL SPRINC(STRAN,PS,2,3,3)
```

```
      GAMAX=((PS(1)-PS(2))**2+(PS(2)-PS(3))**2+(PS(3)-PS(1))**2)*2/3
      GAMAX=SQRT(GAMAX)
      IF(GAMA.LT.GAMAX)STATEV(4)=GAMAX
C     计算并储存最大动剪应变
      RETURN
      END
```

12.6 黏弹性模型算例

1. 问题描述

设有一个正方体，边长为1m，底面固定，单元顶面作用的切向应力为$50\sin(\omega t)$；材料剪切模量为10MPa，泊松比为0.3，阻尼比为10%（对应的剪切黏滞系数为636.6），试分析应力-应变关系。本例cae文件为ex12-3.cae，用户子程序为dyan.for。

2. 算例学习重点

- 自定义黏弹性材料的使用。

3. 模型建立与求解

Step 1 建立部件。在Part模块中执行【Part】/【Creat】命令，基于拉伸建立一1m×1m×1m的三维变形实体。执行【Tools】/【Set】/【Create】命令，将整个土体建立集合all。

Step 2 设置材料。进入Property模块，执行【Material】/【Creat】命令，建立名称为Soil的材料，在Edit Material对话框中执行【General】/【Depvar】命令，将解相关状态变量的个数设为4。执行【General】/【User material】命令，设置材料参数为100、0、0.3、3.14。因为在用户子程序中我们将材料参数定义为k、n、v和ω，为了和本例数据对应，将k取为100，n取为0，这样使得$kp_a(\sigma_3/p_a)^n$为10MPa。

执行【Section】/【Create】命令，创建名为soil的均匀实体截面属性，对应的材料为soil，并执行【Assign】/【Section】命令赋给相应的区域。

Step 3 装配部件。在Assembly模块中，执行【Instance】/【Create】命令，接受默认设置，建立相应的Instance。

Step 4 定义分析步。执行【Step】/【Create】命令，在Create Step对话框中将分析步名改为cyclic，选择分析步类型为Static, general，单击【Continue】按钮，在Edit Step对话框的Basic选项卡中将Time period（时间总长）设为10；在Incrementation选项卡中将Type选为Fixed（固定时间步长），将时间分析步长（Increment size）设为0.02。注意到时间总长为20，则需要500步，需将允许的最大增量数（Maximum number of increments）调大至1000，确认后退出。

提示：

本例选择Static，general分析步，没有考虑惯性力的影响。

Step 5 定义位移边界条件。在Load模块中，执行【BC】/【Create】命令，在Initial初始分析步中约束模型底部（z=0平面）的所有位移U1、U2和U3。

Step 6 定义循环加载幅值曲线。执行【Tools】/【Amplitude】/【Create】命令，选择Type（类型）为Periodic，单击【Continue】按钮，弹出编辑幅值对话框。设置Circular frequency（圆频率）ω为3.14，Starting time t_0为0，Initial amplitude A_0为0，A设置为0，B设置为1，则加载函数为：

$$a = A_0 + \sum_{n=1}^{N}\left[A_n \cos n\omega(t-t_0) + B_n \sin n\omega(t-t_0)\right], t \geqslant t_0 \quad (12\text{-}27)$$

$$a = A_0, t < t_0 \quad (12\text{-}28)$$

在 Load 模块中，执行【Load】/【Create】命令，选择分析步为 cyclic ，Category 为 Mechanical，Type 为 Surface traction 后继续，设置模型顶面（z=1 平面）的荷载边界条件。在 Edit Load 对话框中将 Magnitude 设为 50，在 Amplitude 下拉列表中选择之前定义的幅值曲线 Amp-1，单击 Direction 下方的鼠标，指定剪应力方向（见图 12-19）。

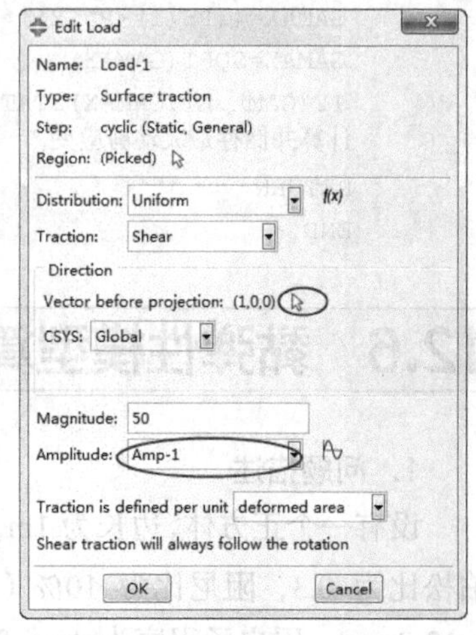

图 12-19　设置周期剪应力（ex12-3）

Step 7　划分网格。进入 Mesh 模块，将环境栏中的 Object 选项选为 Part，意味着网格划分是在 Part 的层面上进行的。执行【Mesh】/【Element Type】命令，在 Element Type 对话框中，选择单元类型为三维八节点（C3D8）。执行【Seed】/【Part】命令，将单元 Approximate global size 设为 1，即本例中只划分 1 个单元。执行【Mesh】/【Part】命令，对网格进行划分。

Step 8　修改模型输入文件，建立状态变量初始条件。执行【Model】/【Edit Keywords】命令，在第一个 step 之前添加状态变量初始值的语句：

```
*Initial conditions,type=solution
```

part-1-1.all,100，1，0.1，0。其中依次为单元集合名称，四个状态变量，分别代表了震前围压、剪切模量比、阻尼比和最大动剪应变。因为 n 设为 0，这里围压取一任意非零值。

Step 9　建立任务。进入 Job 模块，建立并提交名为 ex12-3 的任务，注意在 Edit Job 对话框的 General 选项卡中选择用户子程序。

4．结果分析

Step 1　进入 Visualization 后处理模块并打开结果数据库。

Step 2　执行【Tools】/【XY Data】/【Create】命令，在弹出的 Create XY Data 对话框中选择 ODB Field Output 作为 XY 曲线的数据源，单击【Continue】按钮后选择 Position 为 Centroid，在对话框下方的输出结果变量区中选择剪切应变 E13 和剪切应力 S13 作为输出变量。切换到 Elements/nodes 选项卡，保存单元 1 的相应结果。

再次执行【Tools】/【XY Data】/【Create】命令，选择 Operate on XY data 单选按钮后单击【Continue】按钮。利用 combine 函数给出剪应力-应变的关系曲线，如图 12-20 所示，其与理论计算结果一致，表明所编子程序达到了预期目的。

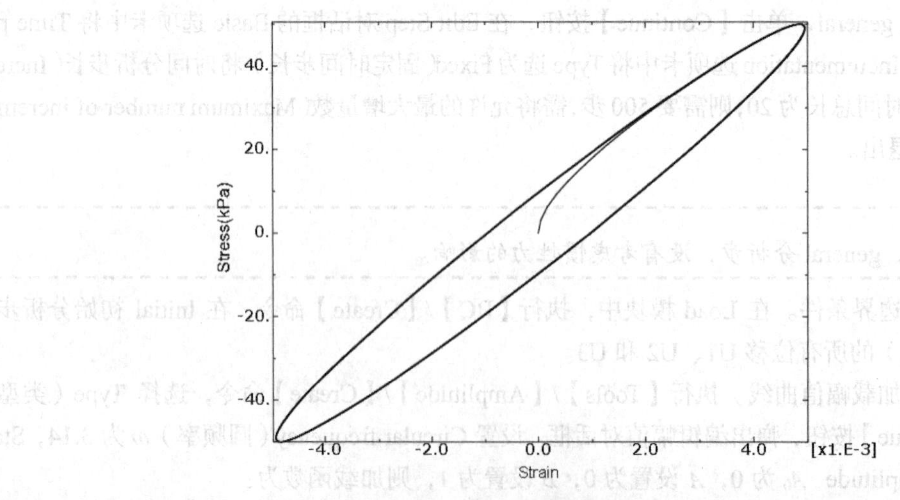

图 12-20　剪应力应变滞回圈（ex12-3）

12.7 边界面模型的二次开发

12.7.1 基本理论

边界面模型可较好地模拟土体在循环荷载作用中产生的塑性变形积累等现象，得到了广大学者的关注。一般而言，边界面模型具有以下特点：

（1）应力空间上定义了一个边界面，应力状态只能落在边界面内部或边界面上。

（2）边界面内部存在着与边界面形状相似的加载面，加载面不能和边界面交叉。

（3）边界面和加载面的大小可按照一定的硬化规律变化。

（4）弹性应变由广义虎克定律计算，可考虑土体的非线性弹性。

（5）若当前应力点落在边界面上，塑性应变增量大小由流动法则确定。

（6）土体在边界面内部也能产生塑性应变，塑性模量的大小由当前应力点与其在边界面上的投影点之间的距离确定，这就需要一个合适的映射规则。

本节结合 Zhou 和 Ng 提出的模型，介绍边界面模型在 ABAQUS 中的实现方法。需要指出，他们的模型还考虑了温度对边界面的影响。为简单起见，本节只考虑常温的情况。

1．弹性应变增量

弹性体积应变增量 $\mathrm{d}\varepsilon_\mathrm{v}^e$ 和弹性剪切应变增量 $\mathrm{d}\varepsilon_\mathrm{s}^e$ 可分别表示为：

$$\mathrm{d}\varepsilon_\mathrm{v}^e = \frac{\mathrm{d}p'}{K} \tag{12-29}$$

$$\mathrm{d}\varepsilon_\mathrm{s}^e = \frac{\mathrm{d}q}{3G_0} \tag{12-30}$$

式中，p' 为平均有效应力，K 为弹性体积模量，e 为孔隙比，q 为偏应力，G_0 为弹性剪切模量。K 取为：

$$K = \frac{1+e}{\kappa}p' \tag{12-31}$$

按 Zhou 和 Ng 的建议，剪切模量可取为与孔隙比和有效围压相关的函数，这里简单地按弹性参数的关系确定如下：

$$G_0 = \frac{3(1-2\mu)}{2(1+\mu)}K \tag{12-32}$$

式中，μ 为泊松比。

2．正常固结曲线

土体的正常固结曲线方程为：

$$v = N - \lambda\ln\left(p'/p_\mathrm{ref}\right) \tag{12-33}$$

式中，$v = 1+e$ 为比容，N 为 $v \sim \ln p'$ 平面内正常固结线的截距。

3．临界状态线

$p' \sim q$ 平面上的临界状态线方程为：

$$q = Mp' \tag{12-34}$$

式中，M 为临界状态下的应力比。$v \sim \ln p'$ 平面中临界状态线为：

$$v = \Gamma - \lambda\ln\left(p'/p_\mathrm{ref}\right) \tag{12-35}$$

式中，Γ 为 $v \sim \ln p'$ 平面内临界状态线的截距。

4．边界面

边界面方程为：

$$F=\left(\frac{q}{Mp'}\right)^n+\frac{\ln\left(p'/p_0\right)}{\ln r} \tag{12-36}$$

式中，n 和 r 为材料参数。参数 n 决定了边界面的曲率，参数 r 决定了正常固结曲线与临界状态线在 $v\sim\ln p'$ 平面上的竖直距离。n 和 r 对边界形状的影响分别如图 12-21 和图 12-22 所示。根据式（12-36），当土体达到临界状态（q=mp'）时有 $p'=p_0/r$，则有：

$$r=\exp\left[\frac{(N-\Gamma)}{\lambda-\kappa}\right] \tag{12-37}$$

提示：

当 n=1.6，r=2 时，边界面形状与修正剑桥模型近似相同。

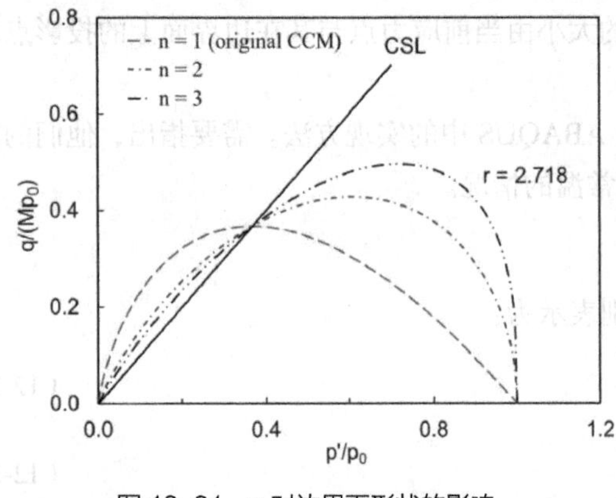

图 12-21　n 对边界面形状的影响

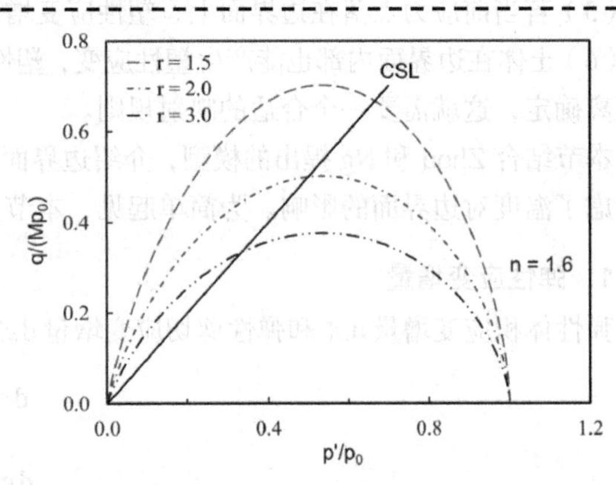

图 12-22　r 对边界面的影响

5．映射规则

采用半径映射规则，投影中心点取为应力空间的零点，则有：

$$\frac{p'}{\overline{p}'}=\frac{q}{\overline{q}}=\frac{\rho}{\overline{\rho}} \tag{12-38}$$

式中，p'，q 为真实点的应力分量；$\overline{p}'$，$\overline{q}$ 为边界面上映像点的应力分量；ρ 和 $\overline{\rho}$ 分别为真实应力点和映像点距离投影中心点的距离。

6．流动法则

考虑非相关联的流动法则，剪胀因子 D_s 表达为：

$$D_s=\frac{d\varepsilon_v^p}{d\varepsilon_s^p}=\frac{M^2\left(\rho/\overline{\rho}\right)-\eta^2}{2\eta} \tag{12-39}$$

式中，$d\varepsilon_v^p$ 为塑性体积应变增量，$d\varepsilon_s^p$ 为塑性剪切应变增量，$\eta=q/p'$ 为应力比。当应力点位于边界面上时，$\rho=\overline{\rho}$，上式退化为修正剑桥模型中所采用的流动法则。当应力点位于边界面之内时，该式能够反映土体剪胀性随超固结比 OCR 的增加而增加的趋势。

7．边界面的硬化规律和一致性条件

边界面的硬化规律与常规剑桥模型的相同，取为：

$$dp_0=p_0\frac{v}{\lambda-\kappa}d\varepsilon_v^p \tag{12-40}$$

根据边界面的一致性条件有：

$$\frac{\partial F}{\partial p'}\mathrm{d}p'+\frac{\partial F}{\partial q}\mathrm{d}q+\frac{\partial F}{\partial p_0}\frac{\partial p_0}{\partial \varepsilon_v^p}\mathrm{d}\varepsilon_v^p=0 \tag{12-41}$$

将 $\mathrm{d}\varepsilon_v^p$ 表达为 $D_s\mathrm{d}\varepsilon_s^p$，变换可得：

$$\mathrm{d}\varepsilon_s^p=\frac{1}{K_p}\left\{\frac{\partial F}{\partial \sigma}\right\}^{\mathrm{T}}\{\mathrm{d}\sigma\} \tag{12-42}$$

式中 K_p 是塑性模量，表达为：

$$K_p=-\frac{\partial F}{\partial p_0}\frac{\partial p_0}{\partial \varepsilon_v^p}D_s=\frac{v}{(\lambda-\kappa)\ln r}\frac{M^2-\eta^2}{2\eta} \tag{12-43}$$

上式仅适用于边界面上的状态点。对状态点位于边界面内部的情况，边界面内的塑性模量函数通常根据对土体应力应变关系的最佳拟合得到。Zhou 和 Ng 采用了一个相对简单的形式：

$$K_p=\frac{v}{(\lambda-\kappa)\ln r}\left[\frac{M^2(\bar{\rho}/\rho)-\eta^2}{2\eta}\right] \tag{12-44}$$

式中 $\bar{\rho}/\rho$ 的引入反映了状态点越接近边界面，塑性模量越小。

8．弹塑性矩阵

利用一致性条件，根据推导，可获得模型的弹塑性矩阵 D_{ep}：

$$[D]_{ep}=[D]-\frac{[D]\{C\}\left\{\frac{\partial F}{\partial \sigma}\right\}^{\mathrm{T}}[D]}{K_p+\left\{\frac{\partial F}{\partial \sigma}\right\}^{\mathrm{T}}[D]\{C\}} \tag{12-45}$$

式中，$\{C\}$ 为 $\{C\}=\{A\}D_s+\{B\}$，$\{A\}=\{1/3\quad 1/3\quad 1/3\quad 0\quad 0\quad 0\}^{\mathrm{T}}$，$\{B\}=\frac{3}{2q}\{\sigma_{11}-p'/3\quad \sigma_{22}-p'/3\quad \sigma_{33}-p'/3\quad 2\sigma_{12}\quad 2\sigma_{13}\quad 2\sigma_{23}\}^{\mathrm{T}}$。

提示：

ABAQUS 中以拉为正，编写子程序时要注意正负号。

12.7.2 应力积分算法的选择

常用的弹塑性应力积分算法有隐式和显式两大类。隐式算法以回退算法为代表，其包含弹性预测和塑性修正两个步骤。回弹算法一般可保证应力应变状态同时满足流动法则，硬化规律和边界面的一致性条件，具有较好的精度，但编程相对较复杂，读者可参考相关文献。这里选择带误差控制的改进 Euler 积分算法。

该种方法实际上是一种子步应力积分算法，即将应变增量 $\{\Delta\varepsilon\}$ 分成一系列子步应变增量 $\{\Delta\varepsilon_{ss}\}=\Delta T\{\Delta\varepsilon\}$，其中 $0<\Delta T\leqslant 1$，每一子步的长度 ΔT 由误差控制，具体为：

（1）载荷增量步开始时的应力为 $\{\sigma\}$，假设 $T=0$，$\Delta T=1$。对于边界面模型，加载都是弹塑性的（卸载为弹性），根据当前应力状态和硬化参数确定初始刚度矩阵 $\left[D_{ep}(\{\sigma\},p_0)\right]$。

（2）由 $\{\Delta\varepsilon_{ss}\}=\Delta T\{\Delta\varepsilon\}$ 确定子步应变增量，由 $\{\Delta\sigma_1\}=\left[D_{ep}(\{\sigma\},p_0)\right]\{\Delta\varepsilon_s\}$ 确定第一次估算应力增量，并计算塑性应变增量和硬化参数增量。

（3）根据第一次估算得到的应力 $\{\sigma+\Delta\sigma_1\}$ 确定新的刚度矩阵 $\left[D_{ep}(\{\sigma\}+\{\Delta\sigma_1\},p_0+\Delta p_0)\right]$，进而求得第二次估算应力增量 $\{\Delta\sigma_2\}=\left[D_{ep}(\{\sigma\}+\{\Delta\sigma_1\},p_0+\Delta p_0)\right]\{\Delta\varepsilon_s\}$。

（4）按 $\{\Delta\sigma\}=\frac{1}{2}(\{\Delta\sigma_1\}+\{\Delta\sigma_2\})$ 计算平均应力增量。

（5）按 $R=\left\|\frac{1}{2}\left(\{\Delta\sigma_2\}-\{\Delta\sigma_1\}\right)\right\| \Big/ \left\|\{\sigma\}+\{\Delta\sigma\}\right\|$ 计算相对误差，如果 R 大于误差控制值 $SSTOL$，则需要减小子步长度 ΔT，可取 $\Delta T_{new}=0.8[SSTOL/R]^{1/2}\Delta T$。以新的子步增量长度 $\Delta T=\Delta T_{new}$ 回到第（2）步重新计算。如果 $R\leqslant SSTOL$，移到下一步。

（6）更新应力分量 $\{\sigma\}=\{\sigma\}+\{\Delta\sigma\}$、塑性应变及硬化参数。

提示：

弹塑性应力积分的误差主要来源于在错误的应力状态点求屈服面的导数。因此，算法需保证状态点尽可能落在屈服面上。经验表明，SSTOL 小于 1×10^{-4} 时，应力状态超出屈服面的程度不会太严重。因此本例中并没有采取措施将应力状态点修正到屈服面上。如有必要，可考虑采取与回退算法类似的措施，对应力状态点进行修正。

（7）令 $T=T+\Delta T$，新子步增量的跨度同样采用 $\Delta T_{new}=0.8[SSTOL/R]^{1/2}\Delta T$ 确定。如果 $T+\Delta T_{new}$ 超过 1，取 $\Delta T_{new}=1-T$，回到第（2）步重新计算。

（8）当 $T=1$ 时计算终止，以终点的应力状态确定刚度矩阵，赋值给雅克比矩阵 DDSDDE。

12.7.3 边界面模型 UMAT 子程序编写

边界面模型的 UMAT 子程序为 Bounding.for，模型中考虑了七个参数，PROPS（1）~（7）分别对应 λ、κ、ν、M、N、Γ 和 n，三个状态变量分别对应孔隙比，屈服应力（前期固结应力），初始孔隙比。程序代码及说明如下：

```
      SUBROUTINE UMAT(STRESS,STATEV,DDSDDE,SSE,SPD,SCD,
     1 RPL,DDSDDT,DRPLDE,DRPLDT,
     2 STRAN,DSTRAN,TIME,DTIME,TEMP,DTEMP,PREDEF,DPRED,CMNAME,
     3 NDI,NSHR,NTENS,NSTATV,PROPS,NPROPS,COORDS,DROT,PNEWDT,
     4 CELENT,DFGRD0,DFGRD1,NOEL,NPT,LAYER,KSPT,JSTEP,KINC)
C
      INCLUDE 'ABA_PARAM.INC'
C
      CHARACTER*80 CMNAME
      DIMENSION STRESS(NTENS),STATEV(NSTATV),
     1 DDSDDE(NTENS,NTENS),DDSDDT(NTENS),DRPLDE(NTENS),
     2 STRAN(NTENS),DSTRAN(NTENS),TIME(2),PREDEF(1),DPRED(1),
     3 PROPS(NPROPS),COORDS(3),DROT(3,3),DFGRD0(3,3),DFGRD1(3,3),
     4 JSTEP(4)

      DIMENSION DE1(6,6),DE2(6,6),DE(6,6)
      DIMENSION DSTRESS1(6),DSTRESS2(6),STRESS1(6),STRESS2(6)
      DIMENSION FG1(6),FG2(6),FG(6)
      DIMENSION DEP1(6,6),DEP2(6,6)
      DIMENSION DDSTRAN(6),ESTRESS(6)

      SSTOL=1E-3
C 误差控制标准
      FLAMA=PROPS(1)
      FKAPA=PROPS(2)
      FU=PROPS(3)
      FM=PROPS(4)
      FN0=PROPS(5)
      FGA0=PROPS(6)
```

```
      FN=PROPS(7)
C7 个参数
      FR=EXP((FN0-FGA0)/(FLAMA-FKAPA))
      FTIME=0.0
      FDTIME=1.0

888   CONTINUE
      FVOID1=STATEV(1)
      FPC1=STATEV(2)
      FVOID0=STATEV(3)

      CALL SINV(STRESS,SINV1,SINV2,NDI,NSHR)
C 获取子步增量步起点应力不变量
      FP1=SINV1
      FQ1=SINV2
      IF(FQ1.LE.1e-5)FQ1=1e-5
      FSD1=SQRT(FP1**2+FQ1**2)
C 应力状态点到原点的距离
      FKMOD1=-(1+FVOID1)*FP1/FKAPA
      FGMOD1=FKMOD1*3.0*(1-2.0*FU)/2.0/(1+FU)
C 体积模量及剪切模量
      CALL GETDE(FKMOD1,FGMOD1,DE1)
C 获取子步增量步起点弹性矩阵
      FPFP=-FN*((-FQ1/FM/FP1)**(FN-1))*(-FQ1/FM)/FP1/FP1+1/FP1/LOG(FR)
      FPFQ=-FN*((-FQ1/FM/FP1)**(FN-1))/FM/FP1
      FATA=FQ1/FP1
C 屈服面对 p 和 q 的导数，应力比
      FPB1=-FPC1*EXP(-((-FATA/FM)**FN)*LOG(FR))
      FSDB1=-SQRT(1+FATA**2)*FPB1
C 边界面上的应力状态
      FKP1=-(1+FVOID1)/(FLAMA-FKAPA)/LOG(FR)*(FM*FM*(FSDB1/FSD1)-FATA*
     1FATA)/2.0/FATA
      FDS1=(FM*FM*(FSD1/FSDB1)-FATA*FATA)/2.0/FATA
C 塑性模量及剪胀因子
999   CONTINUE

      DO I=1,6
         DDSTRAN(I)=DSTRAN(I)*FDTIME
      END DO
C 子步增量应变
      CALL GETDEP(FP1,FQ1,STRESS,FDS1,FPFP,FPFQ,DE1,FKP1,DEP1,DDSTRAN,
     1FGS1,FF1,FG1)
C 获取弹塑性矩阵
      DEVP1=FDS1*FGS1
C 塑性体积应变增量
      FPC2=FPC1*EXP(-(1+FVOID1)/(FLAMA-FKAPA)*DEVP1)
C 子步增量步终点屈服应力
      CALL GETDSTRESS(DEP1,DDSTRAN,DSTRESS1)
C 获得增量应力
      DO I=1,6
         STRESS1(I)=STRESS(I)+DSTRESS1(I)
      END DO
C 终点应力第一次试算值
      DEV=(DDSTRAN(1)+DDSTRAN(2)+DDSTRAN(3))
      FVOID2=EXP(DEV)*(1+FVOID1)-1
```

```
C 终点孔隙比
      CALL SINV(STRESS1,SINV1,SINV2,NDI,NSHR)
      FP2=SINV1
      FQ2=SINV2
      IF(FQ2.LE.1e-5)FQ2=1e-5
      FKMOD2=-(1+FVOID2)*FP2/FKAPA
      FGMOD2=FKMOD2*3.0*(1-2.0*FU)/2.0/(1-FU)
      CALL GETDE(FKMOD2,FGMOD2,DE2)

      FPFP=-FN*((-FQ2/FM/FP2)**(FN-1))*(-FQ2/FM)/FP2/FP2+1/FP2/LOG(FR)
      FPFQ=-FN*((-FQ2/FM/FP2)**(FN-1))/FM/FP2
      FATA=FQ2/FP2

      FSD2=SQRT(FP2**2+FQ2**2)
      FPB2=-FPC2*EXP(-((-FATA/FM)**FN)*LOG(FR))
      FSDB2=-SQRT(1+FATA**2)*FPB2

      FKP2=-(1+FVOID2)/(FLAMA-FKAPA)/LOG(FR)*(FM*FM*(FSDB2/FSD2)-FATA*
     1FATA)/2.0/FATA
      FDS2=(FM*FM*(FSD2/FSDB2)-FATA*FATA)/2.0/FATA

      CALL GETDEP(FP2,FQ2,STRESS1,FDS2,FPFP,FPFQ,DE2,FKP2,DEP2,DDSTRAN,
     1FGS2,FF2,FG2)

      DEVP2=FDS2*FGS2

      CALL GETDSTRESS(DEP2,DDSTRAN,DSTRESS2)
C 计算子步增量步应力增量第二次试算值
      DO I=1,6
         ESTRESS(I)=0.5*(DSTRESS2(I)-DSTRESS1(I))
         STRESS2(I)=STRESS(I)+0.5*DSTRESS1(I)+0.5*DSTRESS2(I)
      END DO
      FEIE=0.0
      FEIS=0.0
      FERR=0.0
      DO I=1,6
         FEIE=FEIE+ESTRESS(I)*ESTRESS(I)
         FEIS=FEIS+STRESS2(I)*STRESS2(I)
      END DO
      FERR=SQRT(FEIE/FEIS)
      IF(FERR.LE.1E-8)FERR=1E-8
      FBETA=0.8*SQRT(SSTOL/FERR)
      IF(FERR.GT.SSTOL)THEN
         IF(FBETA.LE.0.1)FBETA=0.1
         FDTIME=FBETA*FDTIME
         GOTO 999
      ELSE
         FTIME=FTIME+FDTIME
         IF(FBETA.GE.2.0)FBETA=2.0
         FDTIME=FBETA*FDTIME
      END IF
C 根据误差控制标准确定新的增量步长
      DO I=1,6
         STRESS(I)=STRESS(I)+0.5*DSTRESS1(I)+0.5*DSTRESS2(I)
      END DO
```

```
      DEVP=0.5*(DEVP1+DEVP2)
      FPC=FPC1*EXP(-(1+FVOID1)/(FLAMA-FKAPA)*DEVP)
      STATEV(1)=FVOID2
      STATEV(2)=FPC
C 误差标准满足后更新终点状态
      IF(FTIME.LT.1)THEN
      IF(FDTIME.GT.(1-FTIME))THEN
         FDTIME=1-FTIME
      END IF
C 继续下一个子步增量步计算
      GOTO 888
      END IF

      CALL SINV(STRESS,SINV1,SINV2,NDI,NSHR)
      FP=SINV1
      FQ=SINV2
      FVOID=FVOID2
      STATEV(1)=FVOID2
      STATEV(2)=FPC

      FKMOD=-(1+FVOID)*FP/FKAPA
      FGMOD=FKMOD*3.0*(1-2.0*FU)/2.0/(1-FU)
      CALL GETDE(FKMOD,FGMOD,DE)
      IF(FQ.LE.1e-5)FQ=1e-5
      FPFP=-FN*((-FQ/FM/FP)**(FN-1))*(-FQ/FM)/FP/FP+1/FP/LOG(FR)
      FPFQ=-FN*((-FQ/FM/FP)**(FN-1))/FM/FP
      FATA=FQ/FP
      FSD=SQRT(FP**2+FQ**2)
      FPB=-FPC*EXP(-((-FATA/FM)**FN)*LOG(FR))
      FSDB=-SQRT(1+FATA**2)*FPB
      FKP=-(1+FVOID)/(FLAMA-FKAPA)/LOG(FR)*(FM*FM*(FSDB/FSD)-FATA*
     1FATA)/2.0/FATA
      FDS=(FM*FM*(FSD/FSDB)-FATA*FATA)/2.0/FATA
      CALL GETDEP(FP,FQ,STRESS,FDS,FPFP,FPFQ,DE,FKP,DDSDDE,DSTRAN,FGS
     1,FF,FG)
C 根据终点状态计算弹塑性矩阵，并赋予 DDSDDE
      RETURN
      END

      SUBROUTINE GETDE(FKMOD,FGMOD,FDE)
C 本子程序功能为确定弹性矩阵
      INCLUDE 'ABA_PARAM.INC'
      DIMENSION FDE(6,6)
      DO I=1,6
         DO J=1,6
            FDE(I,J)=0.0
         END DO
      END DO

      FDE(1,1)=FKMOD+4.0/3.0*FGMOD
      FDE(2,2)=FKMOD+4.0/3.0*FGMOD
      FDE(3,3)=FKMOD+4.0/3.0*FGMOD
      FDE(4,4)=FGMOD
      FDE(5,5)=FGMOD
      FDE(6,6)=FGMOD
```

```
      FDE(1,2)=FKMOD-2.0/3.0*FGMOD
      FDE(1,3)=FKMOD-2.0/3.0*FGMOD
      FDE(2,1)=FKMOD-2.0/3.0*FGMOD
      FDE(2,3)=FKMOD-2.0/3.0*FGMOD
      FDE(3,1)=FKMOD-2.0/3.0*FGMOD
      FDE(3,2)=FKMOD-2.0/3.0*FGMOD
      END

      SUBROUTINE GETDSTRESS(FDE,DER,DS)
C 本子程序功能为确定应力增量
      INCLUDE 'ABA_PARAM.INC'
      DIMENSION FDE(6,6),DER(6),DS(6)
      DO I=1,6
         DS(I)=0.0
      END DO
      DO I=1,6
         DO J=1,6
            DS(I)=DS(I)+FDE(I,J)*DER(J)
         END DO
      END DO
      END

      SUBROUTINE GETDEP(FP,FQ,FSTRESS,FDS,FPFP,FPFQ,FDE,FKP,DEP,DER,FGS,
     1FF,FG)
C 本子程序功能为确定弹塑性矩阵
      INCLUDE 'ABA_PARAM.INC'
      DIMENSION FSTRESS(6),FDE(6,6),DEP(6,6),DER(6)
      DIMENSION FA(6),FB(6),FC(6),FD(6),FE(6),FG(6),FH(6,6)
      FA(1)=1.0/3.0
      FA(2)=1.0/3.0
      FA(3)=1.0/3.0
      FA(4)=0.0
      FA(5)=0.0
      FA(6)=0.0

      FB(1)=1.0/2.0/FQ*(2*FSTRESS(1)-FSTRESS(2)-FSTRESS(3))
      FB(2)=1.0/2.0/FQ*(2*FSTRESS(2)-FSTRESS(1)-FSTRESS(3))
      FB(3)=1.0/2.0/FQ*(2*FSTRESS(3)-FSTRESS(1)-FSTRESS(2))
      FB(4)=3.0/2.0/FQ*2*FSTRESS(4)
      FB(5)=3.0/2.0/FQ*2*FSTRESS(5)
      FB(6)=3.0/2.0/FQ*2*FSTRESS(6)

      DO I=1,6
         FC(I)=FDS*FA(I)+FB(I)
         FD(I)=FPFP*FA(I)+FPFQ*FB(I)
      END DO

      DO I=1,6
         FE(I)=0.0
         DO J=1,6
            FE(I)=FE(I)+FD(J)*FDE(I,J)
         END DO
      END DO

      FF=0.0
```

```
      DO I=1,6
      FF=FF+FE(I)*FC(I)
      END DO

      DO I=1,6
         FG(I)=0.0
         DO J=1,6
            FG(I)=FG(I)+FDE(I,J)*FC(J)
         END DO
      END DO
      DO I=1,6
         DO J=1,6
            FH(I,J)=FG(I)*FE(J)
         END DO
      END DO
      DO I=1,6
         DO J=1,6
            DEP(I,J)=FDE(I,J)-1/(FKP+FF)*FH(I,J)
         END DO
      END DO
      FGS=0.0
      DO I=1,6
         FGS=FGS+FE(I)*DER(I)/(FKP+FF)
      END DO
      FUNLOAD=0.0
      DO I=1,6
         FUNLOAD=FUNLOAD+FD(I)*DER(I)
      END DO
      IF(FUNLOAD.LT.0)THEN
         DO I=1,6
           DO J=1,6
              DEP(I,J)=FDE(I,J)
           END DO
         END DO
         FGS=0
      END IF
      END
```

12.8 边界面模型算例

12.8.1 等向压缩试验

1. 问题描述

为了验证所采用的二次开发技术对边界面内塑性变形的模拟情况，对一个等向压缩试样进行模拟。为简单起见，试样取为1m×1m×1m的单元体，土样的初始平均有效应力 $p_0' = 100\text{kPa}$，超固结比 OCR 取为1、2和4。λ、κ、ν、M、N、Γ 和 n 依次为0.15、0.05、0.3、1.2、2.69078、2.62146和1.6，状态变量根据超固结比确定。本例的cae文件为ex12-4-O1.cae、ex12-4-O1.cae和ex12-4-O4.cae（分别对应超固结比1、2和4）。

2. 算例学习重点

- 边界面UMAT子程序的使用。
- 边界面内塑性变形的发展。

3．模型建立及求解

Step 1　建立部件。在 Part 模块中执行【Part】/【Creat】命令，创建名为 Part-1 的1.0m×1.0m×1.0m 的三维变形体。由于这里主要验证内容是应力应变关系，因而并不需要模拟一个圆柱形的试样。执行【Tools】/【Set】/【Create】命令，将整个部件建立集合 soil。保存 cae 为 ex12-4-O1.cae。

Step 2　设置材料及截面特性。在 Property 模块中，执行【Material】/【Creat】命令，建立一个名为 Material-1 的材料。在 Edit Material 对话框中，执行【General】/【Depvar】命令，将材料的状态变量个数设为 3。

执行对话框中的【General】/【User Material】命令，按所给参数设置模型参数。

注意：

该边界面模型中并没有给出塑性势面，而是直接给出了剪胀因子（塑性应变增量的方向），其是非相关联的，因此弹塑性矩阵是非对称的。在 Edit Material 对话框中需勾选 Use unsymmetric material stiffness matrix 复选框。

Step 3　装配部件。进入 Assembly 模块，执行【Instance】/【Create】命令，在 Create Instance 对话框的 Parts 区域中选中 Part-1，单击【OK】按钮确认后退出。ABAQUS 会自动将 Instance 命名为 Part-1-1。

Step 4　定义分析步。进入 Step 模块，执行【Step】/【Create】命令，在 ABAQUS 自带的初始分析步（Initial）后插入名为 geoini 的*Geostatic 分析步，接受默认选项。再次执行【Step】/【Create】命令，在 eostatic 分析步之后添加名为 compress 的 Static, general 静力分析步，将时间总长设为 1，起始步长为 0.1，允许最小步长为 1×10^{-5}，最大步长为 0.1，设为非对称算法。

执行【Output】/【Field Output Requests】命令，添加 State/Field/User/Time 选项中的 SDV 为输出变量。

Step 5　定义荷载、边界条件。进入 Load 模块中，执行【BC】/【Create】命令，在 Initial 分析步中限制 $z=0$ 面上的 U3，限定 x=0 面上的 U1，y=0 面上的 U2。

执行【Load】/【Create】命令，在 geoini 分析步中对土体表面施加压力荷载 100kPa（除了位移边界条件的面）。执行【Load】/【Manager】命令，打开 Load Manager 对话框，将压力在 compress 分析步中改为 800。

Step 6　设置初始应力。执行【Predefined Field】/【Create】命令，在创建预定义场对话框中，将 Step 选为 Initial（ABAQUS 中的初始步），类型选为 Mechanical，Type 选为 Stress，单击【Continue】按钮后按提示区提示选择整个单元，设置 3 个正应力为-100kPa，3 个剪应力为 0。

Step 7　设置状态变量初始值。与场变量类似，状态变量的设置也无法在 CAE 中进行。执行【Model】/【Edit Keywords】/【Model-1】命令，弹出 Edit keywords, Model: Model-1 对话框，滚动右侧的滑动条，找到第一个分析步的定义语句（*step），在这之前插入定义状态变量初始值的语句：

*Initial conditions，type=solution：关键字 solution 表明定义的是状态变量。

part-1-1.soil,1 ,100.0, 1：其中依次为单元号（集合），三个状态变量（孔隙比，前期固结压力，初始孔隙比）。

Step 8　划分网格。进入 Mesh 模块，将环境栏中的 Object 选项选为 Part，意味着网格划分是在 Part 的层面上进行的。执行【Mesh】/【Controls】命令，在 Mesh Controls 对话框中选择 Element shape（单元形状）为 Hex（六面体），选择 Technique（划分技术）为 Structured。执行【Mesh】/【Element Type】命令，在 Element Type 对话框中，选择 C3D8 作为单元类型。执行【Seed】/【Part】命令，在 Global Seeds 对话框中将 Approximate global size 输入框设置为 1.0，接受其余默认选项。执行【Mesh】/【Part】命令，单击提示区中的【Yes】按钮，对模型进行网格剖分。

Step 9　提交任务。进入 Job 模块，执行【Job】/【Create】命令，在 Create Job 对话框中将名称设置为 ex12-4-O1，在 Edit Job 对话框的 General 选项卡中设置用户子程序的位置 bounding.for。执行【Job】/【Submit】/【ex12-4-O1】命令，提交计算。

Step 10 将 ex12-4-O1.cae 另存为 ex12-4-O2.cae，执行【Model】/【Edit Keywords】/【Model-1】命令，

将解相关变量语句改为：

```
*Initial conditions, type=solution
part-1-1.soil,0.9307 ,200.0, 0.9307
```

将任务改名为 ex12-4-O2 并提交计算。

将 ex12-4-O1.cae 另存为 ex12-4-O4.cae，执行【Model】/【Edit Keywords】/【Model-1】命令，将解相关变量语句改为：

```
*Initial conditions, type=solution
part-1-1.soil,0.8614 ,400.0, 0.8614
```

将任务改名为 ex12-4-O4 并提交计算。

提示：超固结状态下对应的孔隙比为 $N-\lambda\ln(p_0)+\kappa\ln(OCR)$

4．结果分析

执行【Tools】/【XY Data】/【Create】命令，在弹出的 Create XY Data 对话框中选择 ODB Field Output 作为 XY 曲线的数据源，单击【Continue】按钮后弹出 XY Data from ODB Field Output 对话框，在 Variables 选项卡的 Position 下拉列表中选择 Centroid，意味着提取单元中心点的结果，在对话框下方的输出结果变量区，选择 SDV1（本例中为孔隙比）和平均应力（pressure）作为输出变量。切换到 Elements/Nodes 选项卡，将 Method 选择为 Picked from viewport，单击右侧的【Edit Selection】按钮，按照提示区中的提示在屏幕上选择单元 1，单击提示区中的【Done】按钮后回到 XY Data from ODB Field Output 对话框，单击【Save】按钮存储单元 1 的结果，单击【Dismiss】按钮关闭对话框。

再次执行【Tools】/【XY Data】/【Create】命令，在 Create XY Data 对话框中选择 Operate on XY data 单选钮，利用 log 函数和 Combine 功能将压缩曲线绘制于图 12-23 中。根据修正剑桥模型理论，正常固结土加压后土体状态点沿着正常固结线移动，超固结土则首先沿着卸载回弹线移动，当应力达到前期固结应力时后再沿着正常固结线移动。对于边界面模型，正常固结土的计算结果与修正剑桥模型理论一致，这是因为边界面模型中的边界面形状和硬化规律在所选参数下均与修正剑桥模型一致。但超固结土压缩曲线随加载逐渐偏离卸载回弹线，体现了边界面内塑性应变的发展，实现了弹性与塑性之间的光滑变化。

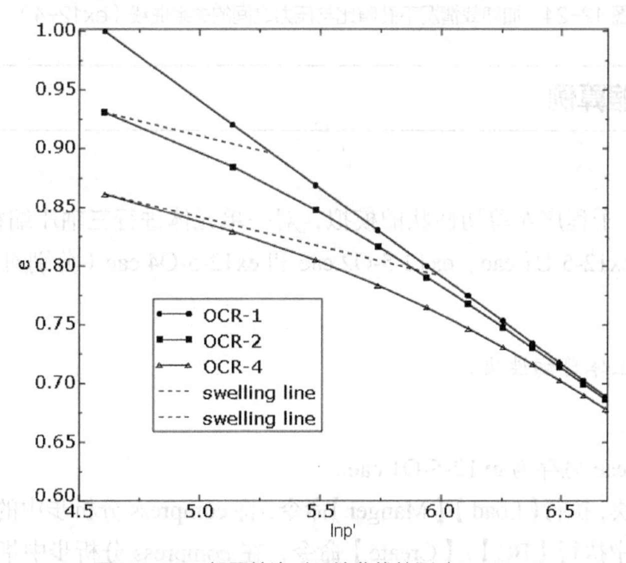

图 12-23　超固结比对压缩曲线的影响(ex12-4)

提示：读者可进一步分析屈服应力等变量的变化，理解边界面模型的特点。

5. 算例拓展

本小节验证 UMAT 子程序对加卸载的模拟情况。

Step 1 将 ex12-4-O2.cae 另存为 ex12-4-O2-unload.cae.

Step 2 进入 Step 模块，执行【Step】/【Create】命令，在 compress 分析步后依次插入 unload 和 reload 两个分析步，时间及步长设置均与 compress 分析步相同。

Step 3 进入 Load 模块，执行【Load】/【Manger】命令，在 Load Manger 对话框中将之前定义的压力荷载在 unload 分析步中改成 100，在 reload 分析步中改回为 800。

Step 4 进入 Job 模块，将任务改名为 ex12-4-O2-unload，重新提交计算。

Step 5 图 12-24 给出了计算得到的孔隙比与压力之间的关系曲线。本例中卸载采用弹性矩阵，孔隙比以 κ 为斜率回弹，再加载后在边界面内依然产生塑性变形。由于初次加载使得边界面扩大，再加载时的塑性模量要大一些，再压缩曲线比初始压缩曲线要缓，较好地体现了土体的性状。

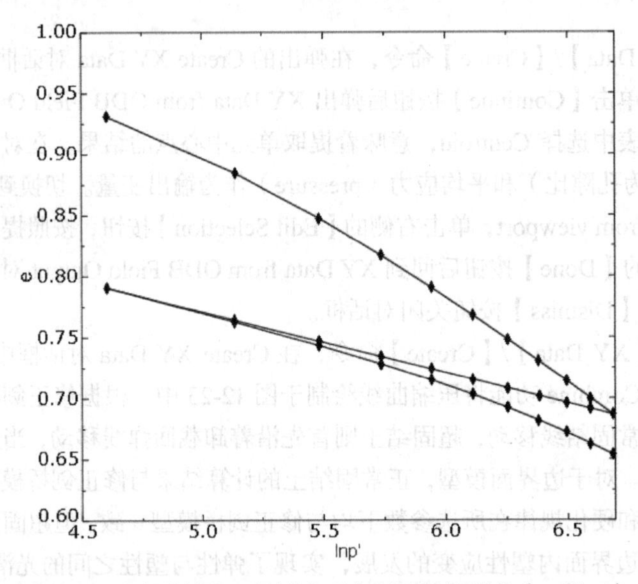

图 12-24 加卸载情况下孔隙比与压力之间的关系曲线（ex12-4）

12.8.2 三轴排水压缩算例

1. 问题描述

为验证边界面 UMAT 子程序对剪切性状的模拟，对一单元体进行三轴压缩模拟。模型及土体参数与 ex12-4 相同，本例算例为 ex12-5-O1.cae、ex12-5-O2.cae 和 ex12-5-O4.cae（分别对应 OCR=1、2 和 4）。

2. 算例学习重点

- 边界面模型模拟的土体剪切性状。

3. 模型建立及求解

Step 1 将 ex12-4-O1.cae 另存为 ex12-5-O1.cae。

Step 2 进入 Load 模块，执行【Load】/【Manger】命令，将 compress 分析步中的压力荷载改回为 100kPa。

Step 3 在 Load 模块中执行【BC】/【Create】命令，在 compress 分析步中指定 z=1 的平面上的 U3 位移为-0.3。

Step 4 进入 Job 模块，建立并提交 ex12-5-O1 的任务。

Step 5 类似地，提交超固结比为 2 和 4 的任务。

4. 结果分析

图 12-25 到图 12-27 比较了不同超固结比下边界面模型和修正剑桥黏土模型的计算结果。由图可见，正常固结状态下两种模型的计算结果基本吻合，这是因为本例所选参数的边界面模型中的硬化规律和剪胀因子与修正剑桥模型一致，屈服面基本接近。超固结状态下，剑桥模型加载起始段处于屈服面内部，为弹性段；而边界面内允许发生塑性变形，应力应变曲线的起始段要光滑一些，更好地反映了土体的剪切性状。

提示：

采用较小的增量步步长所得曲线会更光滑一些。

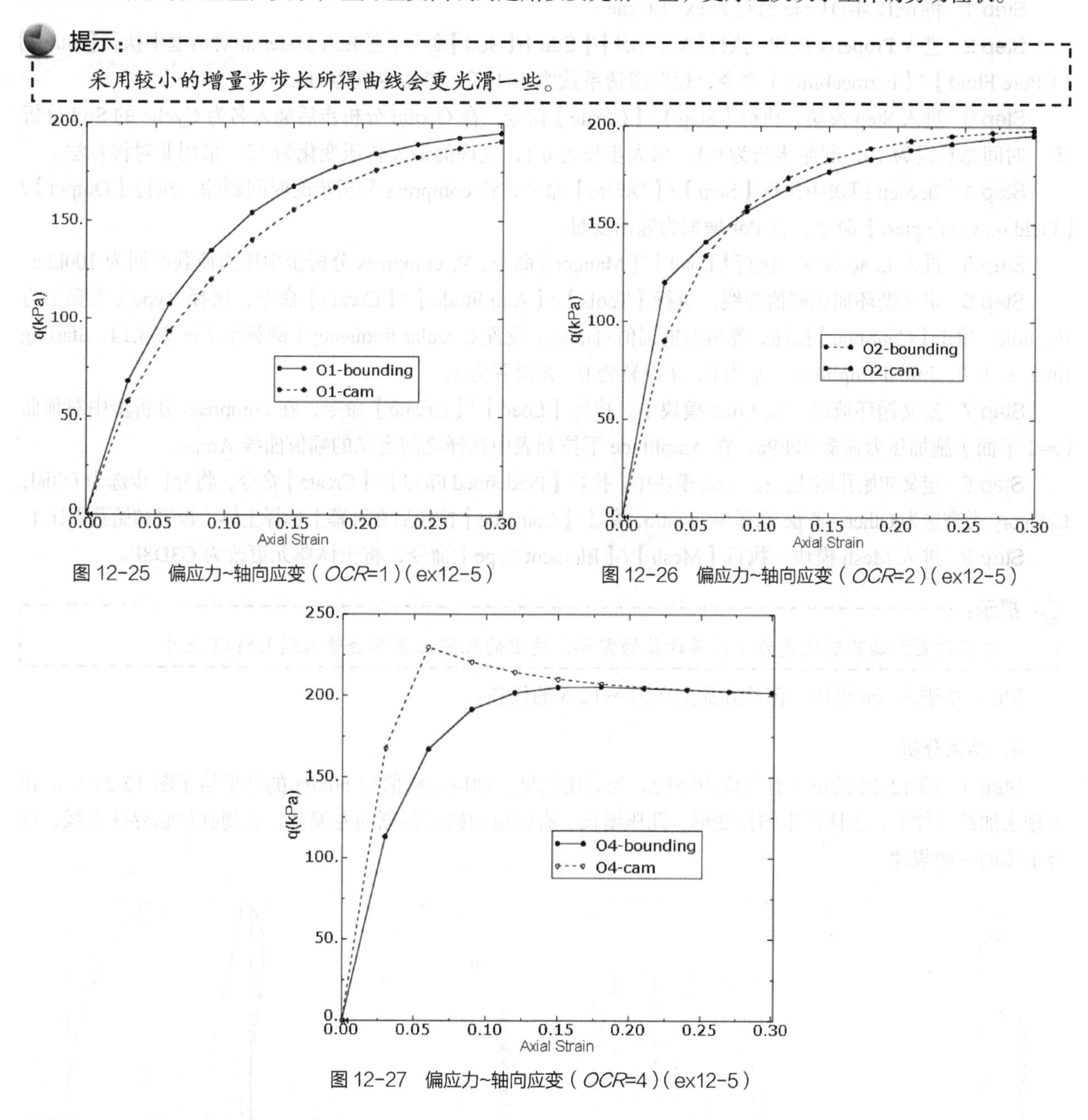

图 12-25 偏应力~轴向应变（OCR=1）（ex12-5）

图 12-26 偏应力~轴向应变（OCR=2）（ex12-5）

图 12-27 偏应力~轴向应变（OCR=4）（ex12-5）

12.8.3 不排水动三轴模拟

1. 问题描述

分析中模拟常规动三轴的情况，即保持侧向压力不变，施加轴向周期压力 $\pm\sigma_d$，分析中 σ_d 为正弦波，频率为 1Hz，单幅值为 30kPa，模型尺寸及参数与 ex12-4 相同，本例只对正常固结土进行模拟，模型文件为 ex12-6.cae。

2．算例学习重点

- 自定义材料和 ABAQUS 自带模型的配合使用。
- 边界面模型模拟不排水循环荷载下土体性状的能力。

3．模型建立与求解

Step 1 将 ex12-4-O1.cae 另存为 ex12-6.cae。

Step 2 进入 Property 模块，执行【Material】/【Edit】/【Soil】命令，在 Edit Material 对话框中执行【Other】/【Pore Fluid】/【Permeability】命令，设置渗透系数为 1×10^{-6}，流体容重为 10kN/m^3。

Step 3 进入 Step 模块，执行【Step】/【Create】命令，在 Geoini 分析步后插入名为 Cyclic 的 Soil 分析步，时间总长设为 10，起始步长为 0.1，最大步长为 0.1，允许的最大孔压变化为 10，采用非对称算法。

Step 4 在 Step 模块中执行【Step】/【Delete】命令，将 compress 分析步的时间删除。执行【Output】/【Field output request】命令，将 Por 增加为输出变量。

Step 5 进入 Load 模块，执行【Load】/【Manger】命令，将 compress 分析步中压力荷载改回为 100kPa。

Step 6 定义循环加载幅值曲线。执行【Tools】/【Amplitude】/【Create】命令，选择 Type（类型）为 Periodic，单击【Continue】按钮，弹出编辑幅值对话框。设置 Circular frequency（圆频率）ω 为 3.14，Starting time t_0 为 0，Initial amplitude A_0 为 0，A 设置为 0，B 设置为 1。

Step 7 定义循环荷载。在 Load 模块中，执行【Load】/【Create】命令，在 compress 分析步中对顶面（z=1 平面）施加压力荷载 30kPa，在 Amplitude 下拉列表中选择之前定义的幅值曲线 Amp-1。

Step 8 定义初始孔隙比。在 Load 模块中，执行【Predefined Field】/【Create】命令，将分析步选为 Initial，Category 类型选为 Other，Type 选择 Void ratio，单击【Continue】按钮后在屏幕上选择土体，设置初始孔隙比 1。

Step 9 进入 Mesh 模块。执行【Mesh】/【Element Type】命令，将土体单元更改为 C3D8P。

提示：

这里设置初始孔隙比是为了孔压计算的需要，这里的孔隙比并不会传入到 UMAT 之中。

Step 10 进入 Job 模块，创建并提交名为 ex12-6 的任务。

4．结果分析

Step 1 图 12-28 给出了有效应力路径。为对比起见，动应力幅值为 60kPa 的结果给于图 12-29 中。在不排水加载条件下，土体产生塑性变形，孔压增长，有效应力路径逐渐向左偏移，直到到达临界状态线，符合土体的一般规律。

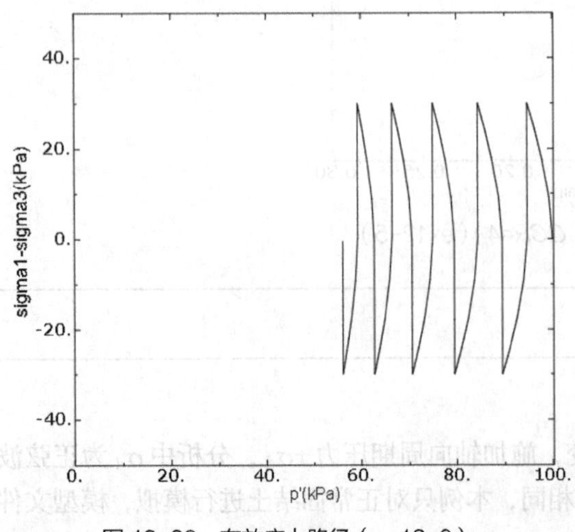

图 12-28　有效应力路径（ex12-6）

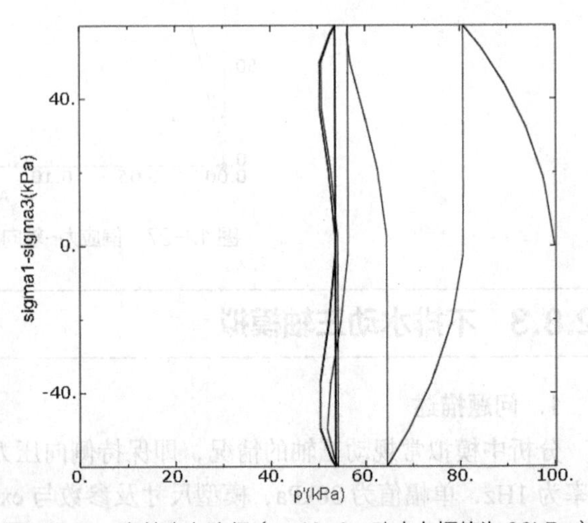

图 12-29　有效应力路径（ex12-6，动应力幅值为 60kPa）

Step 2 图 12-30 是偏应力与轴向应变之间的关系，为对比起见，动应力幅值为 60kPa 的结果给于图 12-31 中。由图可见，随着加载周数的增加，残余变形持续发展，滞回圈向右偏斜，符合一般规律。计算结果表面编制的用户自定义材料子程序可以配合孔压单元联合使用。

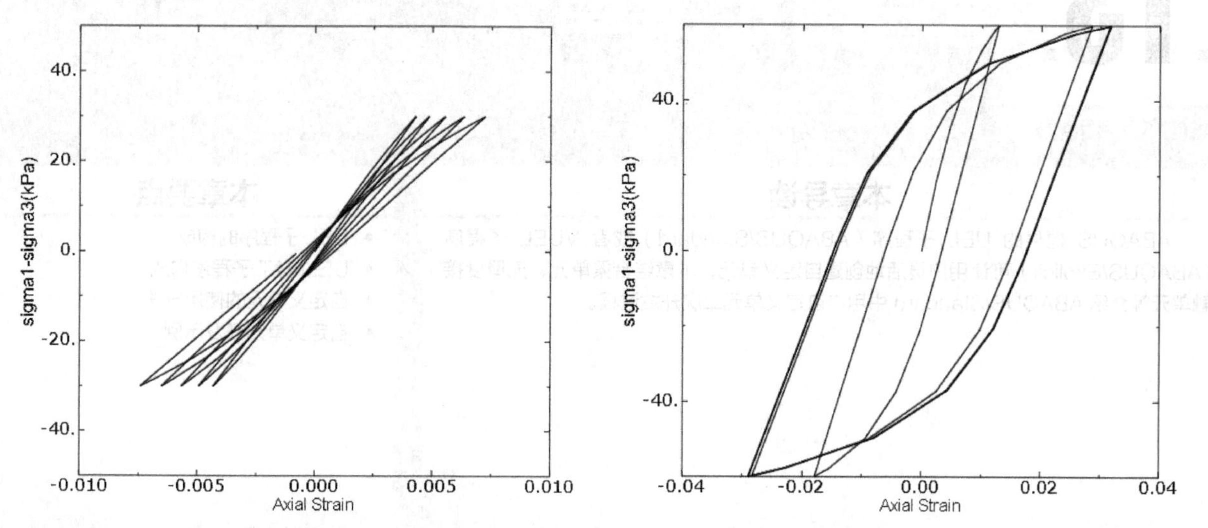

图 12-30 偏应力与轴向应变之间的关系为（ex12-6） 图 12-31 偏应力与轴向应变之间的关系（ex12-6，动应力幅值为 60kPa）

12.9 本章小结

本章主要介绍了邓肯模型、等效线性黏弹性模型和边界面模型的 UMAT 用户子程序编制方法及过程，并通过算例进行了验证。按照本章介绍的方法，读者可以结合需求，进行本构模型的二次开发，从而可充分利用 ABAQUS 前后处理方便、计算精度高和模拟复杂问题能力强的优点，扩展了 ABAQUS 软件在岩土工程中的应用范围。

第13章 用户自定义单元

本章导读

ABAQUS 提供的 UEL 子程序（ABAQUS/Standard）或者 VUEL 子程序（ABAQUS/Explicit）可让用户灵活地创建自定义单元，本章结合梁单元、无厚度接触单元等介绍 ABAQUS/Standard 中用户自定义单元二次开发过程。

本章要点

- UEL 子程序的构成
- UELMAT 子程序构成
- 自定义单元的使用方法
- 自定义单元开发示例

13.1 UEL 子程序简介

13.1.1 子程序功能

UEL 是 ABAQUS 提供的用户自定义单元子程序，它的主要任务是根据 ABAQUS 主程序传入的信息更新单元对模型不平衡力 RHS 和刚度矩阵 AMATRX 的贡献。如有需要，还需更新状态变量 SVARS。通过 UEL，用户可以开发适合特定要求的单元。需要指出的是，UEL 子程序的编写相对较困难，用户需要具备一定的力学、数学基础。

13.1.2 UEL 工作原理

单元对等效节点力的贡献可写为：

$$\boldsymbol{F}^N=\boldsymbol{F}^N\left(\boldsymbol{u}^M,\boldsymbol{H}^a\right) \tag{13-1}$$

式中，F^N、u^M 和 H^a 分别是等效节点力、节点变量和场变量，上标代表个数。它们都是广义上的概念，对力学问题，u^M 通常指位移，F^N 则代表力；对于热传导问题，u^M 代表温度，F^N 代表热流量。ABAQUS 在计算中，外部荷载产生的节点力取正号，内部应力产生的等效节点力取负号。以力学问题为例，有：

$$\boldsymbol{F}^N=\int_s N^N\cdot\boldsymbol{t}\mathrm{d}s+\int_V N^N\cdot\boldsymbol{f}\mathrm{d}V-\int_V \boldsymbol{\beta}^N:\boldsymbol{\sigma}\mathrm{d}V \tag{13-2}$$

在 ABAQUS 的非线性问题 Newton 迭代求解中，需要知道当前的刚度矩阵和不平衡力。因此，UEL 中需定义单元对相关项的贡献 $\boldsymbol{F}^N$（力）和 $-\mathrm{d}\boldsymbol{F}^N/\mathrm{d}\boldsymbol{u}^M$（刚度矩阵）。注意到 $-\mathrm{d}\boldsymbol{F}^N/\mathrm{d}\boldsymbol{u}^M$ 应该包含 $\boldsymbol{u}^M$ 对 $\boldsymbol{F}^N$ 直接和间接的影响，如果场变量 $\boldsymbol{H}^a$ 和 $\boldsymbol{u}^M$ 相关，则刚度矩阵还应包含 $-\left(\partial\boldsymbol{F}^N/\partial\boldsymbol{H}^a\right)\left(\partial\boldsymbol{H}^a/\partial\boldsymbol{u}^M\right)$ 的影响。

Step 2　图 12-30 是偏应力与轴向应变之间的关系，为对比起见，动应力幅值为 60kPa 的结果给于图 12-31 中。由图可见，随着加载周数的增加，残余变形持续发展，滞回圈向右偏斜，符合一般规律。计算结果表面编制的用户自定义材料子程序可以配合孔压单元联合使用。

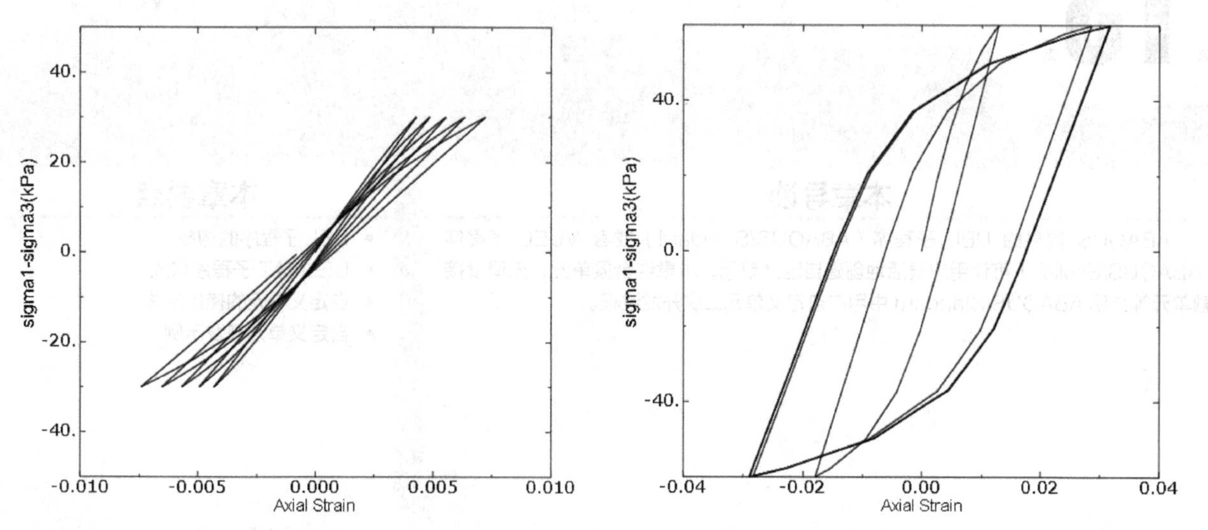

图 12-30　偏应力与轴向应变之间的关系为（ex12-6）　图 12-31　偏应力与轴向应变之间的关系（ex12-6，动应力幅值为 60kPa）

12.9　本章小结

本章主要介绍了邓肯模型、等效线性黏弹性模型和边界面模型的 UMAT 用户子程序编制方法及过程，并通过算例进行了验证。按照本章介绍的方法，读者可以结合需求，进行本构模型的二次开发，从而可充分利用 ABAQUS 前后处理方便、计算精度高和模拟复杂问题能力强的优点，扩展了 ABAQUS 软件在岩土工程中的应用范围。

第 **13** 章

用户自定义单元

本章导读

ABAQUS 提供的 UEL 子程序（ABAQUS/Standard）或者 VUEL 子程序（ABAQUS/Explicit）可让用户灵活地创建自定义单元，本章结合梁单元、无厚度接触单元等介绍 ABAQUS/Standard 中用户自定义单元二次开发过程。

本章要点

- UEL 子程序的构成
- UELMAT 子程序构成
- 自定义单元的使用方法
- 自定义单元开发示例

13.1 UEL 子程序简介

13.1.1 子程序功能

UEL 是 ABAQUS 提供的用户自定义单元子程序，它的主要任务是根据 ABAQUS 主程序传入的信息更新单元对模型不平衡力 RHS 和刚度矩阵 AMATRX 的贡献。如有需要，还需更新状态变量 SVARS。通过 UEL，用户可以开发适合特定要求的单元。需要指出的是，UEL 子程序的编写相对较困难，用户需要具备一定的力学、数学基础。

13.1.2 UEL 工作原理

单元对等效节点力的贡献可写为：

$$\boldsymbol{F}^N = \boldsymbol{F}^N\left(\boldsymbol{u}^M, \boldsymbol{H}^a\right) \tag{13-1}$$

式中，F^N、u^M 和 H^a 分别是等效节点力、节点变量和场变量，上标代表个数。它们都是广义上的概念，对力学问题，u^M 通常指位移，F^N 则代表力；对于热传导问题，u^M 代表温度，F^N 代表热流量。ABAQUS 在计算中，外部荷载产生的节点力取正号，内部应力产生的等效节点力取负号。以力学问题为例，有：

$$\boldsymbol{F}^N = \int_s N^N \cdot \boldsymbol{t}\mathrm{d}s + \int_V N^N \cdot \boldsymbol{f}\mathrm{d}V - \int_V \beta^N : \boldsymbol{\sigma}\mathrm{d}V \tag{13-2}$$

在 ABAQUS 的非线性问题 Newton 迭代求解中，需要知道当前的刚度矩阵和不平衡力。因此，UEL 中需定义单元对相关项的贡献 $\boldsymbol{F}^N$（力）和 $-\mathrm{d}\boldsymbol{F}^N/\mathrm{d}\boldsymbol{u}^M$（刚度矩阵）。注意到 $-\mathrm{d}\boldsymbol{F}^N/\mathrm{d}\boldsymbol{u}^M$ 应该包含 $\boldsymbol{u}^M$ 对 $\boldsymbol{F}^N$ 直接和间接的影响，如果场变量 $\boldsymbol{H}^a$ 和 $\boldsymbol{u}^M$ 相关，则刚度矩阵还应包含 $-\left(\partial\boldsymbol{F}^N/\partial\boldsymbol{H}^a\right)\left(\partial\boldsymbol{H}^a/\partial\boldsymbol{u}^M\right)$ 的影响。

注意：

在动力分析中，如果速度或加速度对力有贡献，则刚度矩阵包括 $-\left(\partial F^N/\partial u^M\right)-\left(\partial F^N/\partial \dot{u}^M\right)\left(\mathrm{d}\dot{u}/\mathrm{d}u\right)_{t+\Delta t}-\left(\partial F^N/\partial \ddot{u}^M\right)\left(\mathrm{d}\ddot{u}/\mathrm{d}u\right)_{t+\Delta t}$。

13.1.3 子程序格式和变量说明

1. 子程序格式

UEL 的格式如下：

```
      SUBROUTINE UEL(RHS,AMATRX,SVARS,ENERGY,NDOFEL,NRHS,NSVARS,
     1 PROPS,NPROPS,COORDS,MCRD,NNODE,U,DU,V,A,JTYPE,TIME,DTIME,
     2 KSTEP,KINC,JELEM,PARAMS,NDLOAD,JDLTYP,ADLMAG,PREDEF,NPREDF,
     3 LFLAGS,MLVARX,DDLMAG,MDLOAD,PNEWDT,JPROPS,NJPROP,PERIOD)
C
      INCLUDE 'ABA_PARAM.INC'
C
      DIMENSION RHS(MLVARX,*),AMATRX(NDOFEL,NDOFEL),PROPS(*),
     1 SVARS(*),ENERGY(8),COORDS(MCRD,NNODE),U(NDOFEL),
     2 DU(MLVARX,*),V(NDOFEL),A(NDOFEL),TIME(2),PARAMS(*),
     3 JDLTYP(MDLOAD,*),ADLMAG(MDLOAD,*),DDLMAG(MDLOAD,*),
     4 PREDEF(2,NPREDF,NNODE),LFLAGS(*),JPROPS(*)
用户代码定义 RHS, AMATRX, SVARS, ENERGY 和 PNEWDT
      RETURN
      END
```

2. 变量说明

这里对一般岩土工程分析中可能涉及的变量进行简要说明。

（1）传入变量。

- NNODE：自定义单元中的节点个数。
- JTYPE：单元类型，Un。
- NDOFEL：单元的自由度个数。
- JELEM：用户指定的单元编号。
- NSVARS：用户定义的单元状态变量个数。
- NPROPS：单元材料参数中实数的个数。
- NJPROP：单元材料参数中整数的个数。
- PROPS：材料参数实数数组，包含 NPROPS 个实数参数。
- JPROPS：材料参数整数数组，包含 NJPROP 个整数参数。
- COORDS：坐标数组，COORDS(K1,K2) 是第 K2 个节点的第 K1 个坐标。
- U, DU, V, A：单元计算中的自由度可以是位移、旋转自由度、温度等，这里 U, DU, V, A 分别表示当前增量步结束时的变量具体数值（如位移）、变量的增量值（如增量位移），变量对时间的一次导数（如速度），变量对时间的二次导数（如加速度）。
- NDLOAD：当前单元激活的分布荷载编号。
- MDLOAD：单元中定义的总分布荷载个数。
- JDLTYP：该整数数组的元素用来标示单元的荷载类型，荷载类型 Un 由 JDLTYP 的数 n 表示，而荷载 UnNU 由负整数-n 表示。JDLTYP(K1,K2) 则表示第 K2 个加载工况下第 K1 分布荷载的标示，一般的非线性分析 K2 总是等于 1。

- ADLMAG：对于一般的非线性分析，ADLMAG(K1,1)是第 K1 个分布荷载 Un 在增量步结束时的大小。对于分布荷载为 UnNU 的情况，荷载的大小在 UEL 中定义。因而，ADLMAG 中相应的元素为 0。
- DDLMAG：对于一般的非线性分析，DDLMAG 包含了分布荷载的增量大小，其在计算外力做的功的时候会用到。对于荷载类型 UnNU，荷载增量大小同样由 UEL 定义，DDLMAG 相应的元素为 0。
- NPREDF：定义的场变量个数。
- PREDEF：场变量数组，如单元节点上的温度等。该数组有三个维数，第一个维数 K1 为 1 或 2，1 表示增量步结束时的大小，2 表示增量值。第二个维数 K2 表示场变量的种类，1 表示温度，2 及以上表示其他定义的场变量。如果温度没有定义，则从 1 开始。K3 表示节点在单元内部的编号。
- PARAMS：该数组存储 ABAQUS 内部与分析过程相关的参数。
- NRHS：荷载向量列阵的维数，对于大部分非线性分析，NRHS 等于 1。
- MCRD：节点坐标分量个数和节点自由度个数中的较大值。如指定节点坐标为 1 个，用户单元中激活的自由度为 2、3 和 6，那么 MCRD 就为 3。
- LFLAGS：非常重要的标示变量数组。该数组的内容反映了当前分析步骤的类型，类型不同 UEL 中需定义的内容也不同。表 13-1 给出了几种常用的情况，具体内容可参照 ABAQUS 的帮助文档。

表 13-1　LFLAGS 数组元素的含义

数组元素取值	含　义
LFLAGS(1)=1	分析过程为静力分析，自动时间增量步长
LFLAGS(1)=2	分析过程为静力分析，固定时间增量步长
LFLAGS(1)=61	分析过程为 Geostatic 分析
LFLAGS(1)=62	分析过程为流体渗透 / 应力耦合分析，固定时间增量步长，稳态分析
LFLAGS(1)=63	分析过程为流体渗透 / 应力耦合分析，自动时间增量步长，稳态分析
LFLAGS(1)=64	分析过程为流体渗透 / 应力耦合分析，固定时间增量步长，瞬态分析
LFLAGS(1)=65	分析过程为流体渗透 / 应力耦合分析，自动时间增量步长，瞬态分析

（2）UMAT 子程序中必须更新的变量。

- RHS：该矩阵包含了用户自定义单元对支配方程右侧向量的所有贡献。对于大部分非线性分析（Modified Riks static 除外），该数组的维数 NRHS=1，此时该数组应包括残余荷载（不平衡力）向量。
- AMATRX ：该数组包含了单元对支配方程组雅克比（刚度）矩阵的贡献，所有非零元素都必须定义。若用户不声明，ABAQUS 会默认其为对称的，并储存$\frac{1}{2}\left([A]+[A]^{\mathrm{T}}\right)$。
- SVARS：该数组包含了自定义单元所用到的求解状态变量，其个数由 NSVARS 确定。对于一般的非线性荷载步，该矩阵传入 UEL 时为增量步开始时的值，须在 UEL 中进行更新。
- ENERGY：该数组包含了用户自定义单元的各种能量，共 8 个分量，具体含义请参照用户手册，多数情况下可不定义。

13.2　UELMAT 子程序简介

13.2.1　子程序功能

在 UEL 子程序中，用户必须编写计算涉及的所有环节的代码，如根据位移确定应变，根据应变确定应力，根据应力确定等效节点力等。UELMAT 是 ABAQUS 提供的 UEL 的增强版本，在该程序中用户可以采用一些 ABAQUS 内置的材料模型。

提示：

当用户将 ABAQUS 内置材料赋予自定义单元时，ABAQUS 会调用 UELMAT。否则，ABAQUS 会调用 UEL。

13.2.2 适用范围

UELMAT 适用于以下几种分析步：

- static：静力分析步。
- direct-integration dynamic：直接积分动力计算。
- frequency extraction：频率提取计算。
- steady-state uncouple heat transfer：非耦合热传导稳态分析。
- transient uncouple heat transfer：非耦合热传导瞬态分析。

UELMAT 中可使用的材料模型包括：

- linear elastic model。
- hyperelastic model。
- Ramberg-Osgood model。
- classical metal plasticity models (Mises and Hill) 。
- extended Drucker-Prager model。
- modified Drucker-Prager/Cap plasticity model。
- porous metal plasticity model。
- elastomeric foam material model。
- crushable foam plasticity model。

13.2.3 子程序格式和变量说明

1．子程序格式

UELMAT 的格式如下：

```
      SUBROUTINE UELMAT(RHS,AMATRX,SVARS,ENERGY,NDOFEL,NRHS,NSVARS,
     1 PROPS,NPROPS,COORDS,MCRD,NNODE,U,DU,V,A,JTYPE,TIME,DTIME,
     2 KSTEP,KINC,JELEM,PARAMS,NDLOAD,JDLTYP,ADLMAG,PREDEF,NPREDF,
     3 LFLAGS,MLVARX,DDLMAG,MDLOAD,PNEWDT,JPROPS,NJPROP,PERIOD,
     4 MATERIALLIB)
C
      INCLUDE 'ABA_PARAM.INC'
C
      DIMENSION RHS(MLVARX,*),AMATRX(NDOFEL,NDOFEL),PROPS(*),
     1 SVARS(*),ENERGY(8),COORDS(MCRD,NNODE),U(NDOFEL),
     2 DU(MLVARX,*),V(NDOFEL),A(NDOFEL),TIME(2),PARAMS(*),
     3 JDLTYP(MDLOAD,*),ADLMAG(MDLOAD,*),DDLMAG(MDLOAD,*),
     4 PREDEF(2,NPREDF,NNODE),LFLAGS(*),JPROPS(*)
用户代码定义 RHS, AMATRX, SVARS, ENERGY 和 PNEWDT
      RETURN
      END
      RETURN
      END
```

2．变量说明

UELMAT 中的所有变量均与 UEL 中相同，此处不再赘述。

13.2.4 配套使用子程序 MATERIAL_LIB_MECH

在 UELMAT 子程序中可调用 ABAQUS 的应用子程序 MATERIAL_LIB_MECH 获得和材料模型有关的数据。具体为在 UELMAT 中定义数组：

```
      dimension stress(*),ddsdde(ntens,*),stran(*),dstran(*),
     * defGrad(3,3),predef(npredf),dpredef(npredf),coords(3)
```

然后调用 MATERIAL_LIB_MECH：

```
      call material_lib_mech(materiallib,stress,ddsdde,stran,dstran,
     *      npt,dvdv0,dvmat,dfgrd,predef,dpredef,npredf,celent,coords)
```

这样在 UELMAT 和 MATERIAL_LIB_MECH 之间进行了数据交换，具体为：

（1）UELMAT 传给 MATERIAL_LIB_MECH 的变量。

- materiallib：包含 ABAQUS 材料信息的变量，由 ABAQUS 传入 UELMAT。
- stran：增量步开始时的应变。
- dstran：增量应变。
- npt：积分点编号。
- dvdv0：积分点当前体积与参考体积之比。
- dvmat：积分点体积。
- dfgrd：增量步结束时的位移梯度矩阵。
- predef：增量步开始时积分点的预定义场变量。
- dpredef：预定义场变量增量矩阵。
- npredf：预定义场变量个数，包含温度。
- celent：特征单元长度。
- coords：坐标矩阵。

（2）从 MATERIAL_LIB_MEC 返回的变量 HVariables returned from the utility routine。

- stress：增量步结束时的应力。
- ddsdde：本构模型的 Jacobian 矩阵 $\partial\Delta\sigma/\partial\Delta\varepsilon$，ddsdde($i$, j)代表第 j 个应变发生单位增量引起的第 i 个应力变化。

13.3 自定义单元的使用方法

要使用自定义单元，必须定义单元中的节点个数、节点的自由度个数、单元的材料性质等基本性质。目前这些内容无法在 ABAQUS/CAE 中进行，必须通过 inp 输入文件实现。

1．定义自定义单元的标识号

ABAQUS 中的单元都有相应的标识号，如 C3D8 表示三维八节点单元、CPE4 为平面应变四节点单元。同样，对于自定义单元也必须分配一个单元标识号，其在 ABAQUS/Standard 中表示为 Un，U 表示是用户自定义的，其中 n 则是一个小于 10000 的正整数，比如定义自定义单元为 U1 等。相应的关键字行语句为：

*User element，type＝Un：关键字 type 用于指定自定义单元的标识号。

2．在单元定义中使用自定义单元

当给自定义单元标识号 Un 之后，自定义单元的使用与 ABAQUS 自带单元的使用并无区别，即在单元定义语句中指定采用某一自定义单元，如下列语句首先定义了标识号为 U1 的自定义单元，然后在单元定义中采用了 U1 作为单元类型：

*User element，type=U1：该关键字行后需有数据行给出单元中节点的自由度。

*Element，type=U1：该关键字行后需有数据行给出单元编号及单元中的节点编号。

3. 定义自定义单元的节点个数

相应的关键字行语句为:

*User element，nodes=n：*n* 为自定义单元的节点数。

4. 定义单元是对称的还是非对称的

相应的关键字行语句为：

*User element，nodes=n，unsymm：关键字 unsymm 表示单元（刚度矩阵）为非对称的。

5. 定义自定义单元中节点的自由度

模型中可使用的自定义单元数目不限，各自定义单元可拥有任意的节点数，各节点上的自由度可按照需求激活，自由度的编号必须采用 ABAQUS 中默认的约定（参见第 1 章）。自由度的默认排列顺序是首先将第一个节点的所有自由度按顺序排列，随后是其余节点的自由度。比如，如果定义了一个 3 节点的梁单元，第一个和第三个节点使用的自由度为 1、2 和 6，第二个节点使用的自由度为 1 和 2，则自由度顺序如表 13-2 所示。

表 13-2　自定义单元中自由度编号规则示例一

单元变量编号顺序	节点号	自由度
1	1	1
2	1	2
3	1	6
4	2	1
5	2	2
6	3	1
7	3	2
8	3	6

指定单元节点上所激活的自由度时，如果所有节点上的自由度相同，那只需要定义一次。如果不同的节点拥有不同的自由度，比如说有些节点是位移自由度，而有的节点是孔压自由度等，就需要指定一个新的自由度表格。通过*User element 下的数据行，还可实现任意的自由度排列顺序。*User element 下数据行的第一行为单元第一个节点的自由度列表。第二行为应用新自由度列表的节点在单元中的次序（节点编号次序）和相应的新自由度列表，该行可重复多次。除非指定新的自由度列表，否则所有节点都会拥有之前的自由度列表中的自由度。

注意：

如果新定义的自由度列表对应的节点编号小于或等于上一个自由度列表，则上一个自由度列表将赋予所有节点。若要中断该赋值，可将自由度列表设为空值。

例如对于一个 3 节点的梁单元，若第一个和第三个节点使用的自由度为 1、2 和 6，第二个节点使用的自由度为 1 和 2，下列语句会实现表 13-3 中的自由度排列顺序。

```
*User element
1（1号节点有自由度1）
1, 2（上一个自由度列表“1”赋予所有节点，同时1号节点有2个自由度）
```

```
1, 6（上一个自由度列表“2”赋予所有节点，同时 1 号节点有 6 个自由度）
2,（2 号节点后的自由度列表为空值，中断自由度编号）
3, 6（3 号节点有 6 个自由度）
```

提示：

可利用 ABAQUS 中允许单元有重复节点的特点实现自由度的自由排序，如一平面三角形单元，每个节点有两个自由度，则可以将该单元定义为 6 个节点（每两个节点重复），每个节点只有 1 个自由度。

表 13-3　自定义单元中自由度编号规则示例二

单元变量编号	节点号	自由度
1	1	1
2	2	1
3	3	1
4	1	2
5	2	2
6	3	2
7	1	6
8	3	6

6. 定义节点的坐标分量个数

相应的关键字行语句为：

*User element，coordinates=n：*n* 为坐标分量个数。

7. 定义自定义单元的材料性质

对每一种用户单元都必须定义相应的材料性质。首先通过以下关键字行语句设定材料参数的个数：

*User element，I PROPERTIES=n, PROPERTIES=m：*n* 和 *m* 分别为材料参数中的整数和实数的个数。整数材料通常用来作为标识变量，实数材料参数可以是截面积、材料参数等。

然后通过如下关键字行语句给出材料参数的具体数值：

*Uel property，elset=name：8 个一行，先实数后整数。

用户也可以采用 ABAQUS 内置材料，例如下列语句将名为 Mat 的弹性材料赋予自定义单元：

```
*Uel property, elset=name, Material=Mat
*Material, Name=Mat
*Elastic
7.00E+010,     0.33（弹性模量，泊松比）
```

8. 定义自定义单元的状态变量个数

自定义单元中的状态变量可以用来存储应变、应力、力等，默认值为 1。若一个三维单元中有 4 个数值积分点，需要存储应力（6 个）、应变（6 个）、塑性应变（6 个）和一个硬化状态变量，则需要定义的状态变量个数就是 $4 \times (6 \times 3 + 1) = 76$ 个。关键字行语句如下：

*User element，variables=n：*n* 为状态变量个数。

9. 定义自定义单元的荷载

对于自定义单元上的集中荷载，如集中力、力矩、流量等可按 ABAQUS 中通常的定义方式定义。用户也可定义单元（面）上的分布荷载。分布荷载的类型有两种，一种荷载标识号为 U*n*，直接给出荷载的大小，需在 UEL 子程序中计算出分布荷载对节点力的贡献；第二种荷载标识号为 U*n*NU，这种分布荷载的所有定义都必须在 UEL 中完成。

10．自定义单元的后处理

自定义单元无法在 Visualization 模块中以图形方式显示。不过用户可以在自定义单元上叠加一套常规单元（两套单元共节点），并选取较低的模量参数，这样可在后处理模块中通过叠加单元的变形观察自定义单元的形状变化。

自定义单元中欲输出的结果必须放在解相关场变量 SDV 中，然后通过输出控制语句输出到外部文件中。

提示：

（1）对于线性自定义单元，ABAQUS 提供了直接设置刚度矩阵、质量矩阵的定义途径。

（2）自定义单元中用到的关键字行语句总结如下：

*User element，type=**，nodes=**，coordinates=**，properties=**，i properties=**，variables =**，unsymm：数据行定义节点自由度。

*element，type=**，elset=**：数据行定义单元。

*Uel property，elset=**：数据行定义单元的材料性质。

13.4 平面三节点线弹性梁单元 UEL 子程序

13.4.1 单元基本理论

该单元以 Euler-Bernoulli 梁理论为理论基础。如图 13-1 所示，该单元包含 3 个节点，第一个和第二个节点（A 和 B）拥有 3 个自由度，即沿着梁轴线方向的位移 u_{loc}、垂直于梁的轴线方向的位移 v_{loc} 和转角 ϕ，下标 loc 表示在局部坐标系下。第三个节点（C）只有轴线方向的位移自由度。

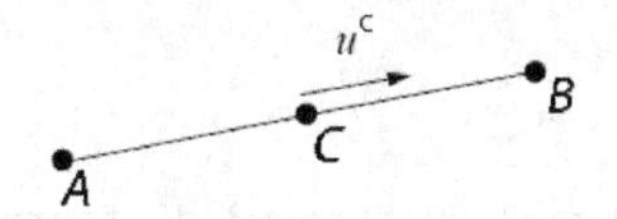

图 13-1　平面三节点线弹性梁单元

位移插值采用二次函数，有：

$$u_{\mathrm{loc}}=u_{\mathrm{loc}}^{A}\left(1-3\xi+2\xi^{2}\right)+u_{\mathrm{loc}}^{B}\left(-\xi+2\xi^{2}\right)+u_{\mathrm{loc}}^{C}\left(4\xi-4\xi^{2}\right) \tag{13-3}$$

$$v_{\mathrm{loc}}=v_{\mathrm{loc}}^{A}\left(1-3\xi+2\xi^{3}\right)+v_{\mathrm{loc}}^{B}\left(3\xi^{2}-2\xi^{3}\right)+\phi^{A}l\left(\xi-2\xi^{2}+\xi^{3}\right)+\phi^{B}l\left(-\xi^{2}+\xi^{3}\right) \tag{13-4}$$

式中 l 是单元的长度，ξ 是归一化的局部坐标。

对上两式求导之后可得轴向应变 ε 和曲率 κ 的计算公式：

$$\varepsilon=\frac{1}{l}\left[u_{\mathrm{loc}}^{A}\left(-3+4\xi\right)+u_{\mathrm{loc}}^{B}\left(-1+4\xi\right)+u_{\mathrm{loc}}^{C}\left(4-8\xi\right)\right] \tag{13-5}$$

$$\kappa=\frac{1}{l^{2}}\left[v_{\mathrm{loc}}^{A}\left(-6+12\xi\right)+v_{\mathrm{loc}}^{B}\left(6-12\xi\right)+\phi^{A}l\left(-4+6\xi\right)+\phi^{B}l\left(-2+6\xi\right)\right] \tag{13-6}$$

根据上两式可得应变转换 $\boldsymbol{B}$ 矩阵：

$$\begin{Bmatrix}\varepsilon\\ \kappa\end{Bmatrix}=[\boldsymbol{B}]\{\boldsymbol{u}_{\mathrm{e}}\} \tag{13-7}$$

式中 $\{\boldsymbol{u}_{\mathrm{e}}\}$ 是单元的位移。需要注意，$\boldsymbol{B}$ 矩阵中还应将局部坐标系转换到整体坐标系。

确定了应变和曲率之后，由本构关系的刚度 $\boldsymbol{D}$ 矩阵，可将应变与力、弯矩联系起来：

$$\begin{Bmatrix}F\\ M\end{Bmatrix}=[\boldsymbol{D}]\begin{Bmatrix}\varepsilon\\ \kappa\end{Bmatrix} \tag{13-8}$$

单元的劲度矩阵为：

$$[\boldsymbol{K}_\mathrm{e}]=\int_0^l[\boldsymbol{B}]^\mathrm{T}[\boldsymbol{D}][\boldsymbol{B}]\mathrm{d}l \tag{13-9}$$

单元节点力按下式计算：

$$\{\boldsymbol{F}_\mathrm{e}\}=\int_0^l[\boldsymbol{B}]^\mathrm{T}\begin{Bmatrix}F\\M\end{Bmatrix}\mathrm{d}l \tag{13-10}$$

式（13-9）和式（13-10）采用数值积分，即：

$$\int_0^l A\mathrm{d}l=\sum_{i=1}^{n}A_i l_i \tag{13-11}$$

本程序采用两个高斯积分点。

13.4.2 程序代码及说明

本例子程序为 beam-uel.for，程序代码及说明如下：

```
subroutine uel(rhs,amatrx,svars,energy,ndofel,nrhs,nsvars,
    1 props,nprops,coords,mcrd,nnode,u,du,v,a,jtype,time,dtime,
    2 kstep,kinc,jelem,params,ndload,jdltyp,adlmag,predef,npredf,
    3 lflags,mlvarx,ddlmag,mdload,pnewdt,jprops,njprop,period)
c
    include 'aba_param.inc'
c
    dimension rhs(mlvarx,*),amatrx(ndofel,ndofel),svars(*),props(*),
    1energy(7),coords(mcrd,nnode),u(ndofel),du(mlvarx,*),v(ndofel),
    2a(ndofel),time(2),params(*),jdltyp(mdload,*),adlmag(mdload,*),
    3ddlmag(mdload,*),predef(2,npredf,nnode),lflags(4),jprops(*)
c
    dimension b(2,7),gauss(2)
c   B 矩阵和高速点矩阵
    parameter(zero=0.d0,one=1.d0,two=2.d0,three=3.d0,four=4.d0,
    1 six=6.d0,eight=8.d0,twelve=12.d0)
    data gauss/.211324865d0,.788675135d0/
c   以下语句计算单元长度和轴线方向
    dx=coords(1,2)-coords(1,1)
    dy=coords(2,2)-coords(2,1)
    dl2=dx**2+dy**2
    dl=sqrt(dl2)
C   DL 是单元长度
    hdl=dl/two
    acos=dx/dl
    asin=dy/dl
c   计算方向余弦
c   以下语句初始化 rhs 和 amatrx
    do k1=1,7
    rhs(k1,1)= zero
C   残余力向量列阵初始化
    do k2=1,7
    amatrx(k1,k2)= zero
C   单元劲度矩阵初始化
    end do
    end do
    nsvint=nsvars/2
c   得到每个积分点上的状态变量个数
```

```
c    以下对高斯积分点循环
     do kintk=1,2
     g=gauss(kintk)
c    以下语句建立 B 矩阵
     b(1,1)=(-three+four*g)*acos/dl
     b(1,2)=(-three+four*g)*asin/dl
     b(1,3)=zero
     b(1,4)=(-one+four*g)*acos/dl
     b(1,5)=(-one+four*g)*asin/dl
     b(1,6)=zero
     b(1,7)=(four-eight*g)/dl
     b(2,1)=(-six+twelve*g)*(-asin)/dl2
     b(2,2)=(-six+twelve*g)*acos/dl2
     b(2,3)=(-four+six*g)/dl
     b(2,4)= (six-twelve*g)*(-asin)/dl2
     b(2,5)= (six-twelve*g)*acos/dl2
     b(2,6)= (-two+six*g)/dl
     b(2,7)=zero
     eps=zero
C    应变
     deps=zero
C    增量应变
     cap=zero
C    曲率
     dcap=zero
C    增量曲率
c    以下语句根据 B 矩阵和位移（转角）计算应变、增量应变、曲率和增量曲率
     do k=1,7
     eps=eps+b(1,k)*u(k)
     deps=deps+b(1,k)*du(k,1)
     cap=cap+b(2,k)*u(k)
     dcap=dcap+b(2,k)*du(k,1)
     end do
c    以下语句调用本构关系子程序，得到力和弯矩
     isvint=1+(kintk-1)*nsvint
     bn=zero
C    轴力
     bm=zero
C    弯矩
     daxial=zero
C    梁轴向刚度
     dbend=zero
C    梁弯曲刚度
     dcoupl=zero
C    轴向刚度和弯曲刚度的耦合项
     call ugenb(bn,bm,daxial,dbend,dcoupl,eps,deps,cap,dcap,
     1 svars(isvint),nsvint,props,nprops)
c    以下语句对 RHS 和 AMATRX 赋值
     do k1=1,7
     rhs(k1,1)=rhs(k1,1)-hdl*(bn*b(1,k1)+bm*b(2,k1))
     bd1=hdl*(daxial*b(1,k1)+dcoupl*b(2,k1))
     bd2=hdl*(dcoupl*b(1,k1)+dbend *b(2,k1))
     do k2=1,7
     amatrx(k1,k2)=amatrx(k1,k2)+bd1*b(1,k2)+bd2*b(2,k2)
     end do
```

```
      end do
      end do
      return
      end

      subroutine ugenb(bn,bm,daxial,dbend,dcoupl,eps,deps,cap,dcap,
      1 svint,nsvint,props,nprops)
c
      include 'aba_param.inc'
c
      parameter(zero=0.d0,twelve=12.d0)
      dimension svint(*),props(*)
      h=props(1)
C     截面高度
      w=props(2)
C     截面宽度
      E=props(3)
C     材料弹性模量
c     以下语句计算刚度
      daxial=E*h*w
      dbend=E*w*h**3/twelve
      dcoupl=zero
c     以下语句计算轴力和弯矩
      bn=svint(1)+daxial*deps
      bm=svint(2)+dbend*dcap
      svint(1)=bn
C     轴力
      svint(2)=bm
C     弯矩
      svint(3)=eps
C     轴向应变
      svint(4)=cap
C     曲率
C     每个积分点都有 svint(1~4)，分别代表轴力、弯矩、轴向应变和曲率
      return
      end
```

13.5 平面四节点无厚度接触面单元的 UEL 子程序

13.5.1 单元基本理论

如图 13-2 所示，平面接缝单元由两个长度为 L 的平面 1-2 和 3-4 组成，之间由无数微小的弹簧连接。在受力前两个接触面完全吻合，即单元没有厚度只有长度。接触面单元与相邻接触面单元或二维单元之间，只在节点处有力的联系。每处接触面两端有两个节点，一个单元共 4 个节点，如图 13-2 中的 1、2、3、4。

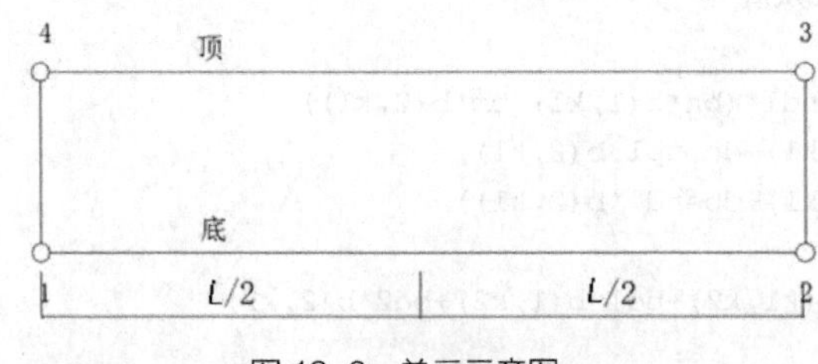

图 13-2 单元示意图

在节点力$\{F\}^e$作用下，两片接触面间的弹簧应力为：

$$\{\sigma\}=[k_0]\{\omega\} \tag{13-12}$$

式中，应力$\{\sigma\}=\{\tau \quad \sigma_n\}^T$；上下平面相对位移为$\{w\}=\{w_s \quad w_n\}^T$，下标 s 表示切向，n 表示法向；$[k_0]=\begin{bmatrix} k_s & 0 \\ 0 & k_n \end{bmatrix}$，$k_s$和$k_n$分别为切向和法向的单位长度劲度系数，单位为 kN/m。本例中法向和切向不耦合。法向受拉是k_n取一小值，法向受压时取一大值。考虑k_s的非线性，假设剪应力τ和相对剪切位移w_s之间符合双曲线关系$\tau=w_s/(a+bw_s)$，则切向劲度系数为$k_s=a/(a+bw_s)^2$。

用u和v代替x向（水平）和z向（竖直）的位移，则：

$$\begin{Bmatrix} u_{顶} \\ v_{顶} \end{Bmatrix}=\frac{1}{2}\begin{Bmatrix} 1+\frac{2x}{L} & 0 & 1-\frac{2x}{L} & 0 \\ 0 & 1+\frac{2x}{L} & 0 & 1-\frac{2x}{L} \end{Bmatrix}\begin{Bmatrix} u_3 \\ v_3 \\ u_4 \\ v_4 \end{Bmatrix} \tag{13-13}$$

$$\begin{Bmatrix} u_{底} \\ v_{底} \end{Bmatrix}=\frac{1}{2}\begin{Bmatrix} 1-\frac{2x}{L} & 0 & 1+\frac{2x}{L} & 0 \\ 0 & 1-\frac{2x}{L} & 0 & 1+\frac{2x}{L} \end{Bmatrix}\begin{Bmatrix} u_1 \\ v_1 \\ u_2 \\ v_2 \end{Bmatrix} \tag{13-14}$$

接触面内任一位置的相对位移为：

$$\{w\}=\begin{Bmatrix} w_s \\ w_n \end{Bmatrix}=\begin{bmatrix} a & 0 & b & 0 & -b & 0 & -a & 0 \\ 0 & a & 0 & b & 0 & -b & 0 & -a \end{bmatrix}\{\delta\}^e \tag{13-15}$$

其中$\{\delta\}^e=\{u_1 \quad v_1 \quad u_2 \quad v_2 \quad u_3 \quad v_3 \quad u_4 \quad v_4\}^T$，$a=\frac{1}{2}-\frac{x}{L}$，$b=\frac{1}{2}+\frac{x}{L}$。

由虚位移原理推得：

$$\{F\}^e=[K]^e\{\delta\}^e \tag{13-16}$$

$$[K]^e=\frac{L}{6}\begin{bmatrix} 2k_s & 0 & k_s & 0 & -k_s & 0 & -2k_s & 0 \\ 0 & 2k_n & 0 & k_n & 0 & -k_n & 0 & -2k_n \\ k_s & 0 & 2k_s & 0 & -2k_s & 0 & -k_s & 0 \\ 0 & k_n & 0 & 2k_n & 0 & -2k_n & 0 & -k_n \\ -k_s & 0 & -2k_s & 0 & 2k_s & 0 & k_s & 0 \\ 0 & -k_n & 0 & -2k_n & 0 & 2k_n & 0 & k_n \\ -2k_s & 0 & -k_s & 0 & k_s & 0 & 2k_s & 0 \\ 0 & -2k_n & 0 & -k_n & 0 & k_n & 0 & 2k_n \end{bmatrix}_s \tag{13-17}$$

若接缝非水平，其与水平方向的夹角为β，则局部坐标系与整体坐标系存在如下关系：

$$\begin{Bmatrix} x \\ z \end{Bmatrix}=\begin{bmatrix} \cos\beta & \sin\beta \\ -\sin\beta & \cos\beta \end{bmatrix}\begin{Bmatrix} X \\ Z \end{Bmatrix}=[\alpha]\begin{Bmatrix} X \\ Z \end{Bmatrix} \tag{13-18}$$

令$[Q]=\begin{bmatrix} \alpha & 0 & 0 & 0 \\ 0 & \alpha & 0 & 0 \\ 0 & 0 & \alpha & 0 \\ 0 & 0 & 0 & \alpha \end{bmatrix}$，则局部坐标与整体坐标间的力、位移有如下关系：

$$\{F\}^e=[Q]\{\bar{F}\}^e \tag{13-19}$$

$$\{\delta\}^e=[Q]\{\bar{\delta}\}^e \tag{13-20}$$

式中$\{\bar{F}\}^e$和$\{\bar{\delta}\}^e$分别为整体坐标结点力和结点位移。则整体坐标系下的刚度矩阵为：

$$\left[\bar{K}\right]^{e}=[Q]^{-1}[K]^{e}[Q] \tag{13-21}$$

13.5.2 程序代码及说明

本例子程序为 goodman-2d-uel.for，程序代码及说明如下：

```
      SUBROUTINE UEL(RHS,AMATRX,SVARS,ENERGY,NDOFEL,NRHS,NSVARS,
     1     PROPS,NPROPS,COORDS,MCRD,NNODE,U,DU,V,A,JTYPE,TIME,
     2     DTIME,KSTEP,KINC,JELEM,PARAMS,NDLOAD,JDLTYP,ADLMAG,
     3     PREDEF,NPREDF,LFLAGS,MLVARX,DDLMAG,MDLOAD,PNEWDT,
     4     JPROPS,NJPROP,PERIOD)
C
      INCLUDE 'ABA_PARAM.INC'
C
      DIMENSION RHS(MLVARX,*),AMATRX(NDOFEL,NDOFEL),
     1     SVARS(NSVARS),ENERGY(8),PROPS(*),COORDS(MCRD,NNODE),
     2     U(NDOFEL),DU(MLVARX,*),V(NDOFEL),A(NDOFEL),TIME(2),
     3     PARAMS(3),JDLTYP(MDLOAD,*),ADLMAG(MDLOAD,*),
     4     DDLMAG(MDLOAD,*),PREDEF(2,NPREDF,NNODE),LFLAGS(*),
     5     JPROPS(*)

      DIMENSION OLDF(8),OLDU(8),FQ(8,8),FFQ(8,8),TU(8),FAMATRX(8,8)
      DIMENSION FKQ(8,8)
      DO I=1,8
       OLDF(I)=SVARS(I)
       OLDU(I)=SVARS(I+8)
       END DO
C16 个状态变量，1～8 为上一步结束时的节点力，9～16 为上一步结束时的位移
       CALL GETBETA(COORDS,FBETA,FL,FQ,FFQ)
C 获得方位角、长度和转换矩阵
       DO I=1,8
       TU(I)=0.0
       END DO
       DO I=1,8
       DO J=1,8
       TU(I)=TU(I)+FQ(I,J)*OLDU(J)
       END DO
       END DO
C 对位移进行转换
       CALL GETU(TU,FSHEAR,FPRESS)
C 确定相对位移
       IF(FPRESS.GE.0)THEN
       FKN=1E-3
C 受拉
       ELSE
       FKN=1E5
C 受压
       END IF
       FKS=PROPS(1)/(PROPS(1)+PROPS(2)*FSHEAR)/(PROPS(1)+PROPS(2)*FSHEAR)
C 剪切劲度
       FFKS=FKS*FL/6.0
       FFKN=FKN*FL/6.0
       DO K1 = 1, NDOFEL
        DO KRHS = 1, NRHS
```

```
          RHS(K1,KRHS) = 0.0
        END DO
      DO K2 = 1, NDOFEL
          AMATRX(K2,K1) = 0.0
          FAMATRX(K2,K1)=0.0
          FKQ(K2,K1)=0.0
        END DO
      END DO
      CALL GETK(FAMATRX,FFKS,FFKN)
      DO I=1,8
      DO J=1,8
      DO K=1,8
      FKQ(I,J)=FKQ(I,J)+FFQ(I,K)*FAMATRX(K,J)
      END DO
      END DO
      END DO
      DO I=1,8
      DO J=1,8
      DO K=1,8
      AMATRX(I,J)=AMATRX(I,J)+FKQ(I,K)*FQ(K,J)
      END DO
      END DO
      END DO
      C 获得刚度矩阵，并转换到整体坐标系下
      DO I=1,8
      DO J=1,8
      SVARS(I)=SVARS(I)+AMATRX(I,J)*DU(J,1)
      END DO
      SVARS(I+8)=U(I)
      END DO
      DO I=1,8
      DO J=1,8
      RHS(I,1)=RHS(I,1)-AMATRX(I,J)*DU(J,1)
      END DO
      RHS(I,1)=RHS(I,1)-OLDF(I)
      END DO
C 不平衡力
      RETURN
      END

      SUBROUTINE GETU(TU,FSHEAR,FPRESS)
C 获得单元接触面变形代表值，本例简单地根据两端节点平均值进行判断
      INCLUDE 'ABA_PARAM.INC'
      DIMENSION TU(8)
      FSHEAR=ABS(0.5*(TU(7)-TU(1)+TU(5)-TU(3)))
      FPRESS=0.5*(TU(8)-TU(2)+TU(6)-TU(4))
      END

      SUBROUTINE GETK(FAMATRX,FFKS,FFKN)
C 获得[K]e
      INCLUDE 'ABA_PARAM.INC'
      DIMENSION FAMATRX(8,8)
      FAMATRX(1,1)=2*FFKS
      FAMATRX(1,3)=FFKS
      FAMATRX(1,5)=-FFKS
```

```
      FAMATRX(1,7)=-2*FFKS
      FAMATRX(2,2)=2*FFKN
      FAMATRX(2,4)=FFKN
      FAMATRX(2,6)=-FFKN
      FAMATRX(2,8)=-2*FFKN
      FAMATRX(3,1)=FFKS
      FAMATRX(3,3)=2*FFKS
      FAMATRX(3,5)=-2*FFKS
      FAMATRX(3,7)=-FFKS
      FAMATRX(4,2)=FFKN
      FAMATRX(4,4)=2*FFKN
      FAMATRX(4,6)=-2*FFKN
      FAMATRX(4,8)=-FFKN
      DO J=1,8
      FAMATRX(5,J)=-FAMATRX(3,J)
      END DO
      DO J=1,8
      FAMATRX(6,J)=-FAMATRX(4,J)
      END DO
      DO J=1,8
      FAMATRX(7,J)=-FAMATRX(1,J)
      END DO
      DO J=1,8
      FAMATRX(8,J)=-FAMATRX(2,J)
      END DO
      END

      SUBROUTINE GETBETA(XYZ,FBETA,FL,FQ,FFQ)
C 获得方位角、长度和转换矩阵
      INCLUDE 'ABA_PARAM.INC'
      DIMENSION XYZ(2,4),FQ(8,8),FFQ(8,8)
      FXL=XYZ(1,2)-XYZ(1,1)
      FYL=XYZ(2,2)-XYZ(2,1)
      FL=SQRT(FXL*FXL+FYL*FYL)
      FBETA=ATAN(FYL/FXL)
      DO I=1,8
      DO J=1,8
      FQ(I,J)=0.0
      FFQ(I,J)=0.0
      END DO
      END DO
      DO I=1,4
      J=2*I-1
      FQ(J,J)=COS(FBETA)
      FQ(J+1,J+1)=COS(FBETA)
      FQ(J,J+1)=SIN(FBETA)
      FQ(J+1,J)=-SIN(FBETA)
      FFQ(J,J)=COS(FBETA)
      FFQ(J+1,J+1)=COS(FBETA)
      FFQ(J,J+1)=-SIN(FBETA)
      FFQ(J+1,J)=SIN(FBETA)
      END DO
      END
```

13.5.3 程序验证

1. inp 文件

为了验证所编制的 UEL 子程序，对一倾斜的接触面在切向力作用下的算例进行模拟，算例具体条件见如下 inp 文件（ex13-1.inp）。

```
*node,NSET=NALL; 定义节点，所有节点建立集合 nall
1,0,0; 1号节点，x，y坐标
2,0.7071,0.7071
3,0.7071,0.7071
4,0,0; 这4个节点，两两重叠，接触面与x轴成45°向上
*user element, type=u1,nodes=4,COORDINATES=2,PROPERTIES=2,VARIABLES=16; 自定义单元设置，类型为U1，节点4个，坐标维数为2，性质参数两个，状态变量16个
1,2; 节点自由度为1，2
*element,type=u1,elset=goodman; 根据定义的自定义单元U1建立单元，单元集合为goodman
1,1,2,3,4; 分别为单元编号，单元的4个节点，前两个沿着接触面方向
*UEL PROPERTY, ELSET=goodman; 定义自定义单元性质
0.01, 0.03; 系数a和b
*boundary; 边界条件
1,1,2; 1号节点，约束1和2方向的自由度
2,1,2; 2号节点，约束1和2方向的自由度
*step; 定义分析步
*static; 分析步类型为静力分析步
0.1,1,1e-3,0.1; 起始时间步长，时间总长，允许最小时间步长，允许最大时间步长
*cload; 施加节点荷载
3,1, 7.071; 3号节点x向集中荷载
3,2, 7.071; 3号节点y向集中荷载
4,1, 7.071; 4号节点x向集中荷载
4,2, 7.071; 4号节点y向集中荷载，对应的接触面剪应力20kPa
*OUTPUT,FIELD; 输出设置
*EL PRINT; 单元输出SDV
SDV
*NODE PRINT,NSET=NALL; 节点输出位移
U
*end step
```

 提示：

（1）本例只适用于静力分析，子程序中采用始点刚度法考虑非线性，ABAQUS 中步长不能设置过大。

（2）读者可采用其他剪切劲度形式，可用于接缝的模拟。如果需要考虑应力对刚度的影响，可增加相关变量及代码。

（3）本例中采用单元的平均相对位移作为拉、压判断，是一种简化。

（4）本例的相关功能也可通过第4章中介绍的 FRIC 子程序实现。本例可减少接触计算中接触状态搜索判断的计算量，但需手动增加网格。

2. 提交计算及验证

调出 ABAQUS 的 Command 窗口，进入工作目录，输入如下语句，回车后即可运行。

```
abaqus job=ex13-1 int user=goodman-2d-uel; job=任务名，int表示交互式（ABAQUS会在屏幕上给出相关信息），user=指定用户子程序
```

计算结束之后打开 ex13-1.dat，可从中找到输出的结果。剪应力-剪切位移关系曲线的计算值与理论值比较于图 13-3。结果表明所编制的 UEL 子程序达到了预期目的，坐标旋转、不平衡力和刚度矩阵的设置都是正确的。

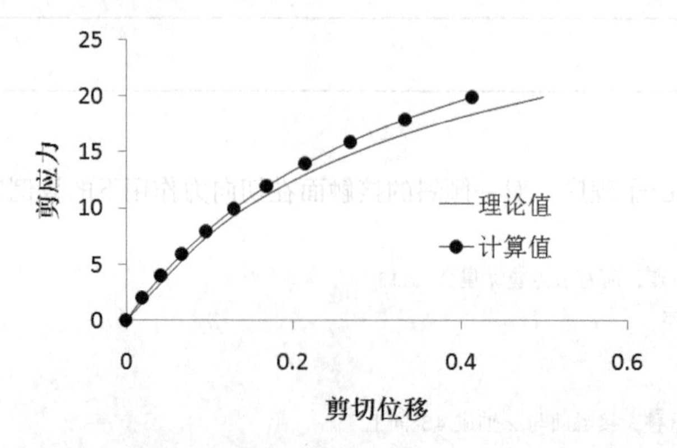

图 13-3 计算值与理论值的比较（ex13-1）

13.6 平面应变四节点单元的 UELMAT 子程序

ABAQUS 帮助文档中有一平面应变四节点单元的编写示例，本例主要介绍如何在 UELMAT 子程序中使用 ABAQUS 自带的材料模型，同时涉及积分点的代码对相关问题也有借鉴意义。相关子程序为 cpe4.for，程序代码及说明如下：

```
      subroutine uelmat(rhs,amatrx,svars,energy,ndofel,nrhs,
     1     nsvars,props,nprops,coords,mcrd,nnode,u,du,
     2     v,a,jtype,time,dtime,kstep,kinc,jelem,params,
     3     ndload,jdltyp,adlmag,predef,npredf,lflags,mlvarx,
     4     ddlmag,mdload,pnewdt,jprops,njpro,period,
     5     materiallib)
c
      include 'aba_param.inc'
C
      dimension rhs(mlvarx,*), amatrx(ndofel, ndofel), props(*),
     1  svars(*), energy(*), coords(mcrd, nnode), u(ndofel),
     2  du(mlvarx,*), v(ndofel), a(ndofel), time(2), params(*),
     3  jdltyp(mdload,*), adlmag(mdload,*), ddlmag(mdload,*),
     4  predef(2, npredf, nnode), lflags(*), jprops(*)
      parameter (zero=0.d0, dmone=-1.0d0, one=1.d0, four=4.0d0,
     1     fourth=0.25d0,gaussCoord=0.577350269d0)
C 高斯积分点坐标及权重
      parameter (ndim=2, ndof=2, nshr=1,nnodemax=4,
     1     ntens=4, ninpt=4, nsvint=4)
c
c       ndim  ...问题维数
c       ndof  ... 每个节点自由度个数
c       nshr  ... 剪应力分量个数
c       ntens ... 应力分量总个数
c       ninpt ... 积分点数
c       nsvint... 每个积分点状态变量个数，储存应变分量
c
      dimension  stiff(ndof*nnodemax,ndof*nnodemax),
     1 force(ndof*nnodemax), shape(nnodemax), dshape(ndim,nnodemax),
     2 xjac(ndim,ndim),xjaci(ndim,ndim), bmat(nnodemax*ndim),
     3 statevLocal(nsvint),stress(ntens), ddsdde(ntens, ntens),
     4 stran(ntens), dstran(ntens), wght(ninpt)
c
      dimension predef_loc(npredf),dpredef_loc(npredf),
```

```
     1    defGrad(3,3),utmp(3),xdu(3),stiff_p(3,3),force_p(3)
      dimension coord24(2,4),coords_ip(3)
      data  coord24 /dmone, dmone,
     2                one, dmone,
     3                one,   one,
     4              dmone,   one/
c
      data wght /one, one, one, one/
      if (lflags(3).eq.4) then
c 此时分析步为线性摄动步，定义质量矩阵
        do i=1, ndofel
          do j=1, ndofel
            amatrx(i,j) = zero
          end do
          amatrx(i,i) = one
        end do
        goto 999
      end if
c
c    PRELIMINARIES
c
      pnewdtLocal = pnewdt
      if(jtype .ne. 1) then
        write(7,*)'Incorrect element type'
        call xit
c 如果单元类型不是 u1 则调用退出应用程序退出
      endif
      if(nsvars .lt. ninpt*nsvint) then
        write(7,*)'Increase the number of SDVs to', ninpt*nsvint
        call xit
      endif
c 检查场变量个数
      thickness = 0.1d0
      do k1=1, ndof*nnode
        rhs(k1, 1)= zero
        do k2=1, ndof*nnode
          amatrx(k1, k2)= zero
        end do
      end do
c 初始化矩阵
c     以下对积分点循环
      do kintk = 1, ninpt
        g = coord24(1,kintk)*gaussCoord
        h = coord24(2,kintk)*gaussCoord
        shape(1) = (one - g)*(one - h)/four;
        shape(2) = (one + g)*(one - h)/four;
        shape(3) = (one + g)*(one + h)/four;
        shape(4) = (one - g)*(one + h)/four;
cshape 为形函数
        dshape(1,1) = -(one - h)/four;
        dshape(1,2) =  (one - h)/four;
        dshape(1,3) =  (one + h)/four;
        dshape(1,4) = -(one + h)/four;
        dshape(2,1) = -(one - g)/four;
        dshape(2,2) = -(one + g)/four;
```

```
        dshape(2,3) =  (one + g)/four;
        dshape(2,4) =  (one - g)/four;
c 形函数的导数
        do k1=1, 3
         coords_ip(k1) = zero
        end do
        do k1=1,nnode
         do k2=1,mcrd
           coords_ip(k2)=coords_ip(k2)+shape(k1)*coords(k2,k1)
         end do
        end do
c 积分点坐标
        if(npredf.gt.0) then
         do k1=1,npredf
           predef_loc(k1) = zero
           dpredef_loc(k1) = zero
           do k2=1,nnode
             predef_loc(k1) =
     &            predef_loc(k1)+
     &            (predef(1,k1,k2)-predef(2,k1,k2))*shape(k2)
            dpredef_loc(k1) =
     &            dpredef_loc(k1)+predef(2,k1,k2)*shape(k2)
           end do
         end do
        end if
c 确定积分点场变量大小
        djac = one
        do i = 1, ndim
         do j = 1, ndim
           xjac(i,j)  = zero
           xjaci(i,j) = zero
         end do
        end do
        do inod= 1, nnode
         do idim = 1, ndim
           do jdim = 1, ndim
             xjac(jdim,idim) = xjac(jdim,idim) +
     1            dshape(jdim,inod)*coords(idim,inod)
           end do
         end do
        end do
        djac = xjac(1,1)*xjac(2,2) - xjac(1,2)*xjac(2,1)
        if (djac .gt. zero) then
         xjaci(1,1) =  xjac(2,2)/djac
         xjaci(2,2) =  xjac(1,1)/djac
         xjaci(1,2) = -xjac(1,2)/djac
         xjaci(2,1) = -xjac(2,1)/djac
        else
         ! negative or zero jacobian
         write(7,*)'WARNING: element',jelem,'has neg.
     1        Jacobian'
         pnewdt = fourth
        endif
        if (pnewdt .lt. pnewdtLocal) pnewdtLocal = pnewdt
        do i = 1, nnode*ndim
```

```
          bmat(i) = zero
        end do
        do inod = 1, nnode
          do ider = 1, ndim
            do idim = 1, ndim
              irow = idim + (inod - 1)*ndim
              bmat(irow) = bmat(irow) +
     1             xjaci(idim,ider)*dshape(ider,inod)
            end do
          end do
        end do
C 确定 B 矩阵，相关理论可参考有限元书籍
        do i = 1, ntens
          dstran(i) = zero
        end do
        do k1=1,3
          do k2=1,3
            defGrad(k1,k2) = zero
          end do
          defGrad(k1,k1) = one
        end do
        do nodi = 1, nnode
          incr_row = (nodi - 1)*ndof
          do i = 1, ndof
            xdu(i)= du(i + incr_row,1)
            utmp(i) = u(i + incr_row)
          end do
          dNidx = bmat(1 + (nodi-1)*ndim)
          dNidy = bmat(2 + (nodi-1)*ndim)
          dstran(1) = dstran(1) + dNidx*xdu(1)
          dstran(2) = dstran(2) + dNidy*xdu(2)
          dstran(4) = dstran(4) +
     1        dNidy*xdu(1) +
     2        dNidx*xdu(2)

c 确定增量应变
          defGrad(1,1) = defGrad(1,1) + dNidx*utmp(1)
          defGrad(1,2) = defGrad(1,2) + dNidy*utmp(1)
          defGrad(2,1) = defGrad(2,1) + dNidx*utmp(2)
          defGrad(2,2) = defGrad(2,2) + dNidy*utmp(2)
        end do
c 确定位移梯度
        isvinc= (kintk-1)*nsvint
        do i = 1, nsvint
          statevLocal(i)=svars(i+isvinc)
        end do
        do k1=1,ntens
           stran(k1) = statevLocal(k1)
           stress(k1) = zero
        end do
        do i=1, ntens
          do j=1, ntens
            ddsdde(i,j) = zero
          end do
          ddsdde(i,j) = one
```

```
      enddo
      celent = sqrt(djac*dble(ninpt))
c 计算单元特征长度
      dvmat  = djac*thickness
      dvdv0 = one
      call material_lib_mech(materiallib,stress,ddsdde,
   1      stran,dstran,kintk,dvdv0,dvmat,defGrad,
   2      predef_loc,dpredef_loc,npredf,celent,coords_ip)
C 调用应用子程序获得本构模型相关信息
      do k1=1,ntens
        statevLocal(k1) = stran(k1) + dstran(k1)
      end do
      isvinc= (kintk-1)*nsvint  ! integration point increment
      do i = 1, nsvint
        svars(i+isvinc)=statevLocal(i)
      end do
c 更新状态变量
c 以下语句形成刚度矩阵及内力向量
      dNjdx = zero
      dNjdy = zero
      do i = 1, ndof*nnode
        force(i) = zero
        do j = 1, ndof*nnode
          stiff(j,i) = zero
        end do
      end do
c 矩阵初始化
      dvol= wght(kintk)*djac
      do nodj = 1, nnode
        incr_col = (nodj - 1)*ndof
        dNjdx = bmat(1+(nodj-1)*ndim)
        dNjdy = bmat(2+(nodj-1)*ndim)
        force_p(1) = dNjdx*stress(1) + dNjdy*stress(4)
        force_p(2) = dNjdy*stress(2) + dNjdx*stress(4)
        do jdof = 1, ndof
          jcol = jdof + incr_col
          force(jcol) = force(jcol) +
     &          force_p(jdof)*dvol
        end do
c 内力向量
        do nodi = 1, nnode
          incr_row = (nodi -1)*ndof
          dNidx = bmat(1+(nodi-1)*ndim)
          dNidy = bmat(2+(nodi-1)*ndim)
          stiff_p(1,1) = dNidx*ddsdde(1,1)*dNjdx
     &          + dNidy*ddsdde(4,4)*dNjdy
     &          + dNidx*ddsdde(1,4)*dNjdy
     &          + dNidy*ddsdde(4,1)*dNjdx
          stiff_p(1,2) = dNidx*ddsdde(1,2)*dNjdy
     &          + dNidy*ddsdde(4,4)*dNjdx
     &          + dNidx*ddsdde(1,4)*dNjdx
     &          + dNidy*ddsdde(4,2)*dNjdy
          stiff_p(2,1) = dNidy*ddsdde(2,1)*dNjdx
     &          + dNidx*ddsdde(4,4)*dNjdy
     &          + dNidy*ddsdde(2,4)*dNjdy
```

```
     &          + dNidx*ddsdde(4,1)*dNjdx
          stiff_p(2,2) = dNidy*ddsdde(2,2)*dNjdy
     &          + dNidx*ddsdde(4,4)*dNjdx
     &          + dNidy*ddsdde(2,4)*dNjdx
     &          + dNidx*ddsdde(4,2)*dNjdy
          do jdof = 1, ndof
            icol = jdof + incr_col
            do idof = 1, ndof
              irow = idof + incr_row
              stiff(irow,icol) = stiff(irow,icol) +
     &          stiff_p(idof,jdof)*dvol
            end do
          end do
        end do
      end do
c 刚度矩阵
      do k1=1, ndof*nnode
          rhs(k1, 1) = rhs(k1, 1) - force(k1)
        do k2=1, ndof*nnode
          amatrx(k1, k2) = amatrx(k1, k2) + stiff(k1,k2)
        end do
      end do
    end do      ! end loop on material integration points
    pnewdt = pnewdtLocal
c 单元内刚度矩阵和不平衡力集成
 999  continue
c
    return
    end
```

13.7 本章小结

本章结合无厚度接触单元等单元的二次开发，主要介绍了在 ABAQUS/Standard 中 UEL 和 UELMAT 子程序的编写过程，以及自定义单元的使用方法，相关内容对读者进行自定义单元的开发具有很好的借鉴作用。

第14章 岩土动力分析

本章导读

本章首先介绍 ABAQUS 中动力分析步的类型及相关理论，然后结合具体例子介绍各种动力计算方法的操作流程及注意事项，并对各方法的优缺点进行了比较。

本章要点

- ABAQUS 中的动力问题求解类型
- 频率提取及振型叠加法
- ABAQUS/Standard 中的隐式积分算法
- ABAQUS/Standard 中的显式积分算法
- 算例

14.1 ABAQUS 中的动力求解方法

当考虑惯性力时，需要采用动力求解方法。ABAQUS 中的动力求解方法包括模态分析方法（振型叠加法）（modal superposition）和直接积分法（Direct integration methods），模态分析方法适用于求解线性问题，直接积分法适用于非线性问题。ABAQUS 中模态分析方法属于 Linear Perturbation 类分析步，直接积分法属于 General 类分析步。

14.1.1 模态分析方法

1．分析步类型

ABAQUS 中包含了以下几类方法：

- 稳态谐和振动的模态分析方法（Mode-based steady-state harmonic response analysis）：这种方法比直接积分方法节省计算资源，其解答是关于位移、应力等的虚数表达方式。
- 基于子空间的稳态谐和振动分析方法（Subspace-based steady-state harmonic response analysis）：这种方法在特征向量空间中进行求解，可以反映结构振动的频率相关性，比直接积分法省计算资源。
- 模态瞬时分析（Mode-based transient response analysis）：利用振型叠加法对瞬态动力响应问题进行求解。
- 反应谱分析（Response spectrum analysis）：该方法可得到动荷载作用下的峰值反应，不支持 SIM 技术。
- 随机反应分析（Random response analysis）：当荷载持续作用且可表达成功率谱密度函数的形式时，可采用此方法求解随机反应。
- 复频率提取方法：该方法用于提取系统的复频率及振型。

2．分析步设置

需要注意使用振型叠加法需要先提取模型的频率及振型，ABAQUS 提供了 Frequency 分析步用于实现这一目的。在 Step 模块中，执行【Step】/【Create】命令，在 Create Step 对话框中（见图 14-1）将分析步类型（Procedure type）选为 Linear perturbation（线性摄动步），然后选择 Frequency，单击【Continue】按钮后进入频率提取步的设置。频率分析步设置对话框中（见图 14-2）的主要设置内容介绍如下：

- Eigensolver（求解器）：ABAQUS 提供了 Lanczos、Subspace iteration 和 Automatic multi-level substructuring (AMS)3 种求解器。其中 Lanczos 为默认方法，一般无须变动，但求解大型问题时速度较 AMS 方法慢。

提示：

AMS 的使用有一些限制，读者可参照帮助文档。

- Number of eigenvalues requested（特征值个数）：用户可按需求指定。
- Minimum/Maximum frequency of interest（频率上、下限）：对应 Lanczos 方法，用户需要指定感兴趣的最大频率。若指定了最小频率，ABAQUS 会在频率范围内提取指定数目的特征值。

只有设置了 Frequency 分析步之后，ABAQUS 才允许创建振型叠加法等分析步。执行【Step】/【Create】命令，此时 Create Step 对话框如图 14-3 所示，其中出现了 Modal dynamics（振型叠加法瞬态动力分析步）等选项。

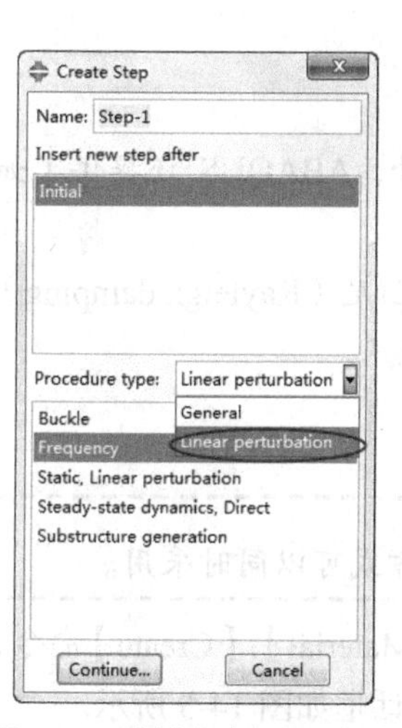

图 14-1　创建频率提取分析步

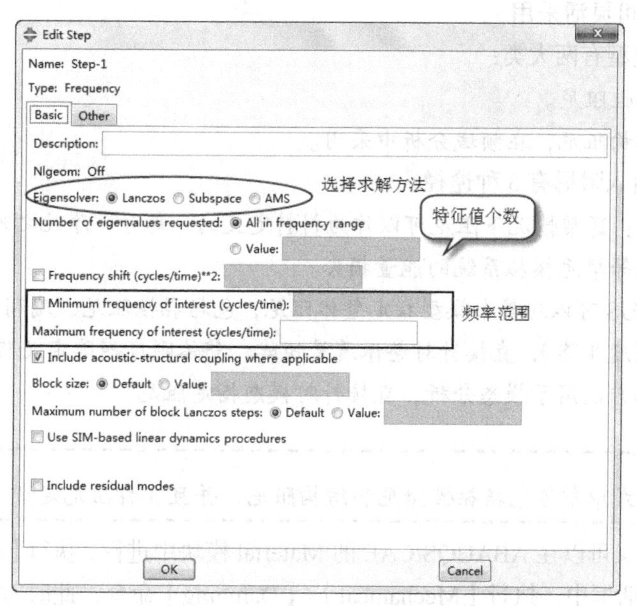

图 14-2　频率分析步设置

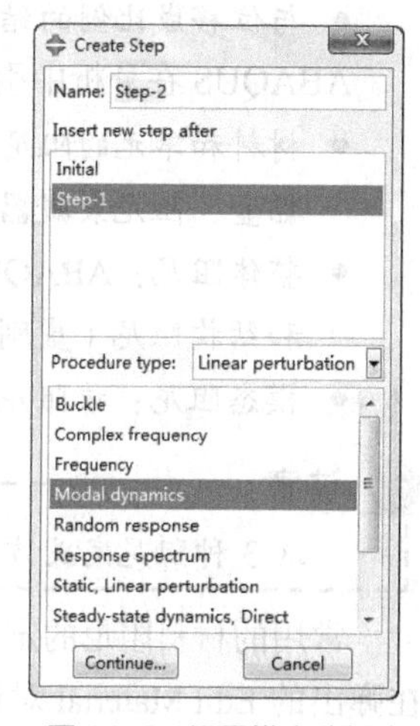

图 14-3　设置模态分析步

14.1.2　直接积分法

模态分析方法仅适用于线性问题。当需要分析非线性动态响应问题时，必须采用对运动方程直接积分的方法。ABAQUS 中的直接积分方法主要有 ABAQUS/Standard 中的 Implicit（隐式）方法和 ABAQUS/Explicit 中的 Explicit（显式）方法。在隐式方法中，计算中需在每个点上建立质量、阻尼和刚度矩阵并求解动力平衡方程，计算量比基于模态分析的方法大很多。而在显式方法中，其实质是以应力波的方式在模型中传播，适合求解瞬间冲击荷载分析。隐式及显式方法的选择在图 14-4 所示的 Create Step 对话框中进行，选择 Procedure type 为 General，其中 Dynamic, Implicit 为隐式，Dynamic, Explicit 为显式（见图 14-4）。这两种方法会在下面的章节中进一步详细介绍。

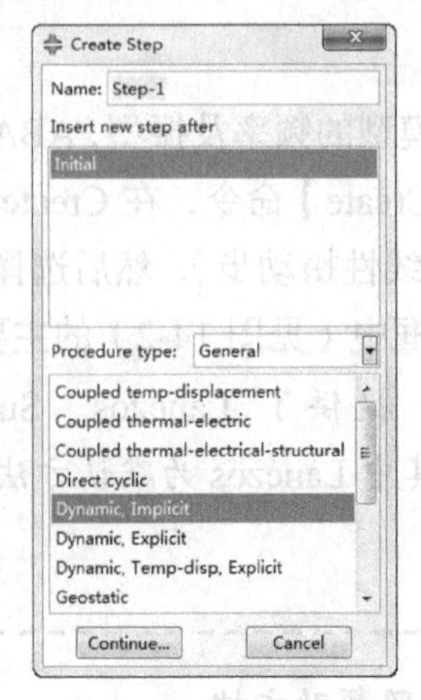

图 14-4　选择隐式或显式分析步

14.1.3　动力分析中的阻尼

在任何非保守体系中，由于内部或者外部的原因，或多或少都有能量的损失，即阻尼作用。阻尼作用会对结构体系控制方程产生阻尼力。阻尼可能由于材料的黏性、塑性或者与外界的摩擦等多种因素产生，因而要精确确定阻尼的来源是比较困难的。除了通过定义材料的塑性反映能量损耗之外，ABAQUS 中提供了丰富的阻尼定义方式，用户可灵活采用。

ABAQUS 中阻尼的类型有两大类：

- 与速度成比例的黏性阻尼。
- 与位移成比例的结构阻尼，在频域分析中采用。

ABAQUS 在分析中引入阻尼有 3 种途径：

- 材料和单元的阻尼：通常情况下阻尼可以作为材料定义的一部分。除此之外，ABAQUS 还提供了如黏壶、阻尼衰减器等单元模拟系统的能量损失。
- 整体阻尼：ABAQUS 可以对整个模型指定整体阻尼，包括黏性阻尼、瑞利阻尼（Rayleigh damping）和结构阻尼（虚刚度矩阵），直接针对整体质量矩阵、整体刚度矩阵定义阻尼。
- 模态阻尼：该阻尼只能用于模态分析，直接针对模态指定阻尼。

注意：

这 3 种阻尼定义方式中都可包括黏性阻尼和结构阻尼，并且 3 种阻尼定义方式可以同时采用。

常用的材料阻尼的定义可以在 ABAUQS/CAE 的 Material 模块中进行，执行【Material】/【Create】命令，在弹出的 Edit Material 对话框中，执行【Mechanical】/【Damping】命令，此时对话框如图 14-5 所示。

- Alpha：Rayleigh（瑞利）阻尼中的与质量相关的比例系数 α_R，默认为 0。
- Beta：Rayleigh（瑞利）阻尼中的与刚度相关的比例系数 β_R，默认为 0。
- Composite：计算模态复合阻尼时的临界阻尼比，默认为 0。
- Structural：虚刚度阻尼系数，默认为 0。

α_R 和 β_R 与阻尼比的关系为：

$$\xi_i = \frac{\alpha_R}{2\omega_i} + \frac{\beta_R \omega_i}{2} \tag{14-1}$$

下标 i 表示第 i 个振型。通常分析中常根据第一振型确定阻尼，即有 $\alpha_R = \xi_1\omega_1$，$\beta_R = \xi_1/\omega_1$。

提示：

瑞利阻尼是指动力方程中的阻尼矩阵表达为质量矩阵及刚度矩阵的组合：$[C]=\alpha[M]+\beta[K]$。

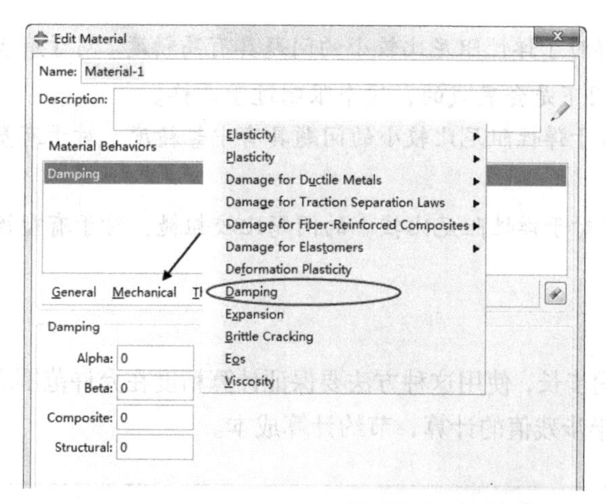

图 14-5 在 ABAQUS/CAE 中定义材料阻尼

14.2 ABAQUS/Standard 中的隐式积分算法

14.2.1 隐式积分方法的特点

隐式算法是指时间增量步上动力方程的求解需用到增量步结束时的状态，求解过程中涉及矩阵的求逆，对非线性问题还需通过 Newton 迭代法同时求解一系列非线性动力平衡方程。可以预见，隐式算法所需的计算资源是较大的。

ABAQUS/Standard 中的 Dynamic, Implicit 分析步可用于求解 Transient fidelity（暂态分析）、Moderate dissipation（中度消散）和 Quasi-static（拟静力）3 类问题。这 3 类问题的区别主要在于数值算法和获得收敛解所需要设置的数值阻尼不同。对于 Transient fidelity 问题，分析中尽可能减少数值阻尼引起的能量耗散，往往收敛最为困难。而 Quasi-static 问题往往只关心最终的静力状态。对前两类问题，ABAQUS/Standard 中提供的隐式积分算法采用的是 Hilber-Hughes-Taylor 算法，是常规的梯形算法的推广。Hilber-Hughes-Taylor 算法的最大优点在于对于线性体系，其是无条件稳定的；对于非线性体系，该算法也有很好的稳定性。对于 Quasi-static 问题，ABAQUS 采用的是向后欧拉算法（backward Euler）。

提示：

Dynamic, Implicit 分析步中可使用绝大多数内置材料模型，但非常遗憾计算时不会激活材料的渗透性质，即 ABAQUS 中的动力计算和固结计算不能同时进行。

14.2.2 隐式积分算法中的时间步长控制

1. 自动时间增量步长

在隐式方法中，ABAQUS 是根据半步残值法（half-step residual）$R_{t+\Delta t/2}$ 来自动确定时间增量步长的，半步残值是指时间增量步中点时的不平衡力。如果该值较小，说明问题的精度高，时间增量步长可以逐渐提高；反之，后续计算的增量步长就应减小。自动增量步长对冲击、爆炸荷载等动力荷载瞬间发生的问题尤为有效。在荷载发生的一瞬间，所需的时间增量步长通常较小，但在冲击荷载逐渐平息之后，可以采用比较大的时间增量步长。

用户可接收 ABAQUS 关于半步残值的默认控制标准，也可以给出自定义大小来确定分析的精度，若 P 是所施加的外荷载，或可能引起的力的大小，则：

- 若 $R_{t+\Delta t/2} \approx 0.1P$，求解对于弹性阻尼比较小的问题具有高精度。对于有塑性或者能量消散的问题，由于高频反映在阻尼作用下是会衰减的，这个限制过于严格。
- 若 $R_{t+\Delta t/2} \approx P$，求解对于弹性阻尼比较小的问题具有中等精度。对于有塑性或者能量消散的问题，具有高精度。
- 若 $R_{t+\Delta t/2} \approx 10P$，求解对于弹性阻尼比较小的问题比较粗糙，对于有塑性或者能量消散的问题，仍然是可以接受的。

2. 固定时间增量步长

用户也可以给出固定时间步长，使用这种方法要保证计算精度在允许范围之内。如果采用了固定时间增量步长，可以在计算中取消半步残值的计算，节约计算成本。

14.2.3 使用隐式积分算法求解动力问题

在 Step 模块中，执行【Step】/【Create】命令，设置 Procedure type 下列列表中的选项为 General，并在对话框的下部区域选择分析步类型 Dynamic, implicit（见图 14-4），单击【Continue】按钮进入 Edit Step 对话框。

Edit Step 对话框的 Basic 选项卡中的设置选项和其他分析步类似，即需设置分析步时间步总长，在 Application 下拉列表中可选择类型为 Transient fidelity（暂态分析），Moderate dissipation（中度消散）或 Quasi-static（拟静力），建议接受默认选项 Analysis product default（见图 14-6）。

切换到 Incrementation 选项卡（见图 14-7），在该选项卡的 Type 选项中可选择自动时间步长或固定时间步长，Half-increment Residual 下方可设置半步残值的控制标准，具体包括接受默认选项，Specif scale factor（指定比例）和 Specify value（绝对值）三种。若在固定时间步长的情况下，用户可以勾选 Suppress calculation 复选框取消半步残值的计算，节约计算资源。

Other 选项卡与其他分析步类型中的基本一致，通常无须变动，这里不再赘述。

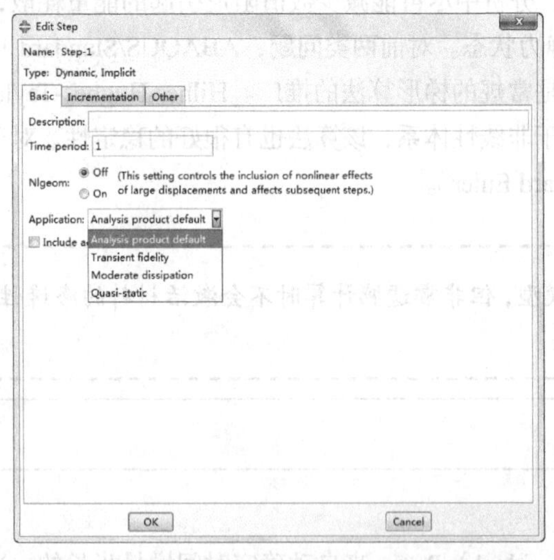

图 14-6　动力隐式分析步的 Basic 选项卡设置

图 14-7　动力隐式分析步的 Incrementation 选项卡设置

14.3 ABAQUS/Explicit 中的显式积分算法

14.3.1 显式积分方法的特点

ABAQUS/Explicit 中的显式积分算法采用的是中点插值方法，具体介绍如下。

若在时间 t 时，系统满足动力平衡条件，则节点上的质量矩阵 $\boldsymbol{M}$ 乘以加速度矩阵 $\ddot{u}$ 等于节点上的力（外力 P 减去内力 I）：

$$\boldsymbol{M}\ddot{u}=P-I \tag{14-2}$$

则该增量步起始时刻 t 的加速度可按下式计算：

$$\ddot{u}\big|_{(t)}=\left(\boldsymbol{M}\right)^{-1}\left(P-I\right)\big|_{(t)} \tag{14-3}$$

由于显式方法总是采用集中质量矩阵（对角质量矩阵，对角线上非零，其余均匀零元素），求解加速度无须联合求解整体方程组。某节点上的加速度完全由节点质量和节点力确定，计算花费是非常小的。假设加速度在时间增量步中保持不变，则可按中心插值方法计算得到速度增量，将其累加到前一个增量步中点的速度上，就可以得到本增量步中点时刻的速度：

$$\dot{u}\big|_{(t+\frac{1}{2}\Delta t)}=\dot{u}\big|_{(t-\frac{1}{2}\Delta t)}+\frac{\left(\Delta t\big|_{(t+\frac{1}{2}\Delta t)}+\Delta t\big|_{(t)}\right)}{2}\ddot{u}\big|_{(t)} \tag{14-4}$$

对速度积分可以得到增量步结束时的位移：

$$u\big|_{(t+\Delta t)}=u\big|_{(t)}+\Delta t\,\dot{u}\big|_{(t+\frac{1}{2}\Delta t)} \tag{14-5}$$

由以上可见，若增量步起始时刻满足动力平衡条件，则可确定初始加速度，随之可显示确定速度和位移。若要得到精确的解答，则时间增量步必须足够小，以近似满足加速度在时间增量步中保持不变的条件，因而显示求解的增量步个数通常都比较多。幸运的是，由于无须联合求解方程组，每一个增量步求解的计算花费都很小，计算的主要花费集中在单元内部计算上。单元的内部计算主要是指根据位移确定应变，继而按照本构关系确定应力，进而求解节点上的内部力。

注意：

显式积分算法是一种条件稳定算法。

14.3.2 显式方法适用的问题类型

显式方法中无须联合求解方程组，无须求解切线刚度矩阵，因而每个增量步的计算花费是很小的，其适合于求解以下类型的问题：

- 高速动力荷载作用问题：显式方法常用来解决高速动力荷载（如爆炸荷载）作用下结构或材料的响应问题。这类荷载类型的荷载施加速度快，变化剧烈，是否能准确模拟动力荷载引起的应力波在结构中的传导对分析模型的动力响应具有非常关键的作用。如果用隐式方法求解，通常需要非常大的迭代次数。而显式方法可以较好地处理这类问题。
- 复杂的接触问题：复杂接触的模拟在显式方法中更易实现，尤其是对于多个个体之间的接触问题、接触条件快速变化的问题，显式方法尤为适合。
- 复杂的后屈曲问题：在材料发生屈曲之后，刚度急剧变化，有时还可能包含接触问题，这类问题用显式方法可以较为容易地处理。
- 高度非线性的拟静力问题：显式方法通过拟静力分析功能可以有效处理相当多的静力问题，如锻造、碾压、冲击板材成型等包含复杂接触和高度非线性的问题。
- 材料性能衰减和破坏的问题：在隐式方法中，如果碰到材料失效的问题，会遇到非常大的收敛困难。而在显式方法中，可以很好地解决这一类问题，如混凝土的开裂问题，随着裂纹的出现，刚度下降。

14.3.3 显式算法的条件稳定性

Explicit 的计算稳定性是有条件的，简单来说就是时间增量步长不能大于某一数值，称为稳定时间步长限制值（stability limit）。当增量步长超出这一数值时，会导致计算结果无边界的振荡发散。大部分情况下，要精确确定稳定增量时间步长是很困难的，因此，在计算中选择稳定时间增量步长通常要保守一些。

对于无阻尼的情况，稳定时间步长限制值Δt_{stable}可由下式估计：

$$\Delta t_{\text{stable}}=\frac{2}{\omega_{\max}} \tag{14-6}$$

式中，$\omega_{\max}$是模型的最高固有频率。

若有阻尼，则：

$$\Delta t_{\text{stable}}=\frac{2}{\omega_{\max}}\left(\sqrt{1+\xi^2}-\xi\right) \tag{14-7}$$

式中，ξ是最大频率对应的临界阻尼比。ABAQUS/Explicit 中默认包含很小的体积黏性阻尼，以避免高频振动。

模型的最大频率$\omega_{\max}$与很多因素有关，考虑到从各单元确定的最大频率比整个模型的最高频率要高，ABAQUS/Explicit 中还提供了一个简便且保守的估计方法，即：

$$\Delta t_{\text{stable}}=\frac{L^{\text{e}}}{c_{\text{d}}} \tag{14-8}$$

式中，L^{e}是单元的长度；c_{d}是波在材料中的速度。对于泊松比为 0 的弹性材料，波速可由下式估算：

$$c_{\text{d}}=\sqrt{\frac{E}{\rho}} \tag{14-9}$$

式中，E是杨氏弹性模量，ρ是材料密度。

对于有泊松比的材料，可按下式计算：

$$c_{\text{d}}=\sqrt{\frac{\lambda+2\mu}{\rho}} \tag{14-10}$$

式中，$\lambda=\dfrac{E\nu}{(1+\nu)(1-2\nu)}$和$\mu=\dfrac{E}{2(1+\nu)}$是拉密常数。

由式（14-8）可以看出，稳定时间步长是以波速通过某一单元长度所需的时间，材料弹性模量越大，波速越大，稳定时间增量步长越小；密度越大，波速越小，稳定时间增量步长越大。例如，若单元的最小尺寸为 5mm，波速为 5000m/s，则稳定时间增量步长为 1×10^{-6}。

14.3.4 显式积分算法中的时间步长控制

Explicit 中提供了两种时间增量步长选择方式，一是自动时间步长确定；二是用户指定一个固定的时间步长，此时要保证给定的时间步长小于稳定时间增量步长。

1. 自动时间增量步长

ABAQUS/Explicit 中可以自动确定时间增量步长，以保证时间增量步长小于稳定时间步长限制值，不需要用户进行任何干涉。对于非线性问题，材料的刚度可能改变，因而稳定时间增量步长也会随着分析过程改变，ABAQUS/Explicit 中会根据求解过程自动确定稳定时间增量步长的改变。

正如前面所提到的，稳定增量时间步长的确定有两种方式，一是根据整体模型的频率来确定，二是根据各单元的频率来确定。后者确定的时间增量步长通常比前者来得小，需要计算更多的增量步。在 ABAQUS/Explicit，默认采用第一种方法。

2. 固定时间增量步长

ABAQUS/Explicit 也可选择固定结时间增量步长，其有两种方式，一是完全由用户确定，此时要保证输入的数值小于稳定时间增量步长；二是根据基于各单元的估计值确定时间步长，在分析中保持不变。

3．时间增量步长与质量之间的关系

由于材料的密度影响到稳定时间增量步长，在某些情况下提高材料的质量密度可以有效提高分析的效率。比如，由于模型的复杂性，划分网格之后可能有一些单元的质量很差，或者尺寸很小，使得稳定时间增量步长非常小。这些单元通常集中在某些区域，个数也不是很多。如果只提高这些控制单元的质量，可以使得稳定时间增量步长大幅增加，提高了计算效率，同时也不影响整个模型的计算结果。ABAQUS/Explicit 中提供了两种自动质量缩放功能来解决这一问题：一是直接定义质量的缩放因子，二是直接定义缺陷单元的稳定时间增量步长。

需要注意，对于这种技巧，要保证惯性力对解答的影响很小，否则可能改变整个问题的性质。

4．材料对稳定时间增量步长的影响

材料对稳定时间增量步长的影响体现在波速上。对于线性材料，波速是定值，因而分析中稳定时间增量步长的改变仅仅来源于最小网格尺寸的改变。对于非线性材料，由于模型刚度的变化（比如材料屈服等），波速减小，进而稳定时间增量步长增加。

5．网格对稳定时间增量步长的影响

如前所述，稳定时间增量步长大体上与最小的网格尺寸成正比，因而保持网格尺寸越大越好。但是，对于一个精确的分析，网格总是希望要密一些。因而，对于显式问题，应尽可能把网格划分均匀一些。因为稳定时间增量步长取决于最小尺寸的那个单元，因而即使只有个别单元的尺寸特别小，也会影响到稳定时间增量步长的大小。ABAQUS/Explicit 会在 sta 文件中给出 10 个最小稳定时间增量步长的单元，如果某个单元的稳定时间增量步长明显小于其他单元，应将其重新划分。

14.3.5 使用显式积分算法求解动力问题

在 Step 模块中，执行【Step】/【Create】命令，设置 Procedure type 下列列表中的选项为 General，并在图 14-4 所示对话框的下部区域选择分析步类型为 Dynamic, Explicit，单击【Continue】按钮进入 Edit Step 对话框。

Basic 选项卡中的设置选项和其他分析步类似，即设置分析步时间步总长等。Incrementation 选项卡中的设置选项与常规 ABAQUS/Standard 中的相应设置有所区别。在该选项卡的 Type 选项中可选择自动时间步长或固定时间步长，根据选择的步长确定方法不同，要确定的选项也是不一样的。

- 若选择自动时间步长，此时对话框如图 14-8 所示。Stable increment estimator 右侧提供了【Global】和【Element-by-element】两个选项，其分别意味着稳定时间增量步长是根据整体模型还是单元的最高频率确定；Max. time increment（允许的最大增量数）默认为不受限制，用户也可自己指定；Time scaling factor 的输入框用于设置时间增量步长调整系数 f，默认为 1。计算中用于减小 ABAQUS 所确定的时间步长，调整后的时间增量步长为 $f\Delta t$。
- 若选择固定时间步长，Increment size selecction 区域中出现了两个单选按钮，【User-defined time increment】和【Use element-by-element time increment estimator】，分别对应于用户确定固定时间步长，或根据单元估计值确定。

Mass scaling 选项卡主要用于对质量缩放功能进行设置。Other 选项卡主要定义线体积黏性和二次体黏性的相关系数。这些系数的定义主要是为了防止出现数值振荡，一般情况下无须变动。

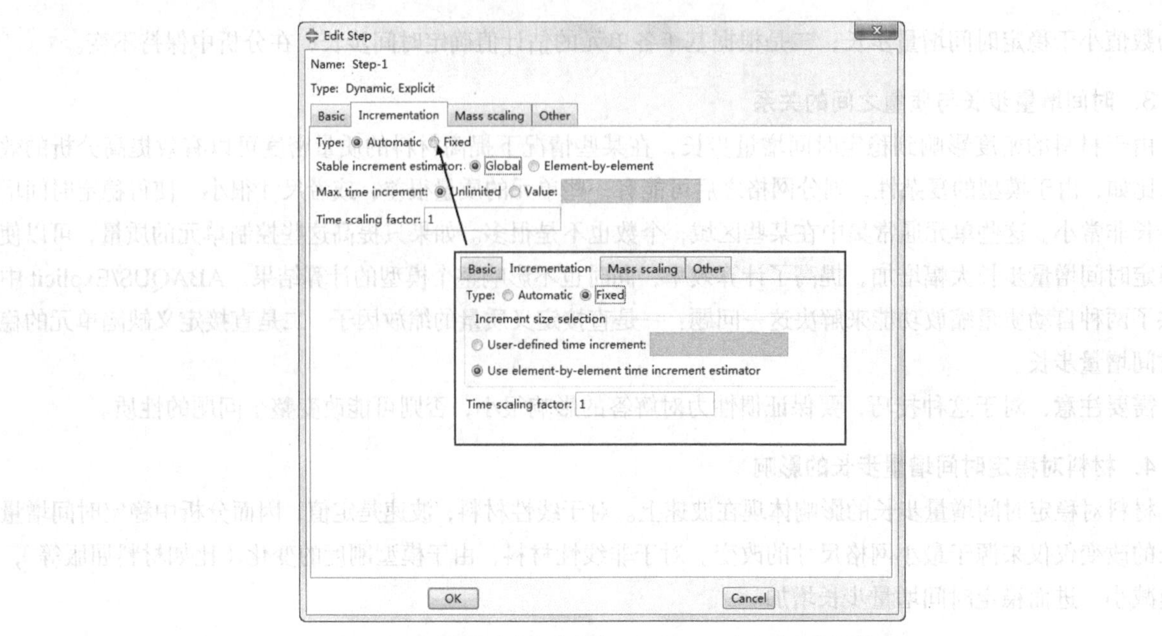

图 14-8 动力显式分析步中的 Incrementation 选项卡设置

14.4 隐式与显式求解方法的比较

14.4.1 一般比较

不管是隐式还是显式求解方法，外力 P，内力 I 和节点加速度 $\ddot{u}$ 之间平衡条件 $M\ddot{u}=P-I$ 总是要满足的。这两种方法都要求解出节点加速度，并且用相同的单元内部计算方法确定内部力。最大的差异就在于如何计算节点加速度。与显式方法不同，在隐式方法中采用 Newton 迭代方法进行计算。由于其是无条件稳定的，所以采用的时间增量步长 Δt 比显式计算中的数值要大得多，所需要的计算增量步数少，Newton 迭代求解的计算花费是比较大的，计算资源或计算耗时不一定小，尤其对于大型问题更是如此。

另外，对于较光滑的非线性问题，Newton 迭代方法还是非常有效的，其具有二阶收敛速度。但是，如果分析过程是高度不连续的，例如存在接触和滑移等边界条件急剧改变的时候，此时 Newton 可能不收敛，或者收敛所需要的时间增量步长可能比显式方法中的还小，耗费的计算资源更多。

综上所述，隐式方法可用于求解光滑的非线性问题，而显式方法则可以用于求解高速动力荷载问题和复杂接触问题等。当然，很多问题既可以用隐式方法求解，也可以用显式方法求解。此时，考虑到隐式方法需要的迭代次数很多，每次迭代都要求解很大规模的方程组，因而所需的硬盘空间和内存都相当大。而显式方法所需要的硬盘空间和内存都要小于隐式方法，这方面是占有一定优势的。

14.4.2 节点自由度增加对计算资源耗费的影响

对于显式方法而言，计算资源耗费大致与单元的数目成正比，并且大致与最小单元尺寸成反比。因而，网格细化之后，增加了单元个数，且减小了最小的单元尺寸，这两方面都导致计算资源耗费增加。例如，一个三维实体采用均匀网格划分，如果在 3 个方向上网格数目都增加了一倍，则由于网格数目增加所增加的计算资源为 $2\times2\times2$，由网格尺寸减小所增加的计算资源为 2，总的计算资源增加到 16 倍，所需的硬盘空间和内存只和单元数目有关，增加到 8 倍。

对于隐式求解方法，由于其求解资源与网格中节点编号有关，计算资源的增加并不能简单地确定。经验表明，计算花费大概与网格自由度个数的平方成正比。同样以上述的三维实体网格细化为例，当网格节点比较多时，3 个方向上网格数目增加了一倍将导致节点的自由度增加 2^3 倍，计算资源增加 $(2^3)^2$ 即 64 倍。所需的硬盘空间和内存大概也按相同的方式增加。因而在网格数目较多的情况之下，显式方法具有相当大的优点。

14.5 算例分析

14.5.1 水平地基的自振频率与振型

1. 问题描述

关于地基的地震反应分析，目前大多数是考虑由基岩发生的剪切波通过地基土层向上传播到地面的作用。对于一维水平地基，可通过剪切梁法进行分析，其是通过弹性介质的剪切振动微分方程和边界条件求出地基的地震反应，其中很重要的一个环节是求出地基的自振频率和振型。本算例通过一个简单例子进行说明，算例文件为 ex14-1.cae。

设有一厚度为 50m 的水平地基，土体的动剪切模量 $G=200\text{MPa}$，泊松比 $v=0.3$，（对应弹性模量为 $E=520\text{MPa}$），密度 $\rho=2.0\text{g/cm}^3=2000\text{kg/m}^3$，则剪切波速 $v_s=\sqrt{G/\rho}=316.23\text{m/s}$。根据剪切梁法的理论解，地基第 j 阶振型的频率 $\omega_j=\dfrac{(2j-1)\pi}{2H}v_s$，当 j=1 时，基频 ω_1 为 9.93（$f=1.58$）。

2. 算例学习重点

- Frequency 分析步的使用。

3. 模型建立与求解

Step 1 建立部件。为和一维剪切梁法条件相对应，这里取一宽度为 1.0m、高度为 50.0m 的土柱。在 Part 模块中执行【Part】/【Creat】命令，在 Create Part 对话框中选择 Modeling space 区域的 2D Planer 单选按钮，接受其余默认选项，单击【Continue】按钮后进入图形编辑界面，建立一个宽为 1.0m，高为 50.0m 的矩形后单击提示区中的【Done】按钮。

Step 2 设置材料及截面特性。在 Property 模块中，执行【Material】/【Creat】命令，建立名称为 soil 的材料，执行 Edit Material 对话框中的【Mechanical】/【Elasticity】/【Elastic】命令定义相应的弹性模型参数，执行【General】/【Density】命令定义材料的密度。

 注意：

本例中力的单位取为 kN，长度的单位取为 m，对应应力的单位为 kPa，因而密度的单位为 t/m^3，即密度应设为 2。

执行【Section】/【Create】命令，设置名为 soil 的截面特性（对应的材料为 soil），并执行【Assign】/【Section】命令赋给相应的区域。

Step 3 装配部件。在 Assembly 模块中，执行【Instance】/【Create】命令，建立相应的 Instance。

Step 4 定义分析步。在 Step 模块中，执行【Step】/【Create】命令，在 Create Step 对话框中（见图 14-1）将名字设为 Fre，将分析步类型（Procedure type）选为 Linear perturbation（线性摄动步），然后选择 Frequency，单击【Continue】按钮后进入频率提取步的设置。按照对图 14-2 的介绍，将 Maximum frequency of interest 设为 20；Number of eigenvalues requested 设为 5，接受其余默认选项后退出。

 提示：

ABAQUS 中的频率是指 f，其与圆频率 ω 之间有 $\omega=2\pi f$。

Step 5 定义荷载、边界条件。在 Load 模块中，执行【BC】/【Create】命令，在 Fre 分析步中限定模型底部两个方向的位移。为了与一维剪切梁法对应，限定模型全体竖向位移 U2，使得其只能发生水平振动。

Step 6 划分网格。进入 Mesh 模块，将环境栏中的 Object 选项选为 Part，意味着网格划分是在 Part 的层面上进行的。执行【Mesh】/【Controls】命令，在 Mesh Controls 对话框中选择 Element shape（单元形状）为 Quad（四边形），选择 Technique（划分技术）为 Structured。执行【Mesh】/【Element Type】命令，在 Element Type 对话框中，选择 CPE4 作为单元类型。执行【Seed】/【Part】命令，在 Global Seeds 对话框中将 Approximate global size 输入框设置为 1.0，接受其余默认选项。执行【Mesh】/【Part】命令，单击提示区中的【Yes】按钮，对模型进行网格剖分。

Step 7 提交任务。进入 Job 模块，执行【Job】/【Create】命令，建立名为 ex14-1 的任务。执行【Job】/【Submit】/【ex14-1】命令，提交计算。

4．结果分析

Step 1 进入 Visualization 模块，打开相应数据库。

Step 2 执行【Plot】/【Deformed shape】命令绘制变形后的网格图，利用菜单栏中的 可以观察不同阶的振型，屏幕最下方会给出特征值大小及对应的频率 f。

Step 3 模型的振型也可通过变形后的云图表达。执行【Result】/【Field output】命令，选择 U1 为输出变量。执行【Plot】/【Contours】/【On deformed shape】命令绘制前两阶振型的位移云图，如图 14-9 所示。计算结果表明第一振型对应的频率为 1.5811，与理论值 1.58 对应；其余各阶的结果也与理论值非常吻合。

提示：

ABAQUS 在结果处理时，自动将各振型中的最大位移归一化为 1。

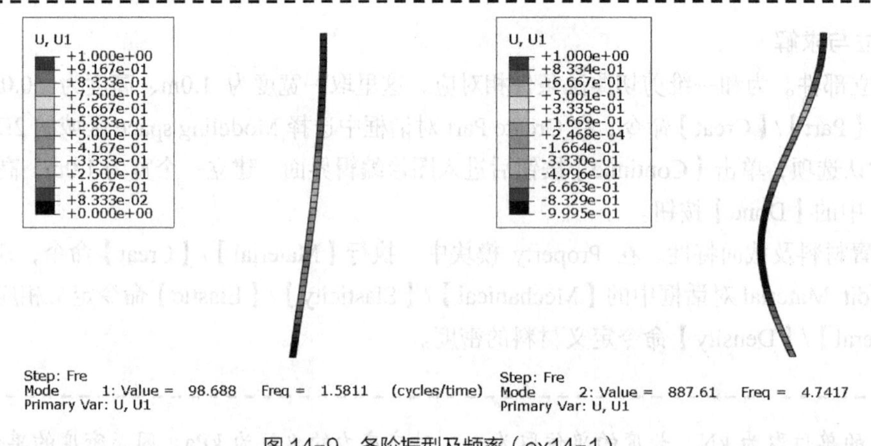

图 14-9 各阶振型及频率（ex14-1）

14.5.2 二维理想土坝的自振频率和振型

1．问题描述

土坝在遭受水平向地震作用时，由于高度和底部宽度属于同一量级，可采用剪切楔法进行分析。所谓剪切楔法是把土坝看作为底部嵌固在基岩上的变截面梁（楔），分析其受震时剪切变形的方法。分析时将无限长的土坝的横截面简化为三角形，理论求解得到的前三阶的自振频率为（2.41，5.52，8.65）v_s/H。本算例通过一个简单例子对比 ABAQUS 和理论值的计算结果，算例文件为 ex14-2.cae。

设有一高度为100m的土坝，坝体简化为三角型，上、下游坡比均为1∶2。土体的动剪切模量 $G=200\text{MPa}$，泊松比 $\nu=0.3$，（对应弹性模量为 $E=520\text{MPa}$），密度 $\rho=2.0\text{g/cm}^3=2000\text{kg/m}^3$，则剪切波速 $v_s=\sqrt{G/\rho}=316.23\text{m/s}$，对应的圆频率 ω 为 7.62、17.46 和 27.35（$f=$ 1.21、2.78、4.35）。

提示：

理论求解时，对于坝顶宽度不为0的情况，其振型可按三角形断面和矩形断面的振型用内插法求取。数值计算则采用实际的断面形状即可。

2．算例学习重点

- Frequency分析步的使用。
- 有限元计算结果与理论值的异同及原因。

3．模型建立与求解

本算例的大部分步骤与ex14-1相同，这里只对部分环节重点说明。

Step 1 建立部件。在Part模块中执行【Part】/【Creat】命令，按所给几何尺寸创建一个二维的三角形部件。

Step 2 设置材料及截面特性。与ex14-1相同，创建相应的材料和截面特性。

Step 3 装配部件。在Assembly模块中，执行【Instance】/【Create】命令，建立相应的Instance。

Step 4 定义分析步。在Step模块中，执行【Step】/【Create】命令，定义一个名为Fre的频率分析步，将Maximum frequency of interest设为20；Number of eigenvalues requested设为5。

Step 5 定义荷载、边界条件。在Load模块中，执行【BC】/【Create】命令，限定模型底部两个方向的位移，约束模型全体的竖向位移。

Step 6 划分网格。进入Mesh模块，将环境栏中的Object选项选为Part，意味着网格划分是在Part的层面上进行的。执行【Mesh】/【Controls】命令，在Mesh Controls对话框中选择Element shape（单元形状）为Quad-dominated（四边形为主）（个别尖角区域可采用三角形网格），选择Technique（划分技术）为Free，Algorithm（算法）为Advancing front。执行【Mesh】/【Element Type】命令，在Element Type对话框中，选择CPE4作为单元类型。执行【Seed】/【Part】命令，在Global Seeds对话框中将Approximate global size输入框设置为5.0。执行【Mesh】/【Part】命令，单击提示区中的【Yes】按钮，对模型进行网格剖分。

提示：

读者可将区域切分为几块后再划分网格。

Step 7 提交任务。进入Job模块，创建并提交名为ex14-2的任务。

4．结果分析

Step 1 进入Visualization模块，打开相应数据库。

Step 2 图14-10到图14-12分别给出了前三阶振型，对应的频率分别为1.0780，1.8940和2.2717。与剪切楔法理论值1.21、2.78、4.35有不小的差距。这是因为在剪切楔法中，坝体沿高度方向被分隔成一系列的水平土条，在这些土条内部，水平位移被认为是一致的。而从图14-10到图14-12来看，同一高程上的水平位移可以是不相同的，有限元的计算结果更贴近实际。

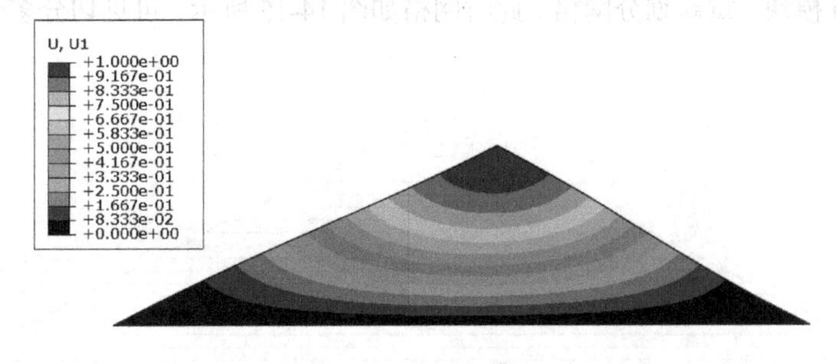

图14-10 第一阶振型（ex14-2）

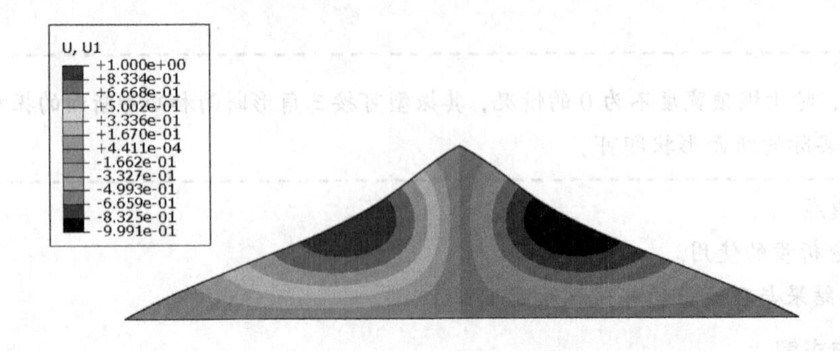

图 14-11 第二阶振型（ex14-2）

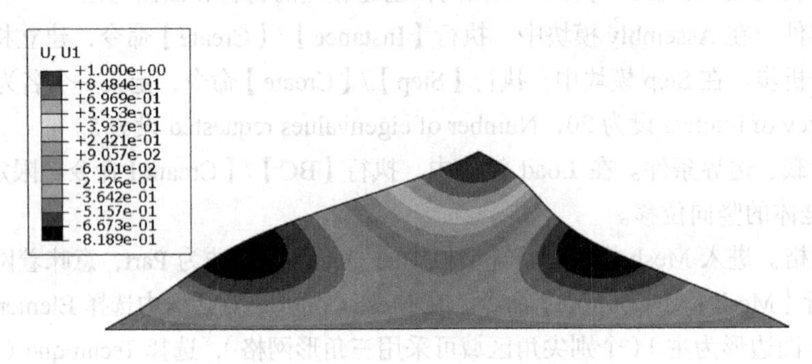

图 14-12 第三阶振型（ex14-2）

5. 算例拓展

为了进一步验证 ABAQUS 的适用能力，这里强迫同一高程上的水平位移一致，比较计算结果与理论值之间的差异。

Step 1 将 ex14-2.cae 另存为 ex14-2-2.cae。

Step 2 在 Part 模块中，执行【Tools】/【Partition】命令，将土坝在高度方向上切分为 20 个区域。

Step 3 进入 Interaction 模块，执行【Constraint】/【Create】命令，选择 Type 为 MPC Constraint，单击【Continue】按钮，按提示区中的提示，选择控制点。这里选择每一区域的左上角，然后选择同一高程的水平线作为被控制点（从属点）（见图 14-13），确认后在图 14-14 所示的 Edit Constraint 对话框中选择 Type 为 Tie，使得同一高程具有相同的自由度。类似地，对所有水平区域进行相同操作。

Step 4 进入 Mesh 模块，重新划分网格。此时网格如图 14-15 所示，可见切分多个区域后能得到相对规整的网格。

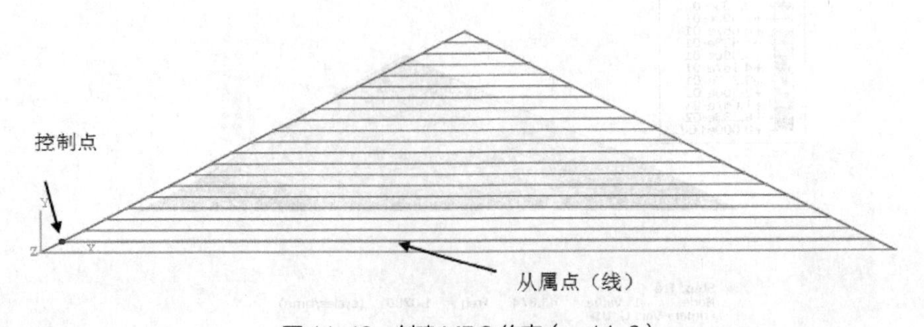

图 14-13 创建 MPC 约束（ex14-2）

图 14-14 选择 Tie 约束（ex14-2）

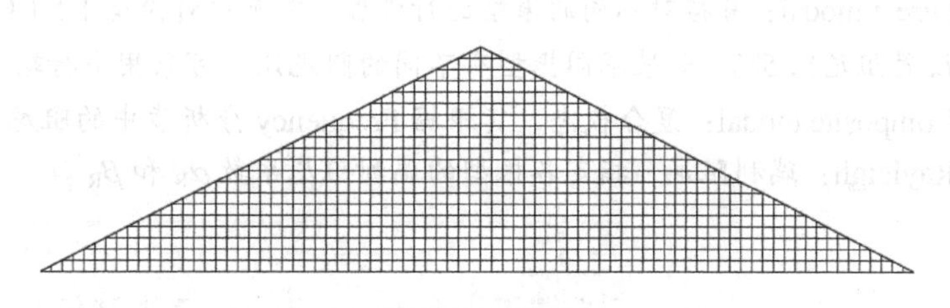

图 14-15 重新划分的网格（ex14-2）

Step 5 重新计算得到的前三阶频率分别为 1.1997、2.7341 和 4.2552，与理论计算值 1.21、2.78、4.35 基本一致。图 14-16 给出了重新计算后的第 1 振型，结果表明同一高程处的水平位移一致，与剪切楔的假设相同。

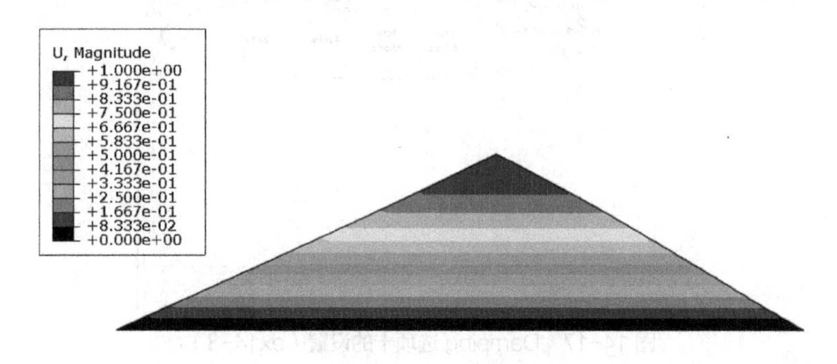

图 14-16 重新计算的第 1 阶振型（ex14-2）

提示：

实际情况中同一高程的水平位移可以不一致，这里只是为了和剪切楔法进行对比。

14.5.3 线性水平地基地震反应的振型叠加法分析

1．问题描述

对于线性问题，当利用*Frequency 提取出频率和振型之后，可以利用 Model Dynamic 分析步（振型叠加法）进行瞬态动力反应分析。本例对此进行说明，算例文件为 ex14-3.cae。

模型尺寸及参数均与 ex14-1 相同，地基底部受到水平加速度 $2\sin(9.93t)$ 的作用，时长为 5s。

2．算例学习重点

- Model Dynamic 分析步的使用。
- 阻尼的设置。
- 最大加速度的提取。

3．模型建立与求解

Step 1 将 ex14-1.cae 另存为 ex14-3.cae。

Step 2 进入 Step 模块，执行【Step】/【Create】命令，在 Fre 分析步之后插入名为 Dyna 的 Model dynamic 分析步，注意分析步类型 Procedure type 选为 Linear perturbation。在 Edit Step 对话框的 Basic 选项卡中将时间总长设为 5，增量步步长设为 0.005。切换到 Damping 选项卡，这里 ABAQUS 提供了三种阻尼设置的方法，每种方法可针对振型（mode）或频率（frequency）进行设置（见图 14-17）。这里以振型为例进行介绍。

- Direct modal：直接对不同的振型进行设置。本例中对振型 1-5（Frequency 分析步中提取的振型个数）设置阻尼比 5%。如果不同振型有不同的阻尼比，可采用多行输入的方式。
- Composite modal：复合模态，其根据 Frequency 分析步中的阻尼计算。
- Rayleigh：瑞利阻尼，指定各振型的瑞利阻尼系数 α_R 和 β_R。

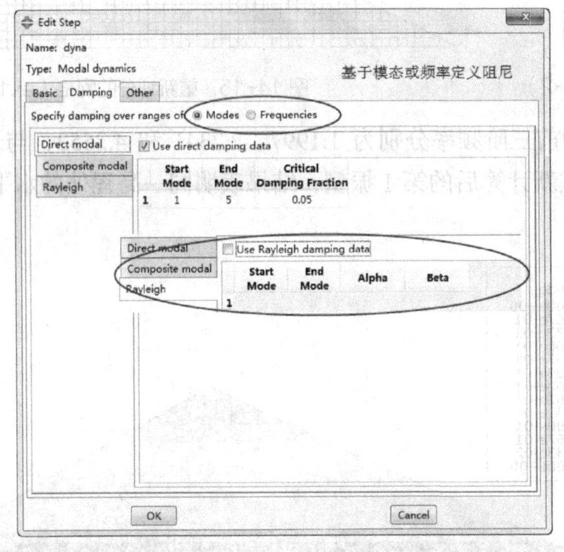

图 14-17　Damping 选项卡的设置（ex14-3）

Step 3　修改输出控制。在 Step 模块中，执行【Output】/【Field output requests】/【Edit】命令，在 Dyna 分析步中增加 TU、TV 和 TA 作为输出变量。

注意：

（1）ABAQUS 中振型叠加法默认输出的 U、V 和 A（位移、速度和加速度）为相对于基底运动的相对值。

（2）对于振型叠加法，默认每 10 个增量步输出 1 次结果，可通过【Output】/【Field output requests】/【Edit】命令调整。

Step 4　定义加速度边界条件。首先定义加速度幅值曲线。执行【Tools】/【Amplitude】/【Create】命令，选择 Type（类型）为 Periodic，单击【Continue】按钮，弹出编辑幅值对话框。设置 Circular frequency（圆频率）ω 为 9.93，Starting time t_0 为 0，Initial amplitude A_0 为 0，A 设置为 0，B 设置为 2。

执行【BC】/【Create】命令，选择分析步为 Dyna，Type for Selected Step 选为 Acceleration base motion，确认后将 Degree of freedom 选为 U1，在幅值下拉列表中选择定义的加速度时程 Amp-1（见图 14-18），确认后退出。

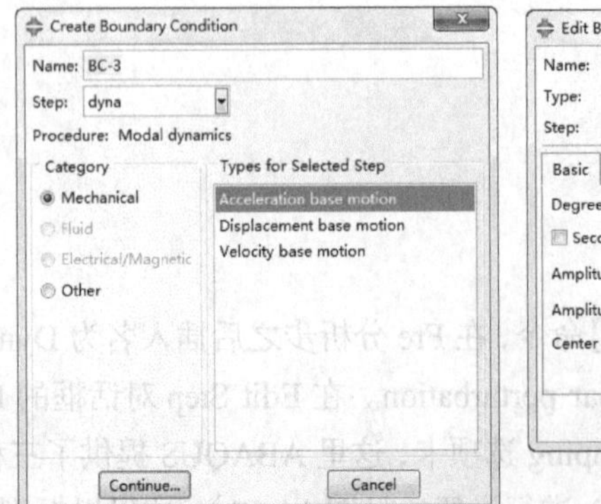

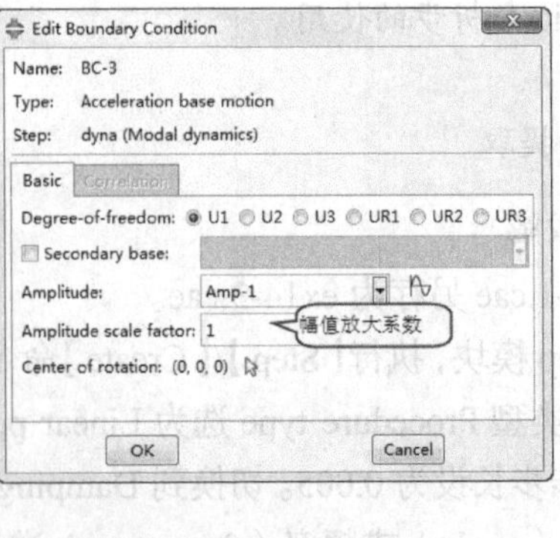

图 14-18　定义加速度边界条件（ex14-3）

Step 5　提交任务。进入 Job 模块，执行【Job】/【Rename】命令，将任务改名为 ex14-3，执行【Job】/【Submit】/【ex14-3】命令，提交计算。

4．结果分析

Step 1　进入 Visualization 模块，打开相应数据库。

Step 2　执行【Tools】/【XY Data】/【Create】命令，在弹出的 Create XY Data 对话框中选择 ODB Field Output 作为 XY 曲线的数据源，单击【Continue】按钮后弹出 XY Data from ODB Field Output 对话框，在 Variables 选项卡的 Position 下拉列表中选择 Unique Nodal，意味着提取节点的结果，在对话框下方的输出结果变量区，选择 TA 下的 TA1（水平向总加速度）作为输出变量。切换到 Elements/Nodes 选项卡，将 Method 选择为 Picked from viewport，单击右侧的【Edit Selection】按钮，按照提示区中的提示在屏幕上选择地基底面和顶面的节点。单击对话框右上方的【Active steps/Frames】按钮，将 Dyna 分析步作为结果输出步，单击提示区中的【Done】按钮后回到 XY Data from ODB Field Output 对话框，单击【Save】按钮存储结果，单击【Dismiss】按钮关闭对话框。

执行【Tools】/【XY Data】/【Plot】命令，将保存的加速度时程曲线绘制于图 14-19 中。由于加速度频率为 9.93，等于模型基频，发生了明显的共振现象，读者可以调整加载频率，观察计算结果的改变。只要频率稍做调整，不发生共振现象，加速度反应将明显减小。

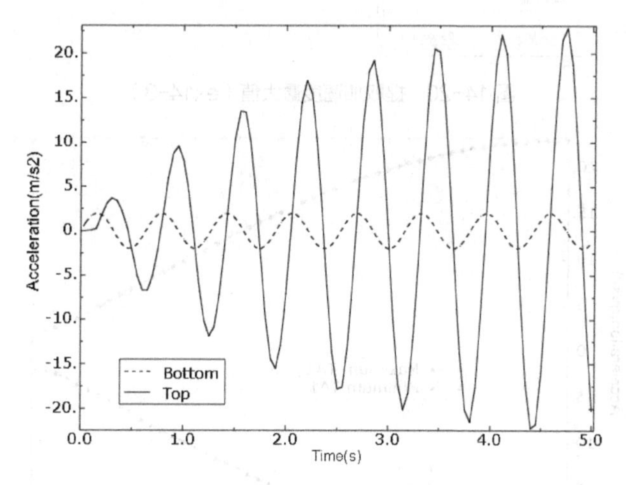

图 14-19　地基顶部和底部加速度对比（ex14-3）

Step 3　有时需要给出最大加速度沿高度的分布。读者可以将结果利用【Report】菜单功能输出后由第三方软件处理。这里介绍在 ABAQUS 中的实现方法。执行【Tools】/【Create field output】/【From frames】命令或者单击工具箱区中的按钮，在图 14-20 所示的对话框中，在 Operation 右侧选择 Find the maximum value over all frames，单击对话框左下角的绿色加号按钮，在 Add frames 对话框单击【Select All】按钮，选择 Dyna 分析步的所有帧，确认后返回 Create field output from frames 对话框，仅选择 TA 下的 TA1 作为运算变量，确认后退出。类似地，可以提取加速度的最小值。

Step 4　执行【Tools】/【Path】/【Create】命令，在 Create Path 对话框中选择类型为 Node list，单击【Continue】按钮，然后在新弹出的对话框中单击【Add before】按钮，依次选择最上、最下的节点建立 path-1。执行【Tools】/【XY Data】/【Create】命令，在弹出的对话框中选择 Source（数据源）为 Path，单击【Continue】按钮后在 XY Data from Path 对话框中将 Model shape 改为 Undeformed（基于未变形形状），选中 Point Locations 下的 Include interactions（包含路径上的所有节点），通过 Frame 右侧的按钮【Step/Frame】选择上一步创建的 Session Step 下的最大加速度帧，通过【Field output】按钮选择 TA_max 中的 TA1 为输出变量，单击【Save As】按钮可保存数据曲线，单击【Plot】按钮可绘制曲线。类似地，提取 Path-1 上最小的 TA1，并绘制于图 14-21 中，由图中可观察到明显的加速度沿高度的放大现象。

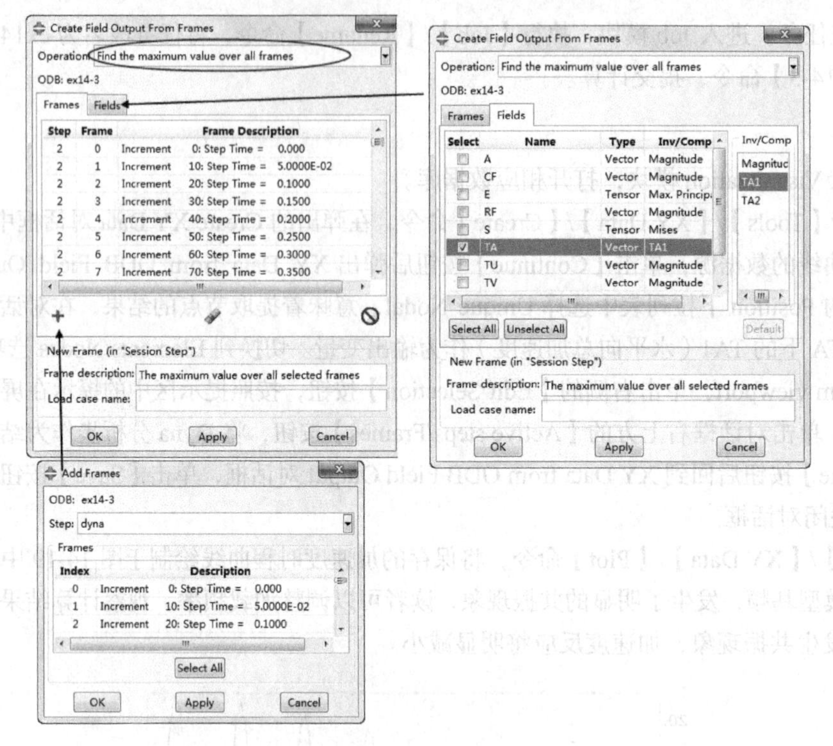

图 14-20　提取加速度最大值（ex14-3）

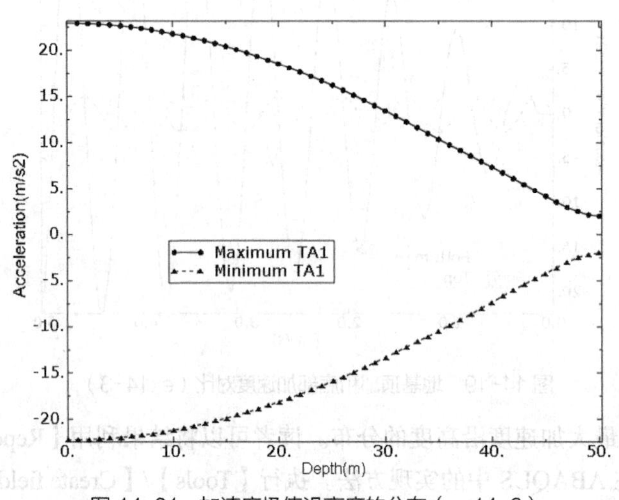

图 14-21　加速度极值沿高度的分布（ex14-3）

5．算例拓展

Step 1　将 ex14-3.cae 另存为 ex14-3-1.cae。进入 Step 模块，执行【Step】/【Edit】命令，在 Edit Step 对话框中切换到 Damping 选项卡，取消阻尼的设置。进入 Job 模块，重新提交计算。有、无阻尼的地基表面水平加速度对比于图 14-22 中。结果表面，阻尼的存在加大了能量耗散，加速度有所减小。

Step 2　将 ex14-3-1.cae 另存为 ex14-3-2.cae。进入 Step 模块，执行【Step】/【Edit】命令，在 Edit Step 对话框中切换到 Damping 选项卡，利用 Rayleigh 功能设置阻尼，对模态 1-5 设置 α_R 和 β_R 分别为 $\alpha_R = \xi_1\omega_1 = 0.4965$，$\beta_R = \xi_1/\omega_1 = 0.005$，进入 Job 模块重新提交任务 ex14-3-2。

Step 3　将 ex14-3-2.cae 另存为 ex14-3-3.cae。进入 Step 模块，执行【Step】/【Edit】命令，删除阻尼设置。进入 Property 模块，执行【Material】/【Edit】命令，对 soil 材料进行编辑，在 Edit Material 对话框中执行【Mechanical】/【Damping】命令，将 Alpha 和 Beta 分别设置为 0.4965 和 0.005，进入 Job 模块重新提交任务 ex14-3-3。

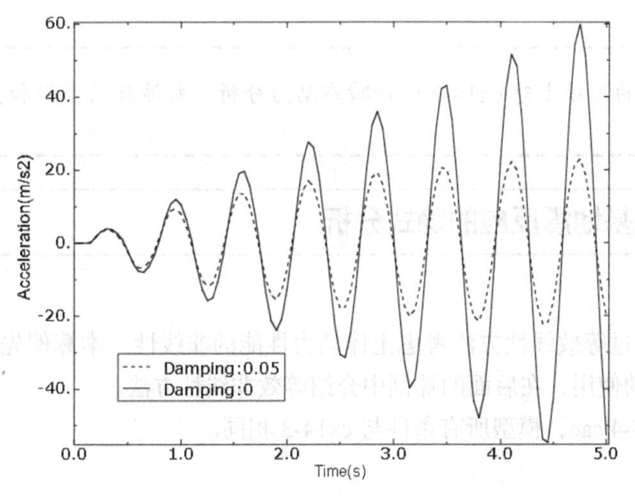

图 14-22 有无阻尼时的水平加速度对比（ex14-3）

Step 4 图 14-23 比较了以上三种不同阻尼设置方法的水平加速度计算结果。虽然阻尼设置方法不同，但所得到的阻尼比均为 0.05，能量耗散相同，因而计算结果保持一致。进一步，我们可以考虑采用不同的 Alpha 和 Beta 对计算结果的影响，比如将 Alpha 调整为原来的 2 倍，Beta 取为 0；或者将 Alpha 取为 0，Beta 调整为原来的 2 倍，只要能量耗散是一致的，计算结果就不会有太大的区别（见图 14-24）。

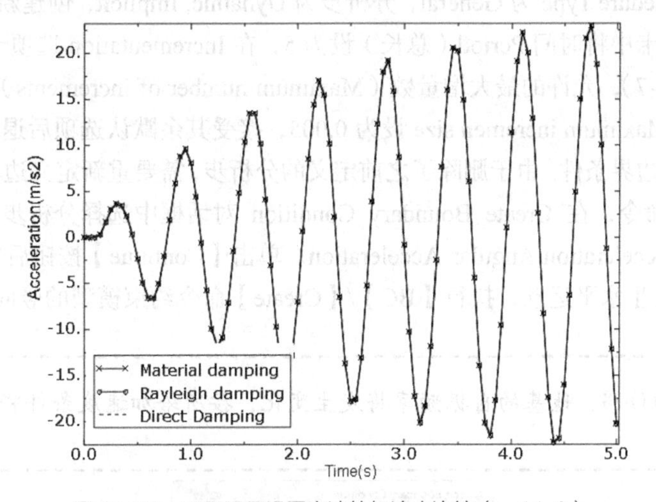

图 14-23 不同阻尼设置方法的加速度比较（ex14-3）

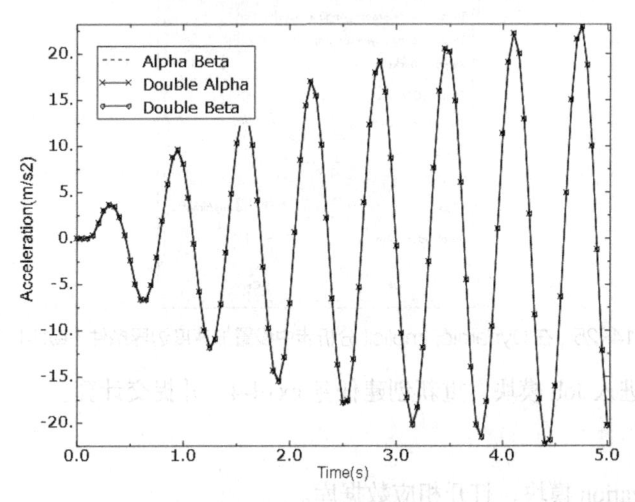

图 14-24 不同瑞利阻尼系数对计算结果的影响（ex14-3）

提示：

建议读者在本算例的基础上对 ex14-2 进行瞬态动力分析，所涉及的步骤和操作基本一致，此处不再赘述。

14.5.4 线性水平地基地震反应的隐式分析

1. 问题描述

岩土动力分析中常通过等效线性方法考虑土体动力性能的非线性。本算例先通过线性问题的算例说明 Dynamic, Implicit 分析步的使用，在后面的算例中介绍等效非线性方法。

本例算例文件为 ex14-4.cae，模型所有条件与 ex14-3 相同。

2. 算例学习重点

- Dynamic, Implicit 分析步的使用。

3. 模型建立与求解

Step 1 将 ex14-3-3.cae 另存为 ex14-4.cae。

Step 2 进入 Step 模块，执行【Step】/【Delete】命令，依次删除 Dyna 和 Fre 分析步。执行【Step】/【Create】命令，选择 Procedure Type 为 General，分析步为 Dynamic, Implicit，创建新的 Dyna 分析步。在 Edit Step 对话框的 Basic 选项卡中将时间 Period（总长）设为 5，在 Incrementation 选项卡中设置初始时间步长为 0.005（见图 14-6 和图 14-7），允许的最大增量数（Maximum number of increments）设为 1000，为了精确捕捉到加速度的变化，将 Maximum incremen size 设为 0.005，接受其余默认选项后退出。

Step 3 定义加速度边界条件。由于删除了之前定义的分析步，需要重新定义边界条件。进入 Load 模块，执行【BC】/【Create】命令，在 Create Boundary Condition 对话框中选择分析步为 Dyna, Category 选为 Mechanical，Type 选为 Acceleration/Angular Acceleration，单击【Continue】按钮后按图 14-25 所示设置边界条件。为了保证土体只发生水平运动，执行【BC】/【Create】命令约束模型的竖向位移。

提示：

若允许土体的竖向位移，地基的自振频率将发生变化，按所给加速度条件将不会发生共振现象，加速度反应也会不同。

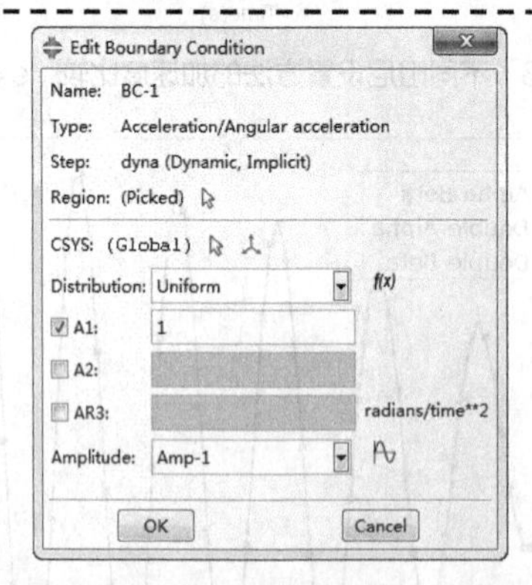

图 14-25 在 Dynamic, Implicit 分析步中设置加速度边界条件（ex14-4）

Step 4 提交任务。进入 Job 模块，重新创建任务 ex14-4，并提交计算。

4. 结果分析

Step 1 进入 Visualization 模块，打开相应数据库。

Step 2 利用 xy data 相关功能，图 14-26 比较了隐式算法和振型叠加法计算得到的地基表面加速度，两者基本吻合，表明对于线性问题，这两种方法基本等效。

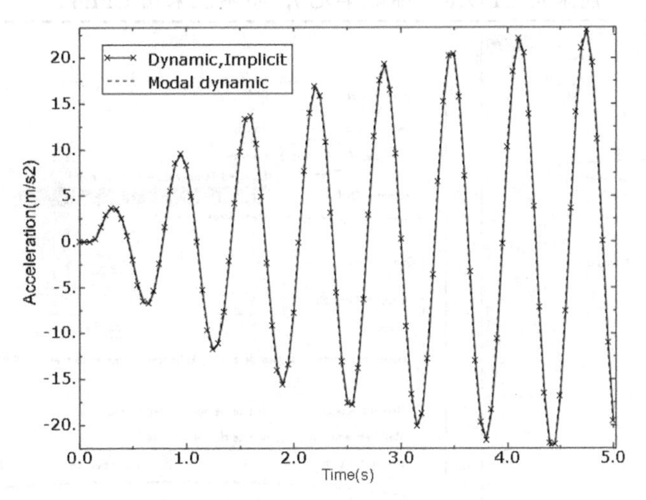

图 14-26 隐式算法和振型叠加法的地基表面加速度对比（ex14-4）

注意：

Dynamic, Implicit 分析步中输出的 U、V 和 A 是绝对值。

14.5.5 线性水平地基地震反应的显式分析

1．问题描述

本例利用显式分析步 Dynamic, Explicit 对 ex14-4 进行分析，算例文件为 ex14-5.cae，模型所有条件与 ex14-4 相同。

2．算例学习重点

- Dynamic, Explicit 分析步的使用。

3．模型建立与求解

Step 1 将 ex14-4.cae 另存为 ex14-5.cae。

Step 2 进入 Step 模块，执行【Step】/【Delete】命令，删除 dyna 分析步。执行【Step】/【Create】命令，选择 Procedure Type 为 General，分析步为 Dynamic, Explicit，创建新的 Dyna 分析步。在 Edit Step 对话框的 Basic 选项卡中将时间 Period（总长）设为 5，接受所有默认选项后退出。

提示：

Explicit 分析步中 ABAQUS 会自动确定增量步步长，如无必要无须变动。

Step 3 修改输出控制。在 Step 模块中，执行【Output】/【Field output requests】/【Edit】命令，在图 14-27 所示的对话框 Frequency 右侧的下拉列表中选择 Every x units of time，并将 x 设为 0.02，即每 0.02s 输出一次，确认后退出。

Step 4 定义加速度边界条件。由于删除了之前定义的分析步，需要重新定义边界条件。参照 ex14-4 中的做法，设置底面的加速度边界。

Step 5 重新划分网格。由于采用 Explicit 分析步，必须采用 Explicit 专用的单元。进入 Mesh 模块，执行【Mesh】/【Element Type】命令，在【Element Library】选项中选择【Explicit】单选按钮，在右侧 Family 中找到【Plane Strain】，此时对话框下方提示所选择的单元类型及描述（见图 14-28），确认后退出。

注意：

在 Explicit 分析步中只能采用 CPE4R（缩减单元），而不能采用 CPE4。

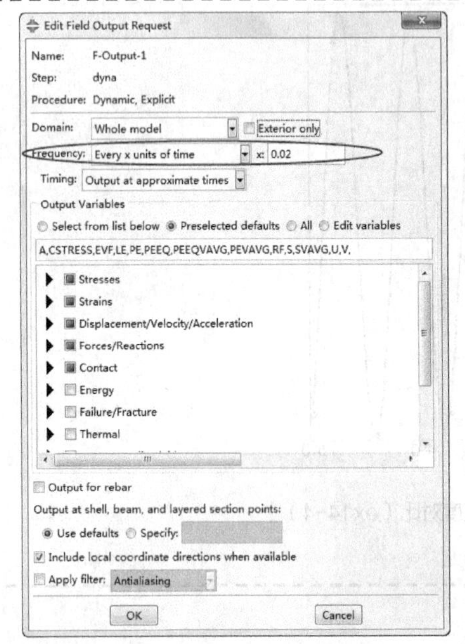

图 14-27　修改 Explicit 分析步的输出间隔（ex14-5）

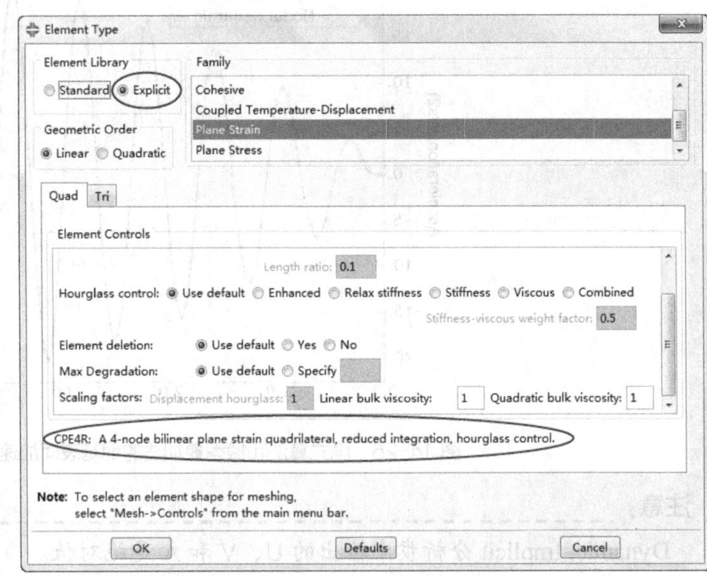

图 14-28　选择显式分析步专用单元（ex14-5）

Step 6　提交任务。进入 Job 模块，重新创建任务 ex14-5，并提交计算。计算过程中可通过 Job Manager 对话框中的【Monitor】按钮监控计算流程。如图 14-29 所示，ABAQUS 自动采用的增量步长为 0.000138 左右，远小于根据式（14-8）估计的值。这是因为与刚度矩阵相关的阻尼系数（stiffness proportional damping）β 将大幅降低稳定分析步长，而与质量矩阵相关的阻尼系数（mass proportional damping）α 对时间步长影响很小，读者可将 α 调整为原来的 2 倍，β 改为 0，则稳定增量步长会提高到 0.0011 左右，计算结果并不会变化。

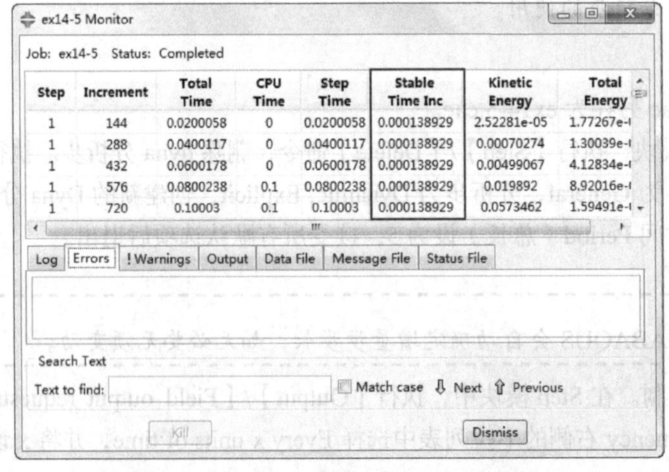

图 14-29　Explicit 分析步的 Monitor 监控窗口

4．结果分析

Step 1　进入 Visualization 模块，打开相应数据库。

Step 2　利用 xy data 相关功能，图 14-30 比较了显式和隐式算法计算得到的地基表面加速度，两者基本吻合，表明对于线性问题，这两种方法基本等效。

注意：

Dynamic, Explicit 分析步中输出的 U、V 和 A 是绝对值。

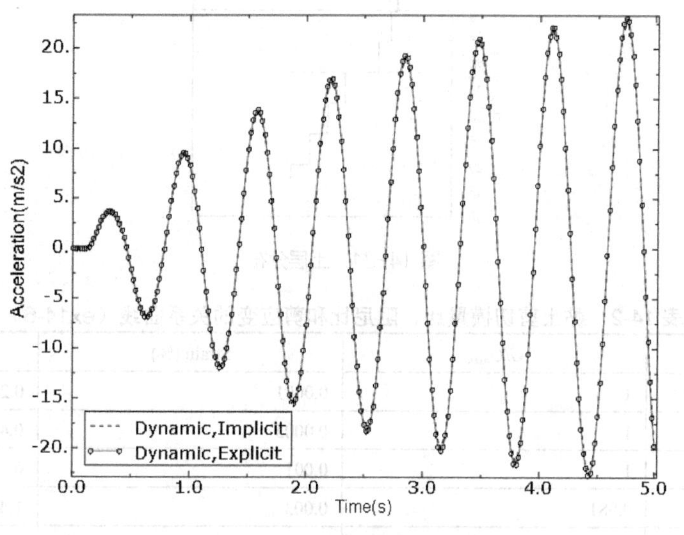

图 14-30 显式和隐式算法地基表面加速度对比（ex14-5）

14.5.6 水平地基地震反应的等效线性分析——隐式法

1. 问题描述

有一坐落在基岩上的水平地基，厚 45.72m，地基由砂土和黏土组成，具体分层及参数见图 14-31 和表 14-1。黏土和砂土的剪切模量比、阻尼比和剪应变的关系曲线见表 14-2 和表 14-3，本例中土体阻尼比取了同一条曲线。基岩输入加速度采用过滤高频率（25Hz）之后的值，共 2048 个数据点，时间间隔点为 0.02s，时程曲线见图 14-32，最大峰值为 0.1g，g 为重力加速度。算例文件为 ex14-6.cae。

表 14-1 土层分布（ex14-6）

土层编号	土类	土层厚度（m）	G_{max}(MPa)	容重（kN/m^3）	ABAQUS 中材料编号
1	砂土	1.524	186.19	19.66	M1
2	砂土	1.524	150.81	19.66	M2
3	砂土	3.048	150.81	19.66	M2
4	砂土	3.048	168.03	19.66	M3
5	黏土	3.048	186.19	19.66	M4
6	黏土	3.048	186.19	19.66	M4
7	黏土	3.048	225.29	19.66	M5
8	黏土	3.048	225.29	19.66	M5
9	砂土	3.048	327.24	20.45	M6
10	砂土	3.048	327.24	20.45	M6
11	砂土	3.048	379.52	20.45	M7
12	砂土	3.048	379.52	20.45	M7
13	砂土	3.048	435.68	20.45	M8
14	砂土	3.048	435.68	20.45	M8
15	砂土	3.048	495.71	20.45	M9
16	砂土	3.048	627.38	20.45	M10

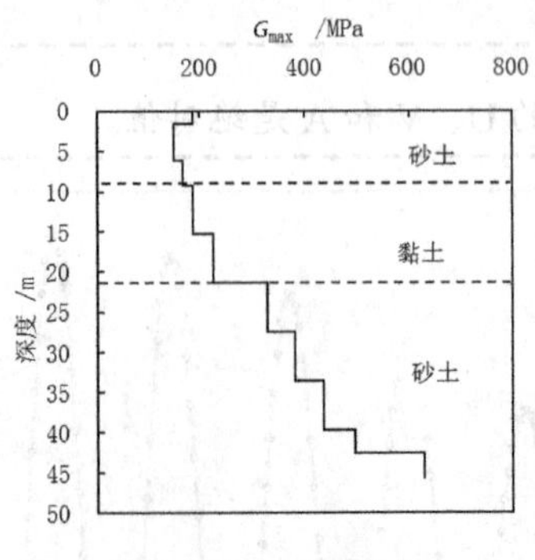

图 14-31　土层分布

表 14-2　黏土剪切模量比、阻尼比和剪应变的关系曲线（ex14-6）

Strain (%)	G/G_{max}	Strain (%)	Damping (%)
0.0001	1	0.0001	0.24
0.0003	1	0.0003	0.42
0.001	1	0.001	0.8
0.003	0.981	0.003	1.4
0.01	0.941	0.01	2.8
0.03	0.847	0.03	5.1
0.1	0.656	0.1	9.8
0.3	0.438	0.3	15.5
1	0.238	1	21
3	0.144	3	25
10	0.11	10	28

表 14-3　砂土剪切模量比、阻尼比和剪应变的关系曲线（ex14-6）

Strain (%)	G/G_{max}	Strain (%)	Damping (%)
0.0001	1	0.0001	0.24
0.0003	1	0.0003	0.42
0.001	0.99	0.001	0.8
0.003	0.96	0.003	1.4
0.01	0.85	0.01	2.8
0.03	0.64	0.03	5.1
0.1	0.37	0.1	9.8
0.3	0.18	0.3	15.5
1	0.08	1	21
3	0.05	3	25
10	0.035	10	28

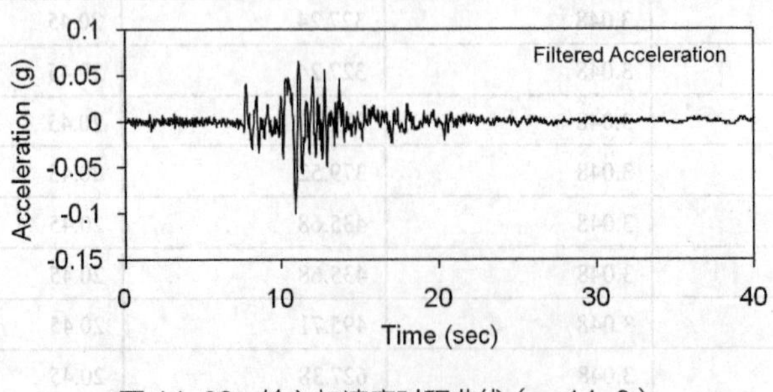

图 14-32　输入加速度时程曲线（ex14-6）

2．算例学习重点

- 等效线性方法的实现。
- 导入地震波。

3．模型建立及求解

本例通过第12章介绍的等效黏弹性模型UMAT子程序来模拟土体的动力性能，该模型有4个材料参数，分别代表最大动剪切模量参数$G_{max}=kp_a\left(\frac{\sigma_3'}{p_a}\right)^n$的$k$、$n$、泊松比$v$和圆频率$\omega$。除了模型参数之外，还需要4个求解状态变量STATEV(1)～STATEV(4)分别对应于地震前的围压、与应变水平相关的剪切模量比G/G_{max}、阻尼比D和地震过程中的最大剪应变γ_{max}。土体模量和阻尼比随剪应变水平的变化通过迭代实现。为了在分析中确定阻尼，首先分析模型的自振频率。

（1）频率的提取。

Step 1　建立部件。在Part模块中，执行【Part】/【Creat】命令，建立一个名为soil的part，尺寸为$1m\times1m\times45.72m$。观察图14-31中最大动剪切模量沿深度的分布，其呈现跳跃的台阶状，共有10个不同的剪切模量。考虑到$G_{max}=k_2p_a(\sigma_3'/p_a)^n$，这里可以通过控制不同深度土层的围压和动剪切模量参数来模拟这一特征。比如，我们设置所有土层的围压与大气压力P_a相同，为100kPa；所有土层的n都取1，那么动剪切模量就直接取决于k_2，不同的剪切模量就划分为不同的材料，即共10种材料。执行【Tools】/【Partion】命令将土柱按图14-31所示的尺寸Partion为10个区域，以使用不同的材料。

执行【Tools】/【Set】/【Create】命令，将黏土和砂土区域分别建立集合Clay和soil，将模型整体建立集合all。

提示：

这里也可简单地分为黏土和砂土两种材料，然后控制STATEV(1)来实现剪切模量的不同。读者可以自己试一试。

Step 2　设置材料及截面特性。在Property模块中，执行【Material】/【Creat】命令，建立名称为M1的材料。在Edit Material对话框中，执行【General】/【Density】命令，设置密度为2.0。选择【General】/【User Material】，按表中数据将材料的参数设为1861.9、1、0.3、1，分别对应于k、n、v、ω。注意$G_{max}=k_2p_a(\sigma_3'/p_a)^n$，若围压取大气压力100kPa，则以上设置的$k$、$n$使得最大剪切模量为186.19MPa。执行Edit Material对话框中的【General】/【Depvar】命令，将材料的状态变量个数设为4。执行【Material】/【Copy】命令，将材料M1拷贝到M2～M10；执行【Material】/【Edit】命令，将第2～第10种材料的k修改为1508.1、1680.3、1861.9、2252.9、3272.4、3759.2、4356.8、4957.1和6273.8，并将M6～M10的密度修改为2.08。

执行【Section】/【Create】命令，设置名称为M1的截面section，接受默认选项，即soild,homogeneous均匀实体，单击【Continue】按钮继续，在弹出的Edit Section窗口中将材料选为之前定义的M1材料，其余选项不变，单击【OK】按钮结束section的定义。执行【Assign】/【Section】命令，将定义的截面特性赋予从上算起的第一个区域。类似地，建立M2～M10的截面并赋予相应的区域。

Step 3　装配部件。在Assembly模块中，执行【Instance】/【Create】命令，建立相应的Instance。

Step 4　定义分析步。在Step模块中执行【Step】/【Create】命令，在Create Step对话框中，将名字改为Fre，在分析类型(Procedure Type)下拉列表中选择Linear perturbation，在其下的步骤选项中选择Frequency，单击【Continue】按钮继续。在随后弹出的Edit Step对话框的Basic选项卡中，将Maximum frequency of interest设为10，接受其余默认选项。

Step 5　定义荷载、边界条件。在Load模块中，执行【BC】/【Create】命令，在initial（初始）分析步

中约束模型整体的 y 和 z 方向的位移，即模型只能沿 x 向移动，这是为了模拟一维场地的地震特性。约束模型底部 x、y 和 z 3 个方向的自由度。

Step 6 划分网格。在 Mesh 模块中，将环境栏中的 Object 选项选为 Part，意味着网格划分是在 Part 的层面上进行的。执行【Mesh】/【Element Type】命令，选择单元 C3D8；执行【Mesh】/【Controls】命令，选择 Element shape（单元形状）为 Hex（六面体），划分技术（Technique）设为 Structured。执行【Seeds】/【Part】命令，将单元尺寸设为 1.524。执行【Mesh】/【Part】命令，单击提示区中的【Yes】按钮，划分网格。高度方向网格共 30 个。

Step 7 修改模型输入文件，建立解相关状态变量初始条件。执行【Model】/【Edit Keywords】命令，在第一个 step 之前添加如下语句定义状态变量初始值。

```
*initial conditions, type=solution, input=ex14-6-1.txt
```

该语句表明各单元的求解状态变量由文本文件 ex14-6-1.txt 导入。1.txt 中的数据行为：

```
soil-1.1,100,1,0,0
soil-1.2,100,1,0,0
……
soil-1.30,100,1,0,0
```

数据行中的数据依次为单元集合名称和四个状态变量（分别代表了震前围压、剪切模量比、阻尼比和最大动剪应变）。

提示：

soil-1 为 Instance 的名字，ABAQUS 自动根据部件的名字确定，生成规则为“部件名”+“-*n*”，*n* 为第几次生成实体。

Step 8 提交任务。将 cae 保存为 ex14-6-fre.cae。在 Job 模块中，执行【Job】/【Create】命令，建立任务文件 ex14-6-fre.inp，在 Edit Job 对话框中的 General 选项卡中选择用户子程序 dyna.for。执行【Job】/【Submit】命令提交运算。

Step 9 获得频率。在 Visualization 模块中执行【Plot】/【Deformed Shape】命令，将第一振型绘制于图 14-33 中，留意图形下方的文字，可得频率为 2.3026（Cycles/time），相应的圆频率为 $2\pi f = 14.47$。

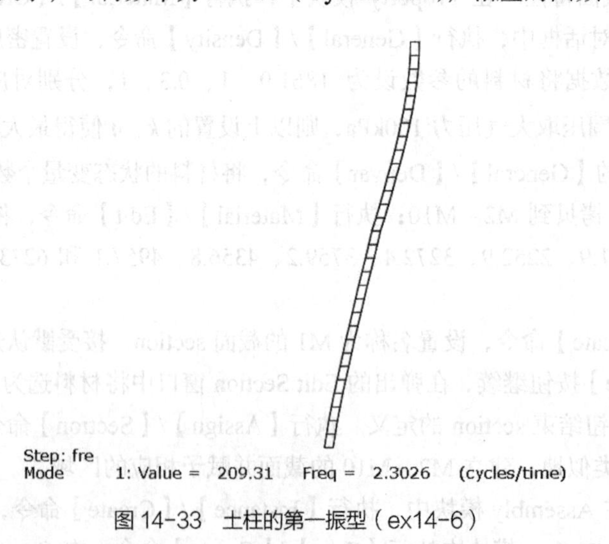

图 14-33 土柱的第一振型（ex14-6）

（2）时程分析的模型建立及求解。

在前面频率提取分析的基础上，这里进行时程分析的模型，具体操作如下：

Step 1 将原有的 cae 文件另存为 ex14-6-i1.cae。在 Property 模块中，执行【Material】/【Edit】命令，将 M1 ~ M10 材料的 ω 都修改为 14.47。

Step 2 进入 Step 模块，执行【Step】/【Delete】命令，删除原有的 Fre 的分析步，重新建立一个新的分析步，在 Create Step 对话框中，将名字改为 dyna，在分析类型（Procedure Type）下拉列表中选择 General，在其下的步骤选项中选择 Dynamic, Implicit，单击【Continue】按钮继续。在随后弹出的 Edit Step 对话框的 Basic 选项卡中，定义 Time period（时间总长）为 25s，在 Incrementation 选项卡中选择 Type 为 Fixed，将 Maximum number of increments（最大增量步数目）设为 2000，Increment size（时间增量步长）设为 0.02，这里时间增量步长不能超过 0.02，因为后面的地震波的时间间隔为 0.02s。另外，勾选 Suppress calculation 复选框取消残余力的计算，节省计算时间。

执行【Output】/【Field Output Requests】/【Edit】命令，仅将求解状态变量 SDV 作为输出变量，接受默认输出频率 10。

Step 3 在 Load 模块中，执行【Tools】/【Amplitude】/【Create】命令，在 Create Amplitude 对话框中，将名字设为 earthquake，选择 Type 为 Tabular，单击【Continue】按钮继续，在 Edit Amplitude 对话框上单击鼠标右键，选择 Read from File（见图 14-34），选择到地震波数据文件 ex14-6-acc.txt。

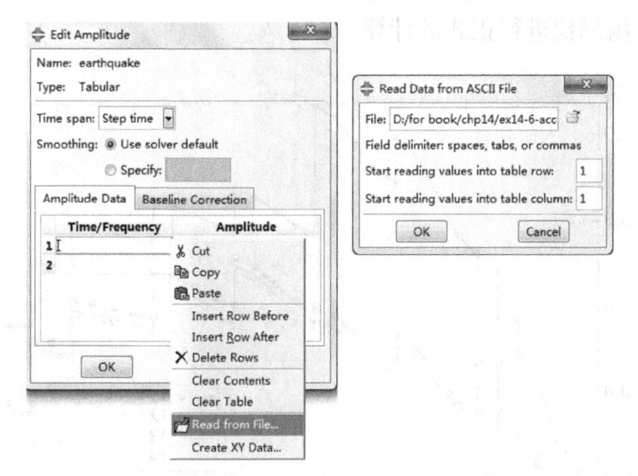

图 14-34 导入地震加速度时程曲线

提示：

Edit Amplitude 对话框的 Baseline Correction 选项卡可对加速度时程曲线进行调整，减少绝对位移偏移现象（避免由加速度积分得到的位移发生漂移）。

执行【BC】/【Delete】命令，删除土柱底部原有的边界条件。执行【BC】/【Edit】命令，选择分析步为 eq，选择 Category 为 Mechanical，在 Types for Selected Type 中选择 Acceleration，单击【Continue】按钮继续，选择土柱底面为边界条件施加区域，确认后在 Edit Boundary Condition 对话框中，将 x 方向的加速度 A1 设为 9.81（一个重力加速度 g），在 Amplitude 下拉列表中选择之前定义的幅值曲线 earthquake，确认后退出。

Step 4 在 Job 模块中，建立任务文件 ex14-6-i1.inp（第一次迭代计算），在 Edit job 对话框的 General 选项卡中选择用户子程序 dyna.for。执行【Job】/【Submit】命令提交运算。

Step 5 获得最大剪应变，动剪切模量比、阻尼比。材料所采用的动剪切模量应和各土层的应变水平有关系。在 Visualization 模块中，执行【Results】/【Options】命令，在 Result Options 对话框的 Computation 选项卡中确保【Use Region Boundaries】复选框为未选中状态，接受其余默认选项，确认后退出。执行【Report】/【Field Output】命令，将各单元中心点的最大动剪应变（SDV4）输出到文本文件 gama-1.txt，根据外部数值处理软件或者自编小程序，以 0.65 γ_{max} 为代表剪应变获得各单元的动剪切模量比、阻尼比等，另存为 ex14-6-2.txt。

提示：

外部处理时注意区分不同的材料。动剪切模量比和阻尼比的确定也可在子程序中编写代码实现。

Step 6 进行第二次迭代。打开 ex14-6-i1.cae，执行【Model】/【Edit Keywords】命令，将求解状态变量初始值定义语句中的输入文件由 ex14-6-1.txt 改成 ex14-6-2.txt，即：

```
*initial conditions, type=solution, input= ex14-6-2.txt
```

ex14-6-2.txt 中的数据格式与 ex14-6-1.txt 中相同，即单元号和 4 个状态变量值，注意这里的剪应变重新设置为 0。

```
soil-1.1,100,0.568287969,0.07266189,0
soil-1.2,100,0.569848788,0.072412339,0
……
```

在 Job 模块中，建立任务文件 ex14-6-i2.inp，在 Edit Job 对话框的 General 选项卡中选择用户子程序 dyna.for。执行【Job】/【Submit】命令提交运算。

Step 7 类似地，进行第三次和第四次迭代。各迭代中单元最大剪应变（SDV4）随深度的分布绘制于图 14-35 中。由图可见，由于第一次迭代过程中没有包含阻尼比，所得到的剪应变反而较大。根据经验，计算中一般进行 3～4 次迭代即可。本例中第四次迭代的结果与第三次迭代结果已较为接近，利用第四次的迭代结果获得的动剪切模量比和阻尼比进行正式的计算。

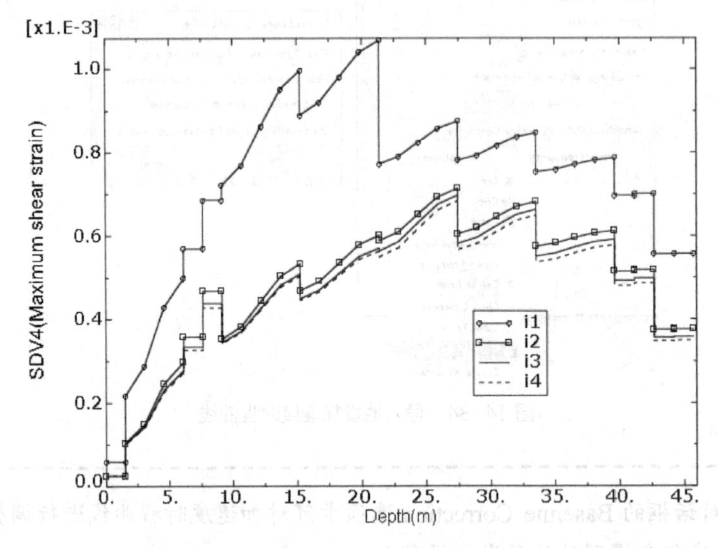

图 14-35 各迭代计算中最大剪应变随深度的分别（ex14-6）

Step 8 进行正式计算。将 cae 文件另存为 ex14-6.cae，进入 Step 模块，执行【Output】/【Field Output Requests】/【Edit】命令，在 Edit Field Output Requests 对话框中选择加速度 A 作为输出变量，并将输出控制频率（Frequency）改为 1。执行【Model】/【Edit Keywords】命令，将求解状态变量初始值定义语句中的输入文件改成 ex14-6-5.txt，即："*initial conditions, type=solution, input= ex14-6-5.txt"。重新建立任务 ex14-6.inp，并提交运算。

4．结果后处理

Step 1 进入 Visualization 后处理模块，打开相应的计算结果数据库文件。

Step 2 执行【Tools】/【XY Data】/【Create】命令，在 Create XY Data 对话框中选择 ODB Field Output 作为数据来源 Source，单击【Continue】按钮继续，在 Variables 选项卡中选择 Position 为 Unique Nodal，选择 A1 作为输出变量；在 Element/Nodes 选项卡中 Method 选择为 Pick from viewport，单击【Edit Selection】按钮，按照提示区中的提示选择土柱底部和顶部的节点，选中后单击【Done】按钮回到 XY Data from Field Output 对话框，单击【Plot】按钮，绘制加速度时程曲线，如图 14-36 所示。由图可见，土层顶面加速度反应最大值为 2.95，即为 0.3g。

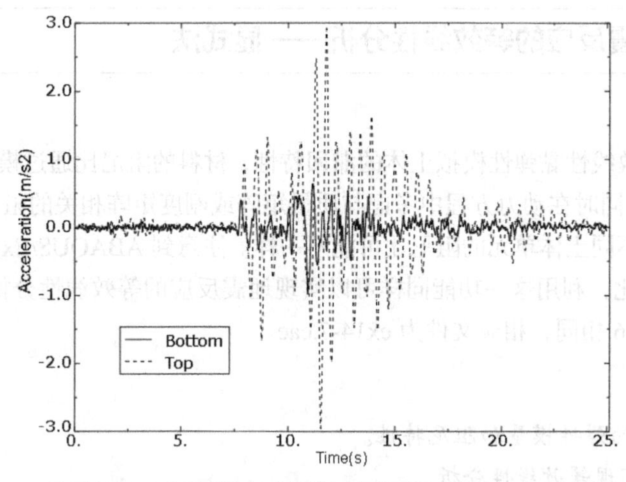

图 14-36　土层顶面和底面的加速度时程曲线（ex14-6）

Step 3　执行【Tools】/【Create Field Output】/【From Frames】命令，在 Create Field Output From Frames 对话框中将 Operation 下拉列表选为 Fine the minimum values over all frames，在 Frame 选项卡中单击【Add】按钮，在 Add Frames 对话框中单击【Select All】按钮，选中所有的输出，确认后退出回到 Create Field Output From Frames 对话框。切换到 Fields 选项卡，选中加速度 A1，将 Frame description 设为 Min，单击【OK】按钮。类似地，按照上述步骤得到地震过程中 A1 的最大值（Max）。

执行【Tools】/【Path】/【Create】命令，将土柱从上到下定义路径 Path-1。执行【Tools】/【XY Data】/【Create】命令，在 Create XY Data 对话框中选择 Path 作为数据的 Source，单击【Continue】按钮后继续，在 XY Data from Path 对话框中勾选 Point Location 复选框，单击【Step/Frame】按钮，选中之前获得的 Session Step 中的 Min；单击【Field Output】按钮，选中加速度 A1；单击【Save As】按钮将结果存为 XYData—1。再次单击【Step/Frame】按钮，选中之前获得的 Session Step 中的 Max，将加速度最大值沿深度的分布存为 XYData-2。

执行【Tools】/【XY Data】/【Create】命令，在 Create XY Data 对话框中选择 Operate on XY Data 作为数据源的 Source，单击【Continue】按钮后继续，在 Operate on XY Data 选项中滚动滑动条，找到并选中 maxEnvelope 函数，按函数 maxEnvelope ((-"XYData-1","XYData-2"))创建数据，单击【Plot】按钮将结果绘制在图 14-37 上。由图可见，ABAQUS 的计算结果与其他软件的计算结果是相似的，即土层底部以上近 1/3 范围内加速度变化较小，在此范围之上，加速度放大较明显，最大的加速度出现在土层顶面。

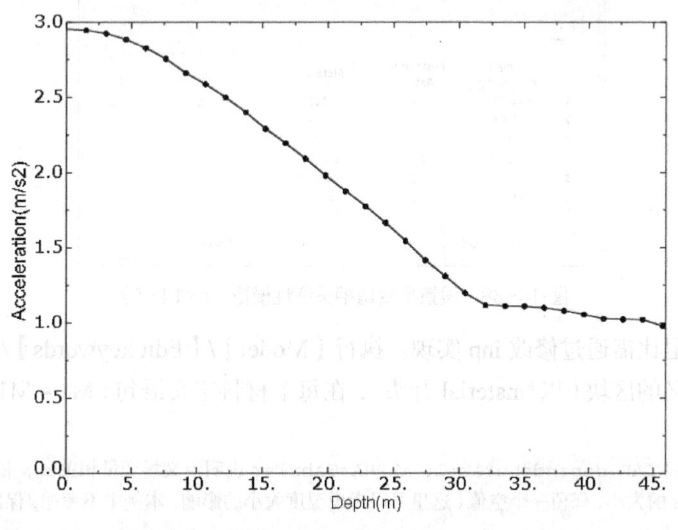

图 14-37　加速度峰值沿高度的分布（ex14-6）

14.5.7 水平地基地震反应的等效线性分析——显式法

1. 问题描述

上例中采用自编的等效线性黏弹性模拟土体的滞回特性，材料的阻尼比通过模型的黏滞系数确定。如果在分析中采用线弹性模型，同时在动力方程中考虑与质量矩阵或刚度矩阵相关的阻尼，也能达到同样的目的。这种做法唯一的问题在于不同土体单元的阻尼比可能不一样。注意到 ABAQUS/Explicit 中允许 Rayleigh（瑞利）阻尼系数随场变量变化，利用这一功能同样可以实现地震反应的等效线性分析。

本例所有条件与 ex14-6 相同，相应文件为 ex14-7.cae。

2. 算例学习重点

- 设置随场变量变化的弹性模量和阻尼特性。
- 用 Explicit 分析步实现等效线性分析。

3. 模型建立及求解

Step 1 将 ex14-6.cae 另存为 ex14-7.cae。

Step 2 进入 Property 模块。执行【Material】/【Edit】命令，将所有材料除密度之外的定义全部删除。在 Edit Material 对话框中执行【Mechanical】/【Elasticity】/【Elastic】命令设置弹性模型，将 Number of field variables 设为 1，即弹性模量与场变量 1 相关，这里场变量取为地震过程中的最大动剪切应变代表值 $0.65\gamma_{max}\times100$，按所给剪切模量比变化曲线换算相应的弹性模量，泊松比取为 0.3（见图 14-38）。

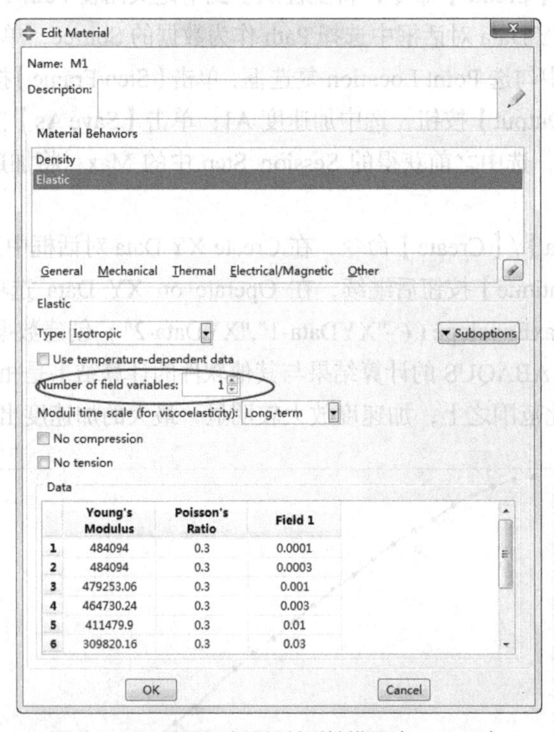

	Young's Modulus	Poisson's Ratio	Field 1
1	484094	0.3	0.0001
2	484094	0.3	0.0003
3	479253.06	0.3	0.001
4	464730.24	0.3	0.003
5	411479.9	0.3	0.01
6	309820.16	0.3	0.03

图 14-38 设置场变量相关弹性模量（ex14-7）

随场变量变化的阻尼比需通过修改 inp 实现。执行【Model】/【Edit keywords】/【Model-1】命令，在弹出的对话中找到材料定义的区块（以*material 开头），在每个材料定义语句（M1 ~ M10）中插入如下语句（见图 14-39）：

```
*DAMPING, ALPHA=TABULAR,dependencies=1; ALPHA=Tabular 说明定义场变量相关α，依赖场变量 1
0.069456,,0.0001; α的大小，保留一个空值（这里可以考虑温度大小的影响，本例中不考虑，保留一个空值，但逗号不能省），第三个数据为场变量 1 的大小
```

```
0.121548,,0.0003
0.23152,,0.001
0.40516,,0.003
0.81032,,0.01
1.47594,,0.03
2.83612,,0.1
4.4857,,0.3
6.0774,,1
7.235,,3.16
8.1032,,10
```

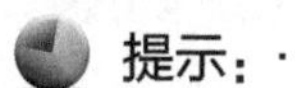

提示：

为了避免采用刚度矩阵相关阻尼对增量步步长的影响，本例中采用 $\alpha = 2\lambda\omega_1$ 定义瑞利阻尼系数。

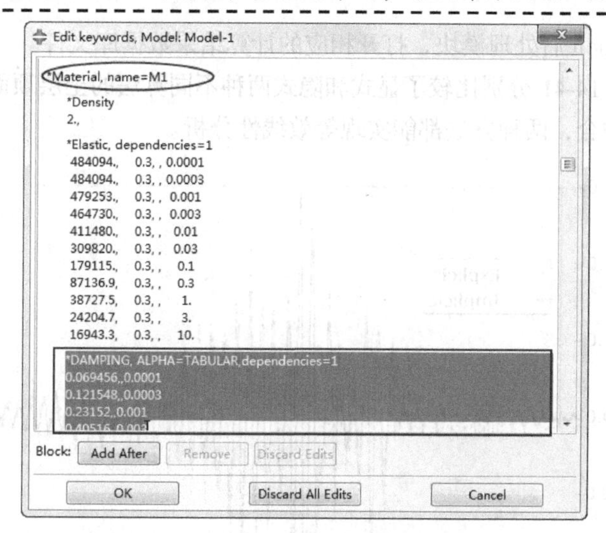

图 14-39　在 inp 文件中插入阻尼定义语句

Step 3　设置场变量初值。在图 14-39 的对话框中拖动右侧的滑动条，在第一个分析步*step 开始之前插入定义初始场变量的语句：

```
*initial condition,type=field,variable=1,input=ex14-7-1.txt; 说明由外部文件 ex14-7-1.txt 定义初始场变量
```

ex14-7-1.txt 中的数据格式为：

```
soil-1.1,1.00E-06
soil-1.2,1.00E-06
……
soil-1.124,1.00E-06
```

初始迭代时，将地震过程中的最大剪应变取为一极小值 1×10^{-6}。

注意：

场变量设置时是给出节点上的值，与之前解相关状态变量不一样，状态变量是单元的值。

Step 4　进入 Step 模块，执行【Step】/【Delete】命令，删除 dyna 分析步。执行【Step】/【Create】命令，选择 Procedure Type 为 General，分析步为 Dynamic, Explicit，创建新的 Dyna 分析步。在 Edit Step 对话框的 Basic 选项卡中将时间 Period（总长）设为 25，接受所有默认选项后退出。

Step 5　修改输出控制。在 Step 模块中，执行【Output】/【Field output requests】/【Edit】命令，设置加速度 A 和应变 E 作为输出变量，且每 0.02s 输出一次，确认后退出。

Step 6　定义加速度边界条件。由于删除了之前定义的分析步，需要重新定义边界条件。参照上例中的做法，设置底面的加速度边界。

Step 7　重新划分网格。进入 Mesh 模块，执行【Mesh】/【Element Type】命令，在 Element Library 中选择 Explicit 单选按钮，选择 C3D8 作为网格类型。

Step 8　进入 Job 模块中，创建并提交 ex14-7-i1 的任务。

Step 9　计算结束后按前例方法提取所有节点的最大剪应变和最小剪应变（负最大），利用【Report】菜单输出，稍加处理后得到绝对值最大值，将 $0.65\gamma_{max}\times100$ 保存到 ex14-7-2.txt 中。

Step 10 执行【Model】/【Edit Keywords】命令，将求解状态变量初始值定义语句中的输入文件由 ex14-7-1.txt 改成 ex14-7-2.txt。

Step 11 进入 Job 模块，进行第二次迭代。

Step 12 类似地，进行第三次和第四次迭代。

4．结果后处理

Step 1　进入 Visualization 后处理模块，打开相应的计算结果数据库文件。

Step 2　图 14-40 和图 14-41 分别比较了显式和隐式两种不同算法的土层顶面加速度和最大加速度沿高度的分布，计算结果较为吻合，两种方法都能实现等效线性分析。

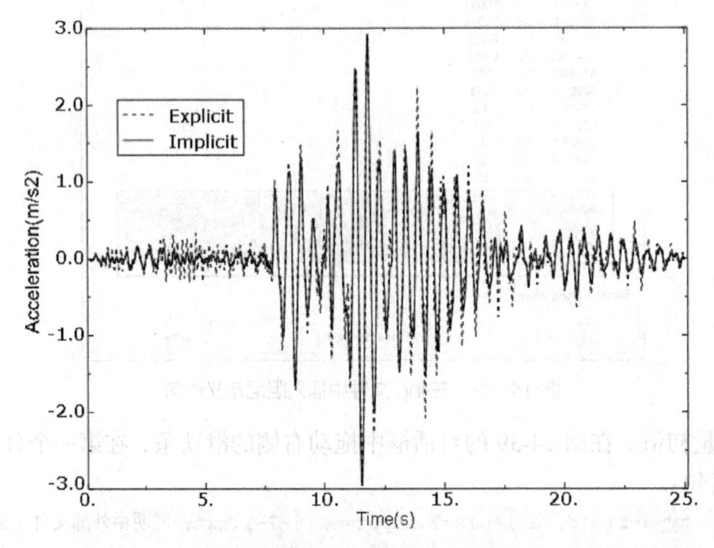

图 14-40　显式法和隐式法土层顶面加速度对比（ex14-7）

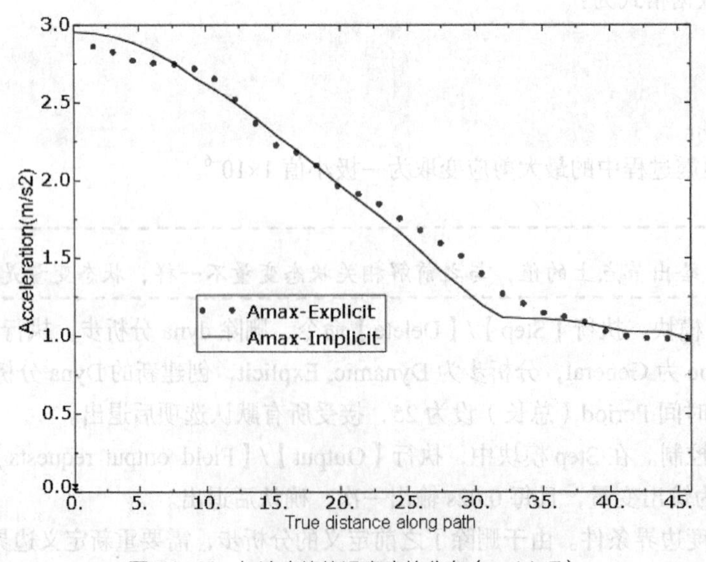

图 14-41　加速度峰值沿高度的分布（ex14-7）

提示：

（1）等效黏弹性子程序中的阻尼实际上是与刚度矩阵相关的阻尼，显式算法中的阻尼可以同时考虑与质量矩阵和刚度矩阵相关的阻尼，本例中为了避免增量步长过小，在保证整体阻尼一致的情况下，只考虑了质量相关阻尼，计算结果并无明显差异。

（2）虽然本算例针对一维地基，这两种方法都可以直接推广到二、三维的情况。对于显式方法，关键是获得地震过程中最大的剪应变。为方便起见，读者可用 VUMAT（显式算法中的用户材料子程序模型）编写一个简单的弹性本构模型，在子程序中将动剪应变作为一个状态变量存储，同时可以考虑弹性模量与应力状态之间的关系。

14.5.8 地基中波的传播特性

1. 问题描述

如图 14-42 所示，一地基表面中作用有一冲击荷载，荷载幅值曲线见图 14-43，数据文件为 ex14-8-amp.txt。地基动弹性模量为 720MPa，泊松比为 0.33，密度为 2.842 t/m^3，对应纵波波速为 616.91m/s，剪切波速 310.75 m/s。

算例文件为 ex14-8.cae，分析中利用对称性取一半进行分析，分析区域宽度为 80m，高度为 50m，荷载作用宽度为 32.5m，大小在幅值曲线的基础上乘以 100kPa，为清晰辨识波的传播，分析中不考虑阻尼。

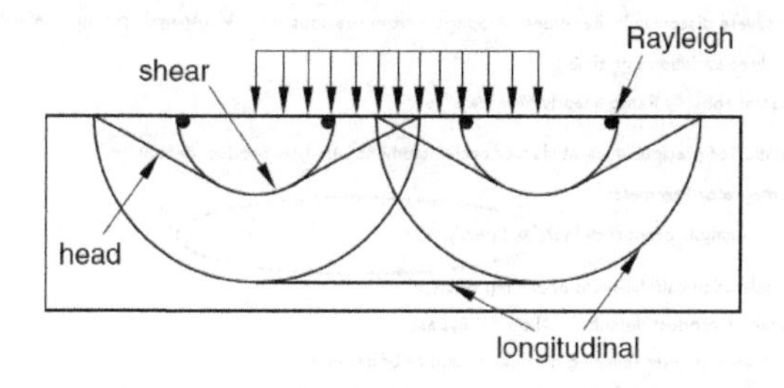

图 14-42 模型示意图（ex14-8，引自 ABAQUS 的 Benchmarks 帮助文档）

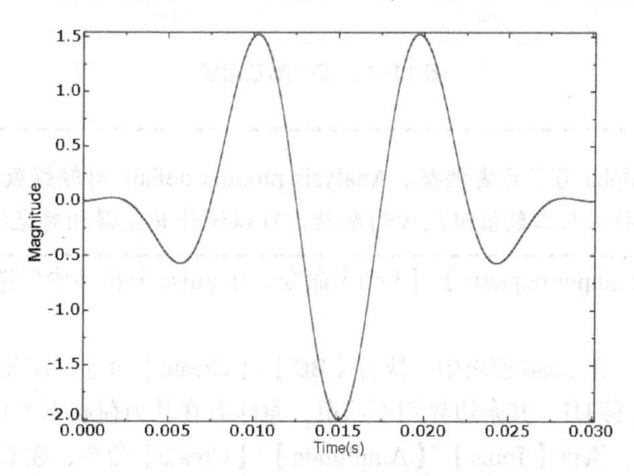

图 14-43 荷载幅值曲线（ex14-8）

2. 算例学习重点

- 地基中波的传播特性。
- 边界条件的影响。

3. 模型建立与求解

Step 1 建立部件。在 Part 模块中，执行【Part】/【Creat】命令，建立一个名为 Part-1 的二维部件，尺寸为宽 80m，高 50m。执行【Tools】/【Partition】命令，通过 Type-faces-sketch 将施加荷载的范围分开。

Step 2 设置材料及截面特性。在 Property 模块中，执行【Material】/【Creat】命令，建立名称为 solid 的材料，按所给数据设置密度和弹性模型参数。

执行【Section】/【Create】命令，设置名称为 solid 的截面（section），材料选为 solid。执行【Assign】/【Section】命令，将定义的截面特性赋予相应的区域。

Step 3 装配部件。在 Assembly 模块中，执行【Instance】/【Create】命令，建立相应的 Instance。

Step 4 定义分析步。在 Step 模块中执行【Step】/【Create】命令，建立名为 pulse 的 Dynamic, Implicit 分析步，在 Edit Step 对话框的 Basic 选项卡中将时间总长设为 0.4，Incrementation 选项卡中选择步长控制方法类型（Type）为 Fixed，将增量步步长设为 1×10^{-3}，最大允许增量数设为 400，在 Other 选项卡中将数值积分算法中的 Alpha 设为 0，取消数值阻尼（见图 14-44），接受其余默认选项后退出。

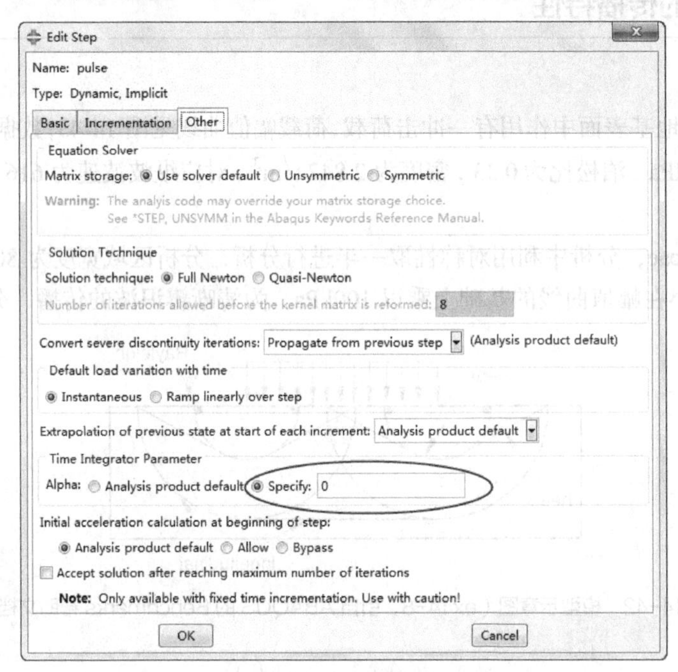

图 14-44　取消数值阻尼

提示：

时间积分算法中的 Alpha 通常无需调整。Analysis product default 对轻微数值阻尼默认为-0.05，允许值为-0.5 到 0。在计算中引入人工数值阻尼控制参数，可以使计算变得相对光滑、收敛。

执行【Output】/【Field output requests】/【Edit】命令，在 pulse 分析步中仅选择 U 为输出变量，输出频率设为 2。

Step 5 定义边界条件。在 Load 模块中，执行【BC】/【Create】命令，在 initial（初始）分析步中约束模型左侧（对称轴）上的位移 U1，其余边界均不约束，意味着在动力荷载下为自由边界。

Step 6 定义荷载条件。执行【Tools】/【Amplitude】/【Create】命令，在 Create Amplitude 对话框中，将名字设为 amp-1，选择 Type 为 Tabular，单击【Continue】按钮继续，在 Edit Amplitude 对话框上单击鼠标右键，选择 Read from File，然后选择到幅值曲线 ex14-8-amp.txt。执行【Load】/【Create】命令，在 pulse 分析步中对所给区域施加荷载，在 Edit Load 对话框中将 Magnitude 设为 100，在 Amplitude 下拉列表中选择 Amp-1。

Step 7 划分网格。在 Mesh 模块中，将环境栏中的 Object 选项选为 Part，意味着网格划分是在 Part 的层面上进行的。执行【Mesh】/【Element Type】命令，选择单元 CPE4R；执行【Mesh】/【Controls】命令，选择 Element shape（单元形状）为 Quad，划分技术（Technique）设为 Sweep。执行【Seeds】/【Part】命令将单元尺寸设为 0.5。执行【Mesh】/【Part】命令，单击提示区中的【Yes】按钮，划分网格。

Step 8 提交任务。进入 Job 模块，执行【Job】/【Create】命令，建立任务文件 ex14-8,，执行【Job】/【Submit】命令提交运算。

4．结果分析

Step 1 进入 Visualization 模块，打开相应数据库。

Step 2 模型界面上的波动荷载将在分析区域中产生纵波和剪切波，同时在荷载边缘处由于荷载突变产生面波也会向左、右两侧传递。这些波型在变形后的网格中清晰可见。根据所给数据，纵波约 0.082s 到达底部边界，此时的网格如图 14-45 所示。之后，由于波在分析区域边界上发生反射（包括纵波、剪切波和面波），重新回到分析区域内部，波的相互叠加在图 14-46 中清晰可见。

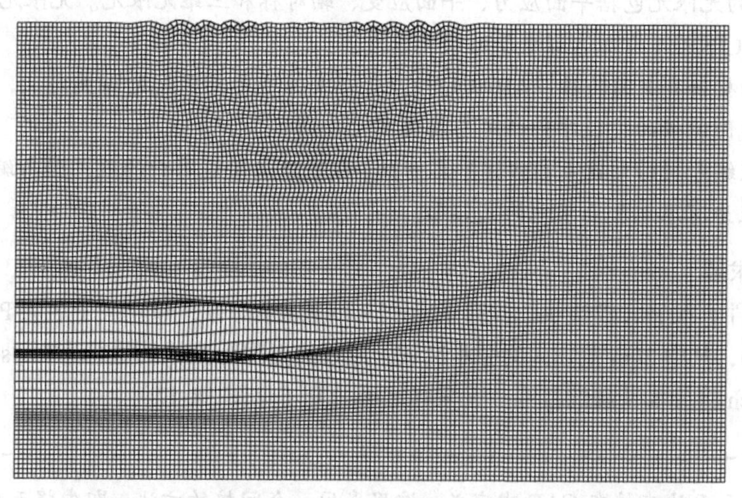

图 14-45 网格变形图（放大 10000 倍，t=0.082s）（ex14-8）

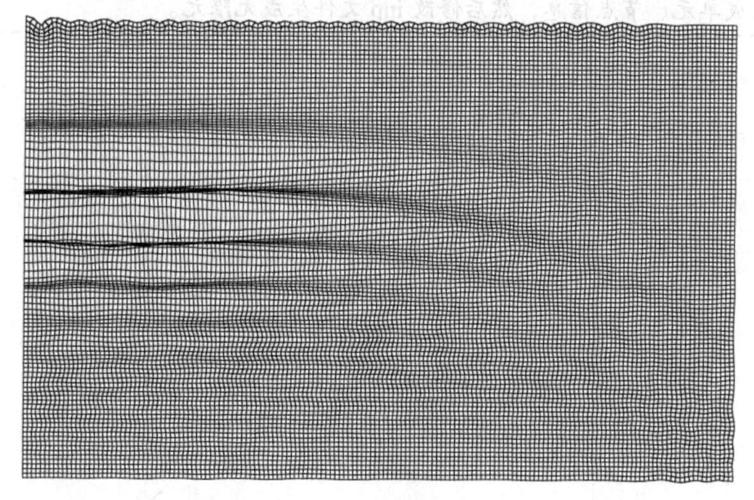

图 14-46 网格变形图（放大 10000 倍，t=0.164s）（ex14-8）

14.5.9 动力分析中无限边界条件的模拟

1．问题描述

上例中波在人工截断的自由边界发生了反射，不符合无限地基中的实际情况。为了避免能量重新传回网格，ABAQUS 提供了无限元（infinite element）以满足分析需求，其实际上参考了 Lysmer 和 Kuhlemeyer 的工作，通过设置阻尼的方法吸收能量。

本例对动力分析中使用无限元进行介绍，算例文件为 ex14-9.cae。模型参数与 ex14-8 相同，为了便于说明问题，分析区域取为 20m×20m，荷载施加范围为 7.5m，荷载冲击波为三角形，持续时间为 0.02s，荷载大小为 100kPa，分析步时间为 0.15s。

2. 算例学习重点

- 无限元的应用。
- 无限元对计算结果的影响。

3. ABAQUS 无限元简单介绍

无限元的具体理论读者可阅读帮助文档，这里介绍几个重点内容。

- ABAQUS 中的无限元包括平面应力、平面应变、轴对称和三维无限元。无限元的单元名字中包含字母“IN”，如 CINPE4 为四边形平面应变无限元。
- 定义无限元的材料和截面特性。ABAQUS/CAE 不支持实体无限元的相关定义，只能在 inp 文件中进行。但定义截面特性的关键字行语句与其他单元相同。
- 无限元中节点编号规则大致上和实体单元一致，即节点应按逆时针的规则进行编号，但是要确保单元的第一个面应为有限元和无限元的交接面。

4. 模型建立及求解

Step 1 建立部件。在 Part 模块中，执行【Part】/【Creat】命令，建立一个名为 Part-1 的二维部件，尺寸为宽 40m，高 40m，其中 20m 范围内为分析区域，以外为无限元区域。执行【Tools】/【Partition】命令，通过 Type-faces-sketch 将施加荷载的范围、无限元区域分开（见图 14-47）。

> **提示：**
>
> 由于无限元单元无法直接在 CAE 中定义，这里采用一个间接的方法，即先将无限元单元对应区域按普通网格划分，生成单元、节点信息，然后修改 inp 文件生成无限元。

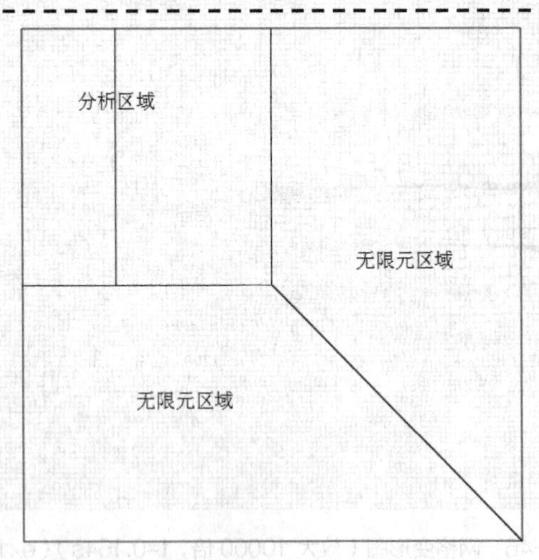

图 14-47　无限元区域（ex14-9）

Step 2 设置材料及截面特性。在 Property 模块中，执行【Material】/【Creat】命令，建立名称为 solid 的材料，按所给数据设置密度和弹性模型参数。

执行【Section】/【Create】命令，设置名称为 solid 的截面（section），材料选为 solid。按照同样的操作，创建名为 inf 的截面，材料同样选为 solid。执行【Assign】/【Section】命令，将定义的截面特性赋予相应的区域。

Step 3 装配部件。在 Assembly 模块中，执行【Instance】/【Create】命令，建立相应的 Instance。

Step 4 定义分析步。在 Step 模块中执行【Step】/【Create】命令，建立名为 pulse 的 Dynamic, Implicit 分析步，在 Edit Step 对话框的 Basic 选项卡中将时间总长设为 0.15，在 Incrementation 选项卡中选择步长控制方法类型（Type）为 Fixed，将增量步步长设为 8×10^{-4}，最大允许增量数设为 400，在 Other 选项卡中将数值积分算法中的 Alpha 设为 0，取消数值阻尼，接受其余默认选项后退出。

执行【Output】/【Field output requests】/【Edit】命令，在 pulse 分析步中仅选择 U 为输出变量，输出频率为 2。

Step 5 定义边界条件。在 Load 模块中，执行【BC】/【Create】命令，在 initial（初始）分析步中只约束模型左侧（对称轴）上的位移 U1，其余边界均不约束（包括无限元区域的左侧边界），意味着在动力荷载下为自由边界。

Step 6 定义荷载条件。执行【Tools】/【Amplitude】/【Create】命令，在 Create Amplitude 对话框中，将名字设为 amp-1，选择 Type 为 Tabular，单击【Continue】按钮继续，按图 14-48 设置幅值曲线。执行【Load】/【Create】命令，在 pulse 分析步中对所给区域施加荷载，在 Edit Load 对话框中将 Magnitude 设为 100，在 Amplitude 下拉列表中选择 Amp-1。

Step 7 划分网格。在 Mesh 模块中，将环境栏中的 Object 选项选为 Part，意味着网格划分是在 Part 的层面上进行的。执行【Mesh】/【Element Type】命令，对分析区域选择单元 CPE4，对无限元区域选择单元 CPE4P。

注意：

这里无限元区域选择单元类型 CPE4P 是为了和常规单元区分开，并不真的意味着使用孔压单元。

执行【Mesh】/【Controls】命令，选择 Element shape（单元形状）为 Quad，划分技术（Technique）设为 Sweep。执行【Seeds】/【Edges】将分析区域边长上单元尺寸设为 1.25，无限元区域变化方向上的网格格式为 1。执行【Mesh】/【Part】命令，单击提示区中的【Yes】按钮，划分的网格如图 14-49 所示。

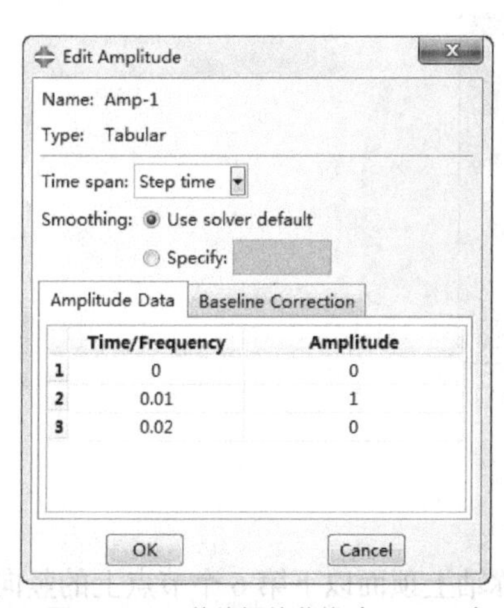

图 14-48 荷载幅值曲线（ex14-9）

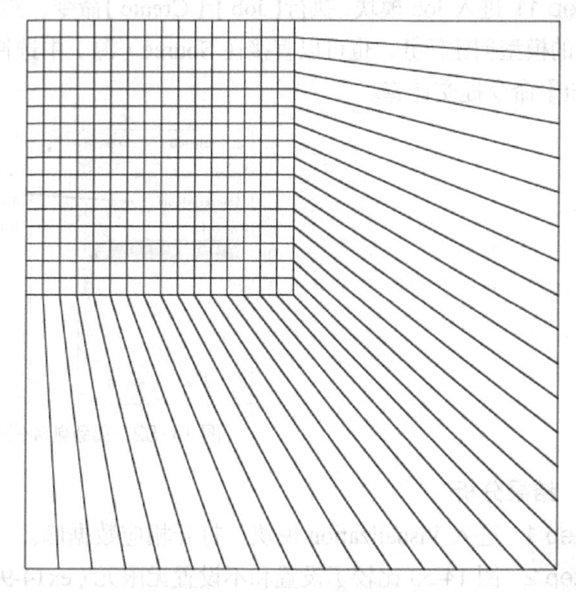

图 14-49 有限元网格（ex14-9）

Step 8 创建任务，生成 inp 文件。进入 Job 模块，执行【Job】/【Create】命令，建立任务文件 ex14-9，执行【Job】/【Write input】命令生成任务文件。

Step 9 用文本编辑器打开 ex14-9.inp 文件。找到“*Element, type=CPE4P”语句，该命令行下的数据行为定义的单元编号和单元的 4 个节点编号。本例中共 32 个无限元。

```
257,  7,  5, 58, 97
258, 97, 58, 57, 96
......
288,  73, 112,   9,   6
```

为了应用无限元，需要进行如下操作。

- 将*Element, type=CPE4P 改成*Element, type=CINPE4。
- ABAQUS 自动划分时节点按逆时针排列，但未必能保证第一个面是有限元和无限元的交界面，因此可执行【View】/【Assembly display options】命令，在对话框的 Mesh 选项卡中选择显示单元和节点编号进行检查（见图 14-50）。如有必要调整节点编号顺序。对于网格较多的情况，按简单的编写一个小程序，根据节点坐标进行检查及调整。
- 将调整后的单元及节点编号拷回到 inp 文件中，将 ex14-9.inp 另存为 ex14-9-new.inp。

Step 10 新的 inp 文件可以在 Command 对话框中输入 abaqus job=ex14-9-new 进行计算，也可导回到 ABAQUS/CAE 进行计算。执行【File】/【Import】/【Model】命令，在对话框中选择文件过滤（File Filter）为 inp（见图 14-51），将 ex14-9-new.inp 导入。

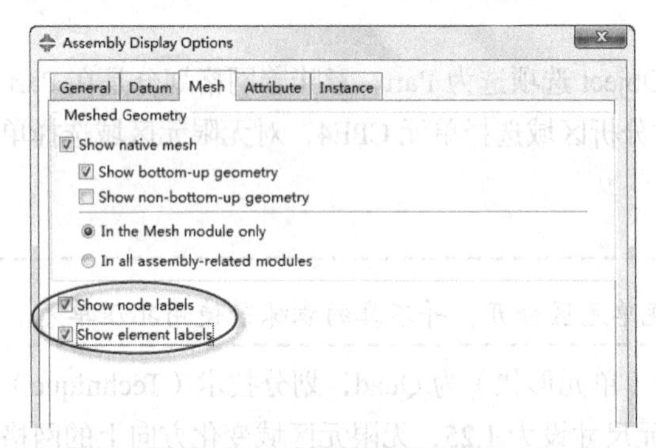

图 14-50　显示单元和节点编号

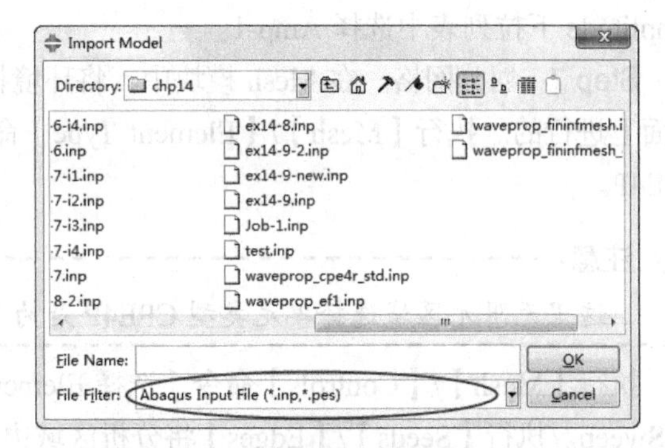

图 14-51　导入修改后的 inp 文件（ex14-9）

Step 11 进入 Job 模块，执行【Job】/【Create】命令，在图 14-52 所示的对话框中选择新导入的 ex14-9-new 作为新的模型创建任务，也可以直接在 Source（源）中选择 inp 文件，定位 inp 文件创建任务。执行【Job】/【Submit】命令提交计算。

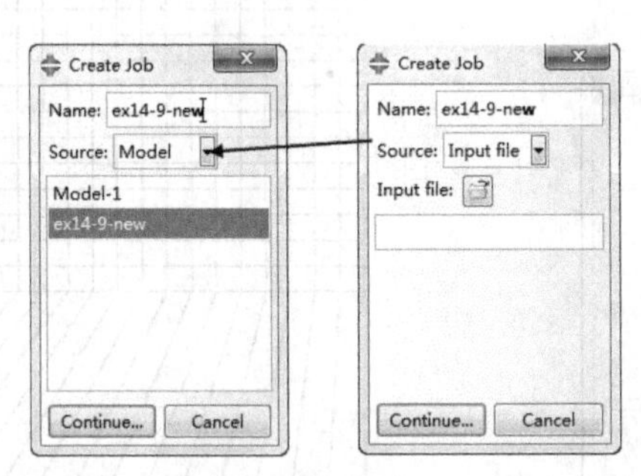

图 14-52　重新创建任务（ex14-9）

5. 结果分析

Step 1　进入 Visualization 模块，打开相应数据库。

Step 2　图 14-53 比较了设置和不设置无限元（ex14-9-2）时对称轴上顶面以下第 6 个节点上的竖向位移 U2 随时间的变化过程。计算结果表明，当不设置无限元时，波会在截断边界回到网格内部，对竖向位移有非常明显的影响。读者可以将分析区域的范围增加，减小边界条件的影响，与无限元的计算结果进行比较。

Step 3　执行【Result】/【History output】命令，将模型的外部功、动能、应变能和无限元阻尼吸收的能量绘制于图 14-54 之中。由图可见，外力做的功转化为动能和应变能，当波传播到有限元/无限元边界时，无限元吸收了能量，使其不会传回到网格内部。

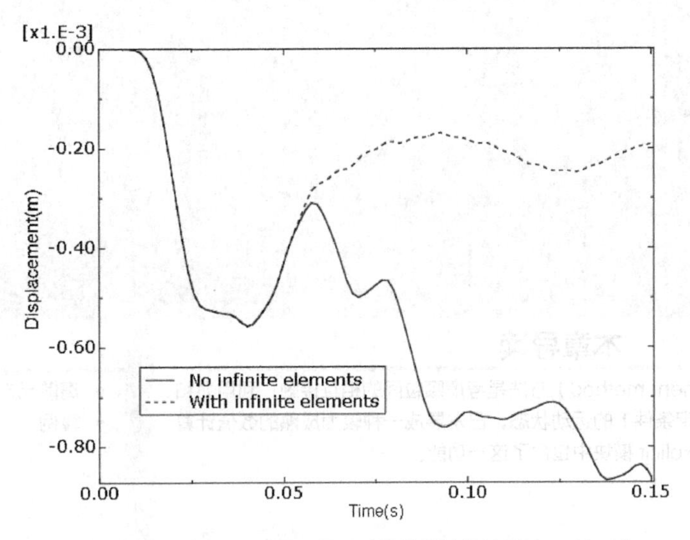

图 14-53　设置和不设置无限元时的位移计算结果（ex14-9）

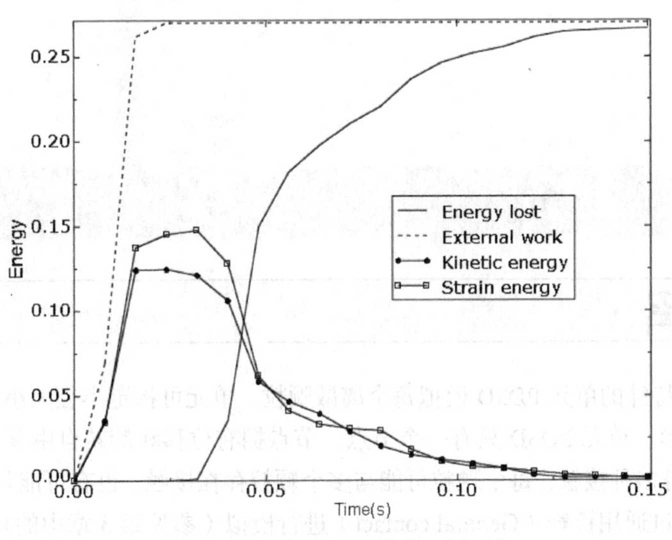

图 14-54　能量变化曲线（ex14-9）

14.6　本章小结

本章介绍了 ABAQUS 中动力分析步的类型及相关理论，然后结合具体例子介绍了频率提取分析步、振型叠加法瞬态动力分析步、动力隐式分析步、动力显式分析步的具体设置方法和应用，详细说明了实现岩土等效线性分析方法的实现途径，介绍了无限元处理人工截断边界模拟无限远边界条件的能力，对读者分析相关问题有很好的参考作用。

第15章 ABAQUS 中的离散元

本章导读

离散元（Discrete element method）方法是考虑颗粒间的相互接触，利用力和运动方程计算大量颗粒在给定条件下的运动状态，已发展成一种较为成熟的数值计算方法。ABAQUS 6.14 在 Explicit 模块中包含了这一功能。

本章要点

- 离散元方法
- 算例

15.1 基本介绍

ABAQUS 中用一种特殊的单元 PD3D 模拟每个离散颗粒。单元可指定半径大小，分析中认为单元刚性，即不考虑单个单元的变形。单元 PD3D 只有一个节点，节点拥有位移和旋转自由度。

离散元分析中通常有多种接触，每个颗粒可能与多个颗粒存在接触，也有可能与有限元区域或刚体表面发生接触，ABAQUS 通过通用接触（General contact）进行模拟（参见第 3 章中的相关内容）

15.2 分析设置

离散元分析需要考虑以下几个细节。

1. 模型的建立和初始化

实际问题中颗粒介质的分布和颗粒大小通常都是随机分布的。离散元分析中创建初始网格通常有一定的难度。常用的方法是允许颗粒之间有一些间隔，大致给定位置，然后在重力荷载作用之下变形到稳定位置。

2. 减少求解的波动

由于涉及大量粒子之间的接触，计算中可能存在由于接触条件快速改变导致的噪声波动，此时可以采用与质量成正比的阻尼，减小接触条件改变所带来的求解波动。

3. 时间增量步步长的考虑

Dem 采用的是显式动态分析步。大部分情况下， Abaqus/Explicit 基于模型的刚度和质量特性自动控制时间增量步长。对于纯离散元分析，由于颗粒单元是刚性的，无法自动计算稳定时间步长，用户必须指定一个固定的时间步长。如果模型中同时存在有限元网格，可以采用 Abaqus/Explicit 中的自动时间步长。

离散元颗粒中的相互接触会影响时间增量步长的选择。如果在分析步中不指定接触刚度，Abaqus/Explicit 会基于时间增量步长和颗粒的质量、转动关系特征自动设定一个罚函数，分析中要保证时间增量步长足够小，从而使得默认数值的刚度足够大。如果指定了接触刚度，同样需要保证时间增量步长足够小，避免出现数值计算失败。时间增量步长可简单估计为 $0.4\sqrt{m/K}$，m 是颗粒质量，K 是接触刚度。

4．初始条件

ABAQUS/Explicit 中所有与力学分析有关的初始条件都可以使用。

5．边界条件

边界条件的设置与其他分析类型类似，但边界条件很少用于单独的颗粒。

6．荷载条件

离散元分析中最重要的荷载是颗粒上的重力荷载，很少对单独颗粒施加集中荷载。

7．单元及截面特性

ABAQUS 中用单节点、球形、刚性单元 PD3D 模拟各离散颗粒。单元的定义方法与质量单元等单节点单元定义方法类似，PD3D 单元节点的坐标对应于颗粒物质点的中心。单元定义无法在 CAE 中进行，在 inp 文件中通过如下语句定义：

```
*ELEMENT, TYPE=PD3D, ELSET=单元集
单元号，节点号
*DISCRETE SECTION, ELSET=单元集, SHAPE=SPHERE, DENSITY=密度, ALPHA=阻尼
颗粒半径
```

8．颗粒集成

ABAQUS 中每个离散元单元都是球形的，但是可通过约束颗粒节点的方法模拟不同的形状，图 15-1 所示近似模拟了一个椭球颗粒。

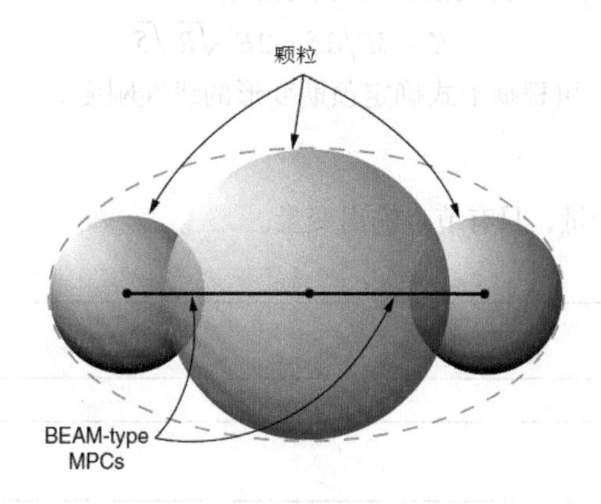

图 15-1 颗粒集成模拟不同形状

9．接触的定义

为了模拟颗粒与颗粒、颗粒与有限元区域和颗粒与刚体表面之间的接触，必须定义合适的接触。ABAQUS/Explicit 中通过通用接触模拟颗粒间的接触。此时需要在颗粒表面建立面（Element-based surface），该操作对于单节点单元非常简单：

```
*SURFACE, NAME=name
单元号
```

此外，在通用接触中需要将这些面包含到接触面之中。

图 15-2 给出了颗粒之间的接触示意图。下标 t 代表切向，n 代表法向，K 代表刚度，C 代表阻尼。

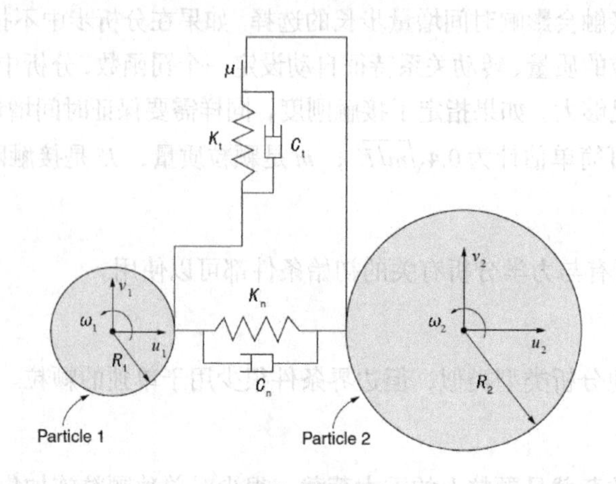

图 15-2 颗粒之间的接触特性

对于相互接触的两个球体，根据 Hertz 接触条件，节点力 F 和变形 δ 的关系为：

$$F=\frac{4}{3}E^{*}\sqrt{R}\sqrt{\delta^{3}} \tag{15-1}$$

其中：

$$\frac{1}{E^{*}}=\frac{1-\nu_{1}^{2}}{E_{1}}+\frac{1-\nu_{2}^{2}}{E_{2}} \tag{15-2}$$

$$R=\frac{R_{1}R_{2}}{R_{1}+R_{2}} \tag{15-3}$$

式中，E_1、E_2 是两个颗粒的弹性模量，ν_1、ν_2 是两个颗粒的泊松比，R_1、R_2 是两个颗粒的半径。以上接触力和位移的关系可用于接触性质定义中的 pressure-overclosure 关系（ABAQUS 在接触计算时认为离散元接触面积为 1），或者由式（15-1）得到接触刚度表达式。

$$K=\mathrm{d}F/\mathrm{d}\delta=2E^{*}\sqrt{R}\sqrt{\delta} \tag{15-4}$$

由于力和位移是非线性的，可根据上式确定预期变形的线性刚度。

10．输出变量

PD3D 单元没有单元输出变量，只有节点输出变量。

15.3 算例

15.3.1 颗粒坍塌模拟

1．问题描述

如图 15-3 所示，有一1.0m×1.0m×0.5m（长、宽、高）的刚性箱子，箱子一角内部有 0.1m×0.1m×0.1m 堆积的颗粒，颗粒半径为 5mm，弹性模量为20GPa，泊松比为0.2，密度为 2.7 g/cm^3，颗粒与颗粒间的摩擦系数为 0.3，颗粒与箱体之间的摩擦系数为 0.35。箱子在 0.5s 内绕 x 轴旋转-1°后观察颗粒的变形。本例算例文件为 ex15-1-pre.cae。

2．算例学习重点

- 刚体的相关设置。
- 离散元分析模型的建立。
- 通用接触的设置。

3．模型建立与求解

由于 CAE 中不支持离散元的相关设置，本例在 CAE 中建立好箱子模型，并设置好分析步、边界、荷载、接触等条件，然后在外部修改 inp 文件后提交计算。

Step 1 创建箱体部件。进入 Part 模块，执行【Part】/【Create】命令，在图 15-4 所示的 Create Part 对话框中接受名字为 Part-1，选择模型空间（Modeling Space）为 3D，Type 选为 Discrete rigid（离散刚体），Base Shape 选为 Shell（面），Type 选为 Planer（平面），单击【Continue】按钮后在绘图界面内绘制一个 1.0m×1.0m 的平面。

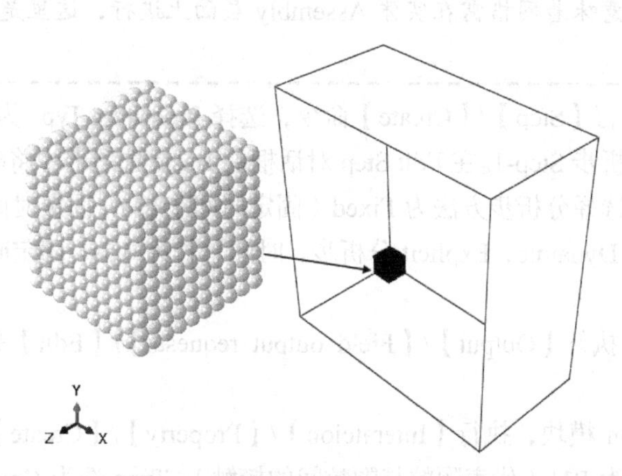

图 15-3 模型示意图（ex15-1）

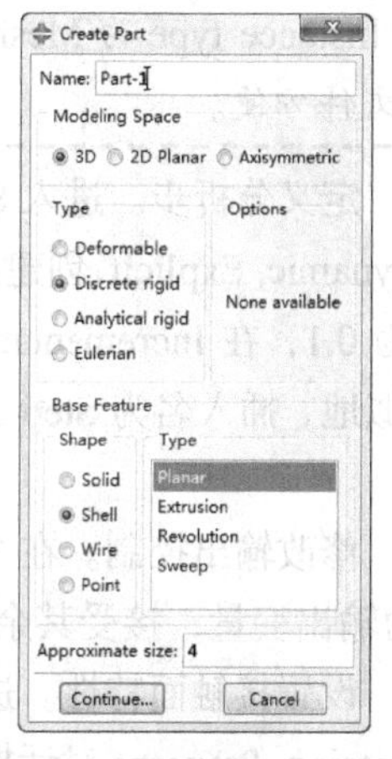

图 15-4 创建箱体底部平面（ex15-1）

执行【Shape】/【Shell】/【Extrude】命令或者单击工具箱区中的按钮，按提示区中的提示选择箱体底面作为拉伸平面，选择右侧边作为“will appear vertical and right”的基准轴，进入绘图界面后绘制箱体周边轮廓，确认后在 Edit Extrusion 对话框中设置拉伸长度为 0.5m（见图 15-5），确认后得到箱体模型。

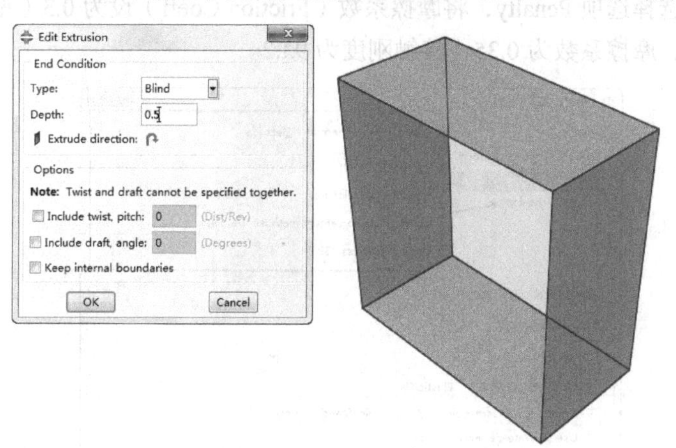

图 15-5 拉伸箱体侧面

Step 2 建立箱体内部面。为了后续方便，执行【Tools】/【Surface】/【Create】命令，将箱体内部面建立面 Box，确认时注意选择正确的法线方向。

再次执行【Tools】/【Surface】/【Create】命令，任意选择一个面，将其建立面集 Dem。

提示：

这里建立的面 Dem 是为了操作方便，将会在后续修改中替换为颗粒表面。

Step 3 设置刚体参考点。刚体需要设置参考点，执行【Tools】/【Reference point】命令，选择箱体左下角（$x=y=z=0$）作为参考点。

提示：

刚体无须设置材料和截面特性。

Step 4 装配部件。进入 Assembly 模块，执行【Instance】/【Create】命令，选择 Instance type 为 Mesh on instance，在 Create Instance 对话框的 Parts 区域中选中 Part-1，单击【OK】按钮确认后退出。ABAQUS 会自动将 Instance 命名为 Part-1-1。

注意：

现在 Instance type 为 Mesh on instance 意味着网格需在实体 Assembly 层面上进行，这里是为了后续处理 inp 文件方便。

Step 5 定义分析步。进入 Step 模块，执行【Step】/【Create】命令，选择 Procedure Type 为 General，分析步为 Dynamic, Explicit，创建新的 Dyna 分析步 Step-1。在 Edit Step 对话框的 Basic 选项卡中将时间 Period（总长）设为 0.1，在 Incrementation 选项卡中选择分析步方法为 Fixed（固定时间步长），固定时间步长设为 1×10^{-5}。类似地，插入名为 Step-2 和 Step-3 的 Dynamic，Explicit 分析步，时间总长为 0.5s，固定时间步长为 1×10^{-5}。

Step 6 修改输出控制。在 Step 模块中，执行【Output】/【Field output requests】/【Edit】命令，仅选择位移 U 为输出变量，接受其余默认选项。

Step 7 设置接触面特性。进入 Interaction 模块，执行【Interatcion】/【Property】/【Create】命令，在 Create Interatcion Property 对话框中输入名字为 P11（代表颗粒与颗粒间的接触），Type 选为 Contact，单击【Continue】按钮进入到 Edit Contact Property 对话框，执行对话框中的【Mechanical】/【Normal Behaviour】命令，定义接触面法向特性，在 Pressure-Overclosure 下拉列表中选择 Linear，将法向刚度设为 32.9（按 15-4 确定，对应位移为 1×10^{-9}）；执行对话框中的【Mechanical】/【Tangential Behaviour】命令，在【Friction formulation】下拉列表中选择选项 Penalty，将摩擦系数（Friction Coeff）设为 0.3（见图 15-6）。类似地，创建颗粒与箱体的接触 P1f，摩擦系数为 0.35，接触刚度为 93.2。

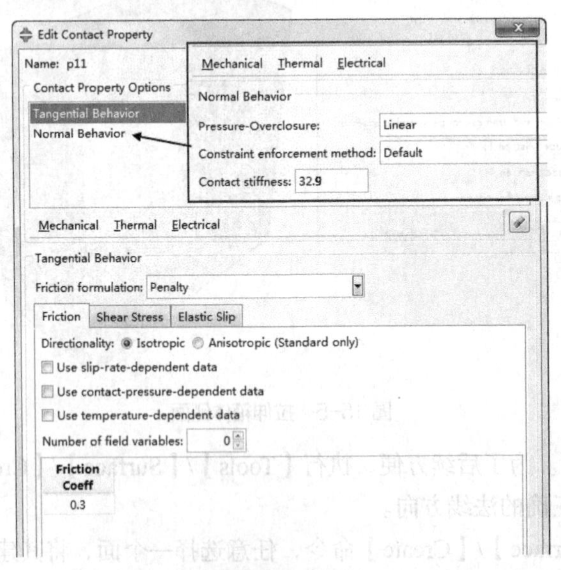

图 15-6 设置接触面性质（ex15-1）

Step 8 设置通用接触。在 Interaction 模块中，执行【Interaction】/【Create】命令，弹出 Create Interaction 对话框，在 Name 输入框中设置名称为 Int-1，选择分析步为 Initial 初始分析步，在 Type 选项中选择 General contact，单击【Continue】按钮弹出 Edit Interaction 对话框，如图 15-7 所示。选择该对话框中 Contact Domain（接触区域）下的 Selected surface pairs，然后单击按钮进入编辑窗口，在该窗口左侧选择接触的第一个面和第二个面，单击 按钮可生成通用接触的面对。单击【OK】按钮后回到 Edit Interaction 对话框。

在 Edit Interaction 对话框中将 Global property assignment 选为 P11，单击 Individual property assignments 选项右侧的 按钮，在图 15-8 所示的对话框中设置箱体和颗粒之间的接触特性为 p1f，颗粒和颗粒之间的接触为 p11，确认后退出。

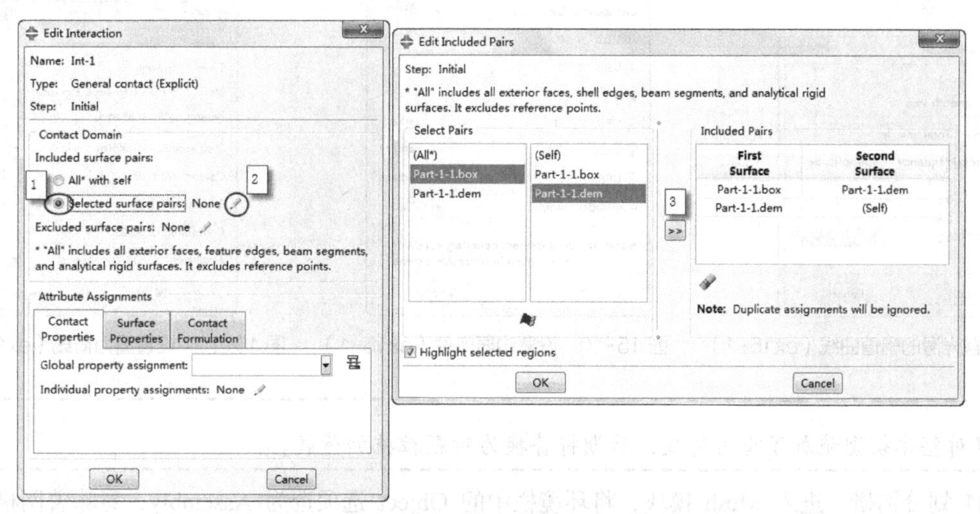

图 15-7　设置通用接触的接触区域（ex15-1）

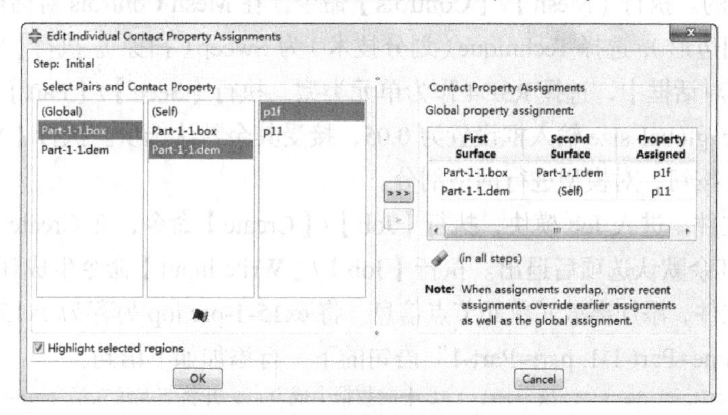

图 15-8　设置通用接触的接触特性（ex15-1）

Step 9　定义边界条件。进入 Load 模块，执行【Tools】/【Amplitude】/【Create】命令，设置名称为 Amp-1，类型（Type）为 Smooth step，然后在 Edit Amplitude 对话框中选择 Time span 为 Total time（意味着幅值曲线里面的时间为总时间），按图 15-9 所示设置幅值曲线。

在 Load 模块中，执行【BC】/【Create】命令，将 name 设置为 BC-1，在 Step 下列列表中选为 step-1，选择 Category 区域中的 Mechanical 单选按钮，并在右侧的 Types for Selected Step 区域中选择 Displacement/Rotation，单击【Continue】按钮继续，在屏幕上选择箱体的参考点，单击提示区中的【Done】按钮，在弹出的 Edit Boundary Condition 对话框中勾选所有位移自由度，将除 U4 外的自由度设为 0，U4 设为-1，Amplitude 下拉列表中选择之前定义的幅值曲线 Amp-1（见图 15-10），单击【OK】按钮确认退出。

提示：

Dynamic, Explicit 分析中非零边界条件的设置必须通过幅值曲线施加。为了避免边界条件忽然变化引起振荡，通常需将幅值条件光滑化。

Step 10 定义重力荷载。执行【Load】/【Create】命令，在 Create Load 对话框中，将荷载命名为 Load-1，在 Step 下拉列表中选择对应的载荷步为 step-1，在 Category（区域）中选中 Mechanical 单选按钮，并选择右侧的 Types for Selected Step 区域中的 Graveity，单击【Continue】按钮继续，按图 15-11 所示设置重力荷载。

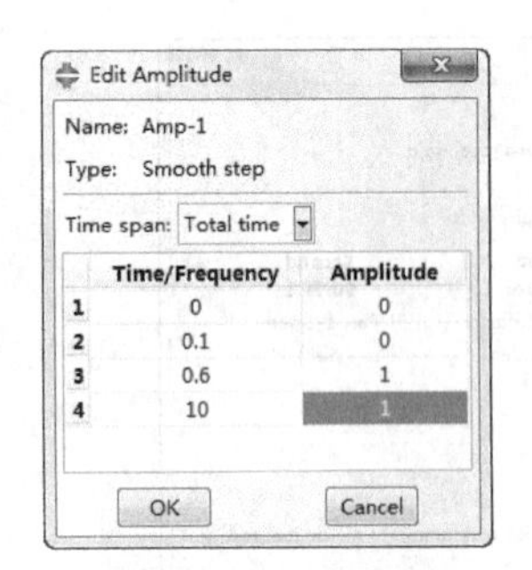

图 15-9　设置光滑的幅值曲线（ex15-1）

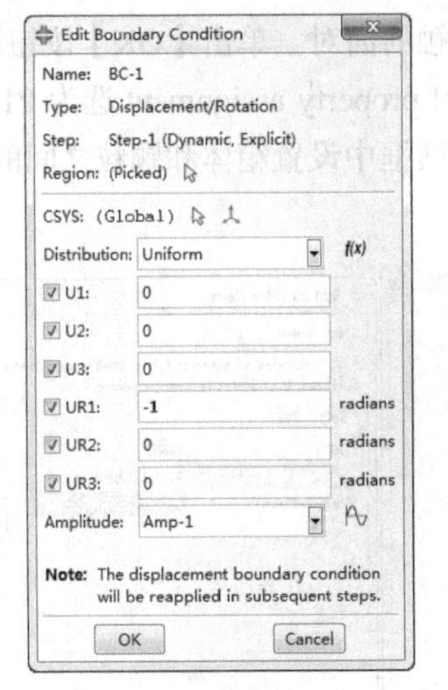

图 15-10　设置边界条件（ex15-1）

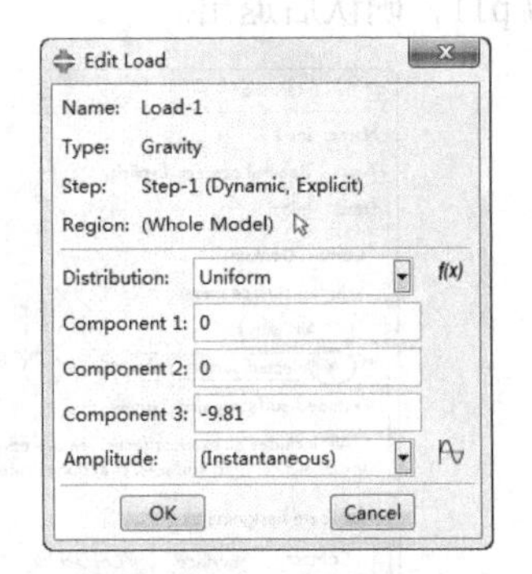

图 15-11　设置重力荷载（ex15-1）

注意：

这里对整体模型施加了重力荷载，后期将替换为对颗粒施加荷载。

Step 11 划分网格。进入 Mesh 模块，将环境栏中的 Object 选项选为 Assembly，意味着网格划分是在 Assembly 的层面上进行的。执行【Mesh】/【Controls】命令，在 Mesh Controls 对话框中选择 Element shape（单元形状）为 Quad（四边形），选择 Technique（划分技术）为 Sweep（扫掠）。执行【Mesh】/【Element Type】命令，在 Element Type 对话框中，选择 R3D4 作为单元类型。执行【Seed】/【Part】命令，在 Global Seeds 对话框中将 Approximate global size 输入框设置为 0.05，接受其余默认选项。执行【Mesh】/【Part】命令，单击提示区中的【Yes】按钮，对模型进行网格剖分。

Step 12 生成 inp 文件。进入 Job 模块，执行【Job】/【Create】命令，在 Create Job 对话框中将名称设置为 ex15-1-pre，接受其余默认选项后退出。执行【Job】/【Write input】命令生成任务文件。

Step 13 修改 inp 文件，添加离散元单元节点信息。将 ex15-1-pre.inp 另存为 ex15-1.inp，打开 ex15-1.inp 文件，在“*Instance, name=Part-1-1, part=Part-1”语句的下一行添加如下语句：

```
*node,nset=ndem,input=node.txt;按 node.txt 中的数据生成节点，并将节点建立集合 ndem
*Element, type=PD3D,elset=edem,input=ele.txt; 按 ele.txt 中的数据建立离散元单元，并建立单元集合 edem
```

注意：

离散元单元不能在 Part 层次中生成，相关信息只能写在 Instance 的层次内。

node.txt 中的数据如下所示：

```
10001,   0.0050,   0.0050,   0.0050; 分别为节点号和 3 个方向的坐标。为了避免和内置节点号冲突，离散元的节点编号从 10000 起算。节点坐标代表了离散球体颗粒中心点坐标
......
ele.txt 中的数据如下所示：
10001, 10001; 单元号，单元的节点号，注意 Pd3D 是单节点单元
10002, 10002
......
```

提示：

单元、节点信息可编写一个简单的小程序获得。本例中单元和单元之间留有一微小空隙，在重力荷载作用下获得平衡状态。

Step 14 添加离散元截面特性信息。在离散元单元信息“*Element, type=PD3D”之后添加如下语句：

```
*discrete section,elset=edem,shape=sphere,density=2.7,alpha=7;alpha 代表与质量相关的阻尼
5.e-3; 颗粒半径
```

Step 15 替换离散颗粒表面 dem。在 inp 文件中找到以下定义 dem 面的语句：

```
*Elset, elset=_dem_SPOS, generate
 601,  800,    1
*Surface, type=ELEMENT, name=dem
_dem_SPOS, SPOS
```

将其替换以下语句，即根据单元集合 edem 生成表面 dem：

```
*Surface, type=ELEMENT, name=DEM
Edem; surface 语句属于 Instance 层次之中，edem 之前无需添加“part-1-1.”
```

Step 16 替换重力荷载施加区域。在 inp 文件的*step 区段中找到定义荷载的语句：

```
*Dload
, GRAV, 9.81, 0., 0., -1.
```

在第一个逗号前添加重力荷载施加的区域 edem，（如省略表示对整体模型加载），即：

```
*Dload
Part-1-1.edem, GRAV, 9.81, 0., 0., -1.
```

Step 17 保存文件，然后通过 Windows 开始菜单，打开 ABAQUS Command 命令窗口，转到当前工作目录，键入“abaqus job=ex15-1 int”回车后运算。

4．结果处理

Step 1 打开 ABAQUS/CAE 或 ABAQUS/Viewer，进入后处理模块，打开相应数据库。

Step 2 图 15-12 和图 15-13 分别给出了重力荷载施加结束和箱体转动过程中颗粒群的形态，结果表面初始颗粒均匀分布，箱体旋转后由于箱壁的作用，颗粒群坍塌，颗粒获得速度，当箱体静止后颗粒依然向下移动，计算结束时的位置如图 15-14 所示，ABAQUS 中的离散元方法能较好地捕捉大量粒子间的相互作用和运动规律。

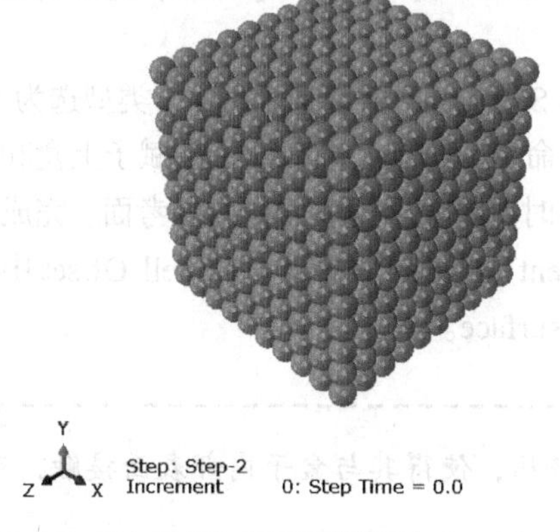

图 15-12 重力荷载结束后颗粒群形态（ex15-1）

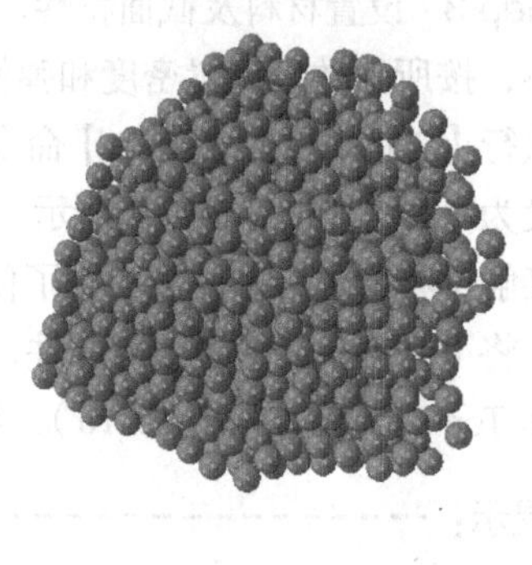

图 15-13 箱体旋转过程中颗粒群形态（ex15-1）

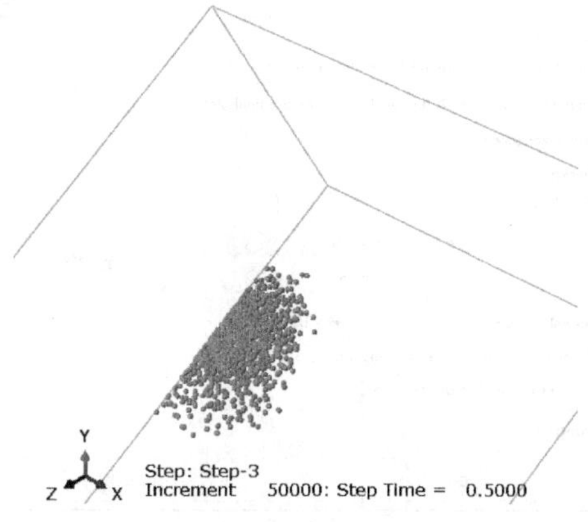

图 15-14 颗粒最终位置（ex15-1）

15.3.2 直剪试验模拟

1. 问题描述

设有一直剪仪器，上、下盒均为0.1m×0.1m×0.05m（长、宽、高）的刚性盒子，盒中装满颗粒，颗粒半径为5mm，弹性模量为2GPa，泊松比为0.2，密度为2.7 g/cm^3，颗粒与颗粒间的摩擦系数为0.3，颗粒与盒子之间的摩擦系数为0.35。分析共分两步，第一步上盒顶面施加压力100kPa，第二步上盒施加水平剪切位移0.01。本例算例文件为ex15-2-pre.cae。

2. 算例学习重点

- 离散元分析模型的建立。
- 通用接触的设置。

3. 模型建立与求解

本算例的建模思路与ex15-1相同，即在CAE中建立好箱子模型，并设置好分析步、边界、荷载、接触等条件，然后在外部修改inp文件后提交计算。

Step 1 创建箱体部件。进入Part模块，执行【Part】/【Create】命令，按照ex15-1中的介绍，创建一个0.1m×0.1m×0.05m的三维变形盒子，部件的名字设为b-box（下盒）。再次执行【Part】/【Create】命令，创建一个同样大小的上盒，部件名设为t-box（上盒），注意上盒拉伸的方向向下，下盒拉伸的方向向上。

Step 2 建立箱体内部面。在Part模块中执行【Tools】/【Surface】/【Create】命令，将下盒内部表面建立面f-b，上盒内部表面建立面f-t。

再次执行【Tools】/【Surface】/【Create】命令，在下盒中任意选择一个面，将其建立面集Dem。

Step 3 设置材料及截面特性。在Property模块中，执行【Material】/【Creat】命令，建立名称为box的材料，按所给数据设置密度和弹性模型参数。

执行【Section】/【Create】命令，设置名称为box的截面（Section），材料选为box，类型选为Shell，厚度设为0.002，如图15-15所示。执行【Assign】/【Section】命令，将定义的截面特性赋予上盒和下盒。通用接触中将考虑板的厚度，为了使盒子与颗粒正好接触，计算时要将盒子内表面作为参考面。完成界面分配后，将下盒b-box作为当前部件，执行【Section】/【Assignment manger】命令，在Shell Offset中即对下盒选择Top surface（见图15-16）。类似地，对上盒选择Bottom surface。

提示：

本例中若不进行面的偏移，颗粒分析一开始将受到侧向挤压，使得其与盒子内部表面接触，可能会出现向上变形。

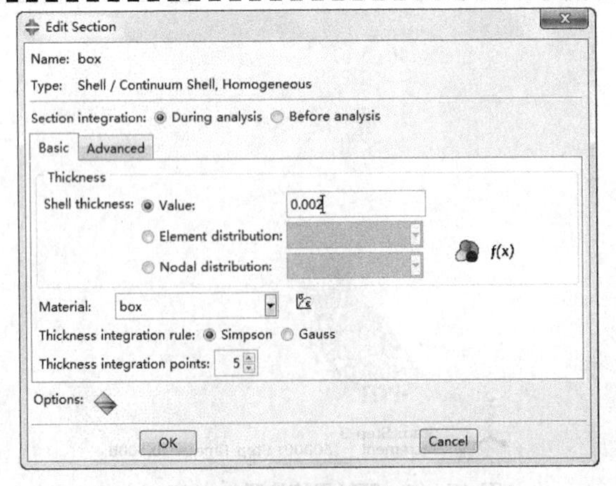

图 15-15 设置板的截面特性（ex15-2）

Step 4 装配部件。进入 Assembly 模块，执行【Instance】/【Create】命令，在 Create Instance 对话框的 Parts 区域中选中 b-box，单击【Apply】按钮后生成部件，为了后续处理方面，这里选择 Instance type 为 Mesh on instance，然后在对话框中选择 t-box，单击【OK】后确认退出。

执行【Instance】/【Translate】命令，移动上盒，使其开口与下盒对齐。

Step 5 定义分析步。进入 Step 模块，执行【Step】/【Create】命令，选择 Procedure Type 为 General，分析步为 Dynamic, Explicit，创建新的 Dyna 分析步 Step-1 和 Step-2。在 Edit Step 对话框的 Basic 选项卡中将时间 Period（总长）设为 0.5，在 Incrementation 选项卡中选择分析步方法为 Fixed（固定时间步长），固定时间步长设为 1×10^{-4}。

Step 6 修改输出控制。在 Step 模块中，执行【Output】/【Field output requests】/【Edit】命令，选择节点反力 RF 和位移 U 为输出变量，接受其余默认选项。

Step 7 设置接触面特性。进入 Interaction 模块，执行【Interatcion】/【Property】/【Create】命令，在 Create Interatcion Property 对话框中输入名字为 P11（代表颗粒与颗粒间的接触），Type 选为 Contact，单击【Continue】按钮进入到 Edit Contact Property 对话框，执行对话框中的【Mechanical】/【Tangential Behaviour】命令，在【Friction formulation】下拉列表中选择选项 Penalty，将摩擦系数【Friction coeff】设为 0.3。执行对话框中的【Mechanical】/【Normal Behaviour】命令，定义接触面法向特性，在 Pressure-Overclosure 下拉列表中选择 Tabular，按图 15-17 设置接触力与接触位移的关系（根据公式（15-1）确定）。类似地，创建颗粒与箱体的接触 p1f。

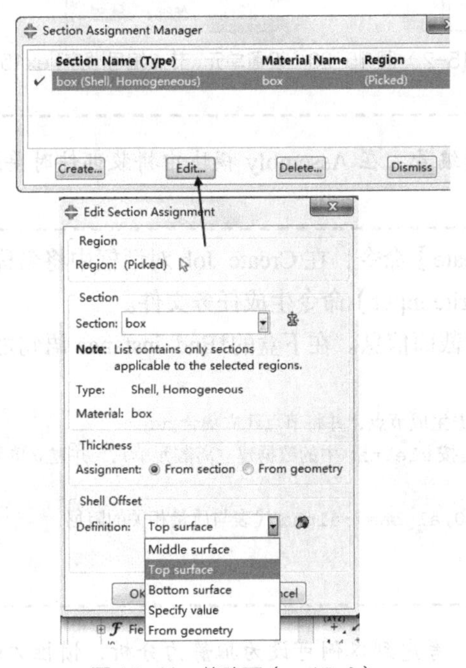

图 15-16 偏移面（ex15-2）

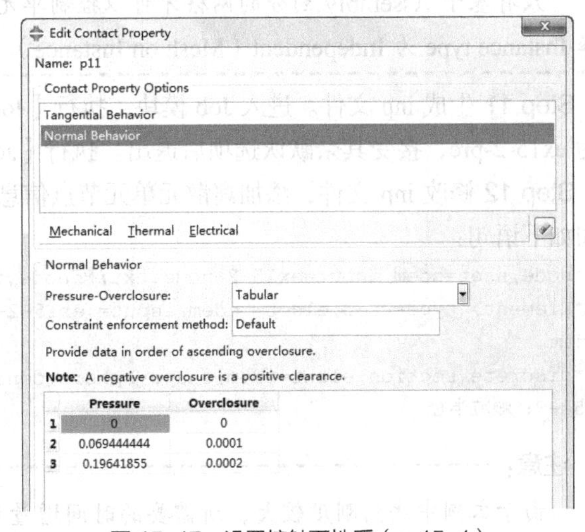

图 15-17 设置接触面性质（ex15-1）

Step 8 设置通用接触。按照 ex15-1 的做法设置设置通用接触，其中包括上盒和颗粒的接触，下盒和颗粒的接触，颗粒和颗粒的接触，本例中没有考虑上、下盒之间的接触。

Step 9 定义荷载、边界条件。进入 Load 模块，执行【Load】/【Create】命令，在分析步 Step-1 中对上盒表面施加均布压力 100kPa。

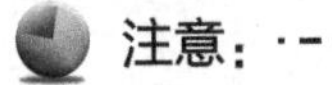

注意：

为简便起见，这里假设为荷载瞬间施加，其不可避免的对颗粒产生冲击作用。读者可尝试采用光滑加载函数，增加分析步时间，分析其对计算结果的影响。

执行【Tools】/【Amplitude】/【Create】命令，设置名称为 Shear，类型【Type】为 Smooth step，然后在 Edit Amplitude 对话框中选择【Time span】为 Total time（意味着幅值曲线里面的时间为总时间）（见图 15-18）。

在 Load 模块中，执行【BC】/【Edit】命令，在第二个分析步中施加剪切位移（见图 15-19）。

Step 10 划分网格。进入 Mesh 模块，将环境栏中的 Object 选项选为 Assembly，意味着网格划分是在拼装后的层面上进行的。有时希望控制网格、节点的编号，这时可执行【Mesh】/【Global numbering control】命令，按提示选择上盒，确认后弹出图 15-20 所示的对话框，将节点编号和单元编号的起点都设为 10000。

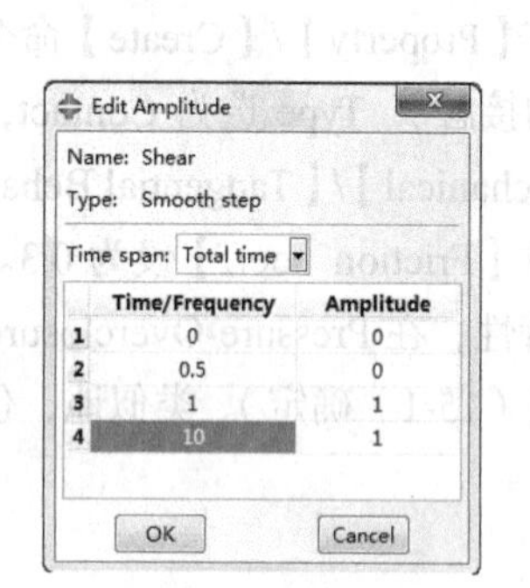

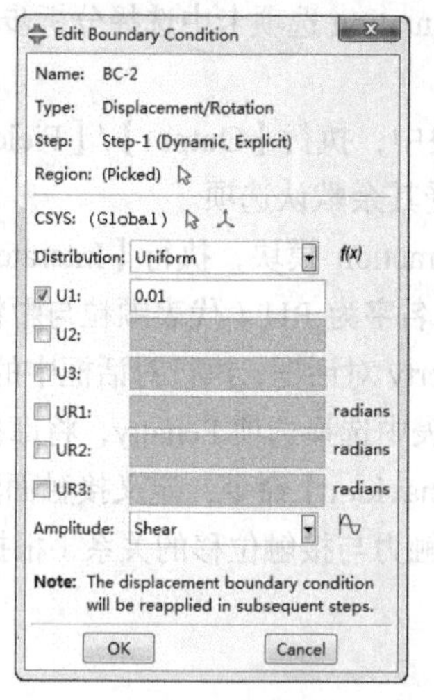

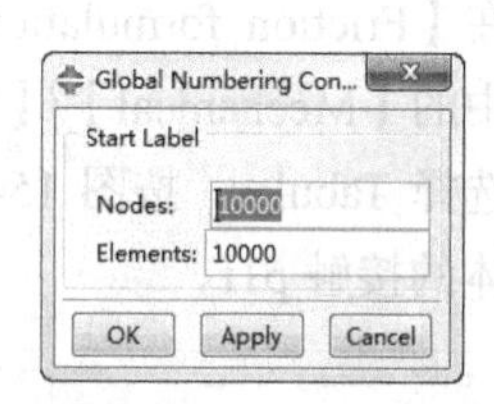

图 15-18　设置光滑的幅值曲线（ex15-2）图 15-19　上盒的边界条件（ex15-2）图 15-20　设置单元、节点编号顺序（ex15-2）

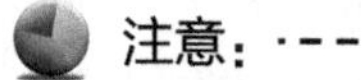

注意：

只有基于 Assembly 划分的网格才可以控制单元、节点的编号，在 Assembly 模块中拼装部件时要选择 Instance type 为 Independent（Mesh on Instance）。

Step 11 生成 inp 文件。进入 Job 模块，执行【Job】/【Create】命令，在 Create Job 对话框中将名称设置为 ex15-2-pre，接受其余默认选项后退出。执行【Job】/【Write input】命令生成任务文件。

Step 12 修改 inp 文件，添加离散元单元节点信息、离散元截面信息。在下盒的*End instance 语句之前添加如下语句：

```
*node,nset=ndem,input=ex15-2-node.txt;按 node.txt 中的数据生成节点，并将节点建立集合 ndem
*Element, type=PD3D,elset= edem,input= ex15-2-ele.txt; 按 ele.txt 中的数据建立离散元单元，并建立单元集合 edem
*discrete section,elset=edem,shape=sphere,density=27000,alpha=7;alpha 代表与质量相关的阻尼
5e-3; 颗粒半径
```

注意：

由于本例中法向刚度较大，所需要的时间增量步长很小。考虑到本例可设为拟静力分析，惯性力的影响很小，可将质量放大 10000 倍后获得更光滑的解答。

Step 13 替换离散颗粒表面 dem。在 inp 文件中找到以下定义 dem 面的语句：

```
*Elset, elset=_fdem_SPOS, internal, generate
 51, 100, 1
*Surface, type=ELEMENT, name=fdem
_fdem_SPOS, SPOS
```

将其替换为以下语句，即根据单元集合 edem 生成表面 dem：

```
*Surface, type=ELEMENT, name=DEM
Edem
```

Step 14 保存文件。通过 Windows 开始菜单，打开 ABAQUS Command 命令窗口，转到当前工作目录，

键入“abaqus job=ex15-2 int”回车后运算。

4．结果处理

Step 1　打开 ABAQUS/CAE 或 ABAQUS/Viewer，进入后处理模块，打开相应数据库。

Step 2　图 15-21 和图 15-23 给出了剪切前、剪切中和剪切后颗粒群的形态，从中可以观察到剪切对各颗粒位置的影响。剪切过程中剪切面上的颗粒互相挤压、存在咬合作用，颗粒出现上抬翻滚变形，直至绕过剪切方向上的颗粒。尽管本例中假设较为简单，颗粒粒径较大，但还是能够反映出颗粒变形特点。

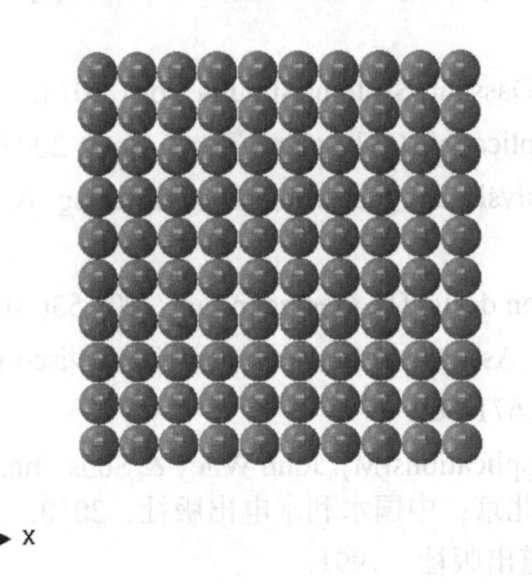

图 15-21　剪切前颗粒群形态（ex15-2）

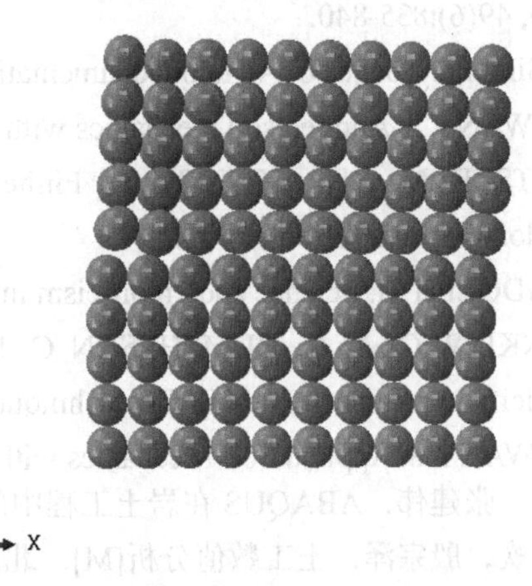

图 15-22　剪切中颗粒群形态（ex15-2）

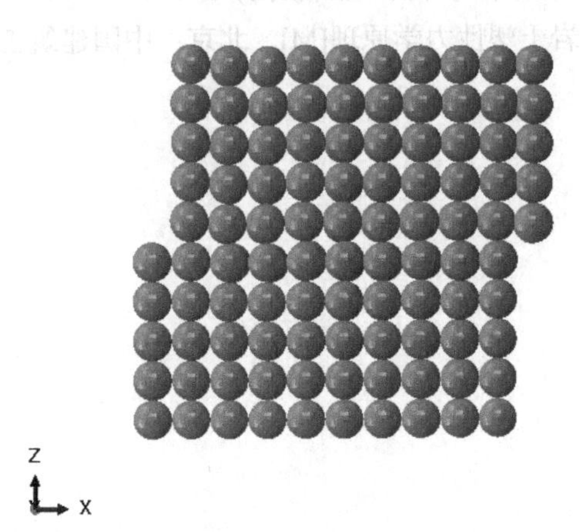

图 15-23　剪切后颗粒群形态（ex15-2）

提示：

读者可尝试采用多种粒径，用更多的颗粒进行分析。

15.4　本章小结

ABAQUS 中的离散元功能将颗粒用球形单节点刚性单元模拟，通过通用接触考虑颗粒与颗粒间的相互接触作用，颗粒与其他区域之间的相互作用，可能求解重力或者振动下的颗粒堆积或压缩、颗粒流动问题等，本章首先介绍了相关理论，并通过两个算例详细介绍了离散元模型生成方法和求解设置，对读者来说有较好的参考意义。

参考文献

[1] CHO S E, LEE S R. Instability of unsaturated soil slopes due to infiltration[J]. Computers and Geotechnics, 2001, 28(3):185-208.

[2] DAWSON E M, ROTH W H, DRESCHER A. Slope stability analysis by strength reduction[J]. Geotechnique, 1999, 49(6):835-840.

[3] DS Simulia. Abaqus 6.14 Help Documentation[Z]. USA: Dassault Systems simulia Corp. 2014.

[4] HELWANY S. Applied soil mechanics with ABAQUS applications[M]. John Wiley & Sons, 2007.

[5] POTTS D M, ZDRAVKOVIC L. Finite element analysis in geotechnical engineering Application[M]. London:Thomas Telford, 2001.

[6] RANDOLPH M. Science and empiricism in pile foundation design[J]. Geotechnique, 2003,53(10):847-875.

[7] ZIENKIEWICZ O C, HUMPHESON C, LEWIS R W. Associated and non-associated visco-plasticity and plasticity in soil mechanics[J]. Geotechnique, 1975, 25(4):671-689.

[8] HELWANY S. Applied Soil Mechanics with ABAQUS Applications[M]. John Wiley & Sons, Inc. 2007.

[9] 费康，张建伟．ABAQUS 在岩土工程中的应用[M]．北京：中国水利水电出版社，2010．

[10] 钱家欢，殷宗泽．土工数值分析[M]．北京：中国铁道出版社，1991．

[11] 殷宗泽．土工原理[M]．北京：中国水利水电出版社，2007．

[12] 郑颖人，沈珠江，龚晓南．岩土塑性力学原理[M]．北京：中国建筑工业出版社，2004．